中国国家标准汇编

2008 年修订-89

中国标准出版社　编

中国标准出版社
北京

图书在版编目（CIP）数据

中国国家标准汇编：2008年修订.89/中国标准出版社编.—北京：中国标准出版社，2009
ISBN 978-7-5066-5580-4

Ⅰ.中…　Ⅱ.中…　Ⅲ.国家标准-汇编-中国-2008
Ⅳ.T-652.1

中国版本图书馆CIP数据核字（2009）第198735号

中国标准出版社出版发行
北京复兴门外三里河北街16号
邮政编码：100045

网址 www.spc.net.cn
电话：68523946　68517548
中国标准出版社秦皇岛印刷厂印刷
各地新华书店经销
*
开本 880×1230　1/16　印张 34.5　字数 1 018千字
2009年12月第一版　2009年12月第一次印刷
*
定价 200.00 元

ISBN 978-7-5066-5580-4

出 版 说 明

1.《中国国家标准汇编》是一部大型综合性国家标准全集。自1983年起，按国家标准顺序号以精装本、平装本两种装帧形式陆续分册汇编出版。它在一定程度上反映了我国建国以来标准化事业发展的基本情况和主要成就，是各级标准化管理机构，工矿企事业单位，农林牧副渔系统，科研、设计、教学等部门必不可少的工具书。

2.《中国国家标准汇编》收入我国每年正式发布的全部国家标准，分为"制定"卷和"修订"卷两种编辑版本。

"制定"卷收入上年度我国发布的、新制定的国家标准，顺延前年度标准编号分成若干分册，封面和书脊上注明"20××年制定"字样及分册号，分册号一直连续。各分册中的标准是按照标准编号顺序连续排列的，如有标准顺序号缺号的，除特殊情况注明外，暂为空号。

"修订"卷收入上年度我国发布的、被修订的国家标准，视篇幅分设若干分册，但与"制定"卷分册号无关联，仅在封面和书脊上注明"20××年修订-1，-2，-3，……"字样。"修订"卷各分册中的标准，仍按标准编号顺序排列(但不连续)；如有遗漏的，均在当年最后一分册中补齐。需提请读者注意的是，个别非顺延前年度标准编号的新制定的国家标准没有收入在"制定"卷中，而是收入在"修订"卷中。

读者配套购买《中国国家标准汇编》"制定"卷和"修订"卷则可收齐上一年度我国制定和修订的全部国家标准。

3. 由于读者需求的变化，自1996年起，《中国国家标准汇编》仅出版精装本。

4. 2008年制修订国家标准共5946项。本分册为"2008年修订-89"，收入新制修订的国家标准43项。

中国标准出版社
2009年10月

目　录

GB/T 16453.3—2008　水土保持综合治理　技术规范　沟壑治理技术 …………………………… 1
GB/T 16453.4—2008　水土保持综合治理　技术规范　小型蓄排引水工程 ………………………… 35
GB/T 16453.5—2008　水土保持综合治理　技术规范　风沙治理技术 ……………………………… 53
GB/T 16453.6—2008　水土保持综合治理　技术规范　崩岗治理技术 ……………………………… 66
GB 16454—2008　金属锯床　安全防护技术条件 ………………………………………………………… 73
GB/T 16455—2008　条式和框式水平仪 ……………………………………………………………………… 83
GB/T 16456.1—2008　硬质合金螺旋齿立铣刀　第1部分:直柄立铣刀　型式和尺寸 ……………… 93
GB/T 16456.2—2008　硬质合金螺旋齿立铣刀　第2部分:7:24锥柄立铣刀　型式和尺寸 …… 97
GB/T 16456.3—2008　硬质合金螺旋齿立铣刀　第3部分:莫氏锥柄立铣刀　型式和尺寸 ……… 101
GB/T 16456.4—2008　硬质合金螺旋齿立铣刀　第4部分:技术条件 ……………………………… 105
GB/T 16470—2008　托盘单元货载 ………………………………………………………………………… 109
GB/T 16471—2008　运输包装件尺寸与质量界限 ………………………………………………………… 121
GB/T 16475—2008　变形铝及铝合金状态代号 …………………………………………………………… 139
GB/T 16479—2008　碳酸轻稀土 …………………………………………………………………………… 149
GB/T 16483—2008　化学品安全技术说明书　内容和项目顺序 ………………………………………… 153
GB 16486—2008　轻便摩托车燃油消耗量限值及测量方法 ……………………………………………… 167
GB/T 16491—2008　电子式万能试验机 …………………………………………………………………… 183
GB/T 16499—2008　安全出版物的编写及基础安全出版物和多专业共用安全出版物的应用导则 ……………………………………………………………………………………… 195
GB/Z 16506—2008　信息技术　系统间远程通信和信息交换　提供和支持OSI网络服务的协议组合 ……………………………………………………………………………………………… 205
GB/T 16509—2008　辐射加工剂量测量不确定度评定导则 ……………………………………………… 219
GB/T 16510—2008　辐射加工剂量学校准实验室的能力要求 …………………………………………… 257
GB/T 16535—2008　精细陶瓷线热膨胀系数试验方法　顶杆法 ………………………………………… 271
GB/T 16538—2008　声学　声压法测定噪声源声功率级　现场比较法 ………………………………… 282
GB 16543—2008　高炉喷吹烟煤系统防爆安全规程 ……………………………………………………… 299
GB/T 16544—2008　无损检测　伽马射线全景曝光照相检测方法 ……………………………………… 309
GB/T 16550—2008　新城疫诊断技术 ……………………………………………………………………… 317
GB/T 16551—2008　猪瘟诊断技术 ………………………………………………………………………… 329
GB/T 16555—2008　含碳、碳化硅、氮化物耐火材料化学分析方法 …………………………………… 339
GB/T 16573—2008　缩微摄影技术　在16 mm和35 mm银-明胶型缩微胶片上拍摄文献的操作程序 ……………………………………………………………………………………………… 374
GB/T 16578.1—2008　塑料薄膜和薄片　耐撕裂性能的测定　第1部分:裤形撕裂法 …………… 391
GB/T 16582—2008　塑料　用毛细管法和偏光显微镜法测定部分结晶聚合物熔融行为(熔融温度或熔融范围) ……………………………………………………………………………………… 399
GB/T 16583—2008　不饱和橡胶中饱和橡胶的鉴定 ……………………………………………………… 407
GB/T 16594—2008　微米级长度的扫描电镜测量方法通则 ……………………………………………… 413
GB/T 16602—2008　腈纶短纤维和丝束 …………………………………………………………………… 431

GB/T 16603—2008 锦纶牵伸丝 …… 447
GB/T 16604—2008 涤纶工业长丝 …… 455
GB/T 16605—2008 再生纤维素丝织物 …… 469
GB/T 16613—2008 塑料 试验用聚氯乙烯(PVC)糊的制备 分散器法 …… 477
GB/T 16623—2008 压配式实心轮胎技术规范 …… 483
GB 16629—2008 植物油抽提溶剂 …… 493
GB/T 16631—2008 高效液相色谱法通则 …… 497
GB/T 16632—2008 水处理剂阻垢性能的测定 碳酸钙沉积法 …… 523
GB 16636—2008 潜水员水下用电安全规程 …… 529

ICS 13.080
B 11

中华人民共和国国家标准

GB/T 16453.3—2008
代替 GB/T 16453.3—1996

水土保持综合治理　技术规范
沟壑治理技术

Comprehensive control of soil and water conservation—Technical specification—Technique for erosion control of gullies

2008-11-14 发布　　　　2009-02-01 实施

中华人民共和国国家质量监督检验检疫总局
中国国家标准化管理委员会　发布

前　言

GB/T 16453《水土保持综合治理　技术规范》共分为六个部分：

——GB/T 16453.1—2008　水土保持综合治理　技术规范　坡耕地治理技术；

——GB/T 16453.2—2008　水土保持综合治理　技术规范　荒地治理技术；

——GB/T 16453.3—2008　水土保持综合治理　技术规范　沟壑治理技术；

——GB/T 16453.4—2008　水土保持综合治理　技术规范　小型蓄排引水工程；

——GB/T 16453.5—2008　水土保持综合治理　技术规范　风沙治理技术；

——GB/T 16453.6—2008　水土保持综合治理　技术规范　崩岗治理技术。

本部分代替 GB/T 16453.3—1996《水土保持综合治理　技术规范　沟壑治理技术》。

本部分与 GB/T 16453.3—1996 相比，作如下修改：

a)　沟壑治理规划改为布局；

b)　增加沟头做好防渗处理；

c)　悬臂型沟头防护工程中木料支架改为水泥桩；

d)　将阶梯式谷坊改为干砌石谷坊；

e)　将重力式谷坊改为浆砌石谷坊；

f)　在谷坊施工中增加在谷坊上种植灌草，加强固土。

本标准的附录 A、附录 B、附录 C 均为资料性附录。

本部分由水利部提出。

本部分由水利部国际合作与科技司归口。

本部分起草单位：水利部水土保持司、水利部水土保持监测中心、黄河水利委员会黄河上中游管理局、黄河水利委员会农村水利水土保持局、长江水利委员会水土保持局、松辽水利委员会农田水利处、珠江水利委员会农田水利处、海河水利委员会农田水利处、淮河水利委员会农田水利处、北京林业大学水土保持学院。

本部分主要起草人：焦居仁、刘万铨、范起敬、郑新民、佟伟力、宁堆虎、鲁胜力、徐传早、郭索彦、张长印、赵永军、陈法扬、余新晓、丛佩娟、常丹东、冯伟。

本部分所代替标准的历次版本发布情况为：

——GB/T 16453.3—1996。

引　　言

GB/T 16453.3—1996 已经实施十余年，在水土保持综合治理方面起到了重要的指导作用。随着我国社会经济的发展和农村产业结构的变化，水土保持工作的内容、性质等方面也发生了深刻的变化。为了适应新形势下的水土保持工作，进一步规范水土保持综合治理技术规范，根据水利部国际合作与科技司、水土保持司的统一安排，进行了修订。

水土保持综合治理　技术规范
沟壑治理技术

1　范围

1.1　GB/T 16453的本部分规定了沟头防护工程、谷坊工程以及淤地坝工程的勘测、规划、工程布局、水文计算及各项建筑物的设计、施工、工程管理和坝地利用等技术要求。

1.2　本部分适用范围：

a）沟头防护工程、谷坊工程部分适用于我国北方（西北、东北、华北）高塬区、丘陵区、漫岗区和土石山区；

b）淤地坝工程部分适用于我国西北、华北、东北黄土区。我国其他地区在沟壑治理中，凡是沟中筑坝有拦泥淤地作用（包括我国南方的拦沙坝）可参照使用。本部分中的淤地坝，以辗压式均质土坝为主。凡涉及水坠法筑坝的设计、施工等问题，本部分只作某些原则性的规定，具体内容参见SL302。

2　规范性引用文件

下列文件中的条款通过GB/T 16453的本部分的引用而成为本部分的条款。凡是注日期的引用文件，其随后所有的修改单（不包括勘误的内容）或修订版均不适用于本部分，然而，鼓励根据本部分达成协议的各方研究是否可使用这些文件的最新版本。凡是不注日期的引用文件，其最新版本适用于本部分。

GB/T 15772—2008　水土保持综合治理　规划通则

GB/T 15774　水土保持综合治理　效益计算方法

GB/T 16453.4　水土保持综合治理　技术规范　小型蓄排引水工程

SL 289　水土保持治沟骨干工程技术规范

SL 302　水坠坝技术规范

3　沟头防护工程

3.1　基本规定

3.1.1　沟头防护工程应在以小流域为单元的全面规划、综合治理中，与谷坊、淤地坝等沟壑治理措施互相配合，取得共同控制沟壑发展的效果。

3.1.2　修建沟头防护工程的重点位置应为：沟头以上有坡面天然集流槽，暴雨中坡面径流由此集中泄入沟头，引起沟头前进和扩张的地方。

3.1.3　沟头防护工程的主要任务应为：制止坡面暴雨径流由沟头进入沟道或使之有控制地进入沟道，制止沟头前进，保护地面不被沟壑割切破坏。

3.1.4　当坡面来水不仅集中于沟头，同时在沟边另有多处径流分散进入沟道时，应在修建沟头防护工程的同时，围绕沟边，全面地修建沟边埂，制止坡面径流进入沟道。

3.1.5　沟头防护工程的防御标准应为10 a一遇3 h～6 h最大暴雨。可根据各地不同降雨情况，分别采取当地最易产生严重水土流失的短历时，高强度暴雨。

3.1.6　当沟头以上集水区面积较大（10 hm^2以上）时，应布设相应的治坡措施与小型蓄水工程，减少地表径流汇集沟头。

3.2 沟头防护工程布局

3.2.1 蓄水型沟头防护工程

a) 围埂式。在沟头以上 3 m～5m 处，围绕沟头修筑土埂，拦蓄上面来水，制止径流进入沟道。

b) 围埂蓄水池式。当沟头以上来水量单靠围埂不能全部拦蓄时，在围埂以上靠近低洼处，修建蓄水池，拦蓄部分坡面来水，配合围埂，共同防止径流进入沟道。

3.2.2 排水型沟头防护工程

a) 跌水式。当沟头陡崖（或陡坡）高差较小时，用浆砌块石修成跌水，下设消能设备，水流通过跌水安全进入沟道。

b) 悬臂式。当沟头陡崖高差较大时，用塑料管或陶管悬臂置于土质沟头陡坎之上，将来水挑泄下沟，沟底设消能设施。

3.3 设计

3.3.1 蓄水型沟头防护工程设计

3.3.1.1 来水量可按式(1)计算：

$$W = 10KRF \qquad \cdots\cdots (1)$$

式中：

W——来水量，单位为立方米(m^3)；

F——沟头以上集水面积，单位为公顷(hm^2)；

R——10 a 一遇 3 h～6 h 最大降雨量，单位为毫米(mm)；

K——径流系数。

3.3.1.2 围埂断面与位置要求为：

a) 围埂应为土质梯形断面，埂高 0.8 m～1.0 m，顶宽 0.4 m～0.5 m，内外坡比各约 1∶1。

b) 围埂位置应根据沟头深度确定，一般沟头深 10 m 以内的，围埂位置距沟头 3 m～5 m。

3.3.1.3 围埂蓄水量可按式(2)进行计算：

$$V = L\left(\frac{HB}{2}\right) = L\frac{H^2}{2i} \qquad \cdots\cdots (2)$$

式中：

V——围埂蓄水量，单位为立方米(m^3)；

L——围埂长度，单位为米(m)；

B——回水长度，单位为米(m)；

H——埂内蓄水深，单位为米(m)；

i——地面比降，%。

3.3.1.4 沟头围埂蓄水量示意图见图 1。

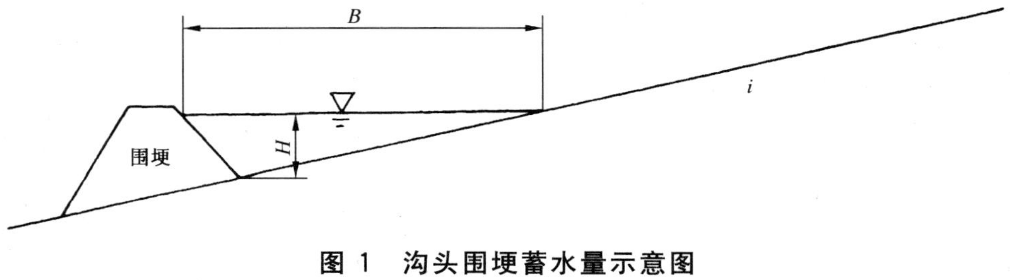

图 1 沟头围埂蓄水量示意图

3.3.1.5 当来水量大于蓄水量时，应在围埂上游附近建修蓄水池，蓄水池位置应距沟头 10 m 以上。如地形条件允许，也可在第一道围埂上游加修第二道乃至第三道围埂。

3.3.2 排水型沟头防护工程

3.3.2.1 设计流量可按式(3)进行计算：

$$Q = 0.278\,KIF \qquad (3)$$

式中：

Q——设计流量，单位为立方米每秒（m^3/s）；

I——10 a 一遇 1 h 最大降雨强度，单位为毫米每小时（mm/h）；

F——沟头以上集水面积，单位为平方公里（km^2）；

K——径流系数。

3.3.2.2 跌水式沟头防护建筑物，应由进水口（按宽顶堰设计）陡坡（或多级跌水）、消力池、出口海漫等组成。其设计技术要求可按 5.4.2 执行。

3.3.2.3 悬臂式沟头防护建筑物，主要用于沟头为垂直陡壁、高 3 m～5 m 情况下，应由引水渠、挑流槽、支架及消能设施组成。

3.4 施工

3.4.1 蓄水型沟头防护工程施工

围埂式沟头防护应遵循的要求：

a） 应根据设计要求，确定围堰（一道或几道）位置走向，作好定线。

b） 应沿埂线上下两侧各宽 0.8 m 左右，清除地面杂草、树根、石砾等杂物。

c） 应开沟取土筑埂，分层夯实。埂体干密度为 1.4 t/m^3～1.5 t/m^3。沟中每 5 m～10 m 修一小土挡，防止水流集中。

3.4.2 围埂蓄水池式沟头防护

3.4.2.1 应根据设计要求，确定蓄水池的位置、形式、尺寸，进行开挖。

3.4.2.2 施工技术应按 GB/T 16453.4 中有关要求执行。

3.4.3 排水型沟头防护工程施工分为跌水型和悬臂型。

3.4.4 跌水型沟头防护按 3.3.2.2 规定执行。

3.4.5 悬臂型沟头防护

3.4.5.1 应按设计备好管材及各种建筑材料。

3.4.5.2 跳流槽应置于沟头上地面处，先挖开地面，深 0.3 m～0.4 m，长宽各约 1.0 m，埋水泥板，将挑流槽固定在板上，再用土压实，并用数根木桩铆固在土中，保证其牢固。

3.4.5.3 水泥桩等下部扎根处，应铺设浆砌料石，石上开孔，将桩下部插于孔中，加以固定。扎根处应保证不因雨水冲蚀而摇动。

3.4.5.4 浆砌块石应作好清基。座底（0.8 m×0.8 m）～（1.0 m×1.0 m），逐层向上缩小。

3.4.5.5 消能设备（筐内装石或铅丝笼装石）应先向下挖深 0.8 m～1.0 m，然后放进筐石。

3.4.5.6 消能设施应与沟道内植物和谷坊设施结合利用，不应产生破坏。

3.5 管理

3.5.1 汛前应检查维修，保证安全渡汛；汛后和每次较大暴雨后，派专人到沟头防护工程巡视。发现损毁，及时补修。

3.5.2 围埂后的蓄水沟及其上游的蓄水池，如有泥沙淤积，应及时清除，以保持其蓄水量。

3.5.3 围埂顶部、边坡种植保土和固土性能强的灌木或草类，并禁止人畜破坏。

4 谷坊工程

4.1 基本规定

4.1.1 谷坊工程应在以小流域为单元的全面规划、综合治理中，与沟头防护、淤地坝等沟壑治理措施互相配合，获取共同控制沟壑侵蚀的效果。

4.1.2 谷坊工程应修建在沟底比降较大（5%～10%或更大）、沟底下切剧烈发展的沟段。其主要任务是巩固并抬高沟床，制止沟底下切，同时，也稳定沟坡、制止沟岸扩张（沟坡崩塌、滑塌、泻溜等）。

4.1.3 谷坊工程在制止沟蚀的同时，应利用沟中水土资源，发展林(果)牧生产和小型水利。

4.1.4 谷坊工程的防御标准应为 10 a～20 a 一遇 3 h～6 h 最大暴雨；根据各地降雨情况，可分别采用当地最易产生严重水土流失的短历时、高强度暴雨。

4.2 规划

4.2.1 选定谷坊类型应根据建筑材料确定，可选择土谷坊、石谷坊、植物谷坊。

4.2.2 确定谷坊位置应符合以下要求：

4.2.2.1 通过沟壑情况调查，选沟底比降大于 5%～10% 的沟段，系统地布设谷坊群。绘制沟底比降(纵断面)图。

4.2.2.2 根据沟底比降图，从下而上初步拟定每座谷坊位置。一般高 2 m～5 m，下一座谷坊的顶部大致与上一座谷坊基部等高，见图 2。

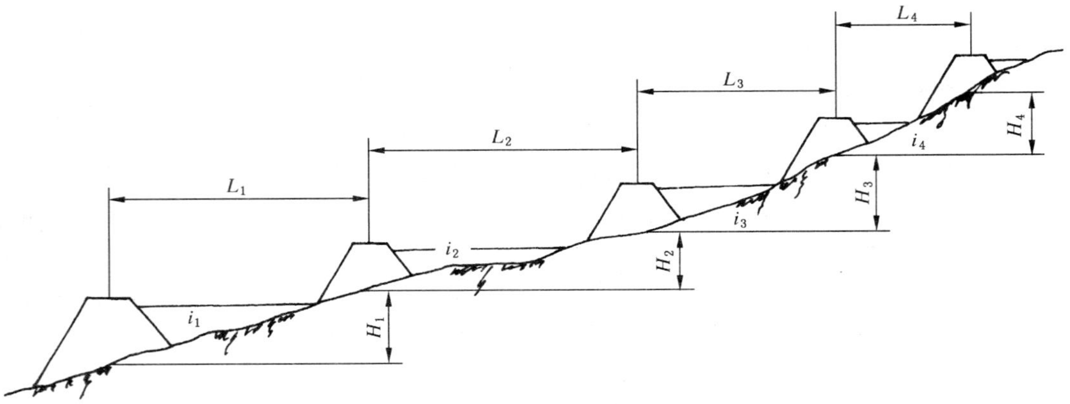

图 2 谷坊布设示意图

4.2.2.3 谷坊坝址应符合下列要求：

a) “口小肚大”，工程量小，库容大。

b) 沟底与岸坡地形、地质(土质)状况良好，无孔洞或破碎地层，无不易清除的乱石和杂物。

c) 取用建筑材料(土、石、柳桩等)比较方便。

4.2.3 谷坊间距可按式(4)计算：

$$L = \frac{H}{i - i'} \qquad \cdots\cdots(4)$$

式中：

L——谷坊间距，单位为米(m)；

H——谷坊底到溢水口底高度，单位为米(m)；

i——原沟床比降，%；

i'——谷坊淤满后的比降，%。

不同淤积物质淤满后形成的不冲比降见表 1。

表 1 淤积物淤满后不冲比降

淤积物	粗沙(夹石砾)	粘土	粘壤土	沙土
比降/%	2.0	1.0	0.8	0.5

4.2.4 对于比降特大(15%以上)或因其他原因，不能修建谷坊的局部沟段，应在沟底修水平阶、水平沟造林，并在两岸开挖排水沟，保护沟底造林地。

4.3 设计

4.3.1 土谷坊设计

4.3.1.1 土谷坊坝体断面尺寸，应根据谷坊所在位置的地形条件，参照表 2 确定。

表 2　土谷坊坝体断面尺寸

坝高/m	顶宽/m	底宽/m	迎水坡比	背水坡比
2	1.5	5.9	1∶1.2	1∶1.0
2	1.5	9.0	1∶1.3	1∶1.2
4	2.0	13.2	1∶1.5	1∶1.3
5	2.0	18.5	1∶1.8	1∶1.5
注 1：坝顶作为交通道路时，应按交通要求确定坝顶宽度。 注 2：在谷坊能迅速淤满的地方，迎水坡比可与背水坡比一致。				

4.3.1.2　溢洪口设计

a)　土谷坊的溢洪口应设在土坝一侧的坚实土层或岩基上，上下两座谷坊的溢洪口宜左右交错布设。

b)　对沟道两岸是平地、沟深小的沟道，如坝端无适宜开挖溢洪口的位置，可将土坝高度修到超出沟床 0.5 m～1.0 m，坝体在沟道两岸平地上各延伸 2 m～3 m，并用草皮或块石护砌，使洪水从坝的两端漫至坝下农、林、牧地，或安全转入沟谷，不允许水流直接回流到坝脚处。

c)　设计洪峰流量可按 3.3.2.1 中式(3)计算。

d)　土质溢洪口断面尺寸按式(5)计算，土质溢洪口其下紧接排洪渠，按明渠流计算，见式(6)。

$$A = Q/V \tag{5}$$

$$A = (b + ph)h \tag{6}$$

式中：

A——溢洪口断面面积，单位为平方米(m^2)；

Q——设计洪峰流量，单位为立方米每秒(m^3/s)；

V——相应的流速，单位为米每秒(m/s)；

b——溢洪口底宽，单位为米(m)；

h——溢洪口水深，单位为米(m)；

p——溢洪口边坡系数。

e)　明渠式溢洪口断面示意图见图 3。

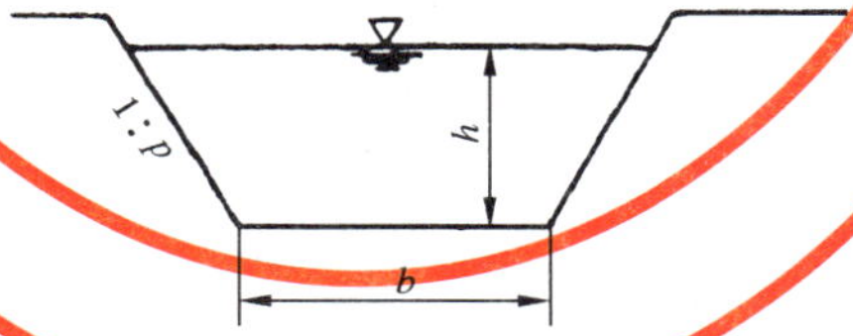

图 3　明渠式溢洪口断面示意图

f)　流速可按式(7)计算：

$$V = C\sqrt{Ri} \tag{7}$$

式中：

V——流速，单位为米每秒(m/s)；

R——水力半径，单位为米(m)；

i——渠底比降，%；

C——谢才系数。

g)　水力半径可按式(8)进行计算：

$$R = A/x \tag{8}$$

式中：

R——水力半径,单位为米(m);

A——溢洪口断面面积,单位为平方米(m^2);

x——溢洪口断面湿周,单位为米(m)。

h) 溢洪口断面湿周可按式(9)进行计算:

$$x = b + 2h\sqrt{1 + p^2} \qquad \cdots\cdots(9)$$

b、h、p 各值意义同式(6)。

i) 谢才系数可按式(10)进行计算:

$$C = \frac{1}{n}R^{1/6} \qquad \cdots\cdots(10)$$

式中:

C——谢才系数;

n——粗糙系数(土质渠一般取 0.025 左右)。

上述计算过程中,A 与 R 需通过试算求解,实际工作中应根据各地具体条件,先求得 Q 等值,再假定不同的溢洪口断面尺寸,分别算得相应的 A、R、C 等值,结合已定的 i 值,最后求得适合的 A 值。

4.3.2 石谷坊设计

4.3.2.1 坝体断面有两种形式,见图 4。

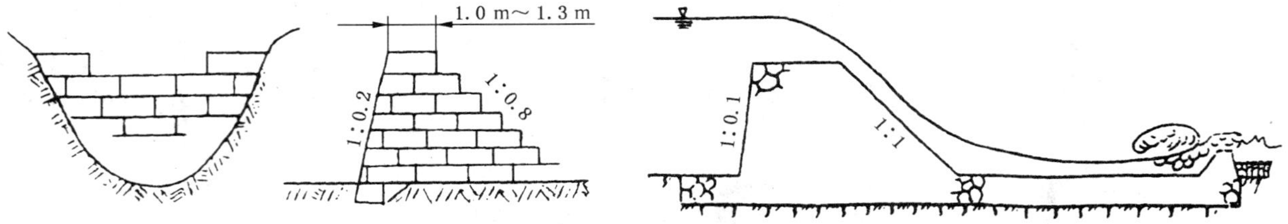

a) 干砌阶梯式石谷坊断面示意图　　b) 浆砌石谷坊断面示意图

图 4 石谷坊断面示意图

a) 干砌石谷坊。坝高 2 m～4 m,顶宽 1.0 m～1.3 m,迎水坡 1∶0.2,背水坡 1∶0.8,坝顶过水深 0.5 m～1.0 m,不蓄水,坝后 2 a～3 a 淤满。

b) 浆砌石谷坊,坝高 3 m～5 m,顶宽为坝高 0.5 倍～0.6 倍,迎水坡 1∶0.1,背水坡(1∶0.5)～(1∶1)。质量要求较高的谷坊,应作坝体稳定分析。

4.3.2.2 石谷坊的溢洪口一般设在坝顶,设计洪峰流量按式(11)计算:

$$Q = Mbh^{3/2} \qquad \cdots\cdots(11)$$

式中:

Q——设计洪峰流量,单位为立方米每秒(m^3/s);

b——溢洪口底宽,单位为米(m);

h——溢洪口水深,单位为米(m);

M——流量系数(一般采用 1.55)。

4.3.3 植物(柳、杨)谷坊设计

4.3.3.1 多排密植型

4.3.3.1.1 在沟中已定谷坊位置,垂直于水流方向,挖沟密植柳杆(或杨杆)。沟深 0.5 m～1.0 m,杆长 1.5 m～2.0 m,埋深 0.5 m～1.0 m,露出地面 1.0 m～1.5 m。

4.3.3.1.2 每处(谷坊)栽植柳杆(或杨杆)5 排以上,行距 1.0 m,株距 0.3 m～0.5 m,埋杆直径 5 cm～7 cm。

4.3.3.2 柳桩编篱型

4.3.3.2.1 在沟中已定谷坊位置,打 2 排～3 排柳桩,桩长 1.5 m～2.0 m,打入地中 0.5 m～1.0 m,排

距1.0 m，桩距0.3 m。

4.3.3.2.2 用柳梢将柳桩编织成篱。在每两排篱中填入卵石（或块石），再用捆扎柳梢盖顶。

4.3.3.2.3 用铅丝将前后2排～3排柳桩联系绑牢，使之成为整体，加强抗冲能力。

4.4 施工

4.4.1 土谷坊施工

4.4.1.1 定线：根据规划测定的谷坊位置，按设计的谷坊尺寸，在地面划出坝基轮廓线。

4.4.1.2 清基：将轮廓线以内的浮土、草皮、乱石、树根等全部清除。

4.4.1.3 挖结合槽：沿坝轴线中心，从沟底至两岸沟坡开挖结合槽，宽深各0.5 m～1.0 m。

4.4.1.4 填土夯实：填土前先将坚实土层探松3 cm～5 cm。每层填土厚0.25 m～0.3m，夯实一次；将夯实土表面刨松3 cm～5 cm，再上新土夯实，要求干密度1.4 t/m^3～1.5 t/m^3。如此分层填筑，直到设计坝高。

4.4.1.5 应在谷坊上种植灌草，加强固土。

4.4.1.6 开挖溢洪口，并用草皮或砖、石砌护。

4.4.2 石谷坊施工

4.4.2.1 定线和土沟床清基要求与土谷坊相同。

4.4.2.2 岩基沟床清基：应清除表面的强风化层，基岩面应凿成向上游倾斜的锯齿状，两岸沟壁凿成竖向结合槽。

4.4.2.3 砌石施工要求

a) 根据设计尺寸，从下向上分层垒砌，逐层向内收坡，块石应首尾相接，错缝砌筑，大石压顶。

b) 要求料石厚度不小于30 cm，接缝宽度不大于2.5 cm。

c) 同时应做到"平、稳、紧、满"（砌石顶部要平，每层铺砌要稳，相邻石料要靠紧，缝间沙浆要灌饱满）。

4.4.3 柳谷坊施工

4.4.3.1 桩料选择：按设计要求的长度和桩径，选生长能力强的活立木。

4.4.3.2 埋桩：按设计深度打入土内；桩身应与地面垂直，打桩时勿伤柳桩外皮，芽眼向上，各排桩位呈"品"字形错开。

4.4.3.3 编篱与填石施工要求

a) 以柳桩为经，从地表以下0.2 m开始，安排横向编篱。

b) 与地面齐平时，在背水面最后一排桩间铺柳枝厚0.1 m～0.2 m，桩外露枝梢约1.5 m，作为海漫。

c) 各排编篱中填入卵石（或块石），靠篱处填大块，中间填小块。编篱（及其中填石）顶部作成下凹弧形溢水口。

d) 编篱与填石完成后，在迎水面填土，高与厚各约0.5 m。

4.4.3.4 柳谷坊断面示意图见图5。

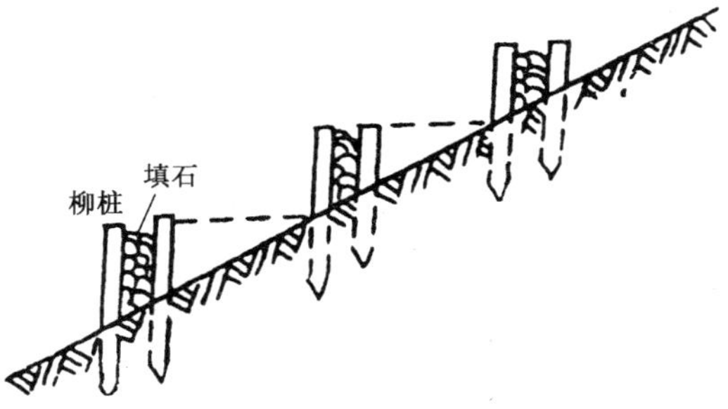

图5 柳谷坊示意图

4.5　管理

4.5.1　暴雨中应有专人到谷坊现场巡视，如有险情，及时组织抢修。

4.5.2　每年汛后和每次较大暴雨后，应到谷坊现场检查，发现损毁等情况，及时补修。

4.5.3　坝后淤满成地，应及时种植喜湿、耐淹、经济价值较高的用材林、果树或其他经济作物。

4.5.4　柳谷坊的柳桩成活后，可利用其柳枝，在谷坊上游淤泥面上成片种植柳树，形成沟底防冲林，巩固谷坊治理成果。

5　淤地坝工程

5.1　总则

5.1.1　淤地坝分为下列三种类型：

a）小型淤地坝。一般坝高 5 m～15 m，库容 1 万 m^3～10 万 m^3，淤地面积 0.2 hm^2～2 hm^2，修在小支沟或较大支沟的中上游，单坝集水面积 1 km^2 以下，建筑物一般为土坝与溢洪道或土坝与泄水洞“两大件”，可采用定型设计。

b）中型淤地坝。一般坝高 15 m～25 m，库容 10 万 m^3～50 万 m^3，淤地面积 2 hm^2～7 hm^2，修在较大支沟下游或主沟上中游，单坝集水面积 1 hm^2～3 hm^2，建筑物少数为土坝、溢洪道、泄水洞“三大件”，多数为土坝与溢洪道或土坝与泄水洞“两大件”。

c）大型淤地坝。一般坝高 25m 以上，库容 50 万 m^3～500 万 m^3，淤地面积 7 hm^2 以上，修在主沟的中、下游或较大支沟下游，单坝集水面积 3 hm^2～5 hm^2 或更多。建筑物一般是“三大件”齐全。

5.1.2　淤地坝与治沟骨干工程的关系：

5.1.2.1　由国家投资支持修建的“水土保持治沟骨干工程”，其坝高、库容、淤地面积等指标，与大型淤地坝相似，当其库容淤满时，也与坝地同样种植生产，此时其管理、利用等技术应按本部分规定执行。

5.1.2.2　有的大中型淤地坝，根据坝系规划中的防洪调控要求，经过坝体加高，库容增大，改作以防洪为主的“治沟骨干工程”，其有关技术应按 SL289 中的规定执行。

5.2　勘测及规划

5.2.1　基本原则

5.2.1.1　淤地坝建设应以小流域为单元，全面系统地进行坝系规划与坝址勘测，然后分期分批实施。

5.2.1.2　坝系规划与坝址勘测应建立在小流域水土保持综合调查的基础上。通过综合调查，全面了解流域内的自然条件、社会经济情况、水土流失特点和水土保持现状；同时着重了解沟道情况，包括各级沟道的长度、比降，有代表性的断面、土料、石料分布状况等，参见并按 GB/T 15772—2008 第 3 章的有关规定执行。

5.2.1.3　坝系规划与坝址勘测应反复研究，逐步落实。首先通过综合调查，对全流域提出坝系的初步规划，再对其中的骨干工程和大中型淤地坝逐个查勘坝址；根据坝址落实情况，对坝系规划进行必要的调整和补充；最后，对选定的第一期工程进行具体勘测，为搞好工程布局和设计创造条件。

5.2.2　坝系规划

5.2.2.1　坝系规划应以完整的小流域为单元，从支沟到主沟，从上游到下游，根据不同沟段的地形和比降，全面系统地布设大中小型淤地坝，同时在适当位置，布设小水库和治沟骨干工程。总体布局应符合以下要求：

a）根据沟道地形，分别布署大中小型淤地坝，拦泥淤地，种植生产；除地形不利的沟段外，宜将坝布满。

b）在泉水露头或有其他蓄水条件的沟段，应布置少量小水库，存蓄清水，发展灌溉和水产养殖。

c）在具有控制作用的沟段，可布置少量治沟骨干工程，拦蓄暴雨洪水，保护沟中其他坝库安全生产。

5.2.2.2　在作出上述坝系平面布置的基础上，应进行实施的具体安排，并符合如下要求：

a)　根据流域内洪水、泥沙情况，选定第一期工程。

b)　实施过程中，全流域的淤地坝、小水库、治沟骨干工程三者应合理分布，协调发展，保证三者的作用都能充分发挥。

c)　新修的淤地坝应尽快淤平种地（一般小型 3 a～5 a，中型与大型 5 a～10 a，少数可达 20 a）；小水库应避免或减轻泥沙淤积，延长使用年限；治沟骨干工程应有较大库容，能真正起到保护其他坝库安全生产的作用。

5.2.2.3　应根据沟道不同的集水面积，分别布置不同的淤地坝及其实施顺序。集水面积的计算方法参见附录 A。

5.2.2.3.1　集水面积 1 km^2 以下的小支沟，淤地坝的修建顺序是：

a)　先从沟口或下游开始，修建第一座坝，淤平种地时，再修其上第二座，在拦泥淤地过程中，可保护第一座安全生产。

b)　第二座淤平种地时，再修其上游的第三座，如此依次向上推移，直到把全沟修完。

5.2.2.3.2　集水面积 3 km^2～5 km^2 或更大的支沟，淤地坝的修建顺序是：

a)　一般应从上游向中下游依次修坝，其坝高、库容等技术指标，应依次逐渐加大。

b)　也可在中游和下游同时各修一座中型以上淤地坝，淤平以后逐步向上推移修坝。并在上中游适当位置，选一坝址，作为治沟骨干工程，保证坝地安全生产。

5.2.2.3.3　集水面积 10 km^2～20 km^2 的主沟，淤地坝的修建顺序是：

a)　一般应在其上游和两岸支沟各坝建成之后，再建中下游的淤地坝（一般为大型），减轻洪水、泥沙负担，降低工程造价。

b)　单坝控制区间净面积在 5 km^2 以下时，工程规模应按大型淤地坝确定，并于即将淤平前 1 a～2 a，在坝库上游的主沟或主要产洪支沟选适当位置，修治沟骨干工程，保证坝地安全生产。

5.2.2.4　在沟中有常流水或泉水集中露头处，选适当位置，修建小水库，蓄水利用。同时，应在其上游修淤地坝或治沟骨干工程，拦蓄暴雨洪水。待泥沙澄清后放清水进水库存蓄，延长水库寿命，提高水库利用率。

5.2.2.5　当沟中原有零星分布的坝库平面布局不合理时，应通过坝系规划进行调整，根据洪水、泥沙、泉眼和常流水分布情况，将淤地坝改建为小水库，或将大淤地坝加高为治沟骨干工程，充分合理利用水土资源，达到保证工程安全的目的。

5.2.2.6　当流域内有几个不同的行政单元（乡、村）时，进行坝系规划和实施，应全流域统一规划，统一部署，统筹协调，统一指挥，不应各自为政，影响全局。

5.2.3　坝库勘测

5.2.3.1　选定坝址应符合下列规定：

a)　应选在“口小肚大”，沟道比降较缓，支沟分岔的下方和沟底陡坡、跌水的上方，以求修坝工程量小，库容大，淤地多。

b)　坝端岸坡应有开挖溢洪道的良好地形和土质（或基岩）；两岸岸坡不应大于 45°，不应有集流洼地或冲沟，不应有陷穴、泉眼等隐患；土质应坚硬，地质构造应稳定；最好是黄土下面为红胶土或基岩，可节省溢洪道衬砌的工程量和投资。

c)　坝址附近应有良好的筑坝材料（土料、石料）和料场，而且采运容易，交通、施工方便。采用水坠法筑坝时，土场应紧靠坝址，并有一定高度，坝址附近还应有充足的水源（施工期间能提供比坝体冲填土方量大一倍的水量）。

d)　宜减小库区淹没损失，避免淹没村庄、公路、矿井、大片耕地和其他重要建筑物。

5.2.3.2　坝址测量应符合下列规定：

5.2.3.2.1　小型淤地坝，可在坝轴线位置用手水准、皮尺、花杆量得坝轴线处的沟道断面，包括沟底宽度和两岸坡度（量到高出设计坝高 10 m 以上）。如坝轴上下游（坝体范围内）两岸岸坡有较大变化时，应在有变化处增测 1 个～2 个断面。

5.2.3.2.2 大中型淤地坝，应测绘（1∶500）～（1∶1 000）的坝址地形图；测图范围应高出坝顶 30 m 以上，同时应标出土、石料场的位置。

5.2.3.3 库区测量应符号下列规定：

5.2.3.3.1 小型淤地坝测量规定

a) 用手水准、皮尺、花杆测出库区沟底比降和平均宽度。

b) 根据坝轴线处的设计淤泥面高度，测算出库区未来淤泥面的长度和平均宽度。

c) 用淤泥面长度与平均宽度相乘算得淤地面积；用长度与平均宽度、平均高度相乘算得淤泥库容。

d) 对于坝高、库容等接近中型的小型淤地坝，可参见第 B.2 章，具体测量库区，绘制坝高-库容与坝高-淤地面积关系曲线。

5.2.3.3.2 大中型淤地坝测量规定

a) 测绘（1∶1 000）～（1∶2 000）的库区地形图，测图范围应高出坝顶 10 m 以上。

b) 根据地形图，参见第 B.1 章绘制坝高-库容与坝高-淤地面积关系曲线。

c) 对于接近小型的中型淤地坝，参见第 B.2 章进行测量和绘制关系曲线。

5.2.3.4 应调查坝址附近筑坝材料（土料、石料）的位置、分布高度、厚度、储量、物理力学性质、上坝距离等，必要时应进行坑探或槽探。如采用水坠法施工，尚应了解水源和电源情况。

5.3 工程布局与水文计算

5.3.1 工程布局

5.3.1.1 小型淤地坝，集水面积小、洪水量小而历时短、大部无常流水，坝地淤平较快，坝库常不蓄水，其工程布局一般只设土坝与溢洪道或土坝与泄水洞；溢洪道应布设在岸坡基础地质较好的一侧。

5.3.1.2 大中型淤地坝，集水面积和洪水量较大，大部分沟中有常流水的，宜设土坝、溢洪道和泄水洞；淤积进度较缓、蓄水时间较长者，应增设反滤体，具体要求有以下几项：

a) 一般采用均质土坝。若坝址下部是窄而深的基岩沟床，可采取先修浆砌石重力坝或堆石坝，坝高与基岩沟床齐平。待基岩沟床淤平后（一般只需 1 a），在其上修建均质土坝。

b) 在沟中石料缺乏、洪水峰高量小地区，经计算论证，可采取高坝大库容、用泄水洞排洪、不设溢洪道的工程布局方式。

c) 溢洪道布设应符合下列要求：

1) 应布设在完整、坚硬的基岩或土基上，避开破碎岸坡、滑坡体和断层。

2) 不应靠近坝体，进水口距坝肩不应小于 10 m，出水口距下游坝脚不应小于 20 m。

3) 当坝址上游有较大支沟汇入时，溢洪道宜布设在有支沟一侧的岸坡上，便于直接排泄支沟洪水。

d) 泄水洞布设应符合下列规定：

1) 应布设在基岩或均匀而坚实的土基上，泄水洞方向应与坝轴线垂直。

2) 泄水洞出口高程应能满足库区排水、灌溉和防碱的要求，且布设在灌溉用水一侧，出口处的消力池应设在坝体以外。

3) 淤地坝泄水洞的进口，宜采用卧管式，并与溢洪道布置在同侧。

5.3.2 水文计算

5.3.2.1 设计洪水标准与淤积年限

根据坝型确定设计洪水标准与淤积年限，见表 3。

表 3 淤地坝设计洪水标准与淤积年限

项目		单位	淤地坝类型			
			小型	中型	大(二)型	大(一)型
库容		10^4 m^3	<10	10～<50	50～<100	100～<500
洪水重现期	设计	a	10～20	20～30	30～50	30～50
	校核	a	30	50	50～100	100～300
淤积年限		a	5	5～10	10～20	20～30
注：大型淤地坝下游如有重要经济建设、交通干线或居民密集区，应根据实际情况，适当提高设计洪水标准。						

5.3.2.2 洪水总量与洪峰流量计算

根据当地不同条件，分别采取不同方法。对大型（和接近大型的中型）淤地坝一般应采用两种以上方法计算，并将其结果进行综合分析选定。

各种方法都应以设计频率的暴雨为基础。根据流域面积大小，分别确定设计频率下不同的设计暴雨历时（一般常用 3 h、6 h、12 h、24 h；流域面积较大的，采用较长的历时）；以设计暴雨控制洪水总量 W，合理确定造峰历时控制洪峰。常用计算方法有以下几种：

5.3.2.2.1 查阅图表法。当小流域所在省、地区或县各级水利部门已有《水文手册》时，应按各类淤地坝的设计频率和已确定的暴雨历时，查阅《水文手册》中相应的暴雨洪峰模数 M_Q 与洪量模数 M_W，乘以坝库以上集水面积 F 即得，见式(12)、式(13)。

$$Q = FM_Q \quad \cdots\cdots(12)$$

$$W = FM_W \quad \cdots\cdots(13)$$

式中：

Q——设计洪峰流量，单位为立方米每秒（m^3/s）；

W——设计洪水总量，单位为立方米（m^3）；

M_Q——洪峰模数，单位为立方米每秒平方公里[$m^3/(s \cdot km^2)$]；

M_W——洪量模数，单位为立方米每平方公里（m^3/km^2）；

F——坝库以上集水面积，单位为平方公里（km^2）。

5.3.2.2.2 用设计暴雨推算设计洪水。

a) 洪水总量可按式(14)进行计算：

$$W = 1\,000KRF \quad \cdots\cdots(14)$$

式中：

W——洪水总量，单位为立方米（m^3）；

R——暴雨量，单位为毫米（mm）；

F——集水面积，单位为平方公里（km^2）；

K——径流系数。

R 和 K 值，可查阅当地或相邻同一类型区的气象站、水文站、水保站资料，有的还应根据原始资料，进行频率分析后求得。

b) 洪峰流量：根据集水面积和流域形状，研究确定洪水汇流速度与洪水历时 T。用概化三角形面积关系式，求得洪峰流量 Q，见式(15)。洪水总量 W 为三角形的面积，洪水历时 T 为三角形的底，洪峰流量 Q 为三角形的高，见图 6。

$$Q = 2W/T \quad \cdots\cdots(15)$$

式中：

Q——洪峰流量，单位为立方米每秒（m^3/s）；

W——洪水总量,单位为立方米(m^3);

T——洪水历时,单位为秒(s)。

式(15)中的关键性计算参数是洪水历时 T,包括涨水历时 T_1 与退水历时 T_2,应根据有关观测资料和经验数值,分析研究确定。

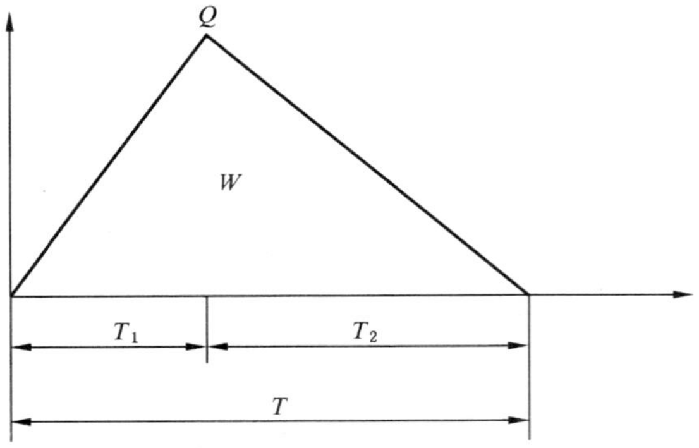

图 6 洪量、洪峰、洪水历时的关系

c) 用推理式(16)计算洪峰流量。

$$Q = 0.278KIF \quad \cdots\cdots(16)$$

式中:

Q——洪峰流量,单位为立方米每秒(m^3/s);

K——洪峰径流系数;

I——汇流历时内平均降雨强度,单位为毫米每小时(mm/h);

F——集水面积,单位为平方公里(km^2);

0.278——单位换算系数。

5.3.2.3 流域年均输沙量计算

流域年均输沙量按式(17)计算:

$$S = FM_S \quad \cdots\cdots(17)$$

式中:

S——年均输沙量,单位为吨(t);

M_S——年均侵蚀模数,单位为吨每平方公里(t/km^2);

F——坝库以上集水面积,单位为平方公里(km^2)。

5.3.2.4 在进行坝库水文计算时,如其上游已有其他坝库,或集水面积上已有不同程度的水土保持措施,则应考虑其减小洪峰、洪量和年输沙量的作用,对公式(12)、(13)和(17)中的 M_Q、M_W 和 M_S 等参数给予适当调整。具体要求如下:

a) 如设计坝库上游有其他坝库,且能全部拦蓄洪水、泥沙,则应从设计坝库的集水面积中减去其上游坝库的集水面积,再进行前述各项计算。

b) 如上游坝库不能全部拦蓄洪水、泥沙,则应在上述计算基础上,再增加上游坝库排出的洪水、泥沙。

c) 对集水面积上现有水土保持措施减少地表径流和土壤侵蚀作用的计算参见 GB/T 15774。

5.4 建筑物设计

5.4.1 土坝设计

5.4.1.1 坝高确定

坝体总高由拦泥坝高、滞洪坝高、安全超高三部分组成,见图 7,并按式(18)计算。

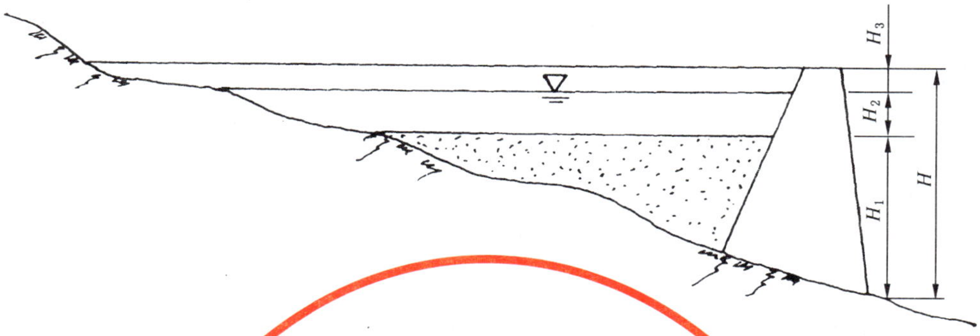

图 7　坝高组成示意图

$$H = H_1 + H_2 + H_3 \qquad (18)$$

式中：

H——坝体总高，单位为米(m)；

H_1——拦泥坝高，单位为米(m)；

H_2——滞洪坝高，单位为米(m)；

H_3——安全超高，单位为米(m)。

5.4.1.1.1　拦泥坝高确定

a)　根据不同坝型确定拦沙库容 V_1，按式(19)计算：

$$V_1 = N(S - \Delta S)/\gamma \qquad (19)$$

式中：

V_1——拦沙库容，单位为立方米(m^3)；

S——年均来沙量，单位为吨(t)；

ΔS——年均排沙量，单位为吨(t)；

N——淤积年限，单位为年(a)；

γ——泥沙干容度(1.3 t/m^3～1.4 t/m^3)。

b)　从坝高-库容曲线上查得拦泥坝高 H_1。

c)　根据溢洪道、泄水洞设计排洪量中含沙量情况，确定平均排沙量 ΔS。

5.4.1.1.2　滞洪坝高确定

a)　根据不同坝型规定频率的洪水设计标准与校核标准，确定洪水总量 W 与洪峰流量 Q。

b)　据此设计溢洪道最大排洪量 ΔQ，并求得与最大排洪量相应的溢洪道最大过水深度，即为滞洪坝高 H_2。

c)　在坝高-库容曲线上查得拦泥库容以上与滞洪坝高 H_2，相应的滞洪库容 V_2，要求与来洪量 W 和排洪量 ΔQ 相协调。

d)　当淤泥面有一定比降(一般 1%～2%)时，实际滞洪库容比从曲线上查得的数值偏小，计算应根据当地具体情况，给予调整(减小约 5%左右)。

5.4.1.1.3　安全超高的确定

a)　坝高为 10 m 时，安全超高取 0.5 m～1.0 m；

b)　坝高为 10 m～20 m 时，安全超高取 1.0 m～1.5 m；

c)　坝高大于 20 m 时，安全超高取 1.5 m～2.0 m。

5.4.1.2　坝体断面确定

5.4.1.2.1　坝顶宽度

不同坝高和不同的施工方法，分别采取不同的坝顶宽度，见表 4。

表4 不同施工方法与不同坝高的坝顶宽度

单位为米

施工方法	坝高			
	<10	10～<20	20～<30	30～40
碾压施工	2～3	3～4	4～5	5～6
水坠施工	3～4	4～5	5～6	6～7
注：坝顶宽度不得小于2 m，如因交通需要，坝顶宽度可适当增加。				

5.4.1.2.2 上下游坝坡

a) 一般淤地坝，蓄水时间较短，可不作坝体稳定分析。当淤地坝加高改作治沟骨干工程后，蓄水时间较长，需作坝体稳定分析，此时应根据满足稳定要求的坝体断面决定上下游坝坡，参见SL 289。

b) 不同坝高和不同施工方法，应分别采取不同的上下游坝坡，见表5。

表5 不同坝高与不同施工方法的坝坡比

施工方法	坝坡类别与坝体土质	坝高/m			
		10	20	30	40
碾压施工	上游坝坡	1∶1.50	1∶2.00	1∶2.50	1∶3.00
	下游坝坡	1∶1.25	1∶1.50	1∶2.00	1∶2.00
水坠施工	沙壤土	1∶2.00	1∶2.25	1∶2.50	1∶3.00
	轻粉质壤土	1∶2.25	1∶2.50	1∶2.75	1∶3.25
	中粉质壤土	1∶2.50	1∶2.75	1∶3.00	1∶3.50
	重粉质壤土	1∶2.75	1∶3.00	1∶3.50	1∶3.75
注：水坠施工上下游坡比相同，根据坝体土质不同而取不同坡比。					

c) 坝高超过20 m时，从下向上每10 m坝高应设置一条马道，宽1.0 m～1.5 m，一般应在马道处变坝坡，上陡下缓。

5.4.1.2.3 水坠坝施工过程中，冲填泥池的边埂断面，与坝体断面和施工质量有关，规定如下：

a) 边埂外坡应与坝体上下游坡比一致，边埂内可采用1∶1或倒土时的自然安息角(35°左右)。

b) 边埂高度应高出冲填层0.5 m～1.0m。边埂宽度根据坝体高度与土质分别规定，见表6。

表6 不同坝高、不同土质的边埂宽度

单位为米

坝体土质	坝高				
	<15	15～<20	20～<25	25～<30	30～40
沙壤土	2～3	3～4	4～5	5～6	6～7
轻粉质壤土	3～4	4～5	5～6	6～7	6～9
中粉质壤土	4～5	5～6	6～7	7～8	8～10
重粉质壤土	5～6	6～7	7～8	8～9	9～11

5.4.1.3 **坝体土方计算**

5.4.1.3.1 小型淤地坝。坝体范围内两岸岸坡与坝轴线处岸坡基本一致，可采取5.2.3.2.1所述坝址测量法，按简易长宽相乘法计算坝体土方量，参见第C.1章。

5.4.1.3.2 大中型淤地坝，用5.2.3.2.2.所述方法测量坝址地形的，应采用等高线包围面积法计算坝体土方量，参见第C.2章。

5.4.1.3.3 有的中型淤地坝，如坝体范围内两岸岸坡与坝轴线处岸坡一致的，也可采用小型淤地坝的测量和方法计算坝体土方量。

5.4.1.4　**坝体分期加高设计**

根据淤地坝的特点，在坝内库容淤满后，于淤泥面上加高土坝坝体，可大大节约土方工程量。坝体分期加高分以下两种情况，在设计上各有不同要求：

5.4.1.4.1　新建土坝一次设计分期加高。建坝时一次设计到最终坝高，但坝体分两期或三期施工完成，应符合下列要求：

a)　第一期坝体高度，按最终坝高的1/2左右设计，利用泄水洞和临时溢洪道(不衬砌)排洪。

b)　第一期坝高淤平后，在坝前淤泥面上加高坝体，同时改变溢洪道进口高程。

c)　泄水洞进口应采取卧管式，并按最终坝高设计和施工相应的平洞长度与进口高程。

d)　加高到最终坝高时，设置永久性溢洪道。

e)　采用此法岸坡应有开挖临时溢洪道和分期改变溢洪道进口高程的条件；一般在坝库设计中只有土坝与泄水洞的情况下采用。

5.4.1.4.2　旧坝加高。沟中原有坝库淤满后，为了扩大淤地面积，或改作治沟骨干工程，提高拦洪能力，进行坝体加高，应符合下列要求：

a)　由于泥沙淤积，使坝址、库区地形都发生了变化，应根据变化后的地形重新绘制坝高-库容曲线，并据此确定坝高和设计坝体断面。

b)　加高坝体的土方量，与总坝高(原坝高与新加高)的坝体(计算)土方量相比，可节省三分之二以上；但溢洪道与泄水洞等建筑物，都应根据坝体加高后的情况进行改建。

5.4.2　**溢洪道设计**

5.4.2.1　小型淤地坝和接近小型的中型淤地坝，在集水面积和排洪量不大的条件下，一般采用明渠式溢洪道，应符合下列要求：

5.4.2.1.1　应根据不同地基条件，采用以下不同断面形式：

a)　岩石或粘重的红胶土类地基，采用矩形断面。

b)　壤土类地基采用梯形断面。

c)　中型淤地坝，如溢洪道断面较大，可作成复式断面，底部常过水的小断面，作好石方衬砌，上部不常过水的大断面不衬砌。

5.4.2.1.2　溢洪道断面尺寸，根据设计洪峰流量和溢洪道明渠比降、粗糙系数等(计算见4.3.1.2)有关因素确定。

5.4.2.2　大型淤地坝与接近大型的中型淤地坝，以及淤地坝加高作治沟骨干工程等集水面积和排洪量都较大，一般采取陡坡式溢洪道，应符合下列要求：

5.4.2.2.1　陡坡式溢洪道结构组成。宽顶堰陡坡式溢洪道由进口段、陡坡段和出口段三部分组成。进口段包括引水渠、渐变段、溢流堰，出口段包括消力池、渐变段和尾水渠，见图8。

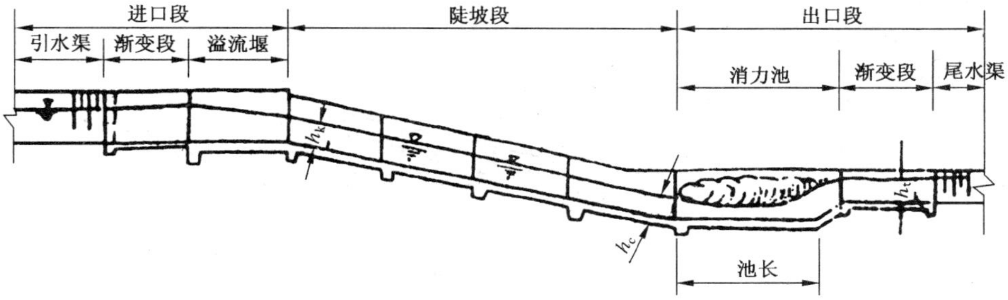

a) 甲-甲剖面

图8　陡坡式溢洪道结构示意图

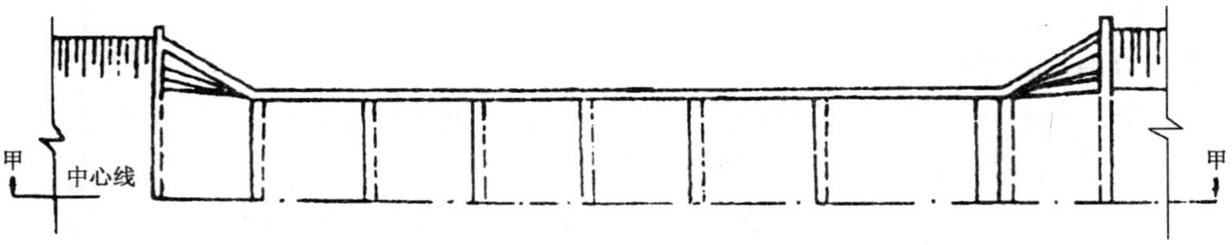

b) 溢洪道平面图

图 8(续)

5.4.2.2.2 陡坡式溢洪道各部分设计要求与计算公式参见 SL 289。

5.4.3 泄水建筑物设计

5.4.3.1 基本要求

5.4.3.1.1 一般淤地坝的泄水建筑物，应在淤地过程中和坝地淤成以后，能及时排除坝内清水和洪水，利于坝地种植。

5.4.3.1.2 只有土坝和泄水洞而没有溢洪道的坝库，应依靠泄水洞及时排除库内洪水，保证坝库安全和坝地保收。

5.4.3.1.3 淤地坝在未淤满以前，如兼有蓄水灌溉作用，其泄水建筑物应满足及时放足灌溉用水的需要。

5.4.3.2 设计流量

设计流量可按式(20)进行计算：

$$Q = W/2T \qquad \cdots\cdots\cdots\cdots (20)$$

式中：

Q——设计流量，单位为立方米每秒(m^3/s)；

W——设计频率的一次洪水总量，单位为立方米(m^3)；

T——不同要求下排完洪水的时间，单位为秒(s)。

T 值的确定：

a) 坝地上种有高秆作物需要保收的，应在 2 d～3 d 内排完洪水。

b) 坝库内没有种庄稼，要求排掉洪水保坝的，应在 4 d～6 d 能将库内洪水排完。

c) 上述两种情况中，有溢洪道的，应同时考虑溢洪道的排水量；没有溢洪道的，由泄水洞单独排水。

5.4.3.3 泄水建筑物各组成部分的设计要求

泄水建筑物由进口段、输水段、出口消能段三部分组成，见图 9。各部分设计要求如下：

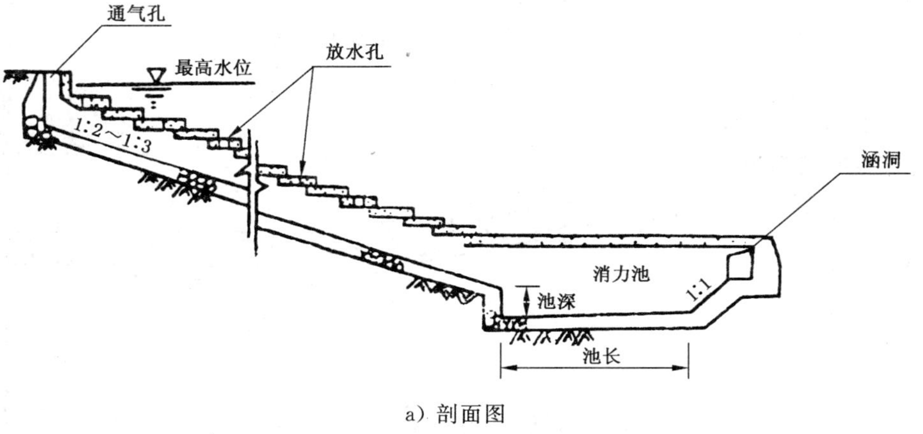

a) 剖面图

图 9 泄水建筑物结构示意图

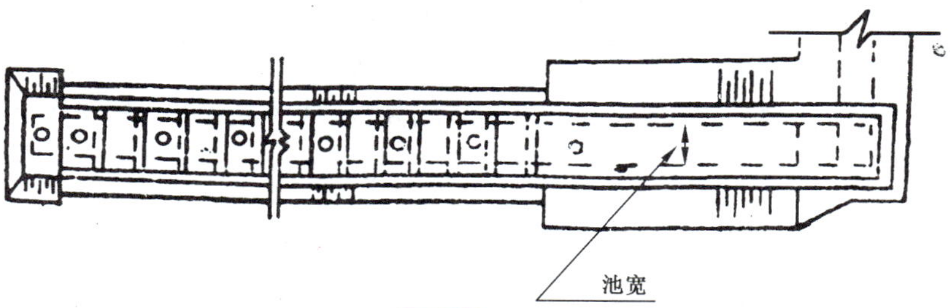

b）平面图

图 9（续）

5.4.3.3.1 **进口段**

a） 一般采用分级卧管形式，并尽可能与溢洪道同侧，由于地形限制等原因可采用竖井形式。

b） 卧管应布设在土坝上游岸坡，坡度(1：2)～(1：3)，管顶高度应超出库内最高洪水位。

c） 卧管可用浆砌料石作成台阶，每个台阶高差为 0.4 m～0.5 m，每台阶设 1 个～2 个放水孔。孔径 15 cm～25 cm，根据放水流量大小具体确定。第一放水孔尽量设在坝高的 1/3 以下。

d） 卧管末端与涵管或涵洞连接处应设消力池。

5.4.3.3.2 **输水段**

a） 涵洞形式有方形涵洞、拱形涵洞和圆形涵洞三种，根据各地不同条件，因地制宜采用。

b） 涵洞位置应与坝轴线正交。比降 0.5%～1.0%。由浆砌料石(方形与拱形)或预制钢筋混凝土管(圆形)作成。

c） 涵洞一般为无压管道，洞内水深不应超过洞高的 3/4。断面宽度不得小于 0.9 m，高度不得小于 1.2 m。

d） 沿涵洞长度每 10 m～15 m 应砌筑一道截水环，厚 0.3 m～0.4 m，伸出管壁外层 0.4 m～0.5 m。如涵洞采用圆形预制管，则需设置半圆形管座，厚度最小处不得小于 0.3 m，其下铺设 0.3 m 厚灰土层。

5.4.3.3.3 **出口消能段**

a） 如涵洞出口位置较低，可直接下连消力池。

b） 如涵洞出口位置较高，则需修一段引水渠，连接陡坡，陡坡末端连接消力池。

5.4.3.4 **泄水建筑物各部分具体设计技术要求**

泄水建筑物各部分具体设计技术可参照 SL 289 中有关规定执行。

5.4.4 **反滤体设计**

5.4.4.1 反滤体的设置

5.4.4.1.1 一般小型淤地坝淤积很快，蓄水时间短，可不设反滤体。

5.4.4.1.2 大中型淤地坝和淤地坝加高作治沟骨干工程者，坝内蓄水时间较长，蓄水位较高，应设反滤体排水。

5.4.4.2 反滤体的形式(见图 10)

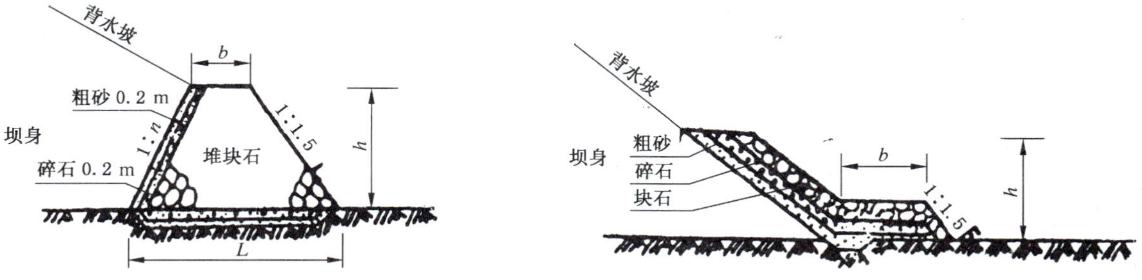

a）棱体式反滤层　　b）斜卧式反滤层

注：n 为 1.00 或 1.25。

图 10 反滤体两种形式示意图

a) 棱体式:作为下游坝坡的趾部,与坝体开始填筑时同步进行修砌。

b) 斜卧式:可在下游坝坡下部作成后,铺砌在下游坝坡的趾部。

5.4.4.3 反滤体的材料由三层材料组成:最里层紧贴土质坝体为粗沙,中间层为砾石,最外层为干砌块石。

5.4.4.4 不同坝高下的反滤体尺寸不同,见表7。

表7 不同坝高下的反滤体尺寸

项目		坝高/m			
		10～<15	15～<20	20～<25	25～30
反滤体高度/m		2.0～2.5	2.5～3.0	3.0～3.5	3.5～4.0
棱体式	顶宽/m	1.0～1.2	1.2～1.8	1.8～2.0	2.0
	外坡比	1∶1.5	1∶1.5	1∶1.5	1∶1.5
	内坡比	1∶1.00	1∶1.25	1∶1.25	1∶1.25
	底宽/m	6.00～8.01	8.01～9.75	9.75～11.62	11.62～13.00
斜卧式	砂层厚/m	0.20	0.25	0.30	0.30
	碎石层厚/m	0.20	0.25	0.30	0.30
	块石层厚/m	0.50	0.60	0.70	0.80
	顶宽/m	1.00	1.50	2.00	2.00

5.5 工程施工

5.5.1 施工准备

5.5.1.1 施工场地准备。包括选好土、石料场,确定运送土、石路线,修筑交通道路,架设输电、通讯线路,安装机泵,修建堆放物资(炸药、水泥、施工工具)的临时仓库等。

5.5.1.2 施工定线。根据规划、设计图纸,将土坝溢洪道、泄水洞等各项建筑物的位置,用测量工具逐项落实到地面,并用打桩等方法予以确定。

5.5.2 清基

5.5.2.1 土质沟床清基

a) 应将浮土、杂物等全部清除。清除深度按浮土、杂物深度而定,一般在30 cm以上。

b) 应沿坝轴线位置开挖结合槽,梯形断面底宽0.5 m～1.0 m,深0.5 m～1.0 m,边坡1∶1。

c) 应回填均质黄土,按夯实标准压实。

5.5.2.2 石质沟床清基

a) 如岩石基础与坝体直接结合时,先清除表层覆盖物,再进行开挖,将强风化层全部除掉,以开挖到设计要求为原则。岩坡清除后不应成台阶状。

b) 如岩石有裂隙、断层、裂隙水等现象,应用箱填堵塞法或水玻璃掺水泥等方法严格处理,或作导滤槽将裂隙水引到坝外。

5.5.2.3 削坡要求

a) 土质岸坡不陡于(1∶1.0)～(1∶1.5);

b) 岩石岸坡不陡于(1∶0.5)～(1∶0.75)。

5.5.2.4 其他要求

a) 坝基为黄土台地时,除削坡外,应预作湿陷处理。

b) 坝库有长期蓄水要求的,坝基应作截流防渗处理。

5.5.3 **碾压式土坝施工**

5.5.3.1 取土要求

a) 土料取用应先低后高、先近后远、先易后难，做到高土高用，低土低用，缩短运距。

b) 严禁从坝顶以下的坝端取土。

c) 运土道路宜布置成循环形式，往来路线应分开，避免陡坡和急转弯。

d) 土壤含水量应达到设计要求。含水量较低的料场，应提前洒水或灌水。

5.5.3.2 铺土要求

a) 坝基为粘性土时，应先采取措施，使坝基表面含水量控制在设计要求范围内，然后铺土压实；若为砂性土基，应先将坝基表面洒水压实，然后再铺土。

b) 填筑的土料应均质，不含腐殖质土、石块、大土块、冻土块或草根、树枝等其他杂质。土料含水量应为 15%～18%，不应低于 14%。

c) 铺土应平行于坝轴方向呈条形延伸；条形间横向接缝应错开，厚度应均匀。宽度应一次铺够，避免接缝。人工夯实铺土厚不应超过 30 cm；机械履带碾压铺土厚度为 20 cm～25 cm；羊角碾碾压，铺土厚度为 20 cm～30 cm。

d) 连续铺土压实的坝面应适当洒水湿润，并钩皮刨毛，利于上下层结合；越冬压实的坝面，应将冻层面挖开运走。冬季停工的土坝，坝面应铺一层松土。

5.5.3.3 压实要求

a) 坝体压实应根据土料性质、含水量和压实工具事先进行试验，确定铺土厚度与夯碾次数。干密度不应低于 1.55 t/m^3，在施工期间每压实一层均需取样测定干密度和含水量。

b) 大中型淤地坝宜使用机械碾压。采取进退错距法，两次错车碾迹重叠 10 cm～15 cm，沿坝轴方向进行，用 1 档～2 档低速碾压。

c) 人工夯实可使用石夯、铁夯和混凝土夯。夯具重量应为 40 kg～50 kg。采取梅花套打法，夯迹应重合 1/3。

5.5.3.4 土坝施工期间，每夯压升高一层，应按设计坡比随时进行整坡，整个坝坡应均匀一致。

5.5.4 **溢洪道施工**

5.5.4.1 溢洪道过水断面应按设计宽度、深度和边坡施工。应严格控制溢洪道底高程，不得超高或降低。

5.5.4.2 在土质山坡开挖溢洪道，其过水断面边坡不应小于 1∶1.5，过水断面以上山坡不应小于 1∶1.0。在断面变坡处应留一平台，宽 1.0 m 左右。溢洪道上部的山坡应开挖排水沟，保证安全。溢洪道开挖的土宜利用上坝，在施工顺序安排上，应和土坝施工平行。

5.5.4.3 在岩石山坡上开挖溢洪道，应沿溢洪道轴线开槽，再逐步扩大到设计断面，不同风化程度岩石的稳定边坡比，弱风化岩石为(1∶0.5)～(1∶0.8)；微风化岩石为(1∶0.2)～(1∶0.5)。

5.5.4.4 用浆砌石衬砌溢洪道时，应按 5.5.6 规定执行。

5.5.5 **泄水洞施工**

5.5.5.1 **浆砌石涵洞施工要求**

a) 砌石时土质基础可不坐浆，岩石基础应清基后坐浆。

b) 侧墙砌筑，应先确定中线和边线的位置。砌筑有斜面和侧墙时，应在其周围用样板挂线。砌石方法按 5.5.6.1、5.5.6.2 和 5.5.6.3 规定执行。

c) 起拱脚端应与水平成一定角度，在涵台沿未砌到拱线之前，就应将石块逐渐砌成倾斜状态，使起拱线的斜度满足要求，外层应预留 2 cm 的沟缝槽。

d) 砌筑拱圈时，应以拱的全宽和全厚，同时由两端起拱线处对称向拱顶砌筑。相邻两行拱石砌缝应错开，错距不得小于 10 cm，应保持拱的平顺曲线形状，待砂浆强度能承受静荷载的应力时，才能拆除支撑架。

e) 涵洞两侧及顶部，应用粘土回填 1 m 以上，方能用大夯夯实。两侧应平衡填高，干密度应大于坝体设计值，靠近洞壁部位，填粘土含量不应小于 20%，并用大锤夯捣，使回填土料挤满每个砌石缝隙。填土夯实时，应在洞(管)壁上洒水，利于结合。

5.5.5.2 预制混凝土涵管施工要求

a) 管座砌筑应根据预制涵管每节的长度，在两端接头处预留接缝套管位置。管座应采用 180°或 90°的支撑。

b) 预制管应由一端向另一端套装，接头缝隙应用沥青麻刀填塞。

c) 预制管如为平接，应套有管箍，管箍与管之间用水泥石棉粉砂浆填实。

d) 管壁附近应用小木夯分层打实。当填土超过管顶 1m 以上后，再用大夯或机械压实。

5.5.6 浆砌料石(或块石)施工

5.5.6.1 基础处理要求

a) 地基开挖，应清除强风化岩石，按设计挖到弱风化或微风化基岩上。基岩边坡应保证稳定。顺河流方向的基面不得挖成向下游倾斜。

b) 岸坡开挖，应清除表面的覆盖物，并使基岩面平整。坡度应符合设计要求。

c) 浆砌石坝坝基范围内的断层破碎带或软弱夹层，应根据所在的部位、形状、宽度、组成物的性质及对坝体安全的影响，采取处理措施。对于规模不大而倾角较陡的断层破碎带可采用在表面加混凝土塞的方法处理。混凝土塞的深度，一般为破碎带宽度的 1.5 倍～2.0 倍。若断层破碎带伸出坝基以外，应延长处理段到坝体以外 1.5 倍～2.0 倍的处理深度。

5.5.6.2 石料与沙浆准备要求

a) 料石尺寸应基本一致，长 50 cm～60 cm，宽 30 cm～40 cm，厚 20 cm～30 cm。浆砌前应将砌石表面的泥污、水锈等洗刷干净。

b) 砂浆配制应按设计的配合比调和，稠度应适中，过干不易捣实，过稀降低质量。砂浆配合比例见表 8。

表 8 砂浆配合比例参考值

砂浆名称	砂浆标号	水泥标号	体积配合比			每立方米砌体材料消耗量			
			水泥	砂	石灰	水泥/kg	砂子/m^3	石灰/kg	片石/m^3
水泥砂浆	100	425	1	3	—	131	0.37	—	1.1
	75	425	1	4	—	90	0.37	—	1.1
	50	425	1	6	—	75	0.37	—	1.1

5.5.6.3 砌石要求

a) 镶面石应一顶一顺间隔排列，上下层镶面石的竖缝应错开 8 cm 以上；腹石应错开石块长度的 1/3～1/2；砌石缝宽与石料形状有关，粗料石为 1.5 cm～2.0 cm，块石为 3 cm，片石为 4 cm 左右。

b) 迎水面镶面石应用 50 号水泥砂浆砌筑；背水面面石可用 25 号混合砂浆砌筑；填腹石可用 10 号白灰砂浆砌筑；表面勾缝宜用 75 号水泥砂浆。

c) 水泥砂浆砌石体应进行洒水养护(洒水次数根据气温、风力而定)，表面用草袋覆盖，使砌体经常保持湿润状态。暂不加砌的，至少需养护 7d，正在砌筑的表面，严禁敲打、震动。

d) 应用挤浆法砌筑，先在基础表面铺一层厚 3 cm 的砂浆，将石料放在砂浆上，用脚踩或锤击，使之紧密结合，然后给竖缝灌灰浆，至缝深 2/3 后，向缝内挤片石，并用铁锤捣实，使砂浆与石块紧密结合。

5.5.7 干砌块石施工

5.5.7.1 砌筑应分层进行。层间竖缝应错开，每层应以大石块为骨干，且大面朝下。

5.5.7.2 不平稳部位应用小石块垫稳，不得有松动石块。

5.5.7.3 层面应经常用厚薄不同的石块调整高度，应始终保持各层呈基本水平上升。

5.5.7.4 砌体应表里一致，不得以大块石砌外缘而内填碎石或河卵石。外砌石块应互压 1/2 以上，并用大块石封顶。

5.5.8 冬季施工

5.5.8.1 一般土石工程，不应在 0 ℃以下进行施工。夜间气温降到 0 ℃以下，施工时应采取防寒措施。

5.5.8.2 土坝冬季施工应符合下列规定：

a) 取土场选择在背风向阳处，采用立面开挖，实行挖、装、运、铺、压流水作业，不留间歇，防止冻结。冻土不得上坝。

b) 宜采用爆破松土、机械碾压法施工。夜间施工时应铺一层虚土，次日夯碾。

c) 一般砂壤土含水量不应大于 16%；轻中粉质壤土及粘土含水量不应大于 18%。

5.5.8.3 浆砌石或混凝土工程冬季施工，可采用以下措施：

a) 加热法。混凝土施工应有预热设施，先用热水拌合骨料，再进行预热。石块温度应保持在 0 ℃以上，砂浆温度保持在 10 ℃以上。

b) 暖棚法。棚内温度应保持在 5 ℃以上。

c) 掺料法。在砂浆里应掺入食盐或氯化钙。

5.5.9 安全施工

5.5.9.1 爆破施工应按爆破安全规程进行，确定各项安全距离，见表 9。

表 9 爆破施工安全距离

单位为米

爆破方法	洞室大爆破	大药包小洞室抛掷爆破	裸露药包	炮眼爆破及深洞法	药室法大口径松动爆破	扩大炮眼或深孔	炸倒建筑物或破坏基础	扩大药室
最小安全距离	400	400	300	200	200	100	100	50

5.5.9.2 汛期施工应做好防汛抢险的一切准备工作。

5.5.9.3 高空作业时脚手架应经常检查、维修和加固。料、具应妥善保管，现场作业应有防护准备。

5.6 工程管理

5.6.1 工程检查与观测

5.6.1.1 工程竣工后和蓄水、泄水前后，应对各项建筑物进行全面检查。

5.6.1.2 汛期检查

a) 应检查防汛准备情况，并落实抢险队伍的组织和制度。

b) 暴雨洪水来临时，应有专人观测雨情和水情，检查坝体和溢洪道、泄水洞等建筑物的安全状况。

5.6.1.3 对重点工程(或新材料、新技术施工的工程)进行以下项目的观测：

a) 根据工程规模和生产需要，观测土坝的沉陷、位移、裂缝和渗流情况。

b) 定期观测雨量、库水位、库内淤积、泄水流量、含沙量和库区塌岸情况。

5.6.2 工程维修养护

5.6.2.1 土坝的维修养护

a) 严禁在坝体上和坝体四周 3 m 以内种地、植树、挖坑、打井、爆破和进行其他对工程有害的活动。

b) 对坝体滑坡、裂缝及动物洞穴等现象，应及时处理，对坝顶的过量沉陷，应及时填补，保持坝顶、坝坡的完整。应保护各种观测设施的完好,清除坝面排水沟内淤泥和杂物。

c) 土坝蓄水后,应检查背水坡脚有无渗流、管涌及两岸渗漏现象,如有混水或流土,应查明原因,填铺滤料,妥善处理。

d) 坝轴线两端山坡上如有天然集流槽,应及时在坡面修截水沟、排水沟,防止暴雨中坡面径流由此下泄,冲坏坝体和其他建筑物。

5.6.2.2 土坝裂缝的处理方法

a) 发现裂缝,应开挖探坑查明裂缝部位、形状、宽度、长度、深度、错距和走向;并根据观测资料,结合土坝设计、施工情况,分析裂缝成因,针对不同性质的裂缝,采取相应的处理措施。

b) 对于较浅的龟裂缝,可在表面铺一厚约 30 cm 的保护土层。

c) 对于较深的裂缝,可用回填法处理,处理后随即铺设保护层。裂缝较深时上部开挖回填,下部灌浆处理。灌浆时应先稀后稠,泥浆稠度以水土比(1∶1.2)～(1∶2.5)为宜。

d) 横向裂缝(垂直于坝轴线的裂缝)危险性极大,汛期应加强监测,控制运用,汛后及时挖槽回填处理。

5.6.2.3 溢洪道维修养护要求

a) 溢洪道两侧如有松动土石体坍塌危险时,应根据不同情况分别采取清理、削坡或锚固等处理措施。

b) 如坍塌体堵塞水流时,应在暴雨到来之前及时清除。

5.6.2.4 泄水建筑物管理养护要求

a) 如发现泄水涵洞由于土石结合不好导致管壁漏水,应将迎水坡开挖一段,回填粘土夯实,并在涵洞进口处加做几道截水环。

b) 如因基础不均匀沉陷发生涵管断裂,或因管道接头处理不好而漏水,应在空库时从迎水坡挖开漏水段进行翻修,并加筑截水环,同时在管内用水泥砂浆填缝、塌实、勾缝,里缝用沥青水泥砂浆回填,外缝用丝布粘贴。

c) 对涵洞内淤塞的石块、杂土等阻水物应随时清除。

d) 发现竖井卧管裂缝应及时处理。

5.6.2.5 排洪渠维修管理

5.6.2.5.1 坝地一侧排洪渠内,如有淤泥和堆积物,应及时清除,并结合加固防洪堤。

5.6.2.5.2 对冲坏或破坏的导流坝应及时进行修复。

5.6.2.6 环境保护

5.6.2.6.1 工程竣工后,对施工现场应进行全面整治。取土场应修成 1 m～2 m 宽的反坡水平阶,造林种草。

5.6.2.6.2 应在下游坝坡种草和种植浅根性灌木。

5.6.2.6.3 建筑物四周 5 m 以内严禁挖土采石,坝顶和坝坡禁止放牧。

5.6.2.6.4 严禁向库内排放污水和废渣。

5.7 坝地利用

5.7.1 坝地防洪保收措施

5.7.1.1 坝系联合运用

a) 上坝拦洪,下坝种地。集水面积小的支毛沟,建坝时,可从下游开始,第一座建成淤平种地,其上游修第二座拦洪,保护第一座安全生产。第二座淤平种地时,在其上游再修第三座拦洪,保护第二座。

b) 支沟拦洪,干沟种地。如干沟坝已淤平种地,坝区范围内有较大支沟来洪,单靠上游修坝拦洪不能解决,应在此支沟内修坝拦洪,保护干沟坝地安全生产。

c) 在集水面积不大的支毛沟中,当各坝都已淤满时,选其中一坝加高,扩大其库容,成为此沟中的骨干工程。暴雨中，依靠此坝拦蓄沟中大部分洪水，保护其他坝地安全生产。加高库容淤满后，可改为种地，另选一坝加高成为骨干工程。

5.7.1.2 **在坝地本身修建防洪设施**

a) 在坝地末端附近上游沟中修防洪堤，与坝地一侧的防洪堤连接一起，将坝地包围其中，防止上游洪水进入坝地。

b) 在坝地一侧开挖排洪渠（挖出的土方修作防洪堤），下接溢洪道或泄水洞的进口，暴雨中上游来洪量通过排洪渠，从溢洪道或泄水洞排除，不使进入坝地。两岸山坡上下来的暴雨径流，一岸由排洪渠排除，一岸可流入坝地淤漫。

5.7.1.3 **种植适应作物**

5.7.1.3.1 坝地尚未淤到稳定高程，还需继续淤高的，可种植大麦、黑麦等早熟品种的夏收作物，在暴雨洪水到来之前抢收一季庄稼，洪水来时拦洪落淤。

5.7.1.3.2 坝地已淤到稳定高程时，可种植高粱、玉米等高秆作物，通过前述的防洪设施，暴雨季节坝地上短期 1d～2d 积水 0.3m 以下，不影响庄稼收成。

5.7.2 **坝地防治盐碱化**

5.7.2.1 淤地坝修建以前和建成以后，对淤地范围内沟底、沟壁有泉水露头的，应在落淤之前采取措施，将泉水引出（或垒石护住泉眼，在坝地中修成水井），勿使淤在地中，导致盐碱化。

5.7.2.2 坝地末端紧接上坝趾处，由于上坝渗水导致盐碱化的，应在此位置向下深挖 3 m～5 m，兴修蓄水池，降低坝地末端地下水位，勿使盐碱化向坝地其他部分蔓延。

5.7.2.3 当盐碱化已蔓延到坝地 1/3～1/2 面积时，应在坝地上开挖纵横排水沟，每 20 m～30 m 一条，深 2 m 以上，宽 1 m 左右，其出口与坝地一侧的排洪渠相接（相应地挖深排洪渠），排除地下水，降低地下水位。

5.7.2.4 对盐碱化程度较重不适宜种庄稼的坝地，可改种芦苇、柽柳等有经济价值的耐碱植物。对盐碱化又兼下湿、沼泽化的坝地，可种植水稻、莲藕等耐碱水生作物。

附　录　A
（资料性附录）
集水面积计算方法

A.1　积仪法

在地形图上划出坝库的集水面积范围，用求积仪量算出此范围内的图上面积。将量得的图上的面积乘以地形图比例尺的平方值，即得集水面积。

A.2　方格法

用透明的方格纸铺在划好的集水面积平面图上，数得集水面积范围内的方格数量。根据每一方格实际代表的面积，乘以总的方格数，得出集水面积。

A.3　称重法

A.3.1　用精密天平称 100 cm^2 透明方格纸，算得每平方厘米重量。
A.3.2　用同一透明方格纸描绘集水区范围，剪下称重。
A.3.3　根据称得的重量，算得其 cm^2 数。
A.3.4　按所采用的比例尺，算得集水区面积。

A.4　梯形计算法

A.4.1　将集水面积划分成若干梯形，然后求各梯形面积之和，见图 A.1。

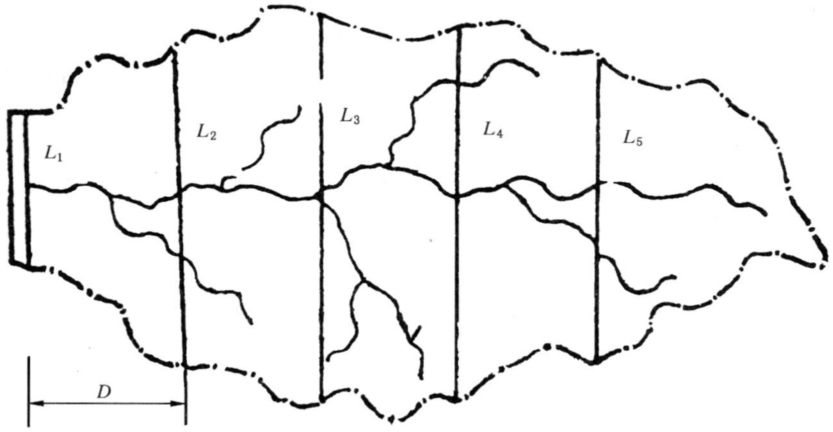

图 A.1　集中面积梯形计算法

A.4.2　梯形面积的计算见式(A.1)：

$$F_n = \frac{L_n + L_{n+1}}{2} \times D \qquad \text{(A.1)}$$

式中：

F_n——某一个梯形面积，单位为平方米(m^2)；

L_n——某一个梯形上口宽，单位为米(m)；

L_{n+1}——某一个梯形下口宽，单位为米(m)；

D——上下两个宽度间的距离，单位为米(m)。

A.5 经验公式法

当粗略计算时，可采用经验公式[式(A.2)]：

$$F = fL^2 \qquad \cdots\cdots\cdots\cdots(A.2)$$

式中：

F——集水面积，单位为平方公里(km^2)；

L——集水面积内的流域长度，单位为公里(km)；

f——集水面积内的流域形状系数。

流域形状系数见表A.1。

表A.1 流域形状系数

流域形状	狭长	条形	椭圆	扇形
形状系数	0.25	0.33	0.40	0.50

附　录　B
（资料性附录）
水位-淤地面积曲线与水位-库容曲线绘制方法

当水位折算为坝高时，本附录提示的方法亦即坝高-淤地坝面积曲线与坝高-库容曲线的绘制方法。

B.1　等高线法

B.1.1　利用库区地形图，确定量算淤地面积的起点高程和等高距（等高距一般选 1 m～3 m）。

B.1.2　分别量出各层等高线所包围的面积，即为该高程的淤地面积。

B.1.3　用两层面积的平均值乘其等高距，得出层间库容；累加各层库容，得出各高程下的总库容，绘制水位-库容和水位-淤地面积关系曲线，见图 B.1。

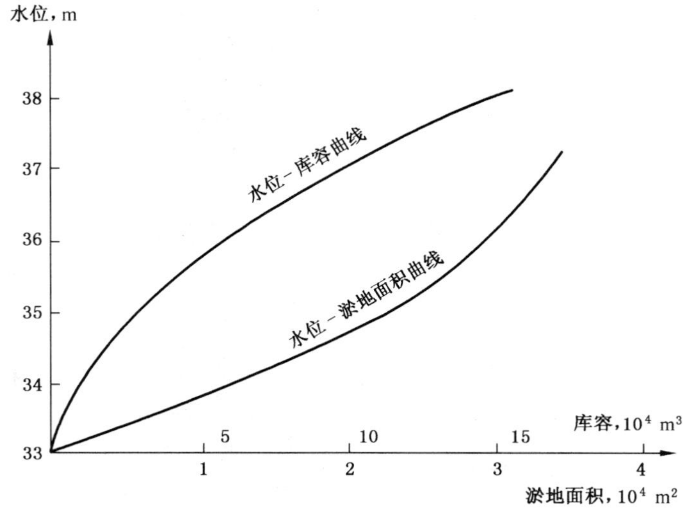

图 B.1　水位-库容和水位-淤地面积关系图

B.1.4　相邻水层之间的体积可按式（B.1）进行计算：

$$V_n = \frac{1}{3}(F_n + F_{n+1} + \sqrt{F_n \times F_{n+1}})H_n \qquad \text{（B.1）}$$

或用近似式（B.2）计算：

$$V_n = \frac{1}{2}(F_n + F_{n+1})H_n \qquad \text{（B.2）}$$

式中：

V_n——两水层间的体积，单位为立方米（m^3）；

H_n——两水层间的高距，单位为米（m）；

F_n、F_{n+1}——分别为相邻上下两水层的面积，单位为平方米（m^2）。

B.1.5　计算示例：某坝用等高线法和式（B.2）计算得水位 33 m 至 38 m 间的淤地面积和累计库容（见表 B.1），并据此绘制水位-库容、水位-淤地面积关系曲线见图 B.1。

表 B.1 水位-淤地面积与水位-库容计算表

水位/ m	坝高/ m	淤地面积/ m²	累计库容/ m³	平均淤地面积/ m²	水层高度/ m	水层间体积/ m³
33	0	0	0	5 500	1	5 500
34	1	11 000	5 500	16 750	1	16 750
35	2	22 500	22 250	26 650	1	26 650
36	3	30 800	48 900	33 150	1	33 150
37	4	35 500	82 059	37 400	1	37 400
38	5	39 300	119 450			

B.2 纵横断面法

B.2.1 测出坝轴线处的横断面，在库区内沿沟道测一条纵断面，其桩号位置及桩间距应根据沟槽与沟滩地形变化而定，同时测出每个桩号的横断面。见图 B.2。

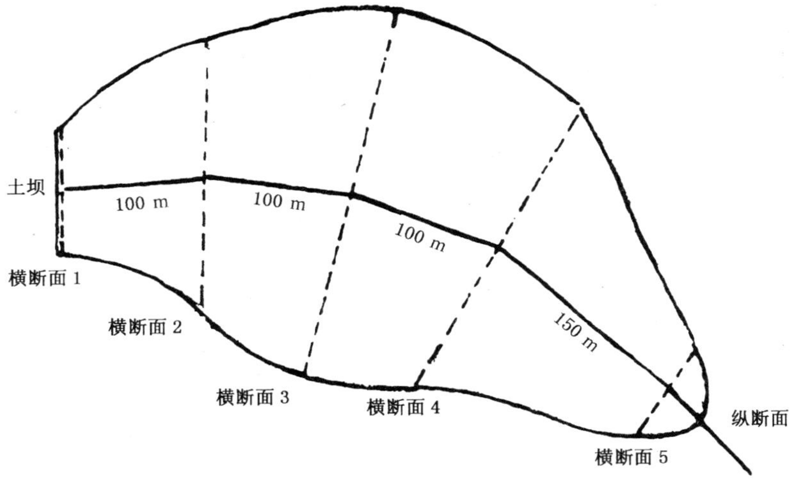

图 B.2 库区纵横断面平面示意图

B.2.2 绘制水位-库容曲线步骤：

B.2.2.1 求出不同水位高程下各横断面的面积，用相邻两个断面面积的平均值乘其间距，得出此部分相应高程的容积。

B.2.2.2 累加不同水位各部分的容积，得出不同水位的总容积。

B.2.2.3 以水位为纵坐标，库容为横坐标，绘出水位-库容关系曲线。

B.2.3 绘制水位-淤地面积曲线步骤：

B.2.3.1 求出不同水位高程下各横断面的水面宽，用相邻两个断面水面宽的平均值乘其间距，得出此部分相应高程的淤地面积。

B.2.3.2 累加不同水位各部分的淤地面积，得出不同水位的淤地总面积。

B.2.3.3 以水位为纵坐标，淤地面积为横坐标，绘出水位-淤地面积曲线。

B.2.4 示例：某坝纵、横断面数值如图 B.3 所示，求当坝水位为 112.5 m 时的库容和淤地面积；并绘制其水位-库容、水位-淤地面积曲线。

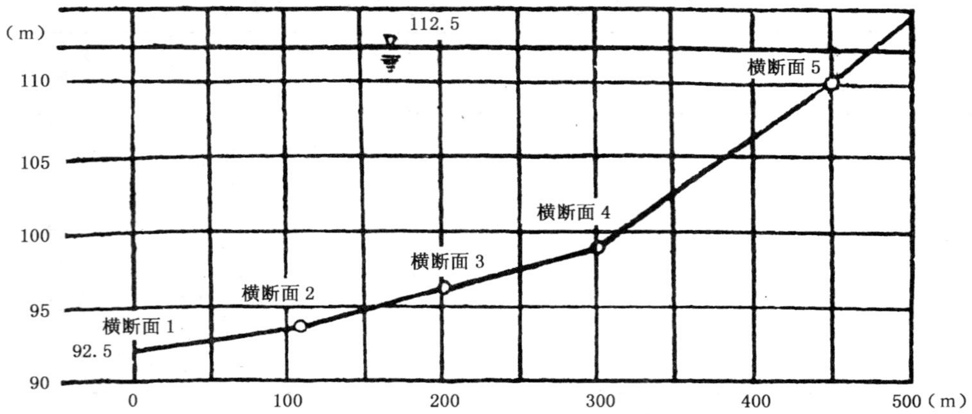

a) 库区纵断面图

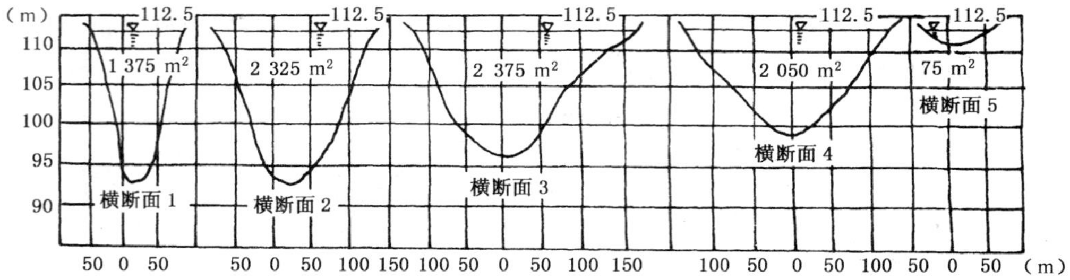

b) 库区横断面图

图 B.3 库区横断面图

解：由纵断面图知坝址沟底高程为 92.5 m，当库水位为 112.5 m 时，可分别量得各断面的面积和水面宽，用上述步骤分别算得此高程下的库容的淤地面积，计算结果见表 B.2。

表 B.2 库容与淤地面积计算表

库水位/m	断面号	断面面积/m^2	水面宽/m	平均面积/m^2	断面间距/m	平均水面宽/m	淤地面积/10^4 m^2	库容/10^4 m^3
112.5	1	1 375	120	1 850	100	160	1.6	18.50
	2	2 325	200	2 350	100	225	2.25	23.50
	3	2 375	250	2 213	100	248	2.48	22.13
	4	2 050	245	1 062	150	157	2.36	15.93
	5	75	70	38	65	35	0.23	0.25
	6	0	0					
	合计						8.92	80.31

从表 B.2 看出，当水位为 112.5 m 时库容为 80.31×10^4 m^3，淤地面积为 8.92×10^4 m^2，即 8.92 hm^2。

给各横断面以不同水位，则可得出不同水位的横断面面积和水面宽，用上述步骤分别算得不同水位的库容和淤地面积，据此绘出水位-库容和水位-淤地面积关系曲线。

附 录 C
(资料性附录)
坝体土方量计算方法

C.1 简易长宽相乘法

适用于坝体范围内沟道两岸地形较规整(与坝轴线处沟道地形基本一致的情况),一般小型淤地坝和符合上述地形条件的中型淤地坝常用此法。计算步骤如下:

C.1.1 通过测量和设计,绘出坝轴线处的坝体横断面和沟道横断面,见图 C.1。

图 C.1 坝体土方计算简易长宽相乘法

C.1.2 从坝底到坝顶,每升高 1.0 m,在沟道横断面上量得其宽度分别为 B_0、B_1、B_2、……、B_n;相应地在坝体断面上量得其长度分别为 L_0、L_1、L_2、……、L_n。

C.1.3 以每层的长宽相乘,得出每层的面积,见式(C.1)。

$$A_0 = B_0 L_0, A_1 = B_1 L_1, A_2 = B_2 L_2, \cdots\cdots, A_n = B_n L_n \qquad \cdots\cdots\cdots\cdots\cdots\cdots (C.1)$$

C.1.4 求得各计算层的面积平均值,见式(C.2)。

$$\overline{A_0 A_1} = \frac{1}{2}(A_0 + A_1), \overline{A_1 A_2} = \frac{1}{2}(A_1 + A_2), \cdots\cdots, \overline{A_{n-1} A_n} = \frac{1}{2}(A_{n-1} + A_n) \quad \cdots\cdots (C.2)$$

C.1.5 各层面积平均值乘以各层厚度(1.0 m)得各层土方量。

C.1.6 累加各层土方量,算得整个坝体土方量。

C.1.7 计算示例:某小型淤地坝,坝高 10 m;坝轴线处沟道横断面如图 C.1 中 b),坝体断面如图 C.1 中 a);从坝底到坝顶,量得各层长度与宽度,列入表 C.1,并按上述方法算得其坝体土方量为 2480.9 m^3。

表 C.1　简易长宽相乘法坝体土方量计算表

坝体分层	坝长（顺沟）/m	坝宽（横沟）/m	各层面积/m^2	平均面积/m^2	厚度/m	土方量/m^3
0	31.0	8.0	248.0	250.9	1.0	250.9
1	28.2	9.0	253.8	260.3	1.0	260.3
2	25.4	10.5	266.7	280.3	1.0	280.3
3	22.6	13.0	293.8	297.4	1.0	297.4
4	19.8	15.0	301.0	301.8	1.0	301.8
5	17.0	17.8	302.6	293.3	1.0	293.3
6	14.2	20.0	284.0	264.0	1.0	264.0
7	11.4	21.4	244.0	220.9	1.0	220.9
8	8.6	23.0	197.8	174.3	1.0	174.3
9	5.8	26.0	105.8	117.7	1.0	117.7
10	3.0	28.2	84.6			
合计					10.0	2 490.9

C.2　等高线包围面积法

适用于坝体范围内沟道两岸地形不规整，不能用简易长度相乘算得坝体各层土体的情况，一般大型淤地坝与符合上述条件的部分中型淤地坝常用此法，计算步骤如下。

C.2.1　用大比例尺[(1∶500)～(1∶400)]测出坝址地形图，等高线距为 1.0 m 或 2.0 m。以等高线距作为计算坝体分层土方量的厚度。

C.2.2　根据设计坝体断面，将坝体轮廓测绘到坝址地形图上，从坝顶到坝底，明确坝体轮廓线与地形等高线的交汇点。

C.2.3　从坝底到坝顶量算得各层土体的面积，分别为：A_0、A_1、A_2、……、A_n。

C.2.4　求得各层土体的平均面积，见式(C.3)。

$$\overline{A_0A_1}=\frac{1}{2}(A_0+A_1),\overline{A_1A_2}=\frac{1}{2}(A_1+A_2),\cdots\cdots,\overline{A_{n-1}A_n}=\frac{1}{2}(A_{n-1}+A_n)\qquad\cdots\cdots(C.3)$$

C.2.5　各层土体平均面积乘以各层土体厚度 1.0 m～2.0 m，算得各层坝体土方量。

C.2.6　累加各层坝体土方量，算得整个坝体土方量。

ICS 13.080
B 11

中华人民共和国国家标准

GB/T 16453.4—2008
代替 GB/T 16453.4—1996

水土保持综合治理　技术规范 小型蓄排引水工程

Comprehensive control of soil and water conservation—Technical specification—Small engineering of store, drainage and draw water

2008-11-14 发布　　2009-02-01 实施

中华人民共和国国家质量监督检验检疫总局
中国国家标准化管理委员会　发布

前　言

GB/T 16453《水土保持综合治理　技术规范》共分为六个部分：

——GB/T 16453.1—2008　水土保持综合治理　技术规范　坡耕地治理技术；

——GB/T 16453.2—2008　水土保持综合治理　技术规范　荒地治理技术；

——GB/T 16453.3—2008　水土保持综合治理　技术规范　沟壑治理技术；

——GB/T 16453.4—2008　水土保持综合治理　技术规范　小型蓄排引水工程；

——GB/T 16453.5—2008　水土保持综合治理　技术规范　风沙治理技术；

——GB/T 16453.6—2008　水土保持综合治理　技术规范　崩岗治理技术。

本部分代替 GB/T 16453.4—1996《水土保持综合治理　技术规范　小型蓄排引水工程》。

本部分与 GB/T 16453.4—1996 相比，作如下修改：

a)　小型蓄排水工程部分，将规划改为设计；

b)　将 1996 年版的 5.2.2 改为首先处理好基础，并按设计做好防渗；

c)　石方衬砌材料改为砖石等材料；

d)　蓄水池施工要求改为蓄水池墙体完成后须用水泥沙浆抹面，进行防渗处理；

e)　增加一条沉沙池施工。

本部分由水利部提出。

本部分由水利部国际合作与科技司归口。

本部分起草单位：水利部水土保持司、水利部水土保持监测中心、黄河水利委员会黄河上中游管理局、黄河水利委员会农村水利水土保持局、长江水利委员会水土保持局、松辽水利委员会农田水利处、珠江水利委员会农田水利处、海河水利委员会农田水利处、淮河水利委员会农田水利处、北京林业大学水土保持学院。

本部分主要起草人：段巧甫、刘万铨、范起敬、宁堆虎、佟伟力、鲁胜力、郭索彦、张长印、赵永军、陈法扬、余新晓、丛佩娟、常丹东、冯伟、李琦。

本部分所代替标准的历次版本发布情况为：

——GB/T 16453.4—1996。

引　言

GB/T 16453.4—1996已经实施十余年，在水土保持综合治理方面起到了重要的指导作用。随着我国社会经济的发展和农村产业结构的变化，水土保持工作的内容、性质等方面也发生了深刻的变化。为了适应新形势下的水土保持工作，进一步规范水土保持综合治理技术规范，根据水利部国际合作与科技司、水土保持司的统一安排，进行了修订。

水土保持综合治理　技术规范
小型蓄排引水工程

1　范围

1.1　GB/T 16453 的本部分规定了坡面小型蓄排工程、路旁沟底小型蓄引工程和引洪漫地工程的规划、设计、施工和管理的技术要求。

1.2　本部分适用范围

1.2.1　路旁沟底小型蓄引工程包括水窖(旱井)、涝池以及山丘间泉水利用等路旁、沟底小型蓄引工程等类型,适用于北方干旱、半干旱地区。南方局部有干旱、半干旱现象的地区,也可以参照使用。

1.2.2　引洪漫地工程指水土流失地区在暴雨期间引用坡面、道路、沟壑与河流的洪水、淤漫耕地或荒滩的工程,适用于北方干旱、半干旱地区。南方干旱、半干旱的局部地区也可参照使用。

1.2.3　小型蓄排引水工程的建设除应符合本部分的规定外,还应符合国家现行有关标准的规定。

2　规范性引用文件

下列文件中的条款通过 GB/T 16453 的本部分的引用而成为本部分的条款。凡是注日期的引用文件,其随后所有的修改单(不包括勘误的内容)或修订版均不适用于本部分,然而,鼓励根据本部分达成协议的各方研究是否可使用这些文件的最新版本。凡是不注日期的引用文件,其最新版本适用于本部分。

GB/T 16453.1—2008　水土保持综合治理　技术规范　坡耕地治理技术

GB/T 16453.3　水土保持综合治理　技术规范　沟壑治理技术

GB 50400　建筑与小区雨水利用技术规范

SL 267　雨水集蓄利用技术规范

3　坡面小型蓄排工程

3.1　基本规定

3.1.1　坡面小型蓄排工程包括截水沟、排水沟、沉沙池和蓄水池等类型,适用于南方多雨地区。北方部分雨量较多、坡面径流较大的土石山区和丘陵区,也可参照使用。

3.1.2　坡面小型蓄水工程应与坡耕地治理中的梯田、保水保土耕作等措施、荒地治理中造林育林、种草育草等措施紧密结合,配套实施。

3.1.3　在坡耕地治理的规划中,应将坡面小型蓄排工程与梯田、保水保土耕作法等措施统一规划,同步施工,达到出现设计暴雨时能保护梯田区和保土耕作区的安全。同时,小型蓄排工程的暴雨径流和建筑物设计,也应考虑梯田和保水保土耕作减少径流泥沙的作用。

3.1.4　在荒地治理的规划中,应将坡面小型蓄排工程与造林育林、种草育草统一规划,同步施工,达到出现设计暴雨能保护林草措施的安全。同时,小型蓄排工程的暴雨径流和建筑物设计,也应考虑造林育林和种草育草减少径流泥沙的作用。

3.1.5　坡面小型蓄排工程应充分考虑蓄水利用。设计时可参考 SL 267 和 GB 50400。

3.2　规划

3.2.1　在进行坡耕地或荒地治理规划的基础上,坡面小型蓄排工程应进行专项总体布局,合理地布设截水沟、排水沟、沉沙池和蓄水池等四项主要建筑物,构成完整的防御体系。

3.2.2 截水沟布设应遵循以下原则：

a) 当坡面下部是梯田或林草，上部是坡耕地或荒坡时，应在其交界处布设截水沟。

b) 当无措施坡面的坡长太大时，应在此坡面增设几道截水沟。增设截水沟的间距为 20 m～30 m，根据地面坡度、土质和暴雨径流情况，通过设计计算具体确定。

c) 蓄水型截水沟基本上沿等高线布设，排水型截水沟应与等高线取 1%～2%的比降。

d) 当截水沟不水平时，应在沟中每 5 m～10 m 修一高 20 cm～30 cm 的小土挡，防止冲刷。

e) 排水型截水沟的排水一端应与坡面排水沟相接，并在连接处作好防冲措施。

3.2.3 排水沟布设应遵循以下原则：

a) 排水沟一般布设在坡面截水沟的两端或较低一端，用以排除截水沟不能容纳的地表径流。排水沟的终端应连接蓄水池或天然排水道。

b) 排水沟在坡面上的比降，根据其排水去处（蓄水池或天然排水道）的位置而定。当排水出口的位置在坡脚时，排水沟大致与坡面等高线正交布设；当排水去处的位置在坡面时，排水沟可基本沿等高线或与等高线斜交布设。各种布设都应作好防冲措施（铺草皮或石方衬砌）。

c) 梯田区两端的排水沟，一般与坡面等高线正交布设，大致与梯田两端的道路同向。一般土质排水沟应分段设置跌水。排水沟纵断面可采取与梯田区大断面一致，以每台田面宽为一水平段，以每台田坎高为一跌水，在跌水处做好防冲措施（铺草皮或石方衬砌）。

3.2.4 蓄水池与沉沙池的布设应遵循以下原则：

a) 蓄水池一般布设在坡脚或坡面局部低凹处，与排水沟（或排水型截水沟）的终端相连，容蓄坡面排水。

b) 蓄水池的分布与容量，应根据坡面径流总量、蓄排关系和修建省工、使用方便等原则，因地制宜具体确定。一个坡面的蓄排工程系统可集中布设一个蓄水池，也可分散布设若干蓄水池。单池容量为 100 m^3～10 000 m^3。

c) 蓄水池的位置，应根据地形有利、便于利用、岩性良好（无裂缝暗穴、砂砾层等）、蓄水容量大、工程量小、施工方便等条件具体确定。

d) 沉沙池一般布设在蓄水池进水口的上游附近。排水沟（或排水型截水沟）排出的水，先进入沉沙池，泥沙沉淀后，再将清水排入池中。

e) 沉沙池的具体位置，应根据当地地形和工程条件确定，可以紧靠蓄水池，也可以与蓄水池保持一定距离。

3.3 设计

3.3.1 截水沟设计

a) 暴雨径流设计中的防御暴雨标准可取 10 a 一遇 24 h 最大降雨量。坡面径流量与土壤侵蚀量可根据水土保持试验站的小区径流观测资料，或查阅当地水文手册确定。在上述设计频率暴雨下，不同坡度、不同土质、不同植被的坡面，应采取不同的暴雨径流量与土壤侵蚀量。可用一次暴雨的径流模数 W_m（m^3/hm^2）和年均土壤侵蚀模数 M_s（t/hm^2）表示。

b) 蓄水型截水沟断面设计

1) 每道截水沟的容量 V 可按式(1)计算：

$$V = V_W + V_S \qquad (1)$$

式中：

V——截水沟容量，单位为立方米（m^3）；

V_W——一次暴雨径流量，单位为立方米（m^3）；

V_S——1 a～3 a 土壤侵蚀量，单位为立方米（m^3）。

V_S 的计算单位，根据各地土壤干密度，由 t 折算为 m^3（下同）。

其中，V_W 和 V_S 值可按式(2)和式(3)计算：

$$V_W = M_W \times F \quad \cdots\cdots (2)$$

$$V_S = 3M_S \times F \quad \cdots\cdots (3)$$

式中：

F——截水沟的集水面积，单位为公顷(hm^2)；

M_W——一次暴雨径流模数，单位为立方米每公顷(m^3/hm^2)；

M_S——1 a 土壤侵蚀模数，单位为立方米每公顷(m^3/hm^2)。

2) 根据 V 值计算截水沟断面面积 A_1：

$$A_1 = V/L \quad \cdots\cdots (4)$$

式中：

A_1——截水沟断面面积，单位为平方米(m^2)；

L——截水沟长度，单位为米(m)。

3) 截水沟断面要素的确定：

截水沟由半挖半填作成梯形断面，其断面要素、符号和常用数值，如表 1 所示。

表 1 截水沟断面要素、常用数值

沟底宽 B_d/m	沟深 H/m	内坡比 m_1	外坡比 m_0
0.3～0.5	0.4～0.6	1∶1	1∶1.5

c) 排水型截水沟断面设计有两种情况，分别采取不同断面。

多蓄少排型。暴雨产生的坡面径流大部蓄于沟中，只排除不能容蓄的小部。断面尺寸基本上参照蓄水型截水沟，沟底应取 1%左右的比降。

少蓄多排型。暴雨产生的坡面径流小部蓄于沟中，大部排入蓄水池。断面尺寸基本上参照排水沟的断面设计(见 3.3.2)，同时应取 2%左右的比降。

3.3.2 排水沟断面设计

a) 排水沟断面 A_2。根据设计频率暴雨坡面最大流量，按式(5)计算：

$$A_2 = \frac{Q}{C\sqrt{Ri}} \quad \cdots\cdots (5)$$

式中：

A_2——排水沟断面面积，单位为平方米(m^2)；

Q——设计坡面最大径流量，单位为立方米(m^3)；

C——谢才系数；

R——水力半径，单位为米(m)；

i——排水沟比降。

b) Q 值按式(6)计算：

$$Q = \frac{F}{6}(I_r - I_p) \quad \cdots\cdots (6)$$

式中：

Q——设计最大流量，单位为立方米每秒(m^3/s)；

I_r——设计频率 10 min 最大降雨强度，单位为毫米每分(mm/min)；

I_p——相应时段土壤平均入渗强度，单位为毫米每分(mm/min)；

F——坡面汇水面积，单位为公顷(hm^2)。

c) R 值按式(7)计算：

$$R = A_2/x \quad \cdots\cdots (7)$$

式中：

R——水力半径，单位为米(m)；

A_2——排水沟断面面积，单位为平方米(m^2)；

x——排水沟断面湿周，单位为米(m)。

d) C 值按式(8)计算：

$$C = \frac{1}{n} R^{1/6} \qquad \cdots\cdots (8)$$

式中：

n——粗糙系数(土质排水沟取 0.025 左右)。

e) 上述设计中应考虑排水沟的不冲不淤流速，尽量减少沟道冲淤(参见 5.3.3 中表 2 和表 3)。

3.3.3 蓄水池设计

a) 蓄水池容量设计

1) 蓄水池总容量按式(9)计算：

$$V = K(V_W + V_S) \qquad \cdots\cdots (9)$$

式中：

V——蓄水池容量，单位为立方米(m^3)；

V_W——设计频率暴雨径流量，单位为立方米(m^3)；

V_S——设计清淤年(n a)累计泥沙淤积量，单位为立方米(m^3)；

K——安全系数(取 1.2～1.3)。

2) V_W 值与 V_S 值的计算分两种情况：

蓄水池在坡面小型蓄排工程系统之中，与坡面排水沟终端相连，并以沟中排水为其主要水源时，其 V_W 值与 V_S 值根据排水沟的设计排水量和淤积量计算。

蓄水池不在坡面小型蓄排工程系统中，需独立计算暴雨径流量时，采用式(10)、式(11)计算 V_W、V_S 值。

$$V_W = M_W F \qquad \cdots\cdots (10)$$

$$V_S = 3M_S F \qquad \cdots\cdots (11)$$

式中：

M_W——设计频率一次暴雨径流模数，单位为立方米每公顷(m^3/hm^2)；

M_S——1 a 的侵蚀模数，单位为立方米每公顷(m^3/hm^2)；

F——蓄水池的集水面积，单位为公顷(hm^2)。

b) 蓄水池主要建筑物设计

1) 池体设计。根据当地地形和总容量 V，因地制宜地分别确定池的形状、面积、深度和周边角度。

2) 进水口和溢洪口设计。石料衬砌的蓄水池，衬砌中应专设进水口与溢洪口；土质蓄水池的进水口和溢洪口，应进行石料衬砌。一般口宽 40 cm～60 cm，深 30 cm～40 cm，并用式(12)校核过水断面。

$$Q = M\sqrt{2g}\,bh^{3/2} \qquad \cdots\cdots (12)$$

式中：

Q——进水(或溢洪)最大流量，单位为立方米每秒(m^3/s)；

M——流量系数(采用 0.35)；

g——重力加速度(9.81，m/s^2)；

b——堰顶宽(口宽)，单位为米(m)；

h——堰顶水深，单位为米(m)。

3）引水渠设计。当蓄水池进口不是直接与坡面排水渠终端相连时，应布设引水渠，其断面与比降设计，可参照坡面排水沟的要求执行。

3.3.4 沉沙池设计

3.3.4.1 池体尺寸设计。沉沙池为矩形，宽 1 m～2 m，长 2 m～4 m，深 1.5 m～2.0 m。其宽度应为排水沟宽度的 2 倍，长度为池体宽度的 2 倍，并有适当深度。

3.3.4.2 沉沙池的进水口和出水口，可参照蓄水池进水口尺寸设计，并应作好石料（或沙浆砌砖或混凝土板）衬砌。

3.4 施工

3.4.1 截水沟与排水沟的施工应遵循以下要求：

a）根据设计截水沟与排水沟的布置路线进行施工放样和定线。

b）根据截水沟与排水沟的设计断面尺寸，沿施工线进行挖沟和筑埂。筑埂填方部分应将地面清理耙毛后方可均匀铺土，并进行夯实，沟底或沟埂薄弱环节处应作加固处理。

c）在截水沟和排水沟的出口衔接处，应铺草皮或作石料衬砌防冲。在每道跌水处，应按设计要求进行专项施工。石料衬砌的跌水施工要求参照 3.4.2 执行。

d）竣工后，应及时检查断面尺寸与沟底比降是否符合规划设计要求。

3.4.2 蓄水池与沉沙地的施工应遵循以下要求：

a）应根据规划的位置和设计的尺寸进行开挖，并及时检查开挖尺寸是否符合设计要求。

b）应首先处理好基础，并按设计做好防渗。

c）边墙用料可选择砖石等材料，随当地取料方便条件而定。石方衬砌要求料石（或较平整块石）厚度不小于 30 cm，接缝宽度不大于 2.5 cm，同时应做到砌石顶部要平，每层铺砌要稳，相邻石料要靠得紧，缝间沙浆要灌饱满，上层石块应压住其下一层石块的接缝。砖衬砌要用 12 墙，压缝砌筑，缝间砂浆饱满。

d）蓄水池体完成后应用水泥砂浆抹面，进行防渗处理。施工中尤应注意边、角、接茬及其他具有漏水隐患部位的处理。

e）沉砂池施工做好石料（或砂浆砌砖或混凝土板）衬砌。

3.5 管理

3.5.1 每年汛后和每次较大暴雨后，应对坡面小型蓄排工程进行全面检查，如有冲毁现象，应及时进行补修。

3.5.2 根据设计要求和坡面侵蚀量大小，每 1 a～3 a 应对各类蓄排工程进行一次清淤，遇到淤积严重的大沙年，应及时清除。

3.5.3 截水沟和排水沟的填方土埂外坡，可种植经济价值较高的浅根性植物护埂。

3.5.4 蓄水池四周可种植经济价值较高的树木，减少水面蒸发。但应选好树种和种植位置，防止树根破坏衬砌体和引起池底漏水。

4 路旁沟底小型蓄引工程

4.1 基本规定

4.1.1 路旁、沟底小型蓄引工程的规划布局应纳入小流域综合治理规划，与流域内坡耕地治理、荒地治理、沟壑治理结合进行。

4.1.2 在干旱、半干旱的水土流失地区，应将路旁、沟底小型蓄引工程作为解决人畜饮水和抗旱点浇的主要水源，将水窖、涝池、泉水利用三者统一规划，协调实施。

4.1.3 在实施规划中，应以小流域为单元，全面调查流域内的道路网及其汇集地表径流的运行规律。根据水土保持试验站的观测资料，分别确定各类道路的径流模数与土壤侵蚀模数（包括多年平均数值和设计频率下一次暴雨中的数值），作为水窖、涝池规划设计的基础数据。

4.1.4 应以小流域为单元,全面调查流域内居民点和山丘间泉水的分布情况(包括坡面泉水与沟中泉水的位置和数量),作为山丘间泉水利用规划、设计的依据。

4.1.5 水窖、涝池和山丘间泉水利用三项措施的布局,应在满足人畜饮水、抗旱点浇和其他需要的同时,最大限度地发挥其减轻水土流失的作用。特别是通过涝池蓄水,控制水不下沟,减轻沟蚀,更应作为重点任务。

4.1.6 路旁、沟底各项小型蓄引工程的设计标准为 10 a～20 a 一遇 3 h～6 h 最大降雨。

4.1.7 有关配套工程应符合下列规定:

a) 作为汇水水源的道路,路面应修成中间高两侧低的鱼背形,地表径流应由路面两侧排水沟引入涝池或水窖,不得在路面中间汇流。

b) 在干旱、半干旱地区,可在房顶、窑顶、场院和汇流路面等地方,铺设混凝土或三合土集流场,加大集雨量。

4.2 水窖

4.2.1 水窖规划

4.2.1.1 水窖位置。一般布设在村旁、路旁以及有足够地表径流来源的地方。窖址应有深厚坚实的土层,距沟头、沟边 20 m 以上,距大树根 10 m 以上。石质山区的水窖,应修在不透水的基岩上。

4.2.1.2 水窖类型与单窖容量的计算应遵循以下规定:

a) 来水量不大的路旁,可修井式水窖,单窖容量为 30 m^3～50 m^3。

b) 在路旁有土质坚实的崖坎且要求蓄水量较大的地方,可修窑式水窖,单窖容量 100 m^3 以上。

4.2.1.3 水窖数量的计算。应根据规划区人口数量,每年人均需水量、总需水量,扣除其他水源(如山丘间泉水利用等)可供水量,取当地有代表性的单窖容量,算出规划区需修水窖数量。

4.2.1.4 在降雨量年际变化很大的地区,适当增加水窖数量。

4.2.2 水窖设计

4.2.2.1 井式水窖设计参见图 1。

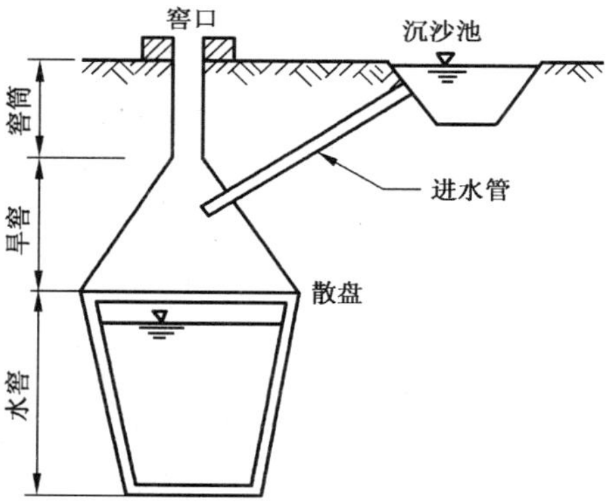

图 1 井式水窖断面示意图

a) 窖体由窖筒、旱窖和水窖三部分组成,各部尺寸如下:

1) 窖筒(上接地面窖口,供取水用):直径 0.6 m～0.7 m,深 1.5 m～2 m。

2) 旱窖(不蓄水部分):上部与窖筒相连,深 2 m～3 m。直径向下逐步放大,到散盘处直径 3 m～4 m。

3) 水窖(蓄水部分):深 3 m～5 m,从散盘处向下,直径逐步缩小,到底部直径 2 m～3 m。

b) 地面建筑物由窖口、沉沙池和进水管三部分组成,各部分尺寸如下:

1) 窖口:直径 0.6 m～0.7 m,用砖或石砌成,高出地面 0.3 m～0.5 m。

2) 沉沙池:位于来水方向路旁,距窖口 4 m～6 m。池体成矩形,长 2 m～3 m,宽 1 m～2 m,深 1.0 m～1.5 m。四周坡比 1∶1。

3） 进水管：圆形，直径 0.2 m～0.3 m，在沉沙池从地表向下深约 2/3 处，以 1∶1 坡度向下与旱窖相连。

4.2.2.2 窑式水窖设计参见图 2。

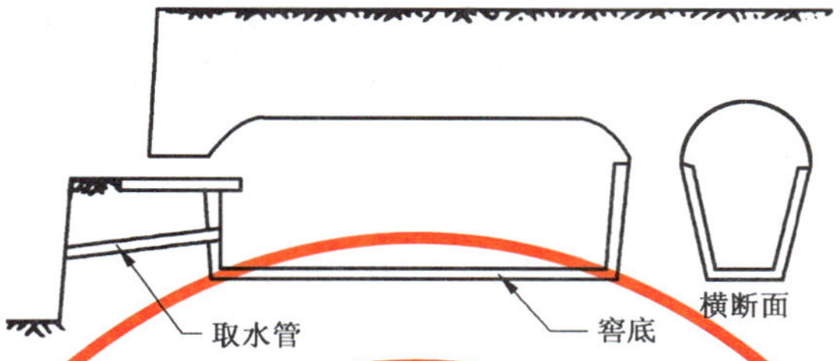

图 2 窑式水窖断面示意图

a） 窖体由水窑、窑顶和窑门三部分组成，各部分尺寸如下：

   1） 水窑（蓄水部分）：深 3 m～4 m，长 8 m～10 m，断面为上宽下窄的梯形，上部宽 3 m～4 m，两侧坡比为 8∶1。

   2） 窑顶（不蓄水部分）：长度与水窑一致，半圆拱形断面，直径 3 m～4 m，与水窑上部宽度一致（有的窑式水窖在窑顶中部留圆形取水井筒，直径 0.6 m～0.7 m，深度随崖坎高度而异，从窑顶上通地面取水口）。

   3） 窑门：下部梯形断面，尺寸与水窑部分一致，由浆砌料石制成，厚 0.6 m～0.8 m，密封不漏水。在离地面约 0.5 m 处埋一水管，外装龙头，可自由放水。上部半圆形断面，尺寸与窑顶部分一致，由木板（或其他材料）作成。木板中部有可以开关的 1.0 m×1.5 m 的小门。

b） 地面部分由取水口、沉沙池、进水管三部分组成，可参照井式水窖的设计，沉沙池的尺寸应根据来水量适当放大。

4.2.3 水窖施工

4.2.3.1 窖体开挖

a） 井式水窖开挖。从窖口开始，按照各部设计尺寸垂直向下挖，在窖口处吊一中心线，每向下挖深 1 m，校核一次直径。

b） 窑式水窖开挖。从窑门开始，先刷齐窑面，根据设计尺寸挖好标准断面，并逐层向里挖进，挖至设计的长度为止。在窑门顶部吊一中心线，并做一个半圆形标准尺寸木架，每向里挖进 1 m，校核一次断面尺寸。

c） 对需用胶泥防渗的水窖和水窑，在窖体开挖完成后，还应开挖供钉胶泥用的码眼。码眼在窖壁呈"品"字形分布，上下左右眼距各约 20 cm，口径 5 cm～8 cm，深 10 cm～15 cm，眼深略向下方倾斜。

d） 地面部分的沉沙池、取水管、取水井筒都应按设计要求开挖，及时校核断面尺寸。

4.2.3.2 窖体防渗措施

a） 胶泥捶壁防渗

   1） 取胶泥与黄土拌合均匀（沙粒∶粉粒∶粘粒的体积比为 1∶2∶1），制成长约 18 cm，直径约 5 cm～8 cm 的胶泥钉和直径约 20 cm、厚 2 cm～5 cm 的胶泥饼。

   2） 将胶泥钉用力塞入码眼，外留 3 cm，将胶泥饼用力摔到胶泥钉上，使之连成整体。

   3） 用木棒连续捶打胶泥饼，使之与窖壁紧密结合，直到窖壁上全部胶泥坚实光滑为止。

   4） 窖壁胶泥厚度，从上到下依次为 2 cm，3 cm，4 cm 和 5 cm。

b） 水泥抹面防渗

   1） 调好水泥沙浆与白灰沙浆。水泥沙浆中水泥∶沙子∶水的体积比为 1.0∶2.0∶2.5；白灰沙浆中白灰∶沙子∶水的体积比为 1.0∶1.5∶2.0。

   2） 在窖壁上抹一层白灰沙浆"打底"，再用水泥沙浆抹面，抹面厚度不小于 2 cm～3 cm。

3） 有条件的地方，可先用铆钉将铅丝网铆固在窖壁上；或先在窖壁上均匀地打入钢钎，再用铅丝连接成网，然后用水泥沙浆抹面；随着水泥的固结，进行抹实，直到牢固光滑为止。

c） 其他防渗措施

1） 在石料方便地方，窖底、窖壁可用 1∶3 水泥沙浆砌粗料石，并用 1∶3 水泥沙浆勾缝。

2） 窖底、窖壁可用 1∶1∶6 水泥、石灰、沙浆砌砖，1∶3 水泥沙浆抹面。

3） 有条件的可采用混凝土或钢筋混凝土防渗。

4.2.3.3 地面部分施工

a） 窖口处用砖或块石砌台，高出地面 30 cm～50 cm，并设置能上锁的木板盖；有条件的可在窖口设手压式水泵。

b） 沉沙池与进水管连接处设置铅丝网拦污栅，防止杂物流入。

c） 进水管应伸进窖内，离窖壁管口出水处设铅丝蓬头，防止水流冲坏窖壁。

4.2.4 水窖管理

4.2.4.1 水窖修成后应及时放入适当水量；正式蓄水取水时，不能将水取尽，防止窖壁窖底干涸裂缝。

4.2.4.2 在暴雨中收集地表径流时，应有专人现场看管，窖中水位不能超过设计蓄水位（水窖、水窑部分），防止旱窖与窑顶部蓄水泡塌。

4.2.4.3 窖口盖板应经常盖好锁牢，防止杂物掉入或人畜跌进。

4.3 涝池

4.3.1 涝池规划

4.3.1.1 涝池蓄水总量的计算应符合以下要求：

a） 满足牲畜饮用水量。

b） 满足居民非饮用水量。

c） 减轻道路与沟壑的水土流失。

d） 对来水量与需水量进行水量供需平衡分析。

4.3.1.2 涝池类型与单池容量

a） 一般涝池。一个道路系统，沿途多处分散布设，单池容量 100 m^3～500 m^3。

b） 大型涝池。容蓄城镇、村庄大量来水，单池容量数千到数万立方米。

c） 路壕蓄水堰。在路面低于两侧地面，形成深 1 m～2 m 的路壕处，应将道路改在一侧地面上，而在路壕中分段修筑小土坝，作成路壕蓄水堰，拦蓄暴雨径流。单堰容量随路壕的宽度、深度和土坝的高度与道路的坡度而定，一般 500 m^3～1 000 m^3。

4.3.1.3 涝池位置

a） 涝池应选在路旁低于路面、土质较好、暴雨中有足够地表径流流入的地方，距沟头、沟边 10 m 以上。

b） 大型涝池池址应着重考虑能修建足够容量的池体和足够的径流来源。

4.3.2 涝池设计

4.3.2.1 一般涝池，多为土质，深 1.0 m～1.5 m，形状依地形而异。圆形涝池，直径 10 m～15 m，方形、矩形边长 10 m～20 m。四周边坡 1∶1。

4.3.2.2 大型涝池，深 2 m～3 m，圆形直径 20 m～30 m，方形、矩形边长 30 m～50 m，特大型的可达 70 m～100 m。土质的周边坡比 1∶1，料石（或砖、混凝土板）衬砌的周边边坡 1∶0.3。涝池位置不在路旁的应修改引水渠，将道路径流引入池中。为防止过量洪水入池，在池的进水口前应设置退水设施。

4.3.2.3 路壕蓄水堰，小土坝一般高 1 m～2 m 或 3 m～5 m，顶宽 1.5 m～2.0 m，上游坡 1∶1.5，下游坡 1∶1。应准确计算每座路壕蓄水堰的集水面积、来水量和蓄水容量，保证路壕中一系列蓄水堰能全部容蓄设计频率下一次暴雨径流。

4.3.3 涝池施工

4.3.3.1 一般土质涝池，应按设计尺寸开挖，挖出的土料，可在池周作成土埂(留下进水口)，增加蓄水容量。池底应用粘土防渗。如发现细小裂缝，应及时灌浆处理。

4.3.3.2 大型涝池需用石料衬砌的，应按照3.4.2的要求进行。

4.3.3.3 路壕蓄水堰的小土坝，应分层夯实，干密度不应低于1.4 t/m^3。

4.3.4 涝池管理

每2 a～3 a应清淤一次，暴雨期应有专人现场巡视，发现问题，及时处理。

4.4 山丘间泉水利用

4.4.1 规划

4.4.1.1 在泉水露头附近修建水井或水池蓄水供人畜饮用。

4.4.1.2 供浇灌小片水地用

a) 利用坡面露头泉水。在泉水露头处修引水渠断面0.1 m^2～0.2 m^2，或埋设瓦管、陶管，将泉水引至小片水地，进行小畦浇灌；或修蓄水池，平时蓄，用时灌。

b) 利用沟中泉水。需在沟中修3 m～5 m高的小型砌石滚水坝，抬高水位，在坝的一端或两端修引水渠浇灌岸边小片水地。

c) 如在沟中修塘坝或蓄水池存储泉水供浇地或其他使用，则应在紧靠塘坝或蓄水池上游修淤地坝或拦沙坝，减轻泥沙淤积。这些措施应纳入沟壑治理的坝系规划。

4.4.2 设计

4.4.2.1 小片水地设计

a) 小片水地一般应将坡耕地或沟岸缓坡地修成水平梯田，梯田宽度随地面坡度而异，可参照GB/T 16453.1—2008中9.1水平梯田断面设计要求执行。

b) 小畦尺寸一般宽1.5 m～2.0 m，长5 m～10 m(与梯田宽度一致)。最后一级灌水小渠应在梯田内侧(上一台田坎根部)与小畦正交。

4.4.2.2 砌石滚水坝设计

a) 一般采用重力式滚水坝，坝高2 m～3 m，梯形断面顶宽1.0 m～1.5 m。上游坡1∶0.1左右，下游坡1∶0.7左右。如地形、地质条件许可，可采用浆砌石拱坝，节省工、料和投资。

b) 个别5 m以上的砌石坝，有一定库容，应作稳定分析，可参考各地小型水利技术手册中浆砌石坝设计要求设计。

4.4.3 施工

4.4.3.1 小片水地施工，可参照水平梯田和小型灌溉工程要求施工，做到田面水平，田坎坚固。

4.4.3.2 砌石滚水坝施工可分为两个步骤：

a) 清基：按坝底宽度向上下游各延伸1.0 m，按坝体两端高度向两岸边坡上延1.0 m，清除沟底与岸坡淤泥、乱石等杂物，直到原状土基或基岩。

b) 砌石：坝体全用料石逐层向上浆砌而成。料石长0.5 m左右，宽、厚各约0.3 m，料石尺寸应一致。

4.4.4 管理

4.4.4.1 人畜饮用水井，应砌井台，修井房，保持清洁，防止暴雨时地表径流进入。

4.4.4.2 暴雨后应对小片水地和滚水坝、引水渠等进行全面检查，如有水毁情况应及时修补。

5 引洪漫地工程

5.1 基本规定

5.1.1 引坡洪漫地

5.1.1.1 引坡洪漫地的条件是当坡地的中下部是水平梯田，其上部与中部是荒坡、坡耕地或林草地，暴雨中大量地表径流形成坡洪，可引入水平梯田进行漫灌。

5.1.1.2　措施组成与技术要求

a）梯田区上部的截水沟，可拦截上部坡洪，防止冲坏梯田。

b）与截水沟相连的排水沟，将坡洪从梯田两端逐台下排时，可用锄、锨就近取土，在排水沟中作成临时小土挡，有控制地将坡洪全部或一部分逐台引入梯田漫灌。

5.1.1.3　截水沟与排水沟的规划、设计、施工技术及要求参照3.2与3.3执行。

5.1.2　引路洪漫地

5.1.2.1　暴雨期间从坡地和农田中排出的大量地表径流，汇集于道路网形成路洪。可引入漫洪道路两旁低于路面的水平梯田或其他平整农田。

5.1.2.2　措施组成与技术要求

a）一般不需专修建筑物，只需在暴雨期间用锨、锄等小型农具，就近取土，在路边作临时小土挡将路洪引入地中。

b）对每一处漫地面积与路洪的水量、引用量等，应进行必要的调查、分析和计算。

5.1.3　引沟洪漫地

5.1.3.1　在沟道的中下游两岸有位置较低的成片沟台地，或在沟口以外附近有成片的川台地或涧滩地，当沟中洪水含沙量较高而且可以控制引用的（一般是集水面积1 km^2以下），来洪量又较小，可引沟洪漫地。

5.1.3.2　工程结构

a）拦洪、引洪工程。在沟中修5 m～10 m高的拦洪土坝，抬高洪水水位。坝的一端或两端修建排量较大的溢洪道，下接引洪输水渠系，暴雨期间能将沟中洪水大部引入农地漫灌。

b）渠系工程设干渠、支渠两级。引洪干渠上接溢洪道，下设支渠，将洪水引入农地。

c）田间工程。作为漫灌区的沟台地与川台地，均应事先进行平整，将缓坡地修成宽面低坎的水平梯田，田边有蓄水埂，并作好进水口与出水口。

5.1.3.3　技术要求

a）沟中拦洪土坝及其溢洪道的规划、设计与施工技术参照GB/T 16453.3中淤地坝工程的规定执行。

b）渠系工程的规划、设计和施工技术可参照5.2、5.3和5.4中“引河洪漫地”的要求执行。

5.1.4　引河洪漫地

a）漫地条件

暴雨期间有高含沙量洪水的中小河流，两岸有大片平整农地或荒滩地，位置较低，经工程控制，可引河洪漫灌农地，提高产量，可淤漫荒滩，改造为农田。

b）工程布局

1）引洪渠首工程。分有坝引洪与无坝引洪两类，根据不同的地形条件，分别采取不同的工程结构。

2）引洪渠系工程。一般由干渠、支渠和斗渠组成，干渠上接渠首，下设若干支渠，支渠下设若干斗渠，由斗渠将河洪引入农田。

3）田间工程。以渠系为骨架，将漫灌区分为若干小区，每一小区再分若干地块。每一地块应作好蓄水埂与进出水口。

c）技术要求

1）引洪渠首工程、渠系工程、田间工程都可按各地小型水利工程手册进行规划、设计，编制技术文件和图纸，并严格按文件、图纸要求施工。

2) 河洪漫地范围内应进行地形测量，以比例尺(1∶1 000)～(1∶2 000)的地形图，作为规划、设计的依据。对渠系比降，在设计、施工中还需另作专项测量，并根据地形和土壤不冲不淤流速确定。

3) 本标准 4.2、4.3 和 4.4 中的有关规划、设计和施工的规定，主要用于引河洪漫地的技术要求。引沟洪漫地可参照使用。

5.2 规划

5.2.1 引洪渠首规划

a) 在河岸较高、河洪不能自流进入渠首的，可采取有坝引洪。在河中修建浆砌石滚水坝，抬高水位；在坝的一端或两端设引洪闸，将河洪引入渠中。

b) 在河岸较低、河洪能自流进入渠首的，可采取无坝引洪。在距河岸 3 m～5 m 处设导洪堤，将部分河洪导入引洪闸。

c) 引洪渠首应选在河床稳定、河道凹段下游、引水条件好且高于洪漫区的位置。

d) 在河中修砌石滚水坝，应选河床较窄、基岩坚实、淤泥与卵石层较浅的位置。在河岸修导洪堤，应选在岸坡坚固的凹岸、河床基岩坚实、淤泥与卵石层较浅的位置。

e) 当计划洪漫区面积很大，一处渠首引洪不能满足漫地要求时，应在沿河增建几处引洪渠道，分区引洪。

5.2.2 引洪渠系规划

a) 渠系由引洪干渠、支渠和斗渠三级组成，应能控制整个洪漫区面积，输水迅速均匀，沿途不冲不淤。

b) 干渠走向大致高于洪漫区，比降为 0.2%～0.3%，长度为 1 000 m 左右。

c) 沿干渠每 100 m～200 m 设支渠，与干渠正交或成适当夹角，比降 0.3%～0.5%，最大不超过 1.0%，长 500 m～1 000 m。

d) 沿支渠每 50 m～100 m 设斗渠，一般与支渠正交，比降 0.5%～1.0%，斗渠直接控制一个洪漫小区，向地块进水口输水漫灌。

e) 干渠向支渠分水处设分水闸；支渠向斗渠分水处设斗门，均需设计，或采用定型设计。

5.2.3 洪漫区田间工程规划

a) 根据洪漫区不同地形和引洪斗渠与地块间不同的相对位置，分别采取以下三种漫灌方式，见图 3。

1) 串联式。斗渠在洪漫小区地块最高处，控制洪漫面积为狭长地形，地面坡度 3°左右，将地面分成若干矩形小块，每块面积 0.1 hm^2～0.2 hm^2，地边围埂，形成高 0.3 m～0.5 m 台阶，上一台的出水口即为下一台的进水口，相邻两台进水口应左右错开，最下一台的出水口下连排水渠。

2) 并联式。斗渠在洪漫小区地块的较高一侧，控制洪漫面积地面坡度 1°左右，将地面建成若干矩形大块，每块面积 3 hm^2～4 hm^2，每块在斗渠一侧的最高处为进水口，另一侧最低处为出水口，并在洪漫小区地块较低的一侧，与斗渠平行设置排水渠，与各出水口相连。

3) 混合式。在地形比较复杂的洪漫区内，有的斗渠控制的小区面积内采取串联式，有的斗渠控制的小区面积内采取并联式，形成混合式，以迅速、均匀地将洪水漫到各地块。

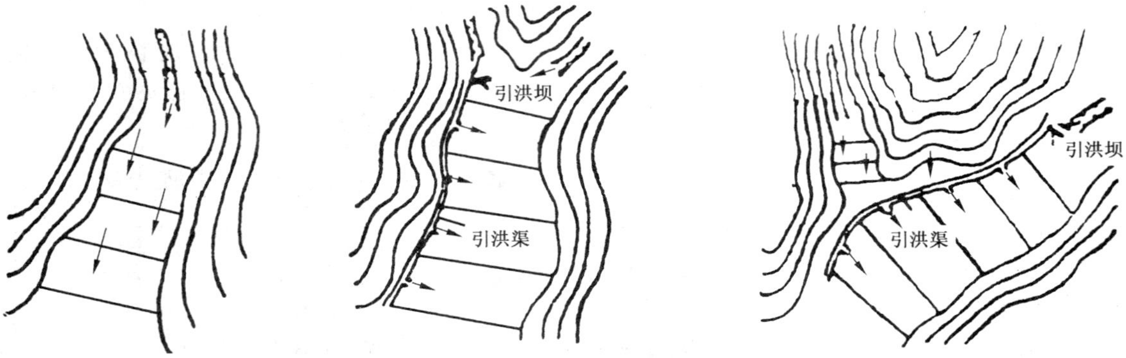

a) 串联式　　b) 并联式　　c) 混合式

图 3　三种漫灌方式平面示意图

b) 洪漫区地块要求

1) 对各种漫灌形式，原为农地的均应事先将地面大致平整，保留均匀坡度不超过 1°，地块中不应有明显的高凸或深凹的部位。

2) 地块四周应有蓄水埂，埂高应能满足一次漫灌的最大水深，并有适量的超高（一般 0.3 m 以上）；如地面有倾斜时，应对较低一侧的蓄水埂进行具体设计。

3) 如在荒滩淤漫造田，应结合地面平整，除去地中杂草和大块石砾。

4) 矩形地块的长边沿等高线，短边与等高线正交。

5.3 设计

5.3.1 引洪量 Q 值按式(13)计算：

$$Q=\frac{10^4 Fd}{3\,600kt}=\frac{2.78Fd}{kt} \qquad \cdots\cdots (13)$$

式中：

Q——引洪量，单位为立方米每秒(m^3/s)；

F——洪漫区面积，单位为公顷(hm^2)；

d——漫灌深度，单位为米(m)；

t——漫灌历时，单位为小时(h)；

k——渠系有效利用系数。

5.3.2 引洪渠首建筑物设计

5.3.2.1 拦河滚水坝

a) 一般高 4 m～5 m，少数高 8 m～10 m，坝体应作稳定分析和应力分析。

b) 设计参照各地小型水利工程手册进行。

5.3.2.2 导洪堤

a) 应与河岸成 20°左右夹角，长 10 m～20 m(从渠首向上游河道延伸到接近主流)，高 1 m～2 m，顶宽 1 m～2 m，内外坡比 1∶1。

b) 由浆砌料石作成永久性建筑物，也可用木笼块石、铅丝笼块石、沙袋等作成临时性建筑物。

5.3.2.3 引洪闸

a) 引洪闸的尺寸，根据引洪水位、流量和引洪干渠断面确定，坝体设计参照各地小型水利工程手册。

b) 引洪闸底应高出河床 0.5 m 以上，防止推移质进入洪漫区。

5.3.3 引洪渠系设计

5.3.3.1 对高含沙水流，引洪渠长度一般不超过 1 000 m，比降 0.5%～1.0%，有条件的应进行试验确定，并符合下列要求：

a） 不同流量的不淤比降见表 2。

b） 不同土质渠道，允许最大流速见表 3（干密度为 1.3 t/m³～1.5 t/m³）。

c） 渠道比降应与渠道断面设计紧密配合，达到不冲不淤。

表 2 不同流量的不淤比降表

流量/(m^3/s)	0.5	1.0	2.0	3.0	5.0
比降/%	1.0～2.0	0.7～1.0	0.5～0.7	0.4～0.5	0.3～0.4

表 3 不同土质渠道允许最大流速

渠道土质	轻壤土	中壤土	重壤土	粘土
允许最大流速/(m/s)	0.6～0.8	0.65～0.85	0.75～0.95	0.80～1.00

5.3.3.2 渠道断面设计

a） 梯形断面可按式(14)进行计算：

$$A = (b + ph)h \quad\quad (14)$$

式中：

A——渠道断面面积，单位为平方米(m^2)；

b——渠道底宽，单位为米(m)；

h——渠道水深，单位为米(m)；

p——渠道边坡系数。

不同土质渠道的渠道边坡系数见表 4。

表 4 不同土质渠道的渠道边坡系数表

土质	粘土	重壤土	中壤土	轻壤土	砂壤土
渠道边坡系数	1∶1	1∶1	1∶1	1∶1.25	1∶1.5

b） 依据不冲不淤流速，用式(15)、式(16)计算渠道断面：

$$A = Q/v \quad\quad (15)$$

$$V = C\sqrt{Ri} \quad\quad (16)$$

式中：

A——渠道断面面积，单位为平方米(m^2)；

Q——引洪流量，单位为立方米每秒(m^3/s)；

v——引洪流速，单位为米每秒(m/s)；

i——渠道比降，%；

R——水力半径，单位为米(m)；

C——谢才系数。

c） 水力半径 R 按式(17)计算：

$$R = A/x \quad\quad (17)$$

式中：

x——渠道湿周[按式(18)计算]，单位为米(m)。

$$x = b + 2h\sqrt{1 + p^2} \quad\quad (18)$$

式中：

h、b、p 各值意义同式(14)。

d） 谢才系数 C 按式(19)计算：

$$C=\frac{1}{n}R^{1/6} \qquad \cdots\cdots(19)$$

式中：

n——渠道粗糙系数(一般土渠为0.025～0.03)。

e) 为保证行水安全，渠道堤顶应高出渠水位0.3 m～0.4 m。

5.3.3.3 渠上建筑物设计参照各地小型水利工程手册有关技术规定。

5.4 施工

5.4.1 建筑物施工包括渠首建筑物(拦洪坝、导洪堤、引洪闸)与渠系建筑物(分水闸、斗门等)。

5.4.2 渠道施工包括干渠、支渠和斗渠施工，一般均为土渠，不作衬砌。

5.4.3 田间工程施工

a) 洪漫缓坡农田，应按缓坡区修梯田的要求进行平整，修成长边大致平等于等高线的矩形田块。进水一端应较出水一端稍高，一般可取0.5%～1.0%的比降。

b) 田边蓄水埂，应高出地面0.3 m以上，顶宽0.3 m，内外坡比各约1∶1。应分层夯实，干容重1.3 t/m^3～1.4 t/m^3。

c) 当进水口或出水口高差大于0.2 m时，都应用块石、卵石等作成简易消能设备，防止冲刷。

5.5 管理

5.5.1 引洪淤漫技术

a) 淤漫时间。根据不同作物生长情况，分别采用不同的淤漫时间。

b) 淤漫厚度。不同作物适宜不同厚度。

c) 淤漫定额。按式(20)进行计算：

$$M=\frac{d\times y}{c}\times 10^{7} \qquad \cdots\cdots(20)$$

式中：

M——淤漫定额，单位为立方米每公顷(m^3/hm^2)；

d——计划淤漫层厚度，单位为米(m)；

y——淤漫层干容重，单位为吨每立方米(t/m^3)；

c——洪水含沙量，单位为千克每立方米(kg/m^3)。

5.5.2 田间管理

a) 淤漫地适于种植早熟作物和高秆作物，以利汛期深漫厚淤。

b) 农地淤漫后应及时排除清水，并适时中耕、除草。

c) 休闲地淤漫后，应适时耕翻，疏松表土，消灭杂草，耙耱保墒，防止板结和龟裂。

d) 盐碱滩地淤漫泥层较薄时，不应立即排走清水，应让积水下渗，通过排渗渠泄走。

5.5.3 工程管理

a) 每年汛前和汛后，应及时检查引洪渠首和渠系建筑物，发现问题，应及时整修处理。

b) 引洪过程中，始终应有专人管理，并按设计要求给各渠系和地块放水，防止引洪淤漫水量过多或不足。

c) 全部渠系应是不冲不淤，每次淤漫后如发现有冲淤现象，应及时研究处理。

ICS 13.080
B 11

GB

中华人民共和国国家标准

GB/T 16453.5—2008
代替 GB/T 16453.5—1996

水土保持综合治理 技术规范 风沙治理技术

Comprehensive control of soil and water conservation—Technical specification—Technique for erosion control of wind erosion

2008-11-14 发布 2009-02-01 实施

中华人民共和国国家质量监督检验检疫总局
中国国家标准化管理委员会 发布

前言

GB/T 16453《水土保持综合治理　技术规范》共分为六个部分：

——GB/T 16453.1—2008　水土保持综合治理　技术规范　坡耕地治理技术

——GB/T 16453.2—2008　水土保持综合治理　技术规范　荒地治理技术

——GB/T 16453.3—2008　水土保持综合治理　技术规范　沟壑治理技术

——GB/T 16453.4—2008　水土保持综合治理　技术规范　小型蓄排引水工程

——GB/T 16453.5—2008　水土保持综合治理　技术规范　风沙治理技术

——GB/T 16453.6—2008　水土保持综合治理　技术规范　崩岗治理技术

本部分代替 GB/T 16453.5—1996《水土保持综合治理　技术规范　风沙治理技术》。

本部分与 GB/T 16453.5—1996 相比，作如下修改：

a）复核了风沙治理部分中的林带宽度等有关数据；

b）将原标准的 5.2.1.1 删除，改为沿海、沿湖造林应选择耐盐碱、耐水浸树种。

本部分由水利部提出。

本部分由水利部国际合作与科技司归口。

本部分起草单位：水利部水土保持司、水利部水土保持监测中心、黄河水利委员会黄河上中游管理局、黄河水利委员会农村水利水土保持局、长江水利委员会水土保持局、松辽水利委员会农田水利处、珠江水利委员会农田水利处、海河水利委员会农田水利处、淮河水利委员会农田水利处、北京林业大学水土保持学院。

本部分主要起草人：段巧甫、刘万铨、范起敬、宁堆虎、佟伟力、鲁胜力、郭索彦、张长印、赵永军、陈法扬、余新晓、丛佩娟、常丹东、冯伟、李琦。

本部分所代替标准的历次版本发布情况为：

——GB/T 16453.5—1996。

引　言

GB/T 16453.5—1996 已经实施十余年，在水土保持综合治理方面起到了重要的指导作用。随着我国社会经济的发展和农村产业结构的变化，水土保持工作的内容、性质等方面也发生了深刻的变化。为了适应新形势下的水土保持工作，进一步规范水土保持综合治理技术规范，根据水利部国际合作与科技司、水土保持司的统一安排，进行了修订。

水土保持综合治理　技术规范
风沙治理技术

1　范围

GB/T 16453 的本部分规定了风蚀地区风沙治理各项措施的规划、设计、施工、管理等技术要求。

本部分适用于我国风蚀地区。

2　规范性引用文件

下列文件中的条款通过 GB/T 16453 的本部分的引用而成为本部分的条款。凡是注日期的引用文件，其随后所有的修改单(不包括勘误的内容)或修订版均不适用于本部分，然而，鼓励根据本部分达成协议的各方研究是否可使用这些文件的最新版本。凡是不注日期的引用文件，其最新版本适用于本部分。

GB 6000　主要造林树种苗木质量分级

GB/T 16453.2　水土保持综合治理　技术规范　荒地治理技术

LY 1000　容器育苗技术

3　治理措施

3.1　北方沙化地区南沿，应以防风固沙为主，采取保护农田、道路、城镇等的沙障固沙，营造防风固沙林带、固沙草带，引水拉沙造田以及防止风蚀的耕作技术等综合措施。

3.2　黄泛区古河道沙地，应先治理风口，堵住风源，采取翻淤压沙、造林固沙等措施，将沙地改造成果园或农田。

3.3　沿海风沙危害区，应带、网、片相结合，建设以海岸防风林带为主的综合防护体系。

4　沙障固沙

4.1　沙障的设置方法与采用的重点地区

4.1.1　沙障是用柴草、活性沙生植物的枝茎或其他材料平铺或直立于风蚀沙丘地面，以增加地面糙度，削弱近地层风速，固定地面沙粒，减缓和制止沙丘流动。

4.1.2　采取沙障的重点地区，对流动沙丘和半流动沙丘，应首先采用沙障固沙，阻止沙丘流动，再营造防风固沙林带和农田防护林网。

4.2　沙障的分类

4.2.1　根据沙障的地面分布形状划分

4.2.1.1　带状沙障。沙障在地面呈带状分布，带的走向垂直于主风向。

4.2.1.2　方格状(或网状)沙障。沙障在地面呈方格状(或网状)分布，主要用于风向不稳定，除主风向外，还有较强侧向风的地方采用。

4.2.2　根据沙障的不同材料划分

4.2.2.1　柴草沙障。大部由柴草或作物秸秆作成，是铺设沙障的主要材料。

4.2.2.2　粘土沙障。少数地方沙层较浅或沙丘附近有碱滩地，用粘土压沙，堆成土埂，作为沙障。

4.2.2.3　采用卵石或其他材料(如活性沙生植物枝茎)作成沙障。

4.2.3　根据铺设沙障的柴草与地面的角度划分

4.2.3.1　平铺式沙障。将作沙障的柴草横卧平铺在地面，上压枝条、沙土或用小木桩固定。

4.2.3.2 直立式沙障。将作沙障的柴草直立，一部分埋压沙中，一部分露出地面。

4.3 沙障的设计和施工

4.3.1 平铺式沙障的设计和施工

4.3.1.1 带状平铺式

带的走向垂直于主风方向。带宽 0.6 m～1.0 m，带间距 4 m～5 m，将覆盖材料平铺在沙丘上，厚 3 cm～5 cm。覆盖材料有柴草、秸秆、枝条或粘土、卵石等。覆盖物为柴草和枝条时，上面应用枝条横压，用小木桩固定，或在草带中线上铺压湿沙，柴草的梢端应迎风向。

4.3.1.2 全面平铺式适用于小而孤立的沙丘和受流沙埋压或威胁的道路两侧与农田、村镇四周。将覆盖物在沙丘上紧密平铺。其余要求与 4.3.1.1 相同。

4.3.2 直立式沙障的设计和施工

4.3.2.1 直立式沙障的分类

4.3.2.1.1 高立式沙障，采用秆高质韧的柴草，长 0.7 m～1.3 m，露出地面 0.5 m～1.0 m，埋入地下 0.2 m～0.3 m，根部培沙高出地面 0.1 m。

4.3.2.1.2 低立式沙障，采用较软的柴草，露出地面 0.2 m～0.3 m，埋入地下 0.15 m～0.20 m。

4.3.2.2 直立式沙障的平面配置

4.3.2.2.1 在单向起沙为主地区与主风向垂直，呈带状布设。

4.3.2.2.2 在新月形沙丘上设置时，丘顶空出一段，在迎风坡自上而下设置多带弧形沙障(与新月形弧度相适应)。

4.3.2.3 直立式沙障的间距

4.3.2.3.1 4°以下的干缓沙地，高立式沙障间距为沙障高度的 10 倍～15 倍，低立式沙障间距为 2 m～4 m。

4.3.2.3.2 沙丘迎风坡面设置的沙障，应使下一列沙障的顶端比上一列沙障的基部高出 5 cm～8 cm。

4.3.2.3.3 在沙丘坡度较大的地方，沙障间距按式(1)计算：

$$d = h\cot\theta \qquad \cdots\cdots(1)$$

式中：

d——沙障间距，单位为米(m)；

h——沙障高度，单位为米(m)；

θ——沙丘坡度，单位为度(°)。

4.3.2.4 直立式沙障的施工

4.3.2.4.1 高立式沙障施工。在设计好的沙障条带位置上，人工挖沟深 0.2 m～0.3 m，将柴草均匀直立埋入，扶正踩实，填沙 0.1 m，柴草露出地面 0.5 m～1.0 m。

4.3.2.4.2 低立式沙障施工。将柴草按设计长度切好，顺设计沙障条带线均匀放置线上，草的方向与带线正交。用脚在柴草中部用力踩压，柴草进入沙内 0.1 m～0.15 m，两端翘起，高 0.2 m～0.3 m，用手扶正，基部培沙。

4.3.2.5 粘土沙障的设计和施工

粘土沙障是低立式沙障的一种，一般布设在沙丘迎风面自下向上约 2/3 的位置。用粘碱土堆成土埂，高 0.20 m～0.25 m，底宽 0.6 m～0.8 m，埂顶呈弧形，土埂间距 2 m～4 m。

5 固沙造林

5.1 固沙造林的规划设计

5.1.1 林带规划设计

设计内容包括林带走向、宽度、间距、结构、混交类型。

5.1.1.1 林带走向

5.1.1.1.1 防风阻沙、固沙基干林带，应设在农田林网外围的沙丘前沿地带及流沙边缘与农田绿洲交界处，林带走向应垂直于沙丘流动方向。

5.1.1.1.2 农田防护林网(包括护牧林网)，有主风害地区应采取长方形网格，无主风害地区可采取正方形网格。主林带走向应垂直于主风方向或不大于45°的偏角。副林带和主林带应垂直；如因地形地物限制，主副林带可以有一定偏角。低洼地区可“林随水走”；平坦地区可“林随路走”；风蚀山丘地区，主林带可沿等高线布设，副林带可和上下坡的路边造林、河边沟岸造林互相连接，形成林网。

5.1.1.1.3 沿海岸线防风林带应垂直于主风害方向设置，也可按沙滩沿海岸线的自然分布走向设置。

5.1.1.2 林带宽度

5.1.1.2.1 防风阻沙、固沙基干林带，可分别采用单带或双带式；在风沙危害严重地区可采用多带式。带宽一般为50 m～100 m，大面积流沙入侵前沿地区带宽可为200 m～1 000 m，绿洲与沙丘接壤地区允许带宽30 m～50 m。

5.1.1.2.2 农田防护林网，主带宽应为8 m～12 m(3行～4行树)，副带宽可为4 m～6 m(1行～2行树)，地少人多地区，可采取主带宽5 m～6 m，副带宽3 m～4 m。

5.1.1.2.3 沿海岸线防风林带，应根据海风强劲程度和海滩情况确定，一般宽20 m～100 m，最大可达100 m～200 m。

5.1.1.3 林带间距

5.1.1.3.1 防风阻沙、固沙基干林带，可采用单带、双带或多带式，间距应为50 m～100 m。

5.1.1.3.2 农田防护林网，林带的间距应按乔木主要树种壮龄时期平均高度的15倍～20倍计算。主林带和副林带交叉处只在一侧留出20 m宽便于交通的缺口。林网的网格面积一般15 hm^2～20 hm^2，最大不应超过30 hm^2，严重风沙区应控制在15 hm^2 以下。

5.1.1.3.3 沿海岸线防风林带，依沙滩分布的宽度，可设近海前沿一道主干防风林带，或者在第一道近海防风主干林带之后，每隔100 m～300 m，再设第二、第三道防风林带。

5.1.1.4 林带结构(见图1)

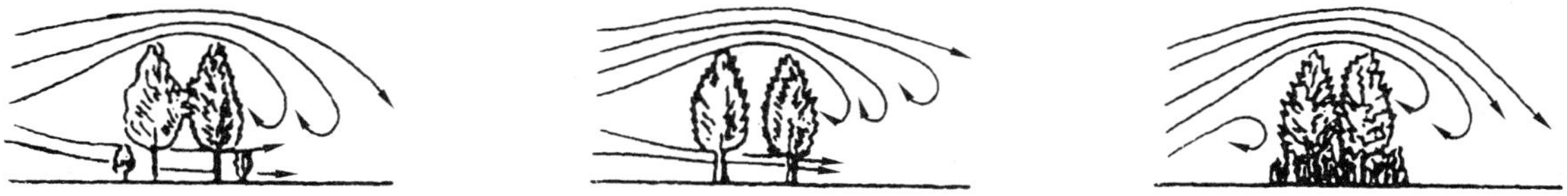

a) 疏透型结构　　b) 通风型结构　　c) 紧密型结构

图1 林带结构示意图

5.1.1.4.1 疏透型。林带间距10倍～15倍树高，适用于重度风蚀区农田防护林网、海岸防护林。

5.1.1.4.2 紧密型。林带间距8倍～10倍树高，适用于风口造林和防风阻沙、固沙基干林带，以及铁路、公路干线两侧林带。

5.1.1.4.3 通风型。林带间距15倍～20倍树高，适用于中、轻度风蚀区农田防护林网和沿海岸线防风林带。

5.1.1.5 林带混交类型

5.1.1.5.1 乔灌混交林带：乔木、灌木树种按比例组成，构成紧密型结构或疏透型结构林带，适于干旱与风害严重的地区。

5.1.1.5.2 乔木混交林带：由两层乔木组成，上层为喜光树种，下层为耐荫的伴生树种，也可用两种喜光树种，分别配置于林带两侧，组成通风型结构林带，适于农耕地或沿海沙带。

5.1.1.5.3 灌木混交林带：林带全由灌木组成，用作生物沙障。

5.1.1.5.4 综合型混交林带：乔灌混交和喜光、耐荫性、伴生树种混交的综合性林带，适于防风固沙基干林带和风口造林。

5.1.2 风口造林设计

设置与主害风向相垂直的带状沙障,其宽度 1 m～2 m,间距 20 m～30 m。在沙障内可营造紧密型乔灌混交林,株距 0.5 m,行距 1.0 m,交错排列;株间或行间混交或呈块状混交,乔灌比例 1∶1,迎风面栽灌木,背面栽乔木。

5.1.3 片状造林设计

5.1.3.1 风蚀较轻的沙地或稳定的低沙丘、半流动沙丘,可直接成片造林,全面固沙。

5.1.3.2 对流动沙丘,应先设置沙障,减缓风速,固定流沙,然后成片造林。在背风坡丘间低地栽植乔木林带,阻挡流沙前移;在迎风坡脚下种植灌木,拉低沙丘。

5.1.3.3 片状造林的株行距,应根据树种和立地条件确定。植株一般均呈"品"字形排列。

5.2 固沙造林的树种选择

5.2.1 树种选择原则

5.2.1.1 应选择适合当地生长的优良树种和乡土树种。

5.2.1.2 沿海、沿湖造林应选择耐水浸、盐碱和抗风的树种。

5.2.1.3 灌木应选择防风固沙效果好、抗旱性能强、不怕沙埋、枝条繁茂、萌蘖力强,条材(或薪柴)产量高、质量好的树种。

5.2.2 北方风沙区造林主要树种

5.2.2.1 乔木:杨树、旱柳、白榆、樟子松等。

5.2.2.2 灌木:沙柳、沙米、沙棘、沙蒿、花棒、踏郎、柠条、紫穗槐、沙拐枣、红柳、枸杞等。

5.2.3 黄泛区古河道沙区造林主要树种

5.2.3.1 乔木:杨树、旱柳、榆树、臭椿、刺槐、侧柏、泡桐等。

5.2.3.2 灌木:紫穗槐、胡枝子、杞柳、荆条等。

5.2.4 东南沿海岸线沙区造林主要树种

5.2.4.1 乔木:木麻黄、相思树、水杉、柳杉、火炬、松、侧柏、杨树、苦楝、麻栎、乌木臼等。

5.2.4.2 灌木:杞柳、刺犁、白刺、黄槿、夹竹桃等。

5.3 固沙造林施工

5.3.1 造林整地

5.3.1.1 整地时间

5.3.1.1.1 营造乔木林,在北方的中度、轻度风蚀区和杂草丛生的草滩地、质地较硬的丘间地和固定沙丘等,应于前一年秋末冬初整地,次年春季造林。流动沙丘和半流动沙丘造林不宜整地,避免造成风蚀。重风蚀区可在春季随整地随造林。南方地区可在造林前整地。

5.3.1.1.2 营造纯灌木林时,可随整地随造林;营造乔灌混交林和乔木林整地时间相同。

5.3.1.2 一般整地方法

5.3.1.2.1 在大片完整和坡度较缓的沙荒地上造林,可用带状整地,带宽 1.0 m～1.5 m,带面耙平后,在其上再挖穴栽树,按设计的株行距呈"品"字形排列。有条件时可采用机械开沟作带。

5.3.1.2.2 在地形破碎、坡度较陡的沙荒地上造林,可采用鱼鳞坑整地,坑径 1.0 m～1.5 m,坑深 0.6 m～0.8 m,坑距 3 m～5 m,呈"品"字形排列。

5.3.1.2.3 营造灌木林可采用穴状整地,按设计的株行距,定点挖穴,穴径不小于 0.6 m,坑深 0.3 m～0.6 m,视苗木根系而定。

5.3.1.3 特殊的整地方法

5.3.1.3.1 翻淤压沙整地。黄泛区古河道沙地,沙层较浅(0.5 m～0.6 m),下为淤土。造林前,可先用人工或机械将下层淤土翻起,压在沙上,厚 0.3 m～0.4 m,然后在淤土上造林。

5.3.1.3.2 客土整地。东南沿海岸滩,夏季地温高,应先按株行距挖坑,然后用低温客土种树。

5.3.2 植苗造林

5.3.2.1 选好苗木

5.3.2.1.1 裸根苗应执行 GB 6000 的规定，容器苗应执行 LY 1000 的规定。

5.3.2.1.2 阔叶树种应选择一至二年生，株高 1.5 m 以上，主根长 30 cm，地径 2.0 cm 以上，乔木主根系长度 25 cm～30 cm 以上，生长健壮的苗木；针叶树种应选择二至三年生容器苗或植生苗，有完整的顶芽。灌木苗应选择一至二年生苗木。

5.3.2.1.3 应把好起苗质量关。起苗时应不伤根，不损苗，保持较完整的毛细根；针叶树苗起苗后，做到随起随栽。外地运苗，应做到当日起苗，当日运到造林地，最多不得超过 2 d。对不能及时栽植的苗木，应打浆并做好假植，并设挡光挡风措施，防止暴晒风干或堆放发热。

5.3.2.2 栽植技术

5.3.2.2.1 阔叶乔木宜在春秋二季挖坑栽植。

5.3.2.2.2 根系不大的灌木苗或针叶乔木苗，一般在春季或雨季采用窄缝栽植。

5.3.2.2.3 用容器苗或植生针叶苗造林，应事先整地，待春季墒情好时造林，或在立秋前的雨后栽植。干旱、半干旱地区的阔叶乔木苗，可截杆造林。

5.3.2.2.4 风口造林，栽植深度应超过当年最大风蚀深度，直达沙地的湿沙层，并在植穴周围培置沙埂，增加地面糙度，减轻风蚀。

5.3.2.2.5 营造海岸线防风林时，应采取客土和适时深栽。

5.3.3 插(压)条造林

5.3.3.1 应选择一年生新条、壮条，随剪随插(压)，备用枝条应保湿。一般条长 0.4 m～0.7 m，地径粗 1 cm～2 cm；高杆杆长 2.5 m～4 m，径粗 3 cm～6 cm。

5.3.3.2 插条应露出地面 3 cm～4 cm，留有 1 个～2 个芽眼，并防止芽眼倒植；高杆造林应埋入地下 0.8 m～1.2 m，地面以上为 1.5 m～3 m；利用卧杆栽植时，覆土厚度宜为 10 cm。

5.3.4 飞播造林

5.3.4.1 播前勘查、规划

5.3.4.1.1 应对飞播地区进行勘查、调查，掌握沙丘类型、走向、原有植被种类和覆盖度以及降水季节沙地土壤水分条件等。

5.3.4.1.2 应根据飞播造林可能取得的效率，确定具体的飞播范围，进行测量、规划接近于平行主风向的航播带，埋设入航出航的标桩，绘制飞播作业图(比例尺 1/10 000)和播区位置图(比例尺 1/200 000)。

5.3.4.2 播幅与航高设计

5.3.4.2.1 应根据播区情况，确定单程或复程的航带长度、播种宽度和飞行高度。大粒种子设计播幅宽为 50 m，航高为 50 m～70 m；沙蒿等小粒种子设计播幅宽度 40 m，飞行高度 50 m～60 m。

5.3.4.2.2 如播幅较宽，应在上述宽度基础上增加 20%～30%的重叠率。

5.3.4.2.3 飞播作业时，侧风风速不应超过 5.4 m/s，侧风角度不应超过 40°(小粒种子不应超过 20°)。顺、逆风飞播风速：大粒种子，不应超过 6 m/s～8 m/s，小粒种子不应超过 6 m/s。

5.3.4.3 播前的准备工作

5.3.4.3.1 飞播固沙植物的选择。在流沙地区飞播应选择抗风蚀、耐沙埋、生长迅速、自然繁殖力强、具有较高经济价值的植物，如：沙蒿、踏郎、花棒等。每公顷播量：踏郎 12 kg～18 kg，花棒 15 kg～23 kg，沙蒿 7.5 kg～15 kg。

5.3.4.3.2 种子大粒化处理：为解决小粒种子和易飘移种子的位移，应在种子外面裹上黄土，制成比种子重 2 倍～3 倍的大粒化种子丸，保证飞播种子分布均匀，提高飞播保苗的面积率。

5.3.4.3.3 种子防害处理。播前应采用对人畜无害的药液浸种，防治鼠、兔、虫三害。

5.3.4.3.4 应根据规划设计飞播的范围与幅宽，在地面设置明显的标志。

5.3.4.3.5 播种期宜选在夏秋雨季，并在有效降雨前 7 d～15 d 作好天气预报。

5.3.4.4 飞播后，播区应设专人管护，禁止人畜进入播区放牧，以及割草、挖树根等破坏幼苗和树木的活动。

5.4 管护

固沙造林后应加强幼林抚育管理，及时进行幼林补植、除草、中耕管理和幼林管护。各项管理工作应按 GB/T 16453.2 水土保持造林中的有关规定执行。

6 固沙种草

6.1 固沙种草规划设计

6.1.1 固沙种草方式的选定

6.1.1.1 在风蚀和流沙移动的地方，应种植防风固沙草带。

6.1.1.2 在林带与沙障已基本控制风蚀和流沙移动的沙地上，应及时进行大面积人工种草，进一步改造并利用沙地。

6.1.1.3 对地广人稀、固沙种草任务较重的地方，可采用飞播种草。

6.1.2 防风固沙草带设计

6.1.2.1 草带走向应与主害风向垂直。

6.1.2.2 地面坡度 6°～8°，草带宽可采用 6 m～8 m，间距可采用 30 m～40 m，地面坡度 10°～20°，草带宽可采用 8 m～12 m，间距可采用 20 m～30 m。

6.2 固沙种草的施工

6.2.1 整地

6.2.1.1 整地方式：宜采用带状整地，整地位置和带宽与 6.1.2 设计要求一致。

6.2.1.2 在有中度以上风蚀和流沙移动地方，严禁全面耕翻整地。

6.2.1.3 整地深度应与耕作层深度一致，可为 15 cm～20 cm。

6.2.1.4 整地时间宜在春季或秋季，干旱地区可在雨前进行。

6.2.2 播种和管理

6.2.2.1 人工播种施工和管理技术要求与荒地种草相同，可按 GB/T 16453.2 中水土保持种草的有关规定执行。

6.2.2.2 飞播种草的播种和管理技术，可按 5.3.4 中有关规定执行。

7 引水拉沙造地

7.1 工程规划

7.1.1 应根据水源的位置、高程与沙区的地形，确定引水拉沙造地的范围。

7.1.2 应根据水源的总水量和日供水量，确定引水拉沙造地的规模与进度。

7.2 工程布局

7.2.1 引水渠

从水源引水至计划进行拉沙造地的沙丘附近。

7.2.2 蓄水池

是临时性蓄水设施，上接引水渠，下接冲沙壕，蓄积水量，长蓄短放。

7.2.3 冲沙壕

开挖在计划进行拉沙的沙丘上，开挖位置和形式，因沙丘的形状和冲沙过程而异。

7.2.4 围埂

修在计划造地的四周，拦截从沙丘上冲下来的水和沙，将丘间低地淤平。

7.2.5 排水口

修在围埂的最低处，用以排除围埂中沉沙淤地后的清水。

引水拉沙工程布局见图 2。

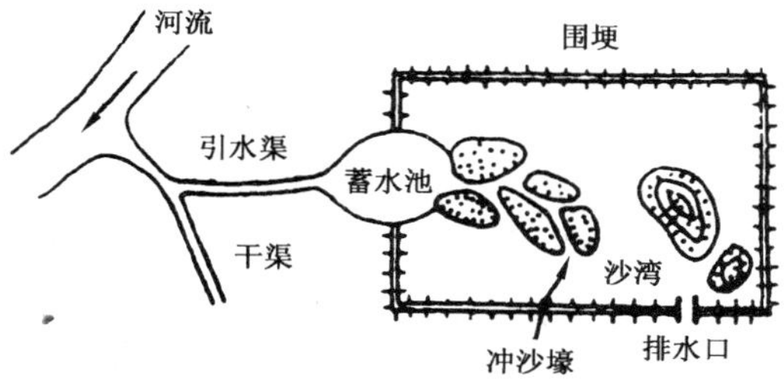

图 2　引水拉沙工程部署示意图

7.3　**工程设计**

7.3.1　引水渠

7.3.1.1　比降为 0.5%～1.0%。

7.3.1.2　断面尺寸。由引水量大小确定；梯形断面边坡(1∶0.5)～(1∶1)，随建筑材料而异。

7.3.2　蓄水池

7.3.2.1　蓄水高程应高于拉沙造地的沙丘高程。

7.3.2.2　可利用沙湾蓄水或人工围埂修成，形状不限。

7.3.3　冲沙壕比降应在 1%以上，开壕位置和形式有以下几种：

7.3.3.1　馒头状小型沙丘，根据蓄水池高程分别采用顶部开壕、腰部开壕和下部开壕基本形式，见图 3 之 a)、b)和 c)。

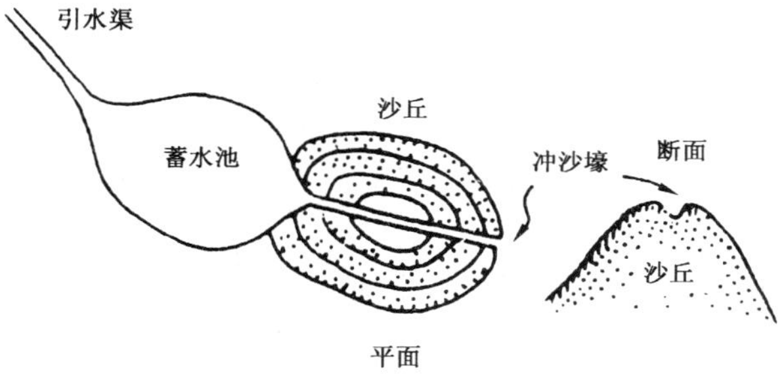

a) 顶部开壕

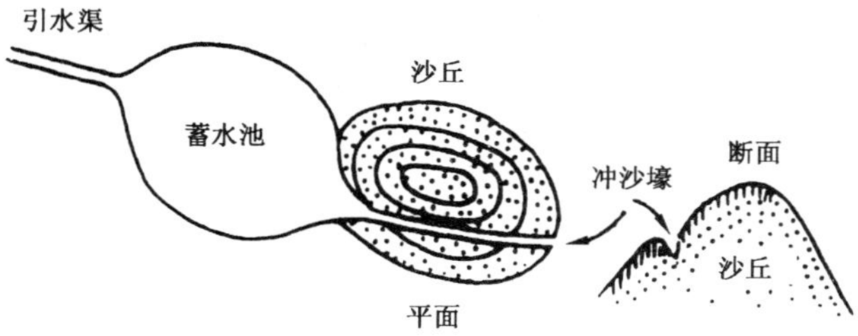

b) 腰部开壕

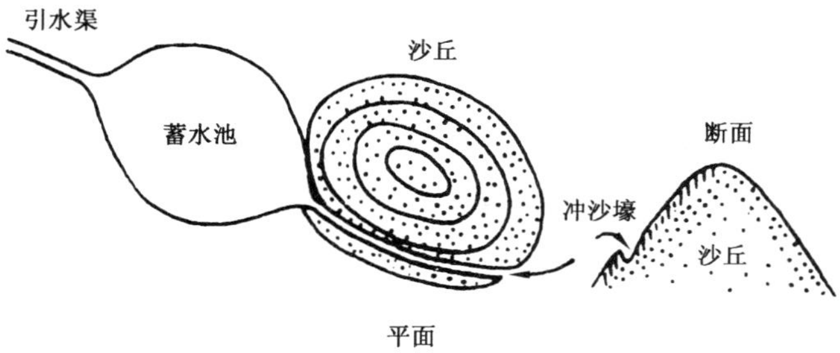

c) 下部开壕

图 3　冲沙壕的三种基本形式

7.3.3.2 对其他形状复杂或体积特大的沙丘和沙地，可分别采用左右开壕、四面开壕和迂回开壕等形式，见图4。

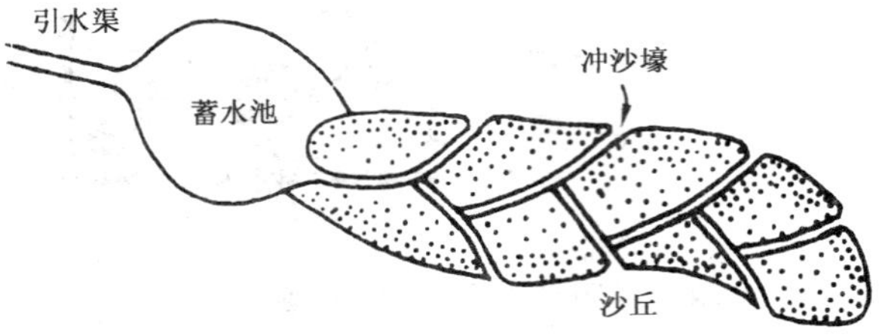

a) 左右开壕

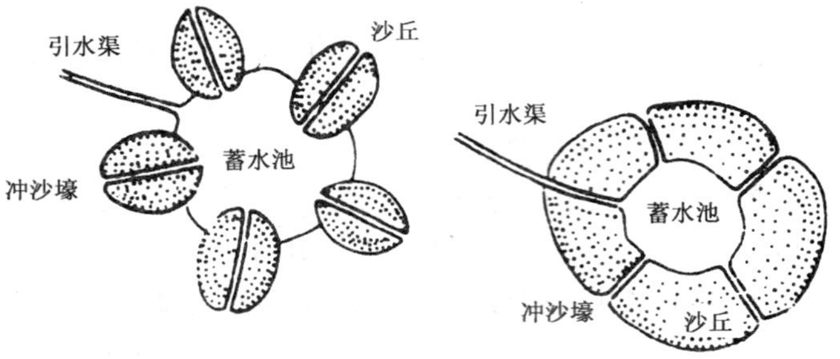

b) 四面开壕

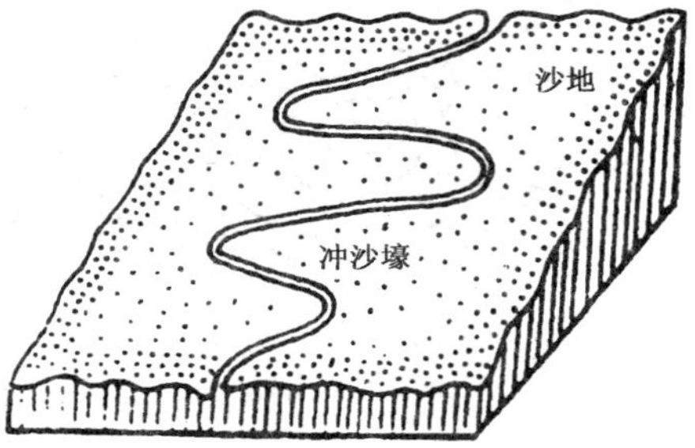

c) 迂回开壕

图4 冲沙壕的三种特殊形式

7.3.4 围埂

7.3.4.1 平面形状应为规整的矩形或正方形。

7.3.4.2 初修时高0.5 m～0.8 m，随地面淤沙升高而加高。

7.3.4.3 梯形断面顶宽0.3 m～0.5 m，内外边坡1∶1。

7.3.5 排水口

7.3.5.1 高程与位置应随着围埂内地面的升高而变动，保持排水口略高于淤泥面且低于围埂。

7.3.5.2 应用柴草或砖石作临时性砌护，并安排好排水的去处，防止冲刷。

7.4 拉沙施工

7.4.1 拉沙过程中应有高约1.0 m的三脚木架，支撑一块1.0 m×1.0 m的专用木板，由2人～3人掌握，不断移动，迫使水流冲沙，加大冲沙强度。

7.4.2 人工用铁铣在冲沙壕一侧，向壕中推沙，加快拉沙造地进度。

7.5 造地的后续工程

造成地后，关于田块与道路、渠系、林带的布设以及地面的平整，可参考缓坡区梯田规划要求进行。

8 防治风蚀的耕作措施

8.1 深松改垄。改平作为垄作，垄向应与主风方向垂直或不小于60°夹角。每隔3 a～5 a应进行一次深松耕，松耕的深度以划破犁底层为准。

8.2 作物间混套种可采用粮豆间作或混套种，粮薯间作或混套种，草田轮作等。间作混套形式及比例、轮作年限，应根据各地情况确定。风多风大季节，地面应有作物覆盖。

8.3 地面覆盖措施。在沙地上种植高产粮食作物和经济作物，可采用地膜覆盖。一般农田，在秋冬用秸秆覆盖或留茬覆盖。严禁风暴季节全垦全翻。

8.4 农林间作

8.4.1 以农为主的农林间作，适宜土壤肥沃、地下水位2 m～3 m、风沙危害较轻的农耕地。具体有以下几种情况：

8.4.1.1 农桐间作：泡桐行距为50 m～60 m，株距5 m～6 m，砍伐前3 a应在行间营造接替林带。

8.4.1.2 农枣间作：枣树单行大株距栽植，行距8 m～10 m，株距4 m～6 m；或带状栽植，每带3行～5行。

8.4.1.3 农柿间作：行距20 m～25 m，株距15 m～20 m。

8.4.1.4 农桑间作：株距1.0 m～1.5 m，带状密植，带宽10 m～15 m，带距20 m～30 m。

8.4.1.5 农条间作：主要树种为白蜡、紫穗槐、簸箕柳等。株距1.5 m～2.0 m，带状密植。带宽10 m～20 m，带距15 m～30 m。

8.4.2 农林并重的农林间作：适宜于风沙危害较重的平沙地。株、行距：泡桐行距20 m，株距5 m；枣每公顷保持180株～360株。

8.4.3 以林为主的农林间作：适宜在人少地多的沿河高地或丘陵风沙地。林的初植密度：泡桐每公顷210株～600株；枣每公顷360株以上；桑行距10 m～15 m，株距0.5 m～1.0 m，带状密植。

ICS 13.080
B 11

中华人民共和国国家标准

GB/T 16453.6—2008
代替 GB/T 16453.6—1996

水土保持综合治理　技术规范
崩岗治理技术

Comprehensive control of soil and water conservation—Technical specification—Technique for erosion control of collapse hill

2008-11-14 发布　　2009-02-01 实施

中华人民共和国国家质量监督检验检疫总局
中国国家标准化管理委员会　发布

前　言

GB/T 16453《水土保持综合治理　技术规范》共分为六个部分：

——GB/T 16453.1—2008　水土保持综合治理　技术规范　坡耕地治理技术；

——GB/T 16453.2—2008　水土保持综合治理　技术规范　荒地治理技术；

——GB/T 16453.3—2008　水土保持综合治理　技术规范　沟壑治理技术；

——GB/T 16453.4—2008　水土保持综合治理　技术规范　小型蓄排引水工程；

——GB/T 16453.5—2008　水土保持综合治理　技术规范　风沙治理技术；

——GB/T 16453.6—2008　水土保持综合治理　技术规范　崩岗治理技术。

本部分代替 GB/T 16453.6—1996《水土保持综合治理　技术规范　崩岗治理技术》。

本部分与 GB/T 16453.6—1996 相比，作如下修改：

a) “基本规定”改为“总则”；

b) 3.3.3“发展林果生产”改为“发展竹、茶、林、果等经济植物”；

c) 4.2.1“集水区”改为“汇水区”；

d) 删除 4.2.2、4.2.3、4.2.4 和 4.2.5，改用新条文；

e) 5.2.2 中截水沟的功能与相应的比降改为截水沟布设；

f) 删除 5.3.2 条文内容。

本部分的附录 A 为资料性附录。

本部分由水利部提出。

本部分由水利部国际合作与科技司归口。

本部分起草单位：水利部水土保持司、水利部水土保持监测中心、黄河水利委员会黄河上中游管理局、黄河水利委员会农村水利水土保持局、长江水利委员会水土保持局、松辽水利委员会农田水利处、珠江水利委员会农田水利处、海河水利委员会农田水利处、淮河水利委员会农田水利处、北京林业大学水土保持学院。

本部分主要起草人：段巧甫、刘万铨、吴昌田、徐传早、佟伟力、鲁胜力、宁堆虎、郭索彦、张长印、赵永军、陈法扬、余新晓、陈丽华、丛佩娟、常丹东、冯伟、李琦。

本部分所代替标准的历次版本发布情况为：

——GB/T 16453.6—1996。

引 言

GB/T 16453.6—1996已经实施十余年，在水土保持综合治理方面起到了重要的指导作用。随着我国社会经济的发展和农村产业结构的变化，水土保持工作的内容、性质等方面也发生了深刻的变化。为了适应新形势下的水土保持工作，进一步规范水土保持综合治理技术规范，根据水利部国际合作与科技司、水土保持司的统一安排，进行了修订。

水土保持综合治理　技术规范
崩岗治理技术

1　范围

GB/T 16453 的本部分规定了崩岗治理的规划、设计、施工和管理等技术要求。

本部分适用于我国南方风化花岗岩地区有各种形式崩岗危害的地方。

2　规范性引用文件

下列文件中的条款通过 GB/T 16453 的本部分的引用而成为本部分的条款。凡是注日期的引用文件，其随后所有的修改单(不包括勘误的内容)或修订版均不适用于本部分，然而，鼓励根据本部分达成协议的各方研究是否可使用这些文件的最新版本。凡是不注日期的引用文件，其最新版本适用于本部分。

GB/T 16453.2　水土保持综合治理　技术规范　荒地治理技术

GB/T 16453.3—2008　水土保持综合治理　技术规范　沟壑治理技术

3　总则

3.1　针对崩岗的特点与发展规律，应采取预防与治理并重的方针，对可能产生崩岗的荒坡，应采取预防保护措施；对已产生的崩岗，应采取综合治理措施。

3.2　预防措施应符合以下要求：

3.2.1　对风化花岗岩山坡，严禁挖草根、铲草皮，破坏地面植被，并应通过封育尽快恢复地面植被。

3.2.2　对坡面的天然水路网，应及时兴修截水沟、排水沟和蓄水池等各类小型蓄排工程，拦蓄、分散地表径流，防止下泄进入崩口导致的崩岗发生和发展。

3.3　崩岗治理应符合以下要求：

3.3.1　将每个崩口视为一个集水区，因地制宜，采取综合治理措施。

3.3.2　治标与治本结合：既要控制崩口下泄的洪水、泥沙对下游农田的危害，又要制止崩岗发展。

3.3.3　治理与开发结合：利用崩口内外的土地资源，发展竹、茶、林、果等经济植物。

4　规划

4.1　崩岗治理规划

4.1.1　在崩岗发育的地区，应以行政区划(县、乡、村)或自然区划(中小流域)为单元，在水土流失调查中进行崩岗专项调查，查清规划范围内崩口数量、大小(长、宽、深)、发展及危害情况等。

4.1.2　在水土保持规划中，应编制崩岗治理专项规划，提出具体的治理措施，并根据危害严重程度和治理紧迫性，排列治理先后顺序。

4.1.3　对可能产生崩岗的荒坡，应在水土保持规划中提出具体的预防措施，包括保护、恢复地面植被和拦蓄、分散地表径流措施等。

4.2　崩口治理规划

4.2.1　崩口上游汇水区，应根据不同地形和坡度，采取截排水措施，阻止坡面径流进入崩口。

4.2.2　崩口内的崩壁，应首先削坡修阶，稳定边坡，再种树种草，巩固崩壁。

4.2.3 崩岗底部治理,应从上到下布设土谷坊群,拦截洪水泥沙,并在崩岗口修建符合设计防洪标准的拦沙坝。

5 设计

5.1 防御暴雨设计

5.1.1 截水沟按 5 a 一遇 24 h 暴雨设计。

5.1.2 土谷坊按 10 a 一遇 24 h 暴雨设计。

5.1.3 拦沙坝按 10 a 一遇 24 h 暴雨设计,如崩口外附近有重要建筑物或经济设施,则按 20 a 一遇24 h 暴雨设计。

5.2 截水沟设计

5.2.1 截水沟应布设在崩口顶部外沿 5 m 左右,从崩口顶部正中向两侧延伸;截水沟长度以能够防止坡面径流进入崩口为准。

5.2.2 截水沟应布设在崩口顶部正中,截水沟应沿等高线布设;在两侧则应按一定坡降布设,并在沟口设消力池。

5.2.3 截水沟断面应采用半挖半填的沟埂式梯形断面,断面大小应根据设计防洪标准计算确定。

5.3 崩壁台阶设计

5.3.1 崩壁台阶宽 0.5 m～1.0 m,高 0.8 m～1.0 m,台面向内呈 5°～10°反坡。外坡:实土 1∶0.5,松土(1∶0.7)～(1∶1.0)。

5.3.2 崩壁坡度上部宜陡,下部可缓;土质上部应坚实,下部疏松。台阶从上到下应逐步加大宽度,缩小高度,同时放缓外坡。

5.3.3 在每个坡面各级台阶的两端,从上到下宜修筑排水沟,块石衬砌或种草皮防冲。

5.4 土谷坊设计

5.4.1 拦沙容量可按式(1)计算:

$$V = FM_S Y \qquad \cdots\cdots(1)$$

式中:

V——拦沙容量,单位为立方米(m^3);

F——谷坊集水面积,单位为公顷(hm^2);

M_S——土壤侵蚀模数,单位为立方米每公顷年[$m^3/(hm^2 \cdot a)$];

Y——设计淤满年限,单位为年(a)。

5.4.2 计算坝高与容量关系,根据当地地形,通过测量计算确定。按设计容量,求得相应的坝高。

5.4.3 坝体断面设计。坝体断面一般为梯形,采用定型设计,各部尺寸见表 1。

表 1 坝体断面设计表

坝高/m	1.0	2.0	3.0	4.0	5.0
顶宽/m	0.5	1.0	1.5	2.0	3.0
底宽/m	2.0	6.0	10.5	18.0	25.5
上游坡比	1∶0.5	1∶1.0	1∶1.5	1∶1.5	1∶2.0
下游坡比	1∶1.0	1∶1.5	1∶1.5	1∶2.0	1∶2.5

5.4.4 溢洪口按顶堰设计,其宽度按式(2)计算:

$$B = Q/MH^{3/2} \qquad \cdots\cdots(2)$$

式中:

B——堰宽,单位为米(m);

Q——设计流量,单位为立方米每秒(m^3/s);

H——堰上水深，单位为米(m)；

M——流量系数(取 $M=1.55$)。

5.4.5 设计流量可按式(3)计算：

$$Q=\frac{1}{6}(I_1-I_2)S \quad \cdots\cdots\cdots\cdots (3)$$

式中：

Q——设计流量，单位为立方米每秒(m^3/s)；

I_1——设计频率下10 min最大降雨强度，单位为毫米每分(mm/min)；

I_2——当地条件下土壤入渗强度，单位为毫米每分(mm/min)；

S——谷坊集水面积，单位为公顷(hm^2)。

5.4.6 我国南方雨多雨大地区，谷坊集水面积 S 与溢洪口尺寸间的关系列表参见附录A。

5.5 拦沙坝设计

5.5.1 拦沙坝设计步骤与技术要求与土谷坊相同。

5.5.2 当拦沙坝下游有重要建筑物或其他经济设施，且承担防洪与灌溉任务时，应按20 a一遇24 h暴雨标准设置土坝、溢洪道和泄水洞，按小水库设计。

6 施工

6.1 截水沟施工

6.1.1 应按设计位置和走向定线。

6.1.2 清基，从沟底中心线向上下两侧各约0.6 m～0.8 m，除去杂草和乱石。

6.1.3 应按设计断面尺寸挖沟、作埂；土埂每升高0.2 m用杵夯实，干密度应达到1.3 t/m^3 以上。

6.1.4 两端出水口处应用草皮或块石衬砌，防止冲刷。

6.1.5 截水沟与崩口顶部之间空地上，应种植保土植物。

6.2 崩壁台阶施工

6.2.1 应根据设计尺寸，定好各台开挖线，用手水准校正是否水平。对崩壁上局部不稳定的土体，应事先清除，然后定线。

6.2.2 应从上到下逐台开挖，将台面作成5°～10°反坡(各台反坡的坡度应基本一致)。

6.2.3 每个台阶的台面，外侧填方部分应分层踩实；内侧挖方部分修成后，再挖松深20 cm。

6.2.4 每个台阶两端应从上到下开挖排水沟，并用草皮或块石衬砌，出水口应设消力池。

6.3 土谷坊施工按GB/T 16453.3—2008中4.4.1规定执行。

6.4 拦沙坝施工。一般拦沙坝施工，可按土谷坊施工规定执行；重点拦沙坝施工应按GB/T 16453.3—2008中5.5.1.1与5.5.1.2规定执行。

6.5 施工总体要求每一个崩口的四项治理措施(截水沟、台阶、土谷坊和拦沙坝)应同时完成，发挥总体治理效益。

7 管理

7.1 植物管理

7.1.1 各项工程完成后，应及时种上有较强保土作用和较高经济价值的草类、灌木或乔木。

7.1.2 土谷坊和拦沙坝淤满后，应种植经济林果或其他经济作物。

7.1.3 对树、草的经营管理技术，按GB/T 16453.2规定执行。

7.2 工程管理

7.2.1 每年汛后或每次较大暴雨后，应对各项工程巡视检查。发现损毁，应及时补修。

7.2.2 截水沟内和土谷坊的溢洪口内应及时清淤。

附　录　A
（资料性附录）
谷坊集水面积与溢洪口尺寸的关系

表 A.1　不同集水面积与溢洪口尺寸的关系

集水面积/ hm^2	溢洪水深/ m	溢洪口宽/ m
20	0.2	0.60
20	0.3	0.32
50	0.3	0.81
50	0.4	0.53
100	0.4	1.06
100	0.5	0.75
100	0.6	0.57
200	1.5	1.51
200	0.6	1.15
200	0.7	0.91
200	0.8	0.75
500	0.6	2.88
500	0.7	2.22
500	0.8	1.86
500	0.9	1.60
500	1.0	1.53

ICS 25.080.60
J 57

中华人民共和国国家标准

GB 16454—2008
代替 GB 16454—1996

金属锯床　安全防护技术条件

Sawing machines for metal cutting—Safeguarding specifications

2008-12-23 发布　　2009-10-01 实施

中华人民共和国国家质量监督检验检疫总局
中国国家标准化管理委员会　发布

前　言

本标准的第 3 章、第 4 章、5.7、5.9 为推荐性的，其余为强制性的。

本标准代替 GB 16454—1996《锯床　安全防护技术要求》，本标准自实施之日起，GB 16454—1996 作废。

本标准与 GB 16454—1996 相比主要变化如下：

——标准名称变更，由“锯床　安全防护技术要求”变为“金属锯床　安全防护技术条件”；

——第 1 章的适用范围取消了“砂轮片锯床”；

——第 3 章中增加了“锯床的安全”、“锯床危险”等 8 个术语，删除了“加工区护罩”、“加工区栅栏”等 8 个术语；

——增加了第 4 章“锯床危险”；

——第 5 章中 5.1～5.5 为新增内容；

——将 1996 版的第 6 章“使用和维护的安全要求”变为本版的第 7 章，且名称改为“责任”。

自 2009 年 10 月 1 日起，生产企业生产的产品应执行本标准；自 2010 年 10 月 1 日起，市场上停止销售不符合本标准的产品。

本标准由中国机械工业联合会提出。

本标准由全国金属切削机床标准化技术委员会(SAC/TC 22)归口。

本标准起草单位：长沙锯床研究所、湖南泰嘉新材料科技股份有限公司(湖南机床厂)。

本标准主要起草人：宋安祥、谢文忠、叶钧。

本标准所代替标准的历次版本发布情况为：

——GB 16454—1996。

金属锯床　安全防护技术条件

1　范围

本标准针对金属锯床存在的主要危险，规定了消除危险和减少风险的基本安全要求和/或措施。

本标准适用于一般用途的卧式带锯床、立式带锯床、圆锯床和卧式弓锯床（以下简称锯床）。

2　规范性引用文件

下列文件中的条款通过本标准的引用而成为本标准的条款。凡是注日期的引用文件，其随后所有的修改单（不包括勘误的内容）或修订版均不适用于本标准，然而，鼓励根据本标准达成协议的各方研究是否可使用这些文件的最新版本。凡是不注日期的引用文件，其最新版本适用于本标准。

GB 5226.1　机械安全　机械电气设备　第1部分：通用技术条件（GB 5226.1—2002，IEC 60204-1：2000，IDT）

GB/T 15706.1—2007　机械安全　基本概念与设计通则　第1部分：基本术语和方法（ISO 12100-1：2003，IDT）

GB/T 15706.2　机械安全　基本概念与设计通则　第2部分：技术原则（GB/T 15706.2—2007，ISO 12100-2：2003，IDT）

GB 15760　金属切削机床　安全防护通用技术条件

GB/T 16769　金属切削机床　噪声声压级测量方法

GB/T 16856.1　机械安全　风险评价　第1部分：原则（GB/T 16856.1—2008，ISO 14121-1：2007，IDT）

3　术语和定义

GB/T 15706.1 和 GB 15760 确立的以及下列术语和定义适用于本标准。

3.1

锯床安全　safety of sawing machines

锯床在按说明书规定的预定使用条件下（或给定期限内），执行其功能和在运输、安装、调整、维修、拆卸和处理时不对人员产生损伤或危害健康及设备损坏的情况。

3.2

锯床危险　sawing machines danger

锯床静止或运转时，可能使人员损伤或危害健康及设备损坏的情况。

3.3

锯床危险部位（区）　sawing machines danger zone

锯床静止或运转时，可能使人员受到伤害、设备损坏的区域。

3.4

加工区　machining area

锯床使用的刀具（锯条或锯片）锯削工件经过的区域。

3.4.1

卧式带锯床加工区　machining area of horizontal band sawing machine

当锯削最大直径工件时，锯条所暴露的长度部分在摆动或垂直进给中经过的区域，见图1和图2。

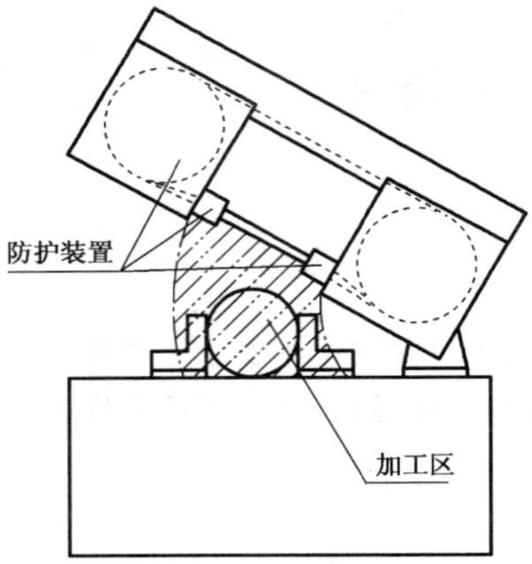

图 1 卧式带锯床加工区

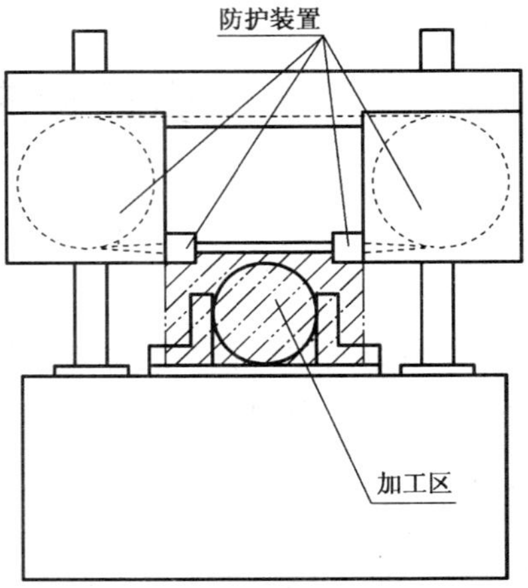

图 2 立柱卧式带锯床加工区

3.4.2

立式带锯床加工区 machining area of vertical band sawing machine

当锯削最大厚度工件时,工作台面至导向杆(臂)下端面之间锯条暴露长度的区域,见图 3。

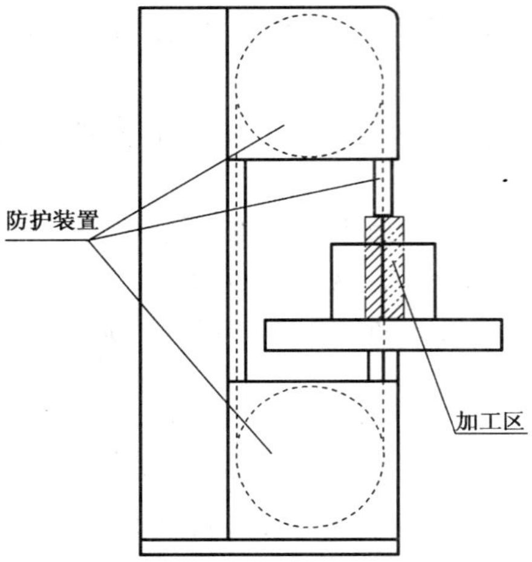

图 3 立式带锯床加工区

3.4.3

滑车型立式带锯床加工区 machining area of pulley-block type vertical band sawing machine

当锯削最大厚度工件时,工作台面至导向杆(臂)下端面之间锯条暴露长度在水平进给中经过的区域,见图 4 和图 5。

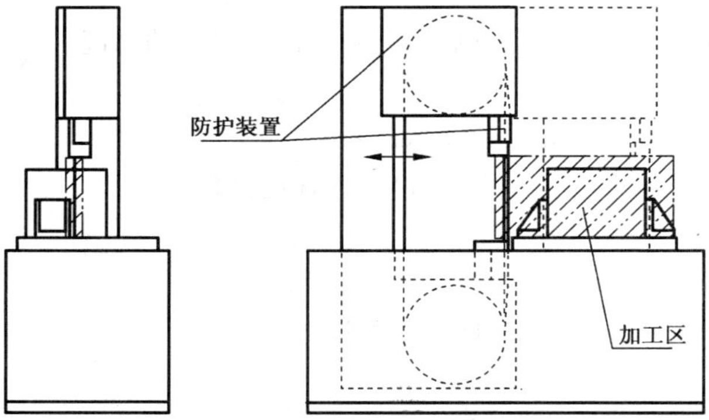

图 4 滑车型Ⅰ型立式带锯床加工区

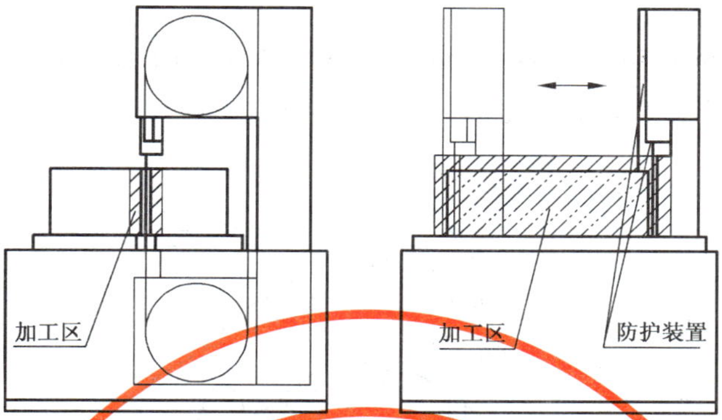

图 5　滑车型Ⅱ型立式带锯床加工区

3.4.4

卧式圆锯床加工区　machining area of horizontal circular sawing machine

当锯削最大直径工件时，锯片暴露部分在水平进给中经过的区域，见图 6。

图 6　卧式圆锯床加工区

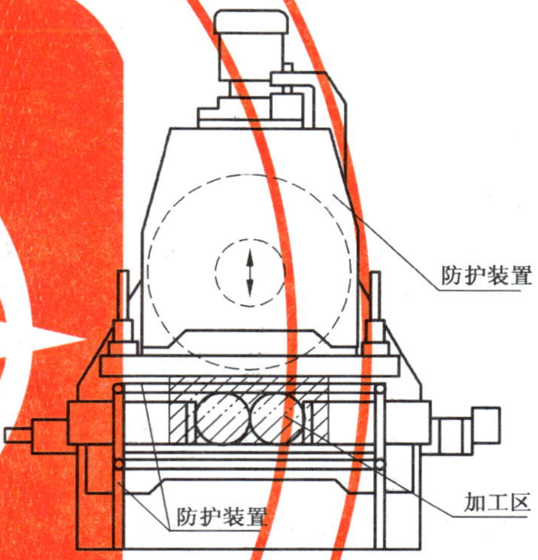

图 7　立式圆锯床加工区

3.4.5

立式圆锯床加工区　machining area of vertical circular sawing machine

当锯削最大直径工件时，锯片暴露部分在垂直进给中经过的区域，见图 7。

3.4.6

摆式圆锯床加工区　machining area of swing circular sawing machine

当锯削最大直径工件时，锯片暴露部分在摆动进给中经过的区域，见图 8。

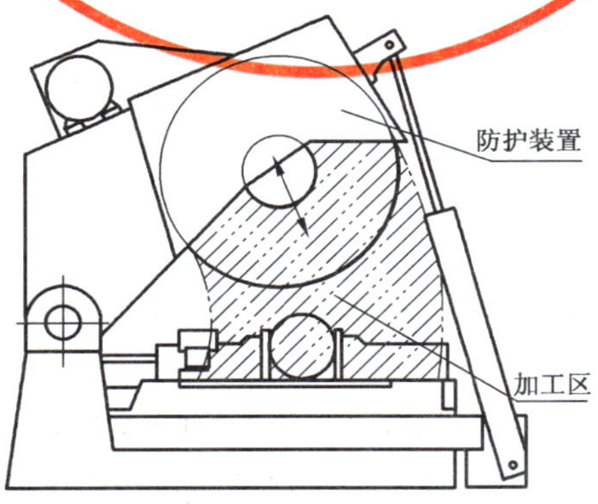

图 8　摆式圆锯床加工区

3.4.7

卧式弓锯床加工区　machining area of horizontal hack sawing machine

当锯削最大直径工件时，锯弓内挡在最大行程的前后极限位置上，锯条在摆动进给中经过的区域，见图9。

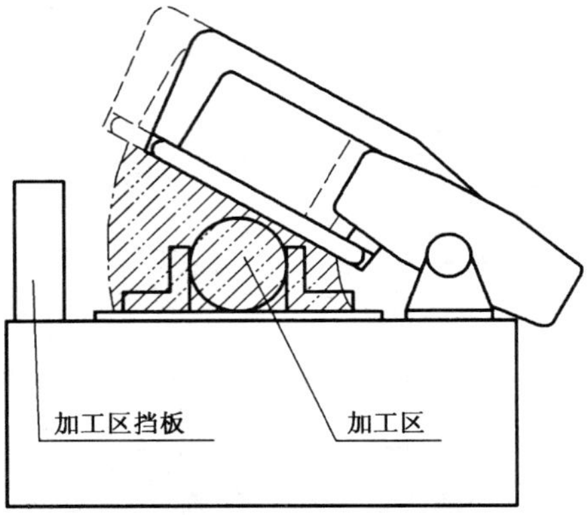

图9　卧式弓锯床加工区

3.5

防护装置　guard

为机器的组成部分，用于提供保护的物理屏障。

注1：防护装置可以：

——单独使用：对于活动式防护装置，只有当其“闭合”时才有效；对于固定式防护装置，只有当其处于“锁定位置”时才有效。

——与带或不带防护锁的联锁装置结合使用：在这种情况下，无论防护装置处于什么位置都能起到防护作用。

注2：根据防护装置的设计，其可以称作外壳、护罩、盖、屏、门和封闭式防护装置。

3.6

安全装置　safety device

消除或减少风险的单一装置或与防护装置联用的装置(而不是防护装置)。

3.7

加工区机具　machining area device

是指锯削时尽量避免使用者进入加工区的一种部件、零件或工具。

3.8

使用信息　information for use

单独或组合采用信息传递方式(如文本、文字、标记、信号、符号、图表)向使用者传达信息的保护措施。

4　锯床危险

4.1　应按GB/T 15706.1—2007中第5章和GB/T 16856.1的有关规定，对锯床进行危险分析和风险评价，识别和评价锯床存在的危险。

注：对于本标准没有涉及的危险，应按GB/T 15706.2的有关规定采取安全措施。

4.2　在危险分析时，对于操作者和其他人员由于可预见的误用产生的危险应特别加以注意。包括：

——机床使用期间；

——机床调整、清理、维护期间。

4.3 锯床存在的主要危险

4.3.1 机械危险

4.3.1.1 装夹工件和更换锯削刀具时产生的挤压或剪切危险。

4.3.1.2 锯架与工作虎钳、锯架与工作台、锯架与立柱、锯刀箱与工作虎钳或立柱、锯臂与工作虎钳之间的挤压危险。

4.3.1.3 锯架、工作虎钳、锯刀箱、锯臂等部件在吊装或移动时与定位面之间的剪切或挤压危险。

4.3.1.4 锯床的零部件有可能导致人员伤害的锐边、尖角和开口易造成切割或切断危险。

4.3.1.5 使用者手触摸运转的锯削刀具易造成切割或切断危险。

4.3.1.6 使用者在手动操作(如装、拆工件或测量)时,接近旋转锯削刀具易造成缠绕危险。

4.3.1.7 外露的齿轮、皮带轮、皮带等易造成缠绕危险。

4.3.1.8 外露电线(匝)、液压油管、冷却水管等在部件移动中,由于管线的固定措施不当引发缠绕危险。

4.3.1.9 高速运转的锯削刀具与工件之间易造成吸入或卷入危险。

4.3.1.10 锯削刀具快速趋进失控撞击工件,导致冲击危险。

4.3.1.11 卧式弓锯床的锯弓往复运动冲击撞人导致危险。

4.3.1.12 外部零件的凸出部分和零件的尖棱、尖角等导致使用者刺伤或扎伤危险。

4.3.1.13 使用者不戴防护手套更换锯削刀具或清理锯屑将导致刺伤或扎伤危险。

4.3.1.14 液压油管、气管及冷却管意外爆裂造成喷射危险。

4.3.1.15 工件夹紧装置失误造成工件抛出的危险。

4.3.1.16 装配错误且夹紧失误造成零部件抛出的危险。

4.3.1.17 在贮运过程中,机床移动部件意外失控而移动造成零部件跌落或倾倒。

4.3.1.18 使用者在安装锯床中,因起吊不当而使锯床质心偏离稳定区引起稳定性丧失危险。

4.3.1.19 油液、冷却液飞溅或渗漏到地面导致人行走时滑倒危险。

4.3.1.20 电缆线、油管过长或固定不当引发绊倒危险。

4.3.2 电气危险

4.3.2.1 在使用、维护和故障检查时,使用者意外接触带电体(直接触电或间接触电)。

4.3.2.2 电器元件意外绝缘失效使非带电体带电引起危险。

4.3.3 热危险

使用者与飞溅的高温锯屑或锯削刀具接触造成的烧伤或烫伤。

4.3.4 噪声产生的危险

由机床的动力源(电机)和动力传递系统及锯削过程噪声超标引起的危险。

4.3.5 能量供应中断、机械零件破损及其他功能紊乱造成的危险

4.3.5.1 电力的偶然中断导致工件跌落产生的危险。

4.3.5.2 锯削刀具破碎或断裂,碎片飞出。

4.3.5.3 液压系统油管意外爆裂造成压力油液喷出。

4.3.5.4 运动部件意外起动、运动失控。

4.3.5.5 运动部件停止受阻。

4.3.5.6 保护装置失效。

4.3.5.7 控制元件装配错误,使机床运转程序动作出错产生危险。

4.3.5.8 电机运转方向错误产生危险。

4.3.6 安全措施错误、安全装置安装不正确或定位不正确产生的危险

4.3.6.1 防护装置结构不坚固耐用或开口太大造成危险。

4.3.6.2 防护装置的设计结构不合理,如:阻碍视线或产生了附加的挤压或剪切区造成危险。

4.3.6.3 安全(防护)装置限位位置不当或限位失效造成危险。
4.3.6.4 联锁装置不可靠造成危险。
4.3.6.5 起动和停止装置标记不明显(不易识别)或布置不合理造成误操作产生危险。
4.3.6.6 起动和停止装置因电路故障等原因引起失效而造成危险。
4.3.6.7 锯床未设置安全信号和信号装置或安全信号和信号装置不易理解而造成危险。
4.3.6.8 锯床未设置安全信息和报警装置或安全信息不易理解和报警装置失效而造成危险。
4.3.6.9 急停装置不易识别造成危险。
4.3.6.10 急停装置安装位置远离危险区造成危险。

5 一般要求

5.1 锯床安全防护应符合本标准的要求外,还应符合 GB 15760 和 GB 5226.1 中适合锯床的相关要求。
5.2 应通过设计尽可能排除或减少潜在的危险因素。
5.3 通过设计不能避免或充分限制的危险,应采取必要的安全防护装置。
5.4 在锯床危险部位(区)应设置安全防护装置,安全防护装置可以采用固定式、活动式、可调式或联锁式。锯削刀具的安全防护装置应有坚固的结构,以挡住断裂飞溅的锯削刀具和锯屑。
5.5 对于无法通过设计排除或减少的,且安全防护装置对其无效或不完全有效的遗留危险,应采用使用信息通知和警告操作者。
5.6 应采取措施保证锯床在整个锯削过程中工件夹紧压力,避免工件夹持装置松开。
5.7 锯床的手轮、手柄操纵力在行程范围内应均匀。卧式带锯床和立式带锯床的带锯条张紧手轮及无级变速手轮、圆锯床的立柱手轮、所有锯床的夹紧手轮的操纵力应符合设计规定。其他手轮、手柄操纵力应符合 GB 15760 的要求。
5.8 机床运转时不应有不正常的尖叫声和冲击声。在空运转条件下,锯床噪声声压级应符合表 1 的规定。锯床噪声的测量方法应符合 GB/T 16769 的有关规定。

表 1 锯床空运转噪声声压级的限值

锯床质量/t	≤10	>10～30	≥30
普通锯床/dB(A)	85	85	90
数控锯床/dB(A)	83		

5.9 锯床应设置防护挡板,防止冷却液飞溅。
5.10 应在锯床明显位置标记锯削刀具的运动方向或主轴旋转方向。

6 各类锯床的安全防护的要求

6.1 卧式带锯床和立式带锯床

6.1.1 锯条应尽量有效合理地进行防护。锯轮、皮带轮和锯条(除加工区部分外)应用固定式和/或可调式防护装置防护。
6.1.2 卧式带锯床和立式带锯床工作时,加工区防护装置应能调整至与工件保持最小安全距离,即尽可能靠近工件。
6.1.3 立式带锯床工作台上所使用的盖条(或垫块),应保证锯条两侧的间隙不大于 3 mm。
6.1.4 在立式带锯床上进行手动进给时,应提供加工区机具,以防止手或手指进入加工区。
6.1.5 滑车型立式带锯床的进给部分应设置限位装置,限位应可靠。

6.2 圆锯床

6.2.1 圆锯床应设置固定式和/或活动式和/或可调式安全防护装置,锯片安全防护装置的设计与制造还应符合下列要求:

a) 紧固件的强度应大于安全防护装置的强度;

b) 应限定锯片最大直径;

c) 应提供不产生事故的适当开口和清除锯屑的手段;

d) 应使圆锯片暴露部分不超过安全利用锯床最大锯削能力要求的范围。

6.2.2 锯片安全防护装置和安全挡板的设计应与圆锯片外露部分相适应,其位置应尽可能靠近最前使用位置。

6.2.3 主轴的设计与制造应符合下列要求:

a) 主轴应有足够大的直径和强度,以便能安全地承受住突然停车时产生的扭矩,并获得牢固而稳定的支承;

b) 主轴轴向间隙不能过大,应符合设计要求;

c) 当主轴上用螺钉紧固圆锯片和法兰盘时,主轴上螺孔的螺纹旋向应与主轴的旋转方向相反。

6.2.4 法兰盘的设计与制造应满足下列要求:

a) 法兰盘可用钢、铸铁或其他强度相当或更高的材料制作;

b) 将锯片夹紧在中间的任何类型的两个法兰盘,应具有相同的直径和相等的支承面,见图10;

a) 正确　　b) 不正确

图 10　法兰盘设计

c) 法兰盘的设计应保证具有足够的刚度,使锯片夹紧时保持一定的径向接触支承面宽度。

6.2.5 驱动销应有合适的直径、强度和数量,以保证能将主轴的驱动扭矩传到圆锯片上,并能起到安全保护作用。

6.3 卧式弓锯床

6.3.1 应设置加工区挡板之类的防护装置,以防止手进入加工区和防止人员与运动的锯弓相撞。

6.3.2 锯弓上应设置警示标志或标记。

7 责任

7.1 制造者

7.1.1 制造者应对所提供的锯床及随机供应的辅助设备在设计和结构上已消除和/或控制的危险负责。

7.1.2 制造者应对所提供的锯床及随机供应的辅助设备的安全负责。

7.1.3 制造者应对提供给使用者的使用信息和建议负责。

7.2 使用者

7.2.1 使用者应通过安全操作锯床培训,并熟悉和掌握安全操作锯床的内容。

7.2.2 使用者应对自己增加的夹具、工装和辅助设备的安全和造成的危险负责,应对自己变换或修改原锯床、工装和辅助设备后的安全和造成的危险负责。

7.2.3 使用者应对未按说明书的规定操作、调整、维护、安装和储运锯床造成的危险负责。

ICS 17.040.30
J 42

中华人民共和国国家标准

GB/T 16455—2008
代替 GB/T 16455—1996

条式和框式水平仪

Bar and frame level meter

2008-06-25 发布 2009-01-01 实施

中华人民共和国国家质量监督检验检疫总局
中国国家标准化管理委员会 发布

前　言

本标准代替 GB/T 16455—1996《条式和框式水平仪》。

本标准与 GB/T 16455—1996 的主要差异如下：

——取消了条式和框式水平仪术语(1996 年版的 3.1、3.2)；

——取消了水平仪机构调整的实验与零位误差的检验(1996 年版的 A.4)；

——扩展了 V 形工作面夹角 α 范围(1996 年版的表 1;本版的表 1)；

——增加了工作面的表面粗糙度要求(本版的 5.4)；

——增加了部分要求的检验方法(本版的 7.1～7.5)；

——用"标尺间距"、"标记宽度"和"标记宽度差"术语代替"分度间距"、"分划线宽度"和"偏差"(1996 年版的 5.4;本版的 5.5)；

——修改了工作面平面度的检验方法(1996 年版的 A.1;本版的 7.7)；

——用零位误差代替工作面间位置公差(1996 年版的 5.7;本版的 5.9)；

——用分度值误差代替示值误差(1996 年版的 5.9;本版的 5.10)；

——用零位误差代替水平仪工作面间位置公差检验(1996 年版的 A.2;本版的 7.8)；

——用分度值误差代替水平仪示值误差的检验(1996 年版的 A.5;本版的 7.9)。

本标准由中国机械工业联合会提出。

本标准由全国量具量仪标准化技术委员会(SAC/TC 132)归口。

本标准负责起草单位:上海量具刃具厂。

本标准参加起草单位:青岛前哨精密仪器有限公司、成都工具研究所。

本标准主要起草人:周国明、王坤宗、王爱叶、姜志刚。

本标准所代替标准的历次版本发布情况为：

——GB/T 16455—1996。

条式和框式水平仪

1 范围

本标准规定了条式水平仪和框式水平仪的术语和定义、型式与基本参数、要求、检验方法、标志与包装等。

本标准适用于分度值为 0.02 mm/m、0.05 mm/m 和 0.10 mm/m，规格为 100 mm、150 mm、200 mm、250 mm 和 300 mm，以水准泡读数的条式水平仪和框式水平仪(以下简称“水平仪”)。

2 规范性引用文件

下列文件中的条款通过本标准的引用而成为本标准的条款。凡是注日期的引用文件，其随后所有的修改单(不包括勘误的内容)或修订版均不适用于本标准，然而，鼓励根据本标准达成协议的各方研究是否可使用这些文件的最新版本。凡是不注日期的引用文件，其最新版本适用于本标准。

GB/T 1146—1989 水准泡

GB/T 1800.1—1997 极限与配合 基础 第1部分：词汇(neq ISO 286-1:1988)

GB/T 17163 几何量测量器具术语 基本术语

GB/T 17164 几何量测量器具术语 产品术语

3 术语和定义

GB/T 1146—1989、GB/T 1800.1—1997、GB/T 17163 和 GB/T 17164 中确立的以及下列术语和定义适用于本标准。

3.1

水准泡 level

是一种密封而透明的，内充液体并留有一个气泡的角度指示元件。

3.2

分度值 value of a scale division

气泡移动一个分度所代表的量值，指气泡移动一个分度，工作面所需要倾斜的角度，分度值以 mm/m 表示。

注：分度值所对应的倾斜角度：0.004 85 mm/m=1″。

3.3

偏斜误差 deviation errors

水平仪工作面产生横向(副水准泡气泡移动的方向)偏斜时的示值与其处于水平位置时的示值之间的差值。

4 型式与基本参数

4.1 水平仪的型式见图1和图2所示。图示仅供图解说明，不表示详细结构。

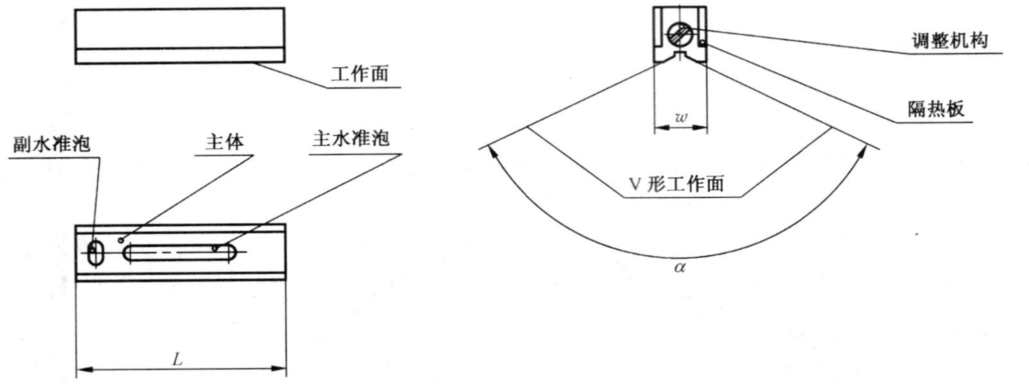

注：水平仪工作面中间部位允许带有空刀槽。

图 1　条式水平仪的型式示意图

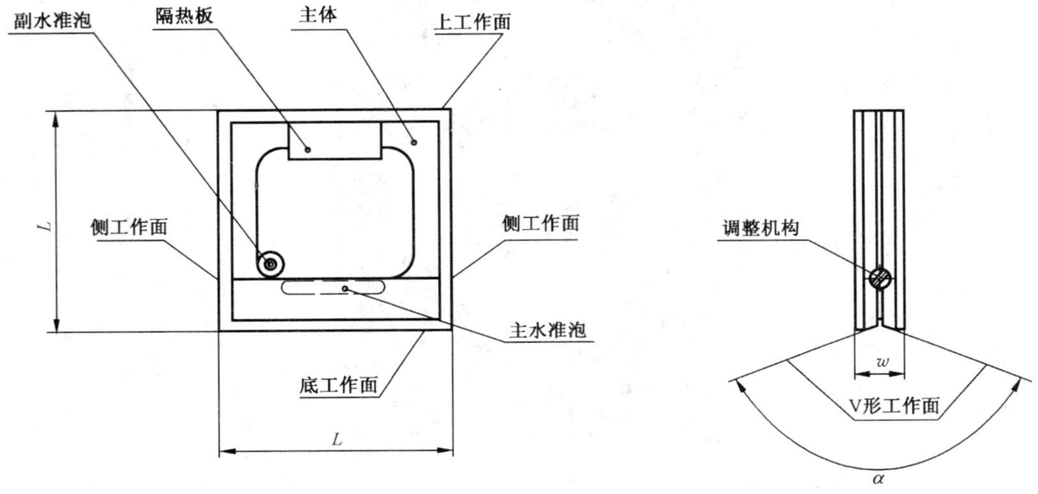

注 1：水平仪工作面中间部位允许带有空刀槽。

注 2：水平仪至少在底工作面与一侧工作面上附有 V 形工作面。

图 2　框式水平仪的型式示意图

4.2　水平仪主水准泡宜用图 3 的两种分度型式。

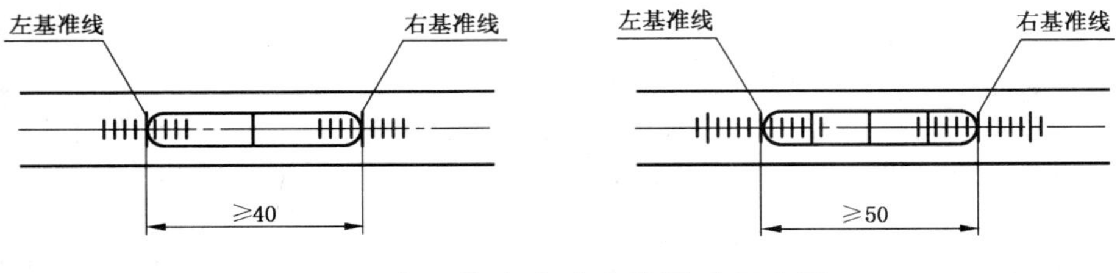

图 3　水平仪主水准泡的型式示意图

4.3　水平仪的基本参数和尺寸见表 1 的规定。

表 1

<table>
<tr><td rowspan="2">规格/
mm</td><td rowspan="2">分度值/
(mm/m)</td><td>工作面长度 L</td><td>工作面宽度 w</td><td>V 形工作面夹角 α</td></tr>
<tr><td colspan="2">mm</td><td>°</td></tr>
<tr><td>100</td><td rowspan="5">0.02;0.05;0.10</td><td>100</td><td>≥30</td><td rowspan="5">120～140</td></tr>
<tr><td>150</td><td>150</td><td rowspan="2">≥35</td></tr>
<tr><td>200</td><td>200</td></tr>
<tr><td>250</td><td>250</td><td rowspan="2">≥40</td></tr>
<tr><td>300</td><td>300</td></tr>
</table>

5 要求

5.1 外观

5.1.1 水平仪表面不应有影响外观和使用性能的裂痕、划伤、碰伤、锈蚀、毛刺等缺陷；水准泡应透明、清晰，不得有影响观察和读数的缺陷。

5.1.2 水平仪表面的镀、涂层不应有脱落和影响外观的色泽不均等缺陷。

5.1.3 标尺标记不应有目力可见的断线、粗细不均及影响读数的其他缺陷。

5.2 相互作用

水平仪各部件安装应牢固，机构应调整方便，反应灵敏。

5.3 材料

水平仪主体应采用刚性、耐磨性及稳定性能良好的材料制造。

5.4 工作面的表面粗糙度

水平仪工作面的表面粗糙度应不大于 Ra0.8 μm。

5.5 标尺标记

水平仪标尺间距为 2 mm，标记宽度为 0.20 mm～0.35 mm，标记宽度差应不大于 0.05 mm。

5.6 气泡长度

水平仪气泡长度应等于基准线间距，在温度(20±2)℃时，气泡长度偏差应不大于 1 个分度。

5.7 偏斜误差

水平仪横向工作面偏斜 5°时，其偏斜误差应不大于 1/4 分度。

5.8 工作面的平面度

水平仪工作面的平面度应不大于表 2 的规定，工作面中间部位只允许凹。

表 2

分度值/(mm/m)	工作面的平面度/mm
0.02	0.003
0.05、0.10	0.005

5.9 零位误差

5.9.1 水平仪底工作面及底 V 形工作面的零位误差为分度值的 1/4。调整零位后静置 4 h，其零位误差变化应不大于 1/4 分度。

5.9.2 水平仪上工作面、侧平工作面及侧 V 形工作面的零位误差应不大于表 3 的规定。

表 3

分度值/(mm/m)	零位误差/格
0.02	1/2
0.05、0.10	1/4

5.10 分度值误差

水平仪实际平均分度值与标称分度值之差，不得超过标称分度值的 1/10。分度值的不均匀性不得超过分度值的 1/5。

6 检验条件

6.1 被检水平仪所在地基应坚固，不应有振动的影响。

6.2 检验水平仪的室内温度为(20±2)℃。

6.3 被检水平仪在室内等温不应少于 3 h。

7 检验方法

7.1 外观

用目力观察检查。

7.2 相互作用

目测和手感检查。

7.3 工作面的表面粗糙度

用表面粗糙度比较样块以比较法检验。若发生争议时，则用表面粗糙度检查仪进行检验。

7.4 标尺标记

用目力观察检定。若发生争议时，则在工具显微镜上进行检验。

7.5 气泡长度

在水平仪检定器上进行检验。调整检定器，使气泡的一端与水准泡基准线相切，观察气泡的另一端。

7.6 偏斜误差

将水平仪底 V 形工作面置于固定在平板上的标准芯轴上，被检水平仪绕芯轴前倾 5°时的示值与后倾 5°时的示值之差的一半，即为水平仪的偏斜误差。见图 4。

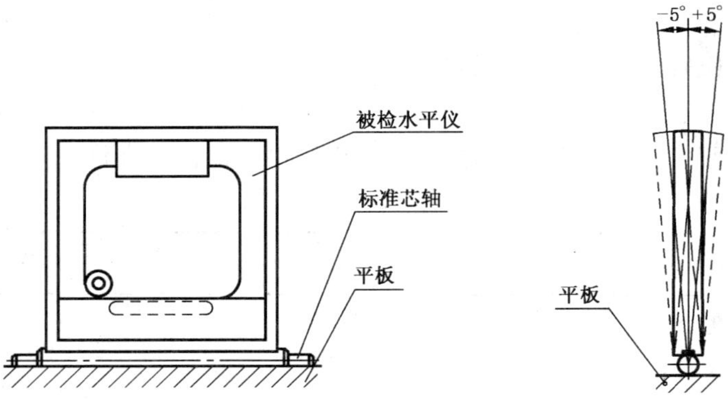

图 4 偏斜误差

7.7 工作面的平面度

用尺寸大于工作面长度的刀口尺以光隙法检验。刀口尺分别放置在被检平面的两个对角线位置、横向和纵向中间位置上,取其最大间隙量作为平面度。

7.8 **零位误差**

7.8.1 **水平仪底工作面零位误差**

将水平仪底工作面置于0级平板上,待气泡稳定后,按气泡一端读数为 a;然后,将水平仪调转180°放回平板原位置,仍在原读数端读数得 b。两次读数差的一半:$(a-b)/2$,应不大于5.9.1规定。如果经过一次性调整的零位误差达不到要求时需继续调整,直至零位误差符合要求。见图5。

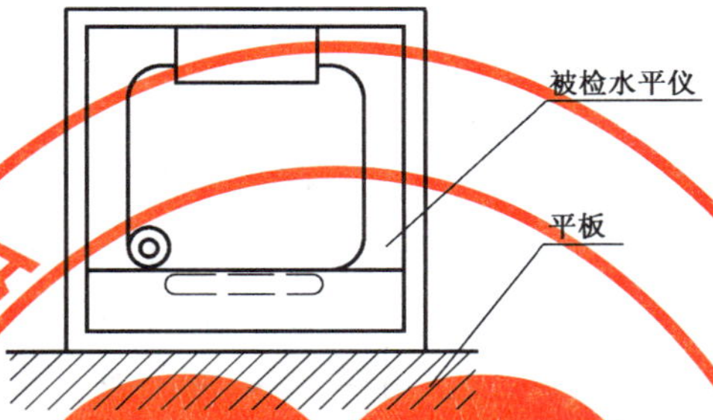

图5 水平仪底工作面

7.8.2 **水平仪底V形工作面的零位误差**

将底V形工作面置于标准芯轴上(圆柱度误差不大于0.001 mm)检验。见图6。方法同上。

图6 水平仪底V形工作面

7.8.3 **水平仪上工作面的零位误差**

用规格相同的条式水平仪作为检查水平仪。

将被检水平仪放在0级平板上,再将检查水平仪放在被检水平仪上,待气泡稳定后,从检查水平仪的一端读数得 b_1,同时在被检水平仪的一端(与检查水平仪方向相同的一边)读数得 a_1,然后将被检水平仪调转180°放回原位置,检查水平仪位置不变依然放在被检水平仪上,从检查水平仪的一端读数得 b_2,在被检水平仪第一次读数的一边记下气泡另一端读数 a_2,两次读数差的一半差:$(b_2-b_1)/2-(a_2-a_1)/2$ 应不大于表3的规定。见图7。

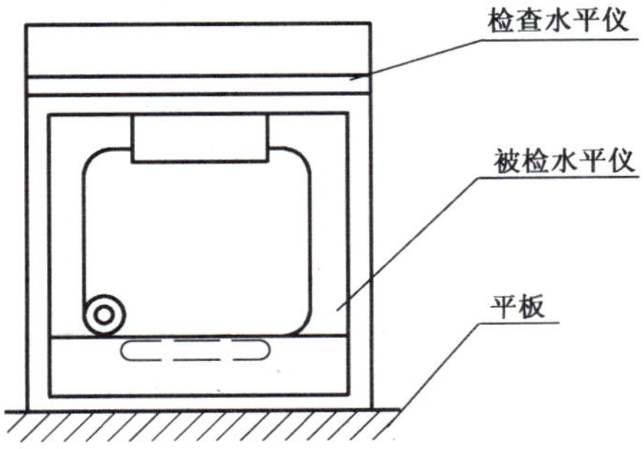

图7 水平仪上工作面

7.8.4 水平仪侧平工作面及侧 V 形工作面的零位误差

水平仪侧平工作面及侧 V 形工作面的零位误差检验方法见图 8、图 9。

将被检水平仪的侧面靠紧长方形立柱的一侧(V 形工作面靠芯轴的一侧。立柱和芯轴的锥度在 200 mm 长度上不大于 0.001 mm),待气泡稳定后,从气泡的一端读数得 c,然后将被检水平仪调转 180°靠紧长方形立柱的另一侧,在第一次读数的一边记下气泡另一端读数 c_1,两次读数差的一半应不大于表 3 的规定。

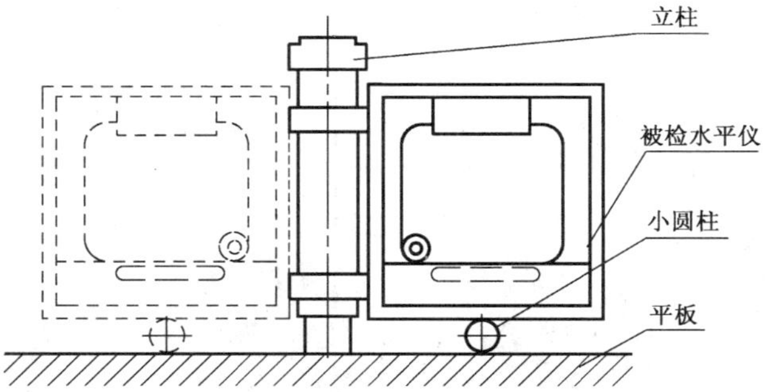

图 8 水平仪侧平工作右面

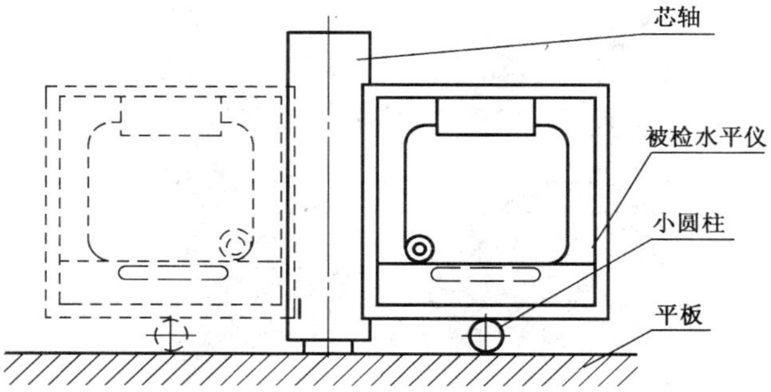

图 9 水平仪侧 V 形工作面

7.9 分度值误差

被检水平仪放在分度值为 0.005 mm/m 检定器的工作台上,调整检定器使水平仪气泡的一端对准右边的基准线,同时使检定器的示值位于某一整数值,然后依次改变检定器示值,每次改变量为被检水平仪的分度值,待气泡稳定后,在气泡的一端进行读数 a_0、a_1、a_2……a_n。以同样方法检验水准泡另一边。见图 10。水平仪平均分度值按以下公式计算:

注:检定中应注意消除检定器的回程误差。

$$\Delta = \frac{(|b_n - b_0|_{左} + |b_n - b_0|_{右})\delta}{(|a_n - a_0|_{左} + |a_n - a_0|_{右})} \quad (\mathrm{mm/m})$$

式中:

$|b_n - b_0|$——检定器的示值变化量(格);

$|a_n - a_0|$——水平仪气泡的实际位移量(格);

δ——检定器的分度值(mm/m)。

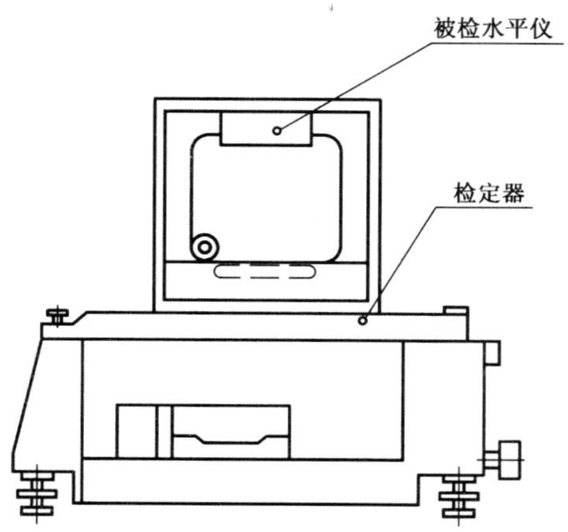

图 10 分度值误差

8 标志与包装

8.1 水平仪上至少应标有：

a) 制造厂厂名或注册商标；

b) 分度值；

c) 产品序号。

8.2 水平仪的包装盒上至少应标有：

a) 制造厂厂名或注册商标；

b) 产品名称；

c) 规格。

8.3 水平仪在包装前应经防锈处理，并妥善包装。不得因包装不善而在运输过程中损坏产品。

8.4 水平仪经检验符合本标准要求的，应附有产品合格证和使用说明书。产品合格证上应标有本标准的标准号、产品序号和出厂日期。

ICS 25.100.20
J 41

中华人民共和国国家标准

GB/T 16456.1—2008
代替 GB/T 16456.1—1996

硬质合金螺旋齿立铣刀 第1部分:直柄立铣刀 型式和尺寸

End mills with brazed helical hardmetal tips—
Part 1:Dimensions of end mills with parallel shank

(ISO 10145-1:1993,MOD)

2008-06-03 发布 2009-01-01 实施

中华人民共和国国家质量监督检验检疫总局
中国国家标准化管理委员会 发布

前　言

GB/T 16456《硬质合金螺旋齿立铣刀》分为四个部分：

——第1部分：直柄立铣刀　型式和尺寸；

——第2部分：7:24锥柄立铣刀　型式和尺寸；

——第3部分：莫氏锥柄立铣刀　型式和尺寸；

——第4部分：技术条件。

本部分为GB/T 16456的第1部分。

本部分修改采用ISO 10145-1:1993《焊接硬质合金螺旋齿立铣刀　第1部分：直柄立铣刀　尺寸》(英文版)。

本部分根据ISO 10145-1:1993重新起草。

本部分与ISO 10145-1:1993相比有下列技术差异和编辑性修改：

——规范性引用文件中的国际标准用我国国家标准替代；

——取消了国际标准的前言；

——“本国际标准”改为“本标准”；

——增加了符号一章；

——增加了标记示例。

本部分是对GB/T 16456.1—1996《硬质合金螺旋齿立铣刀　第1部分：直柄立铣刀　型式和尺寸》的修订。

本部分与GB/T 16456.1—1996相比主要变化如下：

——修改了规范性引用文件。

本部分由中国机械工业联合会提出。

本部分由全国刀具标准化技术委员会(SAC/TC 91)归口。

本部分起草单位：河南一工工具有限公司、成都工具研究所。

本部分主要起草人：赵建敏、沈士昌、孔春艳、潘爱国、樊英杰、王焯林、丁连智、于会义。

本部分所代替标准的历次版本发布情况为：

——GB/T 16456.1—1996。

硬质合金螺旋齿立铣刀
第1部分:直柄立铣刀　型式和尺寸

1　范围

GB/T 16456 的本部分规定了普通直柄和削平直柄的硬质合金螺旋齿立铣刀的型式和尺寸。

本部分适用于 ϕ12 mm～ϕ40 mm 的普通直柄和削平直柄的硬质合金螺旋齿立铣刀。

2　规范性引用文件

下列文件中的条款通过 GB/T 16456 的本部分的引用而成为本部分的条款。凡是注日期的引用文件,其随后所有的修改单(不包括勘误的内容)或修订版均不适用于本部分,然而,鼓励根据本部分达成协议的各方研究是否可使用这些文件的最新版本。凡是不注日期的引用文件,其最新版本使用于本部分。

GB/T 6131.1　铣刀直柄　第1部分:普通直柄的型式和尺寸(GB/T 6131.1—2006,ISO 3338-1:1996,IDT)

GB/T 6131.2　铣刀直柄　第2部分:削平直柄的型式和尺寸(GB/T 6131.2—2006,ISO 3338-1:2000,MOD)

3　符号

d——立铣刀直径;

d_1——立铣刀柄部直径;

l——立铣刀刃部长度;

L——立铣刀总长。

4　型式和尺寸

4.1　立铣刀的型式和尺寸按图1和表1;柄部尺寸和偏差分别按 GB/T 6131.1 和 GB/T 6131.2 的规定。

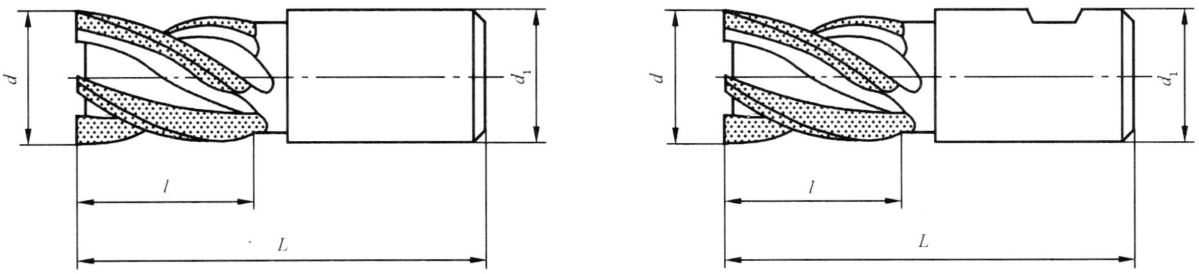

A型　　B型

图 1

表 1

单位为毫米

d k12	l 基本尺寸	l 极限偏差	d_1	L $^{+2}_{0}$
12	20	$^{+2}_{0}$	12	75
	25			80
16	25		16	88
	32			95
20	32		20	97
	40			105
25	40	$^{+3}_{0}$	25	111
	50			121
32	40		32	120
	50			130
40	50		40	140
	63			153

4.2 标记示例

直径 d=32 mm,总长 L=120 mm 的 A 型立铣刀:

硬质合金螺旋齿直柄立铣刀 A 32×120 GB/T 16456.1—2008。

ICS 25.100.20
J 41

中华人民共和国国家标准

GB/T 16456.2—2008
代替 GB/T 16456.2—1996

硬质合金螺旋齿立铣刀 第2部分:7:24锥柄立铣刀 型式和尺寸

End mills with brazed helical tips—
Part 2:Dimensions of end mills with 7:24 taper shank

(ISO 10145-2:1993,MOD)

2008-06-03 发布　　2009-01-01 实施

中华人民共和国国家质量监督检验检疫总局
中国国家标准化管理委员会 发布

前　言

GB/T 16456《硬质合金螺旋齿立铣刀》分为四个部分：

——第1部分：直柄立铣刀　型式和尺寸；

——第2部分：7∶24锥柄立铣刀　型式和尺寸；

——第3部分：莫氏锥柄立铣刀　型式和尺寸；

——第4部分：技术条件。

本部分为GB/T 16456的第2部分。

本部分修改采用ISO 10145-2：1993《焊接硬质合金螺旋齿立铣刀　第2部分：7∶24锥柄立铣刀　尺寸》(英文版)。

本部分根据ISO 10145-2：1993重新起草。

本部分与ISO 10145-2：1993相比有下列技术差异和编辑性的修改：

——规范性引用文件中的国际标准用我国国家标准替代；

——取消了国际标准的前言；

——"本国际标准"改为"本标准"；

——增加了符号一章；

——增加了标记示例。

本部分是对GB/T 16456.2—1996《硬质合金螺旋齿立铣刀　第2部分：7∶24锥柄立铣刀　型式和尺寸》的修订。

本部分与GB/T 16456.2—1996相比主要变化如下：

——修改了规范性引用文件。

本部分由中国机械工业联合会提出。

本部分由全国刀具标准化技术委员会(SAC/TC 91)归口。

本部分起草单位：河南一工工具有限公司、成都工具研究所。

本部分主要起草人：赵建敏、沈士昌、孔春艳、潘爱国、樊英杰、王焯林、丁连智、王振宇、于会义。

本部分所代替标准的历次版本发布情况为：

——GB/T 16456.2—1996。

硬质合金螺旋齿立铣刀 第2部分:7∶24锥柄立铣刀 型式和尺寸

1 范围

GB/T 16456的本部分规定了硬质合金螺旋齿7∶24锥柄立铣刀的型式和尺寸。

本部分适用于ϕ32 mm～ϕ63 mm硬质合金螺旋齿7∶24锥柄立铣刀。

2 规范性引用文件

下列文件中的条款通过GB/T 16456的本部分的引用而成为本部分的条款。凡是注日期的引用文件,其随后所有的修改单(不包括勘误的内容)或修订版均不适用于本部分,然而,鼓励根据本部分达成协议的各方研究是否可使用这些文件的最新版本。凡是不注日期的引用文件,其最新版本使用于本部分。

GB/T 3837 7∶24手动换刀刀柄圆锥

GB/T 10944.1 自动换刀用7∶24圆锥工具柄部 40、45和50号柄 第1部分:尺寸及锥角公差(GB/T 10944.1—2006,ISO 7388-1:1983,MOD)

3 符号

d——立铣刀直径;

l_1——立铣刀伸出长度;

l——立铣刀刃部长度;

L——立铣刀总长。

4 型式和尺寸

4.1 硬质合金螺旋齿7∶24锥柄立铣刀的型式和尺寸按图1和表1,A型立铣刀的柄部尺寸和偏差按GB/T 3837的规定,B型立铣刀的柄部尺寸和偏差按GB/T 10944.1的规定。

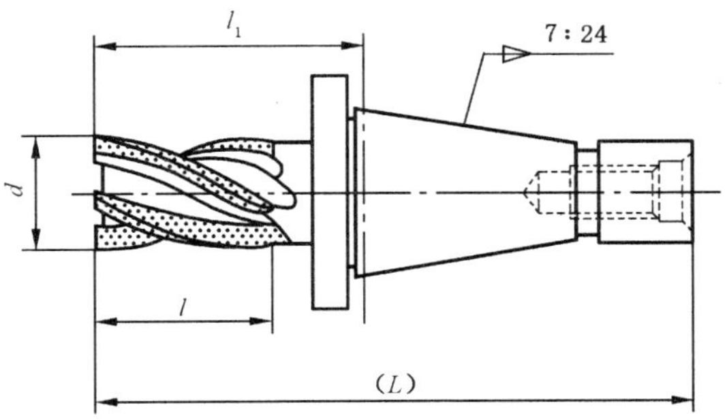

A型

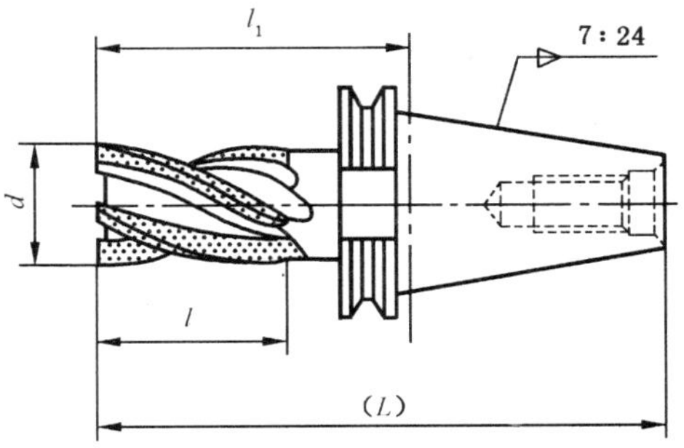

B型

图1

表 1

单位为毫米

d k12	l +3 0	A 型				B 型			
		40 号圆锥		50 号圆锥		40 号圆锥		50 号圆锥	
		l_1 +3 0	L	l_1 +3 0	L	l_1 +3 0	L	l_1 +3 0	L
32	40	84	177.4	—	—	91	159.4	—	—
	50	94	187.4	—	—	101	169.4	—	—
40	50	94	187.4	103	229.8	101	169.4	107	208.75
	63	107	200.4	116	242.8	114	182.4	120	221.75
50	50	94	187.4	103	229.8	101	169.4	107	208.75
	80	124	217.4	133	259.8	131	199.4	137	238.75
63	63	—	—	116	242.8	—	—	120	221.75
	100	—	—	153	179.8	—	—	157	258.75

4.2 标记示例

直径 d=40 mm，总长 L=187.4 mm 的 A 型立铣刀：

硬质合金螺旋齿 7∶24 锥柄立铣刀　A　40×187.4　GB/T 16456.2—2008。

ICS 25.100.20
J 41

中华人民共和国国家标准

GB/T 16456.3—2008
代替 GB/T 16456.3—1996

硬质合金螺旋齿立铣刀 第3部分:莫氏锥柄立铣刀 型式和尺寸

End mills with brazed helical hardmetal tips—
Part 3:Dimensions of end mills with morse typer shank

2008-06-03 发布　　　　2009-01-01 实施

中华人民共和国国家质量监督检验检疫总局
中国国家标准化管理委员会　发布

前　　言

GB/T 16456《硬质合金螺旋齿立铣刀》分为四个部分：

——第1部分：直柄立铣刀　型式和尺寸；

——第2部分：7∶24锥柄立铣刀　型式和尺寸；

——第3部分：莫氏锥柄立铣刀　型式和尺寸；

——第4部分：技术条件。

本部分为GB/T 16456的第3部分。

本部分是对GB/T 16456.3—1996《硬质合金螺旋齿立铣刀　第3部分：莫氏锥柄立铣刀　型式和尺寸》的修订。

本部分与GB/T 16456.3—1996相比主要变化如下：

——修改了规范性引用文件。

本部分由中国机械工业联合会提出。

本部分由全国刀具标准化技术委员会(SAC/TC 91)归口。

本部分起草单位：河南一工工具有限公司、成都工具研究所。

本部分主要起草人：赵建敏、沈士昌、孔春艳、潘爱国、樊英杰、王焯林、丁连智、于会义。

本部分所代替标准的历次版本发布情况为：

——GB/T 16456.3—1996。

硬质合金螺旋齿立铣刀
第3部分：莫氏锥柄立铣刀
型式和尺寸

1 范围

GB/T 16456的本部分规定了硬质合金螺旋齿莫氏锥柄立铣刀的型式和尺寸。

本部分适用于ϕ16 mm～ϕ63 mm硬质合金螺旋齿莫氏锥柄立铣刀。

2 规范性引用文件

下列文件中的条款通过GB/T 16456的本部分的引用而成为本部分的条款。凡是注日期的引用文件，其随后所有的修改单(不包括勘误的内容)或修订版均不适用于本部分，然而，鼓励根据本部分达成协议的各方研究是否可使用这些文件的最新版本。凡是不注日期的引用文件，其最新版本使用于本部分。

GB/T 1443　机床和工具柄用自夹圆锥(GB/T 1443—1996，eqv ISO 296:1991)

3 符号

d——立铣刀直径；

l——立铣刀刃部长度；

L——立铣刀总长。

4 型式和尺寸

4.1 硬质合金螺旋齿莫氏锥柄立铣刀的型式和尺寸按图1和表1，莫氏圆锥柄的尺寸和偏差按GB/T 1443的规定。

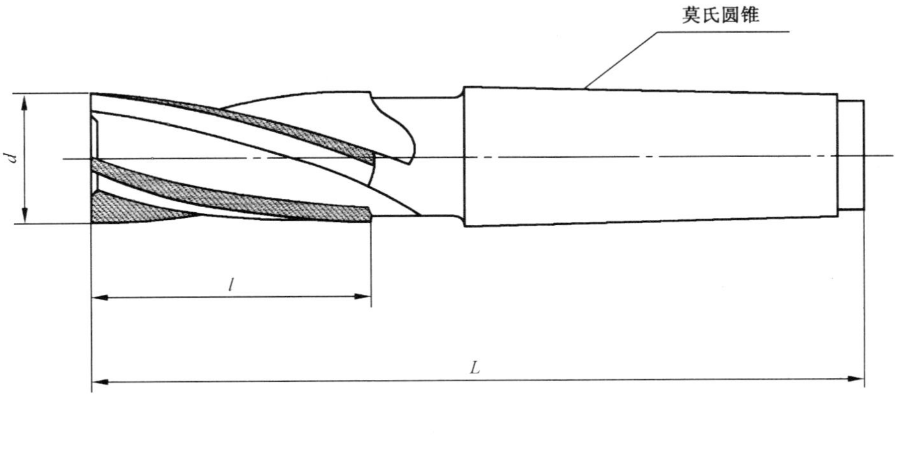

图 1

表 1

单位为毫米

d k12	l^{+2}_{0}	L^{+2}_{0}	莫氏圆锥号
16	25	110	2
	32	117	
20	32	117	2
	40	125	
		142	3
25	40	142	3
	50	152	
32	40	165	4
	50	175	
40	50	181	4
	63	194	
50	63	194	4
	80	238	5
63	63	221	5
	100	258	

4.2 标记示例

直径 d=20 mm,总长 L=125 mm 的立铣刀:

硬质合金螺旋齿莫氏锥柄立铣刀 20×125 GB/T 16456.3—2008。

ICS 25.100.20
J 41

中华人民共和国国家标准

GB/T 16456.4—2008
代替 GB/T 16456.4—1996

硬质合金螺旋齿立铣刀 第4部分：技术条件

End mills with brazed helical hardmetal tips—Part 4: Technical specifications

2008-06-03 发布　　　　2009-01-01 实施

中华人民共和国国家质量监督检验检疫总局
中国国家标准化管理委员会　发布

前　言

GB/T 16456《硬质合金螺旋齿立铣刀》分为四个部分：

——第1部分：直柄立铣刀　型式和尺寸；

——第2部分：7：24锥柄立铣刀　型式和尺寸；

——第3部分：莫氏锥柄立铣刀　型式和尺寸；

——第4部分：技术条件。

本部分为GB/T 16456的第4部分。

本部分是对GB/T 16456.4—1996《硬质合金螺旋齿立铣刀　第4部分：技术条件》的修订。

本部分与GB/T 16456.4—1996相比主要变化如下：

——修改了规范性引用文件；

——取消了GB/T 16456.4—1996中的性能试验部分；

——补充了对硬质合金刀片材料要求；

——增加了焊接质量；

——增加了硬质合金螺旋刀片对接要求；

——修改了普通直柄、莫氏圆锥柄的硬度值；

——取消了外观和表面粗糙度中焊接的要求，将此项内容调整到焊接质量中。

本部分由中国机械工业联合会提出。

本部分由全国刀具标准化技术委员会(SAC/TC 91)归口。

本部分起草单位：河南一工工具有限公司、成都工具研究所。

本部分主要起草人：赵建敏、沈士昌、孔春艳、潘爱国、樊英杰、王焯林、丁连智、张洪民、于会义。

本部分所代替标准的历次版本发布情况为：

——GB/T 16456.4—1996。

硬质合金螺旋齿立铣刀
第4部分：技术条件

1 范围

GB/T 16456的本部分规定了硬质合金螺旋齿立铣刀的尺寸、材料和硬度、外观和表面粗糙度、标志和包装的技术要求。

本部分适用于按GB/T 16456.1、GB/T 16456.2和GB/T 16456.3生产的硬质合金螺旋齿立铣刀。

2 规范性引用文件

下列文件中的条款通过GB/T 16456的本部分的引用而成为本部分的条款。凡是注日期的引用文件，其随后所有的修改单(不包括勘误的内容)或修订版均不适用于本部分，然而，鼓励根据本部分达成协议的各方研究是否可使用这些文件的最新版本。凡是不注日期的引用文件，其最新版本适用于本部分。

GB/T 2075　切削加工用硬切削材料的分类和用途　大组和用途小组的分类代号(GB/T 2075—2007,ISO 513:2004,IDT)

GB/T 6118—1996　立铣刀　技术条件

GB/T 16456.1　硬质合金螺旋齿立铣刀　第1部分：直柄立铣刀　型式和尺寸(GB/T 16456.1—2008,ISO 10145-1:1993,MOD)

GB/T 16456.2　硬质合金螺旋齿立铣刀　第2部分：7∶24锥柄立铣刀　型式和尺寸(GB/T 16456.2—2008,ISO 10145-2:1993,MOD)

GB/T 16456.3　硬质合金螺旋齿立铣刀　第3部分：莫氏锥柄立铣刀　型式和尺寸

3 符号

d——立铣刀直径。

4 尺寸

4.1　立铣刀形状和位置公差按表1的规定。

表1

单位为毫米

<table>
<tr><th rowspan="2">d</th><th colspan="2">圆周刃对柄部轴线的径向圆跳动</th><th rowspan="2">端刃对柄部轴线的端面圆跳动</th><th rowspan="2">工作部分圆柱度</th></tr>
<tr><th>一周</th><th>相邻(≥4齿)</th></tr>
<tr><td>≤25</td><td>0.020</td><td rowspan="2">0.016</td><td>0.020</td><td rowspan="2">0.010</td></tr>
<tr><td>>25</td><td>0.032</td><td>0.040</td></tr>
<tr><td colspan="5">注：圆跳动的检测方法按GB/T 6118—1996附录A的规定。</td></tr>
</table>

5 材料和硬度

5.1 材料

5.1.1　硬质合金螺旋刀片

按GB/T 2075分类分组的规定，选用代号为P20～P30,K20～K30的硬质合金螺旋刀片。

硬质合金螺旋刀片在焊接前表面应进行研磨、喷砂或其他方法的表面处理。

硬质合金螺旋刀片不得有起皮、鼓泡、分层、裂纹等缺陷。

5.1.2 刀体用 40Cr、9SiCr 或同等以上性能的合金钢制造。

5.2 硬度

柄部硬度距尾端三分之二长度上为：

——普通直柄、莫氏锥柄：不低于 35HRC；

——削平直柄：不低于 50HRC；

——7∶24 锥柄：不低于 53HRC。

6 外观和表面粗糙度

6.1 立铣刀的切削刃应锋利，不应有崩刃、钝口、裂纹等影响使用性能的缺陷，非工作部分的锐边应倒钝。

6.2 立铣刀的表面粗糙度的上限值按下列规定：

——前面和后面：$Rz3.2\ \mu m$；

——柄部外圆：$Ra0.4\ \mu m$。

7 焊接质量

7.1 焊接立铣刀的刀片应牢靠，不应有气孔、未焊透或焊料堆积等影响使用性能的缺陷。

7.2 $d \leqslant \phi 18$ mm，切削刃长度 $\geqslant 40$ mm；$\phi 18$ mm $< d \leqslant \phi 30$ mm，切削刃长度 $\geqslant 60$ mm；$d > \phi 30$ mm，切削刃长度 $\geqslant 80$ mm，可进行硬质合金螺旋刀片对接，对接的焊缝应相互错开。

8 标志和包装

8.1 标志

8.1.1 产品上应标志：

a) 制造厂或销售商的商标；

b) 立铣刀的直径；

c) 刀片的硬质合金牌号或代号。

8.1.2 包装盒上应标志：

a) 制造厂或销售商的名称、地址和商标；

b) 立铣刀的标记；

c) 刀片的硬质合金牌号或代号；

d) 件数；

e) 制造年月。

8.2 包装

立铣刀在包装前应经防锈处理。包装必须牢靠，并能防止运输过程中的损伤。

ICS 55.180.20
A 87

中华人民共和国国家标准

GB/T 16470—2008
代替 GB/T 16470—1996

托盘单元货载

Palletized unit loads

2008-07-18 发布　　　　2009-01-01 实施

中华人民共和国国家质量监督检验检疫总局
中国国家标准化管理委员会　发布

前　　言

本标准与美军标 MIL-HDBK-774A:2004《托盘单元货载》的一致性程度为非等效。

本标准与 MIL-HDBK-774A:2004 相比，主要差异如下：

——将 18 种货载类型归纳成 6 种；

——“固定的方法”取消了“粘合”；

——删除了附录 A“根据货载类型对物品或单元的分类”；

——删除了附录 B“装载型式的选择”；

——删除了附录 C“模块式包装统一标准容器”。

本标准代替 GB/T 16470—1996《托盘包装》。

本标准与 GB/T 16470—1996 相比，主要变化如下：

——修改了标准的中英文名称；

——增加了术语的有关内容；

——删除了对托盘单元货载质量具体要求值的规定；

——重新规定了托盘堆码的基本要求；

——删除了胶合这一固定方法的内容；

——将“横向捆扎、纵向捆扎”修改为“水平捆扎、垂直捆扎”，并对捆扎方式技术要求的内容做了部分修改；

——修改了拉伸包装、收缩包装托盘裹包方式所用薄膜的参数值；

——修改了防护加固附件的有关内容；

——删除了抽样的内容；

——删除了标志、运输和贮存的内容。

本标准由全国包装标准化技术委员会(SAC/TC 49)提出并归口。

本标准起草单位：深圳市美盈森环保科技股份有限公司、中机生产力促进中心、广东省佛山市南海东兴塑料制罐有限公司。

本标准主要起草人：蔡少龄、黄雪、葛峰、刘萍、罗意自、张晓建、胡艳钧、肖遇春。

本标准所代替标准的历次版本发布情况为：

——GB/T 16470—1996。

托 盘 单 元 货 载

1 范围

本标准规定了托盘单元货载的基本要求、堆码方式和要求、固定方法、防护加固附件和试验方法等内容。

本标准适用于可选用托盘单元货载的各类货物的运输包装。

2 规范性引用文件

下列文件中的条款通过本标准的引用而成为本标准的条款。凡是注日期的引用文件，其随后所有的修改单(不包括勘误的内容)或修订版均不适用于本标准，然而，鼓励根据本标准达成协议的各方研究是否可使用这些文件的最新版本。凡是不注日期的引用文件，其最新版本适用于本标准。

GB/T 2934 联运通用平托盘 主要尺寸及公差(GB/T 2934—2007,ISO 6780:2003,MOD)

GB/T 3716 托盘名词术语(GB/T 3716—2000,idt ISO 445:1996)

GB/T 4122.1 包装术语 第1部分:基础

GB/T 4857.22 包装 运输包装件 单元货物稳定性试验方法(GB/T 4857.22—1998,eqv ISO 10531:1992)

GB/T 4892 硬质直方体运输包装尺寸系列(GB/T 4892—2008,ISO 3394:1984,NEQ)

GB/T 4995 联运通用平托盘 性能要求

GB/T 7350 防水包装

GB/T 10486 铁路货运钢制平托盘

GB/T 13201 圆柱体运输包装尺寸系列(GB/T 13201—1997,neq ГОСТ 21140:1988)

GB/T 13757 袋类运输包装尺寸系列(GB/T 13757—1992,neq ISO/TR 8281-1:1983)

GB/T 15233 包装 单元货物尺寸(GB/T 15233—2008,ISO 3676:1983,MOD)

GB/T l5234 塑料平托盘(GB/T 15234—1994,neq JIS Z0602:1988)

GB/T 16471 运输包装界限(GB/T 16471—1996,neq MIL-STD 1366B:1981)

GB/T 18354 物流术语

GB/T 18927 包装容器 金属辅件(GB/T 18927—2002,JIS E 1407:1989,NEQ)

GB/T 19450 纸基平托盘

GB/T 19784 收缩包装

GB/T 19785 拉伸缠绕包装

QB/T 3811 塑料打包带

YB/T 025 包装用钢带

3 术语和定义

GB/T 4122.1、GB/T 3716 和 GB/T 18354 中确立的以及下列术语和定义适用于本标准。

3.1

托盘单元货载 palletized unit loads

单元货物与托盘所组成的整体。将包装件组合码放在托盘上，加上适当的固定，以便于机械装卸和运输。

4 要求

4.1 基本要求

4.1.1 托盘单元货载应做到科学合理、安全可靠，满足装卸、运输和储存的要求。

4.1.2 托盘单元货载的尺寸及质量应与托盘尺寸及其承载能力相适应。托盘单元货载的尺寸及质量的计算应包括托盘、加固材料和附件以及所码放的货物的外形尺寸及质量。

4.1.3 托盘单元货载中的运输包装件，其尺寸应符合 GB/T 4892、GB/T 13021 和 GB/T 13757 的规定。

4.1.4 托盘尺寸应符合 GB/T 2934 的规定。托盘的技术要求一般应符合 GB/T 2934 和 GB/T 4995 的规定。钢质托盘应符合 GB/T 10486 的规定。塑料托盘应符合 GB/T 15234 的规定。纸基平托盘应符合 GB/T 19450 的规定。特殊托盘根据供需双方协议制作。

4.1.5 应根据拟装货物的质量选择合适强度的托盘。为适应质量限制，应尽量减小托盘单元货载的高度尺寸。一般托盘单元货载的重心高度不超过托盘宽度的三分之二。

4.1.6 应根据货物类型的特点和储运方式确定托盘和货物在托盘上的堆码方式、固定方式及防护加固附件，应保证托盘单元货载能承受预定的流通环境过程中的冲击和振动等因素的影响。

4.1.7 托盘承载表面积的利用率一般应不低于 80%。

4.2 堆码方式和要求

4.2.1 堆码方式

根据货物的特点和储运条件、托盘上装载货物的质量和托盘尺寸，合理确定货物在托盘上的堆码方式。托盘单元货载的尺寸应符合 GB/T 15233 和 GB/T 16471 的规定。

4.2.2 堆码要求

4.2.2.1 木质、纸质和金属容器等作包装的硬质直方体货物，以及用纸或布等包裹的长方体货物可采用单层码放，或者多层重叠堆码（见图 1）或交错堆码（见图 2）。

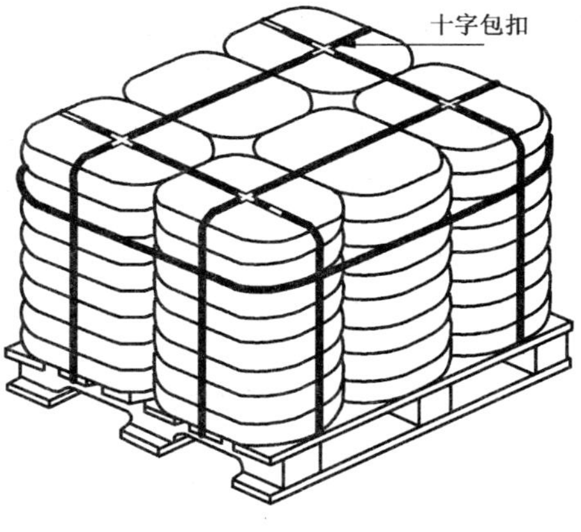

图 1 重叠堆码

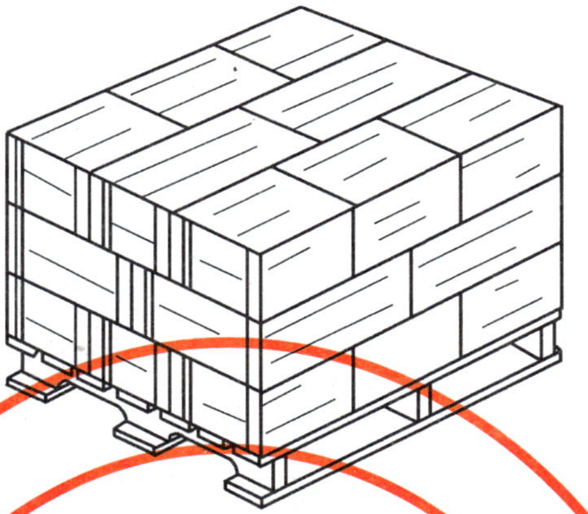

图 2　交错堆码

4.2.2.2　桶、罐等圆柱体或盘管、钢丝、电线、绳索等，或其他可卷成圆柱体的货物可单层码放或多层重叠堆码。根据其直径与托盘尺寸的关系，采用方阵码放(见图 3)或错位码放(见图 4)的方式。多层重叠堆码时，若为增加堆码的稳定性或为改善下层货物的受力状况，可在层间放置木隔板。对于上下底直径不同的开口空桶等还可扣过来多层套叠堆码(见图 5)。

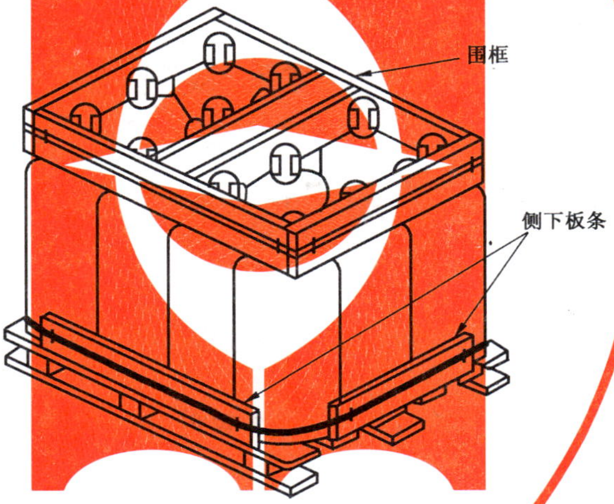

图 3　方阵码放

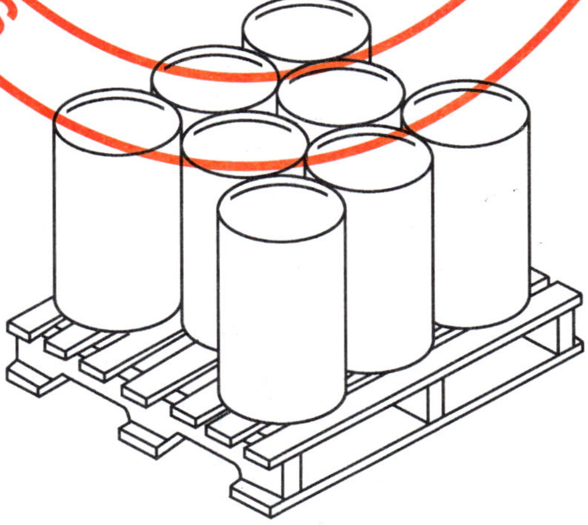

图 4　错位码放

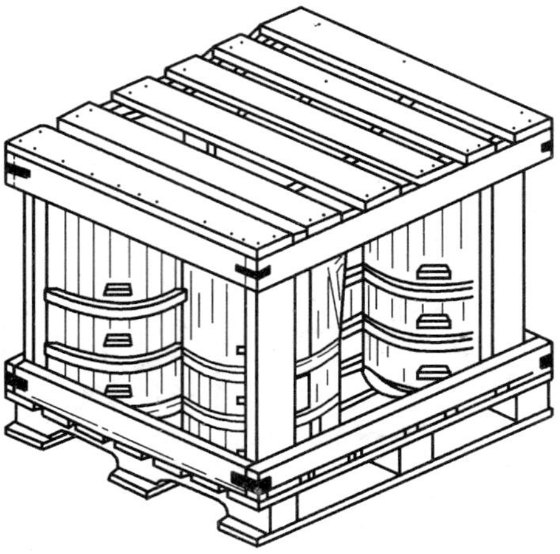

图 5 套叠堆码

4.2.2.3 形状不规则或不易码放的货物、需防止互相碰撞或摩擦或需防止压坏的货物，可堆码在有垂直隔板和/或水平隔板的箱式托盘中，但箱板和隔板要有足够的抗堆码强度。

4.2.2.4 像压缩气钢瓶等长圆柱体容器或货物一般单层垂直码放，但要采取防倾倒措施(见图 3)；可多层水平堆码时应采取防滚动措施(见 4.4.6.4)。

4.2.2.5 袋类货物可多层交错压实堆码。

4.2.2.6 对于没有装入容器而又不怕挤压的大量零散小型货物，可堆放在箱式托盘中，但箱板要有足够的强度。

4.3 固定方法

托盘单元货载的固定方法主要有捆扎和裹包，而裹包主要方式有拉伸缠绕包装(以下简称“拉伸包装”)和收缩包装。

4.3.1 捆扎

4.3.1.1 应根据货物的特点和储运条件选择适用的捆扎带和捆扎结构，捆扎带包括金属捆扎带和非金属捆扎带。

4.3.1.2 金属捆扎带主要为钢带，应符合 YB/T 025 的规定，非金属捆扎带主要为塑料打包带，应符合 QB/T 3811 的规定。

4.3.1.3 捆扎的方法有水平捆扎和垂直捆扎：

a) 水平捆扎是水平方向的捆扎，根据实际需要确定其捆扎位置和数量；
b) 垂直捆扎是将货物与托盘捆在一起的捆扎，分主要捆扎、次要捆扎和辅助捆扎。主要捆扎是沿着托盘长度方向的捆扎；次要捆扎是沿着托盘宽度方向捆扎；辅助捆扎是在两条主要捆扎带之间并与之平行的捆扎，起辅助加强主要捆扎的作用，可根据具体需要而采用(见图 6)。

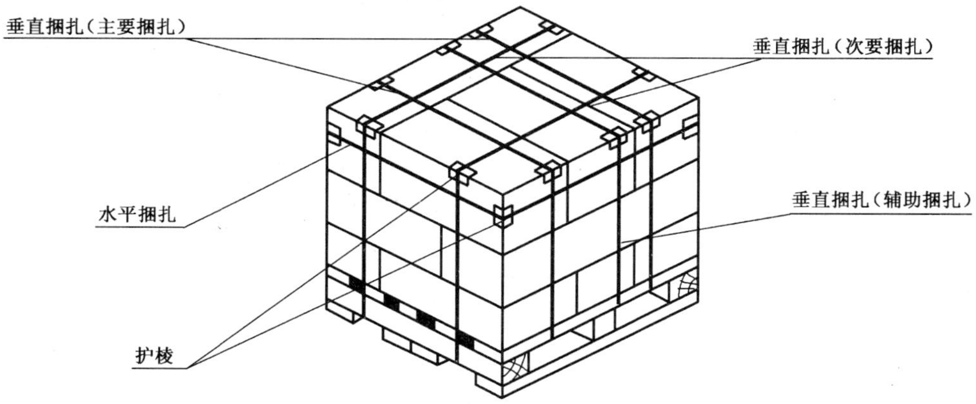

图 6 捆扎示意图

4.3.1.4 捆扎带的规格尺寸：

a) 垂直捆扎带：以托盘单元货载总质量除以所用垂直捆扎带的总数量，得出每条捆扎带应承受的载荷。根据此载荷确定捆扎带的规格尺寸；

b) 水平捆扎带：以托盘单元货载的每层货物的质量为该捆扎带所承受的载荷，根据此载荷确定所需横向捆扎带的规格尺寸；

c) 钢带宽度应不小于 16 mm，厚度应不小于 0.5 mm，塑料捆扎带宽度应不小于 15 mm，厚度应不小于 0.8 mm。当托盘单元货载同时使用垂直捆扎和水平捆扎时，两种捆扎带可采用同一规格尺寸，但应采用规格尺寸较大的一种捆扎带。

4.3.1.5 如果同时需要垂直捆扎和水平捆扎，则应先进行水平捆扎，若多条水平捆扎时应先从底层货物开始捆扎。然后进行垂直捆扎，垂直捆扎应先按主要捆扎、次要捆扎、辅助捆扎的顺序进行。

4.3.1.6 捆扎时捆扎带应平直，并具有合适的张力。捆扎带结合部位应封合并确保捆扎牢固，封合可用包扣封合或热熔封合(用塑料打包带时)。封合时，捆扎带不允许有位移。主要捆扎带和次要捆扎带的交叉处可用十字包扣固定(见图 1)。

4.3.2 裹包

4.3.2.1 拉伸包装

4.3.2.1.1 拉伸包装可用于所有托盘包装的固定(见图 7)。

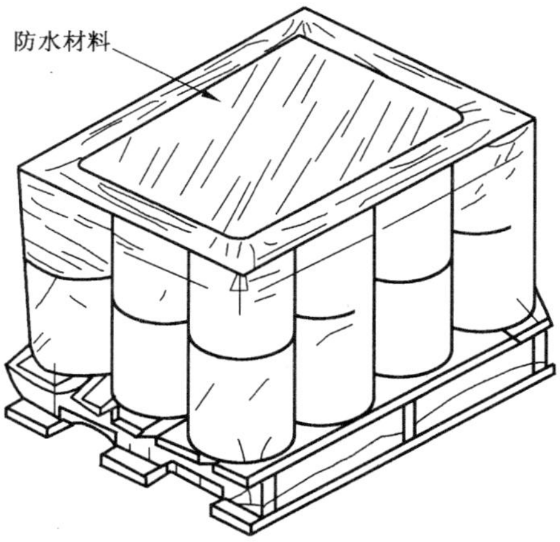

图 7 拉伸包装示意图

4.3.2.1.2 拉伸包装所用的材料及方法应符合 GB/T 19785 的有关规定。

4.3.2.1.3 单元货物的质量不大于 1 000 kg 的拉伸包装，应使用厚度不小于 0.12 mm 的 PE 拉伸薄膜，或厚度不小于 0.07 mm 的 PVC 或 EVA 拉伸薄膜；单元货物的质量不大于 2 000 kg 的拉伸包装，应使用厚度不小于 0.2 mm 的 PE 拉伸薄膜或厚度不小于 0.12 mm 的 PVC 或 EVA 拉伸薄膜。

4.3.2.1.4 为加强保护，托盘单元货载在拉伸包装前，可在单元货物顶部盖上一块每边都比其边缘大出 30mm 以上的塑料薄膜或其他防水材料(见图 7)。

4.3.2.2 收缩包装

4.3.2.2.1 除一些对热敏感的产品外，收缩包装可用于其他所有托盘包装的固定(见图 8)。

4.3.2.2.2 收缩包装所用的材料及方法应符合 GB/T 19784 的有关规定。

4.3.2.2.3 单元货物的质量不大于 1 000 kg 的收缩包装，应使用厚度不小于 0.17 mm 的 PE 热收缩薄膜，或厚度不小于 0.08 mm 的 PVC 热收缩薄膜；单元货物的质量不大于 2 000 kg 的收缩包装，应使用厚度不小于 0.25 mm 的 PE 热收缩薄膜或厚度不小于 0.15 mm 的 PVC 热收缩薄膜。

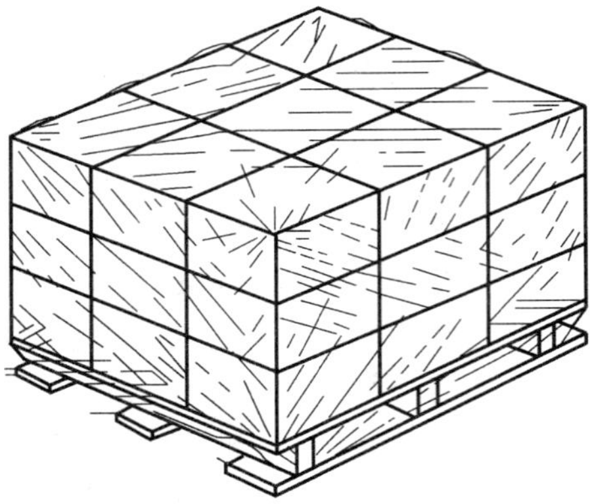

图 8 收缩包装示意图

4.3.2.3 拉伸包装和收缩包装所用的托盘

为使货物更牢固地固定在托盘上，所用的托盘应是翼式托盘或带有板缘的托盘，除非另有规定。

4.4 防护加固附件

4.4.1 护棱

4.4.1.1 护棱包括金属护棱和非金属护棱。

4.4.1.2 金属护棱用于托盘单元货载木加固件棱边的保护。金属护棱应符合 GB/T 18927 的规定，其厚度应不小于 1 mm。

4.4.1.3 非金属护棱主要指纸护棱和塑料护棱等，一般用于托盘单元货载纸质材料的棱边保护。非金属护棱应放置在非金属捆扎带下面。塑料护棱外表面应防滑。

4.4.2 货罩

4.4.2.1 防水货罩主要是用于没有装入可防水容器中的货物而又需要防水保护时。防水货罩由两块防水材料(例如防水油纸或塑料薄膜)构成，分别放置于单元货物的上面和下面，单元货物上面的防水材料折下时应能与下面的防水材料搭接，搭接部分的宽度应不小于 50 mm。上下两块防水材料搭接时应符合 GB/T 7350 的规定，搭接处应采用压敏胶带或涂胶封合。

4.4.2.2 涂覆织物货罩应由防火、防水、防潮和防霉的材料制成。涂覆织物货罩一般用于袋类货物的保护，至少应覆盖单元货物高度的三分之二。使用时将涂覆织物货罩用力往下拽的同时，用水平捆扎带把涂覆织物货罩的边缘捆紧在货物上。

4.4.3 货盖

4.4.3.1 纸质货盖应由双瓦楞纸板或硬纸板制成，并应具有防潮性能。

4.4.3.2 木质货盖(以下简称“木盖”)分为满板木盖、花格木盖、隔板式木盖、单向木盖和双向木盖(见图 9)：

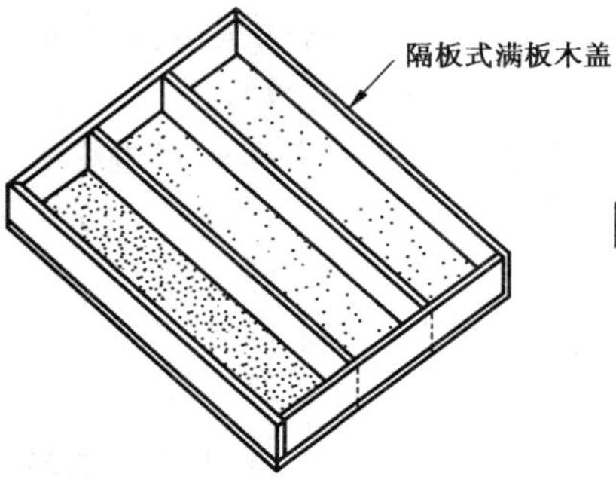

a)

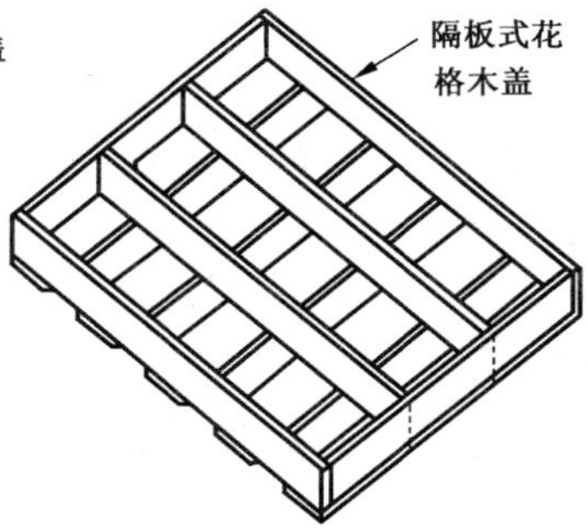

b)

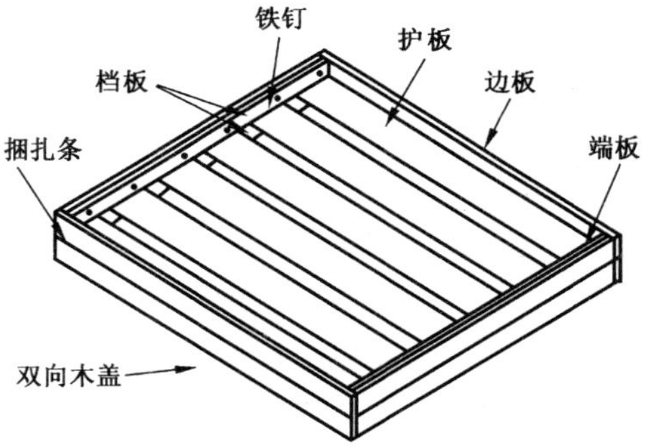

c)

图 9 木质货盖

a) 木盖的外尺寸一般与托盘的长宽尺寸相同，如果木盖与货物之间有空隙，要用木板填充以防止木盖的松动。如果木盖的外尺寸超过托盘的长宽尺寸，要注意此托盘单元货载是否可以装进集装箱；

b) 制作木盖的木板的截面尺寸至少为 100 mm×25 mm，满板木盖最好用整块胶合板制作，其厚度至少为 12 mm；

c) 为加强木盖边框的棱边，应使用 4.4.1 规定的金属护棱。在单元货物的下面使用满板木盖，或在货物的层间使用满板双向木盖时应在方便的位置开排水孔；

d) 花格木盖的间隔应不大于 100 mm。每块木板截面尺寸应不小于 100 mm×12 mm，端部用钢钉应不少于 2 个。钉距应不大于 50 mm。

4.4.3.3 涂覆织物货盖按托盘单元货载的尺寸订制，不要有拼接。涂覆织物货盖下垂的部分至少应覆盖托盘单元货载顶层货物高度的一半。使用时将涂覆织物货盖用力往下拽的同时用水平捆扎带把涂覆织物货盖的边缘捆紧在货物上。

4.4.4 框架

框架用于保护、围拢、压紧或束紧货物以构成一个稳固的货载，有边框架、端框架和顶框架（见图 10），边框架和端框架应能放在托盘的铺板上。

图 10 顶、边或端框架

4.4.5 支撑

4.4.5.1 支撑由厚度不小于 25 mm 的木板制成（见图 11）。其长度与托盘上堆码货物的长或宽相同。支撑的数量应根据托盘上堆码货物的尺寸和托盘单元货载的质量而定，应考虑到整个托盘单元货载上面至少可以堆码三个同样的托盘单元货载。支撑除在托盘的两侧或两端各一件外，其余应均匀分布在托盘上。

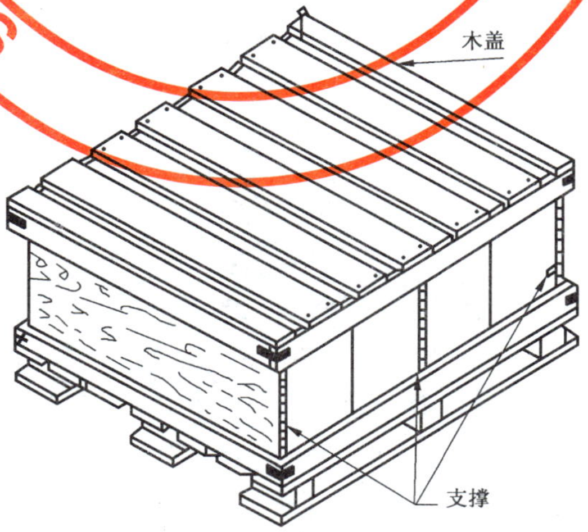

图 11 带支撑的托盘单元货载

4.4.5.2 托盘上货物的高度超过 300 mm 时可用边框架(4.4.3)代替支撑。

4.4.6 **隔板**

4.4.6.1 隔板分为水平隔板、垂直隔板和开槽木。

4.4.6.2 水平隔板通常用于没有使用框架的、质量较小的托盘单元货载的各层货物之间。材料应使用防潮和防水的瓦楞板或硬纸板,并应符合有关规定(见图 12)。

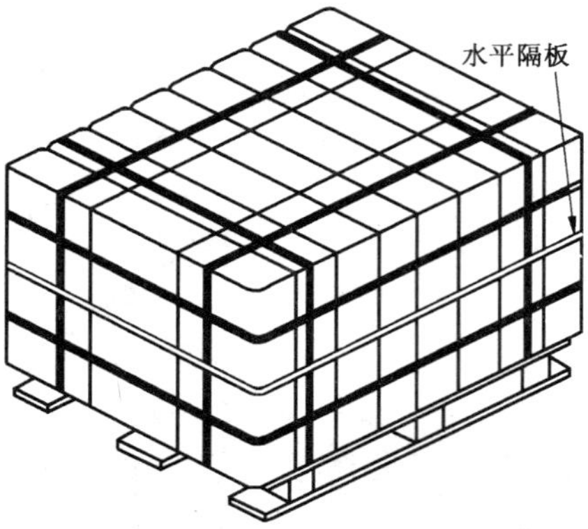

图 12 水平隔板

4.4.6.3 垂直隔板主要用于需防止互相碰撞或摩擦或需防止压坏的货物,最底层的垂直隔板应沿托盘长度方向放置,垂直隔板的累计高度应高于码放货物 3 mm,以防整个货载的顶盖或顶框架压坏货物(见图 13 和图 14)。

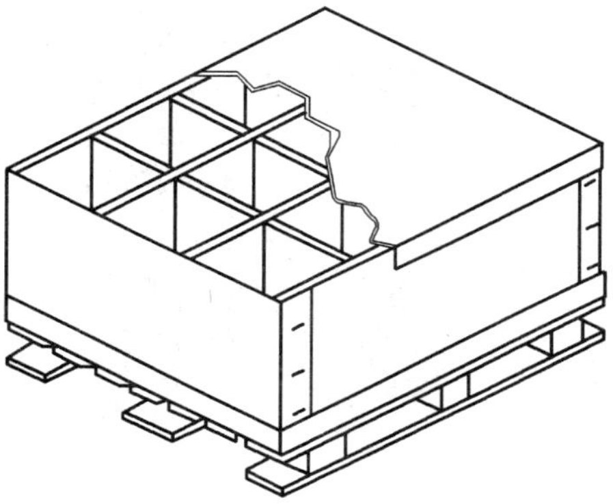

图 13 带垂直隔板的箱式托盘

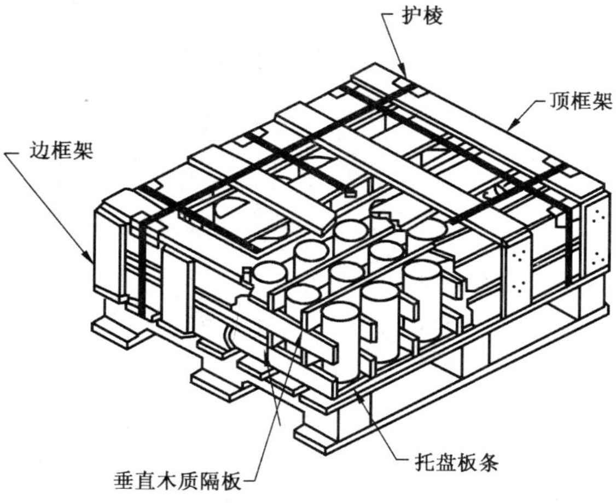

图 14 有垂直隔板和托盘板条的托盘单

4.4.6.4 开槽木主要是在长圆柱体货物水平码放时，为隔离货物和防止其滚动而使用的。开槽木用硬木制成，其上按货物的圆周形状开若干槽口，可为上下对称槽口或单向槽口(见图15)。

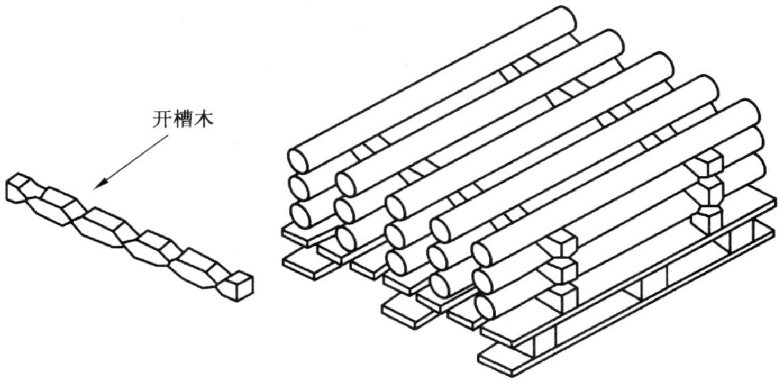

图15 利用开槽木堆码货物的托盘单元货载

4.4.7 板条

4.4.7.1 板条包括托盘板条，垂直板条、货顶板条、侧下板条等。除托盘板条外，其他板条都是用于填充空间、增加捆扎面、防止勒坏和拢齐货物等以帮助形成更稳固的货载。

4.4.7.2 板条的截面尺寸应根据托盘单元货载的质量和特点来确定。除托盘板条外，宽度一般100 mm～150 mm，厚度用木板时一般为20 mm～25 mm、用胶合板时一般为9 mm～12 mm。

4.4.7.3 托盘板条是为固定垂直木隔板(见4.4.6.3)的位置而使用的，其厚度应不小于5 mm，长度与货物尺寸相同，宽度应与单个货物的宽度相同，板条间的间隙应稍大于垂直木隔板的厚度，以便于隔板的插入(见图14)。

4.4.7.4 垂直板条的长度与货物高度一致，衬在垂直捆扎带与货物之间。适用时可将各垂直板条搭在两排货物之间，用以拢齐货物、增加捆扎面以帮助形成更稳固的货载。应使用U型钉将捆扎带与其固定在一起(见图16)。

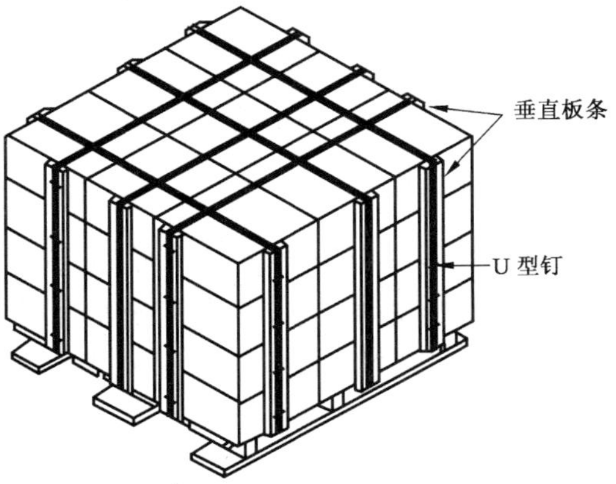

图16 有垂直板条的托盘单元货载

4.4.7.5 货顶板条(见图17)平放于顶层货物之上，而侧下板条(见图3)则是立放在单元货物侧面的下部，长度与货物尺寸一致，如果单元货物具有一定的可压缩性，板条的长度应小于单元货物尺寸。与垂直板条一样，应使用U型钉将捆扎带与其固定在一起。

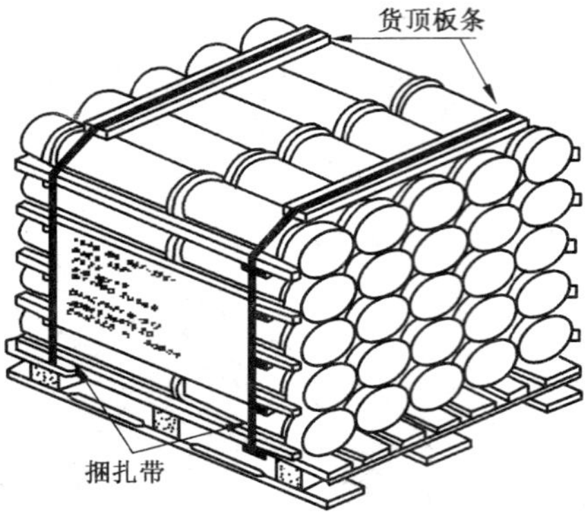

图 17　有货顶板条的托盘单元货载

4.4.8　**围框、箱**

4.4.8.1　围框由厚度不小于 20 mm 的木板制成。高度根据货物需固定部位的尺寸确定(见图 3)。

4.4.8.2　分层围框的长宽尺寸与托盘相同,用厚度不小于 25 mm 的木板或厚度不小于 15 mm 的胶合板制成。要用适当的办法使各层围框能上下对齐(见图 18),层间可用纤维板或木隔板分隔,板厚取决于每层货物的质量。最上层围箱顶部可加足够强度的顶盖,最后捆上适当数量和尺寸的垂直捆扎带(见 4.3.1.4)。

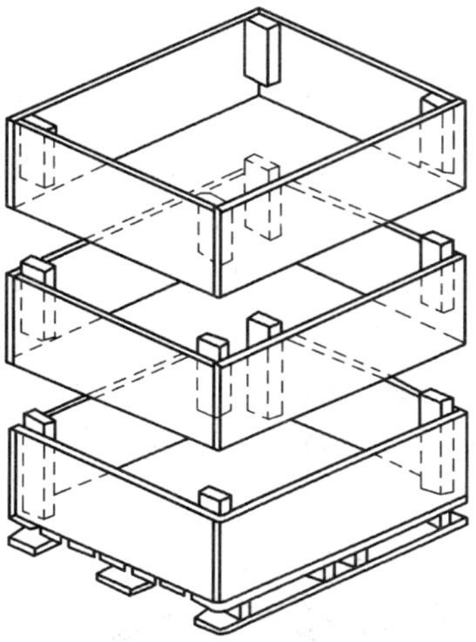

图 18　分层托盘箱

4.4.9　**其他防护加固附件**

其他防护加固附件主要为成型填充构件。

成型填充构件用于填充托盘包装由于各直方体货物尺寸和形状的不同而造成的码放间隙。成型填充构件应使用硬纸板或瓦楞纸板,并根据所需的尺寸和形状折叠构成。

5　试验方法

托盘单元货载应按 GB/T 4857.22 的规定进行稳定性试验。需要时还可按供需双方的协议进行其他试验。

ICS 55.020
A 80

中华人民共和国国家标准

GB/T 16471—2008
代替 GB/T 16471—1996,GB/T 18923—2002

运输包装件尺寸与质量界限

Dimensional and weight constraints for transport package

2008-02-01 发布 2008-07-01 实施

中华人民共和国国家质量监督检验检疫总局
中国国家标准化管理委员会 发布

前　言

本标准代替 GB/T 16471—1996《运输包装件尺寸界限》和 GB/T 18923—2002《运输包装件质量界限》。

本标准与 GB/T 16471—1996 和 GB/T 18923—2002 相比主要变化如下：

——删除了“定义”一章；

——直接表述了“一般要求”和“具体要求”(见第 3 章和第 4 章)；

——根据现有情况对标准中的内容做了相应调整(见第 3 章、第 4 章和附录 A、附录 B、附录 C、附录 D)。

本标准的附录 A、附录 B、附录 C、附录 D 均为资料性附录。

本标准由中国国家标准化管理委员会提出。

本标准由全国包装标准化技术委员会(SAC/TC49)归口。

本标准起草单位：交通部科学研究院、铁道部标准计量研究所、中国民用航空总局航空安全技术中心、中国包装联合会、机械科学研究院。

本标准主要起草人：熊才启、汪炜、张锦、卿红宇、王利、黄雪。

本标准所代替标准的历次版本发布情况为：

——GB/T 16471—1996；

——GB/T 18923—2002。

运输包装件尺寸与质量界限

1 范围

本标准规定了经由公路、铁路、水路、航空运输的运输包装件外廓尺寸和质量界限。

本标准适用于公路、铁路、水路、航空运输的运输包装件的设计和运输。

2 规范性引用文件

下列文件中的条款通过本标准的引用而成为本标准的条款。凡是注日期的引用文件，其随后所有的修改单(不包括勘误的内容)或修订版均不适用于本标准，然而，鼓励根据本标准达成协议的各方研究是否可使用这些文件的最新版本。凡是不注日期的引用文件，其最新版本适用于本标准。

GB/T 1413 系列1集装箱 分类、尺寸和额定质量(GB/T 1413—1998,idt ISO 668:1995)

3 一般要求

用于公路、铁路、水路、航空运输的运输包装件最大长、宽、高分别不宜超过相应运输工具可运输尺寸，最大质量不应超过其最大载荷。

4 具体要求

4.1 公路运输

4.1.1 运输包装件长、宽、高分别小于3 360 mm、1 600 mm、1 650 mm，质量不大于3 000 kg时，适用于表1中的各种车型运输。

4.1.2 当采用表1中的车型时，运输包装件的尺寸和质量应分别小于该车型车厢的最小可载货空间长、宽、高和额定载重量，最大尺寸和质量应分别小于该车型车厢的最大可载货空间长、宽、高和额定载重量。公路常用货车车厢内部尺寸和额定载重量范围见表1。公路常用货车车厢内部尺寸和额定载重量见附录A。

表1 公路常用货车车厢内部尺寸和额定载重量范围

车型	长/mm		宽/mm		高/mm		门宽/mm		门高/mm		承载面离地高度/mm		额定载重量/kg	
	最小	最大	最小	最大	最小	最大	最小	最大	最小	最大	最小	最大	最小	最大
中型货车	3 360	7 950	2 200	2 490	—	—	—	—	—	—	1 200	1 425	4 500	6 000
重型货车	4 900	8 100	2 250	2 500	—	—	—	—	—	—	1 320	1 419	8 000	18 650
厢式货车	3 750	7 300	1 920	2 490	1 803	2 160	1 600	2 220	1 700	1 900	—	—	3 000	5 000
半挂车	3 800	12 160	2 100	2 500	—	—	—	—	—	—	1 100	1 400	—	10 000
厢式挂车	6 900	12 142	2 200	2 490	1 800	3 300	1 900	2 300	1 650	1 800	—	—	—	4 500

4.2 铁路运输

4.2.1 运输包装件长、宽、高分别小于2 400 mm、1 800 mm、2 542 mm，质量不大于50 000 kg时，适月于表2中的各种车型运输。

4.2.2 当采用表2中的敞车和平车车型时，运输包装件的尺寸和质量应分别小于该车型车厢的最小可载货空间长、宽、高和额定载重量，最大尺寸和质量应分别小于该车型车厢的最大可载货空间长、宽、高和额定载重量。当采用棚车时，运输包装件的尺寸应小于车厢最小内宽、门宽、门高；最大尺寸应小于车厢最大内宽、门宽、门高。铁路常用货车车厢内部尺寸和额定载重量范围见表2。铁路常用货车车厢内部尺寸和额定载重量见附录B。

表2 铁路常用货车车厢内部尺寸和额定载重量范围

车型	长/mm		宽/mm		高/mm		门宽/mm		门高/mm		承载面至轨面高度/mm		额定载重量/t	
	最小	最大	最小	最大	最小	最大	最小	最大	最小	最大	最小	最大	最小	最大
棚车	13 020	15 490	2 796	2 850	2 700	2 819	1 800	2 964	2 542	2 645	—	—	50	60
敞车	10 300	13 000	2 618	2 976	—	—	—	—	—	—	1 053	1 290	60	80
平车	8 170	15 400	2 870	3 000	—	—	—	—	—	—	1 163	1 490	60	70
长大货物车	10 560	61 910	2 400	3 180	—	—	—	—	—	—	685	3 790	30	370

4.3 水路运输

4.3.1 运输包装件长、宽、高分别小于4 250 mm、3 740 mm、1 100 mm，底面每平方米的质量不大于500 kg时，适用于表3中的各种船舶运输。

4.3.2 运输包装件的尺寸和单位面积质量应分别小于该船舶载货部位的最小长、宽、高和单位面积载重量，最大尺寸和单位面积最大质量应分别小于该船舶载货部位的最大长、宽、高和单位面积载重量。水路常用船舶货舱尺寸和单位面积载重量范围见表3。水路常用船舶货舱尺寸和单位面积载重量见附录C。

表3 水路常用船舶货舱尺寸和单位面积载重量范围

船舶	舱口长/mm		舱口宽/mm		舱内高/mm		单位面积载重量/(kg/m^2)	
	最小	最大	最小	最大	最小	最大	最小	最大
海船	6 600	32 200	4 600	12 650	1 300	14 560	500	8 000
河船	4 250	75 700	3 740	10 800	1 100	5 390	1 220	10 000

4.4 航空运输

4.4.1 运输包装件长、宽、高分别小于1 094 mm、1 434 mm、1 600 mm，质量不大于1 225 kg(含集装箱空箱质量)时，适用于表4中的各种航空集装箱运输。

4.4.2 运输包装件长、宽、高最大尺寸应分别不大于6 058 mm、2 438 mm、2 995 mm(含集装板厚度)，最大质量应不大于13 608 kg(含集装板、网质量)。

4.4.3 不同的集装箱和集装板运输包装件的尺寸应不大于该集装箱和集装板载货尺寸。常用集装箱和集装板载货尺寸分别见表4、表5，不同的集装箱或集装板(含集装板、网)和货物的最大质量之和应不大于表4或表5中总质量的规定。常用机型集装板货物最大总高见附录D。

表4 常用航空集装箱载货尺寸和总质量

型号	长度/mm	宽度/mm	高度/mm	总质量/kg
DPE/DPA	1 094	1 434	1 600	1 225
AKE/AKN	1 462	1 434	1 600	1 588
ALP/DLP	3 075	1 434	1 600	3 175
ALF/AWA	3 075	1 434	1 600	3 175
AAP/AA2/AAK	3 075	2 135	1 600	6 033
ALE/DQF/ALF	2 338	1 434	1 600	2 449
MWN	3 075	1 434	1 600	3 175
AMA/AQ6/AMK	3 075	2 338	2 400	6 804

表 5　常用航空集装板载货尺寸和总质量

型号	底板长度/mm	底板宽度/mm	最大装载高度/mm	总质量/kg
PAG/P1P	3 175	2 235	2 995	6 804
PBJ/P2P	2 740	2 235	2 995	4 536
PLA/PLB	3 175	1 534	1 626	3 175
PMC/P6P	3 175	2 438	2 995	6 804
PRA/P4A	4 980	2 438	2 995	11 340
PGE/P7E	6 058	2 438	2 995	13 608
FQA/PPC	2 438	1 534	1 626	2 449

4.5　集装箱运输(航空运输除外)

4.5.1　运输包装件长、宽、高分别小于 2 802 mm、2 286 mm、2 134 mm，质量不大于 10 160 kg(含 1D 系列集装箱空箱质量)时，适用于 GB/T 1413 中的各种集装箱运输。

4.5.2　运输包装件长、宽、高最大尺寸应分别小于 11 998 mm、2 286 mm、2 566 mm，最大质量应不大于 30 480 kg(含 GB/T 1413 中 1A 系列集装箱空箱质量)。

4.5.3　不同的箱型运输包装件的尺寸应不大于该集装箱载货尺寸，质量不大于该箱型额定质量(含空箱质量)。集装箱尺寸和额定质量见 GB/T 1413。

附 录 A
（资料性附录）
公路常用货车车厢内部尺寸和额定载重量

表 A.1 公路常用货车车厢内部尺寸和额定载重量

总序号	种类	类序号	车型	长/mm	宽/mm	高/mm	门宽/mm	门高/mm	承载面离地高度/mm	额定载重量/kg
1	中型货车	1	CA1091	4 200	2 300	—	—	—	1 285	5 000
2		2	CA1092PK2L2	6 200	2 200	—	—	—	1 280	5 000
3		3	CA1092PK2L3	7 200	2 200	—	—	—	1 280	5 000
4		4	CA1092PK2L4	7 700	2 200	—	—	—	1 280	5 000
5		5	CA1111K2P	4 700	2 300	—	—	—	1 280	6 000
6		6	CA1111K2PL1	5 400	2 300	—	—	—	1 280	6 000
7		7	CA1111K2PL2	6 200	2 300	—	—	—	1 280	6 000
8		8	EQ140	4 050	2 294	—	—	—	1 285	5 000
9		9	EQ1116G	6 254	2 490	—	—	—	1 320	6 000
10		10	EQ1116G18D	6 254	2 490	—	—	—	1 320	6 000
11		11	EQ1116H	5 934	2 490	—	—	—	1 320	6 000
12		12	LZ1090D	4 052	2 294	—	—	—	1 335	5 000
13		13	LZ1090DJ	5 300	2 294	—	—	—	1 398	5 000
14		14	LZ1090DK	6 300	2 294	—	—	—	1 398	5 000
15		15	LZ1090FK	5 950	2 294	—	—	—	1 395	5 000
16		16	QD1090KL2	5 700	2 300	—	—	—	1 300	5 000
17		17	QD1090KL4	6 200	2 300	—	—	—	1 300	5 000
18		18	QD3090K	3 360	2 300	—	—	—	1 350	4 500
19		19	NJD1100DK	6 254	2 490	—	—	—	1 320	5 000
20		20	NJD1112DP	7 354	2 490	—	—	—	1 320	5 000
21		21	NJD1113DP	6 254	2 490	—	—	—	1 320	5 000
22		22	吉尔 130	4 686	2 326	—	—	—	1 425	6 000
23		23	R10.215F	7 950	2 270	—	—	—	1 415	5 000
24		24	IFW50L	4 500	2 200	—	—	—	1 200	5 000
25	重型货车	1	日本尼桑	6 000	2 250	—	—	—	1 385	8 000
26		2	CQ1260.01	6 747	2 368	—	—	—	1 338	15 150
27		3	CQ19210	6 252	2 368	—	—	—	1 370	10 650
28		4	CQ30290	6 747	2 368	—	—	—	1 419	18 650

表 A.1（续）

总序号	种类	类序号	车型	长/mm	宽/mm	高/mm	门宽/mm	门高/mm	承载面离地高度/mm	额定载重量/kg
29	厢式货车	1	EQ140SA	6 300	2 300	2 000	1 600	1 750	—	5 000
30		2	解放 141	5 800	2 350	1 950	2 250	1 850	—	5 000
31		3	南京东风	4 300	2 250	1 850	1 950	1 700	—	4 500
32		4	NJT5110XLD	6 300	2 420	1 960	2 168	1 844	—	5 000
33		5	NJT5113XLD	7 300	2 490	2 160	2 168	1 844	—	5 000
34		6	武汉东风加长	5 300	2 280	1 860	2 220	1 720	—	5 000
35		7	SG5060	4 050	2 100	1 900	2 000	1 900	—	3 000
36	半挂车	1	东风	8 300	2 256	—	—	—	1 380	10 000
37		2	东风	4 052	2 294	—	—	—	1 335	10 000
38	厢式挂车	1	东风	7 350	2 300	1 850	1 900	1 650	—	4 500

附 录 B
（资料性附录）
铁路常用货车车厢内部尺寸和额定载重量

表 B.1 铁路常用货车车厢内部尺寸和额定载重量

总序号	种类	类序号	车型	长/mm	宽/mm	高/mm	门宽/mm	门高/mm	承载面至轨面高度/mm	额定载重量/t
1	平车	1	N_{6}	12 500	2 870	—	—	—	1 163	60
2		2	N_{15}	8 170	3 000	—	—	—	1 490	60
3		3	N_{16}	13 000	3 000	—	—	—	1 210	65/60
4		4	N_{17}	13 000	2 980	—	—	—	1 209	60
5		5	N_{17AK}	13 000	2 980	—	—	—	1 211	60
6		6	N_{17AT}	13 000	2 980	—	—	—	1 211	60
7		7	N_{17G}	13 000	2 980	—	—	—	1 211	60
8		8	N_{17GK}	13 000	2 980	—	—	—	1 211	60
9		9	N_{17GT}	13 000	2 980	—	—	—	1 211	60
10		10	N_{17K}	13 000	2 980	—	—	—	1 211	60
11		11	N_{17T}	13 000	2 980	—	—	—	1 209	60
12		12	N_{60}	13 000	3 000	—	—	—	1 170	60
13		13	NX_{17}	13 000	2 980	—	—	—	1 211	60
14		14	NX_{17A}	13 000	2 980	—	—	—	1 211	60
15		15	NX_{17AK}	13 000	2 980	—	—	—	1 212	60
16		16	NX_{17AT}	13 000	2 980	—	—	—	1 216	60
17		17	NX_{17B}	15 400	2 960	—	—	—	1 211	61
18		18	NX_{17BK}	15 400	2 960	—	—	—	1 214	61
19		19	NX_{17BT}	15 400	2 960	—	—	—	1 216	61
20		20	NX_{17BH}	15 400	2 960	—	—	—	1 207	61
21		21	NX_{17K}	13 000	2 980	—	—	—	1 212	60
22		22	NX_{17T}	13 000	2 980	—	—	—	1 216	60
23		23	NX_{70}	15 400	2 960	—	—	—	1 216	70
24		24	NX_{70H}	15 400	2 960	—	—	—	1 216	70
25	敞车	1	C_{16}	12 488	2 888	—	—	—	1 079	60
26		2	C_{16A}	10 990	2 890	—	—	—	1 093	64.5
27		3	C_{16A}	10 990	2 890	—	—	—	1 093	65
28		4	C_{61}	11 012	2 890	—	—	—	1 083	61
29		5	C_{61K}	11 000	2 890	—	—	—	1 090	61

表 B.1(续)

总序号	种类	类序号	车型	长/mm	宽/mm	高/mm	门宽/mm	门高/mm	承载面至轨面高度/mm	额定载重量/t
30	敞车	6	C_{61T}	11 000	2 890	—	—	—	1 087	61
31		7	C_{61Y}	11 000	2 890	—	—	—	1 083	60
32		8	C_{61YK}	11 000	2 890	—	—	—	1 090	60
33		9	C_{62}	12 488	2 798	—	—	—	1 082	60
34		10	C_{62A}/C_{62B}	12 500	2 900	—	—	—	1 083	60
35		11	C_{62A*}	12 500	2 890	—	—	—	1 083	60
36		12	C_{62A*K}/C_{62AK}	12 500	2 890	—	—	—	1 090	60
37		13	C_{62A*T}/C_{62AT}	12 500	2 890	—	—	—	1 087	60
38		14	C_{62BK}	12 500	2 890	—	—	—	1 090	60
39		15	C_{62BT}	12 500	2 890	—	—	—	1 087	60
40		16	C_{62M}	12 277/12 074	2 750	—	—	—	1 290	60
41		17	C_{63}	10 300	2 890	—	—	—	1 061	61
42		18	C_{64}	12 490	2 890	—	—	—	1 082	61
43		19	C_{64K}	12 490	2 890	—	—	—	1 082	61
44		20	C_{64H}	12 490	2 890	—	—	—	1 082	61
45		21	C_{64T}	12 490	2 890	—	—	—	1 082	61
46		22	C_{65}	12 988	2 796	—	—	—	1 073	60
47		23	C_{70}/C_{70H}	13 000	2 892	—	—	—	1 083	70
48		24	C_{76}	10 520	2 974	—	—	—	1 055	76
49		25	C_{76B}	10 400	2 974	—	—	—	1 053	76
50		26	C_{76C}	10 400	2 974	—	—	—	1 053	76
51		27	C_{76H}	10 520	2 974	—	—	—	1 055	76
52		28	C_{80}/C_{80H}	10 728	2 946	—	—	—	1 055	80
53		29	C_{80A}/C_{80AH}	10 550	2 876	—	—	—	1 059	80
54		30	C_{80B}/C_{80BH}	10 550	2 976	—	—	—	1 059	80
55		31	CF	12 488	2 618	—	—	—	1 086	60
56	长大货物车	1	D_2	23 300	2 780	—	—	—	2 187 中部 950	210
57		2	D_{2A}	24 160	2 780	—	—	—	930	210
58		3	D_{2G}	23 800	2 780	—	—	—	950	210
59		4	D_5	16 800	2 890	—	—	—	1 294 中部 736	60
60		5	D_5	17 000	3 000	—	—	—	1 090 中部 630	60
61		6	D_6	21 850	2 400	—	—	—	860	110
62		7	D_7	30 730	2 400	—	—	—	1 125	150
63		8	D_8	37 800	2 400	—	—	—	1 200	180
64		9	D_{9A}	10 560	3 080	—	—	—	685	90

表 B.1（续）

总序号	种类	类序号	车型	长/mm	宽/mm	高/mm	门宽/mm	门高/mm	承载面至轨面高度/mm	额定载重量/t
65	长大货物车	10	D_{9G}	28 100	3 000	—	—	—	1 150	230
66		11	D_{10}	20 000	3 000	—	—	—	1 400 中部 835	90
67		12	D_{10}	19 400	3 000	—	—	—	1 259 中部 777	90
68		13	D_{10}	19 400	3 000	—	—	—	1 350 中部 777	90
69		14	D_{10A}	20 020	3 000	—	—	—	690	90
70		15	D_{12}	17 020	3 000	—	—	—	1 707 中部 850	120
71		16	D_{15}	17 480	2 700	—	—	—	900	150
72		17	D_{15A}	18 050	2 700	—	—	—	850	150
73		18	D_{15B}	17 450	2 900	—	—	—	2 150 中部 800	150
74		19	D_{16G}	17 850	2 800	—	—	—	900	110
75		20	D_{17}	25 942	3 360	—	—	—	2 142	150
76		21	D_{17A}	19 300	3 000	—	—	—	1 950	155
77		22	D_{18A}	23 540	2 800	—	—	—	2 259 中部 930	180
78		23	D_{18G}	24 800	2 700	—	—	—	930	180
79		24	D_{19G}	29 700	2 760	—	—	—	2 990	250
80		25	D_{22}	25 000	3 000	—	—	—	1 460	120
81		26	D_{22G}	20 400	3 000	—	—	—	1 210	120
82		27	D_{22G}	20 400	3 000	—	—	—	1 150	120
83		28	D_{23G}	19 170	3 128	—	—	—	1 500	265
84		29	D_{25}	18 900	2 628	—	—	—	1 650	250
85		30	D_{25A}	26 670	2 630	—	—	—	1 080	250
86		31	D_{26}	26 000	2 680	—	—	—	上平面空车 1 150	260
87		32	D_{26A}	32 138	2 990	—	—	—	1 600	260
88		33	D_{26AK}	32 130	2 990	—	—	—	1 620	260
89		34	D_{27}	25 000	3 000	—	—	—	1 460	150
90		35	D_{28}	26 300	2 680	—	—	—	2 730 中部 1 160	280
91		36	D_{30G}	42 668	3 180	—	—	—	1 735	370
92		37	D_{32}	33 800	3 000	—	—	—	中部 1 150	320
93		38	D_{32A}	61 910	3 000	—	—	—	1 225 中部 1 275	320
94		39	D_{70}	19 462	2 950	—	—	—	1 169	70
95		40	DL_1	13 000	2 980	—	—	—	1 128	74
96		41	DNX_{17}	13 000	3 176	—	—	—	1 212	60
97		42	QD_3	16 900	3 000	—	—	—	1 136.5 中部 578.5	30
98		43	230 t 落下孔	35 290	2 880	—	—	—	3 060 中部 3 100	230
99		44	350 t 落下孔	34 500	2 900	—	—	—	3 790	350

表 B.1（续）

总序号	种类	类序号	车型	长/mm	宽/mm	高/mm	门宽/mm	门高/mm	承载面至轨面高度/mm	额定载重量/t
100	棚车	1	P13	15 470	2 830	2 740	1 954	2 578	—	60
101		2	P50	13 020	2 850	2 700	1 800	2 645	—	50
102		3	P60	15 470	2 830	2 750	1 950	2 578	—	60
103		4	P61	15 140	2 830	2 819	2 960	2 643	—	60
104		5	P62	15 490	2 820	2 760	2 964	2 585	—	60
105		6	P62(N)	15 490	2 820	2 754	2 964	2 585	—	60
106		7	P64	15 466	2 796	2 705	2 964	2 542	—	58

附 录 C
（资料性附录）
水路常用货船船舱尺寸和单位面积载重量

C.1 水路常用海上（远洋、沿海）杂货船船舱尺寸和单位面积载重量见表C.1。

表 C.1 水路常用海上（远洋、沿海）杂货船船舱尺寸和单位面积载重量

船型种类	货舱号	舱口长/mm	舱口宽/mm	舱内高/mm	单位面积载重量/(kg/m²)
1	Ⅰ	20 300	8 000	6 400	1 750
2	Ⅰ	20 500	9 000	6 800	2 100
3	Ⅰ Ⅱ	14 400 15 200	7 500 6 000	2 140	2 000
4	Ⅰ Ⅱ	19 080 10 400	11 000 10 000	6 150 5 050	2 600
5	Ⅰ	17 600	15 000	14 560	1 700
6	Ⅰ	34 400	8 500	6 400	2 000
7	Ⅰ Ⅱ	23 250 20 250	12 000 12 650	7 600 8 200	1 600
8	Ⅰ	20 250	12 650	6 900	1 760
9	Ⅰ Ⅱ Ⅲ	14 860 28 280 14 880	10 320 7 810 7 810	4 910 6 505 6 503	850～4 420
10	Ⅰ Ⅱ	12 600 25 600	8 000	10 700 7 060	1 500～4 500 1 300
11	Ⅰ	19 200	8 000	7 600	2 000
12	Ⅰ Ⅱ	14 500 14 250	10 500 12 000	7 200 7 000	2500
13	Ⅰ Ⅱ	28 450 28 600	8 400	10 400 9 600	2000
14	Ⅰ Ⅱ Ⅲ	9 100 15 000 12 750	6 000 8 000 8 000	4 500 3 500 3 700	1 200～8 000
15	Ⅰ Ⅱ	12 750 15 000	8 000	3 600 3 200	1 500 2 500
16	Ⅰ Ⅱ	11 400 14 600	8 000 9 700	2 790 2 500	2 000
17	Ⅰ	15 730	6 980	4 600	2 500
18	Ⅰ Ⅱ	13 540 18 340	7 940	2 970 2 930	1 750

表 C.1（续）

船型种类	货舱号	舱口长/mm	舱口宽/mm	舱内高/mm	单位面积载重量/(kg/m²)
19	Ⅰ Ⅱ Ⅲ	12 000 15 000 8 000	8 000	3 800 3 600 4 400	500 3 000 2 500
20	Ⅰ Ⅱ	6 600 9 350	4 600	3 000 2 750	2 000 2 500
21	Ⅰ	11 000	6 500	4 000	2 000
22	Ⅰ	32 200	10 500	3 500	2 500
23	Ⅰ	18 750	7 800	6 200	2 000
24	Ⅰ	32 200	10 500	3 500	7 000
25	Ⅰ	18 750	7 800	1 300	2 000

C.2 水路常用内河(包括长江)货船船舱尺寸和单位面积载重量见表 C.2。

表 C.2 水路常用内河(包括长江)货船船舱尺寸和单位面积载重量

船型种类	舱口长/mm	舱口宽/mm	舱内高/mm	单位面积载重量/(kg/m²)
1	23 600	5 900	1 300	6 000
2	42 200	8 100	1 500	7 500
3	56 400	8 600	1 800	8 000
4	55 600	9 000	1 800	8 000
5	17 500	4 600	1 100	1 500
6	28 500	7 200	1 500	3 000
7	52 000	7 700	1 800	8 000
8	56 100	8 150	1 800	8 000
9	55 550	10 500	1 700	8 000
10	28 000	8 000	1 500	3 000
11	17 400	4 200	1 200	1 400
12	28 000	8 000	1 500	2 500
13	45 650	8 000	1 800	8 000
14	44 550	8 000	2 500	8 000
15	53 810	7 970	5 390	3 000
16	27 500	8 200	1 500	3 000
17	60 000	10 800	5 075	10 000
18	30 500	7 600	2 500	3 000
19	30 120	8 150	2 700	3 000
20	4 250	3 740	1 840	1 500
21	23 100	8 000	3 730	1 220
22	22 000	7 200	2 100	1 220
23	22 000	8 000	3 500	3 000

表 C.2（续）

船型种类	舱口长/mm	舱口宽/mm	舱内高/mm	单位面积载重量/(kg/m^2)
24	14 600	3 800	1 820	6 000
25	75 700	4 100	1 930	6 000
26	27 000	7 400	500	2 500
27	5 000	4 500	2 500	1 500
28	6 600	5 400	2 900	1 780
29	9 000	8 000	2 900	1 800
30	22 500	5 500	1 500	1 400
31	12 000	3 800	1 600	2 650
32	11 000	4 000	1 730	2 650
33	12 650	4 200	1 850	2 850
34	23 100	5 800	2 900	10 000
35	52 250	10 500	1 650	10 000
36	19 250	5 600	2 800	8 000

附　录　D
（资料性附录）
常用机型集装板货物最大总高

表 D.1　常用机型集装板货物最大总高

序号	机型	货舱	集装板货物最大总高/mm						
			PAG/P1P	PBJ/P2P	PLA/PLB	PMC/P6P	PRA/P4A	PGE/P7E	FQA/PPC
1	空客 A-300 型货机	主货舱	2 200	—	—	2 200	—	—	—
		下货舱	1 626	—	1 626	1 626	—	—	—
2	空客 A-300 客货混装机	主货舱	2 200	—	—	2 200	—	—	—
		下货舱	1 626	—	1 626	1 626	—	—	—
3	空客 A-300 型客机	下货舱	1 626	—	1 626	1 626	—	—	—
4	空客 A-300-600 型货机	主货舱	2 400	—	—	2 400	—	—	—
		下货舱	1 626	—	1 626	1 626	—	—	—
5	空客 A-300-600 型客机	下货舱	1 626	—	1 626	1 626	—	—	—
6	空客 A-300-605R 型客机	下货舱	1 626	—	1 626	1 626	—	—	—
7	空客 A-310 型货机	主货舱	2 400	—	—	2 400	—	—	—
		下货舱	1 626	—	1 626	1 626	—	—	—
8	空客 A-310 型客机	下货舱	1 626	—	1 626	1 626	—	—	—
9	空客 A-330-200 型客机	下货舱	1 626	—	1 626	1 626	—	—	—
10	空客 A-330-223 型客机	下货舱	1 626	—	1 626	1 626	—	—	—
11	空客 A-330-300 型客机	下货舱	1 626	—	1 626	1 626	—	—	—
12	空客 A-340-200 型客机	下货舱	1 626	—	1 626	1 626	—	—	—
13	空客 A-340-211 型客机	下货舱	1 626	—	1 626	1 626	—	—	—
14	空客 A-340-300 型客机	下货舱	1 626	—	1 626	1 626	—	—	—
15	空客 A-340-311 型客机	下货舱	1 626	—	1 626	1 626	—	—	—
16	空客 A-340-313 型客机	下货舱	1 626	—	1 626	1 626	—	—	—
17	空客 A-340-500 型客机	下货舱	1 626	—	1 626	1 626	—	—	—
18	空客 A-340-600 型客机	下货舱	1 626	—	1 626	1 626	—	—	—
19	空客 A-380-800 型货机	上货舱	2 080	—	—	2 080	—	—	—
		主货舱	2 440	—	—	2 440	—	—	—
		下货舱	1 626	—	1 626	1 626	—	—	—
20	空客 A-380-800 型客机	下货舱	1 626	—	1 626	1 626	—	—	—
21	BAE146-200QT/型货机	主货舱	—	1 820	—	—	—	—	—
22	BAE146-300QT/型货机	主货舱	—	1 820	—	—	—	—	—
23	波音 B707 型货机	主货舱	2 080	2 080	—	2 080	—	—	—

表 D.1（续）

序号	机型	货舱	集装板货物最大总高/mm						
			PAG/P1P	PBJ/P2P	PLA/PLB	PMC/P6P	PRA/P4A	PGE/P7E	FQA/PPC
24	波音 B727-100 型货机	主货舱	2 100	2 100	1 600	—	—	—	—
25	波音 B727-100 型客货混装机	主货舱	2 100	2 100	1 600	—	—	—	—
26	波音 B727-200 型货机	主货舱	2 100	2 100	1 600	—	—	—	—
27	波音 B737-200 型货机和客货快速转换型	主货舱	2 080	2 080	—	—	—	—	—
28	波音 B737-300 型货机和客货快速转换型	主货舱	2 080	2 080	—	—	—	—	—
29	波音 B737-700 型货机和客货快速转换型	主货舱	1 490	1 490	—	—	—	—	—
30	波音 B747-100 型货机	主货舱	2 995	2 995	—	2 995	—	—	—
		下货舱	1 626	—	1 626	1 626	—	—	—
31	波音 B747-100 型客货混装机	主货舱	2 995	2 995	—	2 995	2 995	2 995	—
		下货舱	1 626	—	1 626	1 626	—	—	—
32	波音 B747-100 型客机	下货舱	1 626	—	1 626	1 626	—	—	—
33	波音 B747-200 型货机	主货舱	2 995	2 995	—	2 995	2 995	2 995	—
		下货舱	1 626	—	1 626	1 626	—	—	—
34	波音 B747-200 型客货混装机	主货舱	2 995	2 995	—	2 995	2 995	2 995	—
		下货舱	1 626	—	1 626	1 626	—	—	—
35	波音 B747-200 型客机	下货舱	1 626	—	1 626	1 626	—	—	—
36	波音 B747-300 型货机	主货舱	2 995	2 995	—	2 995	2 995	2 995	—
		下货舱	1 626	—	1 626	1 626	—	—	—
37	波音 B747-300 型客货混装机	主货舱	2 995	—	—	2 995	2 995	2 995	—
		下货舱	1 626	—	1 626	1 626	—	—	—
38	波音 B747-300 型客机	下货舱	1 626	—	1 626	1 626	—	—	—
39	波音 B747-400 型货机	主货舱	2 995	2 995	—	2 995	2 995	2 995	—
		下货舱	1 626	—	1 626	1 626	—	—	—
40	波音 B747-400 型客货混装机	主货舱	2 995	—	—	2 995	2 995	2 995	—
		下货舱	1 626	—	1 626	1 626	—	—	—
41	波音 B747-400 型客机	下货舱	1 626	—	1 626	1 626	—	—	—
42	波音 B757-200 型货机	主货舱	2 050	—	—	2 050	—	—	—
43	波音 B757-200 型客货混装机	主货舱	2 050	—	—	2 050	—	—	—
44	波音 B767-200 型客机	下货舱	1 626	—	—	1 626	—	—	1 626
45	波音 B767-300 型货机	主货舱	2 440	2 440	—	2 440	—	—	—
		下货舱	1 626	—	—	1 626	—	—	1 626

表 D.1（续）

序号	机型	货舱	集装板货物最大总高/mm						
			PAG/P1P	PBJ/P2P	PLA/PLB	PMC/P6P	PRA/P4A	PGE/P7E	FQA/PPC
46	波音 B767-300 型客机	下货舱	1 626	—	—	1 626	—	—	—
47	波音 B767-400 型客机	下货舱	1 626	—	—	1 626	—	—	1 626
48	波音 B777-200 型客机	下货舱	1 626	—	1 626	1 626	—	—	1 626
49	波音 B777-300 型客机	下货舱	1 626	—	1 626	1 626	—	—	—
50	CN235 型客机	货舱	1 680	—	—	—	—	—	—
51	DC8-54/55 型货机	主货舱	2 100	—	—	—	—	—	—
52	DC8-61/63/71/73 型货机	主货舱	2 100	—	—	—	—	—	—
53	DC8-62/72 型货机	主货舱	2 100	—	—	—	—	—	—
54	DC9-10 型货机	主货舱	—	1 960	—	—	—	—	—
55	DC9-15 型货机	主货舱	—	1 960	—	—	—	—	—
56	DC9-30 型货机	主货舱	—	1 960	—	—	—	—	—
57	DC9-32 型货机	主货舱	—	1 960	—	—	—	—	—
58	DC10 型货机	主货舱	2 360	2 360	—	—	—	—	—
		下货舱	1 626	—	1 626	1 630	—	—	—
59	DC10-30 型货机	主货舱	2 360	2 360	—	—	—	—	—
		下货舱	1 626	—	1 626	1 630	—	—	—
60	DC10-40 型货机	主货舱	2 360	2 360	—	—	—	—	—
		下货舱	1 626	—	1 626	1 630	—	—	—
61	DC10-40 型客机	下货舱	1 626	—	—	—	—	—	—
62	福克 28-MK-1000 型客货混装机	主货舱	—	1 820	—	—	—	—	—
63	伊尔 96-300 型客机	下货舱	1 626	—	—	1 626	—	—	—
64	伊尔 96-T 型货机	主货舱	2 440	2 240	—	2 440	—	—	—
65	洛克希 L100-20/30 型货机	主货舱	2 600	2 600	—	2 600	—	—	—
66	洛克希德 L-188A 型货机	主货舱	—	2 240	—	—	—	—	—
67	洛克希德 L-1011 型货机	主货舱	2 700	—	—	—	—	—	—
		下货舱	1 626	—	1 626	1 626	—	—	—
68	麦道 MD-11 型货机	主货舱	2 480	2 480	—	2 480	—	2 480	—
		下货舱	1 626	—	—	1 626	—	—	—
69	麦道 MD-11 客货混装机	主货舱	2 480	2 480	—	2 480	—	2 480	—
		下货舱	1 626	—	—	1 626	—	—	—
70	麦道 MD11 型客机	下货舱	1 626	—	—	1 626	—	—	—

表 D.1（续）

序号	机型	货舱	集装板货物最大总高/mm						
			PAG/P1P	PBJ/P2P	PLA/PLB	PMC/P6P	PRA/P4A	PGE/P7E	FQA/PPC
71	RJ85 型货机	主货舱	1 750	—	—	1 750	—	—	—
72	RJ100 型货机	主货舱	1 950	—	—	1 950	—	—	—
73	图 TU-154C 型货机	主货舱	—	1 830	—	—	—	—	—
74	图 TU204-100C 型货机	主货舱	2 150	—	—	—	—	—	—

ICS 77.150.10
H 60

中华人民共和国国家标准

GB/T 16475—2008
代替 GB/T 16475—1996

变形铝及铝合金状态代号

Temper designation system for wrought aluminium and aluminium alloy

(ISO 2107:2007,Aluminium and aluminium alloys—Wrought products—Temper designations, MOD)

2008-06-17 发布　　　　2008-12-01 实施

中华人民共和国国家质量监督检验检疫总局
中国国家标准化管理委员会　发布

前　言

本标准修改采用ISO 2107:2007《变形铝及铝合金产品状态代号》(英文版),并根据ISO 2107:2007重新起草。为了方便比较,在资料性附录B中列出了本标准章条和对应的国际标准章条的对照一览表。

本标准在采用国际标准时进行了修改,这些技术差异用垂直单线标识在它们所涉及的条款的页边空白处。主要差异如下:

——按照汉语习惯对一些编排格式进行了修改;

——将一些适用于国际标准的表述改为适用于我国标准的表述;

——由于ISO 2107:2007中的第2章"术语定义"已纳入GB/T 8005.1《铝及铝合金术语　第1部分:产品术语》,故该章内容未纳入本标准;

——增加了H状态代号仅适用于热处理不可强化合金的规定;

——增加了W状态、O1状态代号一般不作为产品交货状态的规定;

——增加了T状态代号仅适用于热处理可强化合金的规定;

——增加了我国使用的H32A状态;

——增加了T81状态、T87状态;

——增加了我国的新旧状态代号对照。

本标准代替GB/T 16475—1996《变形铝及铝合金状态代号》。

本标准与GB/T 16475—1996相比,主要变化如下:

——本标准对H状态、T状态、H112、H116状态的定义进行了修改;

——本标准删除了T0状态;

——本标准增加了O1、O2、O3、H321、HXX4、HXX5、T79、T81、T87及我国独有的H32A状态;

——本标准增加了T7状态的时效曲线;

——本标准增加了资料性附录A"热处理验证"。

本标准附录A、附录B为资料性附录。

本标准由中国有色金属工业协会提出。

本标准由全国有色金属标准化技术委员会归口。

本标准主要起草单位:西南铝业(集团)有限责任公司、中国有色金属工业标准计量质量研究所。

本标准参加起草单位:东北轻合金有限责任公司、中铝西北铝加工分公司。

本标准主要起草人:李瑞山、葛立新、游江海、王正安、刘援朝、王国军、段瑞芬、吴欣凤、何新宇。

本标准所代替标准的历次版本发布情况为:

——GB/T 16475—1996。

变形铝及铝合金状态代号

1 范围

本标准规定了变形铝及铝合金产品的状态代号。

本标准适用于轧制、挤压、拉伸、锻造等方法生产的变形铝及铝合金产品。

2 一般规定

2.1 状态代号分为基础状态代号和细分状态代号。基础状态代号用一个英文大写字母表示。细分状态代号用基础状态代号后缀一位或多位阿拉伯数字或英文大写字母来表示，这些阿拉伯数字或英文大写字母表示影响产品特性的基本处理或特殊处理。

2.2 本标准示例状态代号中的“X”表示未指定的任意一位阿拉伯数字，如“H2X”可表示“H21～H29”之间的任何一种状态，“HXX4”可表示“H114～H194”，或“H224～H294”，或“H324～H394”之间的任何一种状态；“_”表示未指定的任意一位或多位阿拉伯数字，如“T_51”可表示末位两位数字为“51”的任何一种状态，如“T351、T651、T6151、T7351、T7651”等。

3 基础状态代号

3.1 F——自由加工状态

适用于在成型过程中，对于加工硬化和热处理条件无特殊要求的产品，该状态产品对力学性能不作规定。

3.2 O——退火状态

适用于经完全退火后获得最低强度的产品状态。

3.3 H——加工硬化状态

适用于通过加工硬化提高强度的产品。

3.4 W——固溶热处理状态

适用于经固溶热处理后，在室温下自然时效的一种不稳定状态。该状态不作为产品交货状态，仅表示产品处于自然时效阶段。

3.5 T——不同于 F、O 或 H 状态的热处理状态

适用于固溶热处理后，经过(或不经过)加工硬化达到稳定的状态。

4 O 状态的细分状态代号

4.1 O1——高温退火后慢速冷却状态

适用于超声波检验或尺寸稳定化前，将产品或试样加热至近似固溶热处理规定的温度并进行保温(保温时间与固溶热处理规定的保温时间相近)，然后出炉置于空气中冷却的状态。该状态产品对力学性能不作规定，一般不作为产品的最终交货状态。

4.2 O2——热机械处理状态

适用于使用方在产品进行热机械处理前，将产品进行高温(可至固溶热处理规定的温度)退火，以获得良好成型性的状态。

4.3 O3——均匀化状态

适用于连续铸造的拉线坯或铸带，为消除或减少偏析和利于后继加工变形，而进行的高温退火状态。

5 H状态的细分状态代号

5.1 H后面第1位数字表示的状态

5.1.1 H后面的第1位数字表示获得该状态的基本工艺，用数字1～4表示。

5.1.2 H1X——单纯加工硬化的状态。适用于未经附加热处理，只经加工硬化即可获得所需强度的状态。

5.1.3 H2X——加工硬化后不完全退火的状态。适用于加工硬化程度超过成品规定要求后，经不完全退火，使强度降低到规定指标的产品。对于室温下自然时效软化的合金，H2X状态与对应的H3X状态具有相同的最小极限抗拉强度值；对于其他合金，H2X状态与对应的H1X状态具有相同的最小极限抗拉强度值，但伸长率比H1X稍高。

5.1.4 H3X——加工硬化后稳定化处理的状态。适用于加工硬化后经低温热处理或由于加工过程中的受热作用致使其力学性能达到稳定的产品。H3X状态仅适用于在室温下时效（除非经稳定化处理）的合金。

5.1.5 H4X——加工硬化后涂漆（层）处理的状态。适用于加工硬化后，经涂漆（层）处理导致了不完全退火的产品。

5.2 H后面第2位数字表示的状态

5.2.1 H后面的第2位数字表示产品的最终加工硬化程度，用数字1～9来表示。

5.2.2 数字8表示硬状态。通常采用O状态的最小抗拉强度与表1规定的强度差值之和，来确定HX8状态的最小抗拉强度值。

表1

O状态的最小抗拉强度/MPa	HX8状态与O状态的最小抗拉强度差值/MPa
≤40	55
45～60	65
65～80	75
85～100	85
105～120	90
125～160	95
165～200	100
205～240	105
245～280	110
285～320	115
≥325	120

5.2.3 O（退火）状态与HX8状态之间的状态如表2所示。

表2

细分状态代号	最终加工硬化程度
HX1	最终抗拉强度极限值，为O状态与HX2状态的中间值。
HX2	最终抗拉强度极限值，为O状态与HX4状态的中间值。
HX3	最终抗拉强度极限值，为HX2状态与HX4状态的中间值。
HX4	最终抗拉强度极限值，为O状态与HX8状态的中间值。
HX5	最终抗拉强度极限值，为HX4状态与HX6状态的中间值。
HX6	最终抗拉强度极限值，为HX4状态与HX8状态的中间值。
HX7	最终抗拉强度极限值，为HX6状态与HX8状态的中间值。

5.2.4 数字 9 为超硬状态，用 HX9 表示。HX9 状态的最小抗拉强度极限值，超过 HX8 状态至少 10 MPa 及以上。

5.3 **H 后面第 3 位数字表示的状态**

5.3.1 H 后面的第 3 位数字或字母，表示影响产品特性，但产品特性仍接近其两位数字状态（H112、H116、H321 状态除外）的特殊处理。

5.3.2 HX11——适用于最终退火后又进行了适量的加工硬化，但加工硬化程度又不及 H11 状态的产品。

5.3.3 H112——适用于经热加工成型但不经冷加工而获得一些加工硬化的产品，该状态产品对力学性能有要求。

5.3.4 H116——适用于镁含量≥3.0%的 5XXX 系合金制成的产品。这些产品最终经加工硬化后，具有稳定的拉伸性能和在快速腐蚀试验中具有合适的抗腐蚀能力。腐蚀试验包括晶间腐蚀试验和剥落腐蚀试验。这种状态的产品适用于温度不大于 65℃的环境。

5.3.5 H321——适用于镁含量≥3.0%的 5XXX 系合金制成的产品。这些产品最终经热稳定化处理后，具有稳定的拉伸性能和在快速腐蚀试验中具有合适的抗腐蚀能力。腐蚀试验包括晶间腐蚀试验和剥落腐蚀试验。这种状态的产品适用于温度不大于 65℃的环境。

5.3.6 HXX4——适用于 HXX 状态坯料制作花纹板或花纹带材的状态。这些花纹板或花纹带材的力学性能与坯料不同。如 H22 状态的坯料经制作成花纹板后的状态为 H224。

5.3.7 HXX5——适用于 HXX 状态带坯制作的焊接管。管材的几何尺寸和合金与带坯相一致，但力学性能可能与带坯不同。

5.3.8 H32A——是对 H32 状态进行强度和弯曲性能改良的工艺改进状态。

6 T 状态的细分状态代号

6.1 T 后面的附加数字 1～10 表示的状态

T 后面的数字 1～10 表示基本处理状态，T1～T10 状态如表 3 所示。

表 3

状态代号	代号释义
T1	高温成型＋自然时效 适用于高温成型后冷却、自然时效，不再进行冷加工（或影响力学性能极限的矫平、矫直）的产品。
T2	高温成型＋冷加工＋自然时效 适用于高温成型后冷却，进行冷加工（或影响力学性能极限的矫平、矫直）以提高强度，然后自然时效的产品。
T3[a]	固溶热处理＋冷加工＋自然时效 适用于固溶热处理后，进行冷加工（或影响力学性能极限的矫平、矫直）以提高强度，然后自然时效的产品。
T4[a]	固溶热处理＋自然时效 适用于固溶热处理后，不再进行冷加工（或影响力学性能极限的矫直、矫平），然后自然时效的产品。
T5	高温成型＋人工时效 适用高温成型后冷却，不经冷加工（或影响力学性能极限的矫直、矫平），然后进行人工时效的产品。

表 3（续）

状态代号	代 号 释 义
T6[a]	固溶热处理＋人工时效 适用于固溶热处理后，不再进行冷加工（或影响力学性能极限的矫直、矫平），然后人工时效的产品。
T7[a]	固溶热处理＋过时效 适用于固溶热处理后，进行过时效至稳定化状态。为获取除力学性能外的其他某些重要特性，在人工时效时，强度在时效曲线上越过了最高峰点的产品。
T8[a]	固溶热处理＋冷加工＋人工时效 适用于固溶热处理后，经冷加工（或影响力学性能极限的矫直、矫平）以提高强度，然后人工时效的产品。
T9[a]	固溶热处理＋人工时效＋冷加工 适用于固溶热处理后，人工时效，然后进行冷加工（或影响力学性能极限的矫直、矫平）以提高强度的产品。
T10	高温成型＋冷加工＋人工时效 适用于高温成型后冷却，经冷加工（或影响力学性能极限的矫直、矫平）以提高强度，然后进行人工时效的产品。

[a] 某些 6XXX 系或 7XXX 系的合金，无论是炉内固溶热处理，还是高温成型后急冷以保留可溶性组分在固溶体中，均能达到相同的固溶热处理效果，这些合金的 T3、T4、T6、T7、T8 和 T9 状态可采用上述两种处理方法的任一种，但应保证产品的力学性能和其他性能（如抗腐蚀性能）。

6.2 T1～T10 后面的附加数字表示的状态

6.2.1 T1～T10 后面的附加数字表示影响产品特性的特殊处理。

6.2.2 T_51、T_510 和 T_511——拉伸消除应力状态，如表 4 所示。T1、T4、T5、T6 状态的材料不进行冷加工或影响力学性能极限的矫直、矫平，因此拉伸消除应力状态中应无 T151、T1510、T1511、T451、T4510、T4511、T551、T5510、T5511、T651、T6510、T6511 状态。

表 4

状态代号	代 号 释 义
T_51	适用于固溶热处理或高温成型后冷却，按规定量进行拉伸的厚板、薄板、轧制棒、冷精整棒、自由锻件、环形锻件或轧制环，这些产品拉伸后不再进行矫直，其规定的永久拉伸变形量如下： ——厚板：1.5％～3％； ——薄板：0.5％～3％； ——轧制棒或冷精整棒：1％～3％； ——自由锻件、环形锻件或轧制：1％～5％。
T_510	适用于固溶热处理或高温成型后冷却，按规定量进行拉伸的挤压棒材、型材和管材，以及拉伸（或拉拔）管材，这些产品拉伸后不再进行矫直，其规定的永久拉伸变形量如下： ——挤制棒材、型材和管材：1％～3％； ——拉伸（或拉拔）管材：0.5％～3％。
T_511	适用于固溶热处理或高温成型后冷却，按规定量进行拉伸的挤压棒材、型材和管材，以及拉伸（或拉拔）管材，这些产品拉伸后可轻微矫直以符合标准公差，其规定的永久拉伸变形量如下： ——挤制棒材、型材和管材：1％～3％； ——拉伸（或拉拔）管材：0.5％～3％。

6.2.3 T_52——压缩消除应力状态。适用于固溶热处理或高温成型后冷却，通过压缩来消除应力，以产生1%～5%的永久变形量的产品。

6.2.4 T_54——拉伸与压缩相结合消除应力状态。适用于在终锻模内通过冷整形来消除应力的模锻件。

6.2.5 T7X——过时效状态，如表5所示。T7X状态过时效阶段材料的性能曲线如图1(图中曲线仅示意规律，真实的变化曲线应按合金来具体描绘)所示。

表 5

状态代号	代 号 释 义
T79	初级过时效状态。
T76	中级过时效状态。具有较高强度、好的抗应力腐蚀和剥落腐蚀性能。
T74	中级过时效状态。其强度、抗应力腐蚀和抗剥落腐蚀性能介于T73与T76之间。
T73	完全过时效状态。具有最好的抗应力腐蚀和抗剥落腐蚀性能。

图 1

6.2.6 T81——适用于固溶热处理后，经1%左右的冷加工变形提高强度，然后进行人工时效的产品。

6.2.7 T87——适用于固溶热处理后，经7%左右的冷加工变形提高强度，然后进行人工时效的产品。

7 W状态的细分状态代号

7.1 W的细分状态W_h

W_h——室温下具体自然时效时间的不稳定状态。如W2h，表示产品淬火后，在室温下自然时效2 h。

7.2 W的细分状态W_h/_51、W_h/_52、W_h/_54

W_h/_51、W_h/_52、W_h/_54——表示室温下具体自然时效时间的不稳定消除应力状态。如W2h/351，表示产品淬火后，在室温下自然时效2 h便开始拉伸的消除应力状态。

8 T状态的热处理验证

T状态的热处理验证参见附录A。

9 新、旧状态代号对照

新、旧状态代号的对照见表6。

表 6

旧代号	新代号
M	O
R	热处理不可强化合金:H112 或 F
R	热处理可强化合金:T1 或 F
Y	HX8
Y_1	HX6
Y_2	HX4
Y_4	HX2
T	HX9
CZ	T4
CS	T6
CYS	T_51、T_52 等
CZY	T2
CSY	T9
MCS	T62[a]
MCZ	T42[a]
CGS1	T73
CGS2	T76
CGS3	T74
RCS	T5

[a] 原以 R 状态交货的、提供 CZ、CS 试样性能的产品,其状态可分别对应新代号 T42、T62。

附 录 A
（资料性附录）
热处理验证

A.1 生产厂（或供应商）的试验室状态验证

对O状态（如O、O1）或F状态的产品，生产厂或（供应商）往往通过炉内热处理来进行下述试验室状态验证：

a) T42状态——将O状态或F状态的材料，进行炉内固溶热处理，然后自然时效至稳定状态；

b) T62状态——将O状态或F状态的材料，进行炉内固溶热处理，然后人工时效；

c) T7_2状态——将O状态或F状态的材料，进行炉内固溶热处理，然后进行过时效处理，其力学性能和抗腐蚀性能应达到T7_状态的要求。

A.2 生产厂（或供应商）的状态转换验证

当订购方需要对T状态的材料验证时，生产厂（或供应商）可以将材料通过炉内热处理转换为T_2状态进行验证，并标注“能力验证”标志，例如：

——T3状态的材料通过时效转换为T82状态，进行能力验证；

——T4状态的材料通过时效转换为T62状态，进行能力验证；

——T4状态的材料通过过时效转换为T762状态，进行能力验证；

——T6状态的材料通过过时效转换为T732状态，进行能力验证；

——T351状态的材料通过重新固溶热处理转换为T42状态，进行能力验证。

A.3 订购商（或使用方）的热处理验证

T_2状态也适用于订购商（或使用方）对产品按热处理规范完成最终热处理状态，进行材料验证。

附 录 B
（资料性附录）
本标准章条编号与 ISO 2107:2007 章条编号对照

本标准章条编号与 ISO 2107:2007 章条编号对照见表 B.1。

表 B.1 本标准章条编号与 ISO 2107:2007 章条编号对照

本标准章条编号	对应的国际标准章条编号	备 注
1	1	无差异
—	2	已引入至 GB/T 8005.1
2	3	无差异
3.1	4.1	无差异
3.2	4.2	无差异
3.3	4.3	有差异，增加“该状态仅适用于热处理不可强化合金”。
3.4	4.4	有差异，增加“该状态不作为产品交货状态”。
3.5	4.5	有差异，增加“该状态仅适用于热处理可强化合金”。
4.1	5.1	有差异，增加“该状态一般不作为产品的最终交货状态”。
4.2	5.2	无差异
4.3	5.3	无差异
—	6.1	—
5.1	6.2	无差异
5.2	6.3	无差异
5.3.1～5.3.7	6.4～6.5	无差异
5.3.8	—	增加 H32A 状态
6.1	7.1	无差异
6.2.1～6.2.4	7.2～7.3	无差异
6.2.5	7.5	无差异
6.2.6～6.2.7	—	增加内容
7	7.4	无差异
8	附录 A	无差异
9	—	增加内容
附录 A	附录 A	无差异
附录 B	—	—

ICS 77.120.99
H 65

中华人民共和国国家标准

GB/T 16479—2008
代替 GB/T 16479—1996

碳酸轻稀土

Light rare earth carbonate

2008-03-31 发布　　2008-09-01 实施

中华人民共和国国家质量监督检验检疫总局
中国国家标准化管理委员会　发布

前　言

本标准是对 GB/T 16479—1996《碳酸稀土》的修订。本标准与 GB/T 16479—1996 相比，主要变化如下：

——将标准名称改为《碳酸轻稀土》；

——按 GB/T 17803—1999《稀土产品牌号表示方法》的要求，采用数字牌号；

——取消原 $RE_2(CO_3)_3 \cdot XH_2O$-H1 牌号，增加 193244C 产品牌号；

——增加了对氧化镨含量和非稀土杂质氧化铝、氧化锌的考核指标，取消了氧化钠考核指标；

——将氧化钙、氧化镁考核由考核合量改为考核分量；

——对各牌号稀土元素含量及其他非稀土杂质含量作了适当调整。

本标准由国家发展和改革委员会稀土办公室提出。

本标准由全国稀土标准化技术委员会归口。

本标准由内蒙古包钢稀土高科技股份有限公司负责起草。

本标准由广东珠江稀土有限公司、宜兴新威利成有限公司参加起草。

本标准主要起草人：李冬、王静、刘恒昌、郭美琴、金燕华、俞志春。

本标准所代替标准的历次版本发布情况为：

——GB/T 16479—1996。

碳酸轻稀土

1 范围

本标准规定了碳酸轻稀土的要求、试验方法、检验规则与包装、标志、运输、贮存。

本标准适用于以轻稀土为主的稀土矿为原料，经化学法制取的碳酸轻稀土。主要用作分离单一稀土产品、制取稀土抛光粉的原料，或作为电解用混合氧化稀土生产原料。

2 规范性引用文件

下列文件中的条款通过本标准的引用而成为本标准的条款。凡是注日期的引用文件，其随后所有的修改单(不包括勘误的内容)或修订版均不适用于本标准，然而，鼓励根据本标准达成协议的各方研究是否可使用这些文件的最新版本。凡是不注日期的引用文件，其最新版本适用于本标准。

GB/T 8170 数值修约规则

GB/T 12690(所有部分) 稀土金属及其氧化物中非稀土杂质化学分析方法

GB/T 16484(所有部分) 氯化稀土、碳酸稀土化学分析方法

3 要求

3.1 化学成分

产品牌号及化学成分应符合表1规定。需方如有特殊要求，供需双方可另行协商。

表 1

产品牌号	化学成分(质量分数)/%													
	REO 不小于	稀土元素/REO，不小于					非稀土杂质含量，不大于							酸不溶物 不大于
		CeO_2	Pr_6O_{11}	Nd_2O_3	Eu_2O_3	其他稀土杂质	Fe_2O_3	SO_4^{2-}	Cl^-	CaO	MgO	Al_2O_3	ZnO	
193244A	44	62	—	—	—	余量	0.01	0.05	0.2	0.5	0.1	0.05	0.1	0.2
193244B	44	58	4	—	—	余量	0.01	0.1	0.2	0.5	0.3	0.05	0.1	0.2
193244C	44	48	5	15	—	余量	0.03	0.1	0.4	0.8	0.3	0.07	0.1	0.2
193242	42	48	5	15	0.18	余量	0.03	1.8	—	0.8	0.3	0.07	0.1	0.2

3.2 外观

产品为粉状物。产品应洁净，无肉眼可见夹杂物。

4 试验方法

4.1 产品中稀土总量，氧化铈、氧化镨、氧化钕、氧化铕等稀土含量，氧化钙、氧化镁、氯根、硫酸根等(除193242牌号产品外)非稀土杂质含量的分析方法按GB/T 16484的规定进行。

4.2 产品中氧化铁、氧化铝和氧化锌含量的分析方法参照GB/T 12690.5的规定进行。

4.3 产品中酸不溶物和193242牌号中硫酸根含量的分析方法按供方现行方法进行。

4.4 数值修约按GB/T 8170的规定进行。

4.5 产品外观用目视检查。

5 检验规则

5.1 检查与验收

5.1.1 产品由供方质量技术监督部门进行检验，保证产品质量符合本标准的规定，并填写质量证明书。

5.1.2 需方应对收到的产品按本标准的规定进行检验，如检验结果与本标准规定不符时，应在收到产品之日起两个月内向供方提出，由供需双方协商解决。如需仲裁，可委托双方认可的单位进行，并在需方共同取样。

5.2 组批

产品应成批提交检验，每批产品应由同一牌号的产品组成。

5.3 检验项目

每批产品应进行化学成分和外观的检验。

5.4 取样与制样

化学成分分析的仲裁取样件数按表2规定。用插管在每件(袋)中心及周围等距离处取三点，每件(袋)取样量不少于10 g，将试样混匀后，用四分法迅速缩分至试样所需数量，装入清洁的塑料瓶(袋)中并封口。

表2

件(袋)数	1～5	6～49	50～100	＞100
取样件(袋)数	件(袋)数的100%	5	件(袋)数的10%取整数	件(袋)数的平方根取正整数

5.5 检验结果判定

化学成分仲裁分析结果与本标准规定不符时，则从该批产品中另取双倍试样对不合格项目进行复验。若仍有一项结果不合格，则该批产品为不合格。

6 标志、包装、运输、贮存

6.1 标识、包装

每件产品外包装上应注明：供方名称、产品名称、牌号、批号、重量。产品用双层塑料袋包装，经热压或绳扎封口后放入塑料编织袋中，每(袋)净重分别为50 kg、500 kg、1 000 kg。如需方有特殊要求，供需双方可另行协商。

6.2 运输、贮存

产品须存放在干燥处，不得露天放置。运输时严防淋雨、受潮。

6.3 质量证明书

每批产品应附有质量证明书，注明：

a) 供方名称；

b) 产品名称和牌号；

c) 批号；

d) 净重、件数；

e) 各项分析检验结果及供方质量检验部门印记；

f) 本标准编号；

g) 出厂日期。

ICS 71.040.40
G 04

GB

中华人民共和国国家标准

GB/T 16483—2008
代替 GB/T 17519.1—1998,GB 16483—2000

化学品安全技术说明书 内容和项目顺序

Safety data sheet for chemical products—Content and order of sections

2008-06-18 发布 2009-02-01 实施

中华人民共和国国家质量监督检验检疫总局
中国国家标准化管理委员会 发布

前　　言

本标准代替 GB/T 17519.1—1998《化学品安全资料表　第一部分　内容和项目顺序》和 GB 16483—2000《化学品安全技术说明书编写规定》。

本标准与 GB/T 17519.1—1998 和 GB 16483—2000 相比，主要差异有：

——16 部分信息的顺序不同；

——增加了物质的定义；

——附录 A 中 A.3 第 2 项危险性概述与《全球化学品统一分类和标签制度》(GHS)中危险性分类一致。

本标准的附录 A 为规范性附录。

本标准由中国石油和化学工业协会提出。

本标准由全国化学标准化技术委员会归口。

本标准起草单位：国家安全生产监督管理总局化学品登记中心、中化化工标准化研究所、上海化工研究院、中国化工经济技术发展中心、中国石油化工股份有限公司青岛安全工程研究院。

本标准主要起草人：魏静、李雪华、李运才、钟之万、杨一、刘刚、陈军、纪国峰。

本标准所代替标准的历次版本发布情况为：

——GB/T 17519.1—1998；

——GB 16483—1996，GB 16483—2000。

引　　言

化学品安全技术说明书(safety data sheet for chemical products,SDS),提供了化学品(物质或混合物)在安全、健康和环境保护等方面的信息,推荐了防护措施和紧急情况下的应对措施。在一些国家,化学品安全技术说明书又被称为物质安全技术说明书(material safety data sheet,MSDS),但在本标准中统一使用化学品安全技术说明书(SDS)。

SDS是化学品的供应商向下游用户传递化学品基本危害信息(包括运输、操作处置、储存和应急行动信息)的一种载体。同时化学品安全技术说明书还可以向公共机构、服务机构和其他涉及到该化学品的相关方传递这些信息。

本标准旨在对化学品的安全、健康、环境方面的信息进行规范,建立统一的格式(例如术语、标题的编号和顺序),对如何提供化学品的信息作出具体规定。

本标准可灵活地应用于不同语言文字之间的信息传播。

ISO 11014-1标准于1994年公布了第一版,之后在全世界范围内被广泛采用。全国化学标准化技术委员会对口将ISO 11014-1:1994等同转化为GB/T 17519.1—1998。

1992年联合国环境和发展会议(UNCED)通过了第21世纪议程,其中UNCED推荐了《全球化学品统一分类和标签制度》(GHS)。议程的第19章环境中有毒化学品的管理包括6项基本措施,安全技术说明书是其中的措施之一。GHS第一版于2003年发布;于2005年、2007年分别进行了第一次、第二次修订,其中包括了SDS的编制指南。

一些国家和地区的SDS标准已按GHS的要求进行了修订。

ISO/TC 47于2006年对ISO 11014-1:1994进行了系统的审查,之后决定对该标准进行修订。因此,该国际标准通过对第一版的修订而得以发展,使之与GHS对SDS危险信息传递的要求一致。全国化学标准化技术委员会决定同步修订GB/T 17519.1—1998。

ISO/TC 47对ISO 11014-1国际标准的名称也进行了修订,删除了原文的“第1部分”,因为1994年发布第1部分以来,计划编制的ISO 11014第2部分至今一直未发布。

SDS不必反映或描述不同的国家或地区规章制度的要求。这些要求可能只适用于某些特定的国家和地区,因此,建议SDS的编制者要了解不同的国家和地区有关制定SDS的规定,这样将有助于使每一种化学品在不同的国家或地区只对应一个SDS。

SDS下游用户的责任超出了该国际标准的范围,本标准中描述了一部分下游用户的责任以便明确区分SDS供应商和下游用户之间的责任。

化学品安全技术说明书 内容和项目顺序

1 范围

本标准规定了化学品安全技术说明书(SDS)的结构、内容和通用形式。

本标准适用于化学品安全技术说明书的编制。

本标准既不规定 SDS 的固定格式,也不提供 SDS 的实际样例。

2 术语和定义

下列术语和定义适用于本标准。

2.1

化学品 chemical product

物质或混合物。

2.2

物质 substance

自然状态下或通过任何制造过程获得的化学元素及其化合物,包括为保持其稳定性而有必要的任何添加剂和加工过程中产生的任何杂质,但不包括任何不会影响物质稳定性或不会改变其成分的可分离的溶剂。

2.3

接触控制 exposure control

为保护化学品的接触人员而采取的整套预防措施。

2.4

GHS 分类 GHS classification

根据物质或混合物的物理、健康、环境危害特性,按《全球化学品统一分类和标签制度》(GHS)的分类标准,对物质的危险性进行的分类。

2.5

伤害 harm

是指对人体健康的物理伤害或损害,以及对财产或环境造成的损害。

2.6

危险 hazard

潜在的伤害源。

2.7

危险性说明 hazard statement

对危险种类和类别的说明,描述某种化学品的固有危险,必要时包括危险程度。

2.8

成分 ingredient

组成某种化学品的组分。

2.9

预期用途 intended use

供应商提供的关于产品、工艺和服务的信息中明确可以使用的用途。

2.10

标签　label

用于标示化学品所具有的危险性和安全注意事项的一组文字、图形符号和编码组合，它可粘贴、喷印或挂栓在化学品的外包装或容器上。

2.11

标签要素　label element

标签上用于表示化学品危险性的一类信息，例如图形符号、警示词等。

2.12

防范说明　precautionary statement

用文字或图形符号描述的降低或防止与危险化学品接触，确保正确储存和搬运的有关措施。

2.13

配制品　preparation

含两种或多种物质组成的混合物或溶液。

2.14

象形图　pictogram

由符号及其他图形要素，如边框、背景图案和颜色组成，表述特定信息的图形组合。

2.15

可预见的错误用途　reasonably foreseeable misuse

不在供应商提供的关于产品、工艺和服务的信息中明确可以使用的用途范围之内，但在实际使用过程中，被误用概率非常高的错误用途。

2.16

下游用户　recipient

为工业或专业使用，比如储存、搬运、处理加工或包装而从供应商处接受化学品的中间人员或最终用户。

2.17

风险　risk

能导致伤害发生的概率和伤害的严重程度。

2.18

安全　safety

免除不可接受的风险。

2.19

警示词　signal word

标签上用于表明化学品危险性相对严重程度和提醒接触者注意潜在危险的词语。如：GHS 规定，“警示词”使用“危险”和“警告”。

2.20

供应商　supplier

向下游用户供应某种化学品的团体。

2.21

符号　symbol

简明地传达安全信息的图形要素。

3 概况

总体上一种化学品应编制一份 SDS。

3.1 SDS 中包含的信息是与组成有关的非机密信息，其成分可以按照附录 A 中 A.4 第 3 部分的规定，以不同的方式提供。

3.2 供应商应向下游用户提供完整的 SDS，以提供与安全、健康和环境有关的信息。供应商有责任对 SDS 进行更新，并向下游用户提供最新版本的 SDS。

3.3 SDS 的下游用户在使用 SDS 时，还应充分考虑化学品在具体使用条件下的风险评估结果，采取必要的预防措施。SDS 的下游用户应通过合适的途径将危险信息传递给不同作业场所的使用者，当为工作场所提出具体要求时，下游用户应考虑有关的 SDS 的综合性建议。

3.4 由于 SDS 仅和某种化学品有关，它不可能考虑所有工作场所可能发生的情况，所以 SDS 仅包含了保证操作安全所必备的一部分信息。

3.5 SDS 应按使用化学品工作场所控制法规总体要求，提供某一种物质或混合物有关的综合性信息。

注：当化学品是一种混合物时，没有必要编制每个相关组分的单独的 SDS。编制和提供混合物的 SDS 即可。当某种成分的信息不可缺少时，应提供该成分的 SDS。

4 SDS 的内容和通用形式

4.1 SDS 将按照下面 16 部分提供化学品的信息，每部分的标题、编号和前后顺序不应随意变更。

1） 化学品及企业标识；
2） 危险性概述；
3） 成分/组成信息；
4） 急救措施；
5） 消防措施；
6） 泄漏应急处理；
7） 操作处置与储存；
8） 接触控制和个体防护；
9） 理化特性；
10） 稳定性和反应性；
11） 毒理学信息；
12） 生态学信息；
13） 废弃处置；
14） 运输信息；
15） 法规信息；
16） 其他信息。

注：为方便 SDS 编制者识别不同化学品的 SDS，SDS 应该设定 SDS 编号。

4.2 在 16 部分下面填写相关的信息，该项如果无数据，应写明无数据原因。16 部分中，除第 16 部分“其他信息”外，其余部分不能留下空项。SDS 中信息的来源一般不用详细说明。

注：最好提供信息来源，以便阐明依据。

4.3 对应于 16 部分的内容应依据附录 A 的建议和要求来完成。

4.4 对 16 部分可以根据内容细分出小项，与 16 部分不同的是这些小项不编号。

4.5 16 部分要清楚地分开，大项标题和小项标题的排版要醒目。

4.6 使用小项标题时，应按附录 A 中指定的顺序排列。

4.7 SDS 的每一页都要注明该种化学品的名称，名称应与标签上的名称一致，同时注明日期和 SDS 编号。日期是指最后修订的日期。页码中应包括总的页数，或者显示总页数的最后一页。

注 1：化学品的名称应该是化学名称或用在标签上化学品的名称。如果化学名称太长，缩写名称应在第 1 部分或第 3 部分描述。

注 2：SDS 编号和修订日期（版本号）写在 SDS 的首页，每页可填写 SDS 编号和页码。

注 3：第 1 次修订的修订日期和最初编制日期应写在 SDS 的首页。

4.8 SDS 正文的书写应该简明、扼要、通俗易懂。推荐采用常用词语。SDS 应该使用用户可接受的语言书写。

附 录 A
（规范性附录）
SDS 编写导则

A.1 概述

本导则用于指导编写化学品的 SDS，以保证 SDS 中的每项内容都能使下游用户对安全、健康和环境采取必要的防护或保护措施。

——按照本附录的建议和要求编写 SDS。

——本附录列出了 SDS 中 16 部分应包括的主要条目。未列入的条目可以根据需要追加。

——SDS 中这些主要条目称为小项，用下划线突出显示。

——有些信息与 SDS 有关但未作为一条目列入本附录，可在相关项目下追加该条目。

——对于给定化学品，并非所有条目都适用，可以根据具体情况进行选择。

A.2 第 1 部分——化学品及企业标识

主要标明化学品的名称，该名称应与安全标签上的名称一致，建议同时标注供应商的产品代码。

应标明供应商的名称、地址、电话号码、应急电话、传真和电子邮件地址。

该部分还应说明化学品的推荐用途和限制用途。

A.3 第 2 部分——危险性概述

该部分应标明化学品主要的物理和化学危险性信息，以及对人体健康和环境影响的信息，如果该化学品存在某些特殊的危险性质，也应在此处说明。

如果已经根据 GHS 对化学品进行了危险性分类，应标明GHS 危险性类别，同时应注明 GHS 的标签要素，如象形图或符号、防范说明，危险信息和警示词等。象形图或符号如火焰、骷髅和交叉骨可以用黑白颜色表示。GHS 分类未包括的危险性（如粉尘爆炸危险）也应在此处注明。

应注明人员接触后的主要症状及应急综述。

A.4 第 3 部分——成分/组成信息

该部分应注明该化学品是物质还是混合物。

如果是物质，应提供化学名或通用名、美国化学文摘登记号（CAS 号）及其他标识符。

如果某种物质按 GHS 分类标准分类为危险化学品，则应列明包括对该物质的危险性分类产生影响的杂质和稳定剂在内的所有危险组分的化学名或通用名、以及浓度或浓度范围。

如果是混合物，不必列明所有组分。

如果按 GHS 标准被分类为危险的组分，并且其含量超过了浓度限值，应列明该组分的名称信息、浓度或浓度范围。对已经识别出的危险组分，也应该提供被识别为危险组分的那些组分的化学名或通用名、浓度或浓度范围。

A.5 第 4 部分——急救措施

该部分应说明必要时应采取的急救措施及应避免的行动，此处填写的文字应该易于被受害人和（或）施救者理解。

根据不同的接触方式将信息细分为：吸入、皮肤接触、眼睛接触和食入。

该部分应简要描述接触化学品后的急性和迟发效应、主要症状和对健康的主要影响，详细资料可在

第 11 部分列明。

如有必要，本项应包括对保护施救者的忠告和对医生的特别提示。

如有必要，还要给出及时的医疗护理和特殊的治疗。

A.6 第 5 部分——消防措施

该部分应说明合适的灭火方法和灭火剂，如有不合适的灭火剂也应在此处标明。

应标明化学品的特别危险性(如产品是危险的易燃品)。

标明特殊灭火方法及保护消防人员特殊的防护装备。

A.7 第 6 部分——泄漏应急处理

该部分应包括以下信息：

——作业人员防护措施、防护装备和应急处置程序。

——环境保护措施。

——泄漏化学品的收容、清除方法及所使用的处置材料(如果和第 13 部分不同，列明恢复、中和和清除方法)。

提供防止发生次生危害的预防措施。

A.8 第 7 部分——操作处置与储存

——操作处置

应描述安全处置注意事项，包括防止化学品人员接触、防止发生火灾和爆炸的技术措施和提供局部或全面通风、防止形成气溶胶和粉尘的技术措施等。还应包括防止直接接触不相容物质或混合物的特殊处置注意事项。

——储存

应描述安全储存的条件(适合的储存条件和不适合的储存条件)、安全技术措施、同禁配物隔离储存的措施、包装材料信息(建议的包装材料和不建议的包装材料)。

A.9 第 8 部分——接触控制和个体防护

列明容许浓度，如职业接触限值或生物限值。

列明减少接触的工程控制方法，该信息是对第 7 部分内容的进一步补充。

如果可能，列明容许浓度的发布日期、数据出处、试验方法及方法来源。

列明推荐使用的个体防护设备。例如：

——呼吸系统防护；

——手防护；

——眼睛防护；

——皮肤和身体防护。

标明防护设备的类型和材质。

化学品若只在某些特殊条件下才具有危险性，如量大、高浓度、高温、高压等，应标明这些情况下的特殊防护措施。

A.10 第 9 部分——理化特性

该部分应提供以下信息：

——化学品的外观与性状，例如：物态、形状和颜色；

——气味；

——pH 值,并指明浓度;
——熔点/凝固点;
——沸点、初沸点和沸程;
——闪点;
——燃烧上下极限或爆炸极限;
——蒸气压;
——蒸气密度;
——密度/相对密度;
——溶解性;
——*n*-辛醇/水分配系数;
——自燃温度;
——分解温度;

如果有必要,应提供下列信息:

——气味阈值;
——蒸发速率;
——易燃性(固体、气体)。

也应提供化学品安全使用的其他资料,例如放射性或体积密度等。

应使用 SI 国际单位制单位,见 ISO 1000:1992 和 ISO 1000:1992/Amd 1:1998。可以使用非 SI 单位,但只能作为 SI 单位的补充。

必要时,应提供数据的测定方法。

A.11 第 10 部分——稳定性和反应性

该部分应描述化学品的稳定性和在特定条件下可能发生的危险反应。

应包括以下信息:

——应避免的条件(例如:静电、撞击或震动);
——不相容的物质;
——危险的分解产物,一氧化碳、二氧化碳和水除外。

填写该部分时应考虑提供化学品的预期用途和可预见的错误用途。

A.12 第 11 部分——毒理学信息

该部分应全面、简洁地描述使用者接触化学品后产生的各种毒性作用(健康影响)。

应包括以下信息:

——急性毒性;
——皮肤刺激或腐蚀;
——眼睛刺激或腐蚀;
——呼吸或皮肤过敏;
——生殖细胞突变性;
——致癌性;
——生殖毒性;
——特异性靶器官系统毒性——一次性接触;
——特异性靶器官系统毒性——反复接触;

——吸入危害。

还可以提供下列信息：

——毒代动力学、代谢和分布信息。

注：体外致突变试验数据如 Ames 试验数据，在生殖细胞致突变条目中描述。

如果可能，分别描述一次性接触、反复接触与连续接触所产生的毒作用；迟发效应和即时效应应分别说明。

潜在的有害效应，应包括与毒性值(例如急性毒性估计值)测试观察到的有关症状、理化和毒理学特性。

应按照不同的接触途径(如：吸入、皮肤接触、眼睛接触、食入)提供信息。

如果可能，提供更多的科学实验产生的数据或结果，并标明引用文献资料来源。

如果混合物没有作为整体进行毒性试验，应提供每个组分的相关信息。

A.13 第 12 部分——生态学信息

该部分提供化学品的环境影响、环境行为和归宿方面的信息，如：

——化学品在环境中的预期行为，可能对环境造成的影响/生态毒性；

——持久性和降解性；

——潜在的生物累积性；

——土壤中的迁移性。

如果可能，提供更多的科学实验产生的数据或结果，并标明引用文献资料来源。

如果可能，提供任何生态学限值。

A.14 第 13 部分——废弃处置

该部分包括为安全和有利于环境保护而推荐的废弃处置方法信息。

这些处置方法适用于化学品(残余废弃物)，也适用于任何受污染的容器和包装。

提醒下游用户注意当地废弃处置法规。

A.15 第 14 部分——运输信息

该部分包括国际运输法规规定的编号与分类信息，这些信息应根据不同的运输方式，如陆运、海运和空运进行区分。

应包含以下信息：

——联合国危险货物编号(UN 号)；

——联合国运输名称；

——联合国危险性分类；

——包装组(如果可能)；

——海洋污染物(是/否)。

——提供使用者需要了解或遵守的其他与运输或运输工具有关的特殊防范措施。

可增加其他相关法规的规定。

A.16 第 15 部分——法规信息

该部分应标明使用本 SDS 的国家或地区中，管理该化学品的法规名称。

提供与法律相关的法规信息和化学品标签信息。

提醒下游用户注意当地废弃处置法规。

A.17 第 16 部分——其他信息

该部分应进一步提供上述各项未包括的其他重要信息。

例如：可以提供需要进行的专业培训、建议的用途和限制的用途等。

参考文献可在本部分列出。

ICS 43.140
T 80

中华人民共和国国家标准

GB 16486—2008
代替 GB/T 15744—1995,GB/T 16486—1996

轻便摩托车燃油消耗量限值及测量方法

The limits and measurement methods of fuel consumption for mopeds

(ISO 7859:2000 Mopeds—Fuel consumption measurements,NEQ)

2008-12-31 发布　　2009-07-01 实施

中华人民共和国国家质量监督检验检疫总局
中国国家标准化管理委员会　发布

前　言

本标准的附录为推荐性的，其余均为强制性的。

本标准与国际标准化组织(ISO)2000 年 5 月 1 日生效的 ISO 7859:2000《轻便摩托车　燃油消耗量测量方法》(第一版英文版)的一致性程度为非等效。

本标准与 ISO 7859:2000 相比，主要修改如下内容：

——ISO 7859 的规范性引用文件一章引用的国际标准，在本标准中改为引用相应的国家标准；

——删除了 ISO 7859 中运行循环的内容，改为直接引用 GB 18176—2007 规定的运行循环；

——调整了部分章节顺序；

——增加了燃油消耗量限值内容；

——删减了附录 A 的部分内容。

本标准代替 GB/T 15744—1995《摩托车和轻便摩托车燃油消耗量限值》和 GB/T 16486—1996《摩托车和轻便摩托车燃油消耗试验方法》中与轻便摩托车相关的内容。与 GB/T 15744—1995 和 GB/T 16486—1996 相比，本标准主要变化如下：

——燃油消耗量限值只按照两轮和三轮类型进行划分，取消了按冲程数、按正三轮、边三轮、骑式、座式类型进行划分的方法；

——燃油消耗量是Ⅰ型试验和Ⅱ型试验两个部分测量值的加权计算值；增加了Ⅰ型试验(在规定的运行循环条件下测量平均燃油消耗量)内容，改变了Ⅱ型试验(等速时测量平均燃油消耗量)的车速、试验次数和取值方法。

本标准附录 A、附录 B 是规范性附录。

对于新认证车型，本标准自 2009 年 7 月 1 日起实施；对于在生产车型，本标准自 2010 年 1 月 1 日起实施。

本标准由国家发展和改革委员会提出。

本标准由全国汽车标准化技术委员会归口。

本标准起草单位：上海摩托车研究所、天津摩托车技术中心、浙江钱江摩托股份有限公司。

本标准主要起草人：全铁枫、郭则新、贺文杰、王青、郭东劭、孙为民。

本标准所代替标准的历次版本发布情况为：

——GB 4567—1984；

——GB/T 15744—1995；

——GB/T 16486—1996。

轻便摩托车燃油消耗量限值及测量方法

1 范围

本标准规定了轻便摩托车燃油消耗量限值及测量方法。

本标准适用于轻便摩托车。

2 规范性引用文件

下列文件中的条款通过本标准的引用而成为本标准的条款。凡是注日期的引用文件，其随后所有的修改单(不包括勘误的内容)或修订版均不适用于本标准，然而，鼓励根据本标准达成协议的各方研究是否可使用这些文件的最新版本。凡是不注日期的引用文件，其最新版本适用于本标准。

GB/T 1884 原油和液体石油产品密度实验室测定法(密度计法)(GB/T 1884—2000 eqv ISO 3675：1998)

GB/T 5378—1994 摩托车和轻便摩托车道路试验总则

GB/T 5384—1996 摩托车和轻便摩托车最高车速试验方法

GB 18176—2007 轻便摩托车污染物排放限值及测量方法(工况法，中国第Ⅲ阶段)

3 术语和定义

GB 18176—2007 确立的以及下列术语和定义适用于本标准。

3.1 基准车速 reference speed

轻便摩托车进行燃油消耗量试验(Ⅱ型试验)时的行驶车速。

4 试验类型和试验条件

4.1 试验类型

轻便摩托车应进行两种类型的试验。

4.1.1 Ⅰ型试验(在规定的运行循环条件下测量平均燃油消耗量)

Ⅰ型试验在底盘测功机上完成，试验采用 GB 18176—2007 附录 C 中 C.2 规定的运行循环。一次试验包括两个连续的运行循环。

4.1.2 Ⅱ型试验(等速时测量平均燃油消耗量)

Ⅱ型试验在道路或底盘测功机上完成，测量受试车按基准车速行驶时的燃油消耗量。

4.2 环境条件

试验环境应满足下列条件：

——相对湿度：小于 95%；

——最大风速：3 m/s 以下；

——阵风最大风速：5 m/s 以下；

——环境温度：278 K～303 K。

4.3 标准条件

标准条件如下：

——大气压：P_0＝100 kPa；

——气温：T_0＝293 K；

——相对空气密度：d_0＝0.919 7；

试验时的相对空气密度按公式(1)计算,与标准状态下的空气密度的差值不应大于7.5%。

$$d_T = d_0 \times \frac{P_T}{P_0} \times \frac{T_0}{T_T} \quad \cdots\cdots (1)$$

式中:

d_T——试验条件下的相对空气密度;

P_T——试验时的大气压,单位为千帕(kPa);

T_T——试验时的气温,单位为开尔文(K)。

5 试验准备

5.1 试验车辆

5.1.1 摩托车生产企业或其授权代理人应按附录A的要求提交产品描述资料。

5.1.2 试验前受试车按生产企业技术文件要求进行磨合,并处于正常的运行状态。

5.1.3 检查进气系统和供油系统的密封性,以保证混合气不会因意外进气受到影响。

5.1.4 受试车的调整应按技术文件的规定进行。轮胎气压应符合技术文件的规定。

5.1.5 试验前应检查受试车;受试车应与生产企业技术文件的描述一致;应能正常行驶,能在冷、热状态下正常起动。

5.1.6 试验前,受试车应进行预热行驶,以达到生产企业技术文件规定的正常状态。若无规定时,车辆应在底盘测功机上按GB 18176—2007附录C中C.2所述运行循环要求,进行4个运行循环的预热运转;若试验在道路上进行,受试车应在正常行驶条件下,行驶至少15 min,以使发动机及传动系统达到正常热状态。

5.1.7 试验时,乘员和车辆的装载质量应符合GB/T 5378—1994标准的规定,乘员加仪器设备为75 kg。应测量燃油消耗测量装置的质量,并将以上各项的质量记入试验记录。

5.1.8 前轮轴和后轮轴之间的载荷分配应符合生产企业技术文件的要求。当在受试车上安装测量仪器时,应使对原载荷分配的影响减到最小。

5.1.9 在轻便摩托车外侧安装燃油消耗测量装置和车速传感器时,应尽量使附加的空气阻力减到最小。

5.2 燃料及润滑油

试验时应使用GB 18176—2007规定的燃料。试验燃料的密度按照标准GB/T 1884的方法测得。氢-碳比采用固定值,汽油为1.85。发动机的润滑油,应按照生产企业技术文件要求的等级和数量进行配置。

6 Ⅰ型试验(在规定的运行循环条件下测量平均燃油消耗量)

6.1 底盘测功机上的运行循环

轻便摩托车的运行循环按照GB 18176—2007附录C中C.2的规定进行设置。

6.2 试验装置

6.2.1 底盘测功机

底盘测功机主要特性应符合GB 18176—2007附录C中C.4.1的规定。

当测定燃油消耗量时,用于燃油消耗量、行驶距离和时间的测量系统应同步。

6.2.2 燃油消耗量测量方法和装置

燃油消耗量测量应按下面方法中的一种进行,测量方法的选用取决于每一种方法的特性和试验类型(Ⅰ型试验或Ⅱ型试验):

a) 流量测量法;

b) 容积测量法;

c) 称量测量法；

d) 碳平衡测量法(仅适用于装有四冲程发动机的轻便摩托车)。

关于测量方法的解释见附录B中B.1。如果能证明试验结果相同，也允许使用其他的测试方法。

6.2.2.1 附录B中B.2为燃油消耗测量仪器的安装要求和使用说明。燃油应通过一个与附录B中B.2一致、准确度为±2%的燃油流量测量装置供给发动机，并且此装置应保证发动机各项性能不受影响。当采用容积测量系统时，应测量装置内的燃油温度或装置出口处的燃油温度。

从正常供油系统转换到测量系统应通过一个阀系统来实现，其转换时间不应大于0.2 s。

6.2.2.2 用碳平衡法测量时，试验装置与GB 18176—2007要求的设备相同。

6.3 测量程序

6.3.1 底盘测功机按GB 18176—2007附录C中C.5.1和C.5.2调整。

6.3.2 测量工作按GB 18176—2007附录C中C.6规定的程序进行。按附录B进行燃油消耗量测量仪器的操作。采用碳平衡法时按GB 18176—2007附录C中C.7规定进行排气取样、分析和容积测量。

6.4 燃油消耗量的测量

每两个连续运行循环的燃油消耗量作为一次测量值。

6.5 测量结果的确定

6.5.1 按照6.4连续3次测量燃油消耗量，取3次测量值的算术平均值作为最终测量结果。在每2次测量之间，允许有不超过60 s的怠速阶段，在怠速期间不进行燃油消耗量测量。

6.5.2 如果测量值之间的最大差值不超过测量平均值的5%，则本次测量结果有效，否则应再次进行测量，直至按6.5.3计算的 A 值不大于5%。

6.5.3 A 值按公式(2)计算：

$$A = K \times \frac{s}{\sqrt{n}} \times \frac{100}{\overline{FC}} \qquad \cdots\cdots(2)$$

式中：

K——由表1查出；

表1 K值表

n	4	5	6	7	8	9	10
K	3.2	2.8	2.6	2.5	2.4	2.3	2.3
$\frac{K}{\sqrt{n}}$	1.6	1.25	1.06	0.94	0.85	0.77	0.73

n——测量次数；

s——标准偏差，由公式(3)计算得到；

$$s = \sqrt{\frac{\sum_{i=1}^{n}(\overline{FC} - FC_i)}{n-1}} \qquad \cdots\cdots(3)$$

FC_i——第 i 次测量时的燃油消耗量，单位为升每100千米(L/100 km)；

$\overline{FC}$——FC 的 n 个数值的算术平均值，单位为升每100千米(L/100 km)。

6.5.4 如果经过10次测量，A 值仍然大于5%，应换同一型号的其他车辆进行测量。

6.5.5 燃油消耗量计算结果修约至小数点后两位。

7 Ⅱ型试验(等速时测量平均燃油消耗量)

7.1 试验条件

7.1.1 Ⅱ型试验应在道路或底盘测功机上进行。

7.1.2 燃油消耗测量装置的安装和使用要求见6.2.2.1。

7.2 **道路测量方法**

7.2.1 **驾驶员及驾驶姿势**

7.2.1.1 驾驶员应穿防护服，并佩戴头盔。驾驶员的身高为1.75 m±0.05 m，体重为75 kg±5 kg。

7.2.1.2 驾驶姿势

驾驶时，驾驶员应坐在规定的驾驶位置上，双手控制方向把，双脚放在脚蹬上，双臂应正常伸展。测量过程中，驾驶员应保持同一姿势不变。

7.2.2 **试验道路**

7.2.2.1 试验道路应为长度在2 000 m以上、最小转弯半径为200 m以上的封闭环道，或者是能正反双向行驶、长度为500 m以上的直线道路。

7.2.2.2 试验道路的表面应覆盖有沥青、柏油、混凝土或同等的材料。

7.2.2.3 试验道路应尽量水平，其纵向坡度不允许超过1%，且任意两点之间的高度差不允许超过1 m，横向坡度不允许超过3%。

7.2.2.4 试验道路应平坦、干燥、整洁。

7.2.2.5 试验区间：500 m。

7.3 **底盘测功机测量方法**

在底盘测功机上试验时按6.3.1进行设定。

7.4 **试验方法**

7.4.1 试验应在最高挡位、以轻便摩托车最高车速的90%和30 km/h作为基准车速。轻便摩托车的最高车速按GB/T 5384的规定进行测量。试验以两个基准车速下得到的较优值作为Ⅱ型试验的测量结果。

7.4.2 燃油消耗量的测量

7.4.2.1 在一个稳定的基准车速测量燃油消耗量，应进行4次试验，其中2次的平均车速低于基准车速，另外2次的平均车速高于基准车速。在试验进行期间，受试车的行驶速度允差应控制在±2 km/h之内。

每次试验的平均车速与基准车速的差值小于2 km/h。

每次试验的燃油消耗量应按公式(5)、公式(6)计算。

7.4.2.2 平均车速低于基准车速的2次试验的燃油消耗量的差应小于这2次试验得到的平均值的5%；对于平均车速高于基准车速的2次试验也有同样要求。基准车速下的燃油消耗量应按图1所示用线性插入法计算得出。

7.4.2.3 如果任意一对计算值都不能满足7.4.2.2的条件，则应重新进行4次试验。如果进行10组试验还不能满足以上要求，应另选同类型的其他轻便摩托车，按以上顺序重新进行试验。

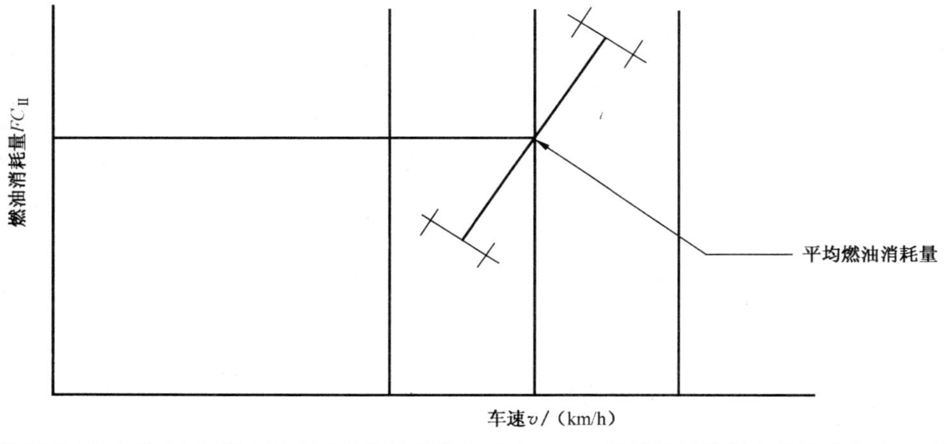

注：×形标记(四个交叉点)与每次行驶试验的计算值相对应。$FC_{Ⅱ}$是线性插值得出的基准车速v下的平均燃油消耗量。

图1 基准车速下平均燃油消耗量

8 燃油消耗量的计算方法及限值

8.1 燃油消耗量计算

燃油消耗量按公式(4)计算：

$$FC = 0.6 \times FC_{\mathrm{I}} + 0.4 \times FC_{\mathrm{II}} \qquad \cdots\cdots(4)$$

式中：

FC_{I}——Ⅰ型试验测得的燃油消耗量，单位为升每100千米(L/100 km)；

FC_{II}——Ⅱ型试验中线性插值得出的基准车速下的燃油消耗量，单位为升每100千米(L/100 km)。

8.2 Ⅰ型试验和Ⅱ型试验燃油消耗量计算

8.2.1 如果以容积法测量燃油消耗量，燃油消耗量 FC 按公式(5)计算：

$$FC_i = \frac{Q[1+\alpha(T_0 - T)]}{S} \times 100 \qquad \cdots\cdots(5)$$

式中：

FC_i——第 i 次测量时的燃油消耗量，单位为升每100千米(L/100 km)；

Q——测得的燃油消耗量，单位为升(L)；

α——燃油体积膨胀系数，汽油为0.001 K^{-1}；

T_0——标准温度(293 K)，单位为开尔文(K)；

T——燃油温度，单位为开尔文(K)；

S——车辆试验中设定容积燃油行驶的距离，单位为千米(km)。

8.2.2 如果燃油消耗量是以称量法测量，燃油消耗量 FC 按公式(6)计算：

$$FC_i = \frac{m}{\rho \times S} \times 100 \qquad \cdots\cdots(6)$$

式中：

FC_i——第 i 次测量时的燃油消耗量，单位为升每100千米(L/100 km)；

m——燃油消耗测量值，单位为千克(kg)；

ρ——标准状态(293 K)下的燃油密度，单位为千克每升(kg/L)；

S——车辆试验中行驶的距离，单位为千米(km)。

8.2.3 如果以碳平衡法测量燃油消耗量，燃油消耗量 FC 按公式(7)计算：

$$FC_i = \frac{0.1154}{\rho} \times [(0.429 \times M_{CO}) + (0.866 \times M_{HC}) + (0.273 \times M_{CO_2})] \qquad \cdots\cdots(7)$$

式中：

FC_i——第 i 次测量时的燃油消耗量，单位为升每100千米(L/100 km)；

M_{CO}——一氧化碳排放量，单位为克每千米(g/km)；

M_{HC}——碳氢化合物排放量，单位为克每千米(g/km)；

M_{CO_2}——二氧化碳排放量，单位为克每千米(g/km)；

ρ——标准状态(293 K)下的燃油密度，单位为千克每升(kg/L)。

8.2.3.1 气态污染物排放量按公式(8)进行计算：

$$M_j = \frac{V_{mix} \times d_j \times C_j \times 10^{-6}}{S} \qquad \cdots\cdots(8)$$

式中：

M_j——污染物 j 的排放量，单位为克每千米(g/km)；

V_{mix}——校正至标准状态(273.2 K和101.33 kPa)的稀释排气容积，单位为升每试验(L/试验)；

d_j——标准状态(273.2 K和101.33 kPa)下污染物 j 的密度，单位为克每升(g/L)；

C_j——稀释排气中污染物 j 的浓度，并按稀释空气中污染物 j 的含量进行校正，单位为容积浓度

10^{-6}；如果 C_j 容积用百分数表示，则系数 10^{-6} 由 10^{-2} 替代；

S——试验期间的行驶距离，单位为千米(km)。

8.2.3.2 容积测定

8.2.3.2.1 当使用孔板或文丘里管控制恒定流量的变稀释度装置计算容积时，连续记录显示容积流量的参数，并计算试验期间的总容积。

8.2.3.2.2 当使用容积泵计算容积时，按公式(9)计算包括容积泵的系统内的稀释排气容积：

$$V = V_0 \times N \qquad \cdots\cdots(9)$$

式中：

V——稀释排气容积(校正前)，单位为升每试验(L/试验)；

V_0——试验条件下容积泵送出的气体容积，单位为升每转(L/r)；

N——每次试验的转数，单位为转(r)。

8.2.3.2.3 将稀释排气容积校正至标准状态。按公式(10)校正稀释排气容积：

$$V_{mix} = V \times K_1 \times \frac{P_p}{T_p} \qquad \cdots\cdots(10)$$

式中：

K_1——系数：

$$K_1 = \frac{273.2}{101.33} = 2.696\ 1 \quad (K \times kPa^{-1}) \qquad \cdots\cdots(11)$$

P_p——容积泵进口处的绝对压力，单位为千帕(kPa)；

T_p——试验期间进入容积泵的稀释排气的平均温度，单位为开尔文(K)。

8.2.3.3 计算取样袋中污染物的校正浓度

$$C_j = C_e - C_d\left(1 - \frac{1}{DF}\right) \qquad \cdots\cdots(12)$$

式中：

C_j——经稀释空气中污染物 j 含量校正后稀释排气中污染物 j 的浓度，单位为容积浓度 10^{-6} 或%；

C_e——稀释排气中污染物 j 测定浓度，单位为容积浓度 10^{-6} 或%；

C_d——稀释空气中污染物 j 测定浓度，单位为容积浓度 10^{-6} 或%；

DF——稀释系数，计算如下：

$$DF = \frac{14.5}{C_{CO_2} + 0.5C_{CO} + C_{HC}} \qquad \cdots\cdots(13)$$

式中：

C_{CO_2}——取样袋内稀释排气中 CO_2 的浓度，单位为容积浓度%；

C_{CO}——取样袋内稀释排气中 CO 的浓度，单位为容积浓度%；

C_{HC}——取样袋内稀释排气中 HC 的浓度，单位为容积浓度%。

8.2.4 燃油/润滑油混合的情况

对于采用混合润滑的二冲程轻便摩托车，计算时应减去润滑油消耗量。

8.3 轻便摩托车燃油消耗量限值见表 2 和表 3。

表 2 两轮轻便摩托车燃油消耗量限值

发动机排量 mL	≤50
燃油消耗限值 L/100 km	2.0

表 3　三轮轻便摩托车燃油消耗量限值

发动机排量 mL	≤50
燃油消耗限值 L/100 km	2.3

附 录 A
（规范性附录）
轻便摩托车产品描述

A.1 生产企业名称(商标)____________

A.2 车辆类型 ______________________

A.3 车辆质量

整车整备质量_____________________ kg

额定载质量______________________ kg

A.4 变速器 手动/自动

传动比(速比)数_____________________

传动比(手动变速器)

第一挡______________________________

第二挡______________________________

第三挡______________________________

第四挡______________________________

第五挡______________________________

第六挡______________________________

A.5 驱动速比

初级________________________________

最终________________________________

A.6 轮胎：

前轮规格_________________ mm；后轮规格_____________________ mm

轮胎气压	技术文件规定	实际
前轮	____________ kPa	____________ kPa
后轮	____________ kPa	____________ kPa

A.7 发动机说明

生产企业____

类型____

循环 二冲程/四冲程________________________________

气缸数和排列型式_________________________________

缸径______________ mm

行程______________ mm

排量______________ mL

压缩比_____ ： _____

燃油______________

冷却系统类型 水/空气/其他(详细说明)____________

空气滤清器类型___________________________

润滑系统_________________________________

(二冲程发动机：分离式/混合式)

A.8 附加的污染控制装置

(是否未被其他项目包括)_____________________ 是/否

燃油供给类型________________________

化油器/燃油喷射系统

商标______________________

类型______________________

A.9　发动机性能

怠速转速______________ r/min

发动机最大功率及相应转速______________ kW/(r/min)

附　录　B
（规范性附录）
轻便摩托车燃油消耗量测量仪器

B.1　测量方法

B.1.1　流量测量法

流量测量法是利用一个允许以连续或不连续的方式、在一定的时间间隔内、测量通过的燃油的确定质量或体积的装置。

连续式装置给出一个与流出量相关的显示；不连续式装置给出一个建立在计量最小基本体积基础上的显示。

B.1.2　容积测量法

容积测量法是使用一个已知容积的容器来测量所消耗燃油容积的方法。这个容器应是“固定”容积式或是“可变”容积式。

“固定”容积式容器仅允许读取固定的燃油流量。此流量已被确定。该流量取决于容器自身的容积或容器上的标志。

“可变”容积式容器是一个具有刻度标志的容器。它允许读取不固定的燃油流量。

B.1.3　称量测量法

称量测量法是利用一个称量装置来测定所消耗的燃油质量，该装置应是“固定”称量式或是“可变”称量式。

“固定”称量式装置仅允许读取一个固定的燃油流量。此燃油流量已被确定。该流量取决于装置本身和它的特性。

“可变”称量式装置允许读取不固定的燃油流量。

B.2　测量装置的安装

B.2.1　一般注意事项

B.2.1.1　无论采用何种测量方法，测量装置的安装在任何情况下都不应干扰或改变车辆的燃油供给系统的供油情况。

这里应主要考虑燃油供给管路的压力降、横截面尺寸和管路长度。

B.2.1.2　应考虑满足 B.2.1.1 规定的条件。

a)　如果使用流量测量法，若通过系统的压力降小于 100 Pa，流量计应按图 B.1 和图 B.2 进行设置。

b)　容积测量法和称量测量法的安装按图 B.3、图 B.4 和图 B.5、图 B.6 进行。

B.2.1.3　如果能证明不影响车辆的燃油供给系统，允许使用其他的安装方法。

B.2.1.4　为了减少燃油管路内的压力损耗，建议：

$$d_1 \leqslant d_2 \quad \cdots\cdots\cdots\cdots (B.1)$$

$$d_2 = d_3 \quad \cdots\cdots\cdots\cdots (B.2)$$

式中：

d_1——原来的燃油管直径，单位为毫米(mm)；

d_2 和 d_3——测量装置的燃油管直径，单位为毫米(mm)。

B.2.2　流量测量法

B.2.2.1　流量计按通过装置的压力降不大于 100 Pa 设计。

B.2.2.2 图 B.1 中为化油器供油时的流量法测量系统示意;图 B.2 为燃油喷射供油时的流量法测量系统示意。

B.2.2.3 准确度

整个试验期间,在全量程的±2%范围内。

B.2.3 容积测量法

B.2.3.1 图 B.3 为化油器供油时的容积法测量系统示意;图 B.4 为燃油喷射供油时的容积法测量系统示意。

B.2.3.2 试验条件(图 B.3、图 B.4 所示的底盘测功机和道路上使用的容积测量法)

B.2.3.2.1 量管应按如下方法设置在燃油箱一侧:

$$h_a \leqslant h_u - h_l + 300 \qquad \text{(B.3)}$$

以上数值应以 mm 为单位。

B.2.3.2.2 量管内的压力应不受作用在量管空气出口处的风压的影响。

B.2.4 称量测量法

B.2.4.1 图 B.5 为化油器供油时的称量法测量系统示意;图 B.6 为燃油喷射供油时的称量法测量系统示意。

B.2.4.2 对于刻度的要求

准确度:≤1%

分辨力:0.1 g

B.2.4.3 密度测量(质量/体积)

应具有 1 g/cm³ 的测量准确度,并转换成标准状态。

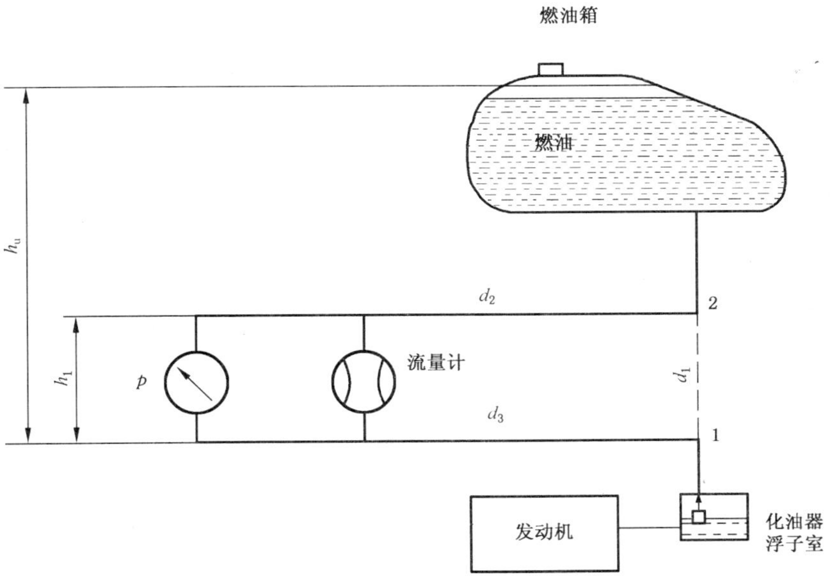

h_u——燃油的上限位置,单位为毫米(mm);

h_l——燃油的下限位置,单位为毫米(mm);

p——通过流量计的压力损耗,单位为帕(Pa);

1——化油器燃油输入;

2——燃油箱出口;

d_1——原来的燃油管直径,单位为毫米(mm);

d_2——测量装置的燃油管直径,单位为毫米(mm);

d_3——测量装置的燃油管直径,单位为毫米(mm)。

图 B.1 流量测量法

(化油器供油时燃油测量系统)

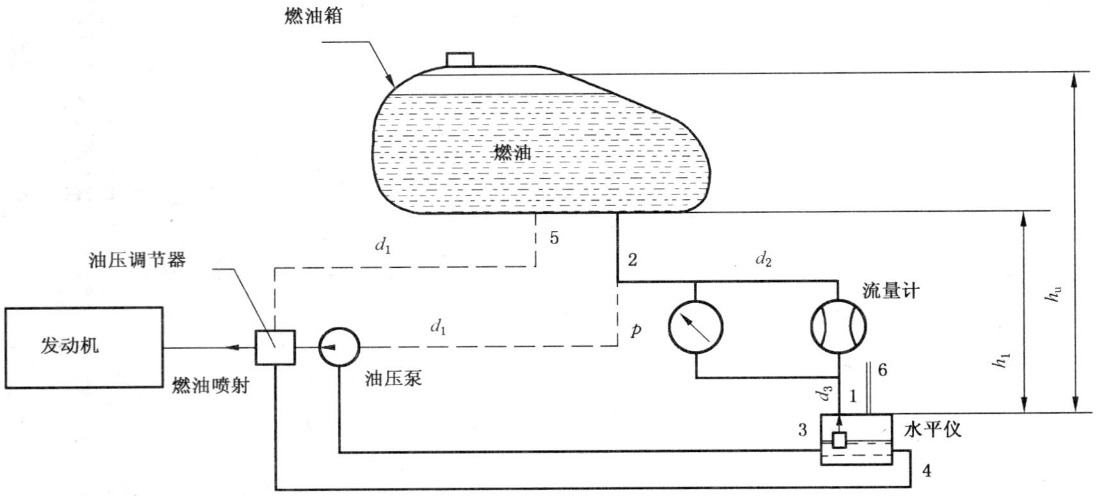

h_u——燃油的上限位置,单位为毫米(mm);

h_l——燃油的下限位置,单位为毫米(mm);

p——通过流量计的压力损耗,单位为帕(Pa);

d_1——原来的燃油管直径,单位为毫米(mm);

d_2——测量装置的燃油管直径,单位为毫米(mm);

d_3——测量装置的燃油管直径,单位为毫米(mm);

1——水平仪的燃油进口;

2——燃油箱的出口;

3——水平仪的燃油出口;

4——水平仪的燃油进口;

5——燃油箱进口;

6——水平仪的空气出口管。

图 B.2　流量测量法

(燃油喷射供油时燃油测量系统)

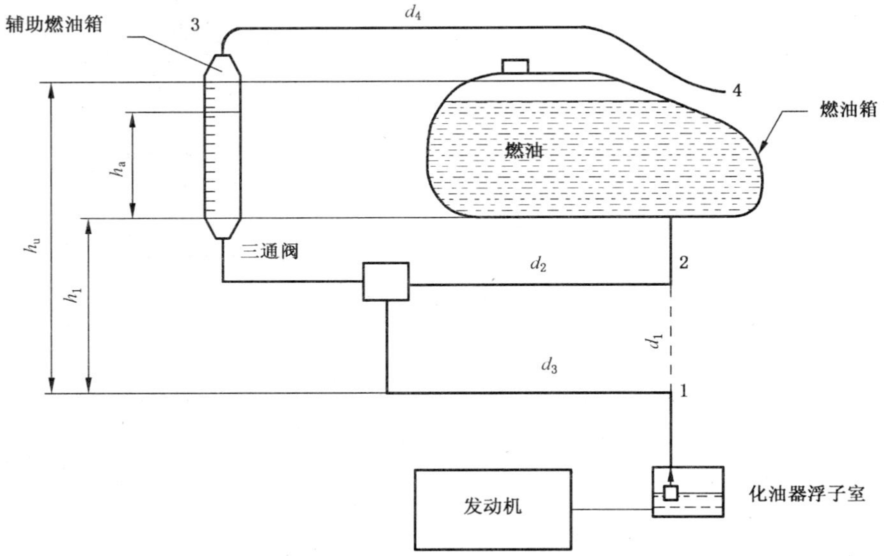

h_u——燃油的上限位置,单位为毫米(mm);

h_l——燃油的下限位置,单位为毫米(mm);

h_a——量管的最大测量高度,单位为毫米(mm);

d_1——原来的燃油管直径,单位为毫米(mm);

d_2——测量装置的燃油管直径,单位为毫米(mm);

d_3——测量装置的燃油管直径,单位为毫米(mm);

d_4——量管的空气出口管直径,单位为毫米(mm);

1——化油器燃油输入;

2——燃油箱出口;

3——量管的空气出口;

4——量管的空气出口管末端。

图 B.3　容积测量法

(化油器供油时燃油测量系统)

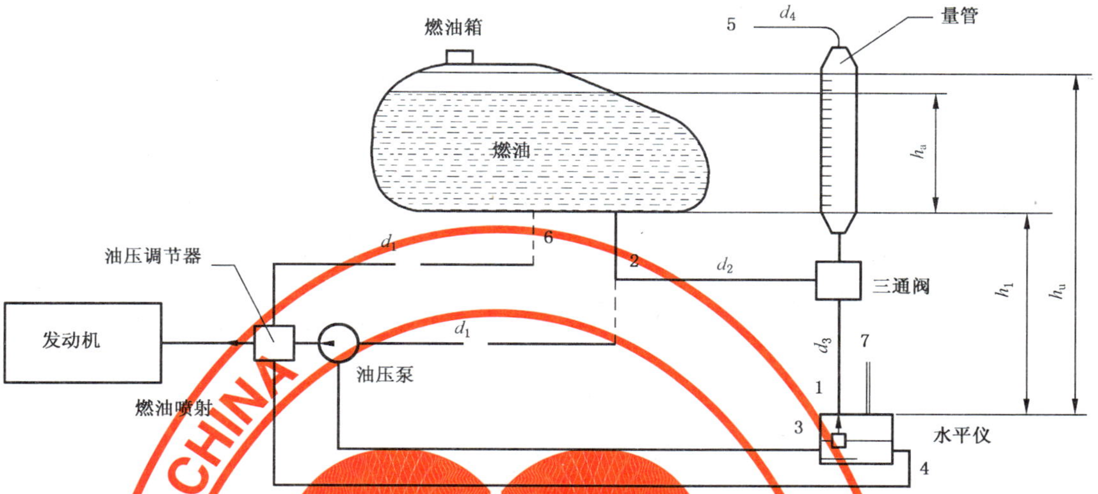

h_u——燃油的上限位置，单位为毫米(mm)；

h_l——燃油的下限位置，单位为毫米(mm)；

h_a——量管的最大量值，单位为毫米(mm)；

d_1——原来的燃油管直径，单位为毫米(mm)；

d_2——测量装置的燃油管直径，单位为毫米(mm)；

d_3——测量装置的燃油管直径，单位为毫米(mm)；

d_4——量管的空气出口管直径，单位为毫米(mm)；

1——水平仪的燃油进口；

2——燃油箱的出口；

3——水平仪的燃油出口；

4——水平仪的燃油进口；

5——量管空气出口管末端；

6——燃油箱进口；

7——水平仪的空气出口管。

图 B.4 容积测量法

(燃油喷射供油时燃油测量系统)

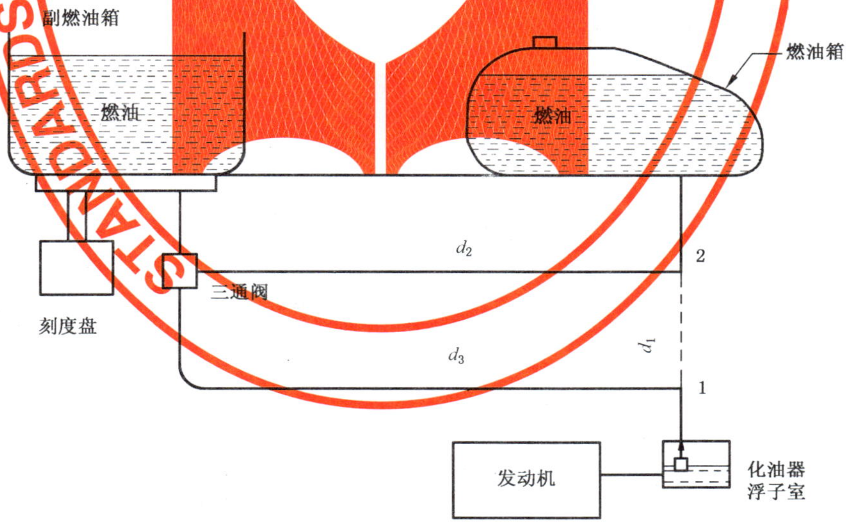

d_1——原来的燃油管直径，单位为毫米(mm)；

d_2——测量装置的燃油管直径，单位为毫米(mm)；

d_3——测量装置的燃油管直径，单位为毫米(mm)；

1——化油器燃油输入；

2——燃油箱出口。

图 B.5 称量测量法

(化油器供油时燃油测量系统)

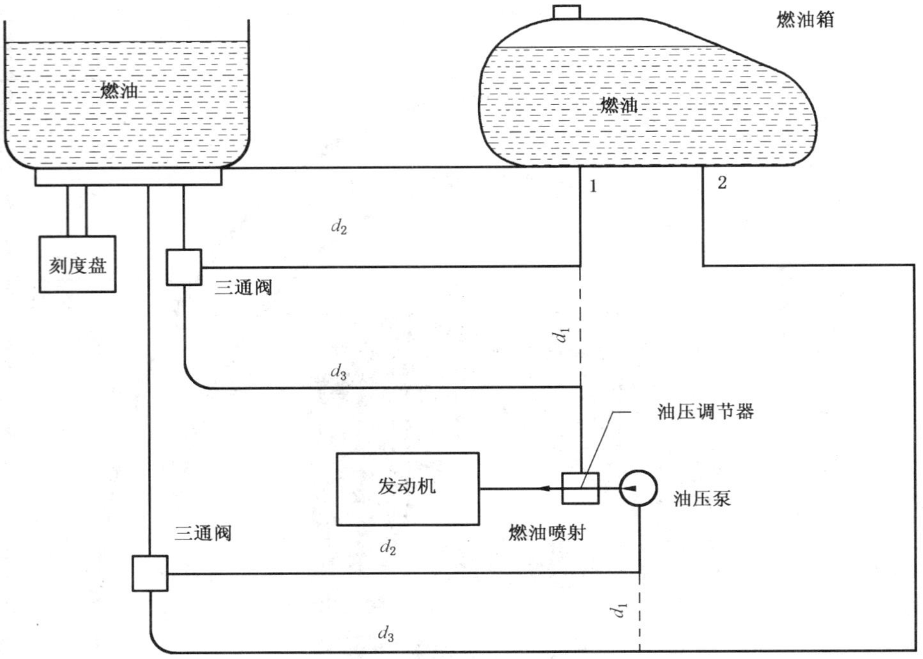

d_1——原来的燃油管直径，单位为毫米(mm)；

d_2——测量装置的燃油管直径，单位为毫米(mm)；

d_3——测量装置的燃油管直径，单位为毫米(mm)；

1——燃油箱进口；

2——燃油箱出口。

图 B.6 称量测量法

（燃油喷射供油时燃油测量系统）

ICS 19.060
N 71

中华人民共和国国家标准

GB/T 16491—2008
代替 GB/T 16491—1996

电子式万能试验机

Electronic universal testing machines

2008-06-30 发布　　2009-01-01 实施

中华人民共和国国家质量监督检验检疫总局
中国国家标准化管理委员会　发布

前　言

本标准代替 GB/T 16491—1996《电子式万能试验机》。

本标准与 GB/T 16491—1996《电子式万能试验机》相比主要变化如下：

——扩大了范围，将“电子式拉力试验机”和“电子式压力试验机”也纳入到本标准中（1996 年版的第 1 章；本版的第 1 章）；

——删除了一条术语（1996 年版的 3.1）；

——修改了“表 1 符号”的部分内容（1996 年版的表 1；本版的表 1）；

——修改了主参数系列部分内容（1996 年版的第 4 章；本版的第 4 章）；

——取消了试验机分级中 2 级和 3 级两个级别（1996 年版的 5.2；本版的 5.2）；

——修改了最大容量不大于 5 kN 试验机同轴度的要求（1996 年版的 5.3.2.1；本版的 5.3.2.1）；

——增加了弯曲压头和其两支承硬度的要求（1996 年版的 5.3.4.1；本版的 5.3.4.1）；

——取消了允许移动横梁分级调速及相应分级数系的规定（1996 年版的 5.3.5.2；本版的 5.3.5.2）；

——修改了 0.5 级试验机速度相对误差指标和速度检测时间的规定（1996 年版的 5.3.5.3、6.3.7；本版的 5.3.5.2、6.3.9）；

——删除了有关标定值漂移、记录装置的内容（1996 年版的 5.4.1.4、5.4.3；本版的 5.4.1.4）；

——修改了测力系统零点相对误差、鉴别力阈、零点漂移技术指标和计算方法（1996 年版的 5.4、6.4；本版的 5.4、6.4）；

——增加了控制系统技术要求和测量方法的规定（本版的 5.7 和 6.7）；

——增加了计算机数据采集系统的技术要求和检测方法的规定（本版的 5.8 和 6.8）；

——修改了引伸计部分技术指标，增加了引伸计分辨力的要求（1996 年版的 5.5；本版的 5.5）；

——修改了有关电气设备和装配质量的技术要求、增加了有关机械安全的规定（1996 年版的 5.9；本版的 5.9 和 5.13）；

——修改了同轴度自动检测仪准确度的要求（1996 年版的 6.2；本版的 6.2）；

——修改了试验机同轴度检测的部分内容（1996 年版的 6.3.1；本版的 6.3.3）；

——取消了附录 A（1996 年版的附录 A）。

与本标准相关的金属力学试验方法国家标准主要有：

——GB/T 228《金属材料　室温拉伸试验方法》；

——GB/T 232《金属材料　弯曲试验方法》；

——GB/T 7314《金属材料　室温压缩试验方法》。

本标准由中国机械工业联合会提出。

本标准由全国试验机标准化技术委员会（SAC/TC 122）归口。

本标准负责起草单位：长春试验机研究所有限公司。

本标准参加起草单位：济南试金集团有限公司、上海华龙测试仪器有限公司、承德市金建检测仪器有限公司、浙江竞远机械设备有限公司、承德市精密试验机有限公司、长春中联试验仪器有限公司。

本标准主要起草人：张金伟、孙善烨、赵又杰、张香玲、贾莉蓓、王新华、邵春平。

本标准所代替标准的历次版本发布情况：

——GB/T 16491—1996。

电子式万能试验机

1 范围

本标准规定了以机械加力，采用电子测量技术测量力学性能参数的电子式万能试验机的主参数系列、技术要求、检验方法、检验规则、标志与包装等内容。

本标准适用于金属材料和非金属材料进行拉伸、压缩、弯曲和剪切等力学性能试验用的电子式万能试验机(以下简称试验机)。

本标准也适用于电子式拉力试验机和电子式压力试验机。

2 规范性引用文件

下列文件中的条款通过本标准的引用而成为本标准的条款。凡是注日期的引用文件，其随后所有的修改单(不包括勘误的内容)或修订版均不适用于本标准，然而，鼓励根据本标准达成协议的各方研究是否可使用这些文件的最新版本。凡是不注日期的引用文件，其最新版本适用于本标准。

GB/T 2611—2007 试验机 通用技术要求

GB/T 13634—2008 单轴试验机检验用标准测力仪的校准(ISO 376:2004,Metallic materials-calibration of force-proving instruments used for the verification of uniaxial testing machines,IDT)

GB/T 16825.1—2008 静力单轴试验机的检验 第1部分:拉力和(或)压力试验机测力系统的检验与校准(ISO 7500-1:2004,Metallic materials—Verification of static uniaxial testing machines—Part 1:Tension/compression testing machines—Verification and calibration of the force—measuring system,IDT)

GB/T 22066—2008 静力单轴试验机用计算机数据采集系统的评定

JB/T 6146—2007 引伸计技术条件

JB/T 6147—2007 试验机包装、包装标志、储运技术要求

3 术语和定义及符号与说明

3.1 术语和定义

下列术语和定义适用于本标准。

3.1.1

分辨力 resolution

仪器代表指示装置可有意义地辨别被指示量两紧邻值的能力。

[GB/T 13983—1992,定义 4.52]

3.1.2

鉴别力阈 discrimination threshold

使试验机的示值产生一个可觉察变化响应的最小输入变化。

3.2 符号与说明

本标准使用的符号、单位与说明见表1。

表1 符号

符号	单位	说明
a	%	力指示装置的相对分辨力
b	%	测力系统的示值重复性相对误差

表 1（续）

符号	单位	说　　明
D	mm	横梁位移检测用的百分表(或千分表、钢直尺)指示的位移值
$\overline{D_i}$	mm	同一位移量的三次测量中，位移指示装置三次示值的算术平均值
e	%	加力系统中上、下夹头和试样钳口的中心线与试验机加力轴线的同轴度
F_{i0}	N	卸除力以后被检试验机力指示装置的残余示值
F_L	N	力的测量范围的下限值
F_{0d}	N	测力系统的零点漂移示值
f_0	%	测力系统的零点相对误差
l_i	μm	引伸计指示的进程位移示值
l_t	μm	标定器给出的位移值
$\overline{\Delta L}$	mm	在同一测量点，同一次测量中，检验试样两侧变形的算术平均值
ΔL_{max}	mm	在同一测量点，同一次测量中，检验试样变形较大一侧的变形值
N_b	dB(A)	背景噪声
N_c	dB(A)	噪声修正值
$N_{i,max}$	dB(A)	试验机工作时测量的最大噪声
q	%	测力系统的示值相对误差
q_D	%	横梁位移示值相对误差
q_e	%	引伸计示值相对误差
q_{Le}	%	引伸计标距相对误差
r	N	力指示装置的分辨力
r_e	μm	引伸计的分辨力
u	%	引伸计示值进回程相对误差
V	mm/min	横梁移动速度的标称值
$\overline{V_i}$	mm/min	同一横梁移动速度，三次实测速度的算术平均值
w	%	横梁移动速度相对误差
z	%	测力系统的零点漂移
η	dB(A)	试验机工作时的噪声
v	%	测力系统的示值进回程相对误差

4 试验机主参数系列

试验机的主参数为最大试验力并按主参数划分试验机规格，同时也表征试验机力的最大容量。试验机主参数宜从表 2 中选取，试验机的主参数系列应符合表 2 的规定。

表 2　试验机主参数系列

试　验　机	主参数系列
最大容量/kN	0.5、1、2、5、10、20(30)、50、100、200(300)、500(600)、1 000
注：“(　)”内的参数为不优先推荐的参数。	

5 技术要求

5.1 环境与工作条件

在下列条件下试验机应能正常工作：

a) 室温 10 ℃～35 ℃范围内；

b) 相对湿度不大于 80%；

c) 周围无振动、无腐蚀性介质和无较强电磁场干扰的环境中；

d) 电源电压的变化在额定电压的±10%以内；

e) 在稳固的基础上正确安装，水平度为 0.2/1 000。

5.2 试验机的分级

试验机按其测量力的量值和变形量值与其他参数所具有的准确度，以及试验机性能能够达到的多项技术指标划分为 0.5 级和 1 级两个级别。各级别的技术指标见表 3～表 7。

表 3 试验机级别和测力系统允许误差

试验机级别	最大允许值/%				
	示值相对误差 q	示值重复性相对误差 b	示值进回程相对误差 v	零点相对误差 f_0	相对分辨力 a
0.5	±0.5	0.5	±0.75	±0.25	0.25
1	±1.0	1.0	±1.5	±0.5	0.5

5.3 加力系统

5.3.1 一般要求

5.3.1.1 试验机机架应具有足够的刚性和试验空间，应能方便地进行各种试验并应便于试样、试样夹具和试验机附件的装卸以及标准测力仪的安装与使用。

5.3.1.2 试验机在施加和卸除力的过程中应平稳，无冲击和振动现象。

5.3.2 拉伸试验夹持装置

5.3.2.1 拉伸试验的试样夹持装置在任意位置上和施加力的过程中，上、下夹头和试样钳口的中心线应与试验机的加力轴线同轴，其同轴度：

——对于最大容量不大于 5 kN 的试验机不应超过 Φ2 mm/500 mm；

——对于最大容量大于 5 kN 的试验机应符合表 4 的规定。

表 4 同轴度最大允许值

试验机级别	同轴度最大允许值/%
0.5	12
1	15

5.3.2.2 夹头应保证夹持可靠，在夹持部分的全长内应均匀地夹紧试样，并应能对试样施加试验机的最大力值。在加力状态下或试验过程中试样与夹头不应产生相对滑移。

5.3.2.3 夹头在卸除力或做试样的拉断试验后，钳口各部位应无损伤。

5.3.2.4 钳口应具有互换性。

5.3.3 压缩试验装置

5.3.3.1 上、下压板的中心线应与机架的中心线重合。压板的球面支承应配合良好、活动自如。

5.3.3.2 压板的工作表面应光滑、平整，表面粗糙度参数 Ra 的最大允许值为 0.80 μm。

5.3.3.3 压板的洛氏硬度不应低于 55 HRC。

5.3.3.4 下压板的工作面上应清晰地刻有试样定位用的不同直径的同心圆刻线或互成 90°角的刻线，刻线的深度和宽度以便于观察且不影响试验结果为宜。

5.3.4 **弯曲试验装置**

5.3.4.1 弯曲压头与两个弯曲支座之间应平行，弯曲压头与两支承的洛氏硬度不应低于50 HRC。

5.3.4.2 两个弯曲支座的高度应一致。

5.3.4.3 弯曲试验装置上标尺的零位线应与加力轴线重合。

5.3.5 **移动横梁**

5.3.5.1 移动横梁的水平度应在0.2/1 000以内。移动横梁在工作行程内移动时应平稳。

5.3.5.2 移动横梁的移动速度宜在0.005 mm/min～1 000 mm/min范围以内。在零试验力条件下，横梁移动速度与设定速度标称值相对误差应符合表5的规定。

表5 横梁移动速度相对误差

试验机级别	0.5	1
横梁移动速度相对误差/%	±0.5	±1

5.3.5.3 横梁移动速度与允许施加的力应符合下列规定：

a) 对于试验机最大容量不大于5 kN的试验机，在横梁的任何移动速度下应能施加试验机的最大力值；

b) 对于试验机最大容量大于5 kN的试验机：

1) 移动速度不大于50 mm/min时，应能施加试验机的最大力值；

2) 移动速度大于50 mm/min时，能够施加的试验力不应小于试验机最大力的25%。

5.4 **测力系统**

5.4.1 **一般要求**

5.4.1.1 测力系统通过计算机的显示器或数字式指示装置应能实时连续地显示施加到试样上的力值。指示装置显示的数据和图形应清晰，易于读取，应能显示其示值范围的零点和最大值，并有加力方向的指示(如“+”或“－”)。无论何种类型的指示装置均应以力的单位直接显示力值。在施加或卸除力的过程中力的指示应平稳，不应有冲击、停顿和跳动。

5.4.1.2 数字式指示装置的分辨力r定义为：在试验机的电动机和控制系统均启动、力传感器不受力的情况下，如果示值变动不大于一个增量，则认为其分辨力为一个增量；如果示值变动大于一个增量，则认为其分辨力等于变动范围的一半加上一个增量。

5.4.1.3 试验机应能准确地存储、指示和记录试验过程的最大试验力。

5.4.1.4 测力系统应具有调零和(或)清零的功能。

5.4.1.5 试验机使用前，预热时间不应超过30 min。预热后，在15 min内的零点漂移应符合表6的规定。

表6 测力系统漂移允许值

试验机级别	0.5	1
零点漂移/%	±0.5	±1

5.4.2 **各项允许误差和相对分辨力**

试验机测力系统的示值相对误差q、示值重复性相对误差b、示值进回程(可逆性)相对误差v(根据需要规定)、零点相对误差f_0和相对分辨力a按试验机的不同级别应分别符合表3的规定。

5.4.3 **鉴别力阈**

试验机测力系统的鉴别力阈不应大于0.25%F_L。

5.5 **变形测量系统**

5.5.1 **变形测量系统**

变形测量系统由变形传感器和试验机的变形信号测量显示单元组成。为统一术语，便于引用引伸计标准，变形测量系统以下统称为引伸计。

注：“引伸计”术语的含义就是指位移测量装置并包括指示或记录该位移的系统。

5.5.2 引伸计一般要求

引伸计的一般要求应符合 JB/T 6146—2007 中 5.2 的规定。

引伸计应有调零和(或)清零的功能。

5.5.3 引伸计的各项允许误差和相对分辨力

引伸计的标距相对误差、示值误差、示值进回程相对误差、分辨力应符合表 7 的规定。

表 7 引伸计级别和引伸计各项允许误差

引伸计级别	最大允许值					
	标距相对误差 q_{Le}/%	分辨力[a]		示值误差[a]		示值进回程相对误差 u/%
		相对 (r_e/l_i)/%	绝对 r_e/μm	相对误差 q_e/%	约对误差 (l_i-l_t)/μm	
0.5	±0.5	0.25	0.5	±0.5	±1.5	±0.75
1	±1.0	0.50	1.0	±1.0	±3.0	±1.5

注 1：用户宜根据试验方法与变形测量的准确度要求来配备和选用合适级别的引伸计。

注 2：配备引伸计时，引伸计的级别宜与试验机的级别一致。

[a] 取其中较大者。

5.6 位移测量系统

5.6.1 移动横梁位移指示装置的最低分辨力为 0.001 mm。

5.6.2 在测量范围内，移动横梁位移示值相对误差 q_D 的最大允许值为±0.5%。

5.7 控制系统

5.7.1 一般要求

控制系统应采用闭环控制方式，应具有应力、应变、位移三种控制方式。在不同控制方式转换过程中试验机的运行应平顺，无影响试验结果的振动和过冲。

5.7.2 应力(力)控制

在可控制的应力(力)速率范围内：

——对于 0.5 级试验机，应力(力)速率相对误差的最大允许值为±1%，应力(力)保持相对误差的最大允许值为±1%；

——对于 1 级试验机，应力(力)速率相对误差的最大允许值为±2%，应力(力)保持相对误差的最大允许值为±2%。

制造者应在产品说明书或技术文件中给出试验机能够控制的应力(力)速率范围。

5.7.3 应变(变形)控制

在可控制的应变(变形)速率范围内：

——对于 0.5 级试验机，应变(变形)速率相对误差的最大允许值为±1%，应变(变形)保持相对误差的最大允许值为±1%；

——对于 1 级试验机，应变(变形)速率相对误差的最大允许值为±2%，应变(变形)保持相对误差的最大允许值为±2%。

制造者应在产品说明书或技术文件中给出试验机能够控制的应变(变形)速率范围。

5.8 计算机数据采集系统

5.8.1 传感器—通道的频带宽度应满足 GB/T 22066—2008 中 A.2.2 的要求。

5.8.2 数据采集速率不应低于 15 次/s(有效采集点)。

5.8.3 在试验机型式评价时、硬件更新设计及软件升级后均应按 GB/T 22066—2008 进行评定，评定结果应符合 GB/T 22066—2008 中 5.2 的规定。

5.9 电气设备

电气设备应符合 GB/T 2611—2007 中第 7 章的规定。

5.10 安全保护装置

5.10.1 试验机应有力的过载保护装置，当施加的力超过试验机最大容量的 2%～10%时，过载保护装置应保证试验机自动停机。

5.10.2 试验机应有超过移动横梁极限位置保护装置，当横梁移动到设定的上、下极限位置时，限位装置应立即动作，使其自动停止移动。

5.10.3 试验过程中当试样断裂后，试验机应自动停机或按设定模式返回后停机。

5.11 噪声

试验机工作时的噪声声级，对于最大容量小于 500 kN 的试验机不应超过 70 dB(A)；对于最大容量不小于 500 kN 的试验机不应超过 75 dB(A)。

5.12 耐运输颠簸性能

试验机在包装条件下，应能承受运输颠簸试验而无损坏。试验后，试验机不经调修(不包括操作程序准许的正常调整)，仍应符合本标准的全部技术要求。

5.13 其他要求

试验机的基本要求、装配质量、机械安全防护和外观质量等，应符合 GB/T 2611—2007 中第 3 章、第 4 章和第 10 章的规定。

6 检验方法

6.1 检验条件

试验机应在 5.1 规定的环境与工作条件下进行检验。在检验测力系统和引伸计的过程中，温度的波动范围不宜大于 2 ℃。

6.2 检验用器具

检验试验机用的标准仪器、量具和检具如下：

a) 符合 GB/T 13634—2000 第 7 章规定的标准测力仪或力的测量准确到±0.1%以内的专用检验砝码；
b) 最大允许测量误差为±2%的同轴度自动测试仪(或准确度与其相当的其他测量装置)或重锤；
c) 表面粗糙度测试仪；
d) 洛氏硬度计；
e) 分辨力为 1/100 s 的秒表；
f) (0～30) mm 量程的 1 级百分表、(0～1) mm 量程的 1 级千分表和磁力表座，1 000 mm 量程最大允许误差为 0.2 mm 的钢直尺；
g) 0.02 mm/m 的水平仪；
h) 2 级声级计；
i) 符合 JB 6146—2007 中 6.2.1 规定的引伸计标定器；
j) 绝缘电阻测试仪；
k) 耐电压测试仪；
l) 通用量具；
m) 钢制或铜与铝制的同轴度检验试样(标距不小于 100 mm，标距部分直径通常为 10 mm 或12 mm，标距部分与两头部的同轴度为 Φ0.02 mm)；
n) 各种试样(试样的数量应与拉力钳口的套数相同，试样的截面尺寸应适合各种圆试样和板试样的拉力钳口)。

6.3 加力系统的检测

6.3.1 试验机在进行力值检测前首先应按6.3.2对其一般工作性能进行检测，只有当试验机处于良好的工作状态才能进行以后的各项检测。

6.3.2 在试验机上安装一个拉伸试样(最好在施加试验机的最大试验力后该试样不产生塑性变形)，然后对试样缓慢加力直至试验机的最大力再慢慢卸除，在加、卸力的过程中检查5.3.1；并观测检验5.3.2.2。

6.3.3 根据试验机力最大容量选择下述两种方法之一检测加力系统同轴度，如试验机配置多套夹头，应分别对应每一夹头进行检测。

a) 对于不大于5 kN的试验机使用重锤法检测，检测时在上夹头中心吊一重锤，重锤的中心与下夹头中心的同轴度不应超过Φ2 mm/500 mm。

b) 对于大于5 kN的试验机，使用6.2 b)规定的同轴度测试仪(或其他相应准确度的测量装置)和6.2 m)规定的同轴度检验试样进行检测。检测时，将同轴度检验试样夹持在相应夹具上，并将同轴度自动测试仪的变形测量装置安装到检验试样的标距之间，施加试验机最大力1%的初始力，在试验机最大力2%～4%的范围内按顺序在不同试验力下检测五点，测量检验试样相对两侧的弹性变形，在相互垂直的方向上各测二次。检测中使用的最大力不应超过检验试样的弹性极限。

同轴度e按公式(1)计算：

$$e=\frac{\Delta L_{\max}-\overline{\Delta L}}{\overline{\Delta L}}\times 100 \qquad \cdots\cdots(1)$$

每次检测的结果均应满足表4的要求。

6.3.4 如可能，对应每种夹头的最大钳口使用试验机最大力的80%以上的力做一根试样的拉断试验，来检查钳口的夹持及钳口的损伤等情况，检查结果应满足5.3.2.3的要求。同时观测检查5.10.3。

6.3.5 通过实际测量或观测检查5.3.2.4、5.3.3.1、5.3.3.4、5.3.4.2和5.3.4.3。

6.3.6 压板工作表面的粗糙度用6.2 c)规定的表面粗糙度测试仪检测，其结果应满足5.3.3.2的要求。

6.3.7 压缩试验装置压板和弯曲试验装置压头及两支承的硬度使用6.2 d)规定的洛氏硬度计进行检测，并应满足5.3.3.3和5.3.4.1的相关要求。

6.3.8 移动横梁的水平度使用6.2 g)规定的水平仪检测。检测时，将水平仪放在横梁中间，在横梁移动范围的至少四个位置上进行检测，其结果应满足5.3.5.1的要求。

6.3.9 横梁移动速度的检测方法如下：

在试验机标称的横梁移动速度范围内任选五个以上速度测量点(低于0.05 mm/min的速度可不进行检测)，使用秒表并按速度的高低分别选用千分表、百分表或钢直尺进行测量。对应不同的横梁移动速度范围，应检测的规定时间的横梁移动距离见表8。

表8 规定时间的横梁移动距离

横梁移动速度范围/(mm/min)	宜测量的横梁移动距离/mm	
	0.5级试验机	1级试验机
0.05～<0.1	40 min的横梁移动距离	20 min的横梁移动距离
0.1～<0.5	30 min的横梁移动距离	15 min的横梁移动距离
0.5～10	10 min的横梁移动距离	5 min的横梁移动距离
>10	4 min的横梁移动距离	2 min的横梁移动距离

检测时应记录每次检测的时间和对应的横梁移动距离，对每个速度测量点检测三遍。

横梁移动速度相对误差w按公式(2)计算：

$$w=\frac{\overline{V_{i}}-V}{V}\times 100 \qquad \cdots\cdots(2)$$

检测结果应满足 5.3.5.2 的要求。

6.3.10 横梁移动速度和允许施加的试验力可通过对试样做拉伸或压缩试验进行检测。检测时，应根据试验机的最大容量或分别在横梁移动速度大于和不大于 50 mm/min 的情况下对试样进行加力试验，检测结果应满足 5.3.5.3 的要求。

6.4 测力系统的检测

6.4.1 观测检查和分辨力的判定

通过实际试验(或与其他检测试验结合进行)，在试验过程中观测检查 5.4.1.1、5.4.1.3 和 5.4.1.4。

力指示装置的分辨力 r，应在试验机的电动机和控制系统均启动、在零试验力的情况下按 5.4.1.2 的规定通过观测和计算进行判定。

6.4.2 零点漂移的检测

试验机经规定时间的预热后，使其处于良好的工作状态，如测力系统的力范围分多挡，则置于最小测量范围的挡位，在规定时间内检测零点漂移，其结果应满足 5.4.1.5 的要求。

零点漂移 z 按公式(3)计算：

$$z = \frac{F_{0d}}{F_L} \times 100 \qquad \cdots\cdots(3)$$

6.4.3 各项允许误差和相对分辨力的检测

试验机力的各项允许误差使用 6.2 a)规定的标准测力仪(或专用检验砝码)进行检测。检测时应根据试验机的级别正确选择标准测力仪的级别，使测力仪测量误差的最大允许值不大于被检试验机力的示值误差最大允许值的三分之一。试验机测力系统相对分辨力 a 和示值相对误差 q、示值重复性相对误差 b、示值进回程相对误差 v 按 GB/T 16825.1—2008 规定的方法进行检测。零点相对误差 f_0 按公式(4)计算，各项检测结果应满足 5.4.2 的要求。

$$f_0 = \frac{F_{i0}}{F_L} \times 100 \qquad \cdots\cdots(4)$$

6.4.4 鉴别力阈的检测

试验机测力系统的鉴别力阈采用下述方法检测：

在零试验力状态下，当施加 0.25%F_L的力以后至少应产生一个数字增量的变化。

6.5 变形测量系统的检测

引伸计的一般要求、各项允许误差和分辨力按 JB/T 6146—2007 第 6 章规定的方法进行检测，其结果应分别满足 5.5.2 和 5.5.3 的要求。

6.6 位移测量系统的检测

6.6.1 观测检查横梁位移测量系统分辨力，其结果应满足 5.6.1 的要求。

6.6.2 横梁位移测量系统示值相对误差选用 6.2 f)规定的合适量具进行检测。检测时，在移动横梁的工作范围内至少选两个间隔进行测量，每个间隔测量三次，其结果应满足 5.6.2 的要求。

横梁位移示值相对误差 q_D 按公式(5)计算：

$$q_D = \frac{\overline{D_i} - D}{D} \times 100 \qquad \cdots\cdots(5)$$

6.7 控制系统的检测

6.7.1 选择一合适试样进行应力速率控制和应变速率控制试验，并在试验过程中变换控制模式。试验结束后，检查应力—应变曲线、应力—时间曲线、应变—时间曲线，并应满足 5.7.1 要求。

6.7.2 在应力(力)—时间曲线上取点，取点位置为应力(力)速率控制段的 10%和 90%处附近，计算实际的应力(力)速率与应力(力)速率设定值的相对误差，并应满足 5.7.2 有关应力速率的要求。

6.7.3 在应变(变形)—时间曲线上取点，取点位置为应变(变形)速率控制段的 10%和 90%处附近，计算实际的应变(变形)速率与应变(变形)速率设定值的相对误差，并应满足 5.7.3 有关应变速率的要求。

6.7.4 选择一合适试样进行应力保持和应变保持控制试验，试验结束后，分析应力—时间曲线、应变—时间曲线，计算应力值保持相对误差、应变值保持相对误差，其结果应分别满足5.7.2和5.7.3有关要求。

6.8 计算机数据采集系统的评定

计算机数据采集系统应按GB/T 22066—2008规定的方法进行检测和评定，其结果应满足5.8的要求。

6.9 电气设备的检测

电气设备应使用绝缘电阻测试仪和耐电压测试仪进行测量、试验和观测检查，其结果应满足5.9的要求。

6.10 安全保护装置的检查

6.10.1 选择一个在试验机最大力下不产生屈服的试样装夹到试验机上，启动试验机缓慢施加力，当施加的力超过试验机最大容量的2%～10%时，过载保护装置应满足5.10.1的要求。

6.10.2 启动试验机，让移动横梁以试验机最高速度移动，当移动横梁达到其工作范围的上、下极限位置时，限位装置应满足5.10.2的要求。

6.11 噪声的检测

6.11.1 试验机噪声使用6.2 h)规定的声级计检测。检测时，启动试验机，施加试验机最大试验力80%以上的力，将声级计的传声器面向声源水平放置，距试验机1.0 m，距地面高度为1.5 m，绕试验机四周测量不应少于6点，以各测量点测得的最大值作为试验机的噪声，测量结果应满足5.11的要求。

6.11.2 测量试验机噪声前，应先测量背景(环境)噪声，其值应比试验机噪声声级至少低10 dB(A)。若相差小于3 dB(A)，则测量结果无效。若相差3 dB(A)～10 dB(A)时，应根据表9选取相应修正值按公式(6)进行修正。

表9 噪声修正值

单位为分贝[dB(A)]

$N_{i,max}-N_b$	3	4～5	6～9	10
N_c	3	2	1	0.5

试验机噪声η按公式(6)计算：

$$\eta = N_{i,max} - N_c \qquad \cdots\cdots (6)$$

6.12 耐运输颠簸性能的试验

将试验机包装件装到载重量不小于4 t的载重汽车车厢后部，以25 km/h～40 km/h的速度在三级公路的中级路面上进行100 km以上的运输试验。

经运输试验后，不经调修，按本标准要求全面进行检验，其结果应满足5.12的要求。

6.13 其他要求的检查

试验机的基本要求、装配质量、机械安全和外观质量应按GB/T 2611—2007第3章、第4章和第10章的要求进行实际检测或观测检查。

7 检验规则

7.1 出厂检验

7.1.1 出厂检验项目为除5.8和5.12以外的全部项目。取得合格证方能出厂。

7.1.2 出厂检验主要项目的实测数据应记入出厂合格证中。产品取得合格证方能出厂。

7.2 型式检验

7.2.1 型式检验项目应为本标准规定的全部技术要求的所有项目。

7.2.2 有下列情况之一时应进行型式检验：

a) 新产品试制或老产品转厂生产的定型鉴定或型式评价时；

b) 产品正式生产后，其结构设计、材料、工艺及关键的配套元器件有较大改变，可能影响产品性能时；

c) 产品长期停产后恢复生产时；

d) 国家质量监督检验机构提出进行型式试验的要求时。

7.3 判定规则

7.3.1 对于出厂检验，每台试验机出厂检验项目的合格率应达到100%方为合格。

7.3.2 对于型式检验，当批量不大于50台时，抽样2台，若检验后样本中有1台不合格品，则判定该批产品为不合格批；当批量大于50台时，抽样5台，若检验后样本中出现2台或2台以上的不合格品，则判定该批产品为不合格批。

8 标志与包装

8.1 标志

8.1.1 试验机应有铭牌，其内容包括：

a) 名称；

b) 型号；

c) 试验机最大容量；

d) 试验机级别；

e) 出厂日期、编号；

f) 制造厂名称或标志。

8.1.2 对于执行本标准的产品，应在产品或产品使用说明书上标明本标准编号和名称。

8.2 包装

8.2.1 试验机的包装应为防水、防尘、防锈组合的复合防护包装。

8.2.2 试验机的包装应符合JB/T 6147—2007中5.6.1、5.6.4和5.6.6的规定。

8.2.3 包装箱上的收发货标志和储运图示标志，应符合JB/T 6147—2007中第6章的规定。

ICS 29.020
K 00

中华人民共和国国家标准

GB/T 16499—2008
代替 GB/T 16499—1996

安全出版物的编写及基础安全出版物和多专业共用安全出版物的应用导则

The preparation of safety publications and the use of basic safety publications and group safety publications

（IEC Guide 104：1997 Ed. 3，NEQ）

2008-05-28 发布　　2009-01-01 实施

中华人民共和国国家质量监督检验检疫总局
中国国家标准化管理委员会　发布

前　言

本标准参照了 IEC 导则 104:1997 第 3 版《安全出版物的编写及基础安全出版物和多专业共用安全出版物的应用》,与 IEC 导则 104 的一致性程度为非等效。在技术内容上,与该 IEC 导则 104 协调一致,在编写安全出版物的技术协调原则方面,与 IEC 导则 104 的处理原则一致。有关承担安全协调、指导职能和任务,因执行我国有关的管理办法和规章,本标准中不再涉及。

本标准代替 GB/T 16499—1996《编制电气安全标准的导则》。

本标准与 GB/T 16499—1996 相比,主要差异如下:

——标准名称改为《安全出版物的编写及基础安全出版物和多专业共用安全出版物的应用导则》;

——本标准第 1 章"范围",增加了"安全"的含义,明确了"具有横向安全职能或多专业安全职能的技术委员会与专业技术委员会之间的关系";

——按照 GB/T 1.1 的规定,增加了第 2 章术语和定义。术语"横向安全职能"对应原来的"安全指导职能"、"多专业安全职能"对应原来的"安全专项职能";"基础安全出版物"对应原来的"安全基础标准","多专业共用安全出版物"对应原来的"安全专项标准";

——第 3 章,明确了横向安全职能和多专业安全职能的协调的一般原则。阐述了协调目的和各技术委员会职责分配;

——第 4 章,规定了安全出版物(包括基础安全出版物、多专业共用安全出版物和产品安全出版物)的编写、修订和应用原则。这部分内容在原标准的第 1 章中有所涉及,但不够明确;

——第 5 章,明确了承担横向安全职能或多专业安全职能的技术委员会的职责,包括与其他技术委员会的联系、如何考虑来自专业技术委员会对新工作的要求。该章的内容对应 GB/T 16499—1996的 2.4.1.1、2.4.2.1、2.4.2.2;

——第 6 章,阐述了专业技术委员会的基本职责,如何应用基础安全出版物和多专业共用安全出版物,如何向具有安全技术标准职能的技术委员会提出新工作项目的申请,以及出现矛盾时的协调原则等。该章的内容对应 GB/T 16499—1996 的 2.4.1.2、2.4.2.3;

——本标准附录 A"电气设备有关的安全要素"等同采用 104 导则附录 A,对应原标准附录 C,但增加了 A.6.9 "人体工效学";

——本标准增加了附录 B:编写安全出版物的引用标准;

——本标准取消了原附录 A"安全基础标准一览表"和原附录 B"安全专项标准一览表";

——本标准取消了原标准的附录 D"对适合产品认证用标准的要求"的内容。

本标准的附录 A 为规范性附录,附录 B 为资料性附录。

本标准由中国电器工业协会提出。

本标准由全国电气安全标准化技术委员会(SAC/TC 25)归口。

本标准主要起草单位:机械工业北京电工技术经济研究所、上海电动工具研究所。

本标准参加起草单位:信息产业部电子标准化研究所、上海电器科学研究所(集团)有限公司、南阳防爆电气研究所、西门子(中国)有限公司、施耐德电气(中国)投资有限公司、北京 ABB 低压电器有限公司。

本标准主要起草人:方晓燕、刘江、曾雁鸿、包革、邢卫兵、王军、王旭、何才夫、王中丹。

本标准于 1996 年首次发布,本次为第一次修订。

安全出版物的编写及基础安全出版物和多专业共用安全出版物的应用导则

1 范围

本标准规定了安全出版物的编写程序，包括基础安全出版物和多专业共用安全出版物的编写和应用。阐述了具有横向安全职能或多专业安全职能技术委员会与专业技术委员会之间的技术沟通方式。

在本标准涉及的“安全”一词指的是人员、家禽、家畜和财产的安全。

2 术语和定义

ISO/IEC 导则 51 的术语和定义及下述术语和定义适用于本标准。

2.1

出版物 publication

标准、技术报告和导则。

2.2

产品 product

除了指一般意义的产品外，还包括过程、服务及其组合。

2.3

基础安全出版物 basic safety publication

一种特定的关于安全事项的出版物，它适用于多种电气电子产品。

2.4

多专业共用安全出版物 group safety publication

涉及两个或多个专业技术委员会范围内的某些特定专业产品的安全方面的所有出版物。

注：多专业共用安全出版物主要用作独立的产品安全出版物，但技术委员会在编写出版物时也可将其用作资料来源，如 6.3 所述。

2.5

产品安全出版物 product safety publication

一个专业技术委员会范围内的一种或几种产品的所有安全方面的出版物。

2.6

技术委员会 technical committee

其范围包括一种特定产品或跨专业产品的技术委员会，包括分技术委员会。

2.7

横向安全职能 horizontal safety function

分配给专业技术委员会编写一种或几种基础安全出版物的职能。

2.8

多专业安全职能 group safety function

分配给专业技术委员会编写一种或几种专业安全出版物的职能。

2.9

正常状态 normal condition

所有保护装置均处于未启用状态。

2.10

单一故障状态 single fault condition

指一个预防危险的保护装置失效,或出现了一次可能引起危险的故障的状态。

注:如果一个单一故障状态不可避免地会导致一个或多个其他故障状态,则所有故障状态均被视为单一故障状态。

3 横向安全职能和多专业安全职能的协调

协调横向安全职能或多专业安全职能的目的是:

——避免工作重复和出现相互矛盾,以保证涉及若干技术委员会有关安全方面的出版物的一致性;

——避免内容重复,以减少出版物的工作量和成本;

——增进不同专业工程技术人员之间的相互理解。

横向安全职能或多专业安全职能可作为全部职责或作为特定部分职责分配给某一个技术委员会。

4 安全出版物

4.1 基础安全出版物和多专业共用安全出版物

这些出版物应只包含与横向安全职能或多专业安全职能相关的内容,并且应以专业技术委员会明确易懂的方式编写。

如果适用,技术委员会在编写安全出版物时,应参考附录B中的引用标准。

4.2 基础安全出版物

4.2.1 基础安全出版物应说明查找出版物的原则,以便有助于专业技术委员会应用其规定。此外,应对专业技术委员会如何应用基础安全出版物的信息给予指导。例如:如何为一个特殊试验项目选取适当的严酷度等级。

4.2.2 基础安全出版物在其适用范围中应包括以下表述:

"本基础安全出版物主要供各技术委员会在按照GB/T 16499和ISO/IEC导则51规定的规则起草标准时使用。它并非供制造商或认证机构使用。

技术委员会的职责之一就是只要适用则应采用基础安全出版物编写该技术委员会的出版物。除非专门引用或已包括在相应出版物中,本基础安全出版物的要求、试验方法或试验条件将不适用"。

在个别情况下,基础安全出版物还可视作独立的出版物使用。此时,以上表述的第一段应做相应修改。

基础安全出版物应在其规范性引用文件目录中包括本标准和ISO/IEC导则51。

4.2.3 基础安全出版物不能频繁修改或修订,以便留给产品技术委员会一定时间使其出版物与现行基础安全出版物协调一致。

4.3 产品安全出版物

4.3.1 在为消除危险和降低风险而规定各项要求时,应该采用下述原则:

——通过设计和制造保证设备的固有安全性;

——在不能达到上述原则的情况下,应规定与危险有关的附加保护措施;

——如果存在通过上述措施不能降至可允许水平的任何风险,则应规定:需要将这些风险告知使用者。如果为了将风险降至可允许水平而需培训或有使用个人防护设备的必要,则应规定:需要将此情况告知使用者。

4.3.2 不应把产品安全出版物限定在电气安全方面,它应考虑其适用范围内产品的所有安全方面,它还应考虑产品预定使用的环境条件及预计使用者的知识水平。

注:本标准的附录A包括了相关电器设备的安全因素。

4.3.3 不宜在同一出版物中包括安全方面和性能方面的要求,否则就很难仅对安全要求的符合性进行评定。此外,如确有理由在同一出版物中包括安全方面和性能方面要求,则应将二者严格区分开来。如果有些性能指标隐含有安全要求，这些性能指标则被认为是安全要求而应在出版物中明确说明。

4.3.4 产品安全出版物不应对设计或制造作不必要限制以及包含有阻碍技术进步和发展的要求。

4.3.5 产品安全出版物应包括为降低在正常状态下和单一故障状态下的风险所必需的全部要求，同时还应包括符合性检验方法。

通常不必考虑两个独立的、不相关的故障同时发生的情况，因为这类情况发生的可能性很小，属可接受的风险水平。

注：单一故障规则被广泛应用在电气安全领域中提供与电击危险防护相关的硬件失效。但在“功能性安全”领域中，规则必须制定得既适合硬件随机性失效也适合系统性失效。对于硬件随机性失效，可采用多种故障判据，其中包括单一故障规则，但对系统性失效，则可采用其他一些对策。

功能性安全是整个安全的组成部分，它依赖于相应安全控制系统的正确运行。

4.3.6 电气设备的产品安全出版物应引用所有相应元器件出版物中的特定安全条款，只要这些元器件出版物适用。如果没有这类出版物，则以通常的方式，自我声明设备中使用的组件应符合产品安全出版物中规定的各项安全要求。

4.4 引用其他出版物

应尽可能采用对特定文本的引用，而不是重复原文，因为重复会增加引用错误的可能性，并且会增加出版物的篇幅，如果不可避免需要重复原文，则应准确注明其来源。

4.5 设备寿命期内的安全

还应考虑设备寿命期内的其他因素，例如：

——安装和投入使用；

——设备的正常使用；

——可合理预见的误用；

——使用人员的维护；

——维修人员的维修。

在这些情况下需考虑的安全措施包括：

——适当的设计和制造；

——制造商随设备提供的文件中的措施和警示。

5 承担横向安全职能或多专业安全职能的技术委员会的职责

承担横向安全职能或涉及多专业安全职能的技术委员会应与其技术范围相关的专业技术委员会尽可能紧密的联系。

承担横向安全职能或多专业安全职能的技术委员会应对来自专业技术委员会的联络要求给予响应（参见6.1）。

6 专业技术委员会的职责

6.1 与其他技术委员会的联系

专业技术委员会应清楚哪些现行基础安全出版物和多专业共用安全出版物与其工作相关，并且应与负责编写这些出版物的技术委员会建立和保持联络。

专业技术委员会可向具有安全技术职能的技术委员会表明其对基础安全出版物或多专业共用安全出版物相关的新工作项目建议的关注。应鼓励专业技术委员会参与基础安全出版物或多专业共用安全出版物新工作项目草案的编写，例如：参与工作组和对新工作项目建议草案提出意见。

6.2 基础安全出版物的应用

6.2.1 当在编写、修改或修订产品安全出版物时，专业技术委员会可以采用相关的基础安全出版物。可以从这类出版物中选取相关的要求、试验方法和试验条件用于其产品领域。任何情况下，专业技术委员会不得修改标准分类等级的代码(例如:GB 4208 外壳防护等级(IP 代码)),更不能修改与这类等级相关的试验方法。

6.2.2 如果专业技术委员会在其出版物中采用了基础安全出版物的要求、试验方法或试验条件的修改版时,在前言中应说明所做的更改。

6.2.3 如果专业技术委员会无法使现行出版物立即与新的、修改或修订的基础安全出版物的相关要求、试验方法或试验条件协调一致,则应在产品出版物下一次修改或修订时,进行协调。

6.3 多专业共用安全出版物的应用

6.3.1 专业技术委员会在编写、修改或修订任何产品安全出版物时,如果某产品领域包含一种或几种多专业安全职能范围内,则应使用相关多专业共用安全出版物。在与具有多专业安全职能的技术委员会协商后,为适合相关产品,可以修改多专业共用安全出版物的要求、试验方法和试验条件。

6.3.2 对专业技术委员会而言,不可能使现行出版物立即与某项新的、修改或修订的多专业共用安全出版物的相应要求、试验方法或试验条件协调一致,则应在下次修改或修订该产品出版物时进行协调。

附　录　A
（规范性附录）
电气设备有关的安全因素

以下列出的各种安全因素可用于在编写安全出版物时作为逐项检查的内容，但并非用于取代本标准而规定的任何条款。

A.1　概述

为了能向技术委员会提出其范围内相关设备带来的种种危险，所有技术委员会有义务对可能的危险进行鉴别和评估，然后编写出版物，并将上述评估结果考虑在内。

A.2　一般要求

A.2.1　对设备应加贴标识，以标明预定用途的主要安全特性。如不可行，则应在随机文件中说明。

A.2.2　应将设备的制造商或供货商名称、品牌名称或商标清晰地印制在电气设备上，如这一要求不可行，可印制在包装上。如适用，还应标明生产日期和制造商地址。

A.2.3　应能安全和正确地组装和连接设备及其部件。

A.2.4　设备的设计和制造，在其按预定用途使用和按照说明书维护时，应能防止设备发生本附录A.3到A.7所陈述的危险。

A.3　电击防护

除非出于功能原因而得到特别许可的情况，在正常状态下，设备易触及导电的零件不应有危险的带电。在任何可合理预见的单一故障状态下，也不应带电或成为危险的带电体。

A.4　绝缘完整性

应根据设备在正常使用期间绝缘性能可能会经受的电气、机械、化学和物理应力来选择绝缘方案。

A.5　机械危险防护

如适用，出版物应包括以下原因造成危险的相应要求：

——不稳定性；

——运行时断电；

——跌落或弹出的物体；

——不适当的表面、边缘或棱角；

——运动部件，尤其是部件转速可变的情况；

——振动；

——零件安装不适当。

A.6　其他危险防护

如适用，出版物应包括A.6.1至A.6.8中所涉及的危险的相应要求。

A.6.1　爆炸

有些危险可能是由设备自身造成的，也可能由气体、液体、灰尘、蒸气或其他物质造成的，这些物质可能是由设备产生或使用中产生的，或者可能就存在于设备拟使用的场所。

A.6.2 辐射

应将潜在有害辐射的发射限制在设备运行需要的范围内，并且必须将其对人体的各种影响控制在无危害程度。

A.6.3 电场、磁场或电磁场的骚扰

设备的设计和制造应使其对电场、磁场或电磁场骚扰具有足够的抑制能力，以防止由此引发的任何危险。

A.6.4 激光

设备的设计和制造应能使人体避免激光的有害辐射，包括间接辐射。

A.6.5 着火

应规定适当的试验来保证引燃危险和火焰蔓延能得以控制。

防护措施可包括限温装置、限流装置、漏电检测装置、提高耐燃性的方法以及选择适当的材料。

A.6.6 温度

需考虑如下两个主要方面：

——可接触表面的温度；

——温度对材料和元器件的影响。

A.6.7 噪声

设备的设计和制造应使噪声尽可能被限制在可接受水平。在最终噪声达不到可接受水平时，制造商的说明书应规定采用挡板或防护罩以降低噪声，或规定使用护耳罩。

A.6.8 生物和化学作用

危险引发原因：

a) 诸如病菌、腐败物、微生物或毒素的微生物成因，例如：侵入或滞留细菌、孢子、病毒、酵母和霉菌；

b) 包括源于清洁剂或消毒物质的化学成因，例如：润滑油和清洁液体；

c) 源于原材料、设备或其他原因带来的外来物，例如：过敏源、有害生物、金属以及设备制造时使用的材料。

A.6.9 人体工效学

在涉及安全适用的范围内，设备的设计和制造应考虑以下几方面：

——符合人体工效学原理；

——用户在设计使用条件下面临的不适、疲劳和心理压力降至最合理的最低限度；

——使之可安全移动和处置。

A.7 功能的安全性和可靠性

A.7.1 设备的设计和制造应安全可靠，以防止危险发生，尤其保证：

a) 它能够在可预见环境条件下正常使用；

b) 它能承受可预见的误操作；

c) 逻辑性错误不会造成危险。

A.7.2 对于某些类型设备，必须考虑以下可能发生的危险：

a) 意外地起动或停机；

b) 停机失败引起的危险。

A.7.3 如适用，安全出版物应包括以下的要求：即规定设备的设计和制造应该能够防止A.7.1和A.7.2所述的危险，即使在发生系统故障、或在电源中断和电源不稳定时以及之后，仍能够防止这些危险。

附 录 B
（资料性附录）
编写安全出版物的引用标准

在编写安全出版物时，技术委员会将参考以下文件：

GB/T 1.1—2000 标准化工作导则 第1部分：标准的结构和编写规则（ISO/IEC Guide 第3部分：1997，NEQ）

GB/T 1.2—2002 标准化工作导则 第2部分：标准中规范性技术要素内容的确定方法（ISO/IEC Guide 第2部分：1997，NEQ）

GB/T 20000.4—2003 标准化工作指南 第4部分：标准中涉及安全的内容（ISO/IEC Guide 51：1999，MOD）

GB 19517—2004 国家电气设备安全技术规范

ISO/IEC Guide 7：1994 起草符合性评定用标准导则

ISO/IEC Guide 37：1995 消费者利益相关产品的使用说明

IEC Guide 108：1994 具有基础技术标准职能的技术委员会与专业技术委员会的关系及基础出版物的应用

ICS 35.100.30
L 78

中华人民共和国国家标准化指导性技术文件

GB/Z 16506—2008/ISO/IEC TR 13532:1995
代替 GB/T 16506.1—1996,GB/T 16506.2—1996,GB/T 16506.3—1996

信息技术 系统间远程通信和信息交换 提供和支持 OSI 网络服务的协议组合

Information technology—Telecommunications and information exchange between systems—Protocol combinations to provide and support the OSI Network Service

(ISO/IEC TR 13532:1995,IDT)

2008-08-19 发布　　2009-01-01 实施

中华人民共和国国家质量监督检验检疫总局
中国国家标准化管理委员会　发布

前　言

本指导性技术文件等同采用ISO/IEC TR 13532:1995《信息技术　系统间远程通信和信息交换　提供和支持OSI网络服务的协议组合》(英文版)。

本指导性技术文件代替GB/T 16506.1—1996《信息技术　系统间的远程通信和信息交换　提供和支持OSI网络服务的协议组合　第1部分:一般原则》、GB/T 16506.2—1996《信息技术　系统间的远程通信和信息交换　提供和支持OSI网络服务的协议组合　第2部分:提供和支持连接方式的网络服务》和GB/T 16506.3—1996《信息技术　系统间的远程通信和信息交换　提供和支持OSI网络服务的协议组合　第3部分:提供和支持无连接方式的网络服务》。

本指导性技术文件与GB/T 16506.1—1996、GB/T 16506.2—1996和GB/T 16506.3—1996的不同之处在于名称变更为《信息技术　系统间远程通信和信息交换　提供和支持OSI网络服务的协议组合》,并增加了一些技术内容。增加的内容如下:

——以DTE/DTE方式连同ISO/IEC 10588一起进行的ISO/IEC 8208的操作;

——以DTE/DCE方式连同GB/T 16966一起进行的ISO/IEC 8208的操作;

——以DTE/DTE方式连同GB/T 16966一起进行的ISO/IEC 8208的操作;

——以DTE/DCE方式连同ISO/IEC 10588一起进行的ISO/IEC 8208的操作;

——以DTE/DCE方式连同ISO/IEC 10732一起进行的ISO/IEC 8208的操作;

——以DTE/DTE方式连同ISO/IEC 10732一起进行的ISO/IEC 8208的操作。

本指导性技术文件由全国信息技术标准化技术委员会提出并归口。

本指导性技术文件起草单位:中国电子技术标准化研究所。

本指导性技术文件主要起草人:张翠、黄家英、徐冬梅、郭楠、张晖。

本指导性技术文件所代替标准的历次版本发布情况为:

——GB/T 16506.1—1996;

——GB/T 16506.2—1996;

——GB/T 16506.3—1996。

ISO/IEC 前言

ISO(国际标准化组织)和IEC(国际电工委员会)是世界性的标准化专门机构。国家成员体(它们都是ISO或IEC的成员国)通过国际组织建立的各技术委员会参与制定针对特定技术领域的国际标准。ISO和IEC的各技术委员会在共同感兴趣的领域进行合作。与ISO和IEC有联系的其他官方和非官方国际组织也可参与国际标准的制定工作。

对于信息技术,ISO和IEC建立了一个联合技术委员会,即ISO/IEC JTC 1。

技术委员会的主要任务是制定国际标准,但在例外的情况下,技术委员会可以提出下列类型之一的技术报告:

——类型1:虽经一再努力,但仍不能获得出版一项国际标准所需要的支持时;

——类型2:所讨论的主题仍处于技术发展阶段,或者由于其他任何原因在将来而不是立即有可能对一项国际标准达成一致的意见时;

——类型3:技术委员会所收集到的数据不是来源于正式出版的国际标准(例如"当前技术水平")时。

类型1和类型2技术报告在出版后3年内应提交复审,以决定是否将它们改变成国际标准。类型3技术报告不是一定要进行复审,除非它们提供的数据已被认为不再有效或已经没有用。

ISO/IEC TR 13532属于类型3技术报告,它是由ISO/IEC JTC 1"信息技术"联合技术委员会制定的。

引　言

本指导性技术文件提供了一系列协议组合，该系列协议组合通常用于提供和支持OSI网络服务。它是一个对GB/T 16506.1、GB/T 16506.2和GB/T 16506.3的替代。

在OSI参考模型体系结构的某些层中，有可能在单层协议标准规范内找到为理解如何提供该层服务所需要的全部信息。因为必须适应的不同的子网技术和互连策略数量太多，以至不允许单个OSI网络层协议的规范，在网络层是不可能的。因此，本技术规范的意图是用作关于可以使用网络层协议来提供各种环境下的OSI网络服务的方法的信息参考点。

GB/T 15126定义了OSI网络服务。GB/T 15274概述了体系结构的框架，用来定义网络层协议和描述能参与提供网络服务的各种现实世界组成部分的关系。本指导性技术文件描述了GB/T 15274的网络层体系结构和在使用的实例中提供服务的国家标准网络层协议。

信息技术 系统间远程通信和信息交换 提供和支持OSI网络服务的协议组合

1 概述

1.1 范围

本指导性技术文件提供了关于协议组合的信息，而该协议组合通常用来在公共可利用的网络环境下提供和支持OSI网络服务。第2章提供了关于连接方式的网络服务的信息，第3章提供了关于无连接方式网络服务的信息。

1.2 标准的应用

本指导性技术文件是为了供要求协议组合和选项的一览表的ISO/IEC技术委员会和其他各方使用，而协议组合和选项可以用来提供和支持OSI网络服务。

1.3 规范性引用文件

下列文件中的条款通过本指导性技术文件的引用而成为本指导性技术文件的条款。凡是注日期的引用文件，其随后所有的修改单(不包括勘误的内容)或修订版均不适用于本指导性技术文件，然而，鼓励根据本指导性技术文件达成协议的各方研究是否可使用这些文件的最新版本。凡是不注日期的引用文件，其最新版本适用于本指导性技术文件。

GB/T 7623—1987 在电话自动交换网上的自动应答设备和(或)并行自动呼叫设备，包括人工和自动建立呼叫时使回波控制装置停止工作的规程(eqv CCITT 建议 V.25:1984)

GB/T 9387.1—1998 信息技术 开放系统互连 基本参考模型 第1部分:基本模型(idt ISO/IEC 7498-1:1994)

GB/T 14399—2008 信息技术 系统间远程通信和信息交换 高级数据链路控制规程 与X.25 LAPB兼容的DTE数据链路规程的描述(ISO/IEC 7776:1995,IDT)

GB/T 15274—1994 信息处理系统 开放系统互连 网络层的内部组织结构(idt ISO 8648:1988)

GB/T 15629.2—2008 信息技术 系统间远程通信和信息交换 局域网和城域网 特殊要求 第2部分:逻辑链路控制(ISO/IEC 8802-2:1998,IDT)

GB/T 16966—1997 信息技术 连接到综合业务数字网(ISDN)的包式终端设备提供OSI连接方式网络服务(idt ISO/IEC 9574:1992)

GB/T 16976—1997 信息技术 系统间远程通信和信息交换 使用X.25提供OSI连接方式网络服务(idt ISO/IEC 8878:1992)

GB/T 17179.1—1997 信息技术 提供无连接方式网络服务的协议 第1部分:协议规范(idt ISO/IEC 8473-1:1994)

GB/T 17179.2—2000 信息技术 提供无连接方式网络服务的协议 第2部分:由GB/T 15629(ISO/IEC 8802)子网提供低层服务(idt ISO/IEC 8473-2:1995)

GB/T 17179.3—2000 信息技术 提供无连接方式网络服务的协议 第3部分:由X.25子网提供低层服务(idt ISO/IEC 8473-3:1995)

GB/T 17179.4—2000 信息技术 提供无连接方式网络服务的协议 第4部分:由提供OSI数据链路服务的子网提供低层服务(idt ISO/IEC 8473-4:1995)

GB/T 17972—2000 信息处理系统 数据通信 局域网中使用X.25包级协议(idt ISO/IEC 8881:1989)

ISO/IEC 8208:2000 信息技术 数据通信 数据终端设备用X.25包层协议

ISO/IEC 8348:1993 信息技术 开放系统互连 网络服务定义

ISO/IEC 10588:1993 信息技术 使用X.25 PLP与X.21/X.21bis共同提供OSI连接方式网络服务

ISO/IEC 10732:1993 信息技术 系统间远程通信和信息交换 与提供无连接方式网络服务协议(ISO 8473)一起使用的中间系统到中间系统域内路由选择信息交换协议

ISO/IEC 11575:1995 信息技术 系统间远程通信和信息交换 OSI数据链路服务的协议映射

ITU-T 建议 X.222:1995 使用X.25 LAPB一致数据链路规程提供OSI连接方式数据链路服务

CCITT 建议 X.223:1988 使用X.25为CCITT应用提供OSI连接方式网络服务

CCITT 建议 V.25 bis 电话自动交换网(GSTN)上的自动应答和(或)呼叫设备使用100级相互交换电路

CCITT 建议 X.21 在公用数据网络上操作的数据终端设备(DTE)和数据电路终接设备(DCE)间的接口

CCITT 建议 X.21 bis 为接口到同步V系列调制解调器而设计的数据终端设备(DTE)在公用数据网络上的使用

CCITT 建议 X.30 通过综合业务数字网络(ISDN)按X.21、X.21bis和X.20bis支持数据终端设备(DTE)

CCITT 建议 X.31(I.462) 通过ISDN支持包方式终端设备

CCITT 建议 X.32 用分组方式工作并经公用交换电话网或电路交换公用数据网接入分组交换公用数据网的数据终端设备(DTE)和数据电路终接设备(DCE)之间的接口

1.4 术语和定义

1.4.1 参考模型的定义

本指导性技术文件使用在GB/T 9387.1—1998中定义的下述术语:

a) OSI网络层 OSI Network Layer;

b) OSI网络服务 OSI Network Service;

c) 服务 Service;

d) 协议 Protocol;

e) 连接方式 Connection-mode;

f) 无连接方式 Connectionless-mode;

g) 中间系统 Intermediate System;

h) 端系统 End-System。

1.4.2 网络层体系结构定义

本指导性技术文件使用在GB/T 15274—1994中定义的下列术语:

子网 Subnetwork。

1.4.3 局域网络的定义

本指导性技术文件使用 GB/T 15629 中定义的下列术语：

a) 局域网 Local Area Network；

b) 逻辑链路控制 Logical Link Control；

c) 媒体访问控制 Medium Access Control。

1.4.4 ISDN 定义

本指导性技术文件使用在 GB/T 16966—1997 中定义的下列术语：

a) B 信道 B Channel；

b) D 信道 D Channel；

c) R 参考点 R reference point；

d) 参考点 reference point；

e) S 参考点 S reference point；

f) T 参考点 T reference point；

g) 终端适配器 Terminal Adaptor；

h) 终端设备 Terminal Equipment。

1.5 缩略语

BAC	平衡异步类别	(Balanced Asynchronous Class)
CONS	连接方式的网络服务	(Connection-mode Network Service)
CLNS	无连接方式网络服务	(Connectionless-mode Network Service)
CSDN	电路交换数据网	(Circuit-Switched Data Network)
DCE	数据电路终接设备	(Data Circuit-terminating Equipment)
DTE	数据终端设备	(Data Terminal Equipment)
ISDN	综合业务数字网	(Integrated Services Digital Network)
LAN	局域网	(Local Area Network)
LAPB	平衡型链路访问规程	(Link Access Procedures Balanced)
LLC	逻辑链路控制	(Logical Link Control)
MAC	媒体访问控制	(Medium Access Control)
NSAP	网络服务访问点	(Network Service Access Point)
OSI	开放系统互连	(Open Systems Interconnection)
PH	包处理器	(Packet Handler)
PLP	包级协议	(Packet Level Protocol)
PSDN	包交换数据网	(Packet Switched Data Network)
PSTN	公共交换电话网	(Public Switched Telephone Network)
SNDCP	子网相关收敛协议	(Subnetwork Dependent Convergence Protocol)
TA	终端适配器	(Terminal Adaptor)
TE	终端设备	(Terminal Equipment)

2 提供和支持连接方式的网络服务

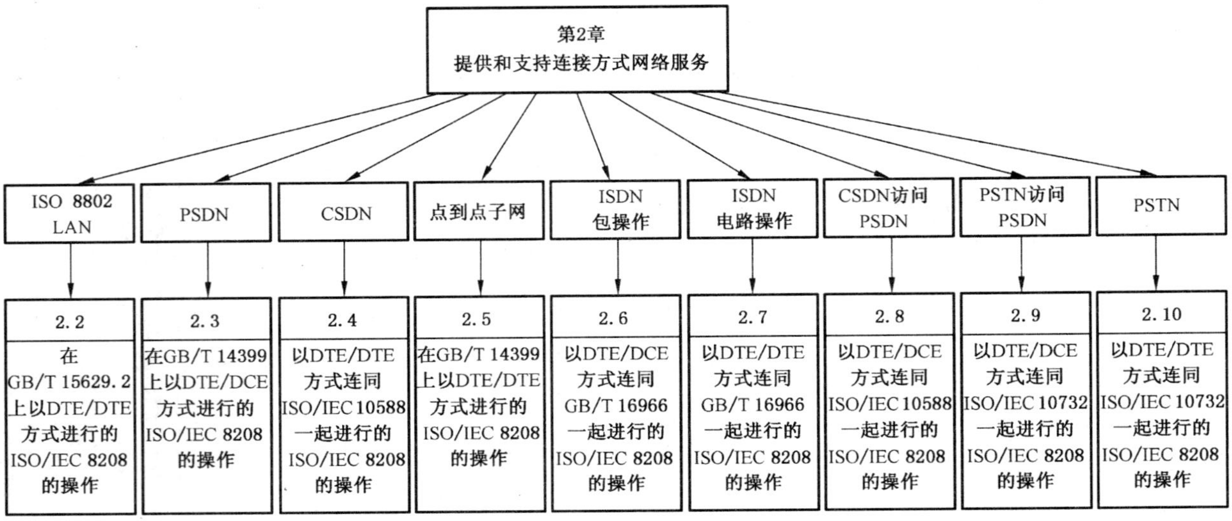

图 1 提供和支持连接方式网络服务的协议

2.1 概述

图 1 图示了本章所描述的协议组合和环境。

2.2 在 GB/T 15629.2 上以 DTE/DTE 方式进行的 ISO/IEC 8208 的操作

2.2.1 适用性

当在 ISO/IEC 8208:2000 标准化的 X.25 PLP 在 GB/T 15629.2—2008 上操作,并在连接到 GB/T 15629 LAN 上的端系统中的 NSAP 处用来提供 CONS 时,本指导性技术文件的 2.2 适用。

2.2.2 操作规程

当在上述 2.2.1 所标识的配置中提供 OSI CONS 时,下列适用内容与所使用的 MAC 规程类型无关:

a) CONS 的定义按 GB/T 15126—1994 的规定;

b) CONS 元素与 X.25 PLP 元素的映射按 GB/T 16976—1997 的要求,以便一致性实现不使用 X.25(1980)SNDCP;

c) X.25 PLP 的通用规程和格式按 ISO/IEC 8208:2000 的规定,以便 DTE 用 DTE/DTE 方式进行操作;

d) 在上述标识的 GB/T 15629 LAN 环境中,使用 X.25 PLP 的特定考虑按 GB/T 17972—2000 的一致性条文的要求;

e) LLC 的通用规程和格式按 GB/T 15629.2—2008 的规定。

2.3 在 GB/T 14399 上以 DTE/DCE 方式进行的 ISO/IEC 8208 的操作

2.3.1 适用性

当在 ISO/IEC 8208:2000 中标准化的 X.25 PLP 在 GB/T 14399—2008 上操作,并在连接到 PSDN 的端系统中的 NSAP 处用来提供 CONS 时,本指导性技术文件的 2.3 适用。

2.3.2 操作规程

当在上述 2.3.1 所标识的配置中提供 OSI CONS 时,下列内容适用:

a) CONS 的定义按 GB/T 15126—1994 的规定;

b) CONS 元素与 X.25 PLP 元素的映射按 GB/T 16976—1997 的要求,以便一致性实现不使用

X.25(1980) SNDCP;

c) X.25 PLP 的通用规程和格式按 ISO/IEC 8208:2000 的规定，以便 DTE 用 DTE/DCE 方式进行操作；

d) LAPB 兼容规程和格式按 GB/T 14399—2008 的规定。

2.4 以 DTE/DTE 方式连同 ISO/IEC 10588 一起进行的 ISO/IEC 8208 的操作

2.4.1 适用性

当在 ISO/IEC 8208:2000 中标准化的 X.25 PLP 在 GB/T 14399—2008 上操作，并在连接到 CSDN 的端系统中的 NSAP 处用来提供 CONS 时，本指导性技术文件的 2.4 适用。

2.4.2 操作规程

当在上述 2.4.1 所标识的配置中提供 OSI CONS 时，下列内容适用：

a) CONS 的定义按 GB/T 15126—1994 的规定；

b) 当 CSDN 用来直接连接两个终端系统时，在 ISO/IEC 10588:1993 中给出了关于 CSDN 环境的特殊考虑；

c) CONS 元素与 X.25 PLP 元素的映射按 GB/T 16976—1997 的要求，以便一致性实现不使用 X.25(1980) SNDCP;

d) X.25 PLP 的通用规程和格式按 ISO/IEC 8208:2000 的规定，以便 DTE 用 DTE/DTE 方式进行操作；

e) 附加的适用标准是 GB/T 14399—2008、CCITT 建议 V.25、X.21、X.21bis、X.30 和 X.32。

2.5 在 GB/T 14399 上以 DTE/DTE 方式进行的 ISO/IEC 8208 的操作

2.5.1 适用性

当在 ISO/IEC 8208:2000 中标准化的 X.25 PLP 在 GB/T 14399—2008 上操作，并在接到点到点子网的端系统中的 NSAP 处用来提供 CONS 时，本指导性技术文件的 2.5 适用。

2.5.2 操作规程

当在上述 2.5.1 所标识的配置中提供 OSI CONS 时，下列内容适用：

a) CONS 的定义按 GB/T 15126—1994 的规定；

b) CONS 元素与 X.25 PLP 元素的映射按 GB/T 16976—1997 的要求，以便一致性实现不使用 X.25(1980)SNDCP;

c) X.25 PLP 的通用规程和格式按 ISO/IEC 8208:2000 的规定，以便 DTE 用 DTE/DTE 方式进行操作；

d) 单链路规程按 GB/T 14399—2008 的规定。

2.6 以 DTE/DCE 方式连同 GB/T 16966 一起进行的 ISO/IEC 8208 的操作

2.6.1 适用性

当在 ISO/IEC 8208:2000 中标准化的 X.25 PLP 在连接到 ISDN 的端系统中的 NSAP 处用来提供 CONS，并将它用于包操作时，本指导性技术文件的 2.6 适用。

2.6.2 操作规程

当在上述 2.6.1 标识的配置中提供 OSI CONS 时，下列内容适用：

a) CONS 的定义按 GB/T 15126—1994 的规定；

b) 在 GB/T 16966—1997 中给出了关于取决于 TE 配置的 ISDN 环境的特殊考虑；

c) CONS 元素与 X.25 PLP 元素的映射按 GB/T 16976—1997 的要求，以便一致性实现不使用 X.25(1980)SNDCP;

d) X.25 PLP 的通用规程和格式按 ISO/IEC 8208:2000 的规定，以便 DTE 用 DTE/DCE 方式进行操作；

e) 取决于 TE 配置的附加适用标准在 GB/T 16966—1997 中给出，如表 1 所示。

表 1　取决于 TE 配置的附加适用标准

TE 的种类	参考点	TE 发觉的低层连接	附加的适用标准
TE1 或 TE2/TA	S/T	D 信道	CCITT Q.931(见注 1)、CCITT Q.921 和 CCITT I.430 或 CCITT I.431
		B 信道:半永久的	CCITT Q.931(见注 1)、CCITT Q.921(见注 1)、GB/T 14399 和 CCITT I.430 或 CCITT I.431
		B 信道:要求的	CCITT Q.931、CCITT Q.921、GB/T 14399 和 CCITT I.430 或 CCITT I.431
TE2	R	租用电路	GB/T 14399 和下列一个:CCITT X.21、CCITT X.21bis 或 CCITT V 系列
		直接呼叫	
		电路交换	
注:该协议在某些系统中可以不存在。			

2.7　以 DTE/DTE 方式连同 GB/T 16966 一起进行的 ISO/IEC 8208 的操作

2.7.1　适用性

当在 ISO/IEC 8208:2000 中标准化的 X.25 PLP 在连接到 ISDN 的端系统中的 NSAP 处用来提供 CONS,并将它用于电路操作时,本指导性技术文件的 2.7 适用。

2.7.2　操作规程

当在上述 2.7.1 标识的配置中提供 OSI CONS 时,下列内容适用:

a) CONS 的定义按 GB/T 15126—1994 的规定;

b) 在 GB/T 16966—1997 中给出了关于取决于 TE 配置的 ISDN 环境的特殊考虑;

c) CONS 元素与 X.25 PLP 元素的映射按 GB/T 16976—1997 的要求,以便一致性实现不使用 X.25(1980) SNDCP;

d) X.25 PLP 的通用规程和格式按 ISO/IEC 8208:2000 的规定,以便 DTE 用 DTE/DTE 方式进行操作;

e) 附加的适用标准是 CCITT 建议 Q.931、Q.921 和 I.430 或 I.431。

2.8　以 DTE/DCE 方式连同 ISO/IEC 10588 一起进行的 ISO/IEC 8208 的操作

2.8.1　适用性

当在 ISO/IEC 8208:2000 中标准化的 X.25 PLP 在通过 CSDN 连接到 PSDN 的端系统中的 NSAP 处用来提供 CONS 时,本指导性技术文件的 2.8 适用。

2.8.2　操作规程

当在上述 2.8.1 所标识的配置中提供 OSI CONS 时,下列内容适用:

a) CONS 的定义按 GB/T 15126—1994 的规定;

b) 在 ISO/IEC 10588:1993 中给出了当用于访问 PSDN 时 CSDN 环境的特殊考虑;

c) CONS 元素与 X.25 PLP 元素的映射按 GB/T 16976—1997 的要求,以便一致性实现不使用 X.25(1980) SNDCP;

d) X.25 PLP 的通用规程和格式按 ISO/IEC 8208:2000 的规定,以便 DTE 用 DTE/DCE 方式进行操作;

e) 附加的适用标准是 GB/T 14399—2008、CCITT 建议 V.25、X.21、X.21bis、X.30、X.31 和 X.32。

2.9　以 DTE/DCE 方式连同 ISO/IEC 10732 一起进行的 ISO/IEC 8208 的操作

2.9.1　适用性

当在 ISO/IEC 8208:2000 中标准化的 X.25 PLP 在通过 PSTN 连接到 PSDN 的端系统中的 NSAP

处用来提供 CONS 时，本指导性技术文件的 2.9 适用。

2.9.2 操作规程

当在上述 2.9.1 所标识的配置中提供 OSI CONS 时，下列内容适用：

a) CONS 的定义按 GB/T 15126—1994 的规定；

b) 在 ISO/IEC 10732:1993 中给出了当用于访问 PSDN 时 PSTN 环境的特殊考虑；

c) CONS 元素与 X.25 PLP 元素的映射按 GB/T 16976—1997 的要求，以便一致性实现不使用 X.25(1980) SNDCP；

d) X.25 PLP 的通用规程和格式按 ISO/IEC 8208:2000 的规定，以便 DTE 用 DTE/DCE 方式进行操作；

e) 附加的适用标准是 CCITT 建议 V.25、V.25bis 和 X.32。

2.10 以 DTE/DTE 方式连同 ISO/IEC 10732 一起进行的 ISO/IEC 8208 的操作

2.10.1 适用性

当在 ISO/IEC 8208:2000 中标准化的 X.25 PLP 在通过 PSTN 连接到另一个端系统的端系统中的 NSAP 处用来提供 CONS 时，本指导性技术文件的 2.10 适用。

2.10.2 操作规程

当在上述 2.10.1 所标识的配置中提供 OSI CONS 时，下列内容适用：

a) CONS 的定义按 GB/T 15126—1994 的规定；

b) 在 ISO/IEC 10732:1993 中给出了当用于直接连接两个端系统时 PSTN 环境的特殊考虑；

c) CONS 元素与 X.25 PLP 元素的映射按 GB/T 16976—1997 的要求，以便一致性实现不使用 X.25(1980) SNDCP；

d) X.25 PLP 的通用规程和格式按 ISO/IEC 8208:2000 的规定，以便 DTE 用 DTE/DTE 方式进行操作；

e) 附加的适用标准是 CCITT 建议 V.25、V.25bis 和 X.32。

3 提供和支持无连接方式的网络服务

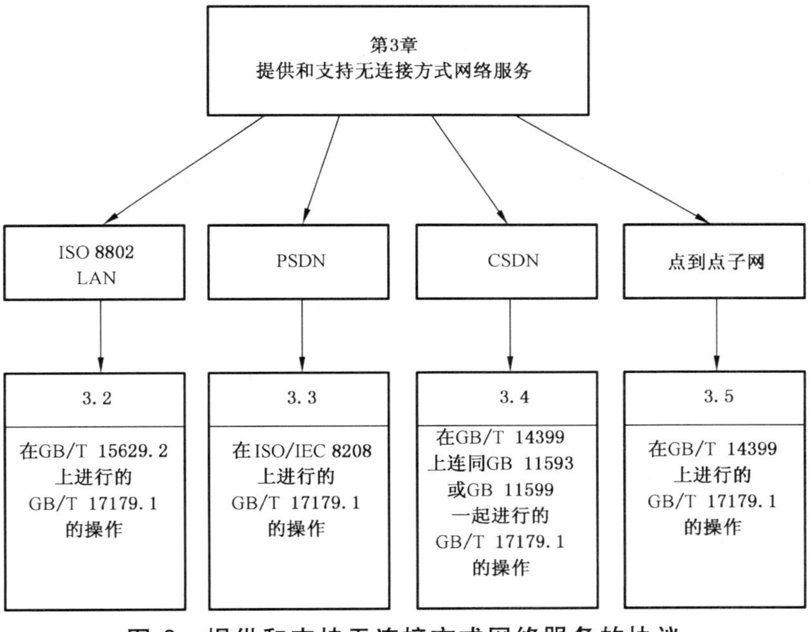

图 2 提供和支持无连接方式网络服务的协议

3.1 概述

图 2 图示了本章中所描述的协议组合和环境。

3.2 在 GB/T 15629.2 上进行的 GB/T 17179.1 的操作

3.2.1 适用性

当在 GB/T 17179.1—1997 中标准化的提供 CLNS 的协议在 GB/T 15629.2—2008 上操作，并在连接到 GB/T 15629 LAN 的端系统中的 NSAP 处用来提供 CLNS 时，本指导性技术文件的 3.2 适用。

3.2.2 操作规程

当在上述 3.2.1 所标识的配置中提供 OSI CLNS 时，下列适用内容与所使用的 MAC 规程类型无关：

a) CLNS 的定义按 GB/T 15126—1994 的规定；

b) 提供 CLNS 的协议一致性要求按 GB/T 17179.1—1997 的规定；

c) GB/T 17179.1—1997 所用的服务在 GB/T 15629.2—2008 提供的服务之上的映射按 GB/T 17179.2—2000 的规定；

d) LLC 的通用规程和格式按 GB/T 15629.2—2008 的规定。

3.3 在 ISO/IEC 8208 上进行的 GB/T 17179.1 的操作

3.3.1 适用性

当在 GB/T 17179.1—1997 中标准化的提供 CLNS 的协议以 DTE/DCE 方式在 ISO/IEC 8208:2000 上操作，并在连接到 PSDN 的端系统中的 NSAP 处用来提供 CLNS 时，本指导性技术文件的 3.3 适用。

3.3.2 操作规程

当在上述 3.3.1 所标识的配置中提供 OSI CLNS 时，下列内容适用：

a) CLNS 的定义按 GB/T 15126—1994 的规定；

b) 提供 CLNS 的协议一致性要求按 GB/T 17179.1—1997 一致性条款的要求；

c) GB/T 17179.1—1997 所用的服务在使用 X.25 PLP 以包交换方式操作的终端设备提供的服务之上的映射按 GB/T 17179.3—2000 的规定；

d) X.25 PLP 按 ISO/IEC 8208:2000 的规定；

e) LAPB 兼容规程和格式按 GB/T 14399—2008 的规定。

3.4 在 GB/T 14399 上连同 GB 11593 或 GB 11599 一起进行的 GB/T 17179.1 的操作

3.4.1 适用性

当在 GB/T 17179.1—1997 中标准化的提供 CLNS 的协议在 GB/T 14399—2008 上操作，并在连接到 CSDN 的端系统中的 NSAP 处用来提供 CLNS 时，本指导性技术文件的 3.4 适用。

3.4.2 操作规程

当在上述 3.4.1 所标识的配置中提供 OSI CLNS 时，下列内容适用：

a) CLNS 的定义按 GB/T 15126—1994 的规定；

b) 提供 CLNS 的协议一致性要求按 GB/T 17179.1—1997 一致性条款的要求；

c) GB/T 17179.1—1997 所用的服务在数据链路服务之上的映射按 GB/T 17179.4 中的规定；

d) 数据链路服务与 GB/T 14399—2008 的映射按 ISO/IEC 11575:1995 中的规定；

e) 除非地址分配事先已知，否则，主呼端系统分配地址“A”，被呼端系统分配地址“B”；

f) 在公用数据网络上同步操作时，数据终端设备和数据电路终接设备间的接口规程按 CCITT 建议 X.21 或 X.21 bis 的定义。

3.5 在 GB/T 14399 上进行的 GB/T 17179.1 的操作

3.5.1 适用性

当在 GB/T 17179.1—1997 中标准化的提供 CLNS 的协议在 GB/T 14399—2008 上操作，并在连接到点到点子网的端系统中的 NSAP 处用来提供 CLNS 时，本指导性技术文件的 3.5 适用。

3.5.2 操作规程

当在上述 3.5.1 所标识的配置中提供 OSI CLNS 时，下列内容适用：

a) CLNS 的定义按 GB/T 15126—1994 的规定；

b) 提供 CLNS 的协议一致性要求按 GB/T 17179.1—1997 一致性条款的要求；

c) GB/T 17179.1 所用的服务在数据链路服务之上的映射按 GB/T 17179.4—2000 中的规定；

d) 数据链路服务与 GB/T 14399—2008 的映射按 ISO/IEC 11575:1995 中的规定。

ICS 17.240
A 58

中华人民共和国国家标准

GB/T 16509—2008/ISO/ASTM 51707:2005
代替 GB/T 16509—1996

辐射加工剂量测量不确定度评定导则

Standard guide for estimating uncertainties in dosimetry for radiation processing

(ISO/ASTM 51707:2005,IDT)

2008-09-19 发布　　2009-08-01 实施

中华人民共和国国家质量监督检验检疫总局
中国国家标准化管理委员会　发布

前　言

本标准等同采用ISO/ASTM 51707:2005(E)《辐射加工剂量测量不确定度评定导则》(英文版)。

为便于使用,本标准做了下列编辑性修改。

a) 按照汉语的习惯对一些编排格式进行了修改。

b) 对于ISO/ASTM 51707:2005引用的其他国际标准中有被等同采用为我国标准的,本标准用引用我国的这些国家标准或行业标准代替对应的国际标准,其余未有等同采用为我国标准的国际标准,在本标准中均被直接引用。

c) 原国际标准中的附录编号A1、A2、A3、A4、A5改为A、B、C、D、E。

本标准代替GB/T 16509—1996《辐射加工剂量测量不确定度评定导则》。本标准与GB/T 16509—1996相比主要变化如下:

——调整了部分术语和定义(见1996版第3章;本版的第3章);

——重新规定了标准的"意义与用途"(1996版4.1;本版的4.1、4.2、4.3、4.4、4.5);

——增加了不确定度分量分类的依据以及分类的作用(见6.1.1.1、6.1.1.2、6.1.1.3、6.1.1.4);

——增加了不确定度A类评定的举例(见本版的6.2.4);

——增加了剂量计测量系统校准的规定和分析(见本版的第7.3和7.4);

——增加了不同校准方法的不确定度分析(见本版的7.5、7.6、7.7);

——增加了评定不确定度分量的目的(见本版9.3);

——调整了附录的全部内容(见1996版A;本版附录A、B、C、D、E);

——删除了1996版中的附录B"文献目录",增加"参考文献"。

本标准的附录A、附录B、附录C、附录D和附录E为资料性附录。

本标准由中国核工业集团公司提出。

本标准由全国核能标准化技术委员会归口。

本标准起草单位:中国计量科学研究院、上海金鹏源辐照技术有限公司。

本标准主要起草人:张辉、张彦立、王春艳、刘智绵、郑彬。

本标准所代替标准的历次版本发布情况为:GB/T 16509—1996。

辐射加工剂量测量不确定度评定导则

1 范围

1.1 本标准详细说明了在 γ 射线、X 射线(轫致辐射)和电子束辐射装置剂量测量中不确定度的可能来源,规定了使用剂量测量系统测量吸收剂量的不确定度的评定程序;同时定义并阐述了测量的基本概念、量的测量值的评价、“真值”、误差以及不确定度;规定了不确定度分量的评定方法,给出了这些分量对吸收剂量报告值的标准不确定度的贡献,并给出了合成标准不确定度的计算方法以及扩展(总)不确定度的评定方法。不确定度分量的定值遵循 ISO 的程序,本标准不再使用精度和偏差的传统概念,参见附录 E 示例。

1.2 本标准采用了统计学实用知识(见参考文献[1]、[2]、[3]、[4])。

1.3 本标准不涉及与使用者相关的安全问题(如果存在)。本标准的使用者负责建立适用的安全和健康标准,并在使用前确定其适用的限制范围。

2 规范性引用文件

下列文件中的条款通过本标准的引用而成为本标准的条款。凡是注日期的引用文件,其随后所有的修改单(不包括勘误的内容)或修订版均不适用于本标准,然而,鼓励根据本标准达成协议的各方研究是否可使用这些文件的最新版本。凡是不注日期的引用文件,其最新版本适用于本标准。

GB/T 16510 辐射加工吸收剂量学校准实验室的能力要求(GB/T 16510—2008,ISO/ASTM 51400:2002,IDT)

GB/T 16640 辐射加工剂量测量系统的选择和校准导则(GB/T 16640—2008,ISO/ASTM 51261:2002,IDT)

GB 18280 医疗保健产品灭菌 确认和常规控制要求 辐射灭菌(GB 18280—2000,ISO 11137:1995,IDT)

ISO,1995,ISBN 92-67-10188-9 测量不确定度表示指南

ISO/ASTM 51204 γ 辐照装置食品加工实用剂量学导则

ISO/ASTM 51205 使用硫酸铈-亚铈剂量测量系统的实践

ISO/ASTM 51275 使用辐射显色薄膜剂量测量系统的实践

ISO/ASTM 51431 电子和轫致辐射辐照装置食品加工剂量学实践

ASTM E 170 辐射测量与剂量学术语

ASTM E 177 材料性能试验中使用精度和偏差术语的实践

ASTM E 178 处理离群观测值的实践

ASTM E 456 量与统计学术语

ASTM E 876 在光谱仪数据评定中使用统计学的实践

ASTM E 1249 在使用 Co-60 放射源进行硅电子器件辐射损伤试验中减小剂量测量误差的标准实践

ICRU 14 号报告 辐射剂量学:最大光子能量为 0.6 MeV ~25 MeV 的 X 射线和 γ 射线

ICRU 17 号报告 辐射剂量学:管电压为 5 kV ~150 kV 的 X 射线发生装置

ICRU 34 号报告 脉冲辐射剂量学

ICRU 35 号报告 初始能量为 1 MeV~50 MeV 的电子束辐射剂量学

ICRU 37 号报告 电子和正电子的阻止本领

ICRU 60 号报告　电离辐射基本量和单位

3　术语和定义

ASTM E 170 和 ICRU 第 60 号报告确立的以及下列术语和定义适用于本标准。

3.1

吸收剂量　absorbed dose

$d\bar{E}$ 除以 dm 而得的商，即

$$D = d\bar{E}/dm \quad \cdots\cdots(1)$$

式中：

$d\bar{E}$——电离辐射授予质量为 dm 的物质的平均能量。

单位：$J \cdot kg^{-1}$，名称为戈瑞，符号为 Gy，$1\ Gy = 1\ J \cdot kg^{-1}$。

3.2

测量准确度　accuracy of measurement

测量结果与被测量真值之间的一致程度。

3.3

校准曲线　calibration curve

表示剂量测量系统响应函数的曲线图。

3.4

变异系数　coefficient of variation

以样本平均值的百分数表示的样本标准偏差，见式(2)：

$$CV = s_{n-1}/\bar{x} \times 100\% \quad \cdots\cdots(2)$$

3.5

合成标准不确定度　combined standard uncertainty

当测量结果由若干个其他量的值获得时，等于各项其他量加权值的方差和(或)协方差之和的正平方根值。

3.6

置信区间　confidence interval

给定概率下，赋于被测量的平均值的分布空间。

3.7

置信水平　confidence level

置信区间内包含变量值的概率。

3.8

已修正的结果　corrected result

通过修正因子或修正值已进行修正的测量结果。

3.9

修正值　correction

用代数方法与未修正测量结果相加，以补偿系统误差的值。

说明——修正值等于系统误差的负值。有些系统误差可以估计并通过采用适当的修正值加以补偿，然而由于不能完全掌握系统误差，因此不能完全补偿。

3.10

修正因子　correction factor

为补偿系统误差而与未修正测量结果相乘的数字因子。

3.11

覆盖因子　coverage factor

为求得扩展不确定度，对测量结果的合成标准不确定度所乘的数。

说明——典型的覆盖因子 k 在 2 和 3 之间。

3.12

剂量计批　dosimeter batch

采用受控、且固定的工艺流程制备的性能、质量和组成相同，且具有唯一标识代码的同批剂量计。

3.13

剂量测量系统　dosimetry system

由剂量计、测量仪器、剂量响应校准曲线(或剂量响应函数)或相关的参考标准和使用程序组成的用于确定吸收剂量的系统。

3.14

(测量的)误差　error (of measurement)

测量的结果减去被测量的真值所得的差。

说明——修正值等于系统误差的负向值。有些系统误差可以估计并通过采用适当的修正值加以补偿，然而由于不能完全掌握系统误差，因此不能完全补偿。

3.15

扩展不确定度　expanded uncertainty

以某量的估计值为中心，具有特定包含概率的对称包含区间的半宽度。

说明——1)　扩展不确定度只是单峰、对称的概率密度函数定义的。

2)　扩展不确定度在 INC-1(1980)建议的第 5 段中称为"总不确定度"。

3)　实际上，扩展不确定度通常是测量结果的标准不确定度的倍数。

3.16

期望值　expected value

随机变量与其概率乘积的和。

对于离散随机变量，由式(3)给出：

$$E = \sum_i P_i V_i \qquad \cdots\cdots(3)$$

式中：

V_i——第 i 个离散随机变量；P_i 为第 i 个离散随机变量的概率；对于连续随机变量 x，由式(4)给出：

$$E = \int x f(x) \mathrm{d}x \qquad \cdots\cdots(4)$$

式中：

$f(x)$——概率密度函数，积分范围是变量 x 的全部区间。

3.17

影响量　influence quantity

不是被测量但对测量结果有影响的量。

说明——包括与参考材料相关的数值、测量结果依据的参考数据，同时还包括仪器的短期波动等现象和参数例如温度、时间和湿度。

3.18

被测量　measurand

拟被测量的量。

说明——被测变量的说明可能包括其他参数，如时间、湿度或温度，如：在 25 ℃的水温下的平衡吸收剂量。

3.19

测量 measurement

以确定量值为目的的一组操作。

3.20

测量程序 measurement procedure

根据给定的测量方法，用于一组规定测量操作的具体叙述。

说明——测量程序通常要足够详尽地写成文件，以便操作者能够进行测量。

3.21

测量系统 measurement system

组装起来以适于在规定的量值范围内测量某特定量的仪器和其他装置或物质的组合。

3.22

测量溯源性 measurement traceability

溯源性 traceability

通过连续的比较链，证明测量结果能够与国家或国际认可的标准在不确定度可接受范围内一致的特性。

3.23

测量方法 method of measurement

进行测量时所用的，按类别叙述的一组操作逻辑次序。

3.24

离群值 outlier

在一组测量值内与其他值显著不一致的值。

3.25

基准剂量计 primary standard dosimeter

由国家和国际标准化组织建立的吸收剂量标准剂量计，其量值和测量不确定度的确定与同种量的其他测量标准无关。

3.26

测量原理 principle of measurement

测量方法的科学依据。

3.27

方和根法 quadrature

合成不确定度的评估方法，采用独立不确定度分量的方和根计算(如变异系数)。

3.28

随机误差 random error

测量所得的量值与在重复条件下对同一被测量进行无限多次重复测量所得平均值之差。

3.29

参考标准剂量计 reference standard dosimeter

具有较高计量学特性标准的剂量计，用于溯源至基准剂量计并与基准剂量计测量保持一致的标准剂量计。

3.30

(一个量的)参考值 reference value (of a quantity)

对于给定目的并具有适当不确定度的、赋予或协议规定的特定量的值，如由参考标准复现而赋予该量的值。

3.31

(测量的)相对误差　relative error (of measurement)

测量误差除以被测量的真值所得的商。

说明——由于真值不能获知,实际上采用参考值。

3.32

(测量结果的)重复性　repeatability (of results of measurements)

在相同测量条件下,相同的测量程序、相同的观测者、相同的测量仪器、相同的使用条件、相同地点、短时间内连续多次测量所得结果之间的一致性。

说明——这些条件称为"重复性条件"。重复性可以用测量结果的分散性定量地表示。

3.33

(测量结果的)复现性　repruducibility (of results of measurements)

以一组包括不同地点、不同操作者、不同测量系统的条件下的测量精密度。

说明——给出复现性时,应有效地说明改变条件的详细情况。复现性可用测量结果的分散性定量地表示。测量结果在这里通常理解为已修正结果。

3.34

响应函数　response function

对于给定的剂量测量系统,剂量计响应与吸收剂量关系的数学表达式。

3.35

测量结果　result of measurement

由测量所得到的赋予被测量的值。

说明——在给出测量结果时,应明确是示值、未修正测量结果还是已修正测量结果,以及是否为几个值的平均值。测量结果的完整表述中应包括测量不确定度。

3.36

工作剂量计　working / routine dosimeter

使用基准、参考标准或传递标准剂量计校准过的用于日常吸收剂量测量的剂量计。

3.37

样本平均值　sample mean

以一组数据的平均值代表对象总体的度量方法。由一组数据的总和除以该数据组的样本数得到,见式(5):

$$\bar{x} = \frac{1}{n}\sum_{i=1}^{n} x_i \quad \cdots\cdots(5)$$

式中:

x_i——第 i 个样本值。

3.38

样本标准偏差　sample standard deviation

以方差的正平方根表示测量离散性的度量。即:对同一被测量作 n 次测量,表征测量结果分散性的参数 S_{n-1},可按式(6)算出:

$$S_{n-1} = \sqrt{\frac{\sum_{i=1}^{n}(x_i - \bar{x})^2}{n-1}} \quad \cdots\cdots(6)$$

式中:

x_i——第 i 次测量结果;

$\bar{x}$——有限次 n 个测量结果的算术平均值。

3.39

样本方差　sample variance

独立样本值与其平均值差值平方和，除以($n-1$)，由式(7)给出：

$$s_{n-1}^2 = \frac{\sum (x_i - \bar{x})^2}{n-1} \quad \cdots\cdots(7)$$

式中：

x_i——第 i 个样本值；

$\bar{x}$——有限次 n 个测量结果的算术平均值。

3.40

标准不确定度　standard uncertainty

以标准偏差表示的测量结果不确定度。

3.41

系统误差　systematic error

在重复条件下，对同一被测量进行大量的重复测量所得平均值与被测量真值之差。

说明——重复测量需在重复性条件下进行。如真值一样，系统误差和及其原因不能完全获知。测量结果的误差经常由许多随机误差和系统影响引起，这些系统影响就作为独立的误差引入测量结果中（见ASTM E 170、ASTM E 456 和ASTM E 177)。

3.42

传递标准剂量计　transfer standard dosimeter

在测量标准相互比较中用作媒介的剂量计，它能够可靠地传递吸收剂量值，进行比对、校准工作量计和辐射场。

3.43

真值　true value

可由理想测量获得的被测量的值。

说明——真值是一个理想的概念，不可能准确获知。本标准中，"被测量的真值"视为"被测量的值"。

3.44

(标准不确定度的)A 类评定　Type A evaluation (of standard uncertainty)

通过对重复性条件测量所得量值的统计分析，评定测量不确定度的方法。

3.45

(标准不确定度的)B 类评定　Type B evaluation (of standard uncertainty)

通过不是对测量所得量值的统计分析手段，评定测量不确定度的方法。

3.46

(测量的)不确定度　uncertainty (of measurement)

基于所用的信息，表征赋予被测量之量值的分散性的参数。

3.47

未修正结果　uncorrected result

系统误差修正之前的测量结果。

3.48

(一个量的)值　value (of a quantity)

一般由一个数乘以测量单位所表示的特定量的大小，如 25 kGy。

4　意义与用途

4.1　通常使用 γ 射线、X 射线(韧致辐射)和电子束辐照装置辐照各种产品，如食品、医疗保健产品、防腐包装及物品(见 ISO/ASTM 51204 和 ISO/ASTM 51431)。应仔细控制加工参数以保证这些产品按规范加工(见 GB 18280)。准确的剂量测量是加工控制的关键(见 GB/T 16640)。为使吸收剂量测量有效,应评定与测量相关的合成不确定度。

注 1:适用于本标准给出的辐射类型和能量的各种剂量测量方法的理解性论述见 ICRU 第 4 号、第 17 号、第 34 号、第 35 号报告和参考文献[5]、[6]。

4.2 本标准使用的研究方法采自国际标准化组织(ISO)关于辐射加工剂量测量不确定度的评定(见 2.1)。ASTM 传统意义上使用的术语为精度和偏差。精度是单次测量与规定条件下重复测量的一致性;偏差是系统误差(见 ASTM E170、ASTM E 177 和 ASTM E 456)。在本标准中,不确定度分量由不确定度的 A 类或 B 类评定,而不采用精度和偏差。误差不等于不确定度 A 类和 B 类评定的分量。

4.3 尽管本标准给出了不确定度评定的框架,但不能代替严格思考、科学公正和专业技能。不确定度评定既不是日常任务也不是纯粹的数学问题,它取决于测量状态、测量方法和测量程序的熟悉掌握,因此测量结果不确定度的质量和有效性依赖于对该结果有贡献的分量的理解、分析和合成。

4.4 有必要建立不确定度评定结果是否可以接受的目标不确定度。

4.5 不确定度结果的导出有助于对给出的应用统计控制进行评价。通过与扩展不确定度比较可以将不确定度的可控分量进行分类,这种分类有助于划分修正运算的范畴以减小扩展不确定度。

5 基本概念——不确定度的概念

5.1 测量

5.1.1 测量目的是确定所测量特定量的值。因此,测量始于对被测量、测量方法和测量程序的说明。

5.1.2 通常测量结果仅是被测量值的近似值或估计值,因此应有估计值的不确定度说明。

5.1.3 被测量的说明或定义取决于测量要求的准确度。相对于所要求的准确度,被测量的定义应足够完整,这样对于实际目的,被测量值才是唯一的。

5.1.3.1 尽管被测量应详细说明,使来自定义不完整所引起的不确定度与测量要求的准确度相比较可以忽略,但这种情况通常难以满足。例如,已经假设、未确定或具有可以忽略影响但并未规定的参数,或者没有充分考虑存在的隐含条件以及理解不充分而导致定义不完整。

5.1.4 多数情况下,根据重复观测确定测量结果。重复观测中的变化通常是由于未能将影响测量结果的每个影响量保持完全不变。

5.1.5 将一组重复观测结果转换为测量结果的数学模型非常重要,这是因为除观测结果外还包括不确切知道的各种影响量。由于缺少这些信息,导致随重复观测值的变化产生了测量结果的不确定度以及与数学模型本身相关的不确定度。

5.2 误差、影响与修正

5.2.1 通常,测量程序的缺陷会导致测量结果的误差。习惯上误差被分为两类分量:即随机分量和系统分量。

5.2.2 随机误差是由未预计的变化或影响量随时间和空间改变而产生的。这种影响(简称随机影响)导致被测量重复观测值的变化。测量结果的随机误差不能借助修正被补偿,但可通过增加观测次数而减小,其期望值为零。

注 2:算术平均值的实验标准偏差或一系列观测值的平均值不是平均值的随机误差,尽管某些关于不确定度的出版物这样提及,它实际上是由于随机影响而产生的平均值不确定度的量度。无法掌握平均值中由这些影响产生的误差的准确值。本标准谨慎考虑了"误差"和"不确定度"两个术语的区别,它们不是同义语,而是代表两个完全不同的概念,不应将它们混淆或误用。

5.2.3 系统误差与随机误差一样不能被消除但通常可以减小。若系统误差是由可识别的影响量对测量结果的影响产生的,简称系统影响,这种影响可定量表示。如果该数值与要求的测量准确度相比较大,可采用估计的修正值或修正因子,修正后,系统影响引起的期望值或误差的期望值为零。

注 3:用于补偿测量结果中系统影响的估计修正值的不确定度不是系统误差,而是由于不完全了解修正值而造成的测量结果不确定度的量度。通常不可能确切掌握由于系统影响补偿不完善所产生的误差。

5.2.4 假定测量的结果已对所有可识别的明显的系统影响进行了修正。

注 4：通常由调整测量参考标准或校准测量仪器与系统以减小系统影响，但仍应考虑与这些标准相关的不确定度。

5.3 不确定度

5.3.1 测量结果的不确定度反映了对被测量的值缺乏确切的了解。由于随机影响和对系统影响的不完善修正所带来的不确定度，在对已识别的系统影响修正后，测量结果仍是被测量的估计值。

注 5：即使测量结果（修正后）仍有较大的不确定度，却能无意地非常接近被测量值。因此这种测量结果的不确定度不应解释为表示残存的未知误差。

5.3.2 实际上，测量中有许多可能的不确定度来源，包括：

5.3.2.1 被测量的定义不完整；

5.3.2.2 被测量定义复现的不理想；

5.3.2.3 取样——被测样品可能不代表定义的被测量；

5.3.2.4 没有充分了解环境条件对测量程序的影响，或环境条件测量不完善；

5.3.2.5 模拟仪器读数时的人为偏差；

5.3.2.6 仪器的分辨率或鉴别阈值；

5.3.2.7 赋予测量标准的值；

5.3.2.8 由外部来源获得并在数据简化算法中使用的常数及其他参数值；

5.3.2.9 测量方法和程序中引入的近似值及假设；

5.3.2.10 被测量重复观测中缺少相同的条件。

注 6：这些来源不一定是独立的，有些对 5.3.2.10 有影响。当然，测量结果不确定度评定时，不会考虑一个未识别的系统影响，但这种影响会导致误差出现。

5.3.3 根据不确定度的评定方法，将不确定度分量的评定分为“A”类和“B”类，这样分类并非“随机”和“系统”的代用词。对已知系统影响修正的不确定度可以由 A 类或 B 类来评定，同样可以用不确定度表征随机影响。

5.3.4 A 类和 B 类分类的目的是在于说明不确定度评定的两种不同途径。两种评定方法均基于概率分布，每一类产生的不确定度分量都可以用标准偏差或方差定量。

5.3.5 表征由 A 类方法得到的不确定度分量的总体方差 u^2 是根据一系列重复观测值计算得到的，其最佳估计为样本方差 s^2。总体标准偏差 u(u^2 的正平方根）由 s 评估得到，为方便起见，有时也称为标准不确定度 A 类评定。对于用 B 类评定方法得到的不确定度分量，可用已有的知识评估总体方差 u^2，标准偏差 u 也称为标准不确定度 B 类评定。

5.3.5.1 因此根据观测得到的频率分布导出的概率密度函数可以求得标准不确定度 A 类评定，而标准不确定度 B 类评定则是根据以对事件即将发生的置信程度为依据的假设概率密度函数求得的。这两种方法均为概率论的等效说明。

注 7：不确定度分量的 B 类评定通常以一组比较可靠的信息为基础。

5.3.6 测量结果的不确定度合成称为合成标准不确定度，表示为 u_c，是用不确定度传播定律估算出的标准偏差的估计值，等于对所有方差与协方差分量求和后的总方差的正平方根（见附录 C）。

5.3.7 为满足工业、商业以及卫生和安全领域的要求，需要计算扩展不确定度 U，其用途是提供一个测量结果的区间，期望被测量以较高的置信水平落在此区间内。U 等于合成标准不确定度乘以覆盖因子 k（见 8.3）。

注 8：覆盖因子 k 应标注，以便能够获得测量量的标准不确定度。

5.4 实际考虑

5.4.1 通过改变所有与测量结果有关的参数，便可用统计方法计算出不确定度。然而由于时间和资源有限，实际上这种可能性很小，通常用测量过程的数学模型和不确定度的传播定律计算不确定度，故本标准的寓意即假设可用数学方法将测量过程模拟到所要求的测量准确度水平上。

5.4.2 由于数学模型可能不完整，全部参数应在切实可行的最大范围内变化，使不确定度的计算以尽可能多的观测数据为基础。无论何时，只要有可能，应使用基于长期数据建立的测量过程的经验模型以及能够说明测量过程是否处于统计学控制之下的核查标准和控制图表，力争获得可靠的不确定度的估计值。设计完善的实验将会极大地促进这种工作，并成为测量工作的重要组成部分。

5.4.3 为判断测量系统是否正常运转，经常将其输出值的实验观测变化率与表征其组成部分的适当的不确定度分量合成预测的变化相比较。当计算实验观测输出值分布的预测标准偏差时，只需考虑可能对观测值的变化率有影响的那些分量（无论是用 A 类还是 B 类评定方法得到的）。

注 9：收集对变化率有影响的分量及那些还未分成单独的并具有适当标记的两组分量将有利于这种分析。总不确定度的评定应考虑这两组分量。

5.4.4 一组测量结果中明显的离群值可能是数据中固有的随机变化率的极值，若果真如此，应保留其值并与其它测量值同样处理。另一方面，出现离群值的测量还可能是严重偏离实验程序造成的，或是数据分析或记录过程中疏忽而引入的较大未知误差。离群值一般通过重查数据识别，无论其是否被剔除，都应进一步研究确定其可能的产生原因（见 ASTM E 178）。

5.5 概念的图示

5.5.1 图 1 显示了本章阐述的一些概念，它说明为什么本导则关注的是不确定度而不是误差。测量结果的准确程度一般是未知的或不可知的，人们力所能及的就是通过重复观测取样得到的未知概率分布，或根据提供信息的主观分布或先验分布，估计输入量值，包括对已知系统影响的修正及其标准不确定度（估计的标准偏差）；再根据输入量的估计值计算测量结果，根据估计值的标准不确定度计算该结果的合成标准不确定度。两种先期分布见图 2。

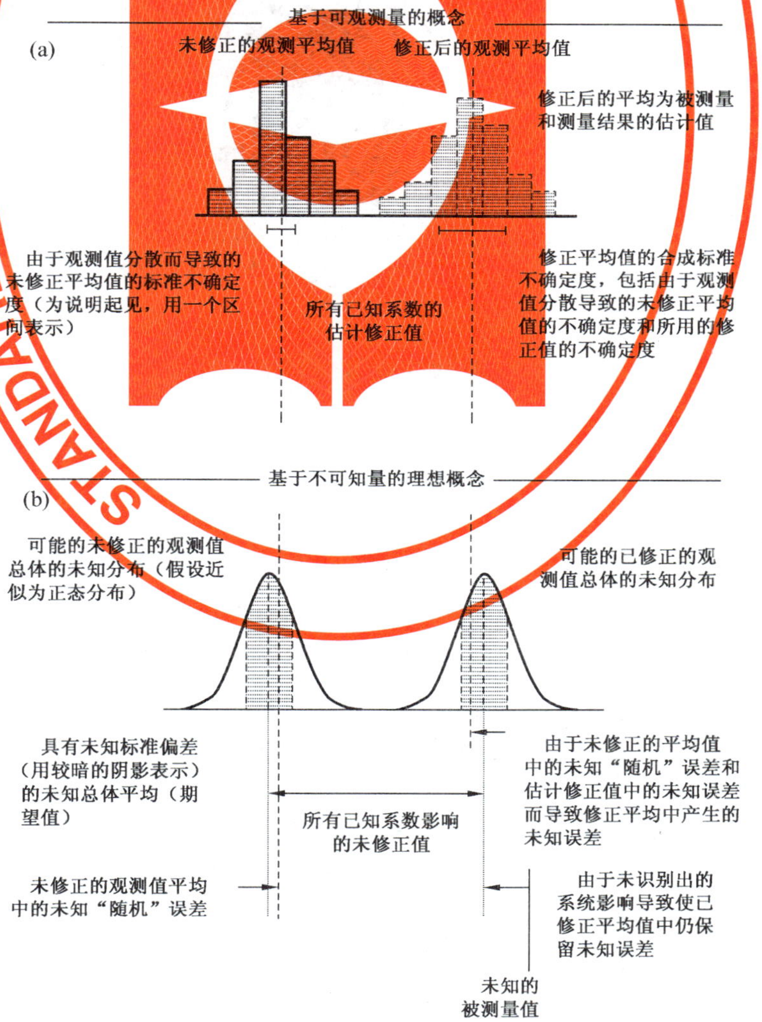

图 1 量值、误差及不确定度的图示说明

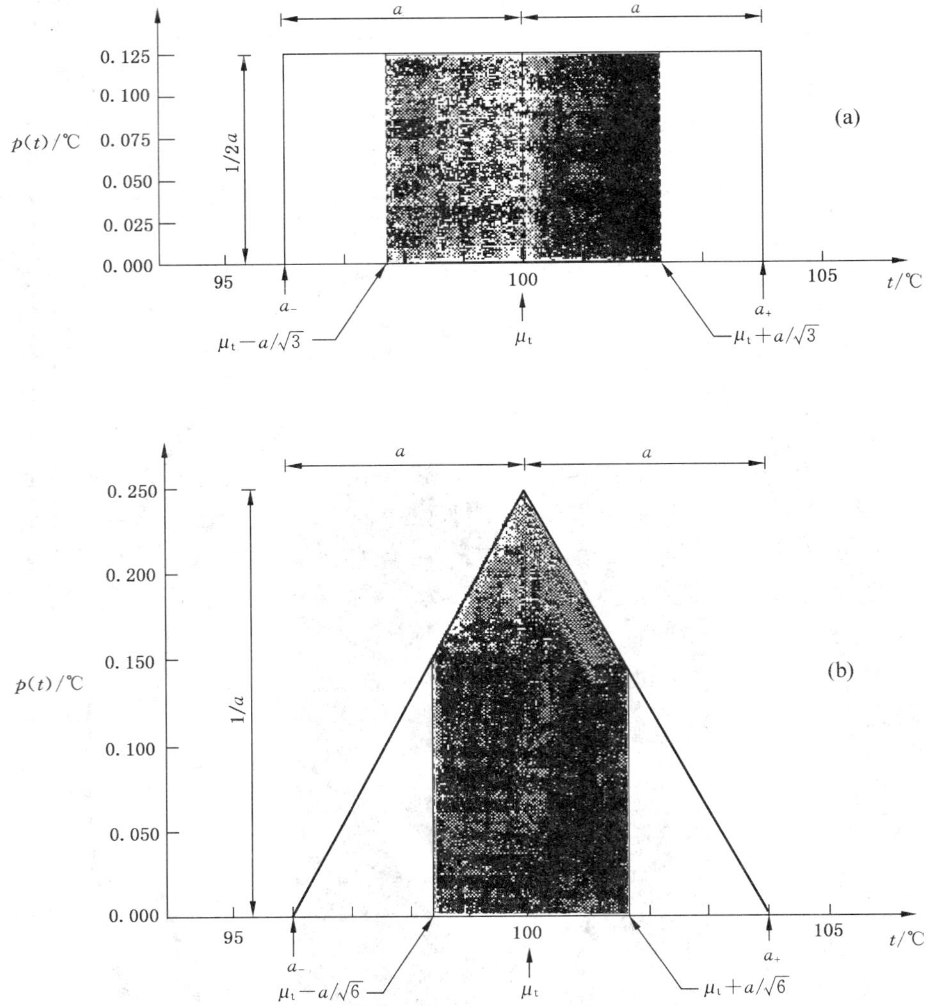

图 2　不确定度 B 类评定的图示

6　标准不确定度的评定

6.1　测量程序

6.1.1　被测量 Y(如吸收剂量)通常不能直接测量,但可以通过函数关系 f 由 N 个可测量的量 $X_1, X_2, \cdots, X_N$ 获得,见式(8):

$$Y = f(X_1, X_2, \cdots, X_N) \qquad \cdots\cdots(8)$$

6.1.1.1　式(8)中 $X_1, X_2, \cdots, X_N$ 及其相关的不确定度可以通过重复观测在公认的测量过程中直接确定,其中可能包含例如温度或湿度等影响量的影响,也可能包含由于常规剂量测量系统的校准条件与实际辐照装置的条件(不同的剂量率、温度的循环变化等)不同所产生的不确定度。还可能引入由于使用参考或传递标准剂量计及其相关不确定度的其他量。

6.1.1.2　式(8)中 $X_1, X_2, \cdots, X_N$ 及其相关的不确定度被分为独立的如 X_1 或 X_2,或者是集合的,如 $X_3, \cdots, X_p$(当 $p<N$ 时)。

6.1.1.3　输入量的分组是根据所选择的剂量计、校准方法、测量应用环境等确定的。在这一系列条件的能力上形成既有针对独立量又有针对集合量的实验测量。

6.1.1.4　独立的和集合的输入量及其不确定度的相关估计值都可用来比较不确定度的估计值。比较将提高不确定度主要分量没有遗漏或某些来源没有重复的可信度。

6.2 标准不确定度的A类评定

6.2.1 一个量的期望值的最佳估计由可重复条件的 n 次独立测量获得，并由算术平均值 $\bar{x}$ 或测量平均值赋值。这些观测值的样本标准偏差 s_{n-1} 表征了观测值的变化或观测值的平均值的离散性。例如利用工业辐照装置，在密度、辐射吸收特性和几何条件相同的产品内的同一位置重复测量剂量，同样的过程和环境条件可以提供剂量测量系统样本标准偏差的估算值。由处理条件引起的可能的剂量变化应在样本标准偏差中予以考虑。样本标准偏差 s_{n-1} 被称为标准不确定度A类评定，u_A。

6.2.1.1 由A类评定表示的不确定度类型是通过收集用于不确定度评定的观测值的实验设计确定的。如果这样的A类不确定度评定大到难以接受，则通过更加精确的实验设计估算不确定度分量。分量的变异性的信息有助于区分可控分量以减小变异性。例如：在不控制薄膜厚度、相对湿度或温度的校准条件下，测量薄膜剂量计的吸光度，根据这样的校准评定的剂量不确定度会大到难以接受。控制这些因素的实验设计可以说明薄膜厚度和相对湿度对吸光度测量有显著的影响。校准和常规剂量测量时，控制这些影响可以减小剂量估算的不确定度。

6.2.2 对于在统计学控制下运行良好测量程序，可以得到合成或合并的方差 s_p^2 或合并的样本标准偏差 s_p（见 ASTM E 876）。这种情况下，独立的 n 次重复测量平均值的方差为 s_p^2/n，标准不确定度A类评定 u_A 为 $u_A=s_p/\sqrt{n}$。

6.2.3 对于不确定度A类评定的分量，增加自由度将减小标准偏差估算的不确定度并改善不确定度评定的质量。

6.2.4 采用工业辐照装置进行的校准和测量，由于缺少可重复条件所造成的不确定度A类评定分量的大小可以通过重复可复现的测量进行估算。

6.3 标准不确定度的B类评定

6.3.1 利用输入量 X_i 可能变化的所有相关信息能够进行不确定度分量的B类评定。对于重复测量中得不到的输入值 X_i，利用 X_i 可能变化的所有相关信息进行判断以估算方差 u_B^2 或标准不确定度 u_B。这些合并的信息包括以前的测量数据、剂量测量系统性能特点的记录以及参考或传递标准剂量计注明的不确定度。这种评定不确定度 u_B 的方法称为不确定度B类评定。第7章给出了标准不确定度分量B类评定的来源。

6.3.2 不确定度分量B类评定的方法有几种。其中之一是基于已知工业辐照装置和校准时的运行条件以及文件记录的剂量测量系统的不确定度特性来估算每一个分量合理的最大值。另一个方法是作为这些装置运行的函数估算每个分量的大小。

6.3.3 第一种方法是估算每一个分量可能观测到的最大值，例如：如果已知剂量测量系统随温度变化，则将最大运行温度范围的不确定度作为这个分量的不确定度。如果不能确切知道 a_- 到 a_+ 估计范围内 X_i 可能的值，只能假设在该范围内 X_i 为任意值的可能性相同［即矩形分布］，见图2(a)，如图2(a)所示，样本的标准偏差为 $a/\sqrt{3}$。某些情况下，实际上接近中点值的可能性大于边界附近值的可能性，于是可用底边宽度为 $a_- - a_+ = 2a$ 的等腰三角形取代矩形分布，见图2(b)，假设 X_i 为这种三角形分布，X_i 的期望值为 $(a_- - a_+)/2$，方差 $u_B^2=a^2/6$，B类标准不确定度 $u_B=a/\sqrt{6}$。

6.3.4 第2种不确定度B类评定的方法是把分量定义为辐照装置运行特性的函数，此数学关系可能是未知的。

6.3.4.1 例如：当给定剂量下剂量测量系统响应随温度变化的关系已知时，可用接受每份剂量的温度的函数估算不确定度。由响应和温度的关系确定不确定度还需要详细了解辐照过程中的温度状况。

6.3.4.2 当不能确定剂量率和温度变化之间的关系时，可用一个假设的分布函数描述它们之间的关系，用6.3.4.1给出的程序评定不确定度。

6.3.5 对于采用参考或传递标准剂量计的情况，供应者提供的不确定度是作为标准偏差的倍数给出的，标准不确定度B类评定 u_B 等于引用值除以该倍数。如果不确定度是以置信水平给出的，例如95%或99%，那么可以假设倍数分别近似为2或3（见8.3.1），u_B 的值等于给定置信区间的不确定度估算值除以该倍数。

7 不确定度的来源

7.1 吸收剂量测量值合成不确定度的来源包括：

7.1.1 校准剂量计接受的吸收剂量的不确定度；

7.1.2 剂量计响应分析的不确定度；

7.1.3 剂量测量数据拟合校准曲线的不确定度；

7.1.4 产品辐照装置使用的工作剂量计的不确定度。

7.2 通常不确定度的每项来源由几个 A 类和 B 类评定的分量组成。首先按类别分别把 A 类、B 类评定分量合成在一起，然后再把它们合并给出合成标准不确定度 u_c。合成不确定度的方法见第 8 章和附录 C。

7.3 工作剂量计的校准辐照可在以下条件实施：(a)采用 GB/T 16510 严格规定的国家或授权的校准实验室；(b)能提供可测量溯源至国家或国际认可标准的吸收剂量(或吸收剂量率)自有校准装置；(c)具有测量溯源至国家或国际认可标准的参考或传递标准剂量计(见 GB/T 16640)和实际产品辐照条件的产品辐照装置。对于(a)或(b)的情况，校准曲线的结果应针对实际使用条件进行验证。附录 D 和附录 E 给出了不同校准方法评定扩展不确定度的示例。在这些附录中剂量测量不确定度估算值仅表征了与测量系统相关的典型的不确定度分量，而不能作为验证特殊的校准方法或剂量测量系统的分析。

7.4 根据所选择的工作剂量计类型及应用方法，每种校准方法均有其自身的优点。剂量测量系统的使用者有责任证明校准方法的合理性。

7.4.1 在采用 GB/T 16510 严格规定的高剂量校准实验室进行工作剂量计的校准辐射的优点在于，可在控制完善并可记录的条件下，将剂量计辐照至准确已知的吸收剂量。基于这些原因，剂量计接受的吸收剂量的不确定度相对较小。该校准方法要求对所使用的设备进行验证(见 GB/T 16640)。

7.4.2 在自有校准装置进行工作剂量计的校准辐照的优点在于，剂量计辐照前后的条件可以调整并控制，使得这些条件与日常生产过程的条件相似。该校准方法要求对所使用的设备进行验证(见 GB/T 16640)。

7.4.3 在工业辐照装置上，与参考或传递标准剂量计一同辐照剂量计进行工作剂量计的校准辐照的优点在于，辐照过程的影响量与常规生产过程的影响量相同。该方法降低了对影响量修正的要求。

7.5 与系统校准相关的不确定度分量取决于校准方法。

7.5.1 在高剂量校准实验室进行工作剂量计的校准辐照。

7.5.1.1 表 1 列出了与高剂量校准实验室校准工作剂量计相关的不确定度分量，取决于分析方法，某些分量仅进行 B 类评定而其他分量可能进行 A 类或 B 类评定。

注 10：对于表 1～表 4 的每一项分量，第 1 个下标表示不确定度来源，例如：c 校准，第 2 个下标表示不确定度分量，例如 d：衰变修正。NA 表示没有指定的分量，“′”表明是由 B 类评定估算的分量。

注 11：影响每批中所有剂量计的不确定度(如季节效应)应分别给出。这类不确定度与其他分量线性合成以得到扩展不确定度。

表 1 γ 射线校准装置给出的吸收剂量不确定度示例

不确定度分量	A 类	B 类
基准或参考标准剂量计的响应	u_{cs}	u'_{cs}
辐照时间	u_{ct}	u'_{ct}
衰变修正[a]	u_{cd}	u'_{cd}
标准辐射场的不均匀性	u_{ci}	u'_{cf}
减弱或几何修正	NA	u'_{ca}
转换为参考材料吸收剂量	NA	u'_{cc}

a 仅用于 γ 校准实验室

7.5.1.2 高剂量校准实验室负责评定表 1 所列的不确定度分量。校准实验室通常给使用者提供置信水平为 95% 或 99% 的扩展不确定度，标准不确定度由该数除以适当的覆盖因子得到，对于置信水平为95%时覆盖因子为2，置信水平为99%时覆盖因子为3(见6.5.3和8.3)。通常采用方和根法将校准辐照给出的标准不确定度与其他不确定度分量合成得到吸收剂量合成标准不确定度的估算值。

7.5.2 使用自有校准装置校准工作剂量计。

7.5.2.1 自有校准装置是通过证明其剂量率溯源至国家(或国际)标准来保持溯源性，要求使用自有校准装置辐照参考或传递标准剂量计。因而，在使用参考或传递标准剂量计测量吸收剂量的相关标准实验室的不确定度估算值基础上，应包括附加的(多于表1所规定的)不确定度分量，这些附加的不确定度分量合并在自有校准装置的校准不确定度说明中。

7.5.3 使用参考或传递标准剂量计在工业辐照装置上校准工作剂量计

7.5.3.1 由于校准是在工业辐照装置上而不是在校准实验室中进行的，因此本校准方法不采用表1中所有的不确定度分量。但如同参考标准剂量计与工作剂量计排列在一起接收同样的剂量相关的不确定度一样，仍需考虑参考或传递标准剂量计响应的不确定度。所有这些不确定度分量应由使用者记录归类并合成给出不确定度。

7.6 三种校准方法都存在剂量计响应引起的不确定度分量。分析剂量计响应引入的不确定度分量见表2。在校准γ射线、电子束、X射线(韧致辐射)辐照装置时都同样需要考虑这些分量。

表2 剂量计读数的不确定度示例

不确定度分量	A类	B类
剂量计响应的内在变化	u_{si}	NA
单个剂量计的厚度变化	u_{st}	u'_{st}
单个剂量计的厚度测量	u_{sx}	u'_{sx}
读数设备的变化	NA	u'_{sq}

7.6.1 在相同条件辐照时，某些剂量计吸光度的变化可作为表2中不确定度A类评定。把几组同一批次的剂量计进行校准或在辐照装置的相同条件下辐照可达到此目的。

7.6.2 确定剂量计响应时测量装置会引入不确定度B类评定分量。例如某些剂量测量系统在计算吸收剂量时需要测量剂量计的厚度，应考虑与测厚仪有关的不确定度。若没有单支剂量计的厚度，则采用多个剂量计的平均值或生产商提供的规格，但应考虑与单支剂量计厚度变化相关的不确定度。使用分光光度计作为读数装置时，设定波长与参考值的差异也可能成为一种不确定度的来源。

7.7 三种方法都存在源于剂量测量数据拟合校准曲线的不确定度分量。剂量测量校准数据应被拟合成分析形式(如线性、指数、幂或多项式)才能为测量数据提供良好的拟合。与校准曲线相关的吸收剂量不确定度取决于拟合用的数据和分析函数类型。在校准γ射线、X射线(韧致辐射)和电子束辐照装置时都需同样考虑的这些分量见表3。

表3 校准曲线的不确定度示例

不确定度分量	A类	B类
剂量计响应的变化	u_{fm}	u'_{fm}
拟合用的分析函数	u_{fa}	u'_{fa}

注12：当采用重复测量而不是平均值拟合校准数据时，应考虑剂量计响应变化引入的不确定度。采用平均值时，合成不确定度估算不应包括表2中由剂量计响应变化引起的不确定度分量。

注13：通常校准曲线导致的剂量不确定度不同于校准曲线非线性导致的响应不确定度。沿着校准曲线，该不确定度不是常数，它的变化取决于拟合数据的分布和分析函数。

7.7.1 数据拟合可选择不同的分析形式。由适合校准数据的分析形式估算的参数说明分析形式的特点。当采用最小二乘法或似然函数法寻找最佳拟合参数估计值时，剂量应为自变量(X轴)，仪器响应为应变量(Y轴)。剂量及其不确定度通过分析的或数字的拟合方程式转换估算，正确的分析形式和采用的剂量范围取决于剂量测量系统。下列因素可指导分析形式的选择：

7.7.1.1 若剂量计的响应遵循已知的物理关系，则应采用相应的函数关系拟合，如遵循对数关系，则应采用对数函数拟合。

7.7.1.2 另外，数据应图示，检查以确定能提供与数据良好拟合的特定数学关系，同时也可以揭示可能存在的离群值。

7.7.1.3 如果剂量计响应采用多项式能达到最佳拟合，所选择多项式的阶数应是能给出数据组良好拟合的最低阶数。选择高阶数会使曲线产生震荡，从而不能与剂量测量系统的物理响应建立准确的联系。

7.7.1.4 拟合不能用于预计超过校准范围的吸收剂量值。

7.7.1.5 应仔细选择和拟合数学方程，避免产生歧异或用于拟合方程的运算法则在使用范围附近产生歧异。

注 14：目前，多数软件要求手动改变方程的适用区段以避免参数拟合中歧异点附近的不稳定。有些产品如 SIGMA-FIT 提供了自动方式的选项。

7.8 源于工业辐照装置常规使用的剂量计的不确定度分量取决于校准方法。

7.8.1 对于校准实验室或自有校准装置进行的校准，常规生产过程使用剂量计引入的不确定度源自生产装置和高剂量校准实验室或自有校准装置的环境条件差异。

表 4 常规使用引入的不确定度示例

不确定度分量	A 类	B 类
与校准时环境条件的偏差	u_{re}	u'_{re}
周围产品对剂量计的影响	u_{rp}	u'_{rp}
剂量计在产品单元内位置的重复性	u_{rr}	u'_{rr}
剂量计对辐射源的取向	u_{ro}	u'_{ro}

注 15：基于剂量测量系统的计算可能导致附加不确定度。例如，用于常规生产的剂量计可能放置在产品内部或上方非最大或最小吸收剂量的位置(即参考位置)，当将参考位置测量的剂量转换为最大或最小剂量时就引入一个附加不确定度。该不确定度的来源不是吸收剂量测量，而是来源于基于参考剂量测量计算最大或最小剂量。

7.8.1.1 正确的包装能使剂量计不受某些因素的影响，例如，光照、空气、湿度，然而仍需考虑其他因素，如温度、能谱、剂量率以及剂量计取向。温度和剂量率与生产条件近似的校准可减少这些因素的不同对剂量计响应的影响。

7.8.1.2 辐照生产环境的每一方面都可能为吸收剂量估算引入不确定度的因素。不确定度结果应考虑剂量测量系统对生产条件的敏感性，环境影响可通过在产品辐照装置上一同辐照参考标准剂量计和工作剂量计来验证。与校准环境和生产环境差异相关的不确定度可以由验证试验的结果估算。(见 GB/T 16640)

7.8.2 通过与参考或传递标准剂量计在同一位置并用产品辐照装置辐照的方式校准工作剂量计，在考虑环境条件对工作剂量计响应的影响的同时，仍需考虑表 4 所列的其余的不确定度分量。

8 合成标准不确定度——不确定度的表述

8.1 对于独立的(非相关的)不确定度，合成标准不确定度可用方和根法合成所有标准不确定度 A 类和 B 类评定获得。如果绝对值作为标准偏差，不确定度分量应乘以适当的灵敏系数加权重。如果已知变量之间存在函数关系，采用附录 C 的程序确定合成标准不确定度。合成标准不确定度以 u_c 表示。

8.2 对于相关的不确定度来源，在确定合成标准不确定度时应考虑这些相关性的影响。相关性影响的完整处理已超出本标准的范围，然而在特定的所有输入估计值完全相关的情况下，合成标准不确定度是标准不确定度 A 类和 B 类评定的线性和，这种相关性会影响合成标准不确定度估算值的最大限值。

8.3 尽管 u_c 可作为测量结果不确定度的最终表示，通常还有必要以测量结果区间的形式给出不确定度，并有理由认为被测量落在该区间内的值具有较高的置信水平。提供这种置信区间的附加测量不确定度称为扩展不确定度，用 U 表示。扩展不确定度 U 由合成标准不确定度 u_c 乘以覆盖因子 k 得到，见式(9)。

$$U = k \times u_c \tag{9}$$

8.3.1 只有全面掌握被测量的概率分布才能选择准确代表置信水平的覆盖因子,然而对于大量的测量,概率分布近似为正态分布,覆盖因子为2,代表置信水平约为95%,覆盖因子为3,代表置信水平约为99%。

8.3.1.1 为了得到比上述假定更近似的覆盖因子,需要用学生分布法(t分布法)确定该因子。当观测值有限(自由度较小),需要根据韦尔奇萨特思韦特(Welch-Satterwaite)公式计算有效自由度(见ISO,1995, ISBN 92-67-10188-9中的2.3和参考文献[4])。

9 不确定度提供的信息

9.1 测量吸收剂量扩展不确定度的数值应针对特定的应用给出置信水平。

9.2 测量过程中掌握扩展不确定度有以下目的:

9.2.1 扩展不确定度的数值可作为确定测量系统是否受控的及所使用的剂量测量系统是否遵循正确程序的指南;

9.2.2 扩展不确定度的评定结果能够评价校准方法以及用于测量的工作剂量计类型的适用性。根据这些结果,可能有必要改变校准方法、更换用于分析的仪器或选择不同的剂量测量系统以便更适于使用的环境条件;

9.2.3 扩展不确定度的评定结果能够指导过程参数设置,例如,循环时间可以解决吸收剂量测量的统计学变化,称为目标剂量概念的这种技术的定量方案,常推荐作为降低不符合规定剂量规范可能性的方法。该定量步骤的应用和对处理过程规定的影响超出本标准的范围。

9.3 详细分析影响扩展不确定度分量的操作有以下目的:

9.3.1 分辨不确定度来源的可能性以及评估这些不确定度来源对剂量测量的影响,可以减小明显影响报告值准确度的不确定度分量以未知方式影响被测量的概率;

9.3.2 剂量测量值的变化可以追溯至剂量测量系统的不确定度或来自过程变化。不掌握测量系统的不确定度无法区分吸收剂量测量中这两种潜在来源的变化。在调查导致剂量明显偏差的来源时,掌握吸收剂量测量变化的来源具有实际价值;

9.3.3 能够鉴别过大的不确定度分量,改进测量技术。

附 录 A
（资料性附录）
校准数据拟合的不确定度

A.1 综述

A.1.1 剂量的校准数据应被拟合成解析形式。例如，能为测量数据提供良好拟合的线性、指数、幂或多项式。本附录给出了校准数据拟合的方法。依据校准方法，在校准数据拟合中，吸收剂量测量的某些不确定度分量可能会归零。

A.1.2 校准模型是描述校准范围内任一点吸收剂量和剂量计响应之间关系，并包含不确定度估算的数学表达式。使用剂量测量系统时，通过反演校准模型导出的响应函数，可由响应估算吸收剂量。

注：剂量计的响应是由测量仪器的读数确定的值或由测量数据导出的值。例如，比吸光度等于测量的吸光度除以剂量计的测量厚度或平均厚度，用于估算吸收剂量。

A.1.3 通常校准模型的数学表达是 $R=f(p,D)+e(0,\sigma^2)$，其中 R 为剂量计响应，f 为参数组 p 和吸收剂量 D 的响应函数，e 为残差，通常分布在平均值 0 和方差 σ^2 之间。校准中，参数 p 和方差 σ^2 由校准数据估算。

A.1.4 校准数据的采集遵循 GB/T 16640 并采用符合剂量测量系统规定的操作。剂量计在受控条件下被辐照至覆盖校准范围的多个吸收剂量，在每个吸收剂量点、相似条件下辐照多个剂量计。校准程序产生了由多个吸收剂量点构成的一组数据，其中每个剂量点与多个剂量计响应值相关。这些数据考虑了剩余方差 σ^2 被分为拟合不足和具有固定变化的剂量计响应的分量。

A.2 响应函数估算

A.2.1 校准数学模型 $R=f(p,D)+e(0,\sigma^2)$ 中的响应函数 $f(p,D^2)$ 指吸收剂量和剂量计响应关系。如果该函数的理论模型存在，那么应采用该模型估算参数 p 和方差 σ^2。

A.2.1.1 对于常规剂量测量系统，被测的辐射化学或辐射物理效应与吸收剂量直接相关，响应函数是线性的。对于其它系统，化学或物理的变化率与吸收剂量的响应函数在初始阶段为递增函数，随后一段为线性函数，最后为递减函数或达到饱和。对于这种响应形式，用 S 曲线或对数曲线描述更为接近。

A.2.1.2 一般，应在估计参数前选择函数形式。尽管某些软件包在预定的统计条件下可以帮助选择较适宜的函数，但为了选择适当的函数形式，还是要给予充分考虑。

A.2.2 线性函数的参数可以直接由算术方法估算，非线性函数的参数由多重函数估算，但都应给出拟合参数的标准偏差。

A.2.3 最小二乘回归用于估计响应函数的参数。最小二乘算法使测量的响应与用函数 $f(p,D)$ 计算的响应的差值平方和最小。最小的差值平方和用于估算方差 σ^2，响应拟合的扩展不确定度与方差 σ^2 的平方根成比例。

A.2.3.1 剂量计的方差用测量的单支剂量计响应值与响应函数计算的响应值之间差值的平方和估计，因而要求在回归拟合中使用单支剂量计响应（参见 A.3.2）。

注：剂量计响应的平均值及其相关的方差 σ^2 可以提供关于剂量计响应复现性的有效数据，但不应用来估计 A.1.3 和 A.1.4 中 σ^2。

A.2.3.2 通常剂量计的变化部分取决于吸收剂量的大小。对于这种剂量计，一般的最小二乘法可能在低吸收剂量时过分估计剂量计的变化。

A.2.4 当不易得到一个适宜覆盖全部范围的拟和时，应导出两个校准公式，一个针对较低（或较高）的吸收剂量范围，一个针对全部范围。针对有限吸收剂量范围的公式可以提供特定范围内响应的较好估算，当导出两个公式时，需要规定每个公式使用的限制条件。

A.2.5 有时使用适当的转换函数有可能将非线性形式转换为线性形式。但不推荐响应函数 $f(p,D^2)$ 与残余变化 $e(0,\sigma^2)$ 同时改变的转换。用于非线性函数估计的计算机程序比较容易得到，不需要作线性转换。

A.2.6 响应函数通常采用多项式。多项式参数可用一般的最小二乘法估计，即多元线性回归。理论上一个多项式函数可以用于近似任何其他函数形式。应采用能给出可接受拟合的最低阶多项式，以避免计算的响应值在校准点之间振荡。

A.3 回归分析

A.3.1 应仔细检查校准模型的响应函数，以确保其恰当、一致。残差值(剂量计实际响应值与响应函数响应估计值之差)对于分析非常有效。

A.3.1.1 应仔细检查所有数据点的残差值，并确认它们以正态分布落在平均值 0 和方差 σ^2 之间，残差的正态概率曲线是线性的，这充分表明其变化呈正态分布。

A.3.1.2 残差值对吸收剂量的曲线图应显示残差值随机分布在零点附近。数据中离群值可以表征剂量计不合格或偏离了合理研究方案。周期模型可以表示响应函数选择不当。残差值的有序变化(残差值正负交替变化)则表明应研究剂量计操作过程的影响。

A.3.2 允许采用拟合不足的响应函数对多个剂量计逐点校准的数据结构进行直接估计。拟合不佳表明在各个吸收剂量点处剂量计平均响应的变化(固有变化)与其响应计算值的变化(残差)存在差异。采用 F 检验对该差别与剂量计在每个剂量点平均响应变化(固有变化)进行比较。F 检验非常重要，若拟合不佳时，应重新对数学模型进行审核。

注：此分析隐含了基本假设，即校准点之间剂量计的响应良好。F 检验不是专门用于评估校准的吸收剂量点之间区域的变化。

A.4 吸收剂量估算

A.4.1 用反函数估算对应剂量响应函数的吸收剂量值。原函数为 $R=f(p,D)$；其反函数为 $D=f^{-1}(p,R)$。如果可能，进行代数反演；否则进行数值反演。商业软件包(例如 Excel)中绑定了数值反演函数。

注：如果可能，应包含平均值和单个值的置信限。

A.4.2 通过分解被测剂量计在估算点的响应函数的斜率的不确定度对吸收剂量的不确定度评定进行估算。斜率的代数计算采用响应函数的一阶导数，或者采用近似吸收剂量估算的数值算法计算吸收剂量的不确定度。

注：核查响应函数计算的吸收剂量与吸收剂量校准之间的残差有助于评价吸收剂量估算的不确定度。

将评定的吸收剂量的不确定度范围作为预期限。预期限可以设定剂量计响应为 R 时，将来吸收剂量对应的某一百分数，如 95%。

A.5 计算机软件

A.5.1 校准模型拟合以及剂量估算的计算复杂性要求使用计算机软件完成。许多商业软件能够完成要求的部分甚至全部计算。

A.5.2 包含一般统计学计算的软件，如 SAS、Statistica、Statlab、Stata、Sigma Stat 或 Minitab；专门软件包/语言，如 MathCad、Splus 或 GraphPad；或常规电子数据表如 Excel。

注：所有商标的产权归软件方自身拥有。

A.5.3 许多软件包假设数据(X,Y)是独立成对采集的，不同于一个 X 值对应多个 Y 值的剂量计校准的数据结构。正因如此，无法由一个选项得到适当的拟合优度检验，而应构建恰当的标准输出元素。为了完成构建,需先详细了解软件完成的与所要求的计算。

A.5.4 大部分统计软件包没有吸收剂量估算和不确定度的数值反演程序。这项功能被认为是数学函数,因此在偏重于数学的软件包(如 MathCad 或 MatLab)或数学电子数据表中可以找到。

A.5.5 用多功能软件/电子表格完成剂量计校准和剂量估算要求对几个输出进行合成。

附 录 B
（资料性附录）
常规使用引入的不确定度

B.1 表4(见7.6)列举的不确定度分量的影响取决于辐射源、辐照装置类型以及辐照产品，有的比较显著，有的可以忽略。例如剂量计对于电子辐照方向比较敏感，对不确定度评定影响明显；但在大型动态传输γ辐照装置中此影响很小[9]。我们要重点考虑的是那些对不确定度影响显著的分量，同时，在使用本标准时还应注意考虑表4中其他不确定度分量的重要性。

B.2 日常使用的环境条件与校准条件不同，可能成为工业辐照装置吸收剂量测量不确定度的重要来源，此不确定度分量在测量中以系统误差出现。适当的包装可以减少甚至排除某些环境因素，例如，紫外辐射和湿度，但仍应考虑温度、剂量率和辐射能谱等因素(见 ASTM E 1249 和参考文献[10-13])。为减小此类影响应尽可能使校准条件与日常使用条件相近。另外，选择对环境条件不敏感的剂量测量系统也可以减小测量的系统误差，把对环境条件不敏感的剂量计和常规剂量测量系统同时辐照校准，提供了一种修正系统误差的方法。很遗憾，这种理想剂量计并不存在，必要时应采用系统误差的估算值对环境因素进行修正。

B.2.1 通常可以从生产商和出版物[10]~[12]得到关于剂量测量系统温度响应的资料。图 B.1 给出两种类型剂量测量系统的温度响应(见 ISO/ASTM 51205 和 ISO/ASTM 51275 及参考文献[10]、[12])。两条曲线是在给定剂量和剂量率条件下的响应，并归一到 20 ℃。如图所见，如果辐照温度偏离 20 ℃，需要对剂量计响应作百分之几的修正。

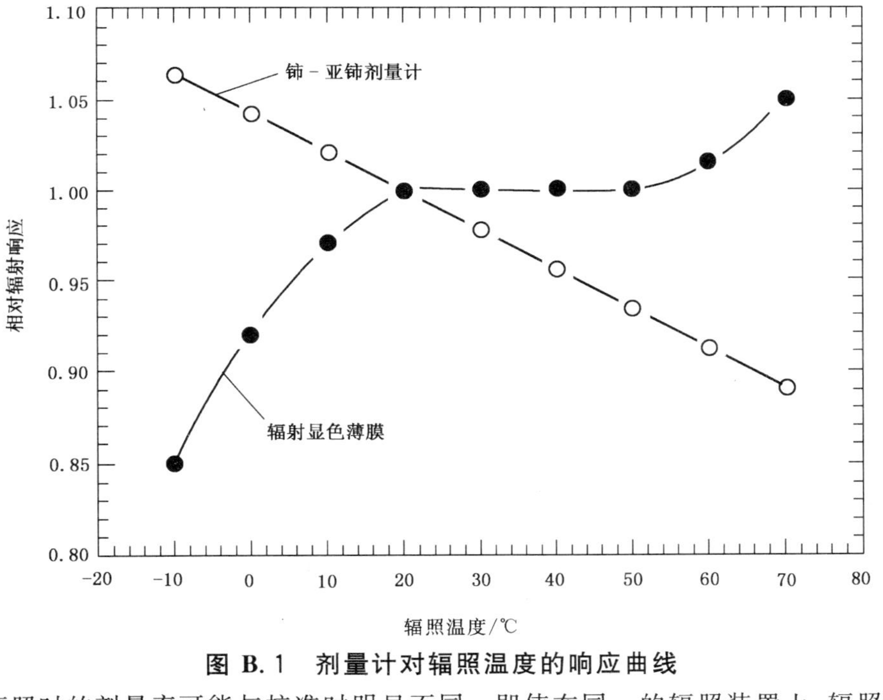

图 B.1 剂量计对辐照温度的响应曲线

B.2.2 产品辐照时的剂量率可能与校准时明显不同。即使在同一的辐照装置上，辐照循环中剂量率变化可能高达十倍甚至更多。幸运的是工作剂量计通常对剂量率变化不太敏感，但仍有可能对响应产生百分之几的影响。在极端的剂量率条件下校准工作剂量计可以减小剂量率影响。采用无剂量率响应的标准剂量计与工作剂量计在相同条件下一起辐照，可估算工作剂量计响应的此类系统误差。

B.2.3 对 X 射线与γ放射源，剂量计响应与能谱的关系可通过空腔理论来评估及修正[14]。在极“薄”

或“厚”的剂量计中，感兴趣介质吸收剂量有关的修正因子可以分别由质量碰撞阻止本领与质能吸收系数的比值给出(见 GB/T 16640)。此方法已被用于估算不同能谱的光子辐照各种类型剂量计的修正因子[13]。为了计算修正因子需要知道剂量计响应与能谱的关系函数(见 ASTM E 1249)。如果不修正能谱响应，可能引入百分之几的系统误差。

B.2.4 对于电子束辐照装置，剂量计不同厚度因质量碰撞阻止本领变化引入的不确定度取决于电子束的能量、散射条件与测量深度(见 ICRU 第 35 号和第 37 号报告)。因此，剂量计应很薄，并在整个次级电子射程范围内，材料与剂量计的质量碰撞阻止本领之比基本为常数。

附 录 C
（资料性附录）
不确定度传播定律

C.1 多数情况下，被测量 Y 不是被直接测量的，但可以通过函数关系 f 由 N 个可测量的量 X_1、X_2、…、X_N 获得，见式(C.1)：

$$Y = f(X_1, X_2, \cdots, X_N) \quad \cdots\cdots (C.1)$$

第 6 章介绍了包含在 X_i 量中的修正值(或修正因子)，以及其他需要考虑的变化量，如不同的观测者、仪器、样本、实验室以及进行测量的时间(例如，不同日期)。因此函数 f 不应简单地表示为一个物理定律，而是一个测量过程，它应包含所有对测量结果有显著贡献的量。

C.2 被测量或输出量 Y 的估计值用 y 表示，通过将输入量估计值 $x_1, x_2, \cdots, x_N$ 作为 N 个输入量 $X_1, X_2, \cdots, X_N$ 值的式(C.1)得到。那么输出估算值 y，即测量结果，由式(2)给出：

$$y = f(x_1, x_2, \cdots, x_N) \quad \cdots\cdots (C.2)$$

C.3 测量结果 y 的合成标准不确定度用 $u_c(y)$ 表示，用来表示估计结果的标准偏差。$u_c(y)$ 由式(C.3)估计方差 $u_c^2(y)$ 的正平方根得到：

$$u_c^2(y) = \sum_{i=1}^{N}\left(\frac{\partial f}{\partial x_i}\right)^2 u^2(x_i) + 2\sum_{i=1}^{N-1}\sum_{j=i+1}^{N}\frac{\partial f}{\partial x_i}\frac{\partial f}{\partial x_j}u(x_i, x_j) \quad \cdots\cdots (C.3)$$

公式 C.3 基于式(C.1)按一阶泰勒函数近似展开，此式被称为不确定度传播定律。偏导数 $\frac{\partial f}{\partial x_i}$(通常被称为灵敏系数)在 $X_i = x_i$ 时，等于 $\frac{\partial f}{\partial X_i}$，$u(x_i)$ 为与输入估算值 X_i 有关的标准不确定度；$u(x_i, x_j)$ 为与 x_i 和 x_j 相关的估算协方差。

C.3.1 对于不相关的不确定度分量，合成不确定度是通过对所有标准不确定度进行平方求和合成。

C.4 以 A 类评定为例，在相同测量条件下由得到的 X_i 的 n 个独立观测值 $X_{i,k}$，计算得到输入量 x_i。这时输入量估计值 x_i 通常为样本平均值[见式(C.4)]：

$$x_i = \overline{X}_i = 1/n\sum_{k=1}^{n}\overline{X}_{i,k} \quad \cdots\cdots (C.4)$$

与 x_i 相关的标准不确定度 $u(x_i)$ 为平均值的标准(偏)差，见式(C.5)：

$$u(x_i) = s(\overline{x}_i) = \left\{\frac{1}{n(n-1)}\sum_{k=1}^{n}(x_{i,k} - \overline{x}_i)^2\right\}^{1/2} \quad \cdots\cdots (C.5)$$

注：方程式 C.5 给出了标准偏差的无偏估计。

C.5 以 B 类评定为例，输入量 X_i 由假定下限 a_- 与上限 a_+ 的矩形概率分布估计，这时，输入量的估计值通常为分布的期望值，见式(C.6)：

$$x_i = (a_+ + a_-)/2 \quad \cdots\cdots (C.6)$$

与 x_i 相关的标准不确定度 $u(x_i)$ 为分布方差的正平方根，见式(C.7)：

$$u(x_i) = \frac{a}{\sqrt{3}} \quad \cdots\cdots (C.7)$$

其中 $a = (a_+ + a_-)/2$(见第 6 章)。

注：当 x_i 由一假定分布得到时，相关的方差近似为 $u^2(X_i)$，为了简化，采用 $u^2(x_i)$ 和 $u(x_i)$，相似的考虑适用于符号 $u_c^2(y)$ 和 $u_c(y)$。

附 录 D
（资料性附录）
基于自有校准常规使用 4034 红色 Perspex 剂量测量的不确定度示例

D.1 不确定度独立分量的评定方法

下列章节所涉及的不确定度分量 A 类和 B 类评定的方法基于使用自有校准装置的校准程序。

注：由自有校准装置校准的不确定度以单一数值形式提供(A 类和 B 类评定的合成)，而由校准服务提供的不确定度作为 B 类评定，如 NIST 或 NPL。

D.2 由校准引入的吸收剂量不确定度——下面给出了一个采用认可的自有 γ 装置校准剂量测量系统的不确定度评定的示例。其中设备包括一个装有干法储存 γ 放射源(MDS Nordion 公司生产)的 220 型 γ 辐照器(GC220)和一个可控温的 10 位置的剂量计托架，该托架是圆形的，10 个位置均匀分布。

D.2.1 使用 GC220 和 10 位置托架的测量，对扩展不确定度有贡献的不确定度来源见表 D.1。所有不确定度以相对标准不确定度值表示(覆盖因子 $k=1$，置信水平近似 68%)。

表 D.1 传递到剂量计的不确定度分量($k=1$)

分量	1 倍标准偏差的不确定度(%)	
	A 类评定	B 类评定
参考或传递标准的响应	N/A	1.1
辐照时间	N/A	0.1
衰变修正		0.03
辐射场不均匀性	0.11	
托架的减弱与几何条件	N/A	0.5
换算为参考材料的吸收剂量	N/A	N/A
A 类与 B 类评定分别用方和根法合成	0.01	1.22
A 类与 B 类评定用方和根法合成(1σ)	1.22	

D.2.2 参考或传递标准的响应

D.2.2.1 为建立 GC220 的吸收剂量率溯源至国家标准的能力，在 GC220 上辐照由认可实验室提供的参考或传递标准剂量计。校准的鉴定证书包括实验室估算的与吸收剂量赋值相关的扩展不确定度，这里作为不确定度 B 类评定报告。

D.2.2.2 由实验室(如 NIST 或 NPL)提供的剂量计扩展不确定度近似为 1.1%(或更小)，置信水平为 68%。

D.2.3 辐照时间

基于样本容器移动的变化，辐照时间不确定度的估算值为 0.1%，置信水平为 68%。还应包括辐照时间建立期间的附加吸收剂量(见 GB/T 16640)。

D.2.4 放射性同位素衰变修正

D.2.4.1 不确定度的 B 类评定——每天辐照运行需要进行衰变修正。由衰变修正引起的两天之间的不确定度最大值为 0.01%，置信水平为 68%(0.04%/3)，由于其数值较小，因而在合成不确定度评定中没有考虑。

D.2.4.2 不确定度的 B 类评定——钴-60 的半衰期是 1 925.5±0.5D[16]。半衰期的不确定度是 0.03%(0.5/1 925.5×100%)，置信水平为 68%。

D.2.5 标准辐照场的不均匀性

在10位置的铝质托架内辐照剂量计，由于托架内位置引起的单一剂量计接受的吸收剂量变化的影响估计为0.25%，置信水平为68%。对于5套用于校准的剂量计，A类评定等于除以样本数量的平方根，$0.25/\sqrt{5}=0.11\%$。

D.2.6 减弱与几何条件的修正

D.2.6.1 基于10位置托架/安瓿的几何条件辐照剂量计。

D.2.6.2 所有被辐照剂量计的吸收剂量基于针对该几何条件的吸收剂量(率)。赋予安瓿和Perspex型不同减弱特点的不确定度(B类评定)的估计值为0.5%，置信水平为68%。

D.2.7 换算为参考材料的吸收剂量

D.2.7.1 所有吸收剂量用水中吸收剂量表示，给出其他材料(例如，PMMA、硅和石墨)吸收剂量值需要附加由质能吸收系数比所导致的不确定度分量。

D.2.7.2 对于明显具有低至100 keV散射成分的光子能谱，不确定度近似为0.3%，置信水平为68%[17]。如果考虑该不确定度分量，应增加0.3%的不确定度B类评定，置信水平为68%。

D.2.8 用方和根法合成A类与B类评定的分量，在GC220型γ辐照器上辐照剂量计的合成标准不确定度估算为1.2%，置信水平为68%。

D.3 剂量计分析

D.3.1 剂量计响应的固有变化

D.3.1.1 A类评定——在可重复条件下，采用源自校准样本的比吸光度的合并估计值(参考数据见表D.2)。5个样本一组被辐照至11个吸收剂量点，采集或计算的相关信息如下：

(1) 每种剂量测量的数量(n_i)

(2) 比吸光度(k·cm^{-1})

(3) 吸收剂量的平均值($\bar{d}_i$)

(4) 样本标准偏差(SD_i)

(5) 变异系数($CV\%=\{[\Sigma(n_i-1)(SD^2/\bar{d}_i{}^2)]^{1/2}/[\Sigma(n_i-1)]\}\times100\%$)

表D.2 剂量计响应固有变化的示例

校准实验室检定的剂量/kGy(水)	剂量计编号	吸光度读数	厚度读数/cm	比吸光度/(K·cm^{-1})	剂量计算的平均值 $\bar{d}_i$/kGy	样本标准偏差 SD_i/kGy	$SD_i^2/\bar{d}_i{}^2$
3.5	1	0.152	0.279	0.545	3.36	0.09	7.732E-04
3.5	2	0.157	0.294	0.534			
3.5	3	0.163	0.312	0.522			
3.5	4	0.158	0.296	0.534			
3.5	5	0.163	0.311	0.524			
5.0	1	0.207	0.297	0.697	5.09	0.06	1.298E-04
5.0	2	0.218	0.310	0.703			
5.0	3	0.229	0.322	0.711			
5.0	4	0.218	0.312	0.699			
5.0	5	0.220	0.315	0.698			
10.0	1	0.379	0.312	1.215	10.22	0.04	1.180E-05

表 D.2(续)

校准实验室检定的剂量/kGy(水)	剂量计编号	吸光度读数	厚度读数/cm	比吸光度/(K·cm⁻¹)	剂量计算的平均值 $\bar{d}_i$/kGy	样本标准偏差 SD_i/kGy	$SD_i^2/\bar{d}_i^2$
10.0	2	0.403	0.331	1.218			
10.0	3	0.371	0.306	1.212			
10.0	4	0.377	0.312	1.208			
10.0	5	0.346	0.285	1.214			
15.0	1	0.501	0.308	1.627	14.94	0.14	8.724E-05
15.0	2	0.458	0.277	1.653			
15.0	3	0.511	0.312	1.638			
15.0	4	0.447	0.275	1.625			
15.0	5	0.467	0.286	1.633			
20.0	1	0.570	0.284	2.007	19.98	0.24	1.397E-04
20.0	2	0.573	0.288	1.990			
20.0	3	0.623	0.307	2.029			
20.0	4	0.625	0.313	1.997			
20.0	5	0.679	0.340	1.997			
25.0	1	0.683	0.300	2.277	24.65	0.22	7.767E-05
25.0	2	0.678	0.296	2.291			
25.0	3	0.700	0.304	2.303			
25.0	4	0.741	0.326	2.273			
25.0	5	0.714	0.313	2.281			
30.0	1	0.739	0.288	2.566	29.89	0.30	9.751E-05
30.0	2	0.713	0.280	2.546			
30.0	3	0.732	0.287	2.551			
30.0	4	0.741	0.290	2.555			
30.0	5	0.708	0.280	2.529			
35.0	1	0.882	0.317	2.782	35.20	0.35	9.812E-05
35.0	2	0.768	0.276	2.783			
35.0	3	0.875	0.317	2.760			
35.0	4	0.894	0.323	2.768			
35.0	5	0.822	0.294	2.796			
40.0	1	0.779	0.260	2.996	40.70	0.54	1.753E-04
40.0	2	0.872	0.292	2.986			
40.0	3	0.851	0.285	2.986			
40.0	4	0.840	0.280	3.000			

表 D.2（续）

校准实验室检定的剂量/kGy(水)	剂量计编号	吸光度读数	厚度读数/cm	比吸光度/(K·cm^{-1})	剂量计算的平均值 $\bar{d}_i$/kGy	样本标准偏差 SD_i/kGy	$SD_i^2/\bar{d}_i^2$
40.0	5	0.856	0.290	2.952			
45.0	1	0.796	0.254	3.134	44.76	0.48	2.448E-05
45.0	2	0.915	0.295	3.102			
45.0	3	0.945	0.303	3.119			
45.0	4	0.948	0.302	3.139			
45.0	5	0.974	0.313	3.112			
50.0	1	0.996	0.305	3.266	49.70	0.50	2.010E-05
50.0	2	0.905	0.277	3.267			
50.0	3	0.887	0.269	3.297			
50.0	4	0.990	0.302	3.278			
50.0	5	1.076	0.330	3.261			

D.3.1.2 采用D.3.1.1中的公式并带入表D.2中表示剂量不确定度的数值，这些数据组以不确定度A类评定给出，平均值的$CV\%$（合并估计）被确定为1.28%。

D.3.2 分光光度计波长设置的变化

D.3.2.1 B类评定——用分光光度计测量三支标称吸光度为0.3 A、0.6 A、0.9 A为一组的剂量计（表D 3），在638.0 nm至642.0 nm范围内以0.1 nm的增量测量其吸光度。

注：仪器调整至对应的波长并在测量前设置为0.000 A。

D.3.2.2 假设为三角形分布（即中点波长值多于两端的），相对参考波长640.0 nm的平均百分差值为2.1%除以$\sqrt{6}$，得到不确定度B类评定0.86%。采用校准曲线给出的吸光度和剂量的关系，以剂量不确定度表示吸光度不确定度。剂量为25 kGy时，由吸光度不确定度0.86%引起的剂量不确定度为1.1%。

表 D.3 分光光度计读数变化的示例（B类评定）

波长/nm	吸光度（0.3）	吸光度（0.6）	吸光度（0.9）
638.0	0.382	0.696	0.957
638.1	0.382	0.695	0.957
638.2	0.381	0.695	0.954
638.3	0.381	0.694	0.954
638.4	0.381	0.694	0.954
638.5	0.380	0.693	0.952
638.6	0.379	0.692	0.951
638.7	0.379	0.692	0.950
638.8	0.379	0.692	0.950
638.9	0.379	0.691	0.949
639.0	0.378	0.690	0.947

表 D.3（续）

波长/nm	吸光度（0.3）	吸光度(0.6)	吸光度(0.9)
639.1	0.377	0.689	0.947
639.2	0.377	0.688	0.945
639.3	0.376	0.687	0.944
639.4	0.376	0.687	0.944
639.5	0.376	0.687	0.943
639.6	0.375	0.686	0.942
639.7	0.375	0.685	0.941
639.8	0.374	0.684	0.940
639.9	0.374	0.683	0.939
640.0	0.373	0.682	0.937
640.1	0.373	0.682	0.937
640.2	0.373	0.682	0.937
640.3	0.373	0.681	0.936
640.4	0.371	0.680	0.933
640.5	0.371	0.679	0.933
640.6	0.370	0.678	0.933
640.7	0.370	0.677	0.929
640.8	0.369	0.677	0.929
640.9	0.370	0.677	0.929
641.0	0.369	0.676	0.928
641.1	0.368	0.674	0.925
641.2	0.368	0.674	0.925
641.3	0.368	0.674	0.925
641.4	0.367	0.672	0.923
641.5	0.366	0.671	0.922
641.6	0.366	0.671	0.921
641.7	0.366	0.670	0.920
641.8	0.365	0.669	0.918
641.9	0.364	0.669	0.918
642.0	0.364	0.668	0.917

D.3.3 辐照后处理-颜色变化(仅为B类评定)

B类评定——读数前，由于剂量计颜色变化的特点引起的不确定度估计为1.0%。

D.3.4 将参考材料为水的吸收剂量换算为剂量计材料为PMMA的吸收剂量(仅为B类评定)

B 类评定——仅用于吸收剂量参考材料不是水的情况，如果是，该不确定度估计为 0.3%[17]。

D.4 曲线拟合

D.4.1 **剂量计响应的变化**

D.4.1.1 图 D.1 是根据表 D.2 中的数据绘制的曲线图，其中响应是从变量，吸收剂量是自变量。选择多项式(3 阶)作为分析函数描述两个参数的关系。

D.4.1.2 图 D.2 是残差的曲线图。总体看来，相对小的残差、残差的随机性(相同分布)以及较大的 R^2 值表明了满意的拟合优度。

D.4.1.3 提供非线性回归解决办法的计算机软件，一般具有建立预计限值的功能。一旦添加对响应曲线(图 D.1)的预计限值，对于已知响应的吸收剂量，可采用迭代技术确定吸收剂量不确定度的估计值。通过变换坐标轴，响应预计限值的下、上限转换为吸收剂量预计限值的上、下限。本示例中，在 95%的吸收剂量预计限值内，不确定度从近似 5.4%(低于 5 kGy)至近似 2%～3%(高于 5 kGy)。平均值 2.7%(1 倍标准偏差为 1.35%)作为不确定度 A 类评定给出。

D.4.1.4 B 类评定——忽略。

D.4.2 **拟合使用的分析函数(仅限于 B 类评定)**

B 类评定——忽略。

D.5 常规使用

D.5.1 校准和常规处理环境条件的差异，主要是由辐照温度、吸收剂量率变化以及辐照后储存共同影响造成的，为此需要调整工作剂量计的校准关系。

D.5.1.1 在常规处理条件下，同时辐照工作和传递标准剂量计，并在需要时采用适当的数学关系调整工作剂量计测量的吸收剂量值，使其与传递标准剂量计的吸收剂量测量值相符。

D.5.1.2 调整后的工作剂量计响应和传递标准剂量计之间的“残余”差额给出了不确定度 B 类评定的估计值。根据传递标准剂量计和 4034 红色 Perspex 剂量计的长期内部比对研究，不确定度 B 类评定的估计值近似为 1.5%。

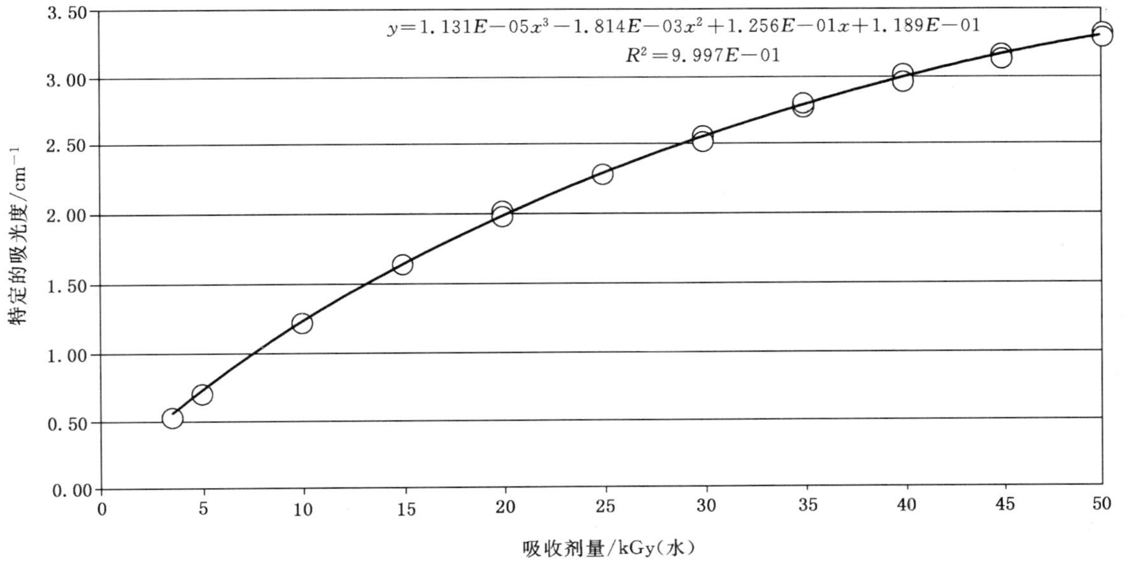

图 D.1　表 D.2 中红色 4034 剂量计的响应曲线(3 阶多项式)

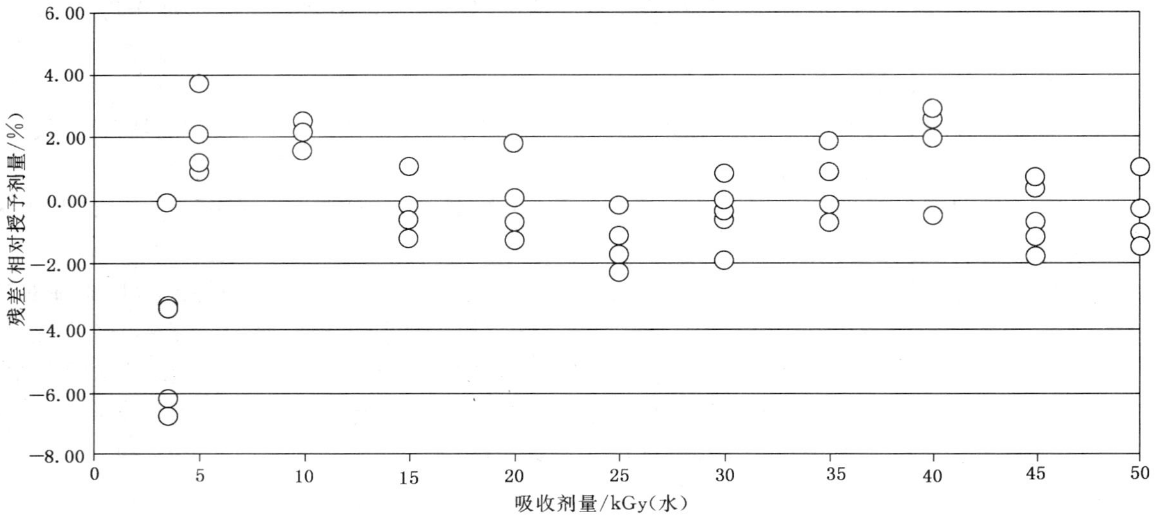

图 D.2 红色 4034 Perspex 剂量计计算的剂量残差

D.5.2 剂量计对辐射源的取向(仅限于 B 类评定)

B 类评定——估计值不大于 1%[9]。

D.5.3 剂量计响应随时间的变化(仅限于 A 类评定,不显著)。

D.5.3.1 通过在同一装置上重复校准给定的剂量计批次,估计响应随时间的变化。针对 3 批剂量计和 5 个装置进行现存批次的复校准,第一次和第二次校准间隔 6 个月到 13 个月不等。

D.5.3.2 针对每一组数据进行方差的两因素方差分析,该方式假设过一定时间,每个吸收剂量点的剂量测量是一样的,仅有的"误差"来自随机变化。

D.5.3.3 针对 3 个批次剂量计的重复校准(第一次/第二次校准),统计分析每个吸收剂量点 k 值的比值,所有批次的平均比值(57 个比值)结果为 0.999。该结果表明剂量测量的一致性,并进一步证明对于常规使用的剂量计批次可忽略其响应随时间的变化。

D.5.4 与产品相关而与剂量计不相关的附加不确定度。相邻产品的碰撞和由产品自身变化引起的剂量计摆位重复性,同样影响剂量测量的变化,这些不确定度来源的单独估计值为 1%(仅为 B 类评定)。

D.6 不确定度的总体描述

D.6.1 采用 4034 红色 Perspex 剂量测量系统测量吸收剂量扩展不确定度的估计值为 7.1%,置信水平为 95%。

D.6.2 表 D.4 总结了不确定度的分析。

表 D.4 基于样本数据的不确定度估算

项　　目	A 类评定/%	B 类评定/%
校准实验室		1.22
方和根法合成 A 类和 B 类	1.22	
剂量计读数		
剂量计算的固有变化	1.28	
分光光度计吸光度变化		1.10
颜色变化		1.00
吸收剂量参考转换		0.30
方和根法合成 A 类和 B 类评定	1.98	

表 D.4（续）

项　　目	A类评定/%	B类评定/%
校准和曲线拟合	1.35	
方和根法合成 A 类和 B 类评定	1.35	
常规使用		
环境影响		1.50
相对放射源的方向		1.00
方和根法合成 A 类和 B 类评定	1.80	
产品和摆位的变化		
相邻的产品		1.00
摆位的重复性		1.00
方和根法合成 A 类和 B 类评定	1.41	
总(1 倍标准偏差，$k=1$)	3.5	
总(2 倍标准偏差，$k=2$)	7.1	

附　录　E
（资料性附录）
采用硫酸铈-亚铈传递标准剂量计在工业用辐照装置上校准和使用工作剂量计的不确定度示例

E.1　概述

这是使用硫酸铈-亚铈传递标准剂量计在工业用辐照装置上校准红色 Perspex 工作剂量计的扩展不确定度评定示例。本方法同时考虑了环境因素，因此能够针对校准装置和工业辐照装置之间不同的环境条件，修正参考或传递剂量计响应。参考 GB/T 16640 关于该校准方法的详细描述。尽管本示例是针对红色 Perspex 和硫酸铈-亚铈剂量计，但自有辐照装置校准方法可用于其他常规剂量测量系统，也就是说除硫酸铈-亚铈剂量计外，也可采用其他类型的传递标准剂量计。

E.2　校准辐射

在^{60}Co 工业用辐照装置上辐照 9 个包装的剂量计至不同的剂量水平，其中每个包装包括 2 支硫酸铈-亚铈剂量计、4 支红色 Perspex 剂量计和 1 支温度计，参考 GB/T 16640 关于典型剂量计包装的几何尺寸。每个包装放置在近似的产品上，要求放有剂量计区域的吸收剂量变化小于±2%。每个剂量点，重复 4 次测量吸光度和剂量计厚度。现场分析工作剂量计，而传递标准剂量计返回至认可的剂量测量实验室分析。测量数据见表 E.1。

注：该技术中辐照过程没有达到电子平衡是一个可能的不确定度来源。当薄和厚的剂量计一起辐照时，薄剂量计周围包裹足够的建成材料以保证减弱特性近似，同时保证剂量计接受相同的剂量。对于^{60}Co 辐射源，应在剂量计周围各个方向包裹 3 mm～5 mm 的聚苯乙烯（或等效聚苯乙烯材料）。参考 GB/T 16640 关于校准方法和剂量计包装的几何尺寸的详细资料。

E.3　传递标准剂量计测量吸收剂量的不确定度

本方法同时考虑了环境因素，因此能够针对校准装置和工业用辐照装置之间不同的环境条件，修正参考或传递剂量计响应。图 B.1 给出了辐照温度与硫酸铈-亚铈剂量计的温度关系（见 ISO/ASTM 51205 和参考文献[13]）。在本校准示例中，硫酸铈-亚铈剂量计的吸收剂量修正到平均辐照温度 35 ℃。认可的剂量测量实验室读取传递标准剂量计并用证书证明吸收剂量，同时给出扩展不确定度（对装置，通常覆盖因子为 2）。该不确定度与国家实验室针对校准辐射给出的剂量不确定度类似。两种情况下，该不确定度作为 A 类或 B 类不确定度评定的分量参与扩展不确定度的计算。已辐照和未辐照溶液之间的电势差（mV）采用电化学电池测量（参考 ISO/ASTM 51205 关于该测量系统的细节）。采用适当的校准表格将所有的电势差读数（mV）转换为吸收剂量。吸收剂量计算时需要考虑实际辐照温度和剂量计读数温度。总体上，硫酸铈-亚铈剂量计不需要作吸收剂量率和能谱修正。

表 E.1　剂量测量系统比较

序号	硫酸铈-亚铈 1＃瓶/kGy	硫酸铈-亚铈 2＃瓶/kGy	硫酸铈-亚铈 平均值/kGy	红色 Perspex 剂量计测量规定的吸收剂量/cm^{-1}			
				A＃	B＃	C＃	D＃
1	5.16	5.08	5.12	0.698	0.706	0.712	0.696
2	7.44	7.91	7.68	0.947	0.957	0.977	0.944
3	9.84	9.74	9.79	1.178	1.192	1.182	1.163
4	12.26	12.34	12.30	1.414	1.387	1.396	1.397

表 E.1(续)

序号	硫酸铈-亚铈 1#瓶/kGy	硫酸铈-亚铈 2#瓶/kGy	硫酸铈-亚铈 平均值/kGy	红色 Perspex 剂量计测量规定的吸收剂量/cm^{-1}			
				A#	B#	C#	D#
5	15.47	15.74	15.61	1.671	1.68	1.664	1.67
6	19.08	19.41	19.25	1.922	1.934	1.916	1.961
7	20.10	20.50	20.30	2.013	2.003	2.031	1.993
8	22.80	23.64	23.22	2.268	2.252	2.284	2.231
9	26.22	26.08	26.15	2.456	2.419	2.403	2.412

表 E.2 校准曲线分析

$\lg k = a_0 + a_1 \cdot \lg D$,其中 k 为吸光度,单位为每厘米(cm^{-1});D 为吸收剂量,单位为千戈瑞(kGy)				
参数	估算值	渐近标准差	T 统计	P 值
a_0	−0.689 001	0.008 376 58	−82.253 3	1.003 348E-11
a_1	0.761 112	0.007 220 21	105.414	1.822 32E-12
确定系数 R^2	0.999 370 454 17	F 检验:F_R	11 112.127 0	
相关系数 R	0.999 685 177 53	合并的 CV	0.009 941 86	
估算方差	0.000 023 71	P 值(较大 F_R 概率)	1.822 32E-12	

E.4 剂量计分析的不确定度

E.4.1 由 n 个样本数据组计算每套剂量计响应的样本标准偏差(s_{n-1})。相对标准差(CV)给出了误差变化相对大小的量度。CV%大于 2%表明应考虑重新确认数据或者剔除该批次剂量计。如果某一响应数值超过预先确定的限值(如 2%或 3%),或者剔除该数值将导致定义曲线的数据不足,则应考虑重复校准程序。CV 合并估计值是根据 D.3.1.1 计算的,该方法有助于确定是否有必要重新计算数据。计算曲线拟合的不确定度可以确定对吸收剂量扩展不确定度的贡献(参见 E.5 和表 E.4)。

注:当常规生产过程中需要分析工作剂量计时,若辐照后剂量计响应随时间变化,辐照后应尽快对其进行分析,可能要求辐照后多次判读剂量计。

表 E.3 计算和测量的特定吸光度以及计算和测量的吸收剂量的比较

序号	硫酸铈-亚铈剂量计测量剂量的平均值 kGy	计算的吸收剂量(采用式(E.2))/kGy	Perspex 剂量计与硫酸铈-亚铈剂量计吸收剂量的比值
1	5.12	5.06	0.988
2	7.68	7.58	0.987
3	9.79	9.98	1.019
4	12.30	12.5	1.016
5	15.61	15.8	1.012
6	19.25	19.1	0.992
7	20.30	20.1	0.990
8	23.22	23.5	1.012
9	26.15	25.7	0.983
	平均值:		1.000
	标准偏差:		0.015
	变异系数(%)		1.5 %

表 E.4 不确定度分量

常规使用红色 Perspex 剂量计的不确定度分量 (对硫酸铈-亚铈剂量计校准)，(除非另行注明，$k=1$，)	A 类评定(%)	B 类评定(%)
工作剂量计校准的不确定度分量		
1. 在工业用辐照装置环境条件下采用一套两支硫酸铈-亚铈剂量计测量剂量	1.19	1.89
2. 辐照的不均匀性(授予 Perspex 剂量计和硫酸铈-亚铈剂量计的剂量 d)	—	0.50
3. 曲线拟合	0.80	0.75
使用工作剂量计的不确定度分量		
4. 温度差异、剂量率差异以及根据校准条件辐照后读数时间	—	1.20
方和根法合成不确定度($k=1$)	2.81	
方和根法合成不确定度($k=2$)	5.6	

E.4.2 本示例中，采用商用的计算机软件生成函数，合成的数据见表 E.2，最终由使用者确定用于数据评定和合成拟合曲线的测试方法。这些数据是由一系列校准函数中的最小二乘最佳拟合导出的。最小二乘拟合程序中采用两种 F 检验，其中一种 F_R 用来检验整个拟合，与多重修正系数 R 有关；另一个品质因子 F_X，采用 χ^2 检验。检验拟合函数包含的附加项是否合理。拟合参数自身是根据 t 检验确定的它们的 p 值进行的。对于给定参数，p 值高则表明为零的概率较高。一般，选取 $p \geqslant 0.05$ 作为 t 检验和 F 检验的拒绝水平。作为数据估计值的拟合品质同样通过残差检验确定。复合相关系数的平方称为确定系数 R^2，其值等于 MSS 与 TSS 之比，它是期望值(拟合参数)和响应变化的统计描述。

E.4.3 表 E.2 包含估计值及其标准差和检验每个参数是否均为 0 的 t 检验。参数 p 的值等于获得的统计结果与自由度为$(n-p)$ 的 t 分布的比较，其中 n 为样本数量，p 为期望数量(即拟合参数的数量)。尽管对每一个回归分析都进行拟合良好程度检验，但是本示例仅给出了最好的拟合，也用到统计分析，参见附录 A 给出的拟合良好程度检验的细节。与拟合函数的残差有重要偏离的数据点将被剔除，在这种情况下，拒绝准则为显著水平的±2.5%，由残差与样本平均值标准差的无偏估计之比确定。该操作符合 ASTM E 178。本示例没有剔除任何数据点，拟合曲线由所有的红色 Perspex 剂量计导出，特定吸光度读数没有被平均，对于每个由硫酸铈-亚铈剂量计确定的剂量水平有 4 支工作剂量计的读数。最佳校准拟合方程，见式(E.1)：

$$SA(\mathrm{cm}^{-1}) = 10^{[-0.689\,001+0.761\,112\times(\lg^{dose})]} \quad \cdots\cdots(\mathrm{E.1})$$

反方程见式(E.2)：

$$Dose(\mathrm{kGy}) = 8.039\,99 \times SA^{[1.313\,867]} \quad \cdots\cdots(\mathrm{E.2})$$

比吸光度(SA)单位是 cm^{-1}，吸收剂量的单位是 kGy。反函数(E.2)能用于针对给定吸光度(cm^{-1})计算剂量(kGy)。式(E.1)和式(E.2)计算的吸光度(SA)和剂量分别与测量的吸光度(SA)和已知的吸收剂量比较，参见表 E.3。

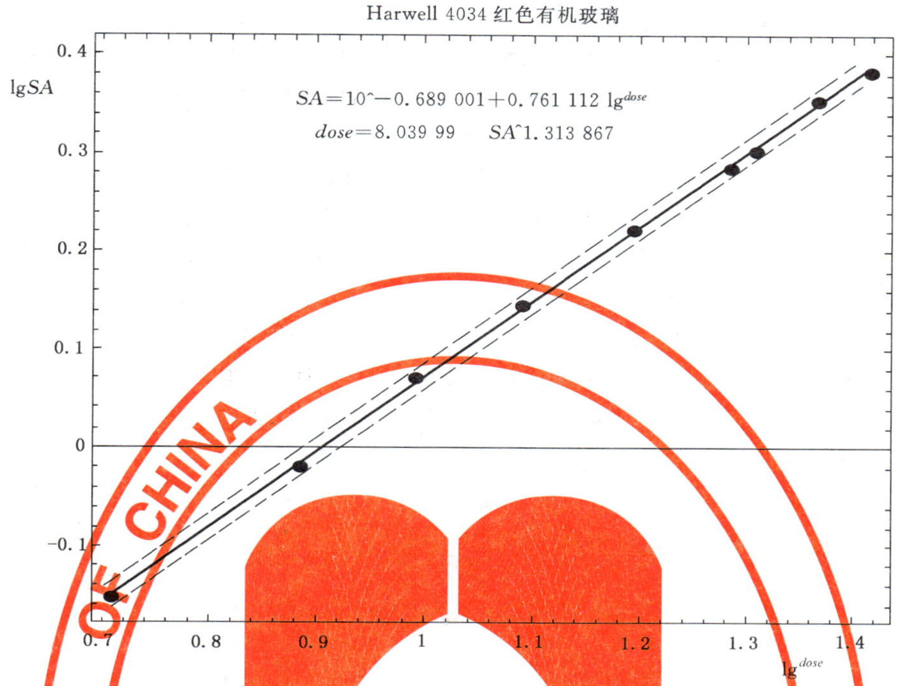

图 E.1 根据式(E.1)拟合校准曲线(实线)及单一观测预计值95%的置信区间(虚线)

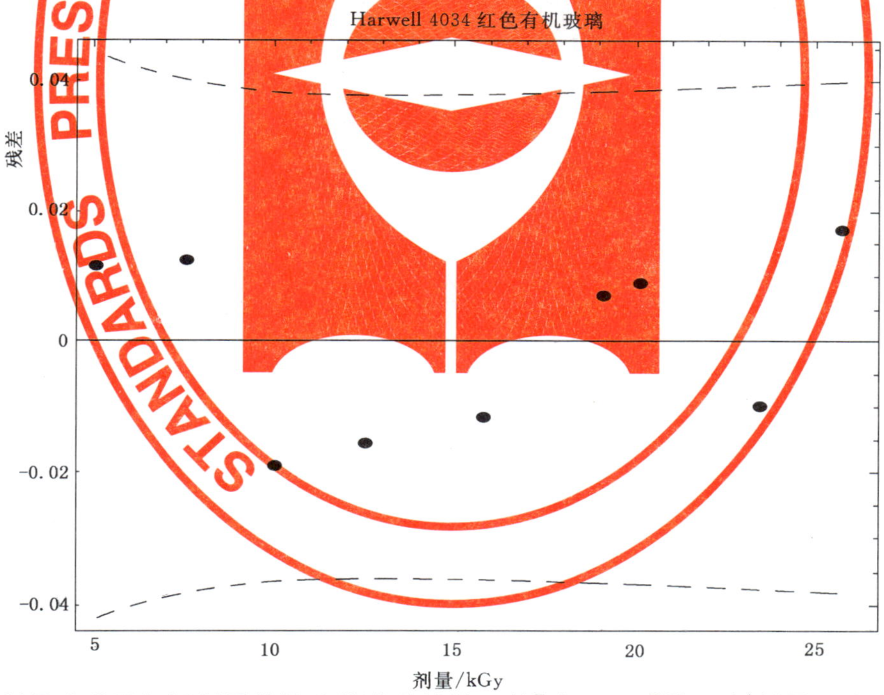

图 E.2 剂量残差及根据剂量转换为校准曲线的函数[式(E.2)]的95%剂量不确定度(虚线)

E.4.4 图 E.1 是公认的双对数校准曲线,期望值置信水平为95%。图 E.2 是残差曲线。相对小的残差以及它们的随机性是可接受拟合的标志。

E.5 测量不确定度评定

E.5.1 在认可实验室给出的关于硫酸铈-亚铈剂量计的不确定度中,A类评定为1.2 %,B类评定为1.9 %,见表E.4。应仔细确认工作剂量计和参考或传递标准剂量计一同辐照并接受相同的吸收剂量,该不确定度对应表E.4中的“辐照不均匀”引起的不确定度。因为不能确认工作剂量计和传递标准剂量计接受相同的剂量,因此采用最佳估计值 0.5% 作为不确定度的 B 类评定,该不确定度应尽可能低,并不大于 1%。参见 GB/T 16640。没有发现硫酸铈-亚铈剂量计具有明显的剂量率响应,因此,不需对此作修正。然而由于工作剂量计可能具有剂量率响应,其响应函数应由不同钴源装源活度进行验证。对于 X 射线和 γ 源,用空腔理论(见 GB/T 16640 和参考文献[14])对光谱相关修正进行评估,该方法已经用于不同类型的剂量计在不同光子能谱照射所需的修正因子的估算[13]。计算能谱修正因子需要剂量计响应函数和辐照装置光子能谱的资料(见 ASTM E 1249)。如果没有修正能谱响应,可能会产生百分之几的系统误差。表 E.4 中不确定度分量用于剂量计响应的考虑和对于分析函数的校准数据拟合。表 E.4 在"曲线拟合"这项中总结了这些不确定度,A 类和 B 类评定的分量分别是 0.80%和 0.75%。本示例考虑了常规使用和校准之间环境条件不同引入的不确定度,该不确定度的最佳估算值为 1.2%,参见表 E.4。以环境条件依赖性较小的参考标准剂量计为参照的校准没有减小该不确定度。由常规剂量测量系统导致的不确定度的附加分量也应予以考虑,假设分析仪器的常规使用、辐照温度以及辐照分析红色 Perspex 剂量计的时间均与校准过程中的使用近似,若它们中间存在任何差异,就有必要考虑附加的不确定度来源。工作剂量计响应引入的不确定度分量取决于每个剂量点使用的剂量计数量。

E.5.2 对于校准范围中间点的剂量测量,估算的吸收剂量测量的扩展不确定度为 5.6%,置信水平为 95%。

参 考 文 献

[1] Dowdy, S., and Wearden, S., *Statistics For Research*, John Wiley & Sons, New York, New York, 1983.

[2] Dietrich, C. F., *Uncertainty, Calibration and Probability*, Adam Hilger, Bristol, Philadelphia, New York, 1991.

[3] Barnett, V., and Lewis, T., *Outliers in Statistical Data*, JohnWiley and Sons, Chichester, 1987.

[4] Brownlee, K. A., *Statistical Theory and Methodology in Science and Engineering*, John Wiley & Sons, Inc., New York, NY, 1960, pp. 235-236.

[5] McLaughlin, W. L., Boyd, A. W., Chadwick, K. H., McDonald, J. C., and Miller, A., *Dosimetry for Radiation Processing*, Taylor and Francis, London, New York, Philadelphia, 1989.

[6] Tech. Report Series No. 409, "Dosimetry for Food Irradiation", International Atomic Energy Agency, IAEA, 2002.

[7] Eisenhart, C., Ku, H. H., and Colle, R., "Expression of the Uncertainties of Final Measurement Results: Reprints", NBS SP 644, January 1983.

[8] Hogg, Robert V. and Craig, Allen T., *Introduction to Mathematical Statistics*, Prentice Hall, 1994.

[9] McLaughlin, W. L., "The Measurement of Absorbed Dose and Dose Gradients", *Radiation Physics and Chemistry*, Vol 15, 1980, pp. 9-38.

[10] McLaughlin, W. L., Humphreys, J. C., Ba, Wei-Zhen, Khan, H. M., Al-Sheikhly, M., and Chappas, W. J., "Temperature Dependence of Radiochromic Film Dosimeters", *High Dose Dosimetry For Radiation Processing*, Proceedings Symposium, Vienna, 5-9 Nov. 1990, IAEA, Vienna, 1991, pp. 305-316.

[11] Al-Sheikhly, M., and Chappas, W. J., "Effects of Absorbed Dose Rate Irradiation Temperature and Post-Irradiation Temperature on the Gamma Ray Response of Red Perspex Dosimeters", ibid., pp. 419-434.

[12] Matthews, R. W., "Effect of Solute Concentration and Temperature on the Ceric-Cerous Dosimeter", *Radiation Research*, Vol 55, 1973, pp. 242-255.

[13] Miller, A., and McLaughlin, W. L., "Calculation of the Energy Dependence of Dosimeter Response to Ionizing Photons", *International Journal of Applied Radiation and Isotopes*, Vol 33, 1982, pp. 1299-1310.

[14] Attix, F. H., *Introduction to Radiological Physics and Radiation Dosimetry*, John Wiley & Sons, New York, NY, 1986.

[15] Taylor, B. N., and Kuyatt, C. E., "Guidelines for Evaluating and Expressing the Uncertainty of NIST Measurement Results", *National Institute of Standards and Technology Technical Note 1297*, 1994.

[16] IAEA TECDOC-619, "X-ray and Gamma-ray Standards for Detector Calibration", International Atomic Energy Agency, IAEA, 1991.

[17] Hubbell, J. H., "Photon Mass Attenuation and Energy-absorption Coefficients from 1 keV to 20 MeV", *International Journal of Applied Radiation and Isotopes*, Vol 33, pp. 1269-1290, 1982.

ICS 17.240
A 58

中华人民共和国国家标准

GB/T 16510—2008/ISO/ASTM 51400:2002
代替 GB/T 16510—1996

辐射加工剂量学校准实验室的能力要求

The requirements for the competence of a radiation processing dosimetry calibration laboratory

(ISO/ASTM 51400:2002, Practice for characterization and performance of a high-dose radiation dosimetry calibration laboratory, IDT)

2008-09-19 发布

2009-08-01 实施

中华人民共和国国家质量监督检验检疫总局
中国国家标准化管理委员会 发布

前　言

本标准等同采用 ISO/ASTM 51400:2002《高剂量辐射剂量学校准实验室特征和能力的实践》(英文版)。

为便于使用,本标准做了下列编辑性修改:

a) 按照汉语的习惯对一些编写格式进行了修改。

b) 在第 2 章“规范性引用文件”中,所引用 ISO 和 ASTM 等国际标准,凡已转化为我国标准(包括计量检定法规)的,改为引用我国标准。

c) 删除了资料性附录 A,增加了参考文献。

本标准代替 GB/T 16510—1996《辐射加工剂量学校准实验室的能力要求》。

本标准与 GB/T 16510—1996 相比主要变化如下:

——在“意义和用途”章增加了“在校准活动中,实验室在满足与 GB/T 15481 通用要求的同时,还应满足 GB/T 15481 和 ISO 9000 系列标准的相关要求;当其充当厂商生产的校准结果时,还应包括 ISO 9002 标准中对保证模式的要求。”的内容条款(1996 版的第 4 章;本版的 4.4);

——在“意义和用途”章增加了“对从事专用领域校准工作的实验室,还应对 GB/T 15481 的通用要求进行补充和说明。”的要求(1996 版的第 4 章;本版的 4.5);

——分别给出了对“电离辐射专用领域校准实验室”和“应用 γ 射线、电子束和 X 射线(韧致辐射)等粒子类型的电离辐射专用领域校准实验室”的补充要求和说明章节(1996 版的第 6 章;本版的第 6 章和第 7 章);

——将 1996 版中“实验室校准装置的吸收剂量测量值与相应的国家标准比较,偏差应在 ±3% 以内”,改为“实验室校准装置的吸收剂量测量值与相应的国家标准比较,偏差应在 ±5% 以内。”(见 1996 版 6.3.6;本版 7.4);

——对设备要求部分:提出了“实验室应建立覆盖校准量程、经过考核认证的参考标准和传递标准剂量测量系统”的要求;删除了 1996 版中 6.6.4.1、6.6.4.2、6.6.4.3、6.6.4.4、6.6.4.5 和 6.6.4.6对主要仪器计量学特性的具体要求内容(见 1996 版 6.6.4;本版 6.8);

——调整了“测量不确定度”一章的内容(见 1996 版第 7 章;本版第 8 章);

——删除了 1996 版中的附录 A,增加了参考文献。

本标准由中国核工业集团公司提出。

本标准由全国核能标准化技术委员会归口。

本标准起草单位:中国计量科学研究院。

本标准主要起草人:张彦立、龚晓明、张辉。

本标准所代替标准的历次版本发布情况为:

——GB/T 16510—1996。

辐射加工剂量学校准实验室的能力要求

1 范围

本标准规定了辐射加工剂量学校准实验室应具备的能力要求。这种能力将保证实验室能提供准确可靠的校准与测试服务。标准可供辐射加工剂量学校准实验室在建立和实施其质量体系时使用，也可作为认证机构对实验室进行认证和授权的依据。

2 规范性引用文件

下列文件中的条款通过本标准的引用而成为本标准的条款。凡是注日期的引用文件，其随后所有的修改单(不包括勘误的内容)或修订版均不适用于本标准，然而，鼓励根据本标准达成协议的各方研究是否可使用这些文件的最新版本。凡是不注日期的引用文件，其最新版本适用于本标准。

GB/T 15481　检测和校准实验室能力的通用要求(GB/T 15481—2000，ISO/IEC 17025:1999，IDT)

GB/T 16509　辐射加工剂量测量不确定度评定导则(GB/T 16509—2008，ISO/ASTM 51707:2005，IDT)

GB/T 16640　辐射加工剂量测量系统的选择和校准导则(GB/T 16640—2008，ISO/ASTM 51261:2002，IDT)

ISO 9002　质量体系　生产、安装和服务中的质量保证模式

ASTM E 170　辐射测量与剂量学术语

ASTM E 177　材料性能试验中使用精度和偏差术语的实践

ASTM E 456　量和统计术语

ASTM E 1249　在使用 Co-60 放射源进行硅电子器件辐射损伤试验中减小剂量测量误差的标准实践

ASTM E 1250　应用电离室评定硅电子器件辐射损伤试验中所用 Co-60 辐照器低能 γ 组分的试验方法

3 术语和定义

ASTM E 170 和 ICRU 第 60 号报告确立的以及下列术语和定义适用于本标准。

3.1

准确度目标　accuracy goals

被测量与公认参考值存在的最大可接受偏差。公认的参考值是由国家标准确定的。

3.2

校准　calibration

确定由测量标准提供的量值与测量系统对应的示值之间关系的操作；该操作应在规定条件下进行，并包括测量不确定度的评定。

注：测量标准包括：参考标准剂量计、传递标准剂量计和工作剂量计。

3.3

剂量测量系统　dosimetry system

由剂量计、测量仪器、剂量响应校准曲线(或剂量响应函数)或相关的参考标准和使用程序组成的用于确定吸收剂量的系统。

3.4

实验室　laboratory

由相关的辐照校准装置、服务、人员和设备组成的高剂量校准实验室实体。

3.5

实验室认可　laboratory accreditation

认证机构对实验室有能力按照被授权的认可机构的文件要求承担某一校准工作的正式全部活动。

3.6

测量质量保证计划　measurement quality assurance plan

保证测量的扩展不确定度能满足特定应用要求，而建立量值溯源性的一整套测量程序计划。

3.7

测量溯源性　measurement tracebility

通过连续的比较链，证明测量结果能够与国家或国际认可的标准在不确定度可接受范围内一致的特性。

3.8

基准剂量计　primary-standard dosimeter

由国家和国际标准化组织建立的吸收剂量标准剂量计，其量值和测量不确定度的确定与同种量的其他测量标准无关。

3.9

能力验证　proficiency testing

校准实验室的测量能力和实证与适用的国家标准一致性的评估。

3.10

质量保证 QA　quality assurance (QA)

为达到预定的质量水平，提供足够置信度所必需的校准、测量或加工的全部系统活动。

3.11

质量控制 QC　quality control (QC)

为达到规定的质量要求所采取的作业技术和活动。

3.12

质量手册　quality manual

规定组织质量管理体系的文件。

3.13

质量体系　quality system

实施质量管理的体系，包括组织机构、职责、程序、过程和资源。

3.14

辐射加工　radiation processing

电离辐射作用于物质，使其品质或性能得以改善的一种技术。

3.15

被授权的认可机构　recognized accreditation organization

国家认可的按规定要求承办实验室授权工作的机构。

3.16

参考标准剂量计　reference-standard dosimeter

具有较高计量学特性，用于溯源至基准剂量计并与基准剂量计测量保持一致的标准剂量计。

3.17

工作剂量计　working dosimeter

使用基准、参考标准或传递标准剂量计校准过的用于日常吸收剂量测量的剂量计。

3.18

传递标准剂量计　transfer-standard dosimeter

在测量标准相互比较中用作媒介的测量装置。

注：通常是一种性能稳定、结实的参考标准剂量计，它能够可靠地传递吸收剂量值，进行邮寄比对、校准工作剂量计、并刻度辐射场。

3.19

验证　verification

通过检查给定项目和提供客观证据，对其满足规定要求的认定。

3.20

工作标准　working standard

用于校准或检查仪器或设备用的被参考标准校准的标准。

4　意义与用途

4.1　为了保证辐射加工吸收剂量的正确测量，辐射加工剂量学需要可靠的随时可进行剂量计校准服务的辐射装置。工业辐照装置日常剂量测量应与国家或国际标准实验室的标准量值保持一致，建立量值溯源性，并使那些能够提供校准服务的高校、政府拥有的实验室和公司等机构可以作为国家标准实验室与辐照装置之间一环。

4.2　为了保证按规定要求提供校准服务，校准实验室应当遵循测量质量保证（MQA）计划。计划的基本要求包括：

a）遵循本标准规定的要求；

b）制定校准服务质量保证（QA）计划与程序；

c）定期进行能力验证与专家评定。

4.3　申报实验室提出认可申请后，认证机构应确认实验室所提供的质量文件是否符合要求，对授权的校准项目进行能力验证，组织技术专家现场评定该实验室是否满足本标准的规定。

4.4　第5章规定了每个申请认可的实验室应该满足的通用要求。这些通用要求与GB/T 15481的要求完全相同。在校准活动中，实验室在满足这些通用要求的同时，还应满足GB/T 15481和ISO 9000族标准的相关要求；当其提供校准结果时，还应满足ISO 9002标准的要求。

4.5　对从事专用领域校准工作的实验室，还应对GB/T 15481的通用要求进行补充和说明。本标准的第6章给出了对电离辐射专用领域要求的补充和说明；第7章给出了对应用γ射线、电子束和X射线（韧致辐射）等粒子类型的电离辐射专用领域要求的补充和说明。

4.6　为便于使用，第5章后的全部章节采用了第5章的编写格式。因此，易于理解随后章节对第5章的通用要求的引伸和说明。

5　通用要求

5.1　本章规定了申请认可的辐射加工剂量学校准实验室应当满足的通用要求，同时还应满足第6章的专用要求和第7章中与申请授权的校准服务相关的特别规定（见4.4和4.5）。

5.2　本章要求也用作校准实验室发展、运行其质量体系以及其他相关实验室能力评估的指南。

5.3　组织和管理

5.3.1　实验室的组织和运行，应使其设施符合本标准的要求。

5.3.2　实验室应做到：

5.3.2.1　具有称职的管理人员，他们有履行其职责所必需的权力和资源；

5.3.2.2　要制定来保证其工作人员不受来自商业、财政或其他方面影响其工作质量压力的措施；

5.3.2.3　在任何时候都能确信和保持其仲裁的独立性和公正性；

5.3.2.4 对所有负责管理、执行或审查涉及校准质量的人员，以文件的形式规定其职责、权力及相互关系；

5.3.2.5 有熟悉校准方法和程序，了解校准任务和评定校准结果的人员进行监督；

5.3.2.6 有一名全面负责技术操作的技术负责人；

5.3.2.7 有一名负责质量体系及其实施的质量负责人。该负责人有权参与最高管理层关于实验室方针或资源的决策，并与技术负责人直接联系。在某些实验室，质量负责人也可兼任技术负责人或者当其助手；

5.3.2.8 在技术或质量负责人不在的情况下，应指定代理人员负责其工作；

5.3.2.9 有明文规定的、保护用户的机密资料和所有权的方针与措施；

5.3.2.10 定期参加实验室间的比对和能力验证计划。

5.4 质量体系、审核和评审

5.4.1 实验室应建立并实施适合于所开展的校准工作的类型、范围和工作量的质量体系。要明文规定该体系的要素。质量文件要提供给每个实验室工作人员使用。实验室应明文规定为达到优秀实验室的工作水平和确保校准服务质量的方针、目标和任务。实验室的负责人应保证将这些方针与目标编入质量手册，并使全部有关人员都知道、理解和执行。质量负责人应负责保持质量手册的现时有效性。

5.4.2 质量手册以及相关的质量文件应陈述本实验室的方针和为满足本标准要求而制定的工作程序。质量手册和相关的质量文件应包括下列内容：

5.4.2.1 由最高管理者宣布的质量方针，包括目标和任务；

5.4.2.2 实验室的组织管理机构、隶属关系和组织机构图；

5.4.2.3 管理、技术工作、后勤服务与质量体系间的关系；

5.4.2.4 文件的控制与维持程序；

5.4.2.5 主要人员工作的描述及其他相关人员工作的描述；

5.4.2.6 实验室授权的有关签字人的识别(在适用的场合)；

5.4.2.7 实验室建立测量溯源性的程序；

5.4.2.8 实验室校准工作的范围；

5.4.2.9 确保实验室能对所有新的工作进行审查的程序，以保证在这些新工作开始之前已具备相应的设备和资源；

5.4.2.10 现用的校准与检定方法的出处；

5.4.2.11 处理校准样本的程序；

5.4.2.12 现用的主要设备和参考测量标准的说明；

5.4.2.13 校准、检定和设备维护程序的说明；

5.4.2.14 检定工作的说明，包括实验室间的比对、能力验证计划和内部质量控制计划；

5.4.2.15 当能力验证出现分歧或出现与规定的方针和程序不符合的情况时，其反馈和改正措施的程序；

5.4.2.16 对偏离规定的方针和程序或标准规范的例外许可的管理措施；

5.4.2.17 处理抱怨的程序；

5.4.2.18 保密和保护所有权的程序；

5.4.2.19 审核和评审的程序。

5.4.3 实验室应定期对其工作进行审核，评价其是否持续地按质量体系的要求运转。审核工作应由经过培训的、具有一定资格的人员进行，审核人员应独立于拟审核的工作。若经审核发现实验室校准结果的正确性和有效性存在问题，实验室应立即采取改正措施，并立即用书面通知可能受到影响的所有用户。

5.4.4 实验室按本标准的要求所建立的质量体系应由管理层至少每年评审一次，以确保其持续适用和有效，并作必要的修改或改进。

5.4.5 应以文件形式表述在审核和评审中发现的问题和改正措施。对质量负有责任的人应保证能按商定的时间表来履行这些改正措施。

5.4.6 除定期审核外，实验室应采用核验的方法来确保提供给用户的测量结果的质量。这些核验要经过评审，其内容可包括：

5.4.6.1 运用统计技术的内部质量控制计划；

5.4.6.2 参加能力验证或其他实验室间的比对；

5.4.6.3 用相同或不同的方法进行重复检测；

5.4.6.4 对保留的仪器和剂量计重新校准。

5.5 人员

5.5.1 实验室应具有足够的人员，这些人员应受过与其所承担任务相适应的教育、培训，并有相应技术知识和经历。

5.5.2 实验室应确保对人员进行适时的培训和知识更新。

5.5.3 实验室应保留技术人员相应资格、培训、技能和经历等记录。

5.6 设施和环境

5.6.1 实验室的设施，包括校准工作区域以及电源、照明、采暖、通风和安全设施，应便于正常进行校准工作。

5.6.2 环境条件不应影响检测结果的有效性或所要求的测量准确度。特别要注意在非固定场所进行校准工作时的环境条件。

5.6.3 实验室应有必要的设施对环境条件进行有效监测、控制和记录。尤其要注意对诸如会影响校准的灰尘、电磁干扰、湿度、电源、温度、噪声和振动等记录。

5.6.4 如临近区域所进行的工作对实验室有影响，应采取有效的隔离措施。

5.6.5 进入和使用对工作质量有影响的区域要有规定并得到控制。

5.6.6 要有保证实验室清洁整齐和安全的措施，其中包括辐射安全的措施。

5.7 设备

5.7.1 实验室应装备正确进行校准所需的全部设备。如果实验室要使用外部设备，应保证所使用的设备附合本标准相应的要求。

5.7.2 所有设备均应进行正常维护。维护程序应有明文规定。如果设备出现过载或处置不当，显示结果可疑或通过验证证明有其他缺陷，应停止使用，并作出明确的标记并存放在指定的地点，直到修复且经验证证明其功能良好为止。实验室应检查由于这种缺陷对过去校准所造成的影响。

5.7.3 每一台设备都应以标签、标记或其他形式来表明其性能所处状态。

5.7.4 应保存每台设备对校准有影响的记录，内容包括：

5.7.4.1 设备名称；

5.7.4.2 制造厂名称、型号、序号及其他；

5.7.4.3 设备收到日期和投入使用日期；

5.7.4.4 目前放置的地点；

5.7.4.5 收货时状态(如新的、使用过、修理过)；

5.7.4.6 制造厂的使用说明书；

5.7.4.7 校准和(或)检定日期和结果，以及下一次校准和(或)检定的日期；

5.7.4.8 进行校准和(或)检定的人员姓名与签字；

5.7.4.9 维修的详细情况和今后的计划；

5.7.4.10 损坏、故障、调整或修理的历史记录。

5.8 量值溯源性和校准

5.8.1 所有对校准结果的准确性和有效性有影响的检测设备，在投入使用之前应进行校准或检定。实验室应制定一个对检测设备进行校准和检定的计划。

5.8.2 校准和(或)检定总体程序的制定应保证实验室进行的测量能溯源到国家计量基准。校准证书应说明溯源到国家计量基准的情况，应提供测量结果和相应的测量不确定度，并(或)申明符合规定的计量规范。

5.8.3 如果对国家基准的溯源不适用，实验室应提供测量结果相互比较的合适的证据，如参加适当的实验室间的比对或能力验证计划。

5.8.4 实验室所建的测量参考标准只能用于校准，不能用作其他目的，除非能够证明其所进行的其他工作不会对标准本身产生失效性的影响。

5.8.5 计量标准的校准工作应由能提供对国家计量基准溯源的机构进行，对计量标准的校准或检定应有程序。

5.8.6 必要时在两次校准或检定之间对在用的标准和检测设备进行稳定性期间检查。

5.9 校准方法

5.9.1 实验室应对有关设备的使用和操作、剂量计的处理和准备、校准操作作明文规定，缺少这样的规定可能危及校准。所有与实验室工作有关的规定、标准、手册和参考数据都应及时补充和修订，并可随时提供工作人员使用。

5.9.2 实验室应使用适当的方法和程序来进行校准和处理其职责范围内的工作(包括处理、运输和储存、剂量计的制备、测量不确定度的评估以及校准数据的分析)。所使用的方法和程序应与要求的准确度和有关校准的规程标准一致。

5.9.3 在没有指定方法和程序时，实验室应尽可能选择已有的国际或国家标准的方法和程序。

5.9.4 当需要使用尚未作为标准颁布的方法时，应证实其有效性，编制成文件，取得用户的同意，并进行详细的记录，有关报告应提交给用户和其他有关人员。

5.9.5 应对计算与数据转换进行适当的校核。

5.9.6 使用计算机或自动设备进行校准数据的采集、处理、操作、记录、报告、储存或检索时，实验室应保证做到：

5.9.6.1 使用的计算机软件应有效，并明文规定软件对于质量管理判断过程的操作控制和影响；

5.9.6.2 编制和执行保护数据完整性的程序，其内容应包括数据输入或采集、存贮、传输和处理；

5.9.6.3 维护计算机和自动设备，以保证其功能，并提供保持校准数据完整性所必需的环境和工作条件；

5.9.6.4 制定和执行数据保密的程序，包括防止非授权人接触和修改计算机记录。

5.9.7 实验室应制定其技术工作中所使用的消耗材料的购买、接收和贮存的程序。

5.10 顾客剂量计的管理

5.10.1 实验室应对被校准剂量计的管理建立文件系统，以保证在任何时候这些剂量计不会相互混淆。

5.10.2 在接收剂量计时，应记录其状态，包括有无异常，或是否符合相应校准方法中的要求。如果对剂量计是否适合校准有任何疑问，或者剂量计不符合给出的描述，或者校准要求规定不完整，实验室应在工作开始前与顾客联系，要求顾客进一步说明。实验室应确定剂量计已作了必要的准备，或由顾客要求实验室进行或安排这样的准备。

5.10.3 实验室应有程序文件和必要设施来保证剂量计在储存、处理、准备和校准过程中不致变质或损坏，应遵守与剂量计相关的细则要求。如果剂量计需在特定的环境条件下进行储存，这些条件应得到必要的保持、监控和记录。如果对校准剂量计或者是对它们的某个部分有担保要求(例如以记录、安全或保值，或为了日后能对所进行的校准进行核对为理由)，实验室应有保存和安全措施，以保证所担保的剂量计存放条件和完好性。

5.10.4 实验室应有剂量计的接收、保管或安全处理的程序文件，包括保护实验室公正性所必需的预防措施。

5.11 记录

5.11.1 实验室应保持适应其特定环境条件，并符合任何适用规程的记录系统。实验室应在适当的期限内保留所有原始观测、计算、推导数据、校准记录和校准证书或报告的复印件。每次校的记录应包括使其可重复的足够信息。记录应包括参与校准人员的签字。

5.11.2 所有记录（包括5.7.4列出的校准设备的附属记录）、证书和报告均应妥善保管，并取得顾客的信任。

5.12 证书和报告

5.12.1 实验室进行的每项校准结果或系列校准均应按校准方法或程序形成准确、清楚、明确和客观的报告。校准证书或报告中应给出校准结果、说明结果的必要信息和所用方法的全部信息。

5.12.2 每份证书或报告至少应包含以下信息：

5.12.2.1 标题："校准证书"或"校准报告"；

5.12.2.2 实验室名称和地址及进行校准的地点（若与实验室的地址不同）；

5.12.2.3 证书或报告的唯一标记（如序号）和每页的编号以及总页数；

5.12.2.4 顾客的名称和地址；

5.12.2.5 被校准剂量计的说明和明显标记（制造者、型号与批号）；

5.12.2.6 被校准剂量计的特性和有关情况；

5.12.2.7 被校准剂量计的接收日期和校准日期；

5.12.2.8 所使用校准方法的表述或所用非标准方法的明确说明；

5.12.2.9 对校准方法的任何差异、补充或删节，有关校准的其他信息，如环境条件的说明；

5.12.2.10 必要时用表格、曲线、图表和照片来表示测量、检验和推导的结果以及经证实的任何缺陷；

5.12.2.11 有关校准结果不确定度评定的说明；

5.12.2.12 对证书或报告内容负责人员的职务、签名和签发日期；

5.12.2.13 在适当之处作出本结果只对所校准剂量计有效的声明；

5.12.2.14 未经实验室书面批准不得部分复制证书或报告的说明。

5.12.3 当证书或报告包含有转包实验室进行的校准结果时，其结果应明确标出。

5.12.4 应特别重视和注意证书或报告内容的编写，尤其是有关校准数据的表述应使读者易于理解。对每类校准，应专门设计报告或证书格式，但标题应尽可能标准化。

5.12.5 已发出的校准证书或报告的修改材料，应采用附加文件，或包括校准证书（或校准报告）补充、序号（或其他标识）等说明的数据传送或等效文本的形式。这类修改应满足本标准5.12的要求。

5.12.6 当诸如测量有误或检验设备问题而导致校准证书或其修改件所给结果的正确性出现问题时，应及时以书面形式通知用户。

5.12.7 当用户要求用电话、电传、传真或其他电子或电磁方式传送校准结果时，具体操作人应遵守保证符合本标准有关要求所规定的程序，并能保密。

5.13 校准的转承包

5.13.1 当实验室将本导则的部分校准转承包给其他单位时，转承包实验室的工作应符合要求。实验室应保证并能证明承包实验室有能力完成有关的工作并符合实验室有关转承包工作的要求。实验室应将计划部分校准的转承包意向以书面形式征求用户的意见。

5.13.2 实验室应将承包实验室的能力和符合要求的详细调查作记录保存，并保存所有转承包实验室的清单。

5.14 外部协作服务和供应

5.14.1 当实验室在物色外部协作服务和供应（本标准所指的服务除外）来支持其校准时，实验室只能利用对校准工作具有质量保证的外部协作服务和供应。

5.14.2 当外部协作服务或供应不能独立地保证质量时，实验室应制定程序，保证采购的设备、材料和服务符合规定的要求。实验室应尽可能地保证不得使用未经检验、校准或其他方式验证确认其符合有关校准的标准规范所采购的设备和消耗材料。

5.14.3 实验室应保存校准所需外来协作服务或供应的全部供应商的记录。

5.15 抱怨

5.15.1 实验室应有解决用户或其他单位就实验室工作提出抱怨的制度和程序文件。实验室应保存所有抱怨和纠正措施的记录。

5.15.2 当对于实验室是否符合校准实验室的政策或程序、或本标准的要求、或实验室校准质量的要求提出抱怨或提出怀疑时，实验室应按5.4.3的要求对相关工作和有关责任进行及时审核。

6 电离辐射专用要求

6.1 对需要用电离辐射进行校准的实验室申请认可时还应满足本章规定的专用要求，本章引申和说明了第5章的通用要求（见4.4和4.5）。

6.2 准备接受认可机构认可的电离辐射校准实验室应执行本章和第5章的规定。

6.3 本章也可作为该校准实验室充实和发展其质量体系的指南。

6.4 组织与管理

实验室组织机构或管理发生可能对校准质量产生不利影响时应通报授权机构。

6.5 质量体系、审核与评审

6.5.1 实验室应至少每年对授权的服务项目进行一次能力验证。如果测试结果表明需要修正时，实验室应采取适当措施达到本标准规定的不确定度。

6.5.2 校准实验室的能力验证应由国家或国际认可的标准实验室进行。

6.5.3 如果需要，能力验证间隔可以增加，但不能超过15个月。

6.5.4 质量手册和有关的质量文件应包括：

6.5.4.1 实验室授权的工作范围说明，包括辐射类型、能量与剂量率；

6.5.4.2 实验室校准项目准确度指标说明，该准确度应以与国家标准的偏差表示；

6.5.4.3 用于特殊校准的每台重要设备的型号和序号的文件；

6.5.4.4 完整的校准服务通用程序的文件，或代表性的专用程序，例如γ射线校准辐射显色剂量计程序应规定适当的操作步骤，能达到实验室规定的不确定度指标。校准程序应给出以下信息：

a) 简明完整的程序说明；
b) 程序的范围与限制；
c) 采用的设备与标准；
d) 6.7以外的环境条件要求；
e) 程序的先后顺序，并注明特别注意的地方；
f) 完整的数据表格示例；
g) 校准报告或证书示例。

6.5.4.5 对每项校准应列表评定其不确定度分量，置信水平，不确定度合成方法，以及有关参考辐射场的测量不确定度；

6.5.4.6 用于审核校准数据与证书（报告）的程序或参考文件。

6.5.5 质量手册的每一页应指明其始用或修订的日期。

6.5.6 校准实验室质量手册的最新修订本复印件应保存在授权机构的档案中。

6.6 人员

6.6.1 技术负责人应熟悉质量体系和校准程序，并保证其实施。

6.6.2 技术负责人应有学士以上学位，并有三年以上辐射剂量学或相近学科领域工作经验。

6.6.3 校准实验室的负责人应具有三年以上辐射剂量学或相近科学领域工作经验。

6.6.4 授权机构可考虑由现有专家组成的后备组织结构，规定明确的责任界限和实施连续管理。

6.7 设施和环境

6.7.1 应为保存参考标准、设备、文件、手册、校准证书和报告设置专门的场所和设施。

6.7.2 环境监测装置应包括监测和记录实验室内的温度、相对湿度和辐射水平。

6.7.3 尽管不需要严格的温度控制，但是为了避免温度对仪器设备的准确度产生不利的影响，并使它们在校准测量前保持足够稳定，实验室应维持较恒定的温度。建议实验室温度保持在 20 ℃ ～ 24 ℃之间。

6.7.4 建议相对湿度一般应保持在 15%～65%之间，除非特定剂量计的校准要求不同的范围。

6.7.5 存放设备的场所不需要严格控制环境，但应避免温度与湿度变化太大，以存放保护仪器与标准，同时减少仪器由存放区域拿到校准实验室为达到平衡所需的时间。

6.7.6 提供仪器设备使用的电源应当功率适当、稳定，无开关波动和显著的线路干扰。必要时配置稳压器和滤波器。

6.7.7 实验室应设置良好的接地系统。当单一接地系统上连接的设备之间可能产生干扰时，应采用彼此独立的接地系统，注意防止系统间相互接触。

6.7.8 辐照室的大小与设计应避免散射辐射在校准位置处对剂量计不确定度产生不利的影响。应当了解散射辐射对吸收剂量的贡献，必要时采用适当的散射修正。

6.7.9 采用压缩空气的实验室，应配置压力调节器和压缩空气除湿、除尘、除油的手段。

6.8 设备

实验室应建立覆盖校准量程、经过考核认证的参考标准和传递标准剂量测量系统（见 GB/T 16640）。

6.9 测量溯源性和校准

6.9.1 实验室使用的参考标准剂量测量系统应溯源到相应的国家或国际标准实验室。

6.9.2 校准允许使用工作标准代替参考标准。

6.9.3 当需要用能力验证或日常质量控制的结果来证实溯源性时，曾用与高级别标准比较的方法校准过的标准系统或装置应当重新校准。

6.10 校准方法

对校准不确定度有显著影响的所有新的或修改过的校准程序，采用前应经过授权机构的批准。

6.11 被校准的剂量计和有关设备的处理

所有无包装和带包装的剂量计、仪器，应当由熟悉其性能并经过培训的人员进行管理。

6.12 记录

6.12.1 实验室永久性记录应包括：

6.12.1.1 日期、用户、被校准剂量计的描述、批号或序号、提供服务的详细说明、校准报告或证书号、以及发票或其他账号；

6.12.1.2 日常质量控制措施书面文件和最终结果控制图；

6.12.1.3 所有的能力验证结果。

6.13 证书与报告

6.13.1 校准证书或报告应包括校准或测量条件的简明叙述。这些条件为辐射类型（γ 辐射、X 辐射或电子束）、剂量率与温度，对电子束还应有电子能量、脉冲宽度、脉冲剂量率与重复频率等。

6.13.2 证书或报告应当说明在具体测量中校准结果的使用是用户的职责，用户应小心练习校准结果使用技巧。

6.13.3 实验室应当指明校准程序是否经过认可，对采用的未认可程序应提出证据给以解释，并形成文件。

6.13.4 实验室发现校准报告中有错误,应立即通知接受报告的个人或单位。为了尽快修正错误,或者送一份修正过的报告给用户,或者重新校准一组适用的剂量计。实验室应当检查错误的原因,采取措施以免再犯。并立即将校准中发生的错误报告授权机构。

6.14 校准的转承包

没有超出第5章给出的通用要求的附加要求。

6.15 外部协作服务和供应

没有超出第5章给出的通用要求的附加要求。

6.16 抱怨

没有超出第5章给出的通用要求的附加要求。

7 用光子和电子束校准的专用要求

7.1 除第5章规定的通用要求和第6章规定的专门要求外,对需要用γ辐射、电子束和X辐射(韧致辐射)等粒子类型的电离辐射进行校准的实验室申请认可时还应满足本章规定的专用要求(见4.4和4.5)。

7.2 本章的要求适用于辐射加工吸收剂量水平剂量计的校准。

7.3 组织和管理:

本章无特别要求,通用要求按照第5章和第6章的相同部分。

7.4 质量体系、审核和评审:

实验室校准装置的吸收剂量率与相应的国家标准比较,偏差应在 ±5% 以内。这种与国家标准一致性水平可通过国家标准实验室定期的能力验证来证明。

7.5 人员

本章无特别要求,通用要求按照第5章和第6章的相同部分。

7.6 设施与环境

7.6.1 如果剂量计的响应表述需要了解环境条件的历史记录,应记录温度与相对湿度。

7.6.2 如果紫外辐射对剂量计响应有不利影响,应控制或避免使用日光灯、太阳灯和其他紫外光源。

7.6.3 根据所用剂量测量系统的要求,应适当控制剂量计的辐照和贮存时的温度和相对湿度。

7.7 设备

7.7.1 辐射源

7.7.1.1 实验室应靠近辐照室,使工作人员能方便工作。γ辐射源的剂量率范围应在适当时间内能授予剂量计 10 Gy～10^5 Gy 的剂量值。

7.7.1.2 除γ辐射源外,实验室还可配备电子束和(或)X辐射(韧致辐射)源,它们产生的剂量率应能满足辐射加工γ剂量计校准的要求。

7.7.2 辐射场特性

7.7.2.1 用参考标准剂量测量系统测定照射校准剂量计的校准位置的剂量率,并保证被校准剂量计在该位置辐照。授权时以及随后每隔12个月应采用直接测量比对的方法,证实该剂量率能溯源到相应的国家标准。

7.7.2.2 保证整个剂量计受照均匀,灵敏体积内各部分的剂量率与整个剂量计的平均剂量率偏差不大于±1%。

7.7.2.3 如果剂量计在空气中照射,辐照室的设计应保证在辐照剂量计的位置处散射辐射不影响校准的不确定度。

7.7.2.4 辐照位置的温度监控应满足剂量计的要求。可采用剂量计模拟辐照法,或采用不干扰辐射场的方法测量温度。

7.7.2.5 了解并保持每个剂量计辐照位置有关光子或电子束能谱的信息。

7.7.2.6 当照射用于辐射损伤实验的剂量计时，可用让射线通过一个滤盒的方式来减小光子源谱中的低能组分。

7.8 量值溯源性和校准

本章无特别要求，通用要求按照第 5 章和第 6 章的相同部分。

7.9 校准方法

本章无特别要求，通用要求按照第 5 章和第 6 章的相同部分。

7.10 顾客剂量计的管理

本章无特别要求，通用要求按照第 5 章和第 6 章的相同部分。

7.11 记录

本章无特别要求，通用要求按照第 5 章和第 6 章的相同部分。

7.12 证书和报告

本章无特别要求，通用要求按照第 5 章和第 6 章的相同部分。

7.13 校准的转承包

本章无特别要求，通用要求按照第 5 章和第 6 章的相同部分。

7.14 外部协作服务和供应

本章无特别要求，通用要求按照第 5 章和第 6 章的相同部分。

7.15 抱怨

本章无特别要求，通用要求按照第 5 章和第 6 章的相同部分。

8 测量不确定度

8.1 吸收剂量的测量应有不确定度的评定。不确定度的分量根据评定方法分为 A 类评定的分量和 B 类评定的分量。标准不确定度的 A 类评定是通过对重复性条件测量所得量值的统计方法评定的分量；标准不确定度的 B 类评定是通过采用非统计分析方法评定的分量。GB/T 16509 和参考文献[6]、[7]给出另外的资料。

注：本标准使用了是 1993 年出版的 ISO 测量不确定度表示指南中评估不确定度的方法。该方法有别于传统用“精度”和“偏差”术语表述的不确定度的方法。“精度”是在规定条件下对被测量进行多次测量时，所得结果之间的符合程度；“偏差”是测量系统示值的系统误差(见 ASTM E 170、ASTM E 177 和 ASTM E 456)。这种不确定度的处理方法与国际现行的准则一致。

8.2 应评定测量包含的不确定度分量，通过不确定度分量的合并估算测量合成不确定度，合并的程序应在所有结果中特别说明或提及。

8.3 实验室应能提供以下合成扩展不确定度(95% 置信水平)的校准服务。这些值中包括了假定的与国家标准相关的不确定度 2.0%(95% 置信水平)。

8.3.1 辐照剂量计至特定吸收剂量值的扩展不确定度为 4.0%。

8.3.2 实验室提供顾客辐照的标准剂量计扩展不确定度为 6.0%。

8.4 由于国家标准的不确定度的数据可能会变化，因此，需要调整 8.3.1 和 8.3.2 中两个相关的不确定度值。如果有变化，校准实验室有责任告知每个受影响的顾客，并应将所有影响量的修正值向顾客通告。

9 关键词

吸收剂量；认可；校准实验室；剂量计；剂量测量系统；电子束；γ 射线；电离辐射；辐射加工；参考标准剂量计；ICS 17.240。

参 考 文 献

[1] Inn,K. G W. , Coursey,B. M. , Eisenhower, E. H. , Walker, M. D. , Humperys, J. C, Heaton, Ht. , and Duvall, K. C. "The role of the office of Radiationa Measurement in Quality Assyrance" ,*The Science of the Total Environment*, 130/131 Elseviser Science Publishers B. V. , Amsterdam, 1993, pp. 497-507.

[2] Melaughlin, W. L, "Reference Dosimetry and measurement Quality Assurance",*Radiation Physics and Chemistry* Vol 40, 1989, pp. 945-951.

[3] Humperys, J. C. , and Melaughlin,W. L, "Dosinetry for High Dose Applications",*NBS Special Publication* 250-11, National Bureau of standards, Caithersburg, MD, 1988.

[4] Melaughlin, W. L, "Standardization of high-dose measurement of Electron and Gamma-Ray absorbed Dose and Dose Rate", *High-Dose dosimetry*, Proceeding of International Symposium, Vienna, 1984, IAEA STI/PUB/671, International Atomic Energy Agency, Vinna, 1985, pp. 357-371.

[5] Melaughlin, W. L. ,Boyd, A. W. , Chadwick, K. H. , Mcdonald, J. C. , and Miller, A. , Dosimetry for Radiation Processing, Taylor and Francis, London, 1989.

[6] Taylor, b. N. , and Kuyatt, C. E. , "Guidelines for Evaluation and Expressing the Uncertainty of NIST Measurement Results", *NIST Technical Note* 1297, National of Standards and Technology, MD, 1993.

[7] *Guide to the Expression of Uncertainty in Measurement*, *International Organization for Standardization*, 1993, ISBN 92-67-10188-94.

ICS 81.060.30
Q 32

中华人民共和国国家标准

GB/T 16535—2008
代替 GB/T 16535—1996

精细陶瓷线热膨胀系数试验方法 顶杆法

Fine ceramics (advanced ceramics, advanced technical ceramics)—Test method for linear thermal expansion of monolithic ceramics by push-rod technique

(ISO 17562:2001, MOD)

2008-09-18 发布　　2009-05-01 实施

中华人民共和国国家质量监督检验检疫总局
中国国家标准化管理委员会　发布

前　言

本标准修改采用 ISO 17562:2001《精细陶瓷(先进陶瓷,先进技术陶瓷)——块体陶瓷线热膨胀系数试验方法　顶杆法》(英文版)。

本标准在采用 ISO 17562:2001 时,做了以下技术性修改:

a) 扩大了标准的使用范围,允许“其他无机非金属材料也可参考使用”;

b) 引用标准 ISO 3611 和 ISO 6906 改为引用 GB/T 1216 和 GB/T 21389;

c) 删除引用标准 ISO 7991 和 IEC 60584-1;

d) 10.2 中的标定仪器改为“符合 GB/T 1216 要求的千分尺”;

e) 增加了附录 A 中的氧化铝的线热膨胀率参考数据和相应的参考文献。

本标准还做了以下编辑性修改:

a) 用小数点‘.’代替作为小数点的逗号‘,’;

b) 删除国际标准的前言;

c) 3.3 的公式中 t_2 和 t_1 改为 T_2 和 T_1,原文有误;

d) 删除 5.6 的注,原文重复;

e) 修改了表 1 的格式,使其更容易理解。

本标准代替 GB/T 16535—1996《工程陶瓷线热膨胀系数试验方法》。

本标准与 GB/T 16535—1996 相比主要变化如下:

a) 标题“工程陶瓷”修改为“精细陶瓷”;

b) 适用温度范围增大到“近液氮温度到最高温度 1 500 ℃范围”(见 1);

c) 增加了规范性引用文件(见 2);

d) 增加了“术语和定义”(见 3);

e) 增加了不确定度的期望数值(见 8);

f) 增加了仪器标定(见 10);

g) 增加附录 A、附录 B 和附录 C。

本标准附录 A 和附录 B 是规范性附录,附录 C 是资料性附录。

本标准由中国建筑材料联合会提出。

本标准由全国工业陶瓷标准化技术委员会归口。

本标准负责起草单位:中国科学院上海硅酸盐研究所。

本标准参加起草单位:耐驰科学仪器商贸(上海)有限公司、中国建筑材料科学研究总院、宁波韵升光通信技术有限公司、郑州玉发集团。

本标准主要起草人:蒋丹宇、于惠梅、包亦望、朱国强、高建华、齐玲均、冯涛、黄德信、徐兵、徐海芳、李雨林、石南云、徐粱、张红。

本标准于 1996 年首次发布。

精细陶瓷线热膨胀系数试验方法
顶杆法

1 范围

本标准规定了从近液氮温度到最高温度 1 500 ℃范围内精细陶瓷线热膨胀率和线热膨胀系数的试验方法的原理、仪器设备、试样、试验步骤和结果计算等。

本标准适用于块体精细陶瓷，其他无机非金属材料也可参考使用。

2 规范性引用文件

下列文件中的条款通过本标准的引用而成为本标准的条款。凡是注日期的引用文件，其随后所有的修改单(不包括勘误的内容)或修订版均不适用于本标准。然而，鼓励根据本标准达成协议的各方研究是否可使用这些文件的最新版本。凡是不注日期的引用文件，其最新版本适用于本标准。

GB/T 1216 外径千分尺

GB/T 16839.1—1997 热电偶 第1部分：分度表 (IEC 584-1:1995,IDT)

GB/T 21389 游标、带表和数显卡尺

3 术语和定义

下列术语和定义适用于本标准。

3.1

线热膨胀率 linear thermal expansion

在温度 T_1 和 T_2 之间的线热膨胀率为 $\Delta L/L_0$。

其中：$\Delta L = (L_2 - L_1)$，L_0 是室温下的试样长度。

注：假设当温度从 T_1 变到 T_2 时，试样长度从 L_1 变到 L_2。

3.2

平均线热膨胀系数 mean linear thermal expansion coefficient

$\bar{\alpha}$

在温度 T_1 和 T_2 间的平均线热膨胀系数 $\bar{\alpha}$ 为 $\Delta L/(L_0 \times \Delta T)$，其中：$\Delta T = (T_2 - T_1)$。

3.3

瞬时线热膨胀系数 instantaneous linear thermal expansion coefficient

α

瞬时线热膨胀系数 α 为 T_2 趋近于 T_1 时的平均线热膨胀系数，

即：$\alpha = \lim\limits_{T_2 \to T_1} [\bar{\alpha}]$。

4 原理

在特定气氛下，施加一很小的载荷于已知尺寸的试样上，以一定的升降温速率加热或冷却试样至设定的温度，测量试样的长度变化，记录温度变化，计算试样线热膨胀系数及特定温度下的瞬时线热膨胀系数。

5 仪器设备

5.1 千分尺

符合 GB/T 1216 要求的千分尺或符合 GB/T 21389 要求的游标类卡尺，20 ℃下的不确定度为 0.1%。

5.2 位移测量装置

用于测量温度变化时试样长度的变化，灵敏度为 $1\times10^{-5}\times L_0$（见 6.1）。顶杆对试样的接触力范围在(0.1～1.0)N。

5.3 试样支架系统

为了保证整个测量过程中的机械稳定性，试样支架系统应能在不超过 1 N（见 7c)的接触力的作用下使试样紧固。

5.4 加热或冷却设备

在整个试样长度范围内，能够保证试样的温度均匀性，在 1 000 ℃下偏差为±2 ℃，1 000 ℃～1 500 ℃下偏差为±5 ℃。

5.5 温度控制设备

在整个测量过程中，试样的温度可以控制，以不超过 5 ℃/min 的速率加热或冷却试样或是进行步进升降温控制(见 7e)。

注：液氮是最常用的冷却剂。

5.6 温度测量设备

能够保证热电偶顶端与试样足够接近，保证在整个测量温度范围内试样温度的测量不确定度小于 2 ℃。热电偶种类参照 GB/T 16839.1—1997。

6 试样

6.1 测试试样

测试试样尺寸和形状由试样支架系统确定。形状通常为方柱或圆柱。方柱的宽度和厚度约为 5 mm，圆柱的直径约为 5 mm。无论方柱或圆柱，柱长应大于位移测量装置灵敏度的 1×10^5 倍(见 5.2)。例如在设备灵敏度为 0.1 μm 的情况下，测试试样长度应大于 10 mm，数量不少于 2 个(见 7g)。

6.2 参比试样

在试验温度范围内，参比试样的线热膨胀系数应已知，如果没有，也可用附录 A 所列的高纯(99.99%)材料来做参比试样。这些材料是立方晶系，热膨胀各向同性，形状和尺寸应与试验用试样的尺寸大致相近。

7 试验步骤

下面的试验步骤针对单顶杆膨胀仪，方括号中的内容针对双试样差示热膨胀仪。

a) 用 5.1 规定的千分尺测量试样[参比试样]长度 L_0，20 ℃下测量值精确到 0.1%。

b) 除去支架系统和试样[参比试样]表面的污染物，把试样[参比试样]放入到试样支架中并确保其稳固。

c) 小心地把顶杆顶到试样的顶端[参比顶杆顶到参比试样顶端]并施加 0.1 N～1 N 的载荷。

d) 测试环境为空气时应采用静态或固定流量的空气。可采用氮气、惰性气体或真空以避免试样氧化反应影响测试。

e) 使用温控装置(5.5)，控制温度以不超过 5 ℃/min 的速度变化。或采用设定步进温度增量的方式控温。

f) 用位移测量装置(5.2)和温度测量装置(5.6),连续记录整个试验过程中对应温度 T 下试样的长度变化[或试样和参比试样的长度差值]。

g) 测量应在不移动测试试样的情况下进行至少两次,并至少测量两个试样(见 6.1)。

h) 所有的热膨胀测量试验(试样测量、参比试样测量和基线变化测量)应在相同的环境下进行。

8 不确定度的期望数值

当 100 ℃温度区间的线热膨胀系数为 2×10^{-5} ℃$^{-1}$时,若不确定度期望值为 2×10^{-7} ℃$^{-1}$,则温度和长度测量的不确定度要求如表 1。

表 1 温度、长度测量的不确定度要求

因　素	要求的测量不确定度
温度测量	2 ℃
测量装置灵敏度(L_0:20 ℃时试样长度)	$1\times 10^{-5} L_0$

附录 A 列出了线热膨胀率的参考数据。附录 B 所示是线热膨胀率的计算方法。附录 C 所示是线膨胀仪测量装置。

9 结果计算

在(T_1,T_2)温度区间线热膨胀率和平均线热膨胀系数按照式(1)、式(2)计算:

$$\frac{\Delta L_{sp}}{L_0}=\frac{\Delta L_{sp,m}-\Delta L_{ref,m}+\Delta L_{ref}}{L_0} \qquad \cdots\cdots(1)$$

$$\bar{\alpha}=\frac{\Delta L_{sp,m}-\Delta L_{ref,m}}{L_0\Delta T}+\bar{\alpha}_{ref} \qquad \cdots\cdots(2)$$

式中:

ΔL_{sp}——在 T_1 和 T_2 温度区间试样的长度变化;

L_0——试样在室温时的长度;

$\Delta L_{sp,m}$——试样测试时位移测量装置在 T_1 和 T_2 温度所显示数值的差值;

$\Delta L_{ref,m}$——参比试样测试时位移测量装置在 T_1 和 T_2 温度所显示数值的差值;

ΔL_{ref}——参比试样在 T_1 和 T_2 温度区间的长度变化的计算值;

$\bar{\alpha}$——试样在 T_1 和 T_2 温度区间的平均线热膨胀系数,单位为每摄氏度(℃$^{-1}$);

ΔT——试样温度变化 T_2-T_1,单位为摄氏度(℃);

$\bar{\alpha}_{ref}$——参比试样在 T_1 和 T_2 温度区间的平均线热膨胀系数(℃$^{-1}$)的计算值;

表 A.1 列出了参比试样线热膨胀推荐值 ΔL_{ref},平均线热膨胀系数 $\bar{\alpha}_{ref}$ 可由 ΔL_{ref} 计算得到。附录 B 描述了公式 1 和公式 2 的推导方法。

通过多次测量计算测量值的平均偏差和标准偏差。如果平均偏差远大于标准偏差,应找出原因并重复测量。

10 仪器标定

10.1 概述

测量仪器应定期进行标定以确保测试系统功能正常和测量的精度。仪器零配件更换后也应进行仪器标定。

10.2 标定位移测量装置

位移测量装置应使用符合 GB/T 1216 要求的千分尺进行标定。

10.3 标定温度测量装置

热电偶应定期标定或更换。

11 试验报告

试验报告应包括以下内容：

a) 试样和实验条件的详细描述；

b) 试样形状、尺寸和数量；

c) 使用的测试仪器型号；

d) 测试条件(温度变化类型—固定加热速率或步进升降温,加在试样上的载荷,实验气氛及其流量)；

e) 参比试样的尺寸、形状和线热膨胀率或平均线热膨胀系数；

f) 在测试温度区间的线热膨胀率 L/L_0,平均线热膨胀系数 $\bar{\alpha}$,或瞬时线热膨胀系数 α,包括各自的不确定度；

g) 热膨胀曲线；

h) 测试日期；

i) 与测试及其结果相关的备注。

附 录 A
（规范性附录）
线热膨胀率的参考数据

表 A.1 所示为下列材料线热膨胀率的推荐值（或文献值）：硅（空气下到 700 ℃，惰性气氛下到 1 000 ℃），钨（空气下到 300 ℃，惰性气氛下到 1 500 ℃），铂（空气或惰性气氛下到1 300 ℃），铜（空气下到 300 ℃，惰性气氛下到 800 ℃）。表 A.1 计算的不确定度为±1%，数据源于参考文献中所列的文献。

表 A.1 线热膨胀率的参考数据（单位：10^{-6}）

温度		材料（纯度 99.99%）				
		从 20 ℃到对应温度的 $\Delta L/L_0$				
℃	K	硅	钨	铂	铜	氧化铝
−233	40	−217	−875		−3 235	
−213	60	−223	−850		−3 158	
−193	80	−232	−811		−3 018	
−173	100	−240	−760		−2 829	
−153	120	−244	−700		−2 605	
−133	140	−242	−633		−2 353	
−113	160	−232	−560		−2 080	
−93	180	−214	−482		−1 792	
−73	200	−190	−401		−1 492	
−23	250	−101	−189		−707	
0	273	−49	−88		−331	
20	293	0	0	0	0	0
50	323	80	134	266	500	192.59
100	373	229	359	720	1 354	548.29
150	423	564	814	1 652	2 228	912.78
200	473	564	814	1 652	3 121	1 285.95
250	523	744	1 045	2 128	4 033	1 674.84
300	573	930	1 278	2 610	4 961	2 073.73
350	623	1 122	1 515	3 097	5 907	2 474.89
400	673	1 317	1 754	3 589	6 870	2 875.42
450	723	1 516	1 996	4 087	7 852	3 274.2
500	773	1 718	2 240	4 591	8 853	3 672.49
600	873	2 131	2 733	5 617	10 919	4 488.18
700	973	2 554	3 232	6 674	13 072	5 371.19
800	1 073	2 987	3 736	7 766	15 323	6 272.48
900	1 173	3 427	4 250	8 896	17 688	7 192.01

表 A.1（续）

温度		材料(纯度 99.99%)				
		从 20 ℃到对应温度的 $\Delta L/L_0$				
℃	K	硅	钨	铂	铜	氧化铝
1 000	1 273	3 875	4 775	10 063		8 156.53
1 100	1 373		5 311	11 264		9 093.15
1 200	1 473		5 858	12 500		10 076.09
1 300	1 573		6 415	13 777		11 056.38
1 400	1 673		6 984	15 111		12 009.57
1 500	1 773		7 571	16 507		13 058.72
1 600	1 873		8 183			14 065.18
1 700	1 973		8 803			15 007.96

附 录 B
（规范性附录）
单顶杆或差示热膨胀仪测量原理公式 1 和公式 2 的推导方法

当试样温度变化为 $\Delta T = T_2 - T_1$ 时，位移测量装置 $\Delta L_{sp,m}$ 的值由下式计算。

对单顶杆热膨胀仪：

$$\Delta L_{sp,m} = \Delta L_{sp} - \Delta L_{holder} + \Delta L_{bl} \quad \cdots\cdots (B.1)$$

对差示热膨胀仪：

$$\Delta L_{sp,m} = \Delta L_{sp} - \Delta L_{ref} + \Delta L_{bl} \quad \cdots\cdots (B.1')$$

式中：

ΔL_{sp}——试样长度变化；

ΔL_{holder} 或 ΔL_{ref}——试样支架系统（或参比试样）因温度变化导致的长度变化；

ΔL_{bl}——基线偏差。

为了得到支架系统的长度变化和基线偏差，把参比试样放在待测试样的位置。采用与测量待测试样相同的测试条件，测量对应温度变化 ΔT 下仪器装置的位移变化值。

$\Delta L_{ref,m}$ 示值可用下式表示：

对单顶杆热膨胀仪：

$$\Delta L_{sp,m} = \Delta L_{ref} - \Delta L_{holder} + \Delta L_{bl} \quad \cdots\cdots (B.2)$$

对差示热膨胀仪：

$$\Delta L_{sp,m} = \Delta L_{bl} \quad \cdots\cdots (B.2')$$

从公式（B.1）和式（B.2），或（B.1'）和式（B.2'），线热膨胀率由下式表示：

$$\frac{\Delta L_{sp}}{L_0} = \frac{\Delta L_{sp,m} - \Delta L_{ref,m} + \Delta L_{ref}}{L_0} \quad \cdots\cdots (B.3)$$

如果以平均线热膨胀系数来表示，则得下式：

$$\begin{aligned} \bar{\alpha} &= \frac{\Delta L_{sp}}{L_0 \Delta T} \\ &= \frac{\Delta L_{sp,m} - \Delta L_{ref,m}}{L_0 \Delta T} + \bar{\alpha}_{ref} \end{aligned} \quad \cdots\cdots (B.4)$$

其中

$$\bar{\alpha}_{ref} = \frac{\Delta L_{ref}}{L_0 \Delta T} \quad \cdots\cdots (B.5)$$

附 录 C
（资料性附录）
线膨胀仪测量装置

图 C.1 所示为膨胀测量装置及其组成。

单顶杆膨胀仪或差示膨胀仪的结构分别如图 C.1 a)和 b)所示。这里所示为水平类型仪器的测量装置，垂直类型的仪器也同样适用。装置包括位移测量部分（通常是一个位移传感器），试样支架系统（石英玻璃或氧化铝），温度控制部分（加热炉或冷却设备），温度测量部分（热电偶）和载荷控制部分。试样和试样支架系统（或参比试样）之间的相对变化可检测。

作为试样支架系统，石英玻璃适合从室温到 1 000 ℃的测试。高纯氧化铝适合室温到 1 500 ℃的测试。石英玻璃在高于 800 ℃时可能会发生晶型转变，导致其热膨胀率发生改变，如果发生任何形式的变化，应更换新的试样支架系统。

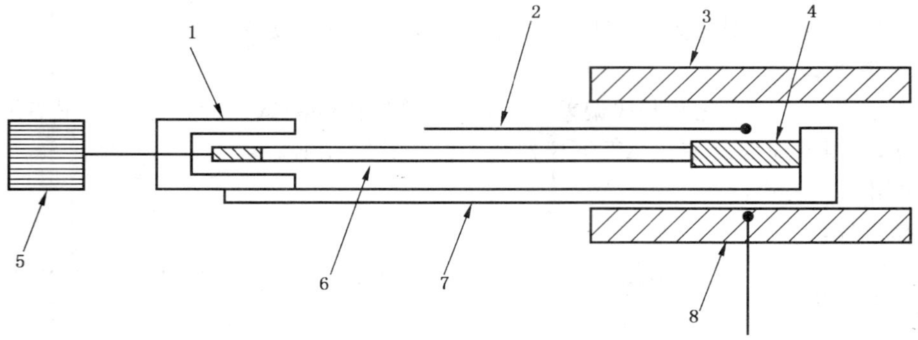

a） 单顶杆类型

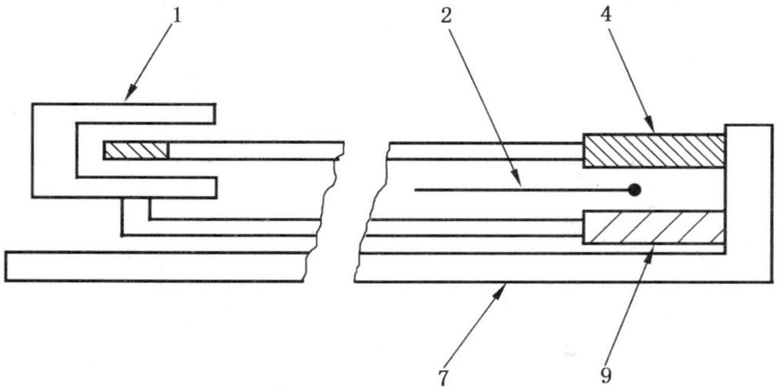

b） 示差类型

1——位移测量装置；
2——测量热电偶；
3——炉子/冷却器；
4——试样；
5——载荷控制装置；
6——顶杆；
7——试样支座；
8——控制热电偶；
9——参比试样。

图 C.1 测试装置示意图

参 考 文 献

［1］ HAHN T. A. and KIRBY R. K., *Thermal expansion of platinum from 293 to 1900K*, Proc. AIP Conference，3(1972) 87-95

［2］ WHITE G. K. and MINGES M. L. (Eds.)，1985. *Thermal Expansion of Cu*，*Si*，*W*，*and* Al_2O_3，*CODATA Bulletin*，No. 59(1985)，Chapter 3，13-19(Pergamon Press)

［3］ WHITE G. K. and MINGES M. L.，*Thermophysical Properties of Some Key Solids*，Int. J. Thermophys.，15-6(1994) 1333-1343

［4］ WHITE G. K. and MINGES M. L.，*Thermophysical Properties of Some Key Solids*：*An Updata*，Int. J. Thermophys.，18-5(1997) 1269-1327

［5］ DIN 51045-1 Determination of the thermal expansion of solids. Basic rules 固体热膨胀的测定方法　原理

ICS 17.140
A 59

中华人民共和国国家标准

GB/T 16538—2008/ISO 3747:2000
代替 GB/T 16538—1996

声学　声压法测定噪声源声功率级 现场比较法

Acoustics—Determination of sound power levels of noise sources using sound pressure—Comparison method in situ

(ISO 3747:2000,IDT)

2008-07-02 发布　　2009-02-01 实施

中华人民共和国国家质量监督检验检疫总局
中国国家标准化管理委员会　发布

前　言

本标准是 GB/T 14367 有关声压法测定噪声源声功率级的系列标准之一。

本标准等同采用 ISO 3747:2000《声学　声压法测定噪声源声功率级　现场比较法》，并对 GB/T 16538—1996《声学　声压法测定噪声源声功率级　使用标准声源简易法》进行修订。

本标准与 GB/T 16538—1996 相比，主要变化如下：

——增加了引言；

——除 A 计权声功率级外，还增加了不计权声功率级的测量；

——增加了测量不确定度内容；

——准确度等级包括简易级和工程级；

——规定必须使用 1 级声级计或类似的仪器设备。

本标准的附录 A 为规范性附录，附录 B、附录 C 为资料性附录。

本标准由中国科学院提出。

本标准由全国声学标准化技术委员会(SAC/TC 17)归口。

本标准起草单位：中国科学院声学研究所、合肥工业大学、南京常荣噪声控制工程有限公司、同济大学、南京大学、浙江大学、北京绿创声学工程股份有限公司。

本标准主要起草人：程明昆、田静、李志远、张荣初、毛东兴、邱小军、张邦俊、翟国庆、耿晓音。

本标准所代替历次版本发布情况为：

——GB/T 16538—1996。

引 言

本标准是 GB/T 14367 有关声压法测定噪声源声功率级的系列标准之一，该系列标准与 GB/T 16404 一起规定了测定机器、设备及其部件声功率级的各种方法。使用本系列标准时，须根据测试目的和条件，选择该系列中最适合的一种方法。GB/T 19052 及 GB/T 14367 对如何选择提供了一般指南。GB/T 14367 系列仅仅给出被测机器或设备运行和安装条件的一般原则。对于特定类型的机器或设备，其运行和安装条件有特殊要求的，如果有相应的噪声测试规范，应当参考其规范进行测试。

声学　声压法测定噪声源声功率级　现场比较法

1　范围

1.1　本标准规定了声源，特别是非移动声源的声功率级现场测定方法。本标准采用比较法，所有测量均采用倍频带。测量不确定度取决于测试环境。测量不确定度是通过与一个描述空间声场分布的指示值的比较来估算的。准确度等级或者是工程级，或者是简易级的。

被测声源的声功率级由该声源和标准声源分别在规定的测量点处产生的声压级测量值来计算。声功率级是用校准过的标准声源值和被测声源测量值与标准声源测量值的差值计算得到。所有的计算都按倍频带进行，A-计权声功率级由倍频带值确定。

注：对于可移动的噪声源，可用 GB/T 14367 系列中的其他相关标准。

1.2　本标准能够用于所有实验室测量法要求环境之外的各种测试环境，只要该环境的背景噪声足够低和传声器位置处的声压级主要依赖于房间表面的反射。

注：GB/T 3767 或者 GB/T 16404 可提供替代的方法。

1.3　本标准主要适用于辐射噪声是宽频带的噪声源。同时它也可用于辐射窄带或离散纯音的噪声源，但测量不确定度可能会比本标准给出的要大。

注：对于发射稳态噪声的声源，也可用 GB/T 16404 来测量。

2　规范性引用文件

下列文件中的条款通过本标准的引用而成为本标准的条款。凡是注日期的引用文件，其随后所有的修改单(不包括勘误的内容)或修订版均不适用于本标准，然而，鼓励根据本标准达成协议的各方研究是否可使用这些文件的最新版本。凡是不注日期的引用文件，其最新版本适用于本标准。

GB/T 3241—1998　倍频程和分数倍频程滤波器(eqv IEC 61260:1995)

GB/T 4129　声学　用于声功率级测定的标准声源的性能与校准要求(GB/T 4129—2003，ISO 6926:1999，IDT)

GB/T 14573.1　声学　确定和检验机器设备规定的噪声辐射值的统计学方法　第一部分：概述与定义(GB/T 14573.1—1993，neq ISO 7574-1:1985)

GB/T 15173—1994　电声学　声校准器(eqv IEC 942:1988)

IEC 61672-1:2002　电声学　声级计　第1部分：规范

3　术语和定义

本标准采用下列术语和定义。

3.1

标准声源　reference sound source

RSS

满足 GB/T 4129 校准并据此校准过的、发射具有足够声功率级的恒定宽带噪声的稳态声源。

3.2

校准位置　calibration position

相对于反射面明确定义的、用于标准声源校准的位置。

3.3

参考体　reference box

恰好包围声源并终止于反射面上的最小矩形六面体的假想表面。

3.4

混响声场　reverberant sound field

测试房间中声源的直达声影响可忽略的那部分声场。

3.5

测量距离　measurement distance

d_m

参考体到传声器位置的最短距离。

3.6

背景噪声　background noise

来自被测声源以外的所有声源的噪声。

注：背景噪声可能包括空气声、结构振动声和仪器的电噪声。

3.7

测量频率范围　frequency range of interest

作为一般要求，测量的频率范围包括中心频率 125 Hz～8 000 Hz 的倍频带。

注 1：对于特殊目的的测量，只要测试环境、标准声源和仪器精确度满足被扩展或被缩减的频率范围的使用要求，则允许扩展或缩减任何一端的测量频率范围。对于主要辐射高频（或低频）声的声源，为了优化测试过程，允许扩展或缩减测量频率范围。

注 2：对于 A 计权声功率级（或其他的频率计权声功率级）的测定，在频率范围之内对 A 计权声功率级没有贡献的频率成分可以忽略不计。

3.8

比较法　comparison method

通过同一环境下被测声源产生的声压级测量值与声功率输出已知的标准噪声源产生的声压级测量值的比较来计算声功率级的方法。

3.9

给定距离的声压级逾量　excess of sound pressure level at a given distance

ΔL_f

根据附录 A，在一给定的距离上，对一经过基准校准的标准声源，室内空间声场分布曲线与自由场空间声场分布曲线（距离加倍衰减 6 dB）的差值，单位分贝。

注：本术语及其定义不同于 ISO 14257 中给定距离范围的平均差值。

4　测试方法

4.1　概述

本测试方法为一比较法，就是将被测声源的声功率输出与一声功率级已知的标准声源的声功率输出进行比较。为了得到较好的比较性，应至少满足下列条件：

——测试环境必须有足够的混响，以使被测声源的指向性对测量得到的声压级的影响很小。

上述条件满足得越好，测量不确定度就会越小。为了对测量条件做一个客观的评估，有必要采用 ΔL_f 作为测试环境的指示值。该指示值在附录 A 中有更详细的阐述。

4.2　准确度

ΔL_f 将受标准声源和传声器位置选择的影响。因此在某些情况下，通过改变这些位置可以提高测量的准确度，从简易级提高到工程级，参见附录 A。

5 测量不确定度

按本标准方法测定的声源声功率级的单值量，可期盼与真值的偏差不超过测量不确定度。测量不确定度由影响测量结果的几个因素引起，有些和测试环境的环境条件有关，而其他的和实验技巧及声源的指向性有关。

如果把某个特定声源放在若干个不同的测试环境下，按照本标准的规定来一一测定其声功率级，则测试结果是离散的。所测倍频带值的标准偏差可以算出(GB/T 14573.4 的附录 B 中给出了实例)，并且可能不同。对于 A 计权声功率级，几乎毫无例外，这些标准偏差不会超出表 1 所给数值。标准偏差将依赖于指示值 ΔL_f。如果没有对 ΔL_f 进行计算，那么再现性的默认标准偏差 s_R 是 4.0 dB。

表 1 根据本标准测定的声源 A 计权声功率级的再现性标准偏差 s_R 的上限估算值

指示值	A 计权声功率级的再现性标准偏差上限值	准确度等级
$\Delta L_{fA} \geqslant 7$ dB[a]	1.5 dB	2 级
$\Delta L_{fA} < 7$ dB 或未测定	4.0 dB	3 级
a 所有传声器位置均满足。		

注：对于辐射窄带噪声、离散纯音及二者兼有的声源，标准偏差或许会比表 1 的更大。在这些情况下，不一定能达到工程级的准确度。

表 1 给的是按 GB/T 14573.1 定义的再现性标准偏差值 s_R。表 1 的数值考虑了采用本标准方法时的测量不确定度的累积影响，但不包括由于运行条件(例如转速、线路电压)或者安装条件改变而引起的声功率输出的变化。

测量不确定度取决于表 1 所列的再现性标准偏差、下面讨论的系统误差以及期望的置信度。例如，不考虑系统误差，所测值在 $\pm 1.645 s_R$ 范围内的声源声功率级的期望值的置信度为 90%，而在 $\pm 1.96 s_R$ 范围内的置信度为 95%。进一步的示例参见 GB/T 14573.4。

注：当 s_R 超过 2 dB，置信区间的范围可能不适用。

通常 A 计权声功率级主要受 250 Hz～4 000 Hz 倍频带声级的影响。随表 1 所示的指标值变化的标准偏差同 A 计权声功率级一起测定。如果低于 500 Hz 的频率对 A 计权声级很重要，则标准偏差会变大。如果高于 2 000 Hz 的频率很重要，则声源会是高指向性的。在此情况下，如果靠近被测机器有强吸声的表面(例如吸声天花板)，那么测量不确定度会变大。

注：对于本标准，低频的测量不确定度增加的一个原因是标准声源使用时并不总放在校准的位置。因此导致了校准误差。当标准声源与附近反射面的距离和校准期间的不同时，在低频就会出现这些误差。

6 仪器

6.1 仪器系统

包括传声器及电缆在内的仪器系统要满足 IEC 61672-1:2002 规定的 1 级标准要求。校准器要满足 GB/T 15173—1994 规定的 1 级标准要求。

对倍频带的测量，仪器系统要满足 GB/T 3241—1998 的要求。

6.2 校准

6.2.1 测试系统

每个系列测量期间，用声校准器对传声器在测量频率范围内的一个或更多频率上进行整个测量系统的校准。

每年按 GB/T 15173 的要求对校准器进行一次校验，至少每两年按 IEC 61672-1 的要求对仪器系统在实验室进行一次溯源校准。

记录最后的检定日期和符合国标或 IEC 相关标准的认证结果。

6.2.2 标准声源

标准声源要符合 GB/T 4129 并按照该标准进行校准。

注：通常只有当直接放在地面或指定高度的台架上的标准声源远离墙壁的位置时，校准才是有效的。如果标准声源在其他位置使用，除非它在这些位置上已经专门校准过，否则在低频将会出现系统误差。

7 被测声源的工况

假如被测机器或者设备有对应的规范，则测量时应在相关测试规范规定的工况下进行测试。如果没有对应的测试规范，则尽量采用常规使用的典型工况来操作被测机器。在这样的情况下，要选择如下的一个或者几个工况：

——设备处在规定的负荷及工况下；

——设备处在满负荷工况下(如果和上面的不同)；

——设备处在无负荷工况下(空载)；

——设备处在正常使用时产生最大噪声的工况下；

——设备具有在精心规定的条件下运行的模拟负荷；

——设备在特征工作周期的工况下。

对所要求的任何一组工况(例如载荷、设备速度、温度等等)，噪声源功率级都可以测定。这些测试条件应预先选定并在测试期间保持不变。在进行任何噪声测量之前，声源应该处在要求的工况下。

如果噪声发射取决于次要的运行参数，如加工材料的类型或者使用工具的类型，则在实际测量时应尽量选取使偏差最小及能够代表运行的那些参数。对于特殊系列的机器的噪声测试规范，要指定测试的工具和材料。

对于特殊的目的，按照下述的方式来规定一个或多个工况是合理的，即相同系列机器的噪声发射有很高的再现性以及包含该系列机器最通用的和典型的工况。特定的测试规范要规定这些工况。

如果使用模拟的工况，那么要对它们加以选择，以便给出代表被测声源正常使用时的声功率级。

如果被测声源有几种不同的工况，并且每一种工况持续运行一段时间，那么应将各工况下的结果进行能量平均，从而得到整个运行过程的综合结果。

声学测量期间的声源工况在测试报告中要详细加以说明。

8 初步测量

8.1 背景噪声

关闭被测声源，首先用耳听或使用声级计判别背景噪声可能较高的区域。分别单独打开被测声源和标准声源，对存在背景噪声区域的噪声级作粗略估计，并且根据 10.3 的背景噪声判据判断这些区域是否允许进行测量。下一步测量要选择没有背景噪声问题的区域。

8.2 被测声源的特征

围绕被测声源走动并用耳听来检查被测声源的发声部件中是否存在明显的发声部件。如果存在，将它的几何中心作为声源的声中心。如果不存在，排除被测声源的所有不发射噪声部件，将余下部件的几何中心作为声源的声中心。

在距参考体 1 m、距离地面高度为 H 的位置测量声压。通常选择 $H=1.5$ m。如果被测声源主要向上辐射，H 值要选择得足够高，以确保在传声器位置能接收到来自声源声中心的直接辐射声。如果沿被测声源侧面测量线的声压级变化不超过 4 dB，则认为被测声源是无指向性的。如果它的变化超过 4 dB，则认为它是有指向性的。

9 标准声源的位置

9.1 单个位置

通常选一个标准声源(RSS)位置就够了。标准声源的位置要尽可能靠近被测声源的声中心。标准声源要尽可能地放置在被测声源的上部,除非其他位置可以明显更好地模拟被测声源的辐射图案。如果这点不能实现,请沿被测声源的侧面选择一个高度和位置能尽可能模拟被测声源辐射图案的位置。在这些情况下,要避免标准声源位置与参考体侧表面的距离小于 0.5 m,除非标准声源在这些位置上已校准过。对于一个无指向性的声源,要保证标准声源的高度能够向所有方向辐射声音。

测点位置的混响越强,标准声源位置的选择越不苛刻。标准声源可以放在校准的位置也可放在其他位置。如果是后者,测量的不确定度将增加,特别是在低频时,见第 4 章。

注：附录 B 给出进一步的指南。

9.2 多个位置

对于体积很大的被测声源或含有多个相距较远可明显区别的子声源的被测声源,则会需要设置两个或两个以上的标准声源位置。标准声源位置的数量取决于比值 a/d_m,式中 a 是声源的最大尺寸,d_m 是测量距离,具体要求如下:

——若 $a/d_m > 1$ 并且声源是无指向性的,则沿着被测声源侧面要用几个间距等于 d_m 的标准声源位置;

——若 $a/d_m > 1$ 并且声源具有明显确定的辐射区域,则在每个区域采用一个标准声源位置;

——若 $a/d_m \leqslant 1$ 并且声源是无指向性的,但又不可能采用在机器顶部的一个标准声源位置,则沿着侧面采用四个标准声源位置。

10 测量过程

10.1 传声器位置的选择

10.1.1 概述

首先,将传声器放置在被测声源(ST)各侧面能够令所有的辐射区域都得到相等的传播条件的位置;也就是对一特定的传声器位置,要么每个区域都在视野之中,要么每个区域被遮挡。要避免只有声源的少部分辐射到的位置。

使用三个或四个传声器时,其位置在遵从下面限制的同时要尽可能均匀地分布在被测声源周围。在对标准声源和被测声源分别测量时,这些测点位置和传声器方向应该保证一致;测量距离应尽可能选择足够大,使传声器所在位置区域的测试环境满足工程法的测量不确定度,即 $s_R \leqslant 1.5$ dB;见附录 A。

传声器距离房间的边界面不得小于 0.5 m。如果房间足够大并且被测声源位于远离所有边界面的地方,那么传声器的位置可以任意放置在参考体的各个侧面。这意味着这种情况要使用四个传声器位置。每个传声器位置之间至少间隔 2 m。如果天花板很高并且吸声,而且高于 2 000 Hz 的频率很重要,那么在不违反其他要求的原则下,至少选择两个尽可能高和尽可能靠近被测声源的传声器位置。

10.1.2 分区

分区的目的是为了评估被测声源的水平面辐射图案和被测声源存在情况下标准声源(RSS)的水平面辐射图案之间的相似性。分区也用于评估标准声源和传声器的位置。要根据表 2 来使用分区。

表 2 分区

照射[a]		离传声器的相对距离 r	对声功率估算的影响	分区符号
由被测声源(ST)	由标准声源(RSS)			
是	否	—	强高估	++
否	是	—	强低估	——

表 2（续）

照射[a]		离传声器的相对距离 r	对声功率估算的影响	分区符号
由被测声源（ST）	由标准声源（RSS）			
是	是	r(ST)<r(RSS)	高估	+
是	是	r(ST)>r(RSS)	低估	−
是	是	r(ST)≈r(RSS)（在 10%以内）	弱低估或弱高估	+/−
否	否	—	强高估或强低估	++/−−
注：只有房间是强混响的（没有声学处理的墙或天花板，没有大的吸声物），传声器的位置才允许放置在++/−−区。				
[a] 接收直接从标准声源（RSS）或被测声源（ST）辐射的未被遮挡的声音。				

10.1.3 位置的选择

根据 10.1.2 进行分区，同时要遵守 10.1.1 的一般要求，传声器位置选择如下：

a) 被测声源是无指向性的，并且标准声源在其顶部

——这种情况下所有区域是"+"的或"+/−"的，在被测声源的每一个自由侧面选择一个传声器位置。

b) 其他所有情况

——尝试在"+/−"区域内找到传声器位置。如果不可能的话，在"+"区域内找一个传声器位置，在"+/−"区域内找一个传声器位置，在"−"区域找一到两个位置。

10.2 测量

对要测量的各个倍频带（通常 125 Hz～8 000 Hz）进行时间平均的声压级测量。当测量标准声源时，设置积分时间 T>30 s，除非被测声源的频谱是宽带并且主要频率在 250 Hz 以上，对这种情况，可以设置积分时间 T= 10 s 来测量标准声源。通常被测声源不完全稳定，因此需要较长的积分时间。在这种情况下，积分时间应至少包括被测声源的一个典型运行周期。

测量需要得到如下数据：

a) 被测声源按规定的工况运行时（见第 7 章），$i=1,\cdots,n$ 的每个传声器位置的声压级：$L'_{pi(ST)}$；

b) 对于背景噪声的 $i=1,\cdots,n$ 每个传声器位置的声压级：$L'_{pi(B)}$；

c) 对于标准声源的 $i=1,\cdots,n$ 每个传声器位置的声压级：$L'_{pi(RSS)}$。

10.3 背景噪声的修正

对于每个倍频带，如果背景噪声声压级 $L'_{pi(B)}$ 比测量得到的声压级低 6 dB～15 dB，则要对测量得到的声压级 L'_{pi} 进行修正。修正后的值是：

$$L_{pi} = 10\lg(10^{L'_{pi}/10} - 10^{L'_{pi(B)}/10}) \quad \cdots\cdots(1)$$

如果 $\Delta L=L'_{pi}-L'_{pi(B)}$>15 dB，则不用做修正。如果 $\Delta L\geqslant 6$ dB，根据本部分的测量有效。即使测量对单个频带无效，只要 ΔL_A 大于 6 dB，那么测量对 A 计权值仍然有效，这里 ΔL_A 是 L'_{pAi} 与 $L'_{pAi(B)}$ 之差。

如果 6 dB 判据不满足，测量结果的准确度将降低而达不到 2 级。如果 3 dB≤ΔL<6 dB 则可达到 3 级。用于这些测量的最大的修正为 1.3 dB。尽管如此，也可以给出结果报告，它对测定被测声源声功率级的上界可能会有用处。如果这样的数据被报告，应该在报告的正文以及数据的图表中清楚说明本标准的背景噪声要求未能满足。

10.4 测量不确定度的评定

如果 $\Delta L_f\geqslant 7$ dB，测量不确定度是工程法的不确定度。试着在所有其他情况下改善 ΔL_f；见附录

A。表1给出了与再现性标准偏差相对应的测量不确定度。每个标准声源的位置都要遵守指示值的要求。

11 声功率级的计算

11.1 单个标准声源位置

对于每个倍频带，通过下列方程计算声功率级 L_W（单位：dB）：

$$L_W = L_{W(RSS)} + 10\ \lg\left(\frac{1}{n}\sum_{i=1}^{n}10^{0.1\Delta L_{pi}}\right) \qquad \cdots\cdots(2)$$

式中，对于每个倍频带而言：

n——传声器位置的个数；

$L_{W(RSS)}$——根据校准得到的标准声源声功率级，dB；

$\Delta L_{pi} = L_{pi(ST)} - L_{pi(RSS)}$

$L_{pi(ST)}$——经过背景噪声修正的被测声源在传声器 i 位置的声压级，dB；

$L_{pi(RSS)}$——经过背景噪声修正的标准声源在传声器 i 位置的声压级，dB。

11.2 多个标准声源位置

当有 m 个标准声源位置时($j=1,\cdots,m$)，通过下列公式计算每个倍频带的声功率级 L_W，dB：

$$L_W = 10\ \lg\left[\frac{1}{mn}\sum_{j=1}^{m}\sum_{i=1}^{n}10^{0.1(L_{Wj(RSS)}+\Delta L_{pij})}\right] \qquad \cdots\cdots(3)$$

式中：

$L_{Wj(RSS)}$——标准声源的声功率级，dB；

$\Delta L_{pij} = L_{pi(ST)} - L_{pij(RSS)}$

$L_{pij(RSS)}$——经过背景噪声修正的 j 位置的标准声源在传声器 i 位置的声压级，dB；

n——传声器位置的个数。

11.3 A 计权声功率级

根据下列公式计算 A 计权声功率级 L_{WA}，dB：

$$L_{WA} = 10\ \lg\left[\sum_{k}10^{0.1(L_{Wk}+A_k)}\right] \qquad \cdots\cdots(4)$$

式中：

L_{Wk}——第 k 个倍频带的倍频带声功率级，dB；

A_k——第 k 个倍频带中心频率的 A 计权值。

表3给出了 A 计权常数。

表 3 A 计权常数

频率/ Hz	A_k/ dB
125	−16.1
250	−8.6
500	−3.2
1 000	0
2 000	1.2
4 000	1.0
8 000	−1.1

12 记录内容

按照本标准要求进行测量时，在适用的条件下，记录下列内容。

a) 被测声源：

——被测声源的描述(包括它的尺寸)；

——运行条件(若有测试规范，则根据测试规范)；

——安装条件(若有测试规范，则根据测试规范)。

b) 标准声源：

——指出与 GB/T 4129 的一致性；

——给出声功率级 $L_{W(RSS)}$ 的校准值。

c) 声学环境：

——测试环境的描述；

——墙壁、天花板和地面的处理；

——一张说明声源位置和房间内物品布置的略图。

d) 仪器设备：

——用于测量的设备，包括名称、类型、序列号以及制造商；

——声校准器和其他声学仪器的校准日期和地点；

——测量中用的标准声源的名称、类型、序列号及制造商。

e) 声学数据：

——传声器位置(如果必要，可以包括一张草图)和被测声源的地点；

——标准声源位置的地点；

——对被测声源和对标准声源所有传声器位置的 A 计权声压级，如果需要的话，包括倍频带声压级；

——计算的 A 计权和倍频带声功率级，单位分贝(dB)；修约到整数分贝值(基准：1 pW)；

——ΔL_f 和根据表 1 给出的测量不确定度；

——进行测量的日期；

——背景噪声的信息(见 10.3)。

13 报告内容

报告要说明获得的声功率级是否完全满足本部分的要求。报告要给出 A 计权声功率级，根据需要，可提供倍频带声功率级，单位：dB(基准：1 pW)以及根据指示值 ΔL_f 所给的测量不确定度。

报告要给出第 12 章所列的项目。

另外，测试报告还应该包括以下内容：

——测试单位的名称和地址；

——测试报告的编号；

——要求测试的个人或组织的名称和地址。

附　录　A
（规范性附录）
ΔL_f 和测量不确定度的计算

A.1　测量不确定度的确定

见图 A.1。

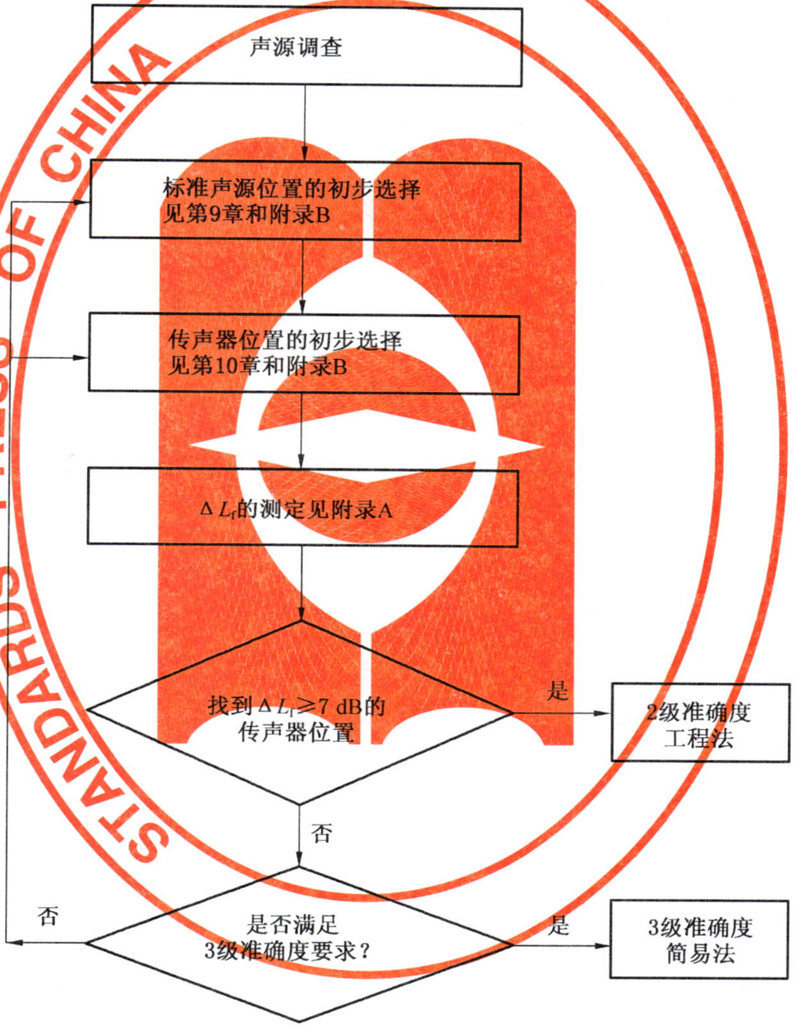

图 A.1　确定测量不确定度的流程图

A.2　ΔL_f 的确定

对标准声源在靠近被测机器的一个适当的位置，沿着无遮挡障碍物的测量路线，在固定距离 r 处测量标准声源产生的声压级 L_{pr}。测定声压级的逾量 ΔL_f，dB：

$$\Delta L_f = L_{pr} - L_{W(RSS)} + 11 + 20\lg\left(\frac{r}{r_0}\right) \qquad \cdots\cdots\cdots\cdots\cdots\cdots\cdots\cdots(\text{A.1})$$

式中：

$L_{W(RSS)}$——标准声源的声功率级，dB；

L_{pr}——距离标准声源为 r 处的声压级，dB；

r——标准声源和传声器之间的距离，单位为米(m)($r_0=1$ m)。

注：当声压级是 A 计权时，符号是 ΔL_{fA}。如果标准声源的频谱与被测声源的相似，声衰减曲线采用 A 计权声级。否则声压级逾量就要按频带来测量，并且要针对被测声源的频谱计算衰减曲线的 A 计权声级。如果被测声源的频谱和标准声源的不同，但是做 A 计权时，被测声源为在 500 Hz～1 000 Hz 之间有最大能量的典型宽带频谱，则可以使用 1 000 Hz 倍频带的衰减曲线。

声传播曲线 $\Delta L_f(r)$ 将用于确定满足 $\Delta L_f \geqslant 7$ dB 时的传声器和参考体之间必须保证的距离 d。如果声传播曲线不能根据所述方法来确定，那么就用式(A.1)在选定的传声器位置测定 ΔL_f。

如果对于任何传声器位置，$\Delta L_f(r) \geqslant 7$ dB 的条件都不满足，一般来说，对于任何被测声源，测试环境都不满足本部分的工程级要求。

附 录 B
（资料性附录）
仅用单个标准声源时，标准声源和传声器位置的推荐

B.1 概述

标准声源和传声器相对于被测声源的合适位置取决于被测声源辐射图案的类型。被测声源的声辐射基本是无指向性的还是在一个或多个水平方向上为主，可以用一台声级计在距地面高 1.2 m 和离被测声源外表面 1 m 处，沿着围绕被测声源的路线移动测试来确定。如果测得的声压级变化小于 4 dB，对本附录而言，被测声源的辐射可以基本看成是无指向性的。

如果测量到的声压级变化大于或等于 4 dB，对本附录而言，则可以确定水平方向上被测声源声辐射的主要方向。

B.2 推荐 1

建议将标准声源置于这样一个位置，其辐射图案与被测声源存在时被测声源的辐射图案相似。

对于空间声辐射基本是无指向性的被测声源，标准声源放在被测声源之上比较合适，见图 B.1。

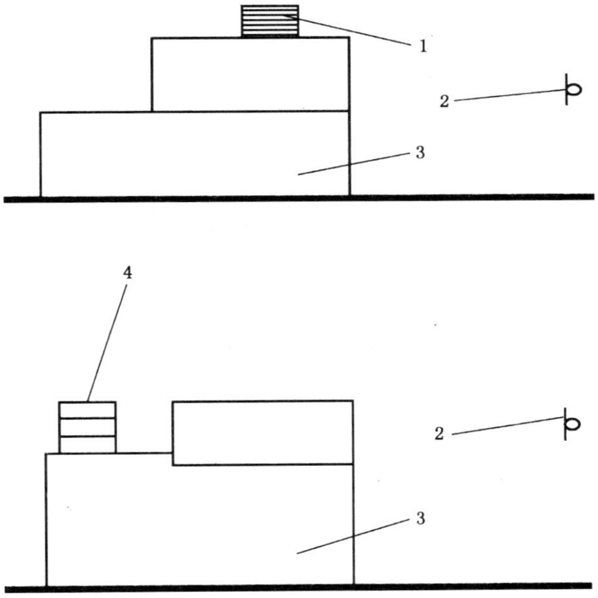

1——适宜的标准声源位置；

2——传声器；

3——无指向性辐射的机器；

4——不适宜的标准声源位置。

图 B.1 当被测声源基本是无指向性时，标准声源的位置

对于在空间一水平方向上有较强声辐射的被测声源，标准声源放在被测声源主要辐射方向的一边较合适，见图 B.2。

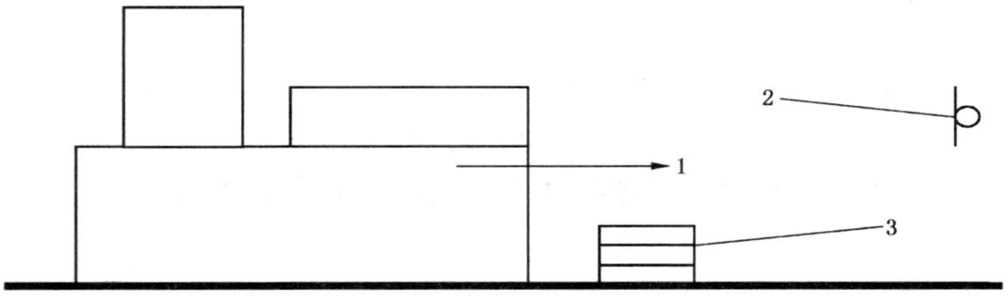

1——主辐射方向；

2——传声器；

3——标准声源的适宜位置。

图 B.2 当被测声源有指向性时，标准声源的位置

B.3 推荐 2

当被测声源有一个主声源并且它的位置已知时，建议将标准声源放置在：

——尽可能接近它，并且

——如果主声源的辐射无指向性，则最好放在被测声源的上面(见图 B.3)，或者

——如果标准声源无法放在被测声源之上，则放置在机器的主声源的主要辐射的一边(见图 B.4)。

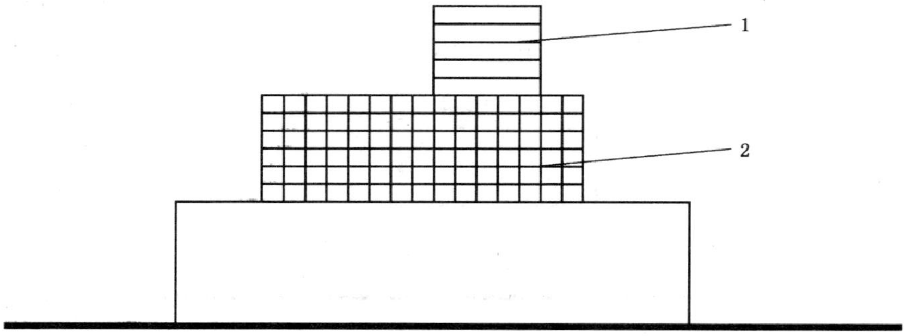

1——标准声源的适宜位置；

2——无指向性的主声源。

图 B.3 当被测声源的主声源是无指向性时，标准声源的位置

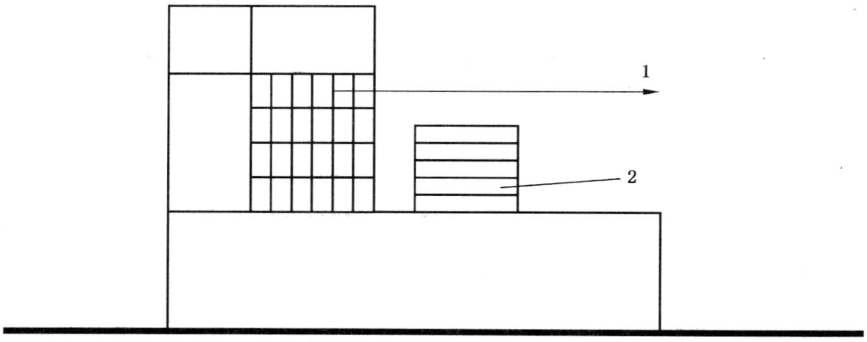

1——主声源辐射的方向；

2——标准声源的适宜位置。

图 B.4 当被测声源的主声源有方向性时，标准声源的位置

B.4 推荐 3

当标准声源在被测声源一边的一个给定位置时，其辐射可能存在一个被被测声源遮挡的区域。如

果被测声源确实在这个被遮挡的区域有辐射，建议在该遮挡的区域设置一个传声器的位置，见图 B.5。

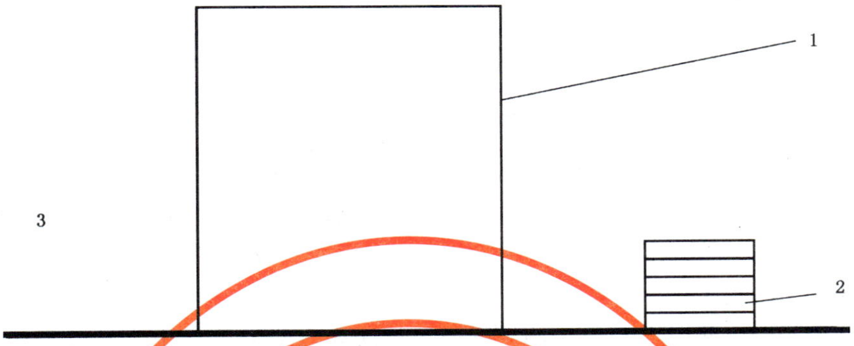

1——机器作为屏障；

2——标准声源的位置；

3——标准声源运行时被遮挡、但机器运行时未被遮挡的区域。传声器放置在这个遮挡的区域。

图 B.5　当标准声源被被测声源遮挡时，传声器的位置

B.5　推荐 4

如果被测声源有主声源，建议不要将传声器放在包含标准声源位置和被测声源主声源位置的垂直平面附近。

如果不存在主声源(即声源分布在被测声源一个大的体积上)或者主声源能够被辨别，对于上述推荐的应用，声源体积的重心将考虑为“被测声源的主声源的位置”。

一个传声器位置可接受性的推荐判据为：

$$0.8 \leqslant \frac{r}{d_m} \leqslant 1.2$$

式中 r 是传声器到标准声源位置之间的距离，d_m 是传声器到主要发声源位置的距离，见图 B.6。

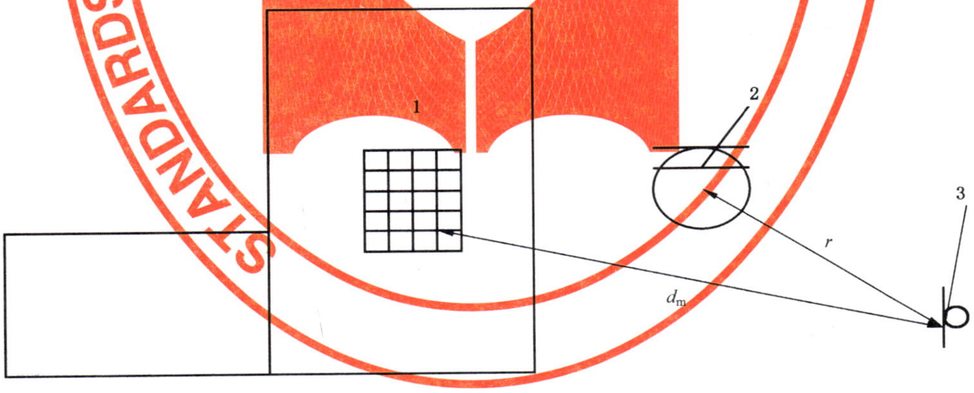

1——机器的主声源；

2——标准声源的位置；

3——传声器。

图 B.6　被测声源的俯视图：相对于不同声源的传声器位置

附　录　C
（资料性附录）
参　考　文　献

［1］　GB/T 14367　声学　噪声源声功率级的测定　基础标准指南

［2］　GB/T 6881.1　声学　声压法测定噪声源声功率级　混响室精密法

［3］　GB/T 6881.2　声学　声压法测定噪声源声功率级　混响场中小型可移动声源工程法　第1部分：硬壁测试室法比较法

［4］　GB/T 6881.3　声学　声压法测定噪声源声功率级　混响场中小型可移动声源工程法　第2部分：专用混响测试室法

［5］　GB/T 3767　声学　声压法测定噪声源声功率级　反射面上方近似自由场的工程法

［6］　GB/T 6882　声学　声压法测定噪声源声功率级　消声室和半消声室精密法

［7］　GB/T 14574　声学　机器和设备噪声发射值的标示和验证

［8］　GB/T 14573.4　声学　确定和检验机械规定的噪声辐射值的统计方法　第4部分：成批机器标牌值的确定和检验方法

［9］　GB/T 16404　声学　声强法测定噪声源声功率级　第1部分：离散点上的测量

［10］　GB/T 16404.2　声学　声强法测定噪声源声功率级　第2部分 扫描测量

［11］　ISO 14257 Acoustics-Measurement and modelling of spatial sound distribution curves in workrooms for evaluation of their acoustical performance

［12］　Jonasson H. G. The revised comparison method ISO 3747 for determining the sound power level of machines in situ proceedings of internoise 98.

［13］　Jonasson H. G. Sound power measurements in situ using a reference sound source. SP report 1988:03.

［14］　Jonasson H. G. ,Determination of emission sound pressure level and sound power level in situ,Project SMT-CT 96-2051 (to be published).

［15］　Probst W. ,Sehrndt G. and Bihenh K. ,On the appropriate distance between microphones and source for the comparison method ISO 3747. Proceedings of internoise 98.

［16］　Probst W. Checking of sound emission value. Federal Institute for Occupational Safety and Health's Research Report Series Fb 851 (in English),Dotmund1999.

ICS 13.230
C 67

中华人民共和国国家标准

GB 16543—2008
代替 GB 16543—1996

高炉喷吹烟煤系统防爆安全规程

Safety regulations for explosion prevention and protection on bituminous coal injection system into blast furnace

2008-04-22 发布　　　　2008-11-01 实施

中华人民共和国国家质量监督检验检疫总局
中国国家标准化管理委员会　发布

前　言

本标准除 4.11、5.1.1、5.1.2、5.1.11、5.4.8、5.1.14 以外，其余均为强制性条款。

本标准代替 GB 16543—1996《高炉喷吹烟煤系统防爆安全规程》。

本标准与 GB 16543—1996 相比，主要差异如下：

——修改了原标准中的不规范格式(第 2 章标题“引用标准”修改为“规范性引用文件”；第 3 章标题“定义”修改为“术语和定义”)；

——增加了“多管路喷吹工艺”、“混合煤”、“惰性气体”、“原煤贮运系统”和“泄爆导管”等术语和定义；

——增加了检修安全责任人(见 4.1)；

——增加了设计、生产过程中，应控制的危险因素[见 4.3a)、l)、m)、n)]；

——对高炉喷吹烟煤系统的设计部门提出了更详细、具体的要求(见 4.6)；

——细化了高炉喷吹烟煤系统操作人员的安全培训(见 4.9)；

——增加了对“混合煤喷吹”和“烟煤质粒煤喷吹”的安全要求(见 4.10、4.11)；

——增加了对高炉喷烟煤工程试车前的安全验收要求(见 4.12)；

——增加了制定事故应急救援预案方面的要求(见 4.13)；

——修改了对输煤、喷煤管道内流速的要求(见 5.3.4)；

——增加了原煤贮存系统加喷水装置的要求(见 5.6.7)；

——增加了针对煤粉仓、磨煤机着火时应采取的安全措施(见 7.5.7、7.5.8)。

本标准由中钢集团武汉安全环保研究院提出。

本标准由全国安全生产标准化技术委员会粉尘防爆分技术委员会(TC 288/SC 5)归口。

本标准负责起草单位：中钢集团武汉安全环保研究院。

本标准参加起草单位：中冶华天工程技术有限公司、鞍山钢铁(集团)公司、武汉钢铁(集团)公司、中国冶金设备南京有限公司。

本标准主要起草人：李晓飞、赵丹力、汤清华、林顺清、韩忠礼、朱炳安、杜刚、张桂华、胡涛、陈义、朱春梅。

本标准于 1996 年 9 月首次发布。

高炉喷吹烟煤系统防爆安全规程

1 范围

本标准规定了炼铁厂高炉喷吹烟煤系统中煤粉爆炸预防与防护措施的基本要求。

本标准适用于炼铁厂高炉喷吹烟煤以及烟煤与无烟煤混合喷吹系统的新建、扩建和改造工程项目的设计、施工与验收，以及操作、维护、检修及管理。无烟煤喷吹系统可参照执行。

2 规范性引用文件

下列文件中的条款通过本标准的引用而成为本标准的条款。凡是注日期的引用文件，其随后所有的修改单(不包括勘误的内容)或修订版均不适用于本标准，然而，鼓励根据本标准达成协议的各方研究是否可使用这些文件的最新版本。凡是不注日期的引用文件，其最新版本适用于本标准。

GB/T 15605 粉尘爆炸泄压指南

GB 50016—2006 建筑设计防火规范

GB 50058—1992 爆炸和火灾危险环境电力装置设计规范

国家质量监督检验检疫总局 压力容器安全技术监察规程

3 术语和定义

下列术语和定义适用于本标准。

3.1

烟煤粉 pulverized bituminous coal

干燥无灰基挥发分含量高于10%，能在气流中悬浮的煤颗粒的集合体(简称煤粉)。

3.2

高炉喷煤系统 the system of bituminous coal injection into blast furnace

从原煤进入炼铁厂后的原煤储运、煤的干燥、煤粉制备、煤粉运输，煤粉喷入高炉整个生产工艺过程。

3.3

煤粉制备系统 the system of pulverized coal preparation

从原煤仓、加热炉及其供气系统开始至煤粉仓为止的将原煤干燥磨制成煤粉并进行收集和储存的系统(简称制粉系统)。

3.4

煤粉输送系统 the system of pulverized coal conveying

从制粉系统煤粉仓之后的仓式泵开始至喷吹系统之前的布袋收粉器为止的系统(简称输粉系统)。

3.5

煤粉喷吹系统 the system of pulverized coal injection

从喷吹罐开始至喷枪为止的将煤粉随载送介质喷入高炉的系统(简称喷吹系统)。

3.6

干燥介质 drying medium

制粉系统中同时用作干燥和载送煤粉的具有一定温度的惰化气体。

3.7

载送介质　carrying medium

输粉、喷吹系统中用作载送煤粉的气体。

3.8

煤粉仓　pulverized coal collection bin

用于在常压下暂存煤粉的容器。

3.9

储煤罐　pulverized coal storing tank

喷吹系统中用以在常压下接受来自煤粉仓的定量煤粉并在加压条件下将其放入喷吹罐内的压力容器。

3.10

喷吹罐　coal injecting tank

工作压力高于高炉热风压力的用于喷吹煤粉的压力容器。

3.11

混合器　mixer

用于气、粉混合和输出的装置。

3.12

流化器　fluidistor

使容器内煤粉流态化的装置。

3.13

单管路喷吹工艺　injecting by single pipe

喷吹罐出口只设一条(或两条)喷吹管,喷吹管末端设有多头分配器的喷吹工艺。

3.14

阀门安全位置　the safe position of valve

各阀门开度置于可防止系统升温、升压、增氧、积粉和热风倒灌的位置。

3.15

多管路喷吹工艺　injecting by pipes

喷吹罐直接与同风口数目相等的支管相连接的喷吹工艺。

3.16

混合煤　the mixture of different coals

将不同种类的煤(如烟煤和无烟煤)进行适当选配,混合。

3.17

粒煤　coal granule

通常指粒径在0.2 mm～2 mm间的颗粒煤。

3.18

惰化气体　inert gases

不助燃的气体,如氮气、二氧化碳气体等。

3.19

原煤贮运系统　the system for depositing and transporting coal

将原煤由储煤场运输到原煤仓的运输设备,包括储煤场与原煤仓组成的系统。

3.20

泄爆导管　venting tube

将由泄爆口排出的高温、高压燃烧物和未燃烧物引导到安全区域的管子。

4 总则

4.1 高炉喷吹烟煤系统的设计、施工、生产和检修的第一负责人，应熟知该系统的功能和泄漏、火灾、爆炸的危险性并在其职责范围内对保证该系统安全运行负责。

4.2 高炉喷煤系统应具有下列功能：

a) 规模和布局，满足高炉或高炉群的要求。

b) 能将原煤加工成煤粉，并能按设计的流量连续将煤粉输送至煤粉仓、喷吹罐、高炉。

c) 能长期连续正常运转，并使意外的紧急停车减少到最低限度。

d) 配有满足安全要求的监测、控制设备和装置，保证系统能正常运行和重复地安全启动或停车。

4.3 设计、生产过程中，应控制下列危险因素：

a) 原煤储煤场、储煤槽、原煤仓内原煤自燃，向磨煤机输入已燃原煤。

b) 原煤给料不畅或中断，导致系统内温度骤升。

c) 系统发生煤粉自燃：

——煤粉容器、管道内存在死角；

——带负荷的磨煤机跳闸；

——加热炉供风温度过高；

——空气漏入充惰化气的设备或管道内；

——热空气或可燃气逆流入原煤仓。

d) 某些原煤磨碎时释放出可燃气体，在设备和管道中形成更易爆炸的杂混物。某些可燃气形成的游离基能促进煤粉自燃。

e) 生产用煤种与设计煤种有显著差别。

f) 煤粉处理系统的火灾可能引起爆炸或爆炸可能诱发火灾。

g) 人员进入有惰化气体的管道和设备内可能窒息。

h) 未经培训或培训未达标准作业人员，使设备维护不到位或操作不当。

i) 空气加压的煤粉设备中的爆炸力更强，发生自燃的周期更短。

j) 氧煤枪供应系统没有可靠的安全联锁。

k) 氧煤喷吹的氧气管网、氧煤枪内有油污和杂质。

l) 喷吹气压力低于高炉热风压力。

m) 系统设备、管网及钢结构未全部、可靠接地，或接地电阻过大。

n) 生产过程中气源压力低于喷吹罐压力。

4.4 高炉喷煤系统的设计负责人应对系统的功能和防火防爆措施及其配置负技术责任。

4.5 高炉喷煤系统的施工负责人应按设计组织施工，对工程质量未达到设计要求所导致的后果和未经设计单位同意所做的施工变更的后果负责。

4.6 设计单位和工艺设计人员应具有国家相关部门核发的设计资格证书。喷煤系统的设计部门应提供详细的设计说明书或安全作业指导书，其中应包括喷吹煤粉的质量指标及安全要求。

4.7 高炉喷煤系统的设计应经有关部门审批，批准人对系统的防火防爆设计安全负审批责任。

4.8 新建、改建、扩建高炉喷煤系统的建设、设计和施工三方应遵守本规程进行有关防火防爆方面的协调。

4.9 对高炉喷煤系统的所有操作人员应实行生产操作和防火防爆培训、考核、发证、持证上岗、过失记录的制度。对高炉喷煤系统所有操作人员的防火防爆专门培训时间每年不应少于16 h。

新工人进入高炉喷煤系统的生产岗位前，应接受防火防爆知识的专门培训，经考核合格方可上岗工作。

脱离高炉喷煤系统工作岗位三个月以上重新上岗的人员，应事先进行相应的防火防爆专门培训，并经考核合格方可上岗。

外来参观或学习的人员，应接受必要的防火防爆安全教育，并应由专人带领。

4.10 混合煤喷吹应采取与烟煤喷吹相同的安全措施。

4.11 烟煤质粒煤喷吹可参照烟煤喷吹设置安全措施。

4.12 高炉喷烟煤工程试车前，应经国家相关部门(地方消防部门)的安全验收，该部门对系统的防火防爆负验收责任。

4.13 高炉喷煤系统应制定相应的事故应急救援预案。

5 设计

5.1 一般规定

5.1.1 制粉系统宜采用只设一台风机和一级布袋收粉器的全负压制粉工艺。喷吹系统宜采用单管路喷吹工艺。宜采用制粉和喷吹直接衔接的系统，其间不宜设输粉系统。

5.1.2 宜选用漏风率低的中速磨煤机、气密性好的给煤机和高效的收粉设备和附件。

5.1.3 煤粉仓、仓式泵、储煤罐、喷吹罐等罐体以及收粉设备灰斗壁，落粉管路等内壁应光滑，下料锥体壁与水平面夹角不应小于70°或采用惰化气体流化器。

5.1.4 仓式泵、储煤罐、喷吹罐、贮气罐、分气包等压力容器的设计、制造及安装应遵守国家质量监督检验检疫总局颁发的《压力容器安全技术监察规程》。

5.1.5 布袋收粉器应采用抗静电滤袋。

5.1.6 原煤仓前的皮带机上应设置原煤除铁设施和金属探测器。

5.1.7 供给高炉喷煤系统的各种压缩气体应经脱油、干燥处理。

5.1.8 未设可靠的机械通风的非开敞式煤粉制备厂房，应按GB 50058—1992规定的10区进行电气安全设计；下述情况之一者，可按11区进行电气安全设计：

——煤粉制备厂房为开敞式建筑；

——煤粉制备厂房为半开敞式建筑，能进行充分自然通风；

——煤粉制备厂房内设有可靠的机械通风。

5.1.9 系统的供电应按两路独立电源设计。

5.1.10 所有设备、容器、管道均应设防静电接地，法兰之间应用导线跨接，并进行防静电设计校核。

5.1.11 宜设置移动式或固定式真空吸尘机组，不应用压缩空气清扫厂房和设备表面。

5.1.12 原煤仓的形状和表面应利于煤流排出，不易积煤。下料锥体壁与水平面夹角不应小于65°；当采用非圆截面时，相邻两壁间交线与水平面夹角不小于60°，且壁面与水平面夹角不小于65°；对于褐煤及黏性大或易燃的烟煤，相邻两壁交线与水平面夹角不应小于65°，且壁面与水平面夹角不小于70°。相邻壁面交角内侧，应做成圆弧形。

5.1.13 磨煤机入口应设兑冷阀，吸取空气或风机出口等处排出的气体。当吸气口是敞开式时，应将吸气口放置在室外，有明显标识，并以煤气放散口对待。宜使用封闭管路吸取主排风机出口排出的气体。

5.1.14 磨煤机入口温度应比设计煤种中最低燃点低50℃以上，磨煤机出口温度应比磨煤机后收粉设备中耐温最低者低20℃以上，比出口露点高10℃以上，且不低于60℃，对于褐煤不高于90℃，对于烟煤不高于120℃。

5.1.15 系统可以不测一氧化碳含量，但布袋与粉仓应加强温度监测。在距拐角1 m～5 m处应设置热电偶，其插入深度距仓壁不小于1 m，热电偶应设有保护结构避免折断。相邻测点间水平垂直间距不应大于4 m。

5.2 厂房

5.2.1 应按GB 50016—2006规定的乙类火灾危险建筑进行设计。

5.2.2 应设消防水管路系统，厂房周围应设消防车通道，主要火灾危险场所应设与消防站直通的报警设施。

5.2.3 应通风良好，地板及内墙面应平整、光滑(刷油漆或粘瓷砖等)，并设冲水清洗及排水设施。污水必须进行净化处理后才能外排。应尽量避免可能积粉的部位。难以避免的部位应便于清扫。

5.3 管道

5.3.1 煤粉管道应减少法兰联接，内壁应光滑。

5.3.2 制粉管道布置应避免产生积存煤粉的死角，与水平面夹角不应小于45°。当必须布置水平管道时，额定负荷工况设计流速应不小于25 m/s。

5.3.3 磨煤机出口以后的煤粉管道中的最小负荷工况设计流速应不小于15 m/s。

5.3.4 输煤、喷煤管道内流速应满足设计参数。

5.4 惰化

5.4.1 制粉系统应采用惰化气体作为干燥介质，负压系统磨煤机入口氧含量小于或等于8%，末端出口氧含量小于或等于12%，煤粉仓内氧含量小于或等于12%。

5.4.2 用压缩空气作为输粉和喷吹的载送介质时，在紧急情况下应能立即转为氮气。

5.4.3 制粉系统和喷吹系统的煤粉仓应设有氮气连续惰化装置。

5.4.4 输粉、喷吹系统中的仓式泵、储煤罐、喷吹罐等压力容器的加压和流化介质应采用氮气或其他惰化气体。

5.4.5 仓式泵、储煤罐、喷吹罐、煤粉仓等设备或装置应设有应急接通压缩空气管道，阀门宜配活接头，并能与氮气管路互换。

5.4.6 布袋收粉器及喷煤系统的煤粉仓应设有充氮装置。

5.4.7 氮气罐及氮气分配气包应设置在室外。当喷煤厂房为(半)敞开式时，氮气罐及氮气分配气包允许设置在厂房内，并尽可能布置在通风良好的位置。

5.4.8 煤粉仓宜处于微正压或微负压，使用氮气连续惰化，置换可燃气。

5.5 泄爆

5.5.1 除压力容器外，所有煤粉容器、与容器连接的管道端部和管道的拐弯处均应设置足够面积的泄爆孔，其朝向应不致危害人员及其他设备。当需要设泄爆导管时，泄爆导管的长度不应超过导管直径的10倍。

5.5.2 容器、设备、管道和厂房的泄爆应按GB/T 15605进行设计。

5.5.3 当爆炸状态出现时，罐体应能够承受爆炸压力。

5.6 隔爆、抑爆及灭火

5.6.1 喷吹罐和喷吹管路应能够紧急自动切断。

5.6.2 输粉、喷吹系统的供气(压缩空气或氮气)管道均应设置逆止阀。

5.6.3 工艺设备及管道的设计和配置，在保证生产需要的条件下，应尽量减少容器数量、缩小管道直径、减小管道长度、减少弯头数目，消除局部积粉，提高系统内的煤粉浓度等。

5.6.4 制粉系统的煤气燃烧器、磨煤机、布袋收粉、制粉系统和喷吹系统的煤仓应设紧急充氮系统。

5.6.5 厂房内应设水雾式灭火系统或蒸汽灭火系统，禁止采用喷射水柱的灭火方法。煤粉容器内应设二氧化碳或磷酸盐类灭火装置或系统。

5.6.6 所有电气室内应设灭火装置或灭火系统。

5.6.7 原煤贮存系统应加喷水装置。

5.7 监测报警及安全联锁

5.7.1 磨煤机入口、布袋收粉器进口和内部、煤粉仓，仓式泵、储煤罐、喷吹罐等处应设置上限温度监控装置。磨煤机出口等关键部位应设置上、下限双温监控装置及报警装置。

5.7.2 原煤仓、煤粉仓应设置高料位和低料位监测装置，达到极限值时报警。

5.7.3 制粉系统应设固定式氧含量和一氧化碳浓度在线监测装置，达到报警值时应报警并自动充氮，达到上限值时应自动停机。

5.7.4 应对喷吹罐压力，混合器出口压力与高炉热风压力的差值进行安全联锁控制。

5.7.5 应对喷吹用气压力与喷吹罐压力的差值进行安全联锁控制。

5.7.6 氧煤枪供氧系统应具有自动转换或充氮保护功能。

5.7.7 炉前供氧总管应设置保护功能。

5.7.8 煤粉输送系统和喷吹系统所有气动阀门在事故断电时均应能向安全位置切换。

5.7.9 高炉喷枪前输煤管上应设非金属管段，在发生回火时能够立即熔断。

5.7.10 在高炉前的输煤管上应有测压点和送风装置，当该压力与高炉热风压力差值低于安全值时，能够立即启动送风装置送风，防止回火的发生。

5.7.11 厂房内人员活动区应有氧气和一氧化碳报警装置，防止一氧化碳中毒和氮气窒息。

6 施工与试车

6.1 施工

6.1.1 施工单位应根据设计和现场条件制定施工防火防爆安全细则。

6.1.2 施工现场靠近已投产的喷吹烟煤系统的设备时，应设置临时防火防爆分隔和足够的消防器材，施工人员应有施工作业证和动火证。涉及在用设备时，应按 7.4.1、8.6、8.7 的规定先停车后施工。

6.2 试车

6.2.1 应由建设、施工和设计单位组建试车领导小组（或指挥部），负责制定验收标准和试车防爆安全细则，检查生产设备和防爆设施性能并领导试车工作。

6.2.2 试车应依次进行单机试车、空负荷联动试车和负荷联动试车，后一级试车应在前一级试车合格后进行。试车期间应使用无烟煤。

6.2.3 负荷联动试车时，系统联锁、报警设施应灵敏，泄爆、抑爆设施应可靠，防爆灯具、通讯设备、消防器材应齐全完好并有事故应急处置预案。

7 操作

7.1 一般要求

7.1.1 系统的联锁、报警设施应灵敏。

7.1.2 阻断、隔爆、抑爆、泄爆设施应可靠。

7.1.3 消防器材应完好、有效。

7.1.4 监测仪表应完好、准确。

7.1.5 现场、设备及管道内不应有火种和易燃物；转动件和传动件应无卡阻。

7.1.6 原煤仓内应备有无烟煤。

7.2 启动

7.2.1 制粉系统应按下列逆向顺序启动：布袋收粉器清灰装置；收粉器之后的排粉风机；磨煤机。

7.2.2 磨煤机出口温度不应超过 80℃，应先投入无烟煤或无烟煤比例较大的混合煤，待制粉系统运行正常后改投烟煤或烟煤比例较大的混合煤。系统排放尾气的氧含量在正常启动时不应超过 12%，非正常停车后重新启动时不应超过 8%。

7.2.3 应将输粉管吹扫干净，方可输粉。

7.2.4 喷吹管未吹扫干净不应向高炉插入喷煤枪。插入氧煤喷枪时应先用氮气或其他惰化气替代氧气，待喷吹正常后改用氧气。

7.3 运行

7.3.1 应调节、控制各监测点的压力、温度、一氧化碳浓度和气氛氧含量，防止急剧升高和超过规定值。

磨煤机的出口温度不应超过 80℃。

制备煤粉时，负压系统末端气体的氧含量不应大于 12%。

7.3.2　煤粉仓、喷吹罐内温度急剧升高超过85℃时，应改用全氮气输粉和喷吹。

7.3.3　应防止漏风、漏粉和管道、设备内部积粉。

7.3.4　应定期测定煤粉粒度、水分。煤种变化时应分析煤粉挥发分、测定煤粉着火温度和返回火焰长度。

7.4　停车

7.4.1　计划性停车

——应将仓式泵、储煤罐等压力容器内煤粉排空，压力降至常压。停车超过8 h，制粉煤粉仓、喷吹煤粉仓内煤粉应排空。停车超过8 d时，原煤仓内烟煤应排空。

——应使用惰化气体保护喷吹罐，维持罐内压力比高炉热风压力高0.05 MPa～0.10 MPa。停车超过2 h应将喷吹罐内煤粉排空。

——使用氧煤喷枪时，应在拔枪前用氮气或其他惰化气置换氧气。

——输粉管、喷吹管应吹扫干净。

——宜用惰化气将布袋收粉器等设备和制粉管道内煤粉吹扫干净。

——各阀门阀位应置于停车位置。

——磨煤机停机前，应使磨煤机内积煤达到最少。若停机超过2 d，应将磨煤机内积煤排空。

7.4.2　非正常停车

——各监测仪器、仪表应保持正常运行状态，出现异常测值时应立即处理。

——应改用氮气做载送介质。

——应检查并清除各设备、管道内火种。

——宜用氮气吹扫制粉系统内部各处积粉。

——磨煤机出口温度不应超过70℃，制粉系统排放尾气氧含量不应超过8%。制粉煤粉仓、喷吹煤粉仓和常压状态的仓式泵、储煤罐内氧含量不应超过12%。喷吹罐和加压状态的仓式泵、储煤罐内氧含量不应超过8%。

——各阀门阀位应置于安全位置。

7.5　应急操作

7.5.1　磨煤机断煤时，应调节干燥介质温度，使出口温度不超过85℃，系统排放尾气氧含量不超过8%，继续运行。当出口温度超过85℃时，应改用全氮气输粉和喷吹。

7.5.2　磨煤机满煤时，应停止投煤，减少干燥介质供应；如磨煤机内温度升高时，应通入氮气。

7.5.3　突然停电时，应切断电源，使各阀门阀位置于安全位置。

7.5.4　布袋收粉器着火时，应立即停车，切断通向煤粉仓的煤粉通道，通入氮气或用灭火器灭火，不应使用喷射水柱灭火。

7.5.5　仓式泵内煤粉着火时，应通入氮气或蒸汽灭火。若着火面积很小，可用氮气作为输粉载气将煤粉送空。

7.5.6　爆破片破裂时，应及时更换爆破片。

7.5.7　煤粉仓着火时，应立即停给煤机、磨煤机、布袋排灰阀，堵住通向粉仓的煤粉通道。打开吸湿管阀，向粉仓内启动蒸汽或惰化气灭火装置。若着火面积很小，可以使用全氮喷吹将煤粉喷向高炉。

7.5.8　磨煤机着火时，应立即停给煤机、风机、磨煤机布袋排灰阀，布袋脉冲不停，堵住通向粉仓的煤粉通道。向磨煤机内充入蒸汽或氮气灭火。向布袋内投入惰化气进行保护。必要时打开人孔，使用灭火器灭火，尽快清除残煤。

8　维护检修

8.1　应保持设备表面、厂房内无积粉和易燃物。定期清仓，清罐。检查除尘器，清除布袋灌肠。

8.2　应按仪表产品说明书的要求定期校验氧浓度、一氧化碳浓度等关键的监测仪表。

8.3 应定期校验制粉、喷吹系统的压力、温度仪表。

8.4 应定期检查泄爆、抑爆的零件、部件，对检查发现的问题及时处理。

8.5 应按国家质量监督检验检疫总局颁发的《压力容器安全技术监察规程》的规定检查压力容器。

8.6 检修应在岗位操作人员配合下进行。动火应有动火证和足够的灭火器材。动火完毕应清除火险隐患。

8.7 人员进入容器内进行检修作业应经主管人批准，容器外应有专人监护并制定相应的应急计划。进入容器前应清除残粉，切断惰化气和高温气进口，通风换气使容器内温度降至40℃以下，测定氧浓度、一氧化碳浓度，确认无窒息、中毒等危险后，方可进入容器进行检修作业。

ICS 19.100
J 04

中华人民共和国国家标准

GB/T 16544—2008
代替 GB/T 16544—1996

无损检测 伽马射线全景曝光照相检测方法

Non-destructive testing—Practice for gamma-ray radiographic testing by panoramic exposure

2008-07-30 发布　　2009-02-01 实施

中华人民共和国国家质量监督检验检疫总局
中国国家标准化管理委员会　发布

前　言

本标准代替 GB/T 16544—1996《球形储罐 γ 射线全景曝光照相方法》。

本标准与 GB/T 16544—1996 相比主要变化如下：

——增加了射线照相检测时机的内容(见第 5 章)；

——增加了工业射线照相胶片系统分类的内容，将胶片分为 T1、T2、T3、T4 四类，对胶片系统的特性指标提出了要求(见第 7 章)；

——对原标准规定的不同射线源适用的底片密度范围进行了修订，底片密度范围有所提高(见 15.1)；

——对不同透照厚度射线照相底片的像质计灵敏度要求进行了修订，灵敏度有所提高(见 15.2)。

本标准由中国机械工业联合会提出。

本标准由全国无损检测标准化技术委员会(SAC/TC 56)归口。

本标准起草单位：上海宝钢工业检测公司、上海苏州美柯达探伤器材有限公司、浙江缙云像质计厂。

本标准主要起草人：顾素兰、罗云东、查克勇、洪作友、柳章龙。

本标准所代替标准的历次版本发布情况为：

——GB/T 16544—1996。

无损检测
伽马射线全景曝光照相检测方法

1 范围

本标准规定了伽马射线全景曝光照相方法和有关技术要求。

本标准适用于10 mm～100 mm厚钢制球形储罐(简称球罐)熔化焊对接接头(简称焊缝)的伽马射线照相检测。

2 规范性引用文件

下列文件中的条款通过本标准的引用而成为本标准的条款。凡是注日期的引用文件，其随后所有的修改单(不包括勘误的内容)或修订版均不适用于本标准，然而，鼓励根据本标准达成协议的各方研究是否可使用这些文件的最新版本。凡是不注日期的引用文件，其最新版本适用于本标准。

GB/T 5616 无损检测 应用导则

GB/T 9445 无损检测 人员资格鉴定与认证(GB/T 9445—2008，ISO 9712：2005，IDT)

GB 11533 标准对数视力表

GB/T 12604.2 无损检测 术语 射线照相检测(GB/T 12604.2—2005，ISO 5576:1997，IDT)

GB 18871 电离辐射防护与辐射源安全基本标准

GB/T 19348.1—2003 无损检测 工业射线照相胶片 第1部分:工业射线照相胶片系统的分类(ISO 11699-1:1998，IDT)

GB/T 19348.2—2003 无损检测 工业射线照相胶片 第2部分:用参考值方法控制胶片处理(ISO 11699-2:1998，IDT)

GB/T 20737 无损检测 通用术语和定义(GB/T 20737—2006，ISO/TS 18173:2005，IDT)

JB/T 7902 无损检测 射线照相检测用线型像质计

3 术语和定义

GB/T 12604.2和GB/T 20737确立的术语和定义适用于本标准。

4 检测机构和人员资格

4.1 机构要求

按本标准实施检测的机构或单位，应符合GB/T 5616或等效标准、法规的相关要求。

从事伽马射线照相检测的单位，必须持有国家或地方法规规定的特种作业资格证书，并在其许可登记范围内从事检测工作。

4.2 人员资格

按本标准实施检测的人员，应按GB/T 9445或合同各方同意的体系进行资格鉴定与认证，并由雇主或其代理进行职位专业培训和操作授权。

从事伽马射线照相检测工作的人员，还必须具有辐射安全知识和健康条件，并提供相关证明材料。

从事评片人员的视力应每年检查一次，未经矫正或经矫正的视力不应低于5.0(小数记数值为1.0)，测试方法应符合GB 11533的规定。

5 表面要求和射线照相检测时机

5.1 在射线照相检测之前，球罐焊缝及表面质量应经外观检查并合格。表面的不规则状态在底片上的影像不应掩盖或干扰缺陷影像，否则应对表面做适当修整。

当设计或委托单位对被检工件表面状态有明确规定时，须按其具体要求执行。

5.2 除非另有规定，射线照相检测一般应在焊接完工后进行。对有延迟裂纹倾向的材料，至少应在焊接完成36 h后进行射线照相检测。

6 伽马射线源的选择

根据球罐壁厚应优先选用铱(^{192}Ir)，也可使用钴(^{60}Co)源，其适用透照母材厚度范围见表1。

注：如果合同各方同意，不排除使用其他伽马射线源。

表1 ^{192}Ir和^{60}Co的透照母材(钢)厚度范围 单位为毫米

伽马源种类	透照母材厚度范围
^{192}Ir	≥10～80
^{60}Co	≥40～100

7 射线照相胶片

7.1 胶片系统按GB/T 19348.1—2003分为四类，即T1、T2、T3、T4类。T1为最高类别，T4为最低类别。胶片系统的主要特性指标见表2。胶片制造商应对所生产的胶片进行系统性能测试并提供类别和参数。胶片处理方法、设备和化学药剂可按GB/T 19348.2—2003的规定，用胶片制造商提供的预先曝光胶片测试片进行测试和控制。

表2 胶片系统的主要特性指标

胶片类型	感光速度	特性曲线平均梯度	感光乳胶粒度
T1	低	高	微粒
T2	较低	较高	细粒
T3	中	中	中粒
T4	高	低	粗粒

7.2 球罐伽马射线照相检测推荐使用T1,T2胶片，允许使用T3胶片(但需事先试验像质是否符合要求)，不允许使用T4胶片。胶片的灰雾度不应大于0.3。

8 增感屏

应根据射线源种类推荐按表3选用金属箔增感屏的材料与厚度。

表3 增感屏的材料和厚度 单位为毫米

伽马源	前　屏	后　屏
^{192}Ir	铅 0.1～0.2	铅 0.1～0.2
^{60}Co	铅、钢、铜 0.5～0.7	铅、钢、铜 0.5～0.7

9 像质计

9.1 采用线型像质计来检查底片影像质量。衡量射线照相检测质量的参数是像质指数，它等于底片上能识别出的最细钢丝的线编号。

9.2 线型像质计的型号规格应符合 JB/T 7902 的规定。

9.3 线型像质计的放置应按以下规定：

9.3.1 至少在北极区、赤道区、南极区附近的焊缝上沿纬度等间隔地放置 3 个像质计，在南北极的极板拼缝上各放置一个像质计。

9.3.2 像质计可放在伽马源一侧球罐内焊缝表面上，也可放置在胶片侧。像质计放在胶片侧时，应进行对比试验。对比试验方法是在射源侧和胶片侧各放一个像质计，用与工件相同的条件透照，测定出像质计放置在源侧和胶片侧的灵敏度差异，以此修正应识别像质计丝号，以保证实际透照的底片灵敏度符合要求。

9.3.3 像质计的钢丝应垂直于焊缝放置，且底片密度均匀部位能够清晰地看到长度不小于 10 mm 的连续金属丝影像时，则认为该丝是可识别的。

10 识别标记和定位标记

10.1 识别标记和定位标记由数字、拼音字母和符号等组成。

10.2 识别标记一般包括：工件编号、焊缝编号和部位编号，透照日期等。

10.3 定位标记一般包括搭接标记↑，需要时可选用中心标记✢。

10.4 识别标记和定位标记均需放在底片适当位置，并距焊缝边缘至少 5 mm。所有标记的影像不应重叠，且不应干扰有效评定范围内的影像。

11 散射线的检查

检测时应采用金属增感屏、铅板等，对散射线进行屏蔽。对易产生背散射的部位（如送源处），应进行背散射测试，即在胶片袋背后贴附一个“B”的铅字标记（高 13 mm，厚 1.6 mm）。若底片上出现密度低于周围背景密度的“B”字，说明背散射防护不够，应增大背散射防护铅版的厚度。如在底片上不出现“B”字影像或出现密度高于周围背景密度的“B”字影像，则说明背散射防护符合要求。

12 透照操作

12.1 布片

透照前先将胶片袋贴在球罐外被检焊缝上，且保证底片编号与球罐透照部位吻合；相邻两底片必须保证有效搭接。

12.2 置源

根据透照要求和布片情况，在透照前先将导源管从下（或上）人孔导入球罐，将曝光头朝上（或下）或向着透照所需的方向牢固而准确地固定在球罐内球心处，其定位偏差不大于 1% 球罐内径，且不大于 50 mm。

12.3 伽马源操作系统的连接

透照前，根据工作要求先将导源管，伽马源和操纵软缆可靠地连接起来。

12.4 放源与收源

在曝光开始与结束的放源、收源操作中，除伽马射线检测仪的操作人员之外，还应有专人辅助，进行同步记时并携带伽马射线剂量仪进行现场监测，确认伽马源是否摇出或收回到防护体中。

13 曝光时间的确定

13.1 计算尺法

根据实际透照条件（伽马源及其活度、工件厚度、焦距尺寸和胶片类型等），利用专用计算尺确定曝光时间。

13.2 **曝光曲线**

也可以利用曝光曲线来确定曝光时间。

14 胶片处理

14.1 可采用自动冲洗或手工冲洗方式处理，推荐采用自动冲洗方式处理。

14.2 胶片处理一般应按胶片使用说明书的规定进行。

15 底片质量

15.1 **底片的密度**

透照选择的曝光条件应使底片有效评定区域内的密度在 2.0～4.0 范围内（含不大于 0.3 的灰雾度）。

15.2 **像质计灵敏度**

底片上应清晰显示表 4 规定的像质计灵敏度值。

表 4 像质计灵敏度值（像质计置于源侧）

应识别丝号（丝径/mm）	标称厚度（T）范围/mm
13(0.20)	>7～10
12(0.25)	>10～15
11(0.32)	>15～25
10(0.40)	>25～35
9(0.50)	>32～40
8(0.63)	>40～55
7(0.80)	>55～85
6(1.00)	>85～100

15.3 **标记影像要求**

底片上的像质计影像位置正确，定位标记和识别标记齐全。

15.4 **不允许的伪显示**

在底片有效评定区域内，不应有因胶片处理不当或其他原因引起的妨碍评定的伪显示影像。

16 评定及验收

焊缝质量评定及验收应按设计要求和有关技术条件执行。

17 检测报告

17.1 伽马射线照相检测后，应对检测结果及有关事项进行详细记录并写出检测报告。检测报告的主要内容应包括：被检工件名称、编号、规格、材质、焊接方法、坡口型式、检测方法、检测规范、检测标准和验收准则、检测部位、布片草图、检测结果、质量分级、检测人员和责任人员签字以及检测日期等。

17.2 底片、检测报告以及原始记录等资料必须一并存档，以备随时核查。

18 伽马射线防护

18.1 伽马射线防护应按 GB 18871 有关规定执行。

18.2 透照前应妥善做好必要的准备工作：

——制定行之有效的安全防护措施和故障排除的应急措施；

——调查现场及其周围公众分布情况，提前发出放源通知；

——划定控制、监督区域，且在其边界放置醒目的警告标志。必要时需设专人警戒，以确保安全。

18.3 从事伽马射线照相检测工作必须备有校验合格的剂量仪器，如个人剂量计、剂量报警仪，以测定工作环境的射线辐照剂量和个人接受的累积剂量。

18.4 检测人员每年允许接收的最大射线照射剂量为 5×10^{-2} Sv。非专业人员每年允许接收的最大射线照射剂量为 5×10^{-3} Sv。

18.5 在透照工作中，一旦发生意外事故应立即封闭现场，并及时上报，设法尽快排除。

参 考 文 献

[1] GB 18465—2001 工业 γ 射线探伤放射卫生防护要求.
[2] JB/T 4730.1—2005 承压设备无损检测 第1部分:通用要求.
[3] JB/T 4730.2—2005 承压设备无损检测 第2部分:射线检测.

ICS 11.220
B 41

GB

中华人民共和国国家标准

GB/T 16550—2008
代替 GB 16550—1996

新城疫诊断技术

Diagnostic techniques for newcastle disease

2008-12-31 发布　　　　2009-05-01 实施

中华人民共和国国家质量监督检验检疫总局
中国国家标准化管理委员会　发布

前　言

本标准对应于世界动物卫生组织(OIE)《陆生动物卫生法典》(2006 版)2.7.13“新城疫”和《陆生动物诊断试验和疫苗手册(哺乳动物、禽鸟与蜜蜂)》(2006 版)2.1.15“新城疫”,且与该章节的一致性程度为非等效。

本标准代替 GB 16550—1996《新城疫检疫技术规范》。

本标准与 GB 16550—1996 相比主要变化如下:

——对标准名称进行了修订,修改为《新城疫诊断技术》;

——删除了原标准中属于行政执法行为的内容;

——对血凝和血凝抑制试验进行了修改;

——增加了脑内接种致病指数(ICPI)、静脉接种致病指数(IVPI);

——增加了 RT-PCR 检测方法。

本标准的附录 A、附录 B 和附录 C 均为资料性附录。

本标准由中华人民共和国农业部提出。

本标准由全国动物检疫标准化技术委员会(SAC/TC 181)归口。

本标准起草单位:中国动物卫生与流行病学中心、扬州大学。

本标准主要起草人:刘华雷、吴艳涛、王志亮、刘文博、马洪超、刘秀梵。

本标准所代替标准的历次版本发布情况为:

——GB 16550—1996。

新城疫诊断技术

1 范围

本标准规定了新城疫的临床诊断、病毒分离与鉴定、血凝试验、血凝抑制试验、反转录聚合酶链式反应(RT-PCR)和综合判定。

本标准适用于新城疫的诊断。

2 缩略语

下列缩略语适用于本标准。

DEPC——焦碳酸二乙酯;

HA——血凝;

HAU——血凝单位,以完全凝集病毒的血清最高稀释倍数为一个血凝单位;

HI——血凝抑制;

ICPI——脑内接种致病指数;

IVPI——静脉接种致病指数;

MDT——致死鸡胚平均死亡时间;

NDV——新城疫病毒;

SPF——无特定病原体。

3 临床诊断

3.1 临床症状

当禽出现以下部分或全部情形时,可作为初步诊断的依据之一:

a) 发病急,死亡率高;

b) 体温升高,极度精神沉郁,呼吸困难,食欲下降;

c) 粪便稀薄,呈黄绿色或黄白色;

d) 出现扭颈、翅膀麻痹等神经症状;

e) 免疫禽群出现产蛋下降。

3.2 病理变化

当禽出现下列肉眼可见的病变时,可作为初步诊断定性的依据之一:

a) 全身黏膜和浆膜出血,以呼吸道和消化道最为严重;

b) 腺胃黏膜水肿,乳头和乳头间有出血点;

c) 盲肠扁桃体肿大、出血、坏死;

d) 十二指肠和直肠黏膜出血,有的可见纤维素性坏死病变;

e) 脑膜充血和出血,鼻道、喉、气管黏膜充血、偶有出血,肺可见淤血和水肿。

当禽出现上述病变时,应进行实验室确诊。

4 病毒分离与鉴定

4.1 病毒分离

4.1.1 样品采集

从活禽采集的样品应包括气管和泄殖腔拭子,后者需带有可见粪便,对雏禽采集拭子容易造成损伤,可采用收集新鲜粪便代替。死禽以脑、肺脏、脾脏为主,也可采集其他病变组织。

4.1.2 样品处理

样品置于含抗生素的等渗磷酸盐缓冲液(PBS)(pH 值 7.0～7.4),抗生素视条件而定,但组织和气管拭子保存液中应含青霉素(2 000 U/mL)、链霉素(2 mg/mL)、卡那霉素(50 μg/mL)和制菌霉素(1 000 U/mL),而粪便和泄殖腔拭子保存液抗生素浓度应提高五倍。加入抗生素后调 pH 值到 7.0～7.4。粪便和搅碎的组织,应用含抗生素的 PBS 溶液制成 10%(g/mL)～20%(g/mL)的悬浮液,在室温下静置 1 h～2 h。将粪便或组织的悬浮液在 4 ℃下以 3 000g 离心 5 min,取上清液进行鸡胚接种。

4.1.3 鸡胚接种

用 1 mL 注射器吸取上清液按每枚 0.2 mL,经尿囊腔接种至少五枚 9 日龄～11 日龄的 SPF 鸡胚,接种后,35 ℃～37 ℃孵育 4 d～7 d。18 h 后每 8 h 观察鸡胚死亡情况。

4.1.4 病毒收获

18 h 以后死亡的和濒死的以及结束孵化时存活的鸡胚置 4 ℃冰箱 4 h～24 h,无菌采集尿囊液。

4.2 病毒鉴定

4.2.1 血凝试验

对于血凝试验呈阳性的样品采用新城疫标准阳性血清进一步进行血凝抑制试验。如果没有血凝活性或血凝效价很低,则采用 SPF 鸡胚用初代分离的尿囊液继续传两代,若仍为阴性,则认为新城疫病毒分离阴性。方法同第 5 章。

4.2.2 血凝抑制试验

采用新城疫标准阳性血清进行血凝抑制试验,确认是否有新城疫病毒繁殖。方法同第 6 章。

4.3 致病指数测定

经确定存在新城疫病毒繁殖的情况下,应根据下列指标之一进行毒力判定:

a) 病毒致死量致死鸡胚平均死亡时间(MDT)的测定:
   1) 将新鲜的感染尿囊液用灭菌的生理盐水连续 10 倍稀释成 10^{-6}～10^{-9};
   2) 每个稀释度经尿囊腔接种五枚 9 日龄～10 日龄的 SPF 鸡胚,每枚鸡胚接种 0.1 mL,置于 37 ℃培养;
   3) 余下的病毒稀释液于 4 ℃保存,8 h 后,每个稀释度接种另外五枚鸡胚,每枚鸡胚接种 0.1 mL,置于 37 ℃培养;
   4) 每日照蛋两次,连续观察 7 d,记录各鸡胚的死亡时间;
   5) 最小致死量是指能引起所有用此稀释度接种的鸡胚死亡的最大稀释度;
   6) MDT 是指最小致死量引起所有鸡胚死亡的平均时间(h),计算方法见式(1)。

$$\mathrm{MDT} = \frac{N_X \times X \times N_Y \times Y + \cdots\cdots}{T} \qquad \cdots\cdots (1)$$

式中:

N_X——X 小时死亡的胚数;

N_Y——Y 小时死亡的胚数;

X, Y——胚死亡时间,单位为小时(h);

T——死亡的总胚数。

b) 接种致病指数(ICPI)测定:
   1) HA 滴度高于 4log2(大于 1/16)以上新鲜感染尿囊液(不超过 24 h～48 h,细菌检验为阴性),用无菌等渗盐水作 10 倍稀释;
   2) 脑内接种出壳 24 h～40 h 之间的 SPF 雏鸡,共接种 10 只,每只接种 0.05 mL;
   3) 每 24 h 观察一次,共观察 8 d;
   4) 每天观察应给鸡打分,正常鸡记作 0,病鸡记作 1,死鸡记作 2,(每只死鸡在其死后的每日观察中仍记2)；

5) ICPI是每只鸡8 d内所有每次观察数值的平均数，计算方法见式(2)。

$$ICPI = \frac{\sum_s \times 1 + \sum_d \times 2}{T} \qquad \cdots\cdots(2)$$

式中：

$\sum_s$——8 d累计发病数；

$\sum_d$——8 d累计死亡数；

T——8 d累计观察鸡的总数。

c) 接种致病指数(IVPI)测定：

1) HA滴度高于4log2(大于1/16)的新鲜尿囊液(不超过24 h～48 h，细菌检验为阴性)，用无菌等渗盐水作10倍稀释；

2) 静脉接种六周龄的SPF小鸡，接种10只，每只鸡接种0.1 mL；

3) 每天观察1次，共10 d，每次观察要记分，正常鸡记作0，病鸡记作1，瘫痪鸡或出现其他神经症状记作2，死亡鸡记作3(每只死鸡在其死后的每日观察中仍记作3)；

4) IVPI是指每只鸡10 d内所有每次观察数值的平均值，计算方法见式(3)。

$$IVPI = \frac{\sum_s \times 1 + \sum_p \times 2 + \sum_d \times 3}{T} \qquad \cdots\cdots(3)$$

式中：

$\sum_s$——10 d累计发病数；

$\sum_p$——10 d累计瘫痪数；

$\sum_d$——10 d累计死亡数；

T——10 d累计观察鸡的总数。

4.4 结果判定

结果判定细则如下：

a) MDT低于60 h为强毒型NDV，MDT在60 h～90 h为中等毒力型NDV，MDT大于90 h为低毒力NDV；

b) ICPI越大，NDV致病性越强，最强毒力病毒的ICPI接近2.0，而弱毒株毒力的ICPI为0；

c) IVPI越大，NDV致病性越强，最强毒力病毒的IVPI可达3.0，而弱毒株的IVPI为0。

5 血凝试验

5.1 材料与试剂

5.1.1 器材：普通天平、分析天平、普通离心机、微型振荡器、煮沸消毒器、冰箱、高压灭菌器、微量移液器、滴头、96孔V形血凝反应板。

5.1.2 pH7.2磷酸盐缓冲液(PBS)配制方法参见附录A。

5.1.3 1%鸡红细胞悬液配制方法参见附录B。

5.1.4 标准新城疫病毒抗原、购入的标准新城疫病毒应检测其血凝效价并进行无菌检验，以检查与所标HA效价是否相符。若不符，应重复检测并到相关实验室验证。

5.2 血凝试验操作程序

血凝试验操作程序如下：

a) 取96孔V形微量反应板，用微量移液器在1孔～12孔每孔加0.025 mL PBS；

b) 吸取0.025mL病毒悬液加入第1孔中，吹打3次～5次充分混匀；

c) 从第1孔中吸取0.025 mL混匀后的病毒液加到第2孔，混匀后吸取0.025 mL加入到第3孔，依次进行系列倍比稀释到第11孔，最后从第11孔吸取0.025 mL弃之，设第12孔为PBS

对照；

d) 每孔再加 0.025 mL PBS；

e) 每孔加入 0.025 mL 体积分数为 1%的鸡红细胞悬液；

f) 振荡混匀反应混合液，室温 20 ℃～25 ℃下静置 40 min 后观察结果，若环境温度太高，放 4 ℃静置 60 min，PBS 对照孔的红细胞成明显的钮扣状沉到孔底时判定结果。

5.3 结果判定

结果判定细则如下：

a) 在 PBS 对照孔出现正确结果的情况下，将反应板倾斜，观察红细胞是否完全凝集。以完全凝集的病毒最大稀释度为该抗原的血凝滴度。完全凝集的病毒的最高稀释倍数为 1 个血凝单位(HAU)。

b) 如果没有血凝活性或血凝效价很低，则采用 SPF 鸡胚用初代分离的尿囊液继续传两代，若仍为阴性，则认为新城疫病毒分离阴性。

c) 对于血凝试验呈阳性的样品应采用新城疫标准阳性血清进一步进行血凝抑制试验。

6 血凝抑制试验

6.1 材料与试剂

6.1.1 器材同 5.1.1。

6.1.2 试剂同 5.1.2。

6.1.3 标准抗 NDV 血凝抑制抗体(血清)。

6.1.4 4 个血凝单位的病毒液制备：根据 4.2 测定的病毒的血凝效价，判定 4 个血凝单位的稀释倍数。方法举例为：如病毒 HA 效价为 9log2，其 4 个血凝单位为 7log2，则将病毒稀释 128 倍即可。

6.1.5 HI 效价高于 10log2 时可继续增加稀释的孔数。

6.2 HI 试验程序

HI 试验操作程序如下：

a) 根据血凝试验结果配制 4 个血凝单位(4HAU)抗原。以能引起 100%血凝的病毒最高稀释倍数代表 1 个血凝单位，4HAU 的配制方法如下：假设抗原的血凝滴度为 1：256，则 4HAU 抗原的稀释倍数应是 1：64(256 除以 4)，稀释时，将 1 mL 抗原加入到 63 mL PBS 中即为 4HAU 抗原。

b) 取 96 孔 V 形微量反应板，用移液器在第 1 孔～第 11 孔各加入 0.025 mL PBS，第 12 孔加入 0.05 mL PBS。

c) 在第 1 孔加入 0.025 mL 新城疫标准阳性血清，充分混匀后移出 0.025 mL 至第 2 孔，依次类推，倍比稀释至第 10 孔，第 10 孔弃去 0.025 mL，第 11 孔为阳性对照，第 12 孔为 PBS 对照。

d) 在第 1 孔～第 11 孔各加入 0.025 mL 含 4HAU 抗原，轻叩反应板，使反应物混合均匀，室温下(约 20 ℃～25 ℃)静置不少于 30 min，4 ℃不少于 60 min。

e) 每孔加入 0.025 mL 体积分数为 1%的红细胞悬液，轻晃混匀后，室温(约 20 ℃～25 ℃)静置约 40 min，若环境温度太高，放 4 ℃静置 60 min。当 PBS 对照孔红细胞呈明显钮扣状沉到孔底时判定结果。

6.3 结果判定

结果判定细则如下：

a) 在 PBS 对照孔出现正确结果的情况下，将反应板倾斜，从背侧观察，看红细胞是否呈泪珠状流下。滴度是指产生完全不凝集(红细胞完全流下)的最高稀释度。只有当阴性血清与标准抗原对照的 HI 滴度不大于 2log2，阳性血清与标准抗原对照的 HI 滴度与已知滴度相差在 1 个稀释度范围内，并且所用阴、阳性血清都不发生自凝的情况下，HI 试验结果方判定有效。

b) 尿囊液 HA 效价大于等于 4log2，且标准新城疫阳性血清对其 HI 效价大于等于 4 log2，判为新城疫病毒。

c) 对确定存在新城疫病毒繁殖的尿囊液应进一步测定其毒力，方法见 4.3。

7 反转录聚合酶链式反应(RT-PCR)

7.1 仪器设备

所用仪器设备如下：

a) PCR 仪；

b) 高速台式冷冻离心机：最大离心力 12 000*g* 以上；

c) 生物安全柜；

d) 冰箱；

e) 水浴锅；

f) 微量移液器；

g) 组织匀浆器；

h) 电泳仪；

i) 电泳槽；

j) 紫外凝胶成像仪。

7.2 试剂

所用试剂如下：

a) RNA 提取试剂 Trizol；

b) 三氯甲烷；

c) 异丙醇；

d) 75%乙醇：用新开启的无水乙醇和 DEPC 水配制，−20 ℃预冷。

7.3 操作程序

7.3.1 样品的采集和处理

取 200 μL 离心后的上清提取 RNA。也可选择含病毒的鸡胚尿囊液进行 RT-PCR 鉴定。

7.3.2 病毒核酸 RNA 的提取

RNA 提取应在样品制备区。应保证无细菌及核酸污染，实验材料和容器应经过消毒处理并一次性使用。提取 RNA 时应避免 RNA 酶污染。同时设立阳性对照和阴性对照。

用 Trizol 提取核酸 RNA 的操作步骤如下(样品以鸡胚尿囊液为例)：

a) 在无 RNA 酶的 1.5 mL 离心管中加入 200 μL 尿囊液后，加入 1 mL Trizol，振荡 20 s，室温静置 10 min；

b) 加入 200 μL 三氯甲烷，颠倒混匀，室温静置 10 min，以 12 000 r/min 离心 15 min；

c) 管内液体分为三层，取 500 μL 上清液于离心管中，加入 500 μL 预冷(−20℃)的异丙醇，颠倒混匀，静置 10 min，以 12 000 r/min 离心 15 min 沉淀 RNA，弃去所有液体(离心管在吸水纸上控干)；

d) 加入 700 μL 预冷(−20 ℃)的 75%乙醇洗涤，颠倒混匀 2 次～3 次，以 12 000 r/min 离心 10 min；

e) 调水浴至 60 ℃，室温下干燥 10 min；

f) 加入 40 μL DEPC 水，60 ℃金属浴中作用 10 min，充分融解 RNA，−70 ℃保存或立即使用。

7.3.3 配置 RT-PCR 反应体系

在样品处理区内由专人按表 1 给出的程序分步进行。注意只能在试剂准备区打开和配制试剂，配制完毕后应及时将剩余试剂放回贮存区域。将适量的核酸样品小心加入装有反应液体的反应管内，盖紧盖子并做好标记。参照表1中反应体系配置RT-PCR扩增。

表1 RT-PCR反应体系配置表

试剂	体积/μL
无RNA酶灭菌超纯水	13.6
10×缓冲液	2.5
dNTPs	2
RNA酶抑制剂	0.5
AMV反转录酶	0.7
*Taq*酶	0.7
上游引物P1	1
下游引物P2	1
模板RNA	3
总计	25
注：上游引物P1的序列为5′-ATGGGCYCCAGAYCTTCTAC-3′，下游引物P2的序列为5′-CTGCCACTGCTAGTTGTGATAATCC-3′，Y为兼并碱基。	

7.3.4 RT-PCR

按照表1中的加样顺序全部加完后，充分混匀，瞬时离心，使液体都沉降到PCR管底。在每个PCR管中加入一滴液体石蜡(约20 μL)。同时设立阳性对照和阴性对照。

循环条件为：

a) 第一阶段，反转录42 ℃/45 min；

b) 第二阶段，预变性95 ℃/3 min；

c) 第三阶段，94 ℃/30 s，55 ℃/30 s，72 ℃/45 s，30个循环；

d) 第四阶段，72 ℃/7 min。

最后的RT-PCR产物置4 ℃保存。

7.3.5 电泳

操作程序如下：

a) 制备1.5%琼脂糖凝胶板；

b) 取5 μL PCR产物与0.5 μL加样缓冲液混合，加入琼脂糖凝胶板的加样孔中；

c) 加入DNA分子质量标准物；

d) 盖好电泳仪，插好电极，5 V/cm电压电泳，30 min～40 min；

e) 紫外线灯下观察结果，凝胶成像仪扫描图片存档，打印；

f) 用分子质量标准物比较判断PCR片段大小。

7.4 结果判定

结果判定细则如下：

a) 出现0.5 kb大小左右的目的片段(与阳性对照大小相符，参见附录C)，而阴性对照无目的片段出现方可判为新城疫病毒阳性。

b) 对于扩增到的目的片段，需进一步进行序列测定，从分子水平确定其致病性强弱。

c) 根据序列测定结果，对毒株F基因编码的氨基酸序列进行分析，如果毒株F2蛋白的C端有“多个碱性氨基酸残基”，F1蛋白的N端即117位为苯丙氨酸，可确定为新城疫强毒感染。“多个碱性氨基酸”指在113位到116位残基之间至少有三个精氨酸或赖氨酸。

8 综合判定

8.1 临床诊断符合第3章规定的临床症状和病理变化，按第4章进行病毒分离与鉴定结果为新城疫病毒阳性且ICPI≥0.7，诊断为新城疫。

8.2 临床诊断符合第3章规定的临床症状和病理变化，按第7章进行RT-PCR检测结果呈阳性且经序列分析证明F蛋白裂解位点具有强毒特征，诊断为新城疫。

8.3 患禽没有明显的临床症状和病理变化，但病原检测符合8.1或8.2，可判定为新城疫病毒强毒感染。

附 录 A
（资料性附录）
pH7.2 磷酸盐缓冲液（PBS）配制

pH7.2 磷酸盐缓冲液（PBS）配制：

氯化钠（NaCl）	8.0 g
氯化钾（KCl）	0.2 g
磷酸氢二钠（Na_2HPO_4）	1.44 g
磷酸二氢钠（KH_2PO_4）	0.24 g
加蒸馏水至	1 000 mL

将上述成分依次溶解，用盐酸（HCl）调 pH 至 7.2，分装，121 ℃、15 min 高压灭菌。

附 录 B
（资料性附录）
1%鸡红细胞悬液（RBC）制备

采集至少三只 SPF 公鸡或无禽流感和新城疫抗体的非免疫鸡的抗凝血液，放入离心管中，加入三倍～四倍体积的 PBS 混匀，以 2 000 r/min 离心 5 min～10 min，去掉血浆和白细胞层，重复以上过程，反复洗涤三次（洗净血浆和白细胞），最后吸取压积红细胞用 PBS 配成体积分数为 1% 的悬液，于 4 ℃保存备用。

附 录 C
（资料性附录）
新城疫病毒 RT-PCR 检测阳性参照图

C.1 新城疫病毒 RT-PCR 检测阳性参照图

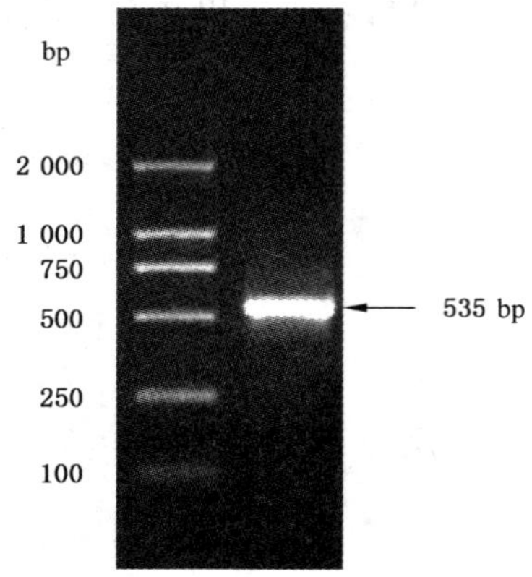

图 C.1

C.2 说明

C.2.1 琼脂糖凝胶的浓度为 1.5%。

C.2.2 DNA 相对分子质量标准物（Marker）为 DL2000。

ICS 11.220
B 41

中华人民共和国国家标准

GB/T 16551—2008
代替 GB 16551—1996

猪瘟诊断技术

Diagnostic techniques for classical swine fever (hog cholera)

2008-12-31 发布 2009-05-01 实施

中华人民共和国国家质量监督检验检疫总局
中国国家标准化管理委员会 发布

前　言

本标准对应于OIE最新公布的《陆生动物诊断试验和疫苗手册》(2004版)第二部分第二节2.1.13猪瘟(CSF)有关内容,且与该章节标准的一致性程度为非等效。

本标准代替GB 16551—1996《猪瘟检疫技术规范》。

本标准与GB 16551—1996相比主要变化如下:

——本标准修订了GB 16551—1996中第3章"群体检疫"和第4章"个体检疫"的有关内容,删除了其中有关疫苗免疫、产地检疫和查验检疫证明等《中华人民共和国动物防疫法》等法律法规已有明确规定且不宜作为本标准条款的相关内容,保留和合并了群体和个体CSF临床症状和病理变化的有关章节,单独增写了临床和病理学诊断内容;

——本标准将GB 16551—1996中第5章"实验室检验"的内容进行了较大的修订,删除了5.1,将5.2中涉及的兔体交叉免疫试验、免疫酶染色试验、病毒分离与增毒试验、直接免疫荧光抗体试验由原标准中附录A(补充件)和附录C(补充件)的编排格式转为本标准中的正文内容,并补充和修订了上述方法,增加了能鉴别诊断CSF自然感染和疫苗免疫抗体的单抗酶联免疫吸附试验,同时,还直接引用了《陆生动物诊断试验和疫苗手册》(2004版)中的诊断CSF抗体的荧光抗体病毒中和试验,新增了有自主知识产权的诊断CSF病毒的反转录聚合酶链式反应;

——本标准改变了GB 16551—1996的编写格式,正文采取了对CSF诊断技术分临床和病理学诊断,病原学诊断及血清学诊断三个层次诊断技术的分类编写方式,并根据所列诊断方法的性质,进行划分和归类编写;

——本标准修订了GB 16551—1996中第6章"综合判定"的相关内容,并将容易引起歧义的"综合判定"一词改为"最终结论判定",增加了与之相吻合的判定标准,使其"综合判定"与诊断结果的分析相一致,删除了现行法律法规已涵盖且不适宜于本标准的第7章"检疫后处理"的有关内容。

本标准由中华人民共和国农业部提出。

本标准由全国动物防疫标准化技术委员会(SAC/TC 181)归口。

本标准起草单位:中国兽医药品监察所。

本标准主要起草人:王在时、王琴、丘惠深、赵耘。

本标准所代替标准的历次版本发布情况为:

——GB 16551—1996。

猪瘟诊断技术

1 范围

本标准规定了猪瘟(CSF)临床诊断、病理学诊断及实验室诊断方法的技术要求。实验室诊断方法主要包括:兔体交互免疫试验、免疫酶染色试验、病毒分离与鉴定试验、直接免疫荧光抗体试验、荧光抗体病毒中和试验、猪瘟单抗酶联免疫吸附试验和反转录聚合酶链式反应等诊断技术。

本标准适用于猪瘟的诊断。兔体交互免疫试验,免疫酶染色试验,直接免疫荧光抗体试验,反转录聚合酶链式反应和病毒分离与鉴定试验等五种方法主要用于猪瘟病毒和抗原的诊断,以发现带毒猪和自然感染猪;猪瘟单抗酶联免疫吸附试验和荧光抗体病毒中和试验主要用于猪瘟抗体的监测和免疫效果评估,其中,单抗酶联免疫吸附试验主要用于猪瘟抗体的鉴别诊断,可区别诊断猪瘟自然感染猪,免疫猪,强、弱毒抗体阳性猪及猪瘟抗体阴性猪。

2 临床及病理学诊断

2.1 临床及病理学诊断的作用

感染 CSF 的猪临床症状和解剖后肉眼所见的病理变化,因病毒株致病力、感染时间和宿主等因素不同而有很大差异,同时田间还存在着无临床症状的猪瘟病毒持续性感染和多种病原混合感染的现象,因此,猪瘟的临床诊断和病理学诊断只能作为综合诊断定性的依据之一,不能作为确诊的根据,特别是那些隐性感染的带毒猪,一般不表现临床症状及肉眼可见的病理变化,所以,猪瘟的确诊应依赖于对 CSF 病毒及抗原的实验室诊断,才能形成最终的结论。

2.2 临床诊断

猪群中被检猪出现下列临床症状时,可作为综合诊断定性的依据之一:

a) 体温在 40.5 ℃以上或间歇性的发热;

b) 精神萎靡、倦怠,畏寒,食欲不振、厌食、甚至废食,呕吐,步态不稳;

c) 交替便秘与腹泻,产生带粘液和血丝的粪球,结膜充血、出血或有不正常分泌物;

d) 鼻盘、嘴唇、耳尖、下颌、四肢、腹下及腹股沟等处出现紫红色斑点或斑块;

e) 公猪包皮积尿或其他疑似 CSF 的症状;

f) 怀孕母猪有流产、死胎、木乃伊等现象或所产仔猪有衰弱、震颤、痉挛、发育不良等现象。

出现上述症状时,猪群作为可疑 CSF 对待,应全群隔离饲养,并作进一步诊断。

2.3 病理学诊断

对临床检出的可疑患猪可抽样进行病理学诊断,下述肉眼可见的病变可作为综合诊断定性的依据之一:

a) 肾皮质色泽变淡,有不同大小的点状出血;

b) 淋巴结外观充血、切面周边出血,呈红白相间的“大理石样”;

c) 脾脏不肿大,表面有点状出血或边缘出现突起的楔状梗死区;

d) 心脏、喉头、大肠、小肠、胆囊及膀胱有点状出血;

e) 全身出血性变化、多呈片状或点状;

f) 回盲瓣、回肠、结肠形成“钮扣状”溃疡(慢性猪瘟)。

3 病原学诊断

3.1 兔体交互免疫试验

3.1.1 样品处理

将病猪的淋巴结、脾脏和肾脏磨碎后用无热原性的生理盐水作 1：10 稀释。

3.1.2 接种家兔

将上述处理的样品肌肉注射三只健康家兔，每只 5 mL，另设三只不注射病料而仅注射生理盐水的对照兔，24 h 后，每隔 6 h 测体温一次，连续测温 5 d。

3.1.3 接种兔毒

接种样品 5 d 后对所有家兔静脉注射用无热原性的生理盐水稀释成 1 mL 含有 100 个兔体最小感染量的猪瘟兔化弱毒（淋巴、脾脏毒），每只 1 mL，同时增设两只仅注射猪瘟兔化弱毒的对照兔。24 h 后，每隔 6 h 测体温一次，连续测 96 h，注射生理盐水和仅注射猪瘟兔化弱毒的两组对照兔分别 2/3 和 2/2 出现定型热或轻型热，试验成立。

3.1.4 判定标准

猪瘟强毒不引起家兔体温反应，但能使其产生免疫力，从而能抵抗猪瘟兔化弱毒的攻击。因此，可以利用猪瘟兔化弱毒攻击后是否出现体温反应作指标，以判定第一次接种的病料中是否含有猪瘟病毒。试验组的试验结果判定见表 1。

表 1 兔体交互免疫试验结果判定

接种病料后体温反应	接种猪瘟兔化弱毒后体温反应	结果判定
—	—	含猪瘟强毒、野毒
—	＋	不含任何猪瘟病毒
＋	—	含猪瘟兔化弱毒
＋	＋	含非猪瘟病毒热原性物质
对照兔	＋	含猪瘟兔化弱毒
注：“＋”表示多于或等于三分之二的动物有体温反应，“—”为无体温反应。		

3.2 免疫酶染色试验

3.2.1 样品的采集

解剖检查时采病猪扁桃体、脾、肾、淋巴结作压印片或冰冻切片，同时设正常组织对照标本。标本自然干燥后，在 2%戊二醛和甲醛等量混合液中固定 10 min，干燥后，置冰箱内待检。

3.2.2 操作程序

3.2.2.1 将标本浸入 0.01%过氧化氢或 0.01%叠氮钠的 Tris-HCl 缓冲液中，室温下作用 30 min。

3.2.2.2 用 pH7.4 的 0.02 mol/L 磷酸缓冲盐水漂洗 5 次，每次 3 min，风干。

3.2.2.3 将标本置于湿盒内，滴加 1：10 酶标记抗体，覆盖标本面上，置 37 ℃作用 45 min。

3.2.2.4 用 pH7.4 的 0.02 mol/L 磷酸缓冲盐水-1%吐温缓冲液漂洗 5 次，每次 2 min～3 min。

3.2.2.5 将标本放入 DAB（4-二甲氨基偶氮苯）Tris-HCl 液内，置 37 ℃作用 3 min。

3.2.2.6 用 pH7.4 的 0.02 mol/L 磷酸缓冲盐水冲洗 5 次，每次 2 min～3 min，再用无水酒精、二甲苯脱水，封片检查。

3.2.2.7 用普通生物显微镜检查判定结果，如细胞浆染成深褐色为阳性；黄色或无色为阴性，正常对照标本应为阴性。猪瘟兔化弱毒接种的猪组织细胞浆呈微褐色，与强毒株感染有明显区别。

3.3 病毒分离与鉴定试验

3.3.1 将 2 g 扁桃体或脾脏或肾脏剪成小块，加上灭菌砂在乳钵中研成匀浆，用 Hank's 液或 MEM 配成 20%悬液，加青霉素（使最终浓度为 500 U/mL）和链霉素（使最终浓度为 500 μg/mL），室温下放置 1 h，以 3 000 r/min 离心 15 min 取用上清液。

3.3.2 将 PK_{15} 单层细胞用胰酶消化分散后，以 800 r/min 离心 10 min，用不含牛病毒性腹泻病毒（BVDV）的 5%胎牛血清的 MEM 配成每毫升含 2×10^6 个细胞的悬液。

3.3.3 九份细胞悬液（3.3.2）加一份病料悬液（3.3.1）接种于带有细胞飞片的转瓶或微量细胞培养板。另设不加病料的对照若干瓶（孔），于接种后 1 d、2 d、3 d，分别从两个接种瓶（孔）和一个对照瓶（孔）中取出细胞片用 Hank's 液或 MEM 洗涤两次，每次 5 min，用冷无水丙酮固定 10 min。

3.3.4 按 3.2 或 3.4.5～3.4.7 进行免疫酶染色或荧光抗体染色、镜检并判定结果。

3.4 直接免疫荧光抗体试验

3.4.1 采样

群体检疫中，待检可疑猪不少于三例，其中至少两例为早期患猪，活体取扁桃体或剖杀后摘取扁桃体。后期病猪剖杀后采扁桃体、淋巴结、脾脏和肾脏。个体检疫时，可活体取扁桃体或剖杀可疑猪采扁桃体、淋巴结、脾脏和肾脏。所采组织样品应新鲜且为猪瘟疫苗免疫 21 d 之后。

3.4.2 送检

采样后应尽快冷藏送检，如当日不能送出，应冻结保存，避免组织腐败、自溶，影响结果。

3.4.3 制片

将样品组织块修切出 1 cm×1 cm 的小块，不经任何固定处理，直接冻贴于冰冻切片机的冰冻切片托上（组织块太小时，如活体采取的扁桃体，可用冰冻切片机专用的包埋剂或化学浆糊包埋），进行切片，切片厚度要求 5 μm～7 μm。将切片展贴于 0.8 mm～1.0 mm 厚的洁净载玻片上，也可将样片组织直接作压印片或涂片。同时设正常对照片。

3.4.4 固定

将切片、压印片或涂片置无水丙酮中固定 15 min。取出立即放入 0.01 mol/L，pH7.2 的磷酸缓冲盐水中，轻轻漂洗 3 次。取出，自然干燥后，尽快进行荧光抗体染色。

3.4.5 荧光抗体染色

将猪瘟荧光抗体滴加于样品片表面，放置湿盒内于 37 ℃作用 30 min。取出后浸入磷酸缓冲盐水中充分漂洗，再用带有 0.5 mol/L，pH9.0～pH9.3 碳酸盐缓冲甘油的盖玻片（0.17 mm 厚）封固样品片表面。染色后应尽快镜检，4 ℃保存不应超过 72 h。必要时可低温保存待检，但也不应超过一周。

3.4.6 镜检

将染色、封固后的样品片置于激发光为蓝紫光或紫外光的荧光显微镜下观察。

3.4.7 判定标准

于荧光显微镜视野中，见扁桃体隐窝上皮细胞或肾曲小管上皮细胞浆内呈现明亮的黄绿色荧光，或脾、淋巴结胞浆内有黄绿色荧光判为猪瘟病毒感染阳性。正常对照片细胞内应无黄绿色荧光。

3.5 猪瘟病毒反转录聚合酶链式反应（RT-PCR）

3.5.1 材料与样品准备

3.5.1.1 材料准备

本试验所用试剂需用无 RNA 酶污染的容器分装；各种离心管和带滤芯吸头需无 RNA 酶污染；剪刀、镊子和研钵器应经干烤灭菌。

3.5.1.2 样品制备

按 1∶5（质量浓度）比例，取待检组织和 MEM 液于研钵中充分研磨制成匀浆液，4 ℃，以 1 000 *g* 离心 15 min，取上清液转入无 RNA 酶污染的离心管中，备用；全血采用脱纤抗凝备用；细胞培养物冻融 3 次备用；其他样品酌情处理。制备的样品在 2 ℃～8 ℃保存不应超过 24 h，长期保存应小分装后置 −70 ℃以下，避免反复冻融。同时设阴、阳性样品对照。

3.5.2 **RNA 提取**

3.5.2.1 移取 750 μL Trizol 至 1.5 mL Eppendorf 管，加入 200 μL 血液（培养液或组织处理上清），旋涡振荡 20 s，室温下作用 5 min。加入 200 μL 三氯甲烷，旋涡振荡 15 s，室温下作用 10 min。

3.5.2.2 以 12 000 r/min(11 750*g*)，4 ℃离心 15 min。

3.5.2.3 轻轻吸取上清转至新的 1.5 mL Eppendorf 管（注意不要吸到中间蛋白层），约 550 μL～600 μL，加入等量预冷的异丙醇，颠倒数次混匀，－20 ℃条件下静置至少 10 min。

3.5.2.4 以 12 000 r/min(11 750*g*)，4 ℃离心 15 min。

3.5.2.5 轻轻倒掉上清，顺势将管口残液在吸水纸上醮干（注意各管不要用吸水纸同一点），向管中轻轻加入 1 mL 预冷的 75%乙醇。轻轻颠倒数次，将乙醇倒掉，将管口残液在吸水纸上醮干（注意各管不要用吸水纸同一点），盖上盖后，以 5 000 r/min，4 ℃离心 2 min。

3.5.2.6 用洁净无酶吸头将管底乙醇吸干，注意不要吸走沉淀（RNA 少的情况下可能看不见沉淀）。在安全柜或超净台中将残留的乙醇吹干，约 5 min，直至无乙醇味为止。时间不要太长，以免 RNA 溶解困难。

3.5.2.7 用下列比例配制溶液溶解 RNA：

4 μL 0.1 mol/L MDTT

1 μL RNA 酶抑制剂（RNase inhibitor）

15 μL 无酶水

共计 20 μL，按此比例一次性配好，混匀。按每个样品 20 μL～50 μL 配制。

吸取 20 μL～50 μL RNA 溶解液溶液加至 Eppendorf 管底，55 ℃～65 ℃水浴助溶 10 min。RNA 溶液在－80 ℃保存。短期也可在－20 ℃保存。

3.5.3 **cDNA 合成**

3.5.3.1 吸取 5 μL 上述 RNA 溶液至 PCR 管中。

3.5.3.2 加入 1 μL 50 pmol/L 的下游引物，68 ℃作用 5 min，冰水浴中降温（或在 PCR 仪中采用程序：68 ℃反应 5 min，置于 4 ℃结束反应）。

3.5.3.3 加入下列试剂：

2 μL　5×第一链缓冲液（first strand buffer）

0.5 μL　0.1 mol/L DTT

0.5 μL　dNTP(10 mmol/L)

0.25 μL　RNA 酶抑制剂（RNase inhibitor）

0.5 μL　反转录酶（superscript Ⅲ）

PCR 仪中 50 ℃反应 60 min，75 ℃温育 10 min，置于 4 ℃结束反应。

3.5.4 **PCR**

3.5.4.1 吸取上述 cDNA 模板 3 μL，无酶水 34.5 μL。

3.5.4.2 加入下列试剂：

5 μL　10×PCR 缓冲液

3 μL　dNTP(10m mol/L)

1 μL　上游引物

1 μL　下游引物

2.5 μL *Taq* DNA 聚合酶

将混合物吹打均匀后，至 PCR 仪中扩增，条件如下：94 ℃预热 3 min，94 ℃变性 50 s，58 ℃退火 50 s，72 ℃链延伸 1 min 40 s，30 个循环，72 ℃温育 10 min。置于 4 ℃结束反应。

3.5.5 **nest-PCR**

3.5.5.1 吸取上述 PCR 模板 1.5 μL，无酶水 36 μL。

3.5.5.2 加入下列试剂：

5 μL　10×PCR 缓冲液

3 μL　dNTP(10 mmol/L)

1 μL　nest 上游引物

1 μL　nest 下游引物

2.5 μL *Taq* DNA 聚合酶

将混合物吹打均匀后，至 PCR 仪中扩增，条件如下：94 ℃预热 3 min，94 ℃变性 50 s，54 ℃退火 50 s，72 ℃链延伸 1 min 40 s，30 个循环，72 ℃温育 10 min，置于 4 ℃结束反应。

3.5.6 电泳

取 6 μL～10 μL PCR 产物在 0.8%琼脂糖凝胶中进行电泳，缓冲液为 0.5×TBE，100 V、40 min。

3.5.7 凝胶成像及结果判定

阳性样品出现 1.2 k 大小条带、阴性样品无条带出现时，试验成立。被检测样品出现 1.2 k 大小条带为猪瘟阳性，否则为阴性，见图 1。

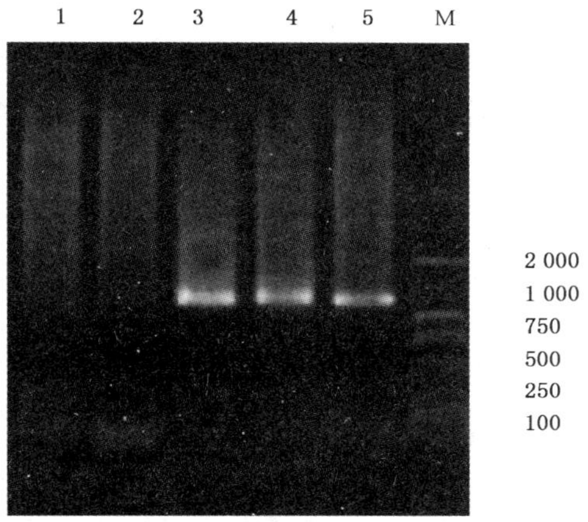

1、2——阴性对照；

3、4、5——阳性样品；

M——Marker。

图 1

4 血清学诊断

4.1 荧光抗体病毒中和试验

4.1.1 细胞准备

4.1.1.1 将浓度为每毫升含 2×10^5 个细胞的 PK_{15} 细胞悬液接种到于带有盖玻片的 Leighton 管、培养瓶或微量细胞培养板中。

4.1.1.2 于 37 ℃二氧化碳(CO_2)培养箱中培养 1 d～2 d，直至有 70%～80%的细胞形成单层，Leighton 管可用普通培养箱培养。

4.1.2 病毒中和

4.1.2.1 被检血清于 56 ℃灭活 30 min，在国际贸易中，最好作 1∶5 稀释(终浓度 1∶10)。在国内作抗体水平普查时，被检血清可作 1∶25 稀释(终浓度 1∶50)。

4.1.2.2 将稀释的血清与含有 $200TCID_{50}$/0.1 mL 的病毒悬液等体积混合，置 37 ℃作用 1 h～2 h。

4.1.3 中和后的病毒接种

4.1.3.1 将带有盖玻片的 Leighton 管、培养瓶或微量细胞培养板，用无血清培养液洗涤 3 次后，用血清-病毒中和后的混合物接种在带有盖玻片的 Leighton 管、培养瓶或微量细胞培养板上，置于 37 ℃ 温箱作用 1 h，同时设置标准的阴、阳性血清中和对照，没有血清中和的病毒对照和正常细胞对照。

4.1.3.2 在 Leighton 管、培养瓶或微量细胞培养板中加入细胞维持液，并将细胞培养物继续置于 37 ℃温箱培养 2 d 以上。

4.1.4 荧光抗体染色

4.1.4.1 从 Leighton 管、培养瓶或微量细胞培养板中取出带有细胞的盖玻片，用 pH7.2 的磷酸缓冲盐水洗涤细胞单层 2 次，每次 5 min，后用无水丙酮固定 10 min，再将工作浓度的猪瘟荧光抗体结合物滴加在带有细胞的盖玻片上，放置湿盒中，于 37 ℃染色 30 min，并用 pH7.2 的磷酸缓冲盐水冲洗 3 次。

4.1.4.2 用 pH 值 9.0～9.3 的 90％碳酸盐-甘油缓冲液将盖玻片封固在无油渍的显微镜载玻片上，并在荧光显微镜下作荧光检查。

4.1.5 镜检

将染色、封固后的样品片置于激发光为蓝紫光或紫外光的荧光显微镜下观察。

4.1.6 判定标准

4.1.6.1 当在荧光显微镜下，正常细胞对照和标准阳性血清中和对照的细胞胞浆中无黄绿色荧光，标准的阴性血清中和对照和没有血清中和的病毒对照的细胞胞浆中有黄绿色荧光时，试验成立，可判定被检样品的结果。

4.1.6.2 荧光显微镜下，被检样品的细胞胞浆内未见黄绿色荧光时，判为猪瘟抗体阳性；被检样品的细胞胞浆内有明亮的黄绿色荧光时，判为猪瘟抗体阴性。

4.2 猪瘟单抗酶联免疫吸附试验

4.2.1 材料准备

猪瘟弱毒单抗纯化酶联抗原，猪瘟强毒单抗纯化酶联抗原，酶标结合物，标准阴、阳性血清，酶联板及其他必要的试验溶液。

4.2.2 操作方法

4.2.2.1 抗原包被

用包被液将猪瘟弱毒单抗纯化酶联抗原、猪瘟强毒单抗纯化酶联抗原分别作 100 倍稀释，以每孔 100 μL 分别加入做好标记的酶联板孔中，置于湿盒放 4 ℃过夜。

4.2.2.2 洗涤

甩掉酶联板孔内的液体，加入洗涤液，室温下浸泡 3 min，甩去洗涤液，再重新加入洗涤液，连续洗涤三次，最后一次甩掉洗涤液后，拍干酶联板。

4.2.2.3 加入被检血清

用稀释液将被检血清作 400 倍稀释，每孔加 100 μL。同时，将猪瘟标准阴、阳性血清以 100 倍稀释作对照，置湿盒于 37 ℃作用 1.5 h～2 h，甩掉酶联板中稀释的血清，用洗涤液冲洗三次，洗涤方法同 4.2.2.2。

4.2.2.4 加入酶标抗体结合物

用稀释液将酶标抗体结合物作 100 倍稀释，每孔加入 100 μL，置湿盒于 37 ℃孵育 1.5 h～2.0 h。甩掉酶标抗体结合物，用洗涤液冲洗三次，洗涤方法同 4.2.2.2。

4.2.2.5 加底物

每孔加入新配制的底物溶液(每块 96 孔酶联板所需底物溶液按邻苯二胺 10 mg 加底物缓冲液 10 mL 加 30％过氧化氢 37.50 μL 配制)100 μL，室温下观察显色反应，一旦阴性对照孔略显微黄色，立即终止反应。

4.2.2.6 终止反应

每孔加入终止液 50 μL 后，迅速用酶联读数仪以 490 nm 波长测定每孔的光吸收值(*OD*)，并以阴性血清孔作为空白对照调零孔。

4.2.3 **判定标准**

4.2.3.1 在猪瘟弱毒酶联板上：

——$OD \geqslant 0.2$，为猪瘟弱毒抗体阳性；

——$OD < 0.2$，为猪瘟弱毒抗体阴性。

4.2.3.2 在猪瘟强毒酶联板上：

——$OD \geqslant 0.5$，为猪瘟强毒抗体阳性；

——$OD < 0.5$，为猪瘟强毒抗体阴性。

4.2.4 **判定结论**

4.2.4.1 同一份被检血清，当在猪瘟弱毒酶联板上，结果为阳性，而在猪瘟强毒酶联板上，结果为阴性时，表明被检猪为猪瘟疫苗免疫猪。

4.2.4.2 同一份被检血清，当在猪瘟弱毒酶联板上，结果为阴性，但猪瘟强毒酶联板上为阳性时，表明被检猪是猪瘟强毒抗体阳性猪，该猪按 3.1～3.5 中任何一种试验做猪瘟抗原检查，以确定是否为带毒猪。

4.2.4.3 同一份被检血清，当在猪瘟弱毒和强毒酶联板上，结果均为阳性时，表明被检猪为猪瘟强、弱毒抗体阳性猪，该猪应按 3.1～3.5 中任何一种试验做猪瘟抗原检查，以确定是否为带毒猪。

4.2.4.4 同一份被检血清，当在猪瘟弱毒和强毒酶联板上，结果均为阴性时，表明被检猪为猪瘟抗体阴性猪，该猪应按 3.1～3.5 中任何一种试验做猪瘟抗原检查，以确定是否为带毒的免疫麻痹猪或是真正的猪瘟阴性猪。

5 最终结论判定

下列任何情况之一，均可判定为 CSF 感染猪：

a) 发病不分年龄、季节、个体临床表现明显，病理解剖病变典型，用 3.1～3.5 中任何一种试验确诊为 CSF 病毒或抗原阳性者；

b) 临床症状和发病情况不详，群体解剖检查病变典型，用 3.1～3.5 中任何一种试验确诊为 CSF 病毒或抗原阳性者；

c) 发病情况、临床症状、病理变化不详、不明显或不典型，但用 3.1～3.5 中任何一种试验确诊为 CSF 病毒或抗原阳性者。

ICS 81.080
Q 44

中华人民共和国国家标准

GB/T 16555—2008
代替 GB/T 16555.1～16555.6—1996,GB/T 13245～13246—1991

含碳、碳化硅、氮化物耐火材料化学分析方法

Chemical analysis of refractories containing carbon and silicon carbide or nitride

2008-06-26 发布 2009-04-01 实施

中华人民共和国国家质量监督检验检疫总局
中国国家标准化管理委员会 发布

前　言

本标准代替 GB/T 16555.1～16555.6—1996《碳化硅耐火材料化学分析方法》、GB/T 13245—1991《含碳耐火材料化学分析方法　燃烧重量法测定总碳量》、GB/T 13246—1991《含碳耐火材料化学分析方法　CyDTA 容量法测定氧化镁量》，与其相比变化如下：

——将各标准合并按章编写，并对标准的结构和格式进行了调整，同时变更了标准的名称；

——增加了术语和定义；

——新制定了红外吸收法测定总碳量；

——新制定了惰性气体保护熔融热导法测定总氮量；

——新制定了铁盐置换 EDTA 容量法测定游离铝量；

——新制定了 EDTA 容量法测定氧化铁；

——增加了气体容量法测定游离铝量；

——增加了间接法测定游离碳量；

——增加了灼烧减量的测定方法；

——增加了直接法测定碳化硅量；

——增加了氢氟酸挥散重量法测定碳化硅量；

——增加了热处理减量的测定方法；

——修改了游离碳的测量温度；

——扩展了分析方法的测定范围；

——修改了分析方法的允许误差。

本标准的附录 A 是规范性附录。

本标准由全国耐火材料标准化技术委员会(SAC/TC 193)提出并归口。

本标准起草单位：中钢集团洛阳耐火材料研究院、中冶集团武汉冶建技术研究有限公司。

本标准主要起草人：梁献雷、吴嘉旋、杨红、曹海洁、曾静、郭秋红、陈宁娜、李丽萍、林炳熹。

本标准所代替标准的历次版本发布情况为：

——GB/T 16555.1～16555.6—1996；

——GB/T 13245—1991；

——GB/T 13246—1991。

含碳、碳化硅、氮化物耐火材料化学分析方法

1 范围

本标准规定了含碳、碳化硅、氮化物耐火材料及原料化学分析方法。本标准分析的项目如下：

a) 挥发分(VOL)；

b) 灼烧减量(LOI)；

c) 总碳量(T.C)；

d) 游离碳量(F.C)；

e) 碳化硅量(SiC)；

f) 总氮量(T.N)；

g) 氮化硅量(Si_3N_4)；

h) 游离硅量(F.Si)；

i) 游离铝量(F.Al)；

j) 二氧化硅量(SiO_2)；

k) 氧化铝量(Al_2O_3)；

l) 氧化铁量(所有价态铁以 Fe_2O_3 计)；

m) 二氧化钛量(TiO_2)；

n) 氧化钙量(CaO)；

o) 氧化镁量(MgO)；

p) 氧化钾量(K_2O)；

q) 氧化钠量(Na_2O)；

r) 五氧化二磷量(P_2O_5)；

s) 氧化锆(铪)量(ZrO_2+HfO_2)；

t) 氧化锰量(所有价态锰以 MnO 计)；

u) 三氧化二铬量(Cr_2O_3)。

本标准分析项目的测定范围见表 1。

表 1　测定范围

分析项目	范围/%	分析项目	范围/%
LOI/VOL	≤99	F.Si	0.1～20
T.C	0.01～99	F.Al	0.1～20
F.C	0.1～99	SiO_2	≥0.1
SiC	1～99	Al_2O_3	≥0.1
T.N	≤40	Fe_2O_3	≤30
Si_3N_4	0.1～99	TiO_2	≤5
CaO	0.1～60	MgO	≤95
K_2O	0.1～5	Cr_2O_3	≤40
Na_2O	0.1～5	ZrO_2+HfO_2	≤80
P_2O_5	0.1～5	MnO	≤0.5

2 规范性引用文件

下列文件中的条款通过本标准的引用而成为本标准的条款。凡是注日期的引用文件,其随后所有的修改单(不包括勘误的内容)或修订版均不适用于本标准,然而,鼓励根据本标准达成协议的各方研究是否可使用这些文件的最新版本。凡是不注日期的引用文件,其最新版本适用于本标准。

GB/T 223.69 钢铁及合金化学分析方法 碳含量的测定 管式炉燃烧气体容量法

GB/T 4984 含锆耐火材料化学分析方法

GB/T 5069 镁铝系耐火材料化学分析方法

GB/T 5070 含铬耐火材料化学分析方法

GB/T 6900 铝硅系耐火材料化学分析方法

GB/T 6901 硅质耐火材料化学分析方法

GB/T 7728—1987 冶金产品化学分析 火焰原子吸收光谱法通则

GB/T 8170 数值修约规则

GB/T 10325 定形耐火制品抽样验收规则

GB/T 12805—1991 实验室玻璃仪器 滴定管(neq ISO 385:1984)

GB/T 12806—1991 实验室玻璃仪器 单标线容量瓶(eqv ISO 1042:1983)

GB/T 12808—1991 实验室玻璃仪器 单标线吸量管(eqv ISO 648:1977)

GB/T 17617—1998 耐火原料和不定形耐火材料 取样(neq ISO 8656-1:1988)

3 术语和定义

本标准采用以下术语和定义。

3.1

不定形耐火材料 unshaped refractory

由一定颗粒级配的耐火集料(骨料和粉料),结合剂和外加剂组成的湿状、半湿状或干状,可直接用于构筑或修补工业窑炉衬体的耐火材料。

3.2

挥发分 volatile components

挥发分是指试样在900 ℃还原气氛条件下加热产生的质量损失,损失的成分包括试样中结构水、树脂或沥青等有机聚合物中小分子有机物。

3.3

含碳、碳化硅、氮化物耐火材料 refractories containing carbon and/or silicon carbid or nitride

含碳、碳化硅、氮化物耐火材料是指材料组分中含有碳或碳化硅或氮化物或它们的复合物的定形或不定形耐火材料,氮化物包括氮化硅、氧氮化硅、氮化铝、赛隆、阿隆、镁阿隆等。

3.4

游离碳 free carbon

游离碳是指耐火材料组分中石墨碳、无定形碳及有机碳(如:树脂、沥青等碳化物)。

3.5

游离金属 free metallic components

游离金属是指作为添加剂加到材料中的金属(如:硅、铝等)或原料中残存的金属(如:碳化硅中单质硅)。

3.6

热处理减量 loss on heat treatment

热处理减量是指含有树脂或沥青等添加剂的不定形湿状材料于200 ℃或400 ℃处理18 h后的质量损失，损失组分包括游离水、溶剂、树脂固化反应产生的小分子化合物及沥青等有机聚合物中小分子组分。

4 仪器和设备

4.1 天平(感量0.1 mg和0.5 g)。

4.2 双盖瓷坩埚。

4.3 铂皿或瓷皿(75 mL)。

4.4 铂坩埚或瓷坩埚(30 mL)。

4.5 自动控温干燥箱：最高使用温度≥300 ℃，且能自动控温。

4.6 管式高温炉：最高使用温度≥1 300 ℃，且能自动控温的管式电炉。

4.7 箱式高温炉：最高使用温度≥1 100 ℃，且能自动控温的箱式电炉。

4.8 吸量管：GB/T 12808—1991 A类。

4.9 滴定管：GB/T 12805—1991 A类。

4.10 容量瓶：GB/T 12806—1991 A类。

4.11 分光光度计。

4.12 火焰光度计，在最佳条件下应达到下列指标：

——稳定性：同一测试溶液在15s内连续进样，仪器读数漂移应不大于2。

——重现性：同一测试溶液重复测定7次，测量值的相对偏差<1.5%。

4.13 氮(氧)分析仪：仪器可自动进行分析操作，并可用已知氮含量的标样进行校准。

4.14 高频红外吸收碳硫分析仪：仪器可自动完成分析操作，并可用已知碳含量的标样进行校准。

4.15 原子吸收光谱仪：备有空气-乙炔燃烧器，钙、镁、钾、钠、锰空心阴极灯。空气和乙炔气体要足够纯净，以提供稳定清澈的贫燃火焰。

其“精密度的最低要求”、“特征浓度”、“检出限”和“标准曲线的线性(弯曲程度)”应符合GB/T 7728—1987的规定。

5 试样制备

5.1 采样

按GB/T 10325和GB/T 17617—1998采集实验室样品。

5.2 制备

5.2.1 将实验室样品全部破碎至6.7 mm以下，按四分法缩分至约100 g。

5.2.2 当合同另有取样约定或由于产品形式的限制，无法取得≥100 g的实验室样品时，可以例外。

5.2.3 将缩分后的样品粉碎至0.5 mm以下，继续缩分，根据分析项目选择用碳化钨研钵或其他合适的研钵加工成粒度小于0.090 mm的试样，含碳化硅样品根据分析项目选择用钢研钵或碳化钨研钵加工成粒度小于0.150 mm的试样。

5.2.4 对含有树脂或沥青等添加剂的湿状不定形材料先按第8章进行处理后再按5.2.1～5.2.3进行试样制备。

5.2.5 试样分析前应在105 ℃～110 ℃烘2 h,置于干燥器中冷至室温。

6 通则

6.1 一般规定

6.1.1 分析时,仅使用认可的分析纯试剂和蒸馏水或纯度相当的水。

6.1.2 分析中将"恒量"规定为两次称量之差不大于0.2 mg。

6.2 测定次数

在重复性条件下测定2次。

6.3 空白试验

在重复性条件下做空白试验。

6.4 结果表述

所得结果应按GB/T 8170修约,保留2位小数;当含量<0.10%时结果保留2位有效数字;如果委托方供货合同或有关标准另有要求时,可按要求的位数修约。

6.5 分析结果的采用

当试样的2个有效分析值之差不大于表2所规定的允许差时,以其算术平均值作为最终分析结果;否则,应按附录A的规定进行追加分析和数据处理。

6.6 质量保证和控制

6.6.1 工作曲线应定期(不超过3个月)用标准物质校准一次。如果仪器维修或更换部件(如灯泡等),应重新绘制工作曲线,并用同类型标准物质校准。当标准物质的分析值与标准值之差大于表2所规定允许差的0.7倍时,应重新绘制工作曲线。

6.6.2 一般情况下,标准滴定溶液的浓度应每2个月重新标定一次;如果2个月内温度变化超过10 ℃时,应及时标定一次。重新标定后,应用标准物质进行验证,当标准物质的分析值与标准值之差不大于表2所规定允许差的0.7倍时,则标定结果有效,否则无效。

6.6.3 仲裁试验时,应随同试样分析同类型标准物质。当标准物质的分析值与标准值之差不大于表2所规定允许差的0.7倍时,则试样分析值有效,否则无效。

7 试验报告

试验报告应至少包括以下内容:

——委托单位;

——试样名称;

——分析结果;

——使用标准(GB/T 16555—2008之某章或某条);

——与规定的分析步骤的差异(如有必要);

——在试验中观察到的异常现象(如有必要);

——试验日期。

表 2　分析值允许差

含量范围/%	各分析项目允许差/%																			
	LOI/VOL	T. C	F. C	SiC	T. N	Si_3N_4	F. Si	F. Al	ZrO_2	P_2O_5	SiO_2	Al_2O_3	Fe_2O_3	TiO_2	CaO	MgO	K_2O	Na_2O	MnO	Cr_2O_3
≤0.1	0.05	0.05	0.05	—	0.01	—	—	—	0.02	0.02	0.05	0.05	0.03	0.01	0.02	0.02	0.02	0.02	0.02	—
>0.1～≤0.5					0.02	0.05	0.04	0.04	0.04	0.04			0.10	0.02	0.05	0.05	0.04	0.04		—
>0.5～≤1	0.10	0.10	0.10	—	0.10	0.10	0.10	0.10	0.10	0.05	0.10	0.10		0.10	0.10	0.10	0.10	0.10	—	—
>1～≤2	0.20			0.40		0.15	0.20	0.20				0.20	0.20	0.20	0.20	0.20	0.20	0.20	—	0.15
>2～≤5		0.20	0.20		0.20	0.20	0.30	0.30	0.20		0.20	0.30			0.30	0.30	0.30	0.30	—	
>5～≤15	0.30	0.30	0.30	0.60	0.30	0.40				—			0.30	—			—	—	—	0.20
>15～≤30		0.50	0.50	0.80			0.40	0.40	0.30	—	0.30	0.40	0.40	—	0.40	0.40	—	—	—	0.30
>30～≤60	0.40	0.70	0.70		0.40		—	—	0.50	—	0.50	0.60	—	—	0.60	0.60	—	—	—	0.40
>60	0.50			0.90	—	0.60	—	—	0.60	—		0.70	—	—	—	0.70	—	—	—	—

注：对于微量成分，当分析值的平均值小于允许差的 2 倍时，其允许差为该分析值的 1/2。

8 热处理减量的测定

8.1 原理

试样在规定温度、规定时间下加热处理，以质量损失量计算热处理减量，树脂结合材料于 200 ℃处理 18 h；沥青结合材料于 400 ℃处理 18 h。

8.2 试料量

称取约 500 g～1 000 g 原始样品，精确至 0.5 g。

8.3 测定

将试料置于已于 110 ℃处理 1 h 并冷至室温的不锈钢盘中，盖上盖，并稍留缝隙，放入干燥箱或箱式电炉中，温度升至 200 ℃或 400 ℃，保温 18 h 取出稍冷，即放入干燥器中，冷至室温，称量。

8.4 分析结果的计算

热处理减量用质量分数 $w(\mathrm{LOD})$ 计，数值以%表示，按式(1)计算：

$$w(\mathrm{LOD}) = \frac{m_1 - m_2}{m_1 - m_0} \times 100 \quad \cdots\cdots(1)$$

式中：

m_1——热处理前试料和不锈钢盘的质量的数值，单位为克(g)；

m_2——热处理后试料和不锈钢盘的质量的数值，单位为克(g)；

m_0——空不锈钢盘质量的数值，单位为克(g)。

分析结果按 GB/T 8170 修约至 1 位小数。

注：当试样分析结果要求以原始样品为基时，将测量结果按公式 $w(\mathrm{M}) = w(\mathrm{M})_{200\,℃/400\,℃} \times [1 - w(\mathrm{LOD})]$ 进行校正计算。

9 灼烧减量、挥发分的测定

灼烧减量、挥发分的测定可根据测量条件按以下方法进行：

a) 箱式高温炉双盖坩埚法测定 900 ℃挥发分(9.1)；

b) 箱式高温炉氧化法测定 850 ℃灼烧减量(9.2)。

9.1 箱式高温炉双盖坩埚法测定 900 ℃挥发分

本方法适用于含沥青或树脂等添加剂的不定形耐火材料。

9.1.1 原理

试样于双盖坩埚中，经 900 ℃高温灼烧，使其中的小分子量挥发性物质分解逸出，以质量损失量计算挥发分量。

9.1.2 试料量

称取约 2.0 g 试样，精确至 0.1 mg。

9.1.3 测定

将试料平铺于已恒量的双盖瓷坩埚底部，将瓷坩埚盖上双盖，置于预先加热至 920 ℃的箱式电炉内，同进启动秒表记时，迅速关好炉门，加热 7 min。加热 7 min 后立即从炉中取出，在空气中冷却大约 5 min，移入干燥器中冷至室温，称量。

注：要保证坩埚放入炉内后炉温在 3 min 以内恢复到 900 ℃±20 ℃，否则此次试验作废。

9.1.4 分析结果的计算

挥发分用质量分数 $w(\mathrm{VOL})_{900\,℃}$ 计，数值以%表示，按式(2)计算：

$$w(\mathrm{VOL})_{900\,℃} = \frac{m_1 - m_2}{m_1 - m_0} \times 100 \quad \cdots\cdots(2)$$

式中：

m_1——灼烧前试料和坩埚的质量的数值，单位为克(g)；

m_2——灼烧后残渣和坩埚的质量的数值，单位为克(g)；

m_0——空坩埚质量的数值，单位为克(g)。

注：残渣均化后用于测定残渣中总碳(T.C)、游离碳(F.C)、碳化硅(SiC)、总氮(T.N)时，试样中总碳(T.C)、游离碳(F.C)、碳化硅(SiC)、总氮(T.N)分析结果按公式 $w(\mathrm{M}) = w(\mathrm{M})_{900\ ℃} \times [1 - w(\mathrm{VOL})_{900\ ℃}]$进行校正计算。

9.2 箱式高温炉氧化法测定850 ℃灼烧减量

9.2.1 原理

试样于850 ℃氧化性气氛下高温灼烧，以质量损失量计算灼烧减量。

9.2.2 试料量

称取约3.0 g试样，精确至0.1 mg。

9.2.3 测定

将试料平铺于已恒量的铂皿或瓷皿底部，并将其摊平摊薄，置于箱式高温炉内逐渐升温至850 ℃±20 ℃灼烧，保温3 h，取出稍冷，移入干燥器中冷至室温，称量。

9.2.4 分析结果的计算

灼烧减量用质量分数 $w(\mathrm{LOI})_{850\ ℃}$ 计，数值以%表示，按式(3)计算：

$$w(\mathrm{LOI})_{850\ ℃} = \frac{m_1 - m_2}{m_1 - m_0} \times 100 \quad \cdots\cdots(3)$$

式中：

m_1——灼烧前试料和坩埚的质量的数值，单位为克(g)；

m_2——灼烧后试料和坩埚的质量的数值，单位为克(g)；

m_0——空坩埚质量的数值，单位为克(g)。

10 总碳量的测定

总碳量的测定可按以下3种方法之一进行：

a) 燃烧气体容量法[0.1%≤w(T.C)≤40%](10.1)；

b) 燃烧吸收重量法[w(T.C)≥0.1%](10.2)；

c) 高频炉燃烧红外线吸收法[0.01%≤w(T.C)≤60%](10.3)。

10.1 燃烧气体容量法[0.1%≤w(T.C)≤40%]

10.1.1 原理

试样在1 250 ℃±20 ℃高温管式炉中于氧气流和助熔剂存在下燃烧，各种化学形态的碳均被氧化成二氧化碳，生成的二氧化碳随氧气进入量气管，定容后将气体压入装有氢氧化钾的吸收器内，二氧化碳被氢氧化钾吸收，剩余的氧气再返回量气管内，根据吸收前后体积之差借以求得总碳含量。

10.1.2 试剂和材料

10.1.2.1 氧气(纯度≥99.5%)。

10.1.2.2 硫酸(ρ1.84 g/mL)。

10.1.2.3 无水氯化钙。

10.1.2.4 无水高氯酸镁(粒度0.9 mm～2.0 mm)。

10.1.2.5 活性二氧化锰(粒度0.9 mm～2.0 mm)。

10.1.2.6 真空油脂(2[#])。

10.1.2.7 氧化铜(线形或粒状)。

10.1.2.8 玻璃棉。

10.1.2.9　碱石棉：粒度 0.9 mm～2.0 mm。

10.1.2.10　高锰酸钾-氢氧化钾溶液：称取 30 g 氢氧化钾溶于 70 mL 高锰酸钾饱和溶液中。

10.1.2.11　酸性水：1 000 mL 硫酸(1+1 000)中加数滴 1 g/L 甲基橙溶液，使溶液呈淡红色，混匀。

10.1.2.12　氢氧化钾溶液(400 g/L)。

10.1.2.13　瓷舟：长 88 mm～97 mm。使用前应在 1 000 ℃高温炉中灼烧 1 h。冷却后贮于盛有碱石棉或石灰及无水氯化钙的未涂油脂的干燥器中备用。

10.1.2.14　瓷管：ϕ(20～25)mm×600 mm。使用前分段灼烧除碳并检查是否漏气。

10.1.2.15　长钩：用低碳镍铬丝或耐热合金丝制成。

10.1.3　测量装置

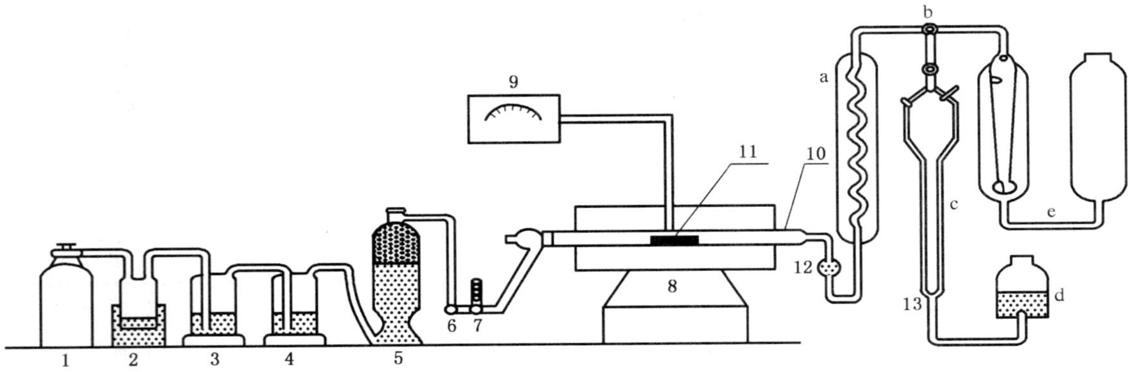

1——氧气瓶带氧气减压阀和氧气表；

2——氧气缓冲筒；

3、4——洗气瓶；

5——干燥塔；

6——供氧活塞；

7——转子流量计；

8——高温管试炉；

9——高温计；

10——瓷管；

11——瓷舟；

12——除硫管；

13——容量定碳仪(包括：冷凝管 a、三通活塞 b、量气管 c、水准瓶 d、吸收器 e)。

图 1　燃烧气体容量法测量装置

10.1.3.1　洗气瓶 3：内装硫酸(10.1.2.2)至瓶高 1/3 处；洗气瓶 4：内装高锰酸钾-氢氧化钾溶液(10.1.2.10)至瓶高 1/3 处。

10.1.3.2　干燥塔 5：上层装无水氯化钙，下层装碱石棉，顶端、中间及底部均铺放玻璃棉。

10.1.3.3　除硫管：长约 100 mm，直径 10 mm～15 mm 的玻璃管，内装颗粒活性二氧化锰(或粒状钒酸银)，两端塞有脱脂棉。

10.1.3.4　气体体积测量仪：部件及装置见图 1。气体体积测量仪应装置在距离管式炉 300 mm 以外的地方，并避免阳光直接照射，连接瓷管用硅橡胶塞。

10.1.3.5　量气管 c：量气管读数部分有两种：30 mL 的刻度精确至 0.05 mL，90 mL 的刻度精确至 0.2 mL。当碳量小于 5%时，用 30 mL 量气管的气体体积测量仪；碳量大于 5%时，用 90 mL 量气管的气体体积测量仪。量气管插有温度计，测量气体温度。量气管必须保持清洁，不得附着水滴。

10.1.3.6 水准瓶 d：内装酸性水(10.1.2.11)。

10.1.3.7 吸收器 e：内盛氢氧化钾溶液(400 g/L)。

10.1.3.8 水银气压计。

10.1.4 试料量

称取 0.1 g～1.0 g 试样，精确至 0.1 mg。

注：含沥青或树脂等添加剂的不定形材料，称取 900 ℃挥发分测定(9.1)后的均化残渣。

10.1.5 测定

10.1.5.1 装置的检查和准备：将炉温升至 1 250 ℃±20 ℃，检查管路及活塞是否漏气，调节并保持仪器装置在正常的工作状态。用同类标准物质检查仪器装置，达到要求后方能进行试样分析。

10.1.5.2 将试料平铺于瓷舟(10.1.2.13)内，以 2.5 g 氧化铜(10.1.2.7)均匀覆盖。炉温升至 1 250 ℃±20 ℃。打开瓷管进气端橡皮塞，将瓷舟用长钩推至瓷管高温区，立即塞紧橡皮塞，预热 5 min 后，调节氧气流速 250 mL/min 左右，按气体体积测量仪操作规程操作，记录读数 V(mL)。

10.1.5.3 打开瓷管进气端橡皮塞，用长钩将瓷舟拉出。检查试料是否燃烧完全，如燃烧不完全须重新分析。测定后应空通一次，才能接着做下一个试料。

10.1.5.4 测定完试料后用同类标准物质按 10.1.5.2 规定进行测量，以检查仪器装置，当标准物质的分析值与标准值之差不大于表 2 所规定允许差的 0.7 倍时，则试样测定结果有效。

10.1.6 分析结果的计算

试料总碳量的质量分数以 w(T.C)计，数值以%表示，按式(4)计算：

$$w(\mathrm{T.C.}) = \frac{0.000\,500\,0 \times V \times f}{m} \times 100 \quad \cdots\cdots(4)$$

式中：

V——吸收前后气体的体积差，即二氧化碳体积(扣除空白值)的数值，单位为毫升(mL)；

f——测定时，温度、气压补正系数，见 GB/T 223.69—1997 附录 A；

m——试料质量的数值，单位为克(g)；

0.000 500 0——温度 16 ℃、气压 101.3 kPa，用酸性水作封闭液时的换算系数，单位为克每毫升(g/mL)。

10.2 燃烧吸收重量法[w(T.C)≥0.1%]

10.2.1 原理

试样加助熔剂后在 1 250 ℃氧气流中加热，各种化学形态的碳全部氧化成二氧化碳，用装有碱石棉的吸收管吸收后称量，由吸收管的增量计算试料总碳量。

10.2.2 试剂和材料

10.2.2.1 碱石棉：二氧化碳吸收率≥20%(质量分数)，含水量≤10%(质量分数)，粒度 0.9 mm～2.0 mm。

10.2.2.2 无水高氯酸镁(粒度 0.9 mm～2.0 mm)。

10.2.2.3 活性二氧化锰(粒度 0.9 mm～2.0 mm)。

10.2.2.4 氧气(纯度≥99.5%)。

10.2.2.5 真空油脂(2[#])。

10.2.2.6 氧化铜(线形或粒状)。

10.2.2.7 玻璃棉。

10.2.2.8 瓷舟：长 88 mm～97 mm。于 1 100 ℃灼烧 1 h，冷却后置于涂有硅脂的干燥器中备用。

10.2.2.9 瓷管：ϕ(20～25)mm×600 mm。使用前分段灼烧除碳并检查是否漏气。

10.2.2.10 长钩：用低碳耐热合金丝制成，长约 300 mm。

10.2.3 测量装置

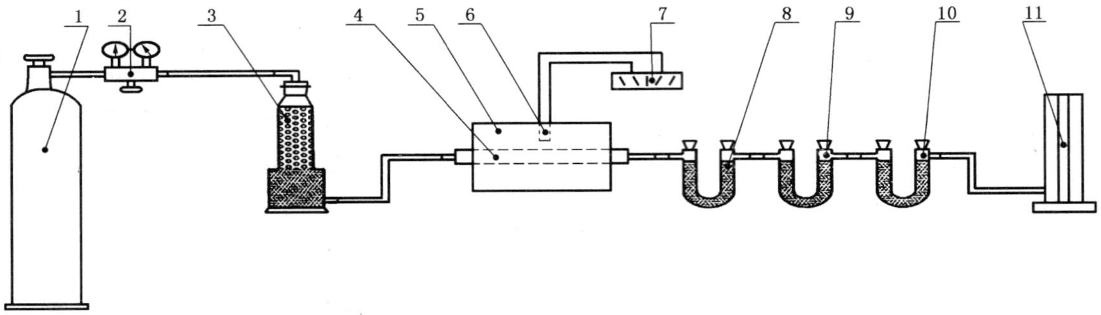

1——氧气钢瓶；

2——氧气减压阀和氧气表；

3——干燥塔；

4——瓷管；

5——管式炉；

6——热电偶；

7——温度控制器；

8——除硫除水管；

9、10——吸收管；

11——流量计。

图 2 燃烧吸收重量法测量装置

10.2.3.1 干燥塔：250 mL～500 mL，上部装碱石棉，下部装无水高氯酸镁，中间和出气管处用玻璃棉封堵，磨口部分涂以真空油脂。

10.2.3.2 除硫除水管：150 mm×15 mm 带塞和支管 U 型管，管进气端的 1/3 装活性二氧化锰，其余 2/3 装无水高氯酸镁，二者之间及出气支管处用玻璃棉封堵，磨口部分涂以真空油脂。

10.2.3.3 吸收管：100 mm×13 mm 带塞和支管 U 型管，管进气端的 4/5 装碱石棉，其余 1/5 装无水高氯酸镁，两端支管处以玻璃棉封堵，磨口部分涂以真空油脂。

10.2.3.4 流量计：0 mL/min～100 mL/min。

10.2.4 试料

称取 0.10 g～1.0 g 试样，精确至 0.1 mg。

注：含沥青或树脂等添加剂的不定形材料，称取 900 ℃挥发分测定(9.1)后的均化残渣。

10.2.5 测定

10.2.5.1 装置的检查：测量装置不允许漏气，检查合格后方可进行测定。

10.2.5.2 吸收管的恒量：将炉温设定为 1 250 ℃±20 ℃，通电升温。开通除硫除水管、吸收管和氧气，调节减压阀使氧气流量为 80 mL/min。恒温后吸收 20 min。关闭并取下吸收管，用绸布擦净，置于干燥器中冷至室温后称量。如此反复吸收(每次 10 min)和称量，直至恒量。

10.2.5.3 接入吸收管并开通活塞，将试料均匀铺在瓷舟内，覆盖 2.5 g 氧化铜(10.2.2.6)后，打开瓷管进气端橡皮塞，将瓷舟用长钩推入瓷管高温区并立即塞紧塞子。20 min 后关闭氧气并取下吸收管，用绸布擦净，置于干燥器中冷至室温后称量，如此反复吸收(每次 10 min)和称量，直至恒量。

10.2.5.4 测定完试料后用同类标准物质按 10.2.5.3 规定进行测量，以检查仪器装置，当标准物质的分析值与标准值之差不大于表 2 所规定允许差的 0.7 倍时，则试样测定结果有效。

10.2.6 分析结果的计算

总碳量的质量分数以 $w(\mathrm{T.C})$ 计，数值以%表示，按式(5)计算：

$$w(\mathrm{T.C}) = \frac{(m_2 - m_1 - m_0) \times 0.2729}{m} \times 100 \qquad (5)$$

式中：

m_2——吸收管与二氧化碳质量的数值，单位为克(g)；

m_1——吸收管质量的数值，单位为克(g)；

m_0——测定总碳量的空白值，单位为克(g)；

m——试料质量的数值，单位为克(g)；

0.272 9——二氧化碳换算成碳的系数。

10.3 高频炉燃烧红外线吸收法[0.01%≤w(T.C)≤60%]

10.3.1 原理

试样中各种化学形态的碳在氧气流中燃烧转化成二氧化碳，生成的二氧化碳由氧气载至红外线吸收检测器的测量室，二氧化碳吸收特定波长的红外能量，其吸收能与碳的浓度成正比，根据检测器接受能量变化来测量试样总碳量。

10.3.2 试剂和材料

10.3.2.1 坩埚：一次性陶瓷坩埚(氧化铝质)或类似的耐火材料坩埚。坩埚使用前应该进行预烧，预烧坩埚在马弗炉或管式炉中进行，在 1 350 ℃保温不少于 15 min 或在 1 000 ℃保温不少于 40 min。从炉子中取出坩埚，冷却 1 min～2 min 后放入干燥器中保存。如果预烧后的坩埚在 4 h 内未使用，必须重新焙烧。预烧的目的是为了烧掉所有的有机污染物，以达到恒定的空白值。

10.3.2.2 坩埚钳：根据坩埚的尺寸、形状和使用温度而定，便于操作即可。

10.3.2.3 助熔剂：可选用无碳(或已知碳含量)的粒状钨/锡和纯铁作助熔剂。

10.3.2.4 载气：氧气为纯度大于 99.95%的高纯氧，或经过过热 CuO 和 CO_2/H_2O 吸收剂纯化的标准氧(99.5%)。当分析仪装有纯化器时，可选用标准级的氧。

10.3.2.5 动力气：氮气纯度为 99.9%。

10.3.3 试料量

称取约 0.1 g～0.5 g 试样，精确至 0.1 mg。

注：含沥青或树脂等添加剂的不定形材料，称取 900 ℃挥发分测定(9.1)后的均化残渣。

10.3.4 测定

10.3.4.1 仪器的准备

按仪器操作规程开启仪器。待仪器工作参数稳定后，设置合适的仪器操作条件，通过试烧几个空白试样(即盛有规定量助熔剂的坩埚)来检查仪器条件是否稳定。

10.3.4.2 空白的校正

输入与试料量相当的质量作为质量基准，加 1.0 g 钨、0.3 g 锡和 1.0 g 纯铁助熔剂，将坩埚放入炉内支架上并分析。重复操作至少 3 次。

按照仪器操作指南进行空白校正。

10.3.4.3 仪器校准

称取 0.1 g～0.5 g 标准样品(精确到 0.1 mg)置于已预先放有 1.0 g 纯铁和 0.3 g 锡助熔剂的坩埚中，并将称样量输入仪器，加 1.0 g 钨助熔剂，将坩埚放在仪器的支架上进行分析，每个标准样品重复至少 3 次。校准仪器按仪器操作指南中给定的程序自动进行。

注：不同的仪器加入助熔剂的种类和量有所不同。

10.3.4.4 试样分析

将试料置于已预先放有 1.0 g 纯铁和 0.3 g 锡助熔剂的坩埚中，并将试料量输入仪器，加 1.0 g 钨助熔剂，将坩埚放在仪器的支架上进行分析。

仪器分析结束后自动计算出分析结果。

11 游离碳量的测定

游离碳量的测定可以采用以下 3 种方法之一进行：

a) 燃烧气体容量法[0.1%≤w(F.C)≤40%](11.1)；

b) 燃烧吸收重量法[w(F.C)≥0.1%](11.2)；

c) 间接法[w(F.C)≥1%](11.3)。

11.1 燃烧气体容量法[0.1≤w(F.C)≤40%]

11.1.1 原理

试样在900 ℃氧气流中加热，游离碳氧化成二氧化碳，生成的二氧化碳随氧气进入量气管，定容后将气体压入装有氢氧化钾的吸收器内，二氧化碳被氢氧化钾吸收，剩余的氧气再返回量气管内，根据吸收前后体积之差以求得游离碳量。

11.1.2 试剂和材料

见10.1.2。

11.1.3 测量装置

见10.1.3。

11.1.4 试料量

称取0.1 g～1.0 g试样，精确至0.1 mg。

注：含沥青或树脂等添加剂的不定形材料，称取900 ℃挥发分测定(9.1)后的均化残渣。

11.1.5 测定

11.1.5.1 装置的检查和准备：将炉温升至900 ℃±20 ℃，检查管路及活塞是否漏气，调节并保持仪器装置在正常的工作状态。用同类标准样品检查仪器装置，达到要求后方能进行试样分析。

11.1.5.2 将试料平铺于瓷舟内，炉温升至900 ℃±20 ℃。打开瓷管进气端橡皮塞，将瓷舟用长钩推至瓷管高温区，立即塞紧橡皮塞，预热5 min后，调节氧气流速250 mL/min左右，按定碳仪操作规程操作，记录读数V。

注：不含石墨的试样测定温度为750 ℃。

11.1.5.3 打开瓷管进气端橡皮塞，用长钩将瓷舟拉出。检查试料是否燃烧完全，如燃烧不完全须重新分析。测定后应空通一次，才能接着做下一个试料。

11.1.5.4 测定完试料后用同类标准物质按11.1.5.2规定进行测量，以检查仪器装置，当标准物质的分析值与标准值之差不大于表2所规定允许差的0.7倍时，则试样测定结果有效。

11.1.6 分析结果的计算

试料游离碳量的质量分数以w(F.C)计，数值以%表示，按式(6)计算：

$$w(\mathrm{F.C})=\frac{0.000\,500\,0\times V\times f}{m}\times 100 \qquad\cdots\cdots(6)$$

式中：

V——吸收前后气体的体积差，即二氧化碳体积(扣除空白值)的数值，单位为毫升(mL)；

f——测定时，温度、气压补正系数，见GB/T 223.69的附录A；

m——试料质量的数值，单位为克(g)；

0.000 500 0——温度16 ℃、气压101.3 kPa，用酸性水作封闭液时的换算系数，单位为克每毫升(g/mL)。

11.2 燃烧吸收重量法[w(F.C)≥0.1%]

11.2.1 原理

试样在900 ℃氧气流中加热，游离碳氧化成二氧化碳，用装有碱石棉的吸收管吸收后称量，由吸收管的增量计算试料游离碳量。

11.2.2 试剂和材料

见10.2.2。

11.2.3 测量装置

见10.2.3。

11.2.4 试料

称取 0.1 g～1.5 g 试样，精确至 0.1 mg。

注：含沥青或树脂等添加剂的不定形材料，称取 900 ℃挥发分测定(9.1)后的均化残渣。

11.2.5 测定

11.2.5.1 测量装置的检查：测量装置不允许漏气，检查合格后方可进行测定。

11.2.5.2 吸收管的恒量：将炉温设定为 900 ℃±20 ℃，通电升温。开通除硫除水管、吸收管和氧气，调节减压阀使氧气流量为 80 mL/min。恒温后吸收 20 min。关闭并取下吸收管，用绸布擦净，置于干燥器中冷至室温后称量。如此反复吸收(每次 10 min)和称量，直至恒量。

注：不含石墨的试样测量温度为 750 ℃。

11.2.5.3 接入吸收管并开通活塞，将试料均匀铺在瓷舟内，打开炉管进气端橡皮塞，将瓷舟用长钩推入高温区并立即塞紧塞子。30 min 后关闭并取下吸收管，用绸布擦净，置于干燥器中冷至室温后称量。如此反复吸收(每次 10 min)和称量，直至恒量。

11.2.5.4 测定完试料后用同类标准物质按 11.2.5.3 规定测量，以检查仪器装置，当标准物质的分析值与标准值之差不大于表 2 所规定允许差的 0.7 倍时，则试样测定结果有效。

11.2.6 分析结果的计算

游离碳量的质量分数以 $w(\mathrm{F.C})$ 计，数值以%表示，按式(7)计算：

$$w(\mathrm{F.C}) = \frac{(m_2 - m_1 - m_0) \times 0.2729}{m} \times 100 \qquad \cdots\cdots(7)$$

式中：

m_2——吸收管与二氧化碳质量的数值，单位为克(g)；

m_1——吸收管质量的数值，单位为克(g)；

m_0——游离碳量的空白值，单位为克(g)；

m——试料质量的数值，单位为克(g)；

0.272 9——二氧化碳换算成游离碳的系数。

11.3 间接法[$w(\mathrm{F.C})\geqslant 1\%$]

11.3.1 原理

通过测定试样总碳量及 850 ℃氧化灼烧后残渣的总碳量，二者之差即为试样中游离碳量。

11.3.2 测定

按 9.2 测定 850 ℃氧化灼烧减量，按第 10 章分别测定试样总碳量及 9.2 中残渣的总碳量。

11.3.3 分析结果的计算

游离碳量的质量分数以 $w(\mathrm{F.C})$ 计，数值以%表示，分析结果按式(8)计算：

$$w(\mathrm{F.C}) = w(\mathrm{T.C}) - w(\mathrm{T.C}^*) \times [1 - w(\mathrm{LOI})_{850\,℃}] \qquad \cdots\cdots(8)$$

式中：

$w(\mathrm{T.C})$——试样的总碳质量分数，%；

$w(\mathrm{T.C}^*)$——9.2 中残渣的总碳质量分数，%；

$w(\mathrm{LOI})_{850\,℃}$——试样的 850 ℃灼烧减量质量分数，%。

12 碳化硅量的测定

碳化硅量的测定可采用以下 4 种方法之一进行：

a) 间接法[$w(\mathrm{SiC})\geqslant 1\%$](12.1)；

b) 直接法[$w(\mathrm{SiC})\geqslant 1\%$](12.2)；

c) 高压溶样重量法[$w(\mathrm{SiC})\geqslant 50\%$](12.3)；

d) 氢氟酸挥散重量法[$w(\mathrm{SiC})\geqslant 90\%$](12.4)。

12.1 间接法[$w(SiC) \geqslant 1\%$]

12.1.1 原理

通过计算总碳量与游离碳量之差求得化学结合碳量，再乘以系数 3.338 4 而求得碳化硅量。

12.1.2 测定

按第 10 章和第 11 章分别测定试样的总碳量和游离碳量。

12.1.3 分析结果的计算

碳化硅的质量分数以 $w(SiC)$ 计，数值以%表示，按式(9)计算：

$$w(SiC) = [w(T.C) - w(F.C)] \times 3.338\,4 \quad \cdots\cdots(9)$$

式中：

$w(T.C)$——试样的总碳质量分数，%；

$w(F.C)$——试样的游离碳质量分数，%；

3.338 4——化学结合碳量换算成碳化硅量的系数。

12.2 直接法[$w(SiC) \geqslant 1\%$]

12.2.1 原理

试样于 850 ℃烧去游离碳，然后测定 850 ℃灼烧后残渣的总碳量(即试样中结合碳)以求得试样中碳化硅量。

12.2.2 测定

按 9.2 测定 850 ℃灼烧减量，按第 10 章测定 9.2 中残渣的总碳量。

12.2.3 分析结果的计算

碳化硅量的质量分数以 $w(SiC)$ 计，数值以%表示，按式(10)计算：

$$w(SiC) = w(T.C^{*}) \times 3.338\,4 \times [1 - w(LOI)_{850\,℃}] \quad \cdots\cdots(10)$$

式中：

$w(T.C^{*})$——9.2 中残渣的总碳质量分数，%；

$w(LOI)_{850\,℃}$——试样 850 ℃灼烧减量质量分数，%；

3.338 4——化学结合碳量换算成碳化硅量的系数。

12.3 高压溶样重量法[$w(SiC) \geqslant 50\%$]

本法适用于二氧化硅、金属硅或氮化硅结合碳化硅质耐火材料。

12.3.1 原理

试样用高压溶样法分解，氮化硅以铵盐的形式转入溶液中，碳化硅成为不溶解的残留物，分离不溶解的残留物，并用硝酸、硫酸、氢氟酸进行处理，以除去游离硅与硅酸，用重量差减法求得碳化硅量。

12.3.2 试剂

12.3.2.1 硼酸。

12.3.2.2 混合熔剂：150 g 无水碳酸钠、150 g 无水碳酸钾、70 g 硼酸混匀研细，储存于磨口瓶中。

12.3.2.3 盐酸(ρ1.19 g/mL)。

12.3.2.4 氢氟酸(ρ1.14 g/mL)。

12.3.2.5 硝酸(ρ1.42 g/mL)。

12.3.2.6 盐酸(5+95)。

12.3.2.7 硫酸(1+1)。

12.3.3 测量装置

12.3.3.1 高压溶样器：如图 3 所示，由不锈钢杯、聚四氟乙烯外杯、聚四氟乙烯内杯三部分组成。最大承受压力 15 MPa。使用时，应有人监控，防止干燥箱温度失控。

单位为毫米

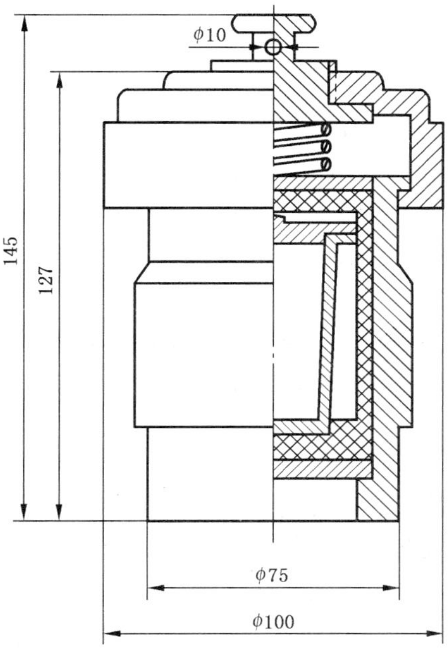

a）不锈钢杯

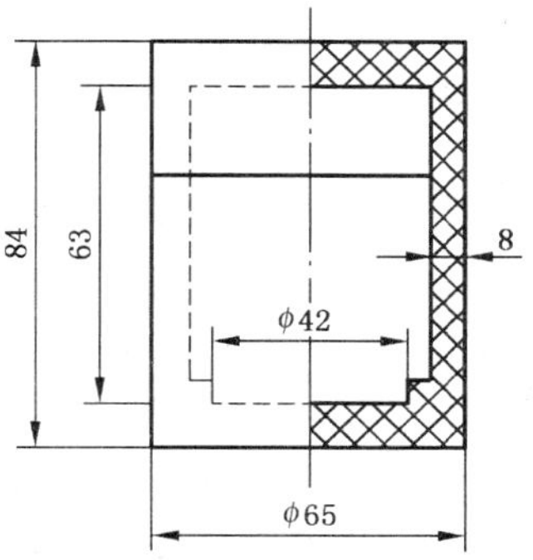

b）聚四氟乙烯外杯

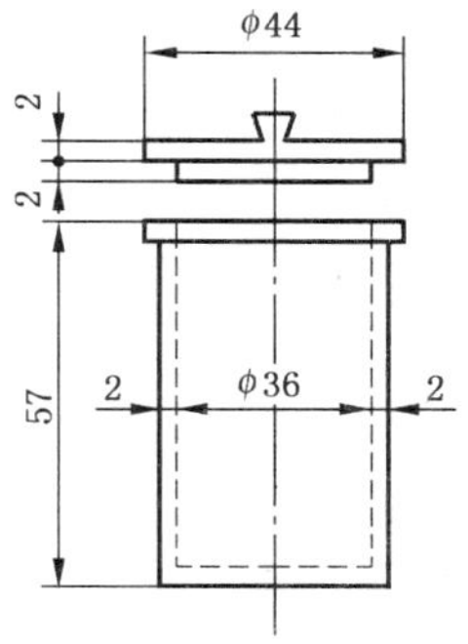

c）聚四氟乙烯内杯

图 3 高压溶样器部件示意图

12.3.3.2 蒸馏装置：如图 4 所示。

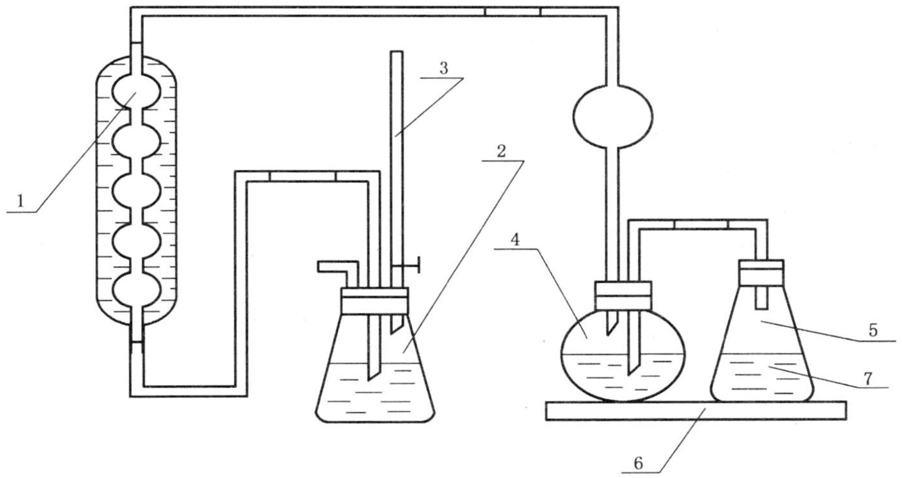

1——冷凝管；
2——锥形瓶(吸收瓶)；
3——滴定管；
4——烧瓶；
5——负压瓶；
6——电炉；
7——去离子水。

图 4 蒸馏装置示意图

12.3.3.3 烧瓶(500 mL)。

12.3.3.4 聚四氟乙烯烧杯(300 mL)。

12.3.4 试料量

称取约 0.2 g～0.5 g 试样,精确至 0.1 mg。

12.3.5 测定

12.3.5.1 将试料置于高压溶样器(12.3.3.1)中,加 5 mL 盐酸(12.3.2.3),5 mL 氢氟酸(12.3.2.4),在 160 ℃±5 ℃的烘箱(4.5)中分解试样 12 h,自然冷却至温热时,取出高压釜继续冷却至室温。

12.3.5.2 打开高压釜,将聚四氟乙烯内杯中溶液转移至盛有 1 g 硼酸(12.3.2.1)的 300 mL 聚四氟乙烯烧杯中,用热水洗涤聚四氟乙烯内杯,用一小片滤纸擦洗杯的内壁,使残留物全部转移至烧杯中,控制溶液体积约 75 mL。搅拌,用慢速定量滤纸(必要时加纸浆)过滤,滤液承接于烧瓶(12.3.3.3)中。用热盐酸(12.3.2.6)洗涤烧杯和搅棒(3～4)次,用一小片滤纸擦烧杯 2 次,使残留物全部转入漏斗中,用热盐酸(12.3.2.6)洗涤残留物 4 次,再用热水洗残留物 3 次～4 次,控制滤液体积约 200 mL,此滤液为滤液(A)供测氮化硅量用,残留物供测碳化硅量用。

12.3.5.3 将残留物(12.3.5.2)连同滤纸包好,置于已恒量的铂坩埚中,小心烘干,置于高温炉中低温灰化后逐渐升温至 750 ℃,烧成粉状,取出冷却。用水润湿,加 4 滴硝酸(12.3.2.5),4 滴硫酸(12.3.2.7),加约 10 mL 氢氟酸(12.3.2.4),于电炉上低温蒸发至干,升温至冒尽白烟,然后置于高温炉中于 750 ℃±10 ℃灼烧 40 min,取出,置于干燥器中,冷却至室温,称量。反复灼烧至恒量。

12.3.5.4 若试样中氧化铝含量(质量分数)>0.3%时,向测定后的装有碳化硅(12.3.5.3)的坩埚中加入 2 g～3 g 混合熔剂(12.3.2.2),搅匀,另取 1 g 混合熔剂(12.3.2.2)覆盖其上,加盖稍留缝隙,然后置于高温炉内,从低温缓慢升温至 1 100 ℃,保持 30 min～40 min,待试样完全分解,取出坩埚,冷却。按 GB/T 6900 中 8.3 分离总硅,滤液承接于 300 mL 烧杯中,将合并的滤液浓缩至 150 mL,按 GB/T 6900 中 9.2 测定 Al_2O_3 量。从对应的 SiC 量中扣除 Al_2O_3 量,即得 SiC 含量。

12.3.6 分析结果的计算

12.3.6.1 碳化硅量的质量分数以 $w(\mathrm{SiC})$ 计,数值以%表示,按式(11)计算:

$$w(\mathrm{SiC}) = \frac{m_2 - m_1}{m} \times 100 \qquad \cdots\cdots(11)$$

式中:

m_1——空坩埚质量的数值,单位为克(g);

m_2——坩埚与沉淀质量的数值,单位为克(g);

m——试料的质量的数值,单位为克(g)。

12.3.6.2 当 $w(\mathrm{Al_2O_3})>0.3\%$时,碳化硅的质量分数按式(12)计算:

$$w(\mathrm{SiC}) = \left(\frac{m_2 - m_1}{m} \times 100\right) - w(\mathrm{Al_2O_3}) \qquad \cdots\cdots(12)$$

式中:

m_1——空坩埚质量的数值,单位为克(g);

m_2——坩埚与沉淀质量的数值,单位为克(g);

m——试料质量的数值,单位为克(g);

$w(\mathrm{Al_2O_3})$——残留物中 Al_2O_3 的质量分数,%。

12.4 氢氟酸挥散重量法[$w(\mathrm{SiC})\geqslant 90\%$]

本方法适用于 $w(\mathrm{Al_2O_3})\leqslant 0.3\%$的二氧化硅、金属硅结合碳化硅质耐火材料及碳化硅原料。

12.4.1 原理

试样用氢氟酸-硝酸-硫酸处理使游离硅及二氧化硅生成挥发性的四氟化硅逸出,用盐酸浸取使表面杂质溶解,测定残留物量即为碳化硅量。

12.4.2 试剂

12.4.2.1 硝酸(ρ1.42 g/mL)。

12.4.2.2 氢氟酸(ρ1.14 g/mL)。

12.4.2.3 盐酸(1+1)。

12.4.2.4 盐酸(5+95)。

12.4.2.5 硫酸(1+1)。

12.4.3 试料量

称取约 1.0 g 试样,精确至 0.1 mg。

12.4.4 测定

12.4.4.1 将试料置于铂皿中,用少量水润湿,加 2 mL 硝酸(12.4.2.1)、(3~5)滴硫酸(12.4.2.5)、15 mL 氢氟酸(12.4.2.2),置于砂浴上或低温电炉上蒸发至三氧化硫白烟冒尽,取下稍冷,加 15 mL 盐酸(12.4.2.3),于砂浴上或低温电炉上加热 10 min~15 min 使表面杂质溶解,稍冷,用中速定量滤纸过滤,用温热的稀盐酸(12.4.2.4)溶液洗涤铂皿及残留物(7~8)次。

12.4.4.2 将残留物及滤纸放入已恒量铂坩埚中,低温灰化后于 750 ℃±10 ℃灼烧,冷却,称量,反复灼烧至恒量。

12.4.5 分析结果的计算

碳化硅量的质量分数以 $w(\mathrm{SiC})$ 计,数值以%表示,按式(13)计算:

$$w(\mathrm{SiC}) = \frac{m_2 - m_1}{m} \times 100 \qquad \cdots\cdots(13)$$

式中:

m_1——空坩埚质量的数值,单位为克(g);

m_2——坩埚与残留物质量的数值,单位为克(g);

m——试料质量的数值,单位为克(g)。

13 总氮量(T.N)的测定

总氮量的测定可采用以下 2 种方法之一进行:

a) 高压溶样容量法[$w(\mathrm{T.N})\geqslant 0.5\%$](13.1);

b) 惰性气体保护熔融热导法[$w(\mathrm{T.N})\leqslant 40\%$](13.2)。

13.1 高压溶样容量法[$w(\mathrm{T.N})\geqslant 0.5\%$]

13.1.1 原理

试样用高压溶样法分解,生成铵盐,分离碳化硅后,滤液在氢氧化钠作用下以蒸馏法使氮逸出,用硼酸溶液吸收,然后用酸碱中和法测定氮的含量。

13.1.2 试剂

13.1.2.1 硼酸。

13.1.2.2 苯二甲酸氢钾(GR)。

13.1.2.3 氢氧化钠。

13.1.2.4 盐酸(ρ1.19 g/mL)。

13.1.2.5 氢氟酸(ρ1.14 g/mL)。

13.1.2.6 盐酸(5+95)。

13.1.2.7 氢氧化钠溶液(500 g/L)。

13.1.2.8 硼酸溶液(10 g/L)。

13.1.2.9 氢氧化钠标准溶液(0.05 mol/L):称取 2.00 g 氢氧化钠(13.1.2.3),溶于 1 000 mL 预先煮沸除去 CO_2 的冷却水中,然后置于塑料瓶里。加入 0.1 g~0.2 g 二氯化钡,用橡皮塞塞紧,摇匀,静置。待碳酸钡沉淀后,将澄清后的清液移入另一塑料瓶中,此瓶带有两孔的橡皮塞,一孔插有装钠石棉的球形管,另一孔插有弯曲的玻璃管,此管在瓶内的一端离开瓶底 2 cm~3 cm,瓶外的一端套有带弹簧夹的胶皮管，此为溶液的放出口。

标定：准确称取 0.40 g～0.50 g 于 105 ℃～110 ℃烘 2 h 冷却至室温的苯二甲酸氢钾，精确至 0.1 mg，放入 300 mL 烧杯中，加入 100 mL 新煮沸过的冷却中性水，搅拌使其溶解，然后加入(2～3)滴溴麝香草酚蓝与酚红混合指示剂(13.1.2.12)，用 0.05 mol/L 氢氧化钠标准溶液滴定至紫红色，即为终点。

氢氧化钠标准溶液浓度以 c_{NaOH} 计，数值以 mol/L 表示，按式(14)计算氢氧化钠标准溶液的准确浓度。

$$c_{NaOH} = \frac{1\,000 \times m}{204.2 \times V} \qquad (14)$$

式中：

m——苯二甲酸氢钾质量的数值，单位为克(g)；

V——滴定时所消耗的氢氧化钠溶液(13.1.2.9)的体积的数值，单位为毫升(mL)；

204.2——苯二甲酸氢钾的摩尔质量的数值，单位为克每摩尔(g/mol)。

13.1.2.10 盐酸标准溶液(0.1 mol/L)：取 8.40 mL 盐酸(13.1.2.4)于适量水中，用水稀释至 1 000 mL，混匀。

标定：准确移取 10.00 mL 盐酸标准溶液(13.1.2.10)于 300 mL 烧杯中，加入 100 mL 新煮沸过的冷却中性水，加 4 滴溴甲酚绿与甲基红混合指示剂(13.1.2.11)，用氢氧化钠标准溶液(13.1.2.9)滴定至溶液由红色变成蓝色即为终点。

盐酸标准溶液浓度以 c_{HCl} 计，数值以 mol/L 表示，按式(15)计算盐酸标准溶液的浓度。

$$c_{HCl} = \frac{c_{NaOH} \cdot V_{NaOH}}{V_{HCl}} \qquad (15)$$

式中：

c_{NaOH}——氢氧化钠标准溶液(13.1.2.9)浓度的准确数值，单位为摩尔每升(mol/L)；

V_{NaOH}——滴定时消耗氢氧化钠标准溶液(13.1.2.9)的体积的数值，单位为毫升(mL)；

V_{HCl}——移取盐酸标准溶液(13.1.2.10)的体积，单位为毫升(mL)。

1 mL 盐酸标准溶液(13.1.2.10)相当于氮的量以 T 表示。按式(16)计算：

$$T = \frac{14.01 \times c_{HCl}}{1\,000} \qquad (16)$$

式中：

T——1 mL 盐酸标准溶液(13.1.2.10)相当于氮的量，单位为克每毫升(g/mL)；

c_{HCl}——盐酸标准溶液(13.1.2.10)的准确浓度，单位为摩尔每升(mol/L)；

14.01——氮的摩尔质量，单位为克每摩尔(g/mol)。

13.1.2.11 溴甲酚绿与甲基红混合指示剂：将 50 mL 溴甲酚绿(1 g/L 乙醇溶液)与 10 mL 甲基红(1 g/L 乙醇溶液)混合。

13.1.2.12 溴麝香草酚蓝与酚红混合指示剂：取溴麝香草酚蓝和酚红各 0.05 g，用 100 mL 20%(V/V)乙醇溶解，混匀，滴加氢氧化钠溶液(13.1.2.9)呈紫红色。

13.1.3 测量装置

见 12.3.3。

13.1.4 试料量

称取 0.20 g 试样，精确至 0.1 mg。

13.1.5 测定

13.1.5.1 将试料置于高压溶样器(12.3.3.1)中，加 5 mL 盐酸(13.1.2.4)，5 mL 氢氟酸(13.1.2.5)，在 160 ℃±5 ℃的烘箱(4.5)中分解试样 12 h，自然冷却至温热时，取出高压釜继续冷却至室温。

13.1.5.2 打开高压釜，将聚四氟乙烯内杯中溶液转移至盛有 1 g 硼酸(13.1.2.1)的 300 mL 聚四氟乙烯烧杯中，用热水洗涤聚四氟乙烯内杯，用一小片滤纸擦洗杯的内壁，使残留物全部转移至烧杯中，控制溶液体积约 75 mL。搅拌，用慢速定量滤纸（必要时加纸浆）过滤，滤液承接于烧瓶（12.3.3.3）中。用热盐酸（13.1.2.6）洗涤烧杯和搅棒（3～4）次，用一小片滤纸擦烧杯 2 次，使残留物全部转入漏斗中，用热盐酸（13.1.2.6）洗涤残留物 4 次，再用热水洗残留物（3～4）次，控制滤液体积约 200 mL，滤液供测氮化硅量用，残留物供测碳化硅量用。

13.1.5.3 向滤液（13.1.5.2）或滤液（A）（12.3.5.2）中加入 50 mL 氢氧化钠溶液（13.1.2.7），加入 3 粒小玻璃珠（防止爆沸），接通蒸馏装置（12.3.3.2）。

13.1.5.4 用量杯量取 100 mL 硼酸溶液（13.1.2.8）于 250 mL 锥形瓶中，加入 2 滴溴甲酚绿与甲基红混合指示剂（13.1.2.11），用盐酸标准溶液（13.1.2.10）调溶液至红色，调好滴定管的零点，将此瓶接到滴定管的下端，进行蒸馏。当蓝色出现时，不断用盐酸标准溶液（13.1.2.10）滴定至红色，直到红色在 5 min 内不褪色即为终点。蒸馏完毕，记下消耗盐酸标准溶液（13.1.2.10）读数 V。

13.1.6 分析结果的表述

总氮量的质量分数以 $w(\text{T. N})$ 计，数值以％表示，按式（17）计算：

$$w(\text{T. N}) = \frac{TV}{m} \times 100 \qquad \cdots\cdots (17)$$

式中：

T——1 mL 盐酸标准溶液（13.1.2.10）相当于氮的量，单位为克每毫升（g/mL）；

V——滴定时所耗盐酸标准溶液（13.1.2.10）体积的数值，单位为毫升（mL）；

m——试料质量的数值，单位为克（g）。

13.2 惰性气体保护熔融热导法［$w(\text{T. N}) \leqslant 40\%$］

13.2.1 原理

将试样放入一次性使用的石墨坩埚中，于氦气流中在大于 1 900 ℃熔融，使氧、氮和氢从样品中充分释放出来。氧与坩埚的碳结合形成一氧化碳（CO），样品中的氮以分子氮的形式被释放出来进入氦气流中，氮与释放出来的氢和一氧化碳分离，最后在热导池中测定总氮量。

13.2.2 试剂和材料

13.2.2.1 石墨坩埚。

13.2.2.2 坩埚钳：根据坩埚和皿的尺寸、形状和使用温度而定，便于操作即可。

13.2.2.3 锡皿：用锡箔折叠而成，也可使用铝箔。

13.2.2.4 镍篮（助熔剂）：1 g 或 1.5 g。

13.2.2.5 载气：氦气，99.999％超高纯压缩气体。

13.2.2.6 动力气：氮气，99.9％高纯压缩气体。

13.2.3 试料量

称取约 0.1 g～0.2 g 试样，精确至 0.1 mg。

注：含沥青或树脂等添加剂的不定形材料，称取 900 ℃挥发分测定（9.1）后的均化残渣。

13.2.4 测定

13.2.4.1 仪器准备

按仪器操作规程开启仪器。待仪器工作参数稳定后，设置合适的仪器系统操作条件，通过试烧几个空白试样（即盛有规定量助熔剂的坩埚）来检查仪器条件是否稳定。

13.2.4.2 空白校正

输入与试料量相当的质量作为质量基准，将锡皿放入镍篮内，用钳子将镍篮束口，放进承样器，并使镍篮尖头朝下，将石墨坩埚放置到下电极上，关上炉门开始分析。

重复操作至少 3 次，如果没有获得稳定的值，检查并调整仪器。按仪器操作指南中所叙述的“空白测定操作过程”进行空白校正。

13.2.4.3 **仪器校准**

称取适量的标准样品，精确到 0.1 mg，放入锡皿中，并将称样量输入仪器，封闭锡皿并放入镍篮内，用钳子将镍篮束口，放进承样器，并使镍篮尖头朝下，将石墨坩埚放置到下电极上，关上炉门开始分析。

标样分析至少重复操作 3 次。校准仪器按仪器操作指南中给定的程序自动进行。

13.2.4.4 **试样分析**

将试料放入锡皿中，并将称样量输入仪器，封闭锡皿并放入镍篮内，用钳子将镍篮束口，放进承样器，并使镍篮尖头朝下，将石墨坩埚放置到下电极上，关上炉门开始分析。

仪器分析结束后自动计算出分析结果。

14 氮化硅量(Si_3N_4)的测定

本法适用于仅含氮化硅的耐火材料。

14.1 原理

通过测量总氮量，乘以换算系数 2.503 9 而求得氮化硅量。

14.2 测定

按第 13 章测量总氮量。

14.3 分析结果的计算

氮化硅量的质量分数以 $w(Si_3N_4)$ 计，数值以%表示，按式(18)计算：

$$w(Si_3N_4) = w(T.N) \times 2.5039 \qquad (18)$$

式中：

$w(T.N)$——总氮量的质量分数，%；

2.503 9——总氮量换算成氮化硅量的系数。

15 游离硅量的测定

游离硅量的测定可采用以下 2 种方法之一进行：

a) 气体容量法[$w(F.Si) \geqslant 0.1\%$](15.1)；

b) 光度法[$0.1\% \leqslant w(F.Si) \leqslant 2\%$](15.2)。

15.1 气体容量法[$w(F.Si) \geqslant 0.1\%$]

15.1.1 原理

试料在氢氧化钠溶液中煮沸，游离硅按 $Si + 2OH^- + H_2O = SiO_3^{2-} + 2H_2\uparrow$ 反应产生氢气。测量产生的氢气体积及其状态参数，然后根据气体状态方程及反应式计算游离硅量。

15.1.2 试剂和材料

15.1.2.1 盐酸(1+1)。

15.1.2.2 氢氧化钠(150 g/L)。

15.1.2.3 封闭液：在 1 000 mL 硫酸(1+1 000)中滴加几滴甲基橙(1.0 g/L)至淡红色。

15.1.2.4 真空油脂(2#)。

15.1.2.5 电炉盘：直径 70 mm，功率约 300 W，功率应可调。

15.1.2.6 水浴杯：深约 110 mm，应能进行流水浴。

15.1.2.7 锥型瓶：100 mL。

15.1.2.8 冷凝管：长 250 mm～300 mm 的球型冷凝管，球的内径约 10 mm。

15.1.2.9 三通活塞：异 T 型毛细管三通活塞(见图 5 和图 6)，活塞部分涂以真空油脂。

15.1.2.10 量气管、参比管：25 mL，精度 0.1 mL。

15.1.2.11 贮气瓶：150 mL～250 mL，见图 5 和图 6。

15.1.2.12 水准瓶：200 mL～250 mL。

15.1.2.13　称量瓶：10 mL～20 mL。

15.1.2.14　温度计：精度 0.1 K。

15.1.2.15　气压计：精度 0.01 kPa。

15.1.3　测量装置

测量装置见图 5。贮气瓶和水准瓶内装入适量封闭液。整套测量装置不允许漏气或漏水。三通活塞和贮气瓶结构尺寸见图 6。

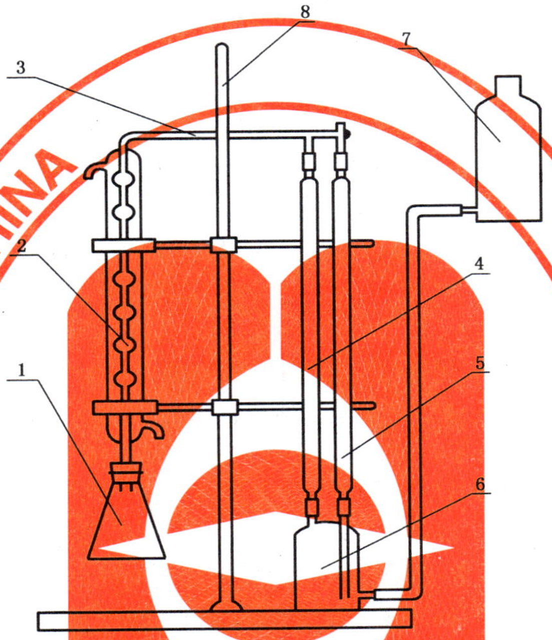

1——锥型瓶；
2——冷凝管；
3——三通活塞；
4——量气管；
5——参比管；
6——贮气瓶；
7——水准瓶；
8——支架。

图 5　游离硅气体容量法测量装置

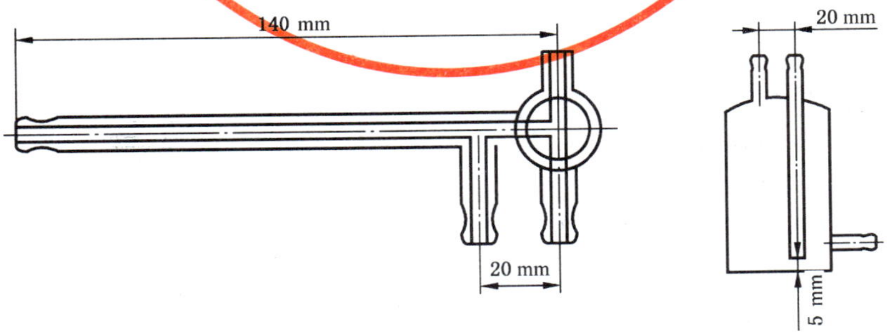

图 6　三通活塞和贮气瓶结构尺寸

15.1.4　试料量

根据游离硅量的大致含量按表 3 称取试样，精确至 0.1 mg。

表 3 试料量

游离硅含量/%	称取试样量/g	游离硅含量/%	称取试样量/g
≤2	1.2	5～7	0.3
2～3	0.7	7～10	0.2
3～5	0.5	≥10	0.1

15.1.5 测定

15.1.5.1 测量装置的准备和检查

用衡量法或容量比较法测量所用装置中锥型瓶和冷凝管的总有效体积 V_0，精确至 1 mL。

检查测量装置的气密性，并用标样对测量装置校准后方可进行试样测定。

15.1.5.2 单质铝影响的消除

将试料置于锥型瓶中，加 10 mL 盐酸(15.1.2.1)，轻轻摇动试料散开，置于沸水浴上蒸干，然后取下冷至室温。

15.1.5.3 零点及初始参数的确定

往锥型瓶内加入 40.0 mL 氢氧化钠(15.1.2.2)，锥型瓶与冷凝管连接后置于水浴杯中，然后同时进行冷凝和流水浴。10 min 后将三通活塞转至三通位置(如图 6 所示)。调节水准瓶高度，当量气管和参比管二者的液面均稳定于量气管零点处时，将三通活塞顺时针转动 135°，并立即测量水浴杯内冷却水温度 T_1。

15.1.5.4 氢气的产生

停止水浴，将锥型瓶外壁擦干，置于电炉盘上加热，沸腾后调低电炉盘温度使反应在微沸状态下进行，并降低水准瓶使其液面与贮气瓶液面之差保持在 50 mm 以内。煮沸 100 min 后停止加热。

15.1.5.5 氢气表观体积及终态参数的确定

等锥型瓶稍冷后再次进行水浴，当 5 min 内量气管液面变化不超过 0.1 mL 时抬高水准瓶，将三通活塞顺时针转动 45°，然后调节水准瓶高度使量气管和参比管二者的液面稳定于同一高度，从量气管上读出氢气的表观体积 V_1，并立即测量量气管附近的室温 T、水浴杯内冷却水的温度 T_2 和实验室大气压 P。

15.1.5.6 氢气真实体积的确定

当始态和终态下冷却水温度变化($|T_1 - T_2|$)不大于 1.0 K 时，以氢气的表观体积 V_1 作为氢气的真实体积(V)，否则，氢气的真实体积(V)按式(19)计算：

$$V = V_1 - \frac{(P - p_1)T_2 - (P - p_2)T_1}{(P - p_2)T_1} \times (V_0 - 40.0) \quad \cdots\cdots\cdots\cdots(19)$$

式中：

V_1——氢气的表观体积的数值，单位为毫升(mL)；

P——实验室大气压的数值，单位为千帕(kPa)；

T_1、T_2——始、终态下水浴杯内冷却水温度的数值，单位为开(K)；

p_1、p_2——T_1、T_2 时纯水的饱和蒸气压的数值，单位为千帕(kPa)；

V_0——测量装置中锥型瓶和冷凝管的总有效体积的数值，单位为毫升(mL)；

40.0——氢氧化钠(15.1.2.2)加入量的体积数值，单位为毫升(mL)。

15.1.6 分析结果的计算

游离硅量用质量分数 w(F.Si)计，数值以%表示，按式(20)计算：

$$w(\text{F.Si}) = \frac{(P - p)V \times 0.001\,689}{m \times T} \times 100 \quad \cdots\cdots\cdots\cdots(20)$$

式中：

P——实验室大气压的数值，单位为千帕(kPa)；

T——终态下的室温的数值，单位为开(K)；

p——温度为 T 时纯水的饱和蒸气压的数值，单位为千帕(kPa)；

V——氢气的真实体积的数值，单位为毫升(mL)；

m——试料质量的数值，单位为克(g)；

0.001 689——氢气换算成游离硅的系数。

15.2 光度法[0.1%≤w(F.Si)≤2%]

本方法适用于不含可溶于氢氧化钠溶液的硅化合物的碳化硅烧成制品。

15.2.1 原理

用氢氧化钠溶液蒸煮试样，使试样中的游离硅转化成可溶性的硅酸盐而溶解。碳化硅、氮化硅不溶解，分离沉淀后，用钼蓝光度法测得滤液中的二氧化硅，再换算成游离硅量。

15.2.2 试剂与材料

15.2.2.1 氢氧化钠溶液(10 g/L)。

15.2.2.2 钼酸铵[$(NH_4)_6Mo_7O_{24}\cdot 4H_2O$]溶液(50 g/L)。

15.2.2.3 草硫混合酸：称取 15 g 草酸($H_2C_2O_4\cdot 2H_2O$)溶于 250 mL 硫酸(1+8)中，用水稀释至 1 000 mL，混匀。

15.2.2.4 硫酸亚铁铵[$FeSO_4\cdot (NH_4)_2SO_4\cdot 6H_2O$]溶液(40 g/L)：称取 4 g 硫酸亚铁铵溶于水中，加 5 mL 硫酸(1+1)，用水稀释至 100 mL，混匀(必要时过滤)。

15.2.2.5 盐酸(ρ1.19 g/mL)。

15.2.2.6 盐酸(1+1)。

15.2.2.7 盐酸(1+5)。

15.2.2.8 二氧化硅标准贮存液(含 SiO_2 0.5 mg/mL)：称取 0.500 0 g 预先在 1 000 ℃灼烧后并冷至室温的二氧化硅(99.99%)置于盛有 3 g 无水碳酸钠的铂坩埚中，混匀，另取 1 g 无水碳酸钠覆盖其上，盖上坩埚盖并稍留缝隙，置于约 800 ℃的高温炉中，升温至 1 000 ℃熔融 5 min 后取出冷却。将熔融物置于聚四氟乙烯烧杯中，用 100 mL 沸水浸取，用热水洗出坩埚和盖，冷至室温后移入 1 000 mL 容量瓶中，用水稀释至刻度，混匀，贮存于塑料瓶中。

15.2.2.9 二氧化硅标准溶液(含 SiO_2 0.025 mg/mL)：准确移取 50.00 mL 二氧化硅标准贮存液(15.2.2.8)于 1 000 mL 容量瓶中，用水稀释至刻度、混匀，贮存于塑料瓶中。

15.2.2.10 2,4-二硝基酚指示剂(10 g/L)：用无水乙醇配制。

15.2.2.11 聚四氟乙烯烧杯(300 mL)。

15.2.3 试料量

称取 0.25 g 试样，精确至 0.1 mg。

15.2.4 测定

15.2.4.1 将试料置于塑料杯中，加入 100 mL 氢氧化钠溶液(15.2.2.1)，盖上表面皿，于 100 ℃水浴上浸煮 1 h，每 15 min 搅拌 1 次。取下，冷却后用慢速定量滤纸过滤，滤液承接于烧杯中。用氢氧化钠溶液(15.2.2.1)洗烧杯及沉淀(4～6)次，再用热水洗沉淀(4～5)次。

15.2.4.2 滤液中加入 2 滴 2,4-二硝基酚指示剂(15.2.2.10)，用盐酸(15.2.2.6)调至无色，在电炉盘上浓缩体积至 150 mL，然后加 25 mL 盐酸(15.2.2.5)，移入 250 mL 容量瓶中，冷却至室温，用水稀释至刻度，摇匀。

15.2.4.3 移取 5.00 mL 溶液(15.2.4.2)于 100 mL 容量瓶中，加 15 mL 水和 5 mL 钼酸铵(15.2.2.2)，摇匀，放置 20 min(室温低于 20 ℃时，则在 30 ℃的水浴中放置)。加 30 mL 草硫混合酸(15.2.2.3)及

5 mL 硫酸亚铁铵(15.2.2.4)用水稀释至刻度,摇匀。

15.2.4.4 用合适的吸收皿(见表 4),于分光光度计波长 690 nm 处,以空白溶液为参比,测量其吸光度,然后在工作曲线(15.2.5.1 或 15.2.5.2)上查出对应的二氧化硅量。

表 4 游离硅含量及吸收皿选择

游离硅量/%	0.1～0.5	0.5～2
吸收皿/cm	3	0.5
工作曲线	15.2.5.1	15.2.5.2

15.2.5 工作曲线的绘制

15.2.5.1 移取 0 mL,0.50 mL,1.00 mL,2.00 mL,2.50 mL 标准溶液(15.2.2.9)分别置于一组 100 mL 容量瓶中,加 2.5 mL 盐酸(15.2.2.7),加水至 20 mL。以下按 15.2.4.3～15.2.4.4 进行,用 3 cm 吸收皿,于分光光度计波长 690 nm 处,以试剂空白作参比测量其吸光度,绘制标准曲线。

15.2.5.2 移取 0 mL,2.00 mL,4.00 mL,6.00 mL,8.00 mL,10.00 mL 标准溶液(15.2.2.9)分别置于一组 100 mL 容量瓶中,加 2.5 mL 盐酸(15.2.2.7),加水至 20 mL。以下按 15.2.4.3～15.2.4.4 进行,用 0.5 cm 比色皿,于分光光度计波长 690 nm 处,以试剂空白作参比测量其吸光度,绘制标准曲线。

15.2.6 分析结果的计算

游离硅量用质量分数 $w(\mathrm{F.Si})$ 计,数值以%表示,按式(21)计算:

$$w(\mathrm{F.Si}) = \frac{m_1 \times 0.4674}{m \times V_1/V} \times 100 \qquad \cdots\cdots(21)$$

式中:

m_1——从工作曲线上查得的二氧化硅量的数值,单位为克(g);

m——试料的质量的数值,单位为克(g);

V_1——分取试液的体积的数值,单位为毫升(mL);

V——试液总体积的数值,单位为毫升(mL);

0.467 4——二氧化硅换算成游离硅的系数。

16 游离铝量的测定

游离铝量的测定可采用以下 2 种方法之一进行:

a) 气体容量法[$w(\mathrm{F.Al}) \geqslant 0.1\%$](16.1);

b) 铁盐置换 EDTA 容量法[$w(\mathrm{F.Al}) \geqslant 1\%$](16.2)。

16.1 气体容量法[$w(\mathrm{F.Al}) \geqslant 0.1\%$]

本方法适用于不含游离镁、游离铁的试样。

16.1.1 原理

试料在盐酸溶液中煮沸,游离铝按 $2Al + 6HCl + H_2O = 2AlCl_3 + 3H_2\uparrow$ 反应产生氢气。测量产生的氢气体积及其状态参数,然后根据气体状态方程及反应式计算游离铝量。

16.1.2 试剂和材料

同 15.1.2。

16.1.3 测量装置

同 15.1.3。

16.1.4 试料量

根据游离铝的大致含量按表 5 称取试样放到称量瓶中,精确至 0.1 mg 。

表 5　试料量

游离铝含量/%	称取试样量/g	游离铝含量/%	称取试样量/g
≤2	1.2	5～7	0.3
2～3	0.7	7～10	0.2
3～5	0.5	≥10	0.1

16.1.5　测定

16.1.5.1　测量装置的准备和检查

用衡量法或容量比较法测量所用装置中锥型瓶(放入称量瓶)和冷凝管的总有效体积 V_0,精确至 1 mL。

检查测量装置的气密性,并用标样对测量装置校准后方可进行试样测定。

16.1.5.2　零点及初始参数的确定

将盛有试料的称量瓶放入加有 40.0 mL 盐酸(15.1.2.1)的锥型瓶中,锥型瓶与冷凝管连接后置于水浴杯中,然后同时进行冷凝和流水浴。10 min 后将三通活塞转至三通位置(如图 6 所示)。调节水准瓶高度,当量气管和参比管二者的液面均稳定于量气管零点处时,将三通活塞顺时针转动 135°,并立即测量水浴杯内冷却水温度 T_1。

16.1.5.3　氢气的产生

停止水浴,将锥型瓶外壁擦干,轻轻摇动锥型瓶,使试料与盐酸溶液(15.1.2.1)反应,必要时置于电炉盘上加热,微沸腾后调低电炉盘温度使反应在微沸状态下进行,每 10 min 摇动一次,并降低水准瓶使其液面与贮气瓶液面之差保持在 50 mm 以内。微沸 50 min 后停止加热。

16.1.5.4　氢气表观体积及终态参数的确定

等锥型瓶稍冷后再次进行水浴,当 5 min 内量气管液面变化不超过 0.1 mL 时抬高水准瓶,将三通活塞顺时针转动 45°,然后调节水准瓶高度使量气管和参比管二者的液面稳定于同一高度,从量气管上读出氢气的表观体积 V_1,并立即测量量气管附近的室温 T,水浴杯内冷却水的温度 T_2 和实验室大气压 P。

16.1.5.5　氢气真实体积的确定

当始态和终态下冷却水温度变化($|T_1-T_2|$)不大于 1.0 K 时,以氢气的表观体积 V_1 作为氢气的真实体积(V),否则氢气的真实体积(V)按式(22)计算:

$$V=V_1-\frac{(P-p_1)T_2-(P-p_2)T_1}{(P-p_2)T_1}\times(V_0-40.0)\quad\cdots\cdots(22)$$

式中:

V_1——氢气的表观体积的数值,单位为毫升(mL);

P——实验室大气压的数值,单位为千帕(kPa);

T_1、T_2——始、终态下水浴杯内冷却水温度的数值,单位为开(K);

p_1、p_2——T_1、T_2 时纯水的饱和蒸气压的数值,单位为千帕(kPa);

V_0——测量装置中锥型瓶(放入称量瓶)和冷凝管的总有效体积的数值,单位为毫升(mL);

40.0——盐酸(15.1.2.1)加入量的体积数值,单位为毫升(mL)。

16.1.6　分析结果的计算

游离铝量用质量分数 $w(\mathrm{F.Al})$ 计,数值以%表示,按式(23)计算:

$$w(\mathrm{F.Al})=\frac{(P-p)V\times0.002\,164}{m\times T}\times100\quad\cdots\cdots(23)$$

式中:

P——实验室大气压的数值,单位为千帕(kPa);

T——终态下的室温的数值,单位为开(K);

p——温度为 T 时纯水的饱和蒸气压的数值，单位为千帕(kPa)；

V——氢气的真实体积的数值，单位为毫升(mL)；

m——试料质量的数值，单位为克(g)；

0.002 164——氢气换算成游离铝的系数。

16.2 铁盐置换 EDTA 容量法[w(F. Al)≥1%](16.2)

16.2.1 原理

利用三价铁离子与游离铝的置换反应，在 pH 值≈1.0 时用 EDTA 络合过量的三价铁后，加入过量 EDTA 络合三价铝离子。在 pH 值在 3.5～4.0 时，以硝酸铋标准溶液回滴过量 EDTA，根据 EDTA 标准溶液消耗量计算铝含量。

16.2.2 试剂

16.2.2.1 硫酸(ρ1.84 g/mL)

16.2.2.2 硝酸(ρ1.42 g/mL)。

16.2.2.3 硝酸(1+5)。

16.2.2.4 磺基水杨酸溶液(100 g/L)。

16.2.2.5 硫酸铁溶液(50 g/L)：称取 50 g 硫酸铁溶于 200 mL 水中，加入 20 mL 硫酸(16.2.2.1)。搅拌微微加热至溶解，冷却后稀释至 1 000 mL。

16.2.2.6 苯羟乙酸(苦杏仁酸)溶液(50 g/L)：称取 50 g 苯羟乙酸溶于 400 mL 水中，用氨水(1+1)调至 pH 值至 3.0～4.0，稀释至 1 000 mL 过滤备用。

16.2.2.7 缓冲溶液(pH 值≈3.5)：称取 35 g 无水乙酸钠溶于 400 mL 水中，加入 300 mL 冰乙酸，用水稀释至 1 000 mL 混匀(用 pH 计验证溶液 pH 值，达不到时加乙酸钠或乙酸调节至规定 pH 值，下同)。

16.2.2.8 缓冲溶液(pH 值≈4.0)：称取 60 g 无水乙酸钠溶于 400 mL 水中，加入 200 mL 冰乙酸，用水稀释至 1 000 mL 混匀(验证方法同上)。

16.2.2.9 EDTA 溶液(0.1 mol/L)：称取 37.2 g EDTA(乙二胺四乙酸二钠)于烧杯中，分次加水搅拌至全部溶解(必要时可稍加热)。冷却，用水稀释至 1 000 mL，混匀。

16.2.2.10 硝酸铋溶液(0.05 mol/L)：称取 25 g 硝酸铋[$Bi(NO_3)_3 \cdot 5H_2O$]溶于 40 mL 硝酸(1+1)中，加热溶解后煮沸 1 min 左右。冷却，用水稀释至 1 000 mL 混匀，放置一天后使用。

16.2.2.11 铝标准溶液(含 Al 0.5 mg/mL)：称取 0.500 0 g 金属铝(99.99%)，置于聚四氟乙烯烧杯中。加约 100 mL 水和 5 g～10 g 氢氧化钠，使其溶解(必要时在水浴上低温加热溶解)。稍冷，加硝酸(16.2.2.2)至呈酸性后过量约 10 mL。移入 400 mL 烧杯中，加热煮沸使溶液透明，冷至室温。移入 1 000 mL 容量瓶中，用水稀释至刻度，混匀。

16.2.2.12 硝酸铋标准溶液(0.01 mol/L)：称取 5 g 硝酸铋[$Bi(NO_3)_3 \cdot 5H_2O$]溶于 40 mL 硝酸(1+1)中，加热溶解后煮沸 1 min 左右。冷却，用水稀释至 1 000 mL 混匀，放置一天后标定使用。

16.2.2.13 EDTA 标准溶液(0.01 mol/L)：称取 3.72 g EDTA(乙二胺四乙酸二钠)于烧杯中，分次加水搅拌至全部溶解(必要时可稍加热)。冷却，用水稀释至 1 000 mL，混匀。

标定：移取 10.00 mL EDTA 标准溶液(16.2.2.13)加水至约 200 mL。加 10 mL 硝酸(16.2.2.3)，加(4～5)滴二甲酚橙指示剂(16.2.2.14)，(1～2)滴次甲基兰指示剂(16.2.2.15)。以硝酸铋标准溶液(16.2.2.12)滴至颜色由黄(绿)色至稳定紫红色后，再用 EDTA 标准溶液(16.2.2.13)滴至亮黄(绿)色，即为终点。3 份 EDTA 标准溶液所消耗的硝酸铋标准溶液毫升数的极差应不超过 0.10 mL，取其平均值；否则，应重新标定。

1 mL 硝酸铋标准溶液(16.2.2.12)换算成 EDTA 标准溶液(16.2.2.13)的系数以 K 表示，按式(24)计算，结果保留 4 位有效数字。

$$K = \frac{V_1}{V_2} \quad \cdots\cdots (24)$$

式中：

K——1 mL 硝酸铋标准溶液(16.2.2.12)换算成 EDTA 标准溶液(16.2.13)的系数；

V_1——所用 EDTA 标准溶液(16.2.2.13)总体积的数值，单位为毫升(mL)；

V_2——所用硝酸铋标准溶液(16.2.2.12)体积的数值，单位为毫升(mL)。

1 mL EDTA 标准溶液(16.2.2.13)相当于铝的量按下述方法标定：

移取 5.00 mL 铝标准溶液(16.2.2.11)于烧杯中，加 30 mL EDTA 标准溶液(16.2.2.13)，以下按(16.2.4.3)进行。3 份铝标准溶液所消耗的 EDTA 标准溶液毫升数的极差应不超过 0.10 mL，取其平均值；否则，应重新标定。

1 mL EDTA 标准溶液(16.2.2.13)相当于铝的量用 T 表示，按式(25)计算，结果保留 4 位有效数字。

$$T = \frac{V \cdot c}{V_2 - V_3 \cdot K} \quad \cdots\cdots (25)$$

式中：

T——1 mL EDTA 标准溶液(16.2.2.13)相当于铝的量，单位为克每毫升(g/mL)；

V——移取铝标准溶液(16.2.2.11)体积的数值，单位为毫升(mL)；

c——铝标准溶液(16.2.2.11)浓度的数值，单位为克每毫升(g/mL)；

V_2——所用 EDTA 标准溶液(16.2.2.13)总体积的数值，单位为毫升(mL)；

V_3——所用硝酸铋标准溶液(16.2.2.12)体积的数值，单位为毫升(mL)；

K——硝酸铋标准溶液换算成 EDTA 标准溶液的系数。

16.2.2.14　二甲酚橙指示剂(5 g/L)。

16.2.2.15　次甲基兰指示剂(1 g/L)。

16.2.3　试料量

称取约 0.50 g 试样，精确至 0.1 mg。

16.2.4　测定

16.2.4.1　将试料置于 400 mL 烧杯中，加入 50 mL 硫酸铁溶液(16.2.2.5)。水浴锅的温度控制在 100 ℃左右，将烧杯放入水浴锅中加热 1 h 取下。冷却后用中速滤纸过滤，过滤完毕，向滤液中加 10 mL 硝酸(16.2.2.2)，置于电炉上加热煮沸 1 min，冷至室温，移入 250 mL 容量瓶中，用水稀释至刻度，混匀。

16.2.4.2　移取 50.00 mL 试液(16.2.4.1)于 400 mL 烧杯中，用氨水(1+1)调至恰好出现稳定沉淀。立即加入 10 mL 硝酸(16.2.2.3)，调节试液 pH 值为 1.0(精密 pH 试纸检验，下同)。加 1 滴磺基水杨酸溶液(16.2.2.4)，用 EDTA 溶液(16.2.2.9)慢慢滴定至红色褪尽。过量 1 mL 左右，搅拌 0.5 min。加(3～4)滴二甲酚橙指示剂(16.2.2.14)，(1～2)滴次甲基兰指示剂(16.2.2.15)。用硝酸铋溶液(16.2.2.10)慢慢滴定至稳定红色后，再用 EDTA 标准溶液(16.2.2.13)滴定至稳定黄(绿)色不变(此时 EDTA 标准溶液不计量)。

16.2.4.3　在搅拌下加入 EDTA 标准溶液(16.2.2.13)，视铝含量而定，过量 10 mL。用氨水(1+1)调至 pH 值≈3.0，加 10 mL 苯羟乙酸溶液(16.2.2.6)，20 mL 缓冲溶液(16.2.2.7)，加水至总体积约为 250 mL。加热煮沸，搅拌后取下，冷却至室温。加 20 mL 缓冲溶液(16.2.2.8)，补加(2～3)滴二甲酚橙指示剂(16.2.2.14)。用硝酸铋标准溶液(16.2.2.12)慢慢滴定至稳定红色后，再用 EDTA 标准溶液(16.2.2.13)滴定至稳定黄(绿)色不变，即为终点。

16.3　分析结果计算

游离铝量用质量分数 w(F. Al)计，数值以%表示，按式(26)计算：

$$w(\text{F. Al}) = \frac{T \cdot (V_1 - V_2 \cdot K) \times 250}{m \cdot V} \times 100 \quad \cdots\cdots\cdots\cdots (26)$$

式中：

T——1 mL EDTA 标准溶液(16.2.2.13)相当于铝的量，单位为克每毫升(g/mL)；

V_1——所用 EDTA 标准溶液(16.2.2.13)总体积的数值，单位为毫升(mL)；

V_2——所用硝酸铋标准溶液(16.2.2.12)体积的数值，单位为毫升(mL)；

K——1 mL 硝酸铋标准溶液(16.2.2.12)换算成 EDTA 标准溶液(16.2.2.13)的系数；

m——试料质量的数值，单位为克(g)；

V——分取试液的体积的数值，单位为毫升(mL)。

注：当试样中含有可被 2%硝酸溶解的氧化铝时，可能影响测定结果。

17 氧化铁量、氧化铝量的测定——EDTA 容量法(铁铝连续滴定)

本方法适用于 $w(Fe_2O_3) \geqslant 2\%$，且不含锆、锰、铬的试样。

17.1 原理

试样经混合熔剂熔融，硝酸浸取。在 pH 值≈1.0 时加过量 EDTA 标准溶液，铋盐回滴测定氧化铁。然后加苯羟乙酸溶液掩蔽钛，在 pH 值至(3.5～4.0)时，加过量 EDTA 标准溶液煮沸后，铋盐回滴测定氧化铝。

17.2 试剂

17.2.1 混合熔剂：按质量比将无水碳酸钠、无水碳酸钾和硼酸各 1 份混匀，研细。

17.2.2 硝酸(ρ1.42 g/mL)。

17.2.3 氨水(1+1)。

17.2.4 硝酸(1 mol/L)。

17.2.5 磺基水杨酸溶液(100 g/L)。

17.2.6 苯羟乙酸(苦杏仁酸)溶液(50 g/L)：称取 50 g 苯羟乙酸溶于 400 mL 水中，用氨水(1+1)调至 pH 值至(3.0～4.0)，稀释至 1 000 mL 过滤备用。

17.2.7 缓冲溶液(pH 值≈3.5)：称取 35 g 无水乙酸钠溶于 400 mL 水中，加入 300 mL 冰乙酸，用水稀释至 1 000 mL 混匀。(用 pH 计验证溶液 pH 值，达不到时加乙酸钠或乙酸调节至规定 pH 值，下同)。

17.2.8 缓冲溶液(pH 值≈4.0)：称取 60 g 无水乙酸钠溶于 400 mL 水中，加入 200 mL 冰乙酸，用水稀释至 1 000 mL 混匀。

17.2.9 氧化铁标准溶液(含 Fe_2O_3 1.0 mg/mL)：称取 1.000 0 g 预先在 600 ℃灼烧 30 min 并于干燥器中冷却至室温的氧化铁(99.99%)，置于烧杯中，用少许水润湿。加 40 mL 硝酸(1+1)，低温加热溶解至溶液清亮，再煮沸 1 min，冷却至室温。移入 1 000 mL 容量瓶中，用水稀释至刻度，混匀。

17.2.10 氧化铝标准溶液(含 Al_2O_3 1.0 mg/mL)：称取 0.529 2 g 金属铝(99.99%)，置于聚四氟乙烯烧杯中。加约 100 mL 水和 5 g～10 g 氢氧化钠，使其溶解(必要时在水浴上低温加热溶解)。稍冷，加硝酸(17.2.2)至呈酸性后过量约 10 mL。移入 400 mL 烧杯中，加热煮沸使溶液透明，冷至室温。移入 1 000 mL 容量瓶中，用水稀释至刻度，混匀。

17.2.11 硝酸铋标准溶液(0.01 mol/L)：称取 5 g 硝酸铋[$Bi(NO_3)_3 \cdot 5H_2O$]溶于 40 mL 硝酸(1+1)中，加热溶解后煮沸 1 min。冷却，用水稀释至 1 000 mL，混匀。

17.2.12 EDTA 标准溶液(0.01mol/L)：称取 3.72 g EDTA(乙二胺四乙酸二钠)于烧杯中，分次加水搅拌至全部溶解(必要时可稍加热)。冷却，用水稀释至 1 000 mL，混匀。

标定：移取 10.00 mL EDTA 标准溶液(17.2.12)，加水至约 100 mL。加 10 mL 硝酸(17.2.4)，加(3～4)滴二甲酚橙指示剂(17.2.15)，1 滴次甲基兰指示剂(17.2.16)。以硝酸铋标准溶液(17.2.11)滴

定至颜色由黄(绿)色变为稳定红色,过量1 mL左右。再用EDTA标准溶液(17.2.12)滴定至试液呈黄(绿)色即为终点。3份EDTA标准溶液所消耗的硝酸铋标准溶液毫升数的极差应不超过0.10 mL,取其平均值;否则,应重新标定。

1 mL硝酸铋标准溶液(17.2.11)换算成EDTA标准溶液(17.2.12)的系数以K_1表示,按式(27)计算,结果保留4位有效数字。

$$K_1 = \frac{V_1}{V_2} \qquad \cdots\cdots(27)$$

式中:

K_1——1 mL硝酸铋标准溶液(17.2.11)换算成EDTA标准溶液(17.2.12)的系数;

V_1——所用EDTA标准溶液(17.2.12)总体积的数值,单位为毫升(mL);

V_2——所用硝酸铋标准溶液(17.2.11)的体积的数值,单位为毫升(mL)。

1 mL EDTA标准溶液(17.2.12)相当于氧化铁的量按下述方法标定:

移取10.00 mL氧化铁标准溶液(17.2.9)于300 mL烧杯中,加水至约50 mL。以下按17.4.3操作。3份氧化铁标准溶液所消耗的EDTA标准溶液毫升数的极差应不超过0.10 mL,取其平均值;否则,应重新标定。

1 mL EDTA标准溶液(17.2.12)相当于氧化铁的量以T_1表示,按式(28)计算,结果保留4位有效数字。

$$T_1 = \frac{V_1 \cdot c}{V_2 - V_3 \cdot K_1} \qquad \cdots\cdots(28)$$

式中:

T_1——1 mL EDTA标准溶液(17.2.12)相当于氧化铁的量,单位为克每毫升(g/mL);

V_1——移取氧化铁标准溶液(17.2.9)体积的数值,单位为毫升(mL);

V_2——所用EDTA标准溶液(17.2.12)总体积的数值,单位为毫升(mL);

V_3——所用硝酸铋标准溶液(17.2.11)体积的数值,单位为毫升(mL);

c——氧化铁标准溶液(17.2.9)浓度的数值,单位为克每毫升(g/mL);

K_1——1 mL硝酸铋标准溶液(17.2.11)换算成EDTA标准溶液(17.2.12)的系数。

17.2.13 EDTA标准溶液(0.05 mol/L):

称取18.6 g EDTA(乙二胺四乙酸二钠)于烧杯中,分次加水搅拌至全部溶解(必要时可稍加热)。冷却,用水稀释至1 000 mL,混匀。

17.2.14 硝酸铋标准溶液(0.025 mol/L):

称取12 g硝酸铋[$Bi(NO_3)_3 \cdot 5H_2O$]溶于37.5 mL硝酸(1+1)中,加热煮沸1 min左右。冷却,用水稀释至1 000 mL,混匀。

标定:移取20.00 mL EDTA标准溶液(17.2.12或17.2.13)加水至约200 mL。调节溶液酸度[对稀EDTA标准溶液(17.2.12)加10 mL硝酸(17.2.4),对浓EDTA标准溶液(17.2.13)加20 mL pH值≈4.0的缓冲溶液(17.2.8)],加(3~4)滴二甲酚橙指示剂(17.2.15),(1~2)滴次甲基兰指示剂(17.2.16)。以相应浓度的硝酸铋标准溶液(17.2.11或17.2.14)滴定到紫红色,再以相应浓度的EDTA标准溶液(17.2.12或17.2.13)滴定到亮黄(绿)色即为终点。3份EDTA标准溶液所消耗的硝酸铋标准溶液毫升数的极差应不超过0.10 mL,取其平均值;否则,应重新标定。

1 mL硝酸铋标准溶液换算成EDTA标准溶液的系数以K_2表示,按式(29)计算,结果保留4位有效数字。

$$K_2 = \frac{V_1}{V_2} \qquad \cdots\cdots(29)$$

式中:

K_2——1 mL硝酸铋标准溶液换算成EDTA标准溶液的系数;

V_1——所用 EDTA 标准溶液(17.2.12 或 17.2.13)总体积的数值,单位为毫升(mL);

V_2——所用硝酸铋标准溶液(17.2.11 或 17.2.14)体积的数值,单位为毫升(mL)。

1 mL EDTA 标准溶液相当于氧化铝的量按下述方法标定:

移取 10.00 mL 或 50.00 mL 氧化铝标准溶液(17.2.10)于烧杯中,加 20 mL EDTA 标准溶液(17.2.12)或 25 mL EDTA 标准溶液(17.2.13)。以下按 17.4.4 操作。3 份 EDTA 标准溶液所消耗相应的硝酸铋标准溶液毫升数的极差应不超过 0.10 mL,取其平均值;否则,应重新标定。

1 mL EDTA 标准溶液对氧化铝的量以 T_2 表示,按式(30)计算,结果保留 4 位有效数字。

$$T_2 = \frac{V_1 \times c}{V_2 - V_3 \times K_2} \qquad \cdots\cdots(30)$$

式中:

T_2——1 mL EDTA 标准溶液对氧化铝的量,单位为克每毫升(g/mL);

V_1——移取氧化铝标准溶液(17.2.10)体积的数值,单位为毫升(mL);

c——氧化铝标准溶液(17.2.10)浓度的数值,单位为克每毫升(g/mL);

V_2——所用 EDTA 标准溶液(17.2.12 或 17.2.13)总体积的数值,单位为毫升(mL);

V_3——所用硝酸铋标准溶液(17.2.11 或 17.2.14)体积的数值,单位为毫升(mL);

K_2——1 mL 硝酸铋标准溶液换算成相应 EDTA 标准溶液的换算系数。

17.2.15 二甲酚橙指示剂(5 g/L)。

17.2.16 次甲基兰指示剂(1 g/L)。

17.2.17 百里酚兰指示剂(1 g/L):用 20%(体积分数)乙醇配制。

17.3 试料量

称取约 0.5 g 试样,精确至 0.1 mg。

17.4 测定

17.4.1 将试料置于铂坩埚中放在高温炉内逐渐升温至 1 000 ℃,保温 30 min~40 min,取出冷却。加 3 g~4 g 混合熔剂(17.2.1),混匀。另取 1 g 混合熔剂(17.2.1)覆盖其上,加盖并留有缝隙。置于高温炉中(炉温在 800 ℃以下)升温至 1 100 ℃~1 150 ℃,保持 30 min~40 min(熔样过程摇动坩埚 2 次~3 次)。等试料完全分解后,取出坩埚,冷却。

17.4.2 用滤纸擦净坩埚外壁,将坩埚置于盛有 150 mL~200 mL 沸水及 30 mL 硝酸(17.2.2)的 300 mL 烧杯中。加热至熔融物全部溶解,用水洗出坩埚及盖。将溶液煮沸 1 min,冷却至室温。移入 250 mL 容量瓶中,用水稀释至刻度,混匀(如有胶状沉淀,可用快速滤纸干过滤于 300 mL 烧杯中)。

17.4.3 氧化铁的测定:移取 50.00 mL 试液(17.4.2)于 300 mL 烧杯中,用氨水(17.2.3)调至恰好出现稳定沉淀。立即加入 10 mL 硝酸(17.2.4),调节试液 pH 值=1.0(精密 pH 试纸检验,下同)。加(1~2)滴磺基水杨酸溶液(17.2.5)至试液出现红色,用 EDTA 标准溶液(17.2.12)慢慢滴至红色褪尽并过量 1 mL,搅拌 1 min。加(3~4)滴二甲酚橙指示剂(17.2.15),(1~2)滴次甲基兰指示剂(17.2.16)。用硝酸铋标准溶液(17.2.11)慢慢滴定至稳定紫红色后过量 1 mL,再用 EDTA 标准溶液(17.2.12)滴定至亮黄(绿)色不变,即为终点(此溶液为试液 B 用于连续测定氧化铝)。

17.4.4 氧化铝的测定:将试液 B(17.4.3)搅拌下加入 20 mL~50 mL EDTA 标准溶液(17.2.12 或 17.2.13),视试液中的氧化铝含量而定,一般过量 10 mL。用氨水(17.2.3)调节 pH 值至(2.0~3.0),加入 10 mL 苯羟乙酸溶液(17.2.6),加 10 mL 缓冲溶液(17.2.7),加热至沸,搅拌后取下冷却至室温。加 20 mL 缓冲溶液(17.2.8),补加(2~3)滴二甲酚橙指示剂(17.2.15)。用与 EDTA 标准溶液相对应浓度的硝酸铋标准溶液(17.2.11 或 17.2.14)滴至稳定红色,用与先前所加同一浓度的 EDTA 标准溶液(17.2.12 或 17.2.13),慢慢滴定至亮黄(绿)色,即为终点。

17.5 分析结果计算

17.5.1 氧化铁量用质量分数 $w(Fe_2O_3)$计,数值以%表示,按式(31)计算:

$$w(Fe_2O_3) = \frac{T_1 \cdot (V_1 - V_2 \cdot K_1) \times 250}{m \cdot V} \times 100 \quad \cdots\cdots (31)$$

式中：

T_1——1 mL EDTA 标准溶液(17.2.12)相当于氧化铁的量，单位为克每毫升(g/mL)；

V_1——17.4.3 中所用 EDTA 标准溶液(17.2.12)总体积的数值，单位为毫升(mL)；

V_2——17.4.3 中回滴过量 EDTA 标准溶液所用硝酸铋标准溶液(17.2.11)体积的数值，单位为毫升(mL)；

V——分取试液体积的数值，单位为毫升(mL)；

K_1——1 mL 硝酸铋标准溶液换算成 EDTA 标准溶液的系数；

m——试料质量的数值，单位为克(g)。

17.5.2 氧化铝量用质量分数 $w(Al_2O_3)$计，数值以%表示，按式(32)计算：

$$w(Al_2O_3) = \frac{T_2 \times (V_1 - V_2 \times K_2) \times 250}{m \times V} \times 100 - w(F.Al) \times 1.8894 \quad \cdots\cdots (32)$$

式中：

T_2——1 mL EDTA 标准溶液相当于氧化铝的量，单位为克每毫升(g/mL)；

V_1——17.4.4 中所用 EDTA 标准溶液(17.2.12 或 17.2.13)总体积的数值，单位为毫升(mL)；

V_2——17.4.4 中回滴过量 EDTA 标准溶液所用硝酸铋标准溶液(17.2.11 或 17.2.14)体积的数值，单位为毫升(mL)；

K_2——1 mL 硝酸铋标准溶液换算成相应 EDTA 标准溶液的换算系数；

m——试料的质量，单位为克(g)；

V——分取试液体积的数值，单位为毫升(mL)；

$w(F.Al)$——金属铝的质量分数，%；

1.889 4——金属铝换算成氧化铝的系数。

18 氧化物量的测定(二氧化硅、氧化铝、氧化铁、二氧化钛、氧化钙、氧化镁、氧化钾、氧化钠、氧化锆、三氧化二铬、氧化锰、五氧化二磷)

18.1 试样预处理

试样先于 850 ℃高温炉中烧尽游离碳，残渣用于氧化物的测定，按表 6 材料分类采用相应标准进行。

18.2 灼烧减量的测定

按 9.2 测定 850 ℃灼烧减量 $w(LOI)_{850\ ℃}$。残渣用于氧化物的测定。

18.3 熔样方法

含碳化硅试样或残渣采用质量比为 1.5 份无水碳酸钠：1.5 份无水碳酸钾：0.7 份硼酸的混合熔剂，熔样温度从 400 ℃逐渐升温至 1 100 ℃，保持 30 min～40 min，直至试样完全分解。其他试样根据烧除游离碳后材料的化学组成选择相应的标准分析方法熔样。

18.4 氧化物的测定

根据材料类型按表 6 选择相应的标准分析方法。

表 6 材料类型及标准分析方法选择

材料类型	标准分析方法
a) 含碳化硅石墨碳材料	GB/T 6901
b) 碳化硅(包括含氮化物)材料	GB/T 6901
c) 粘土结合石墨粘土材料、沥青结合石墨碳化硅材料	GB/T 6901

表 6（续）

材 料 类 型	标准分析方法
d） 二氧化硅结合碳化硅、氮化物材料	GB/T 6901
e） 碳化硅和氮化物结合高铝、刚玉材料，铝碳质材料和氮化铝材料	GB/T 6900
f） 含碳化硅和氮化物镁碳质、镁钙碳质、镁铝碳质材料	GB/T 5069
g） 含碳化硅和氮化物锆碳质、铝锆碳质、锆钙碳质材料	GB/T 4984
h） 含碳化硅和氮化物镁铬质材料	GB/T 5070

18.5 分析结果计算

二氧化硅量按式(33)计算：

$$w(SiO_2)=w(SiO_2)^*\times[1-w(LOI)_{850\,℃}]-w(SiC)\times1.498\,5-w(Si_3N_4)\times1.284\,9-w(F.Si)\times2.139\,3 \qquad (33)$$

式中：

$w(SiO_2)^*$——9.2 残渣中总硅量(以二氧化硅计)的质量分数，%；

$w(SiC)$——试样中碳化硅量的质量分数，%；

$w(Si_3N_4)$——试样中氮化硅量的质量分数，%；

$w(F.Si)$——试样中游离硅量的质量分数，%；

1.498 5——SiC 换算成 SiO_2 的系数；

1.284 9——Si_3N_4 换算成 SiO_2 的系数；

2.139 3——Si 换算成 SiO_2 的系数；

$w(LOI)_{850\,℃}$——试样 850 ℃灼烧减量，%。

氧化铝量按式(34)计算：

$$w(Al_2O_3)=w(Al_2O_3)^*\times[1-w(LOI)_{850\,℃}]-w(F.Al)\times1.889\,4 \qquad (34)$$

式中：

$w(Al_2O_3)^*$——9.2 残渣中总氧化铝量的质量分数，%；

$w(F.Al)$——试样中游离铝量的质量分数，%；

$w(LOI)_{850\,℃}$——850 ℃灼烧减量，%；

1.889 4——金属铝换算成氧化铝的系数。

其他氧化物含量按式(35)计算：

$$w(M_mO_n)=w(M_mO_n)^*\times[1-w(LOI)_{850\,℃}] \qquad (35)$$

式中：

$w(M_mO_n)$——试样中氧化物量的质量分数，%；

$w(M_mO_n)^*$——9.2 残渣中氧化物量的质量分数，%；

$w(LOI)_{850\,℃}$——试样 850 ℃灼烧减量，%。

附　录　A
（规范性附录）
验收分析值程序

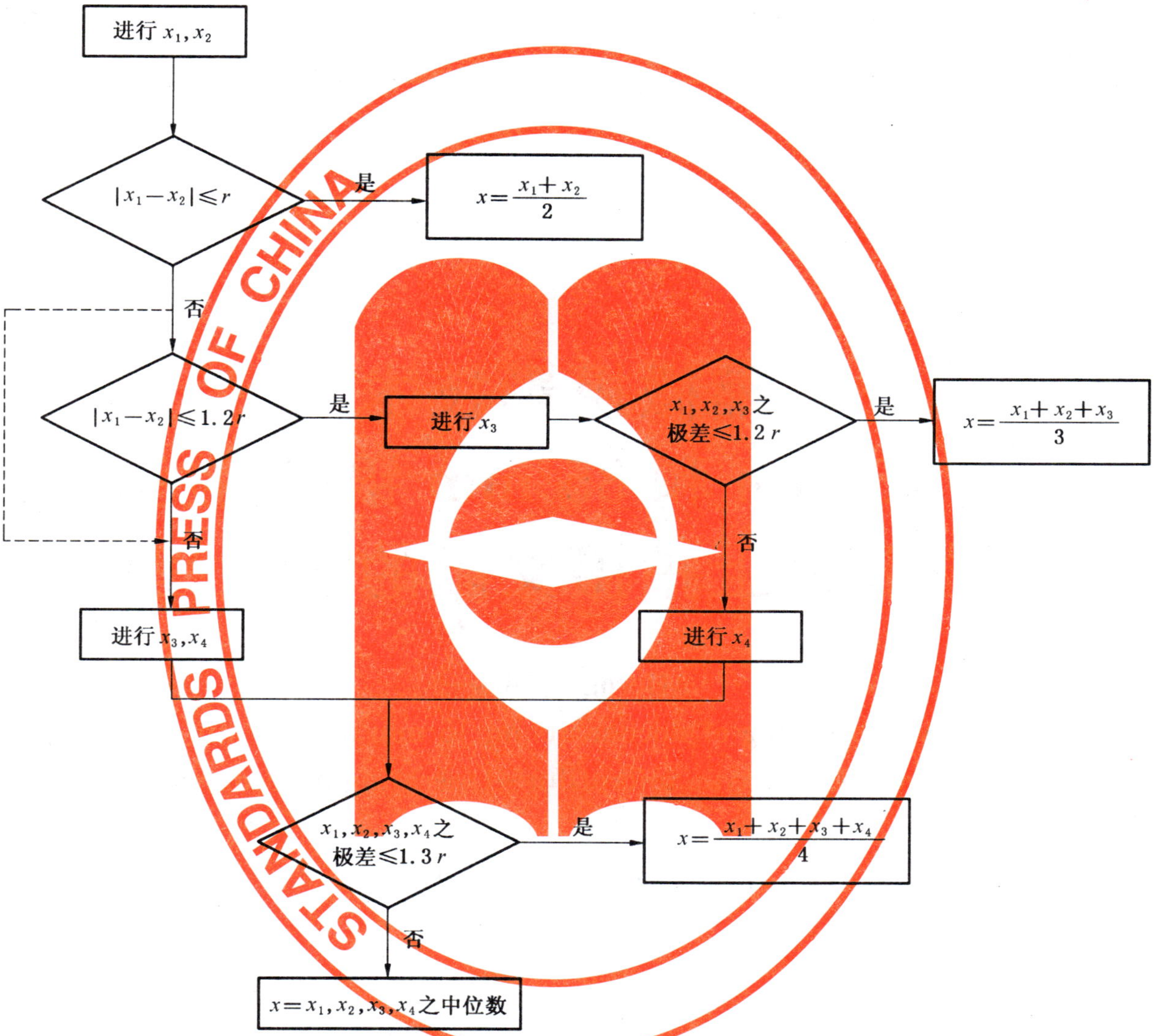

x_1——分析值；

r——允许差。

图 A.1　验收分析值流程图

ICS 37.080
A 14

中华人民共和国国家标准

GB/T 16573—2008
代替 GB/T 16573—1996

缩微摄影技术 在16 mm和35 mm银-明胶型缩微胶片上拍摄文献的操作程序

Micrographics—Microfilming of documents on 16 mm and 35 mm silver-gelatin type microfilm—Operating procedures

(ISO 6199:2005, MOD)

2008-07-28 发布　　2009-01-01 实施

中华人民共和国国家质量监督检验检疫总局
中国国家标准化管理委员会　发布

前　言

本标准修改采用 ISO 6199:2005《缩微摄影技术　在 16 mm 和 35 mm 银-明胶型缩微胶片上拍摄文献的操作程序》(英文版)的技术内容。

本标准与 ISO 6199:2005 的主要差异如下：

——改写了“前言”；

——将规范性引用文件中的国际标准改为与之对应的国家标准或现行的国际标准；

——将适用于国际标准的表述改为适用于我国标准的表述；

——改正图 1“双行往复格式”图中标注页数字朝向的错误；

——改正表 3 标题，使表的内容与 5.9.3 的表述相一致；

——改正图 3 进片距的标注；

——删除表 5 的双行往复格式；

——附录 B 中增加了“注”。

本标准代替 GB/T 16573—1996《缩微摄影技术　在 16 mm 和 35 mm 银-明胶型缩微卷片上拍摄文献的操作程序》。

本标准与 GB/T 16573—1996 相比主要变化如下：

——标准名称及内容中的“缩微卷片”改为“缩微胶片”；

——规范性引用文件中增加了 GB/T 6159 的第二、3、五、6、七、8 和第 10 部分、GB/T 17293—1998、GB/T 19110—2003、GB/Z 20650—2006、ISO 6148:2001、ISO 11962:2002、ISO 18906:2000；

——规范性引用文件中删掉了 GB/T 7519—1987《缩微摄影技术　冲洗后的缩微胶片中硫代硫酸盐残留量的测定　亚甲蓝光度法》、GB/T 8987—1988《缩微摄影技术　缩微摄影时检验负像光学密度用测试标板》、GB/T 8988—1988《缩微摄影技术　检验技术图纸缩微摄影质量测试标板的制作》、GB/T 8990—1988《缩微摄影技术　用于“检验技术图纸缩微摄影质量测试标板”的反射率灰板》、GB/T 12355—1990《缩微摄影技术　有影像缩微胶片的连接》、GB/T 12356—1990《缩微摄影技术　16 mm 平台式缩微摄影机用测试标板的特征及其使用》、GB/T 15021—1994《缩微摄影技术　用 35 mm 卷片拍摄技术图样和技术文件的规定》、GB/T 15737—1995《缩微摄影技术　银-明胶型缩微胶片的冲洗和保存》；

——增加了“第 3 章　术语和定义”；

——“画幅间距”改为“进片距”；

——改正图 1“双行往复格式”图中标注页的数字朝向的错误；

——原第 6 章和第 7 章合并为第 7 章；

——原 5.4 改为第 9 章，原 8.2 改为第 11 章，原第 9 章改为第 12 章，取消原第 8 章和第 10 章；

——增加“第 8 章　扫描用缩微胶片”、“第 10 章　文献在摄影机稿台上的放置”、“第 13 章　法律认可性”；

——各章节的内容都进行了增减和调整，章节编号进行了重新编排；

——删除原附录 B 和附录 D，附录 C 调整为附录 B，附录 A 和附录 B 由“标准的附录”改为“资料性附录”；

——在附录 B 中说明扫描用缩微胶片的质量要求；

——增加了参考文献。

本标准的附录A和附录B为资料性附录。

本标准由全国文献影像技术标准化技术委员会(SAC/TC 86)提出并归口。

本标准起草单位:全国文献影像技术标准化技术委员会4分会。

本标准主要起草人:毛谦、韩元忠、李铭。

本标准所代替标准的历次版本发布情况为:

——GB/T 16573—1996。

缩微摄影技术
在 16 mm 和 35 mm 银-明胶型
缩微胶片上拍摄文献的操作程序

1 范围

本标准规定了制作符合质量要求的缩微胶片的程序，该缩微胶片上的影像满足扫描的要求。

本标准规定了在 16 mm 和 35 mm 银-明胶型缩微胶片上拍摄文献的方法，包括：缩微胶片上影像的方位、无影像区的使用、识别缩微胶片的必需信息。

本标准适用于平台式和轮转式缩微摄影机。

本标准不适用于拍摄技术图样、地图、平面图和报纸，它们使用现有的专门的国家标准或国际标准拍摄[1]~[3]。

2 规范性引用文件

下列文件中的条款通过本标准的引用而成为本标准的条款。凡是注日期的引用文件，其随后所有的修改单(不包括勘误的内容)或修订版均不适用于本标准，然而，鼓励根据本标准达成协议的各方研究是否可使用这些文件的最新版本。凡是不注日期的引用文件，其最新版本适用于本标准。

GB/T 6159 缩微摄影技术 词汇(第 1 部分到第 8 部分和第 10 部分)(ISO 6196)

GB/T 6160—2003 缩微摄影技术 源文件第一代银-明胶型缩微品密度规范与测量方法(ISO 6200:1999,MOD)

GB/T 6161—2008 缩微摄影技术 ISO 2 号解像力测试图的描述及其应用(ISO 3334:2006,IDT)

GB/T 7516 缩微摄影技术 图形符号(GB/T 7516—1996,eqv ISO 9878:1990)

GB/T 17293—2008 缩微摄影技术 检查平台式缩微摄影机系统性能用的测试标板(ISO 10550:1994,MOD)

GB/T 19110—2003 缩微摄影技术 检查轮转式缩微摄影机系统性能用的测试标板(ISO 10594:1997,MOD)

GB/Z 20650—2006 缩微摄影技术 缩微品的法律认可性(ISO/TR 10200:1990,MOD)

ISO 6148:2001 摄影术 缩微摄影胶片、防光片盘和片芯 尺寸

ISO 11962:2002 缩微摄影技术 16 mm 和 35 mm 卷式缩微胶片使用的影像标记(光点)

ISO 18906:2000 成像材料 摄影胶片 安全胶片规范

3 术语和定义

GB/T 6159 确立的以及下列术语和定义适用于本标准。

3.1

影像间隔 inter-image gap

画幅间隔 inter-frame gap

沿卷式缩微胶片的长边测量，一个缩微影像的后边缘和下个影像的前边缘之间的距离。

3.2

扫描用缩微胶片 scanning microfilm

预定用于扫描仪输入的缩微胶片。

4 文献的准备

应仔细检查被缩微拍摄的文献，适当修补存在的缺陷，除去异物（如：曲别针）和按拍摄要求顺序排页。

检查待拍摄文献的尺寸，确保在缩微拍摄范围内。

为文献添加适当的标板。

附录 A 说明了在拍摄前整理文献的具体事项。

5 缩微拍摄的条件

5.1 缩微生胶片

缩微生胶片应符合 ISO 6148:2001 和 ISO 18906:2000 的要求。

5.2 格式和方向

5.2.1 格式

卷式缩微胶片使用的通用影像排列格式如图 1 所示。

缩微胶片上缩微影像的尺寸如表 1 所示。

表 1 无孔缩微胶片没有文献标记时的影像尺寸（见图 1） 单位为毫米

尺寸	测量项目	16 mm 胶片	35 mm 胶片
a 最大	影像宽度	14.92	33.00[a]
c 最小	影像间隔	1.00	2.00
d 最小	片边空白	0.50	0.97
e 最小	片边空白	0.50	0.97
f 最小[b]	中间空白	0.50	0.97
注：胶片宽度（$a+2d$）应符合 ISO 6148:2001 规定。影像区较小。			
a 对某些应用，依照相关标准该数值会改变。			
b 适用于除单行外的所有格式。			

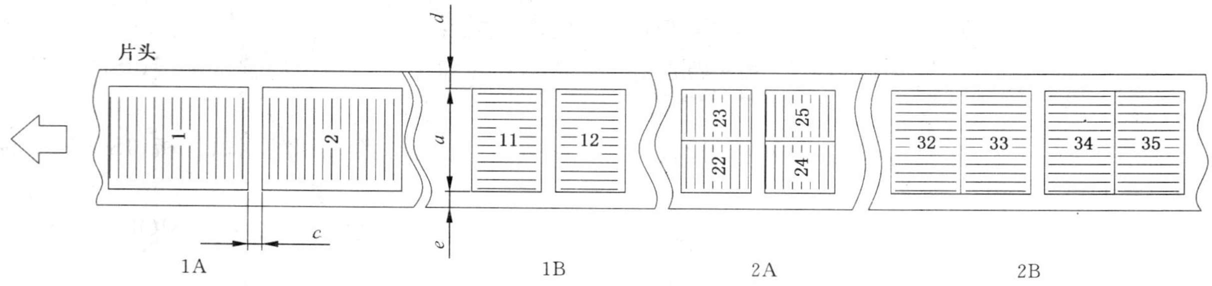

单行格式

从左到右横向书写文献选用的方向

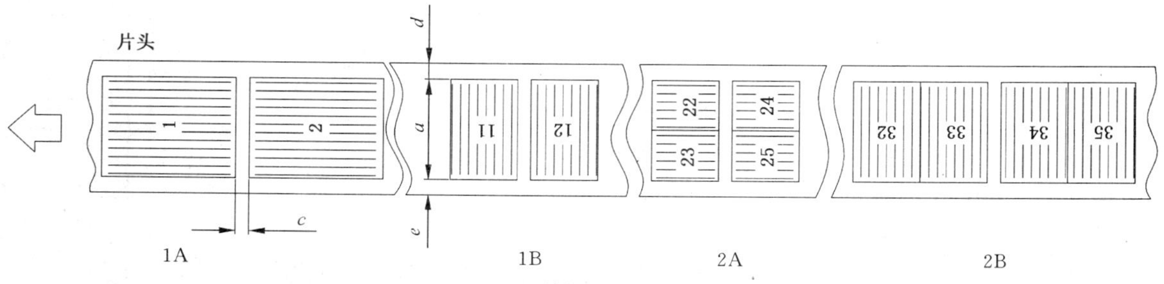

单行格式

从右到左纵向书写文献选用的方向

图 1 卷式缩微胶片影像排列格式

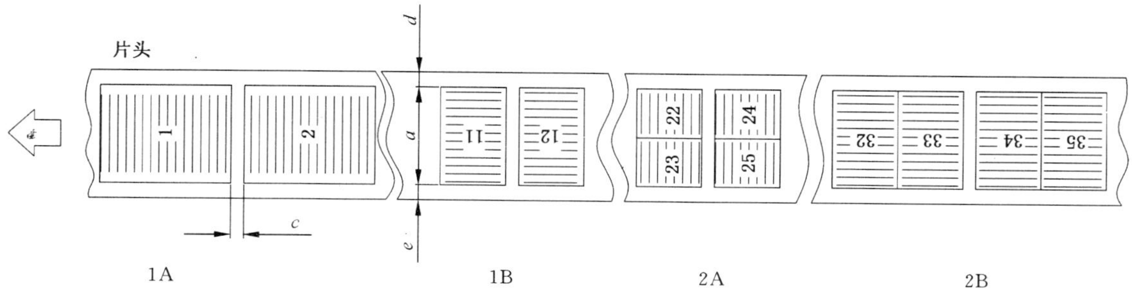

单行格式

从右到左横向书写文献首选的方向

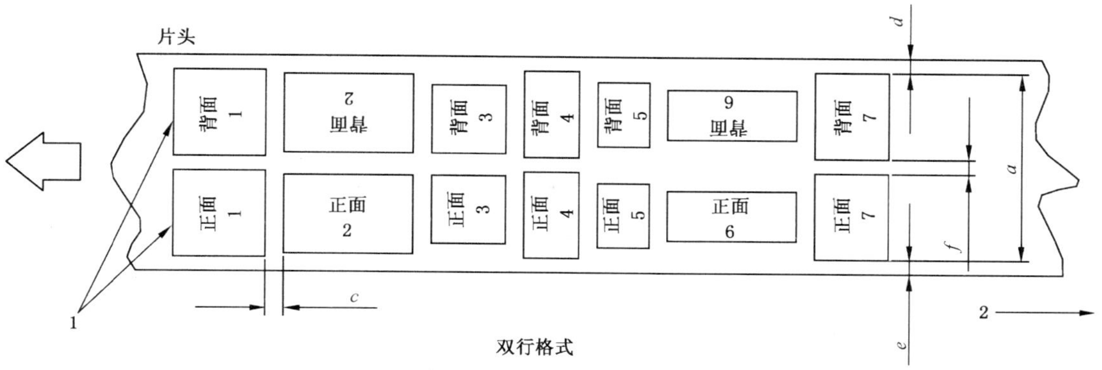

双行格式

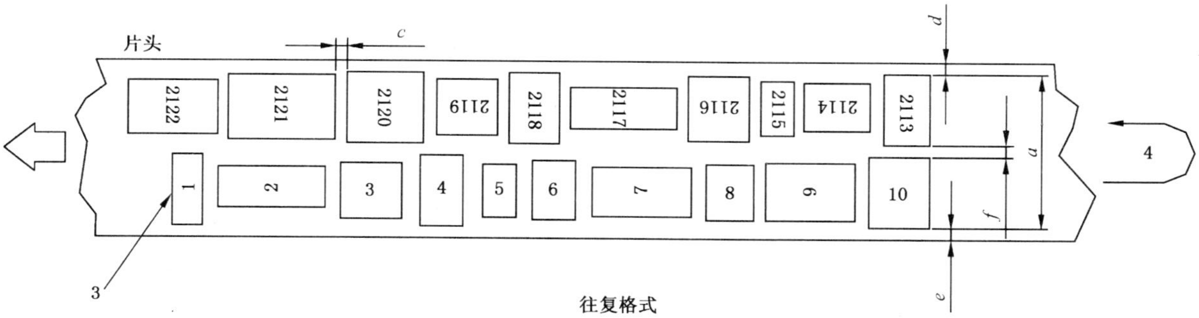

往复格式

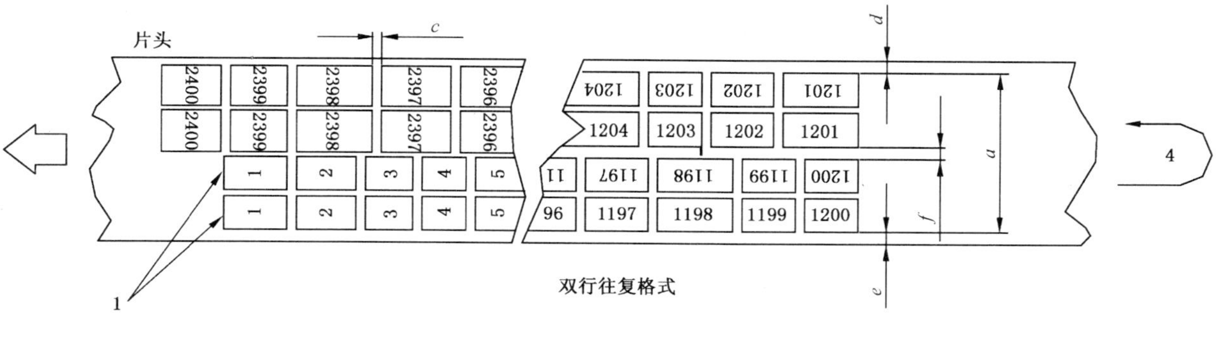

双行往复格式

注 1：在双行格式，一行（正面）的影像方向由原文献页上的文字方向确定，对应行（背面）的影像方向由上面提到的行的影像方向确定。

注 2：双行往复格式主要应用于银行业。

1——第一页文件的正面和背面；

2——上升顺序；

3——文献第一页（或最后一页）；

4——上升（或下降）顺序。

图 1（续）

5.2.2 方向

缩微影像以单行格式记录，横排式（连环画式）时应用图1的1B和2B方向。单行格式，竖排式（电影片式）时应用图1的1A和2A影像方向。

缩微影像也可如图1所示的双行格式、往复格式和组合的双行往复格式确定方向。

5.3 卷式片编码

缩微影像编码使单独影像或一组影像容易定位。ISO 11962:2002说明了编码系统的例子。

5.4 画幅编号

使用画幅编号时，画幅编号不应出现在缩微影像画幅区内。它们可位于缩微胶片的任一片边空白区域或者画幅间隔的上部或下部区域。画幅编号在缩微胶片上的高度不应超过2 mm。一盘缩微胶片上画幅编号的位置应当一致（见8.2）。

5.5 布局

缩微影像应位于画幅宽度的中央，每个缩微影像至少有30%在缩微胶片可用宽度的一半内。

5.6 影像间隔

影像间隔应符合表1的规定。

注：当扫描缩微胶片时，影像间隔对探测影像边缘是至关重要的（见8.4）。

5.7 边缘条带

本条仅适用于使用平台式摄影机缩微拍摄。

缩微拍摄的文献前边缘如是不规则的，不能准确确定边缘的位置，应在拍摄机的稿台上放一个宽度3 mm以上的白色无光泽条带，该条带平行于缩微影像的前边缘，并且刚好挨着文献的前边缘。条带的长度应超过缩微影像区的整个宽度。

5.8 缩率

宜选择使发行拷贝上最小的字符在阅读屏幕和硬拷贝上是清晰的缩率和方向。

应根据被拍摄文献的尺寸、质量、字符大小和摄影机-胶片系统的质量确定使用的拍摄缩率。如可能，宜使用横排式拍摄。

5.9 文献尺寸

5.9.1 概述

表1和图1表示无编码胶片在可用宽度内缩微影像的最大高度或宽度。图2用于有编码胶片。

注：可拍摄文献的最大高度或宽度取决于使用的影像排列方式、缩率和摄影机类型（轮转式摄影机或平台式摄影机）。

单位为毫米

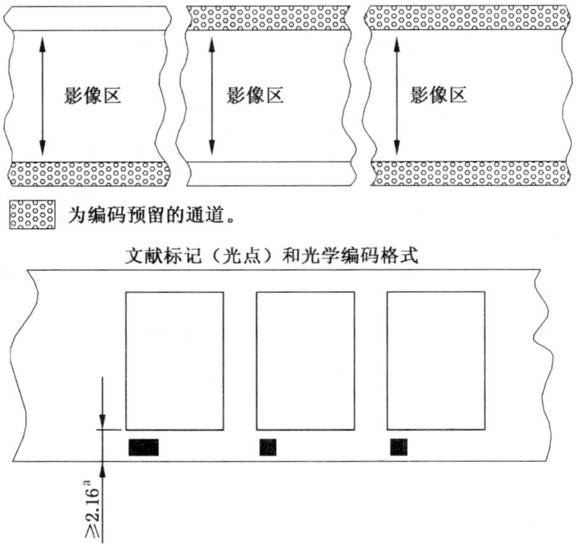

[a] 为文献标记预留的通道。

图2 为文献标记（光点）和光学编码格式预留的通道

5.9.2 轮转式摄影机用单行格式

缩微影像平行于胶片长度方向的边，其长度可为任意长。

表 2 列出 16 mm 轮转式摄影机使用无编码胶片单行格式时最常用的两种缩率。如果缩微影像尺寸接近可拍摄的最大影像尺寸，宜使用更高的缩率拍摄，以减少拍摄时文献偏斜可能引起的信息丢失。

注：能拍摄的文献最大尺寸由文献输稿器进稿口宽度决定。

表 2 16 mm 轮转式缩微摄影机——无编码胶片单行格式

单位为毫米

标称缩率	文献边与胶片长边垂直方向的最大尺寸
1∶20	298
1∶24	357

5.9.3 平台式摄影机用单行格式

单行格式用于可变缩率(或一组固定缩率)和可变进片距的平台式摄影机。表 3 列出使用不同缩率拍摄时文献的最大尺寸。固定进片距缩微摄影机拍摄见表 4 和图 3。

注：由于定位误差，文献的实际尺寸宜小于表中数值。

35 mm 胶片如用作插入 A6 封套片的三个画幅的条片，最大的进片距宜是 47.5 mm。需要改变缩率以适应较短的进片距。

表 3 平台式卷片缩微摄影机在不同缩率下可拍摄文献的最大尺寸

单位为毫米

缩率[a]	文献最大尺寸			
	16 mm 缩微胶片		35 mm 缩微胶片	
	长度	宽度	长度	宽度
1∶6	229	90	267	190
1∶8	305	120	356	254
1∶10	381	150	444	318
1∶12	457	180	533	381
1∶14	533	210	622	444
1∶15	572	225	667	476
1∶16	610	240	711	508
1∶18	686	270	800	572
1∶20	762	300	889	635
1∶21	800	315	933	667
1∶22	838	330	978	698
1∶24	914	360	1 067	762
1∶26	991	390	1 156	826
1∶27	1 029	405	1 200	857
1∶28	1 067	420	1 245	889
1∶29	1 105	435	1 289	921
1∶30	1 143	450	1 334	952
1∶32	1 219	480	1 422	1 016
1∶34	1 295	510	1 511	1 080
1∶36	1 372	540	1 600	1 143

[a] 注意，实际使用的缩率可能与表中的缩率不同。用缩率和画幅尺寸能计算出相应的可拍摄文献的最大尺寸。

表 4　固定进片距的平台式卷片缩微摄影机(见图 3)　单位为毫米

35 mm 缩微胶片	尺　　寸
画幅($a \times b$)	$32_{-0.5}^{0} \times 45_{-0.5}^{0}$
进片距(t)	$52_{-1.2}^{0}$

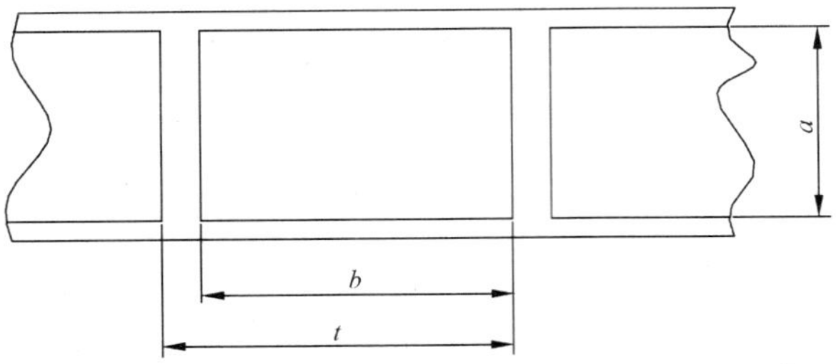

图 3　画幅和进片距

5.9.4　单行格式编码

单行格式的缩微胶片沿胶片边缘用文献标记或光学编码进行编码。在固定缩率的平台式或轮转式摄影机上产生缩微胶片编码，摄影机生产厂家提供了用该摄影机可拍摄的最大文献尺寸。考虑到位置误差，文献的尺寸宜小于该尺寸。

5.9.5　轮转式摄影机用双行格式、往复格式和双行往复格式

双行格式、往复格式和双行往复格式仅用于轮转式摄影机。

表 5 列出使用双行格式和往复格式时最常用的几种缩率和能缩微拍摄文献的最大尺寸。考虑到文献定位和输送误差，文献尺寸宜小于最大值。

表 5　16 mm 轮转式缩微摄影机——无编码胶片双行格式或往复格式　单位为毫米

缩　　率	文献最大高度或宽度
1∶32	230
1∶40	288
1∶45	324
1∶50	360

6　缩微拍摄程序

6.1　文献需拍摄在多盘胶片上

如果一个连续文献需要拍摄多卷胶片，在缩微胶片上应当保持文献的顺序和连续性。

6.2　片头和片尾

除有灰雾缩微胶片外，每盘缩微胶片的开始和结尾应有一定长度的未曝光缩微胶片。16 mm 缩微胶片未曝光部分的长度应不少于 700 mm，35 mm 缩微胶片应不少于 500_{0}^{+200} mm。

注：该片头和片尾适用于自动穿片阅读器。

留出的片头和片尾长度应符合已知检索设备的要求。

7　拍摄顺序

7.1　标板

应按表 6 顺序拍摄标板。

表 6 拍摄顺序

顺 序	标 板	条
1	存档测试用透明片头	7.2
2	穿片用片头	6.2
3	卷片开始标板	7.4.2
4	接上盘标板	7.4.3
5	补拍标板(需要时)	7.3
6	盘号标板	7.4.4
7	识别标板	7.4.5
8	专用标板(需要时)	7.4.6
9	测试标板	7.4.7
10	文献(插入各种适用标板)	7.4.8
11	文献计数标板	7.4.9
12	转下盘标板	7.4.10
13	卷片结束标板	7.4.11
14	穿片用片尾	6.2
15	存档测试用透明片尾	7.2

7.2 存档测试区

如果需要存档测试,16 mm 或 35 mm 缩微胶片除了片头和片尾外,在每盘的开始和结尾还应留出至少 300 mm 的低密度(透明)胶片。

7.3 补拍

补拍时宜按以下顺序:

a) 补拍说明标板“第×盘补拍”;

b) 7.4.7 描述的测试标板;

c) 专用标板(如使用);

d) 需要补拍的文献;

e) 补拍说明标板“第×盘补拍结束”。

为接片或其他需要,补拍后可留适当长度透明区。

7.4 标板

7.4.1 概述

不同的应用需要不同的标板。有些是基本的,有些是任选的。

7.4.2 卷片开始标板

卷片开始标板应包含 GB/T 7516 所述图形符号或“开始”字样。

7.4.3 接上盘标板

连续文献按顺序拍摄在多盘缩微胶片上,应使用接上盘图形符号标板(见 GB/T 7516),该标板应包含“上接第×盘”字样。

7.4.4 盘号标板

盘号标板应标出盘的编号。在缩微胶片上编号数字的高度至少应是 2 mm。

7.4.5　识别标板

识别标板应包含：

——对缩微胶片上文献的描述；

——摄影机操作者的姓名；

——出版者名称；

——缩微拍摄公司的名称和地址；

——拍摄日期。

7.4.6　专用标板(任选)

7.4.6.1　概述

为特殊目的可用一个或多个专用标板，如操作员证书。

7.4.6.2　限制或分级标板

限制或分级标板应包含对存取或使用的限制，包括对进一步复制的限制或保密级别。

7.4.6.3　信息页

信息页应当列出对缩微拍摄和质量的要求，以及相应缩微系统的规格。

7.4.6.4　著录标板

著录标板应包含被拍摄文献的著录资料、原文献储存地。

7.4.7　测试标板

测试标板应出现在每盘胶片表6所示位置上以及该盘胶片中发生缩率改变的位置上。

标板的尺寸应当是在选择的缩率下拍摄，使其缩微影像覆盖影像区的整个宽度。

平台式缩微摄影应使用符合GB/T 17293—2008的测试标板。

轮转式缩微摄影应使用符合GB/T 19110—2003的测试标板。

7.4.8　文献和相关标板

文献应缩微拍摄在表6所示的位置，必要时插入图形符号。如果图形符号表达得不够充分，可缩微拍摄有适当说明的标板。

7.4.9　文献计数标板

文献计数标板应标出缩微胶片上拍摄文献的总数(包括全部标板数)。

7.4.10　转下盘标板

连续文献按顺序拍摄在多盘缩微胶片上，应使用转下盘图形符号标板(见GB/T 7516)，该标板应包含“下转第×盘”字样。

7.4.11　卷片结束标板

卷片结束标板应包含GB/T 7516所述的图形符号或“结束”字样。

8　扫描用缩微胶片

8.1　制作扫描用缩微胶片的摄影机

使用平台式摄影机拍摄时应使用无光泽黑底板。

这样做可使文献的缩微影像与底板完全区分开，使暴露的底板与画幅间隔或缩微胶片的上下边融为一体。可使用与被拍摄文献同样大小的白色底衬和在拍摄板上放一个黑条，以产生“鲜明”的前边缘。

使用轮转式摄影机拍摄扫描用缩微胶片时，应尽可能减小影像倾斜。

不允许由于原件传送不当而产生文件交叠的缩微影像，及可能造成的大倾斜。这种情况能造成没有影像间隔，而影像间隔是扫描时边缘探测的基本要素。

8.2　画幅编号

虽然画幅编号在扫描影像质量控制时对定位相应缩微影像有帮助，但是对于扫描缩微胶片来说不是必要的。如果使用画幅编号，它们应位于不妨碍探测画幅的位置。画幅编号应位于画幅区(即扫描区)外，或应放在不与边缘探测器相冲突的位置。

使用画幅编号时，每个画幅都应编号(在拍摄阶段)。在摄影机底板上的编号应充分高，以符合5.4的要求。数字或背景(取决于极性)的密度宜在1.2以上且宜清楚鲜明。数字应与缩微影像同极性。在胶片上画幅编号前可加注粗体“画幅编号”字样。

注：如果使用画幅编号和缩微拍摄小文献，即使画幅编号位置“正确”仍可能出现边缘探测不准的问题，除非缩微胶片使用光点。

8.3 布局

缩微影像应位于5.5指定的位置。

8.4 边探测

如果文献的边缘参差不齐，应使用5.7规定的边缘条带。

8.5 标板

8.5.1 测试标板

扫描用缩微胶片的测试标板(见7.4.7)应加一对相互垂直的刻度线(例如100 mm长的线)。

注：上述规定的附加线在设置一些缩微胶片扫描仪时是不可缺的。它们也可用于重新调节错误的缩放影像。

8.5.2 文献计数标板

文献计数标板应包含缩微胶片上影像的总数，以便在扫描时验证所有缩微影像是否已被探测和扫描。

8.6 影像密度

影像密度应与GB/T 6160—2003的规定一致。尽管密度低于0.8时，可能引起扫描解像力降低，通常扫描用缩微胶片上影像的密度应当在其允许范围的低值端。

8.7 倾斜

缩微影像的倾斜角度不应过大，以免妨碍自动倾斜探测和扫描后校正。通常可接受的最大倾斜角度是10°。

注：倾斜可能在扫描的边缘探测引起问题，尤其是当缩微影像的尾边与下一个影像的前边交叠时。为避免这一问题，宜使用足够大的缩微影像画幅，以容纳倾斜文献的角。

8.8 解像力

缩微品实际需要的解像力宜根据附录B计算出。

注：技术图样或报纸的应用有特殊解像力的要求(见GB/T 17739.2—2006和ISO 4087)。

9 接片

应使用超声波接片。

注：不推荐粘合接片，因为这样可能存在对缩微胶片长期保存有害的化学品。

应尽量使接头数最少，推荐每盘胶片接头数不超过六个。应在第一代缩微胶片上接片。

10 文献在摄影机稿台上的放置

文献应展平放在稿台指定范围内。

文献在稿台上的倾斜度由文献的前缘和垂直于缩微胶片长边的线之间的角确定，该角应尽量小，不应超过10°。在稿台上可用一个无光泽的角规。

11 绕片

冲洗后，缩微胶片的缠绕应使影像“F”在观看时如图4所示。

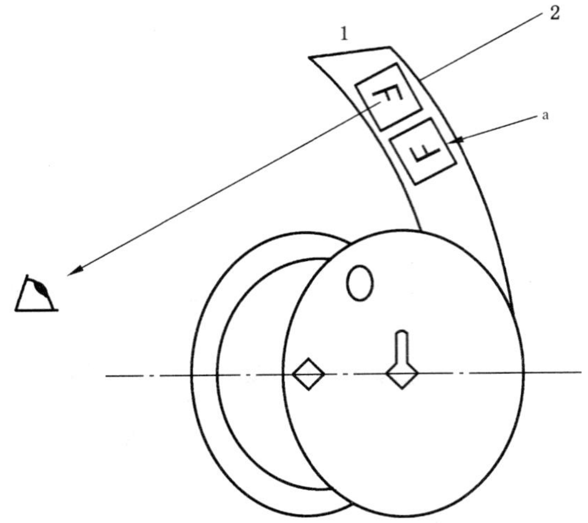

1——片头；

2——光线。

a 日文、中文(从右向左读)、阿拉伯文和希伯来文书写方向。

图 4 胶片绕在片盘上的图示

12 质量控制

冲洗后应检查缩微胶片和缩微影像的质量，并补拍替换不合格的缩微影像(见 7.3)。如果缩微拍摄后要销毁原文献，应在检查和修正全部完成后进行。

13 法律认可性

如果缩微影像需要作为证据，宜执行 GB/Z 20650—2006 规定的程序。

附　录　A
（资料性附录）
文　献　准　备

全部需要缩微拍摄的原件宜以正确顺序放置。宜尽最大努力获得丢失的部分，使缩微胶片尽可能拍摄完整。如果缺失页或文件找不到，宜插入“原件缺失”符号或标板（见GB/T 7516）。如果尺寸或外观妨碍某些部分缩微拍摄（例如法律文件中的证据），宜在胶片适当位置拍摄识别每部分的标板并解释遗漏的原因。为确保正确的顺序和文件收藏的完整，有可能需要标记页数。

在缩微拍摄前宜从文献上去掉所有的曲别针等。当使用轮转式摄影机时这一点很重要。

不影响文字或图表的缺陷可以忽略。文献如有小的破损，通常只要放置正确，就不会有任何信息丢失。如果缩微拍摄后将文件销毁，那么原件的处理是不重要的。如有必要，非档案原件可用透明胶带修补。档案文献损坏的部分不宜用胶带修补，这可能影响可读性和造成对文献长期的损坏。要缩微拍摄的文献或组成文献的页宜放在干净的文件夹内。另一种办法是用平板复印机复制文献的拷贝。

轮转式摄影机的操作人员宜明白，修补文献压敏透明胶带边缘的粘胶可能会影响文献的输送，会引起纸故障或弄到玻璃导板上挡住光路。建议不要用胶带修补文献。

缩微拍摄时如果需要将装订成册的文件拆开，拍摄后再重新装订起来，建议在有经验的图书修补人员指导下操作。

建议不对污点做清除处理。宜代之以摄影方式来获得更清晰的缩微影像。例如为改善文献的可读性，可使用彩色滤光器减少由于原件褪色造成的影像质量损失和改进一些彩色重现。法律文献或历史文献上的信息（比如书写笔迹或印刷字迹）宜仅用摄影方式增强。

在缩微拍摄前，图形符号或文献的描述标板（见GB/T 7516）和文件宜放在文献顺序的适当位置。

原件由于密度或对比度变化需要两次不同的曝光时，宜放置“影像重复”图形符号（见GB/T 7516）。

准备文献时，宜确定适合一盘缩微胶片的影像数。该信息宜用于确定在文件的何处更换胶片。这类中断宜选在文件的逻辑断点，如在主题、日期或卷的结尾处中断。

除一盘缩微胶片的长度和宽度外，盘中画幅的数量取决于：

——使用的缩率；

——原件的尺寸；

——进片距；

——方向；

——卷片长度；

——单元记录的缩微拍摄要求。

附 录 B
（资料性附录）
解 像 力

B.1 概述

当需要确定缩微胶片生产系统的解像力时，要考虑下列因素：

——产生合格质量影像的最大缩率是多少？

——宜使用什么尺寸的胶片（16 mm 胶片或 35 mm 胶片）？

遵照本附录给出的详细方法，能产生高质量的影像。

B.2 缩微胶片扫描

B.2.1 概述

当扫描缩微胶片时，扫描系统的分辨率是以每英寸的点数（dpi）来计量。当制作扫描用缩微胶片时，可能还不知道扫描系统的分辨率，然而知道典型扫描仪的分辨率及其对扫描结果的影响是有益的。

B.2.2 有灰度的文献

可以肯定，如果要维持全灰度，比二值扫描更低的扫描分辨率也将产生相等的主观质量[4]。虽然到目前没有确定灰度到二值影像定量的对应关系，但用典型的 300 dpi、4 比特灰度（有 16 级灰度）扫描高反差缩微胶片是容易完成的，其质量不比 600 dpi 二值影像差多少，这关系到最大缩率的问题，以及是否可以用 16 mm 而不用 35 mm 便能达到给定的质量水平。

B.2.3 有手写文字的文献

扫描手写文字时，确定需要最小扫描分辨率的主要因素是线的稠密及背景的对比。手写线在尾端上挑时变细。这种线典型的宽度是 0.1 mm。可以假设最小的扫描宽度是两个像素，再增加 50%的保险系数解决探测线条的重合失调，进行探测和捕获这些线条。

因此，0.1 mm 宽的线和与背景大的对比大约要 600 dpi 的扫描分辨率保证可接受的扫描影像质量。同样根据质量因数 QI（见 B.4）需要高质量级（8）。

B.3 缩微胶片分辨率

缩微胶片需要的解像力和缩率之间有一定的关系。一个典型西文字符在其高度上需要 10 线对的系统解像力才能识别。用 10 除最小字符高度，然后除以缩率，便可确定系统分辨率。

例如：扫描 1 mm 高的字符，用的缩率是 1∶24，240 线对每毫米（lp/mm）的系统分辨率是适当的。

使用以每英寸点数（dpi）标定的扫描系统，500 dpi 的分辨率相当于 10 lp/mm。因此在上例中 12 000 dpi（240×50）的扫描仪分辨率是适宜的。

B.4 质量因数

B.4.1 概述

缩微胶片的质量因数是用于衡量其质量级。

B.4.2 计算

质量因数是基于 ISO 2 号解像力测试图（见 GB/T 6161—2008）缩微影像的评价。ISO 2 号测试图有一系列从 1 lp/mm～18 lp/mm 频率范围的线对图形。

对于本标准，缩微拍摄系统的质量因数（QI）宜用下面公式确定：

$$QI = P \times H \qquad \text{(B.1)}$$

式中：

P——缩微影像中 ISO 2 号测试图可分辨图形的最大标示数码；

H——原文献中小写字母“e”的高度，单位为毫米(mm)。

高质量再现的影像，字符细节清晰可辨，其 QI 值宜为 8 或更高(影像优秀)。若 QI 值为 5，则再现的影像虽然字符有断笔或其他细节不能形成，但阅读没有困难(影像可读)。如果 QI 值为 3 或更低，字母“e”、“c”和“o”有部分闭合(或更差)，阅读有困难(影像可辨)。

QI 值 3.6 作为影像质量的临界值。

注：由于中文字的笔画比英文多，质量因数(QI)宜采用：QI＝18(优秀)、QI＝11(可读)、QI＝7(可辨)。

参 考 文 献

[1] GB/T 17739.2—2006 技术图样与技术文件的缩微摄影 第2部分:35 mm 银-明胶型缩微品的质量准则与检验.

[2] ISO 4087, Micrographic—Microfilming of newspapers for archival purposes on 35 mm microfilm.

[3] GB/T 18730—2002 文献成像应用 在35 mm胶片上缩微拍摄非彩色地图.

[4] KENNEY and CHAPMAN, Tutorial on Digital Resolution Requirements for Replacing ext-Based Material, Commission on Preservation and Access, Washington D. C., USA 1995.

ICS 83.140.10
G 31

中华人民共和国国家标准

GB/T 16578.1—2008/ISO 6383-1:1983
代替 GB/T 16578—1996

塑料薄膜和薄片 耐撕裂性能的测定 第1部分:裤形撕裂法

Plastics—Film and sheeting—Determination of tear resistance—
Part 1:Trouser tear method

(ISO 6383-1:1983,IDT)

2008-08-04 发布 2009-04-01 实施

中华人民共和国国家质量监督检验检疫总局
中国国家标准化管理委员会 发布

前　言

GB/T 16578《塑料薄膜和薄片　耐撕裂性能的测定》共分为2部分：

——第1部分：裤形撕裂法；

——第2部分：埃莱门多夫法（Elmendorf method）。

本部分为GB/T 16578的第1部分，等同采用ISO 6383-1:1983《塑料——薄膜和薄片——耐撕裂性能的测定　第1部分：裤形撕裂法》（英文版）。

本部分等同翻译ISO 6383-1:1983，在技术内容上完全一致。

为便于使用，本标准做了下列编辑性修改：

——把“ISO 6383的本部分”改为“GB/T 16578的本部分”；

——删除了ISO 6383-1:1983的前言；

——增加了国家标准的前言；

——把“规范性引用文件”一章所列的国际标准用等同该文件的国家标准代替；

——把标准中涉及到的ISO标准换成相应的国家标准。

本部分代替GB/T 16578—1996《塑料薄膜和薄片耐撕裂性能试验方法　裤形撕裂法》。

本部分与GB/T 16578—1996相比主要变化为：

——更改了标准名称、增加了前言；

——增加了规范性引用文件；

——定义内容有所不同，删去了最大撕裂力定义；

——删去原6.3（刀具）；

——删去原图2试样的裁取方法；

——增加了250 mm/min的试验速度；

——增加了撕裂扩展方向图；

——删去原11.2及图5高延伸性薄膜的负荷-时间图；

——删去11.5标准偏差计算式。

本部分由中国石油和化学工业协会提出。

本部分由全国塑料标准化技术委员会（SAC/TC 15）归口。

本部分负责起草单位：国家合成树脂质量监督检验中心。

本部分参加起草单位：北京燕山石化树脂所、国家化学建筑材料测试中心（材料测试部）、国家石化有机原料合成树脂质检中心、国家塑料制品质检中心（北京）、广州金发科技有限公司。

本部分主要起草人：施雅芳、黄正安、陈宏愿、李建军、王超先、宋超、金伟。

本部分所代替标准的历次版本发布情况为：

——GB/T 16578—1996。

塑料薄膜和薄片　耐撕裂性能的测定
第1部分:裤形撕裂法

1　范围

GB/T 16578 的本部分规定了用标准的裤形试样测定厚度在1 mm以下的薄膜和薄片的撕裂性能方法。试验应在规定的状态调节和试验速度下进行。

本部分适用于软质和硬质材料的薄膜和薄片,试验时材料不应发生脆性破坏,或材料的不可逆变形引起的两裤腿变形所耗能量不应影响撕裂所耗能量。

本部分不适用于测定泡沫片材和泡沫薄膜的撕裂性能。

2　规范性引用文件

下列文件中的条款通过GB/T 16578本部分的引用而成为本部分的条款。凡是注日期的引用文件,其随后所有的修改单(不包括勘误的内容)或修订版均不适用于本部分,然而,鼓励根据本部分达成协议的各方研究是否可使用这些文件的最新版本。凡是不注日期的引用文件,其最新版本适用于本部分。

GB/T 2918—1998　塑料　试样状态调节和试验的标准环境(idt ISO 291:1997)

GB/T 6672—2001　塑料　薄膜和薄片厚度测定　机械测量法(idt ISO 4593:1993)

GB/T 1040.3—2006　塑料　薄膜拉伸性能试验方法(ISO 527-3:1995,IDT)

GB/T 20220—2006　塑料薄膜和薄片　样品平均厚度、卷平均厚度及单位质量面积的测定　称量法(称量厚度)(ISO 4591:1992,IDT)

3　术语和定义

下列术语和定义适用于本部分。

3.1

撕裂力　tearing force

F_t

在恒定的试验速度下,使裂纹横贯图1所示的试样所需的平均力。

单位为毫米

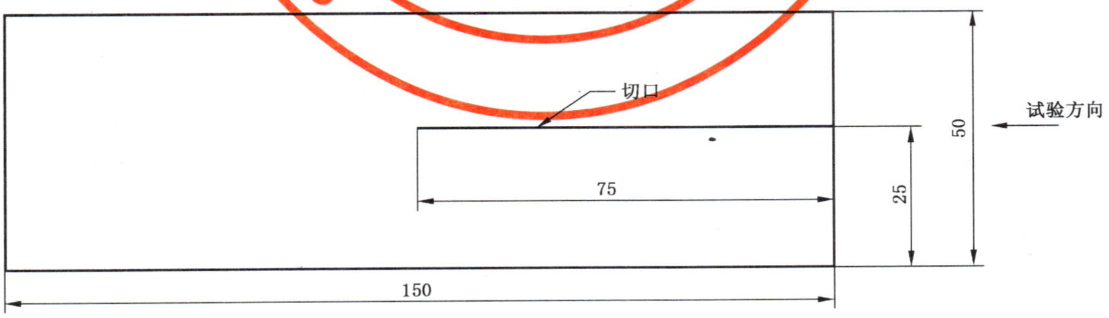

图1　试样

3.2

撕裂强度　tear resistance

σ

撕裂力除以试样厚度。

4 意义

4.1 本方法可作为质量控制、按标准接收或拒收以及用于研究和开发所需数据的依据。

4.2 撕裂性能可能随试样制备、试验速度和试验环境而变化。因此，在需要精确地比较结果时，应注意控制这些因素。

一般说来，只要不同材料的试样厚度相差不大于±10%，便可比较它们的撕裂强度(见3.2)。但在解释试验结果时应注意，不同材料的撕裂能量随试验速度可能发生明显的变化。

5 原理

在试样长轴方向上切缝至1/2处，使其切口所形成的两“裤腿”上经受拉伸试验，测试沿长轴方向撕裂试样所需的平均力，计算材料的撕裂强度(见图1)。

6 仪器

6.1 拉伸试验机(非摆锤式)：类似于GB/T 1040.3—2006所规定的，具有下列特性。

6.1.1 具有第9章所规定的夹具分离速度。负荷测量装置应配有自动记录仪，从试验开始就能将施加于试样的负荷以时间为函数予以记录。

6.1.2 夹具应装有能牢固地夹住试样“裤腿”不打滑的钳口。钳口宽度应大于试样宽度，试验过程中两钳口应相互平行，不应装在可旋转的接头上。

6.2 测厚装置：按GB/T 6672—2001所述方法测量试样厚度的仪器。对压花薄膜或片材，应使用GB/T 20220—2006所规定的仪器。

7 试样

7.1 试样的形状和尺寸如图1所示，试样中央的切口长度为75 mm±1 mm。

7.2 试样应裁切得边缘光滑无缺口。建议使用低倍显微镜检查有无刻痕。特别注意试样中央切口的顶端。

7.3 某些类型的薄膜和薄片，其耐撕裂性能可能随膜面的方向而变化(各向异性)。在这种情况下，需要制备两组试样，它们的主轴应分别平行或垂直于薄膜或薄片的某一特征方向，此方向或能看出或由已知的制造方法推断。

规定的试验方向是试样的长轴方向。

注：对于某些类型的薄膜，采用任何试验方向(例如，机加工方向或与其相垂直的方向)时，都可能获得不同的撕裂强度结果。例如：采用机加工方向时，结果取决于撕裂的扩展是沿着机加工方向还是与其相反的方向(见图2)。已知会发生此类情况时，应分别按两个方向裁切试样，以便在撕裂扩展的两个可能的方向上获得结果。

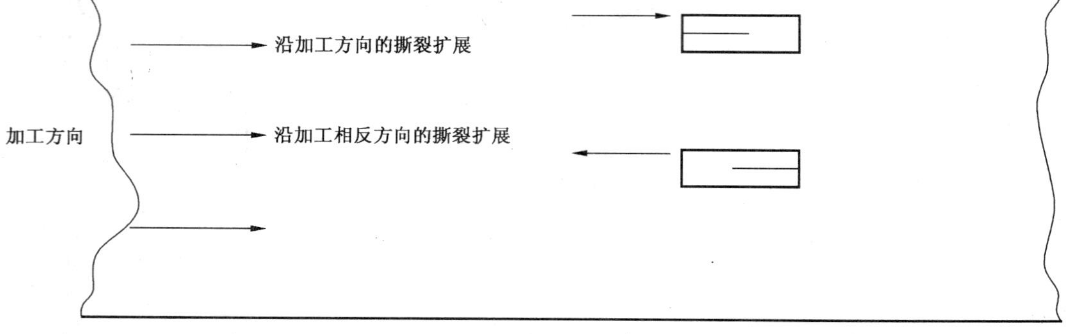

图2 撕裂扩展的方向

8 试样数量

8.1 在每一要求的方向至少试验 5 个试样。

8.2 凡撕裂不成直线而使裂口偏到试样另一端时，此试样应舍弃并另取试样重新试验(见 11.3)。

9 试验速度

试验速度应为:200 mm/min±20 mm/min 或 250 mm/min±25 mm/min。

10 状态调节

除非另有规定，试样应按 GB/T 2918—1998 进行状态调节和试验，环境条件为 23 ℃/50%。已知材料对湿度不敏感时，可使用环境条件为 23 ℃。

11 步骤

11.1 用 GB/T 6672—2001 规定的测量仪器测量试样的厚度，对于很薄的薄膜或压花膜，则按 GB/T 20220—2006 规定的方法测量厚度。

11.1.1 使用 GB/T 6672—2001 规定的测量仪器时，在试样切口顶端至试样另端之间等距离的三个点上测量试样厚度，取其算术平均值。

11.1.2 按 GB/T 20220—2006 规定的方法测量时，应取薄膜样品的平均厚度作为试样的厚度。

11.2 调整两夹具间起始距离为 75 mm，安装好试样的两裤腿，使试样主轴与夹具的连线中心重合(见图 3)。

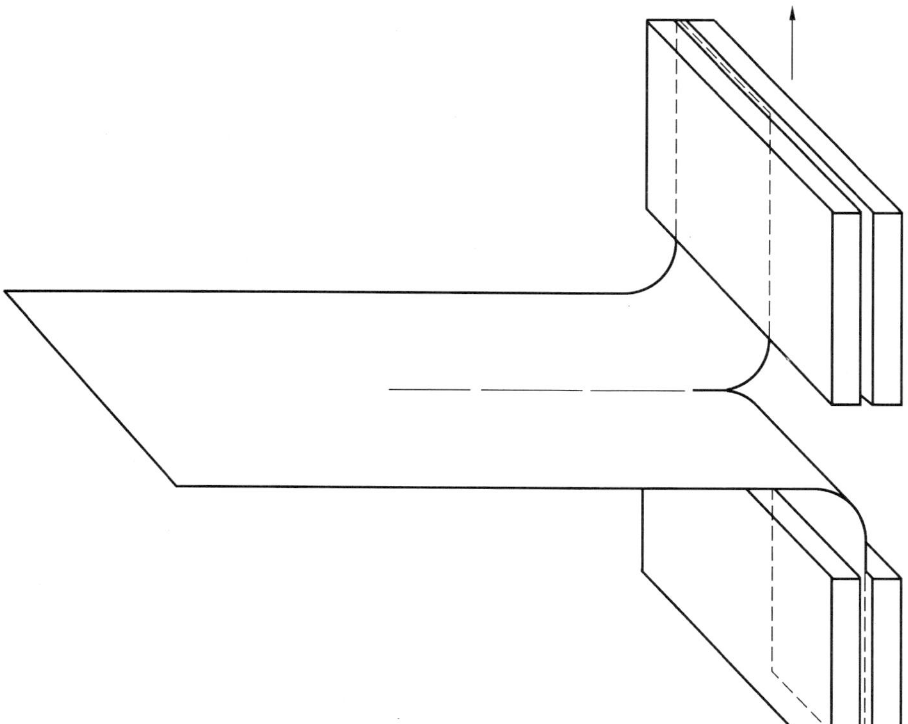

图 3 试样在夹具中的固定方法

11.3 设定所需的试验速度(见第 9 章),启动试验机并记录使裂口扩展过试样未切口长度所需的负荷。若撕裂线偏离中心线到试样另一边,此试样应舍弃并另取试样重新试验。

12 结果的表示

12.1 拉伸试验机自动记录装置记录的负荷-时间曲线显示了依赖于受试材料特性和其厚度的变化轨迹。

舍弃撕裂时未切口长度的前 20 mm 以及最后 5 mm 的负荷值,取其余 50 mm 未切口长度上撕裂负荷的平均值。当图形的这部分为波浪形平台时,通过波浪形曲线划一条平行于横轴的中线(见图 4)。读取这一中线所对应的负荷,记作试样的撕裂力。

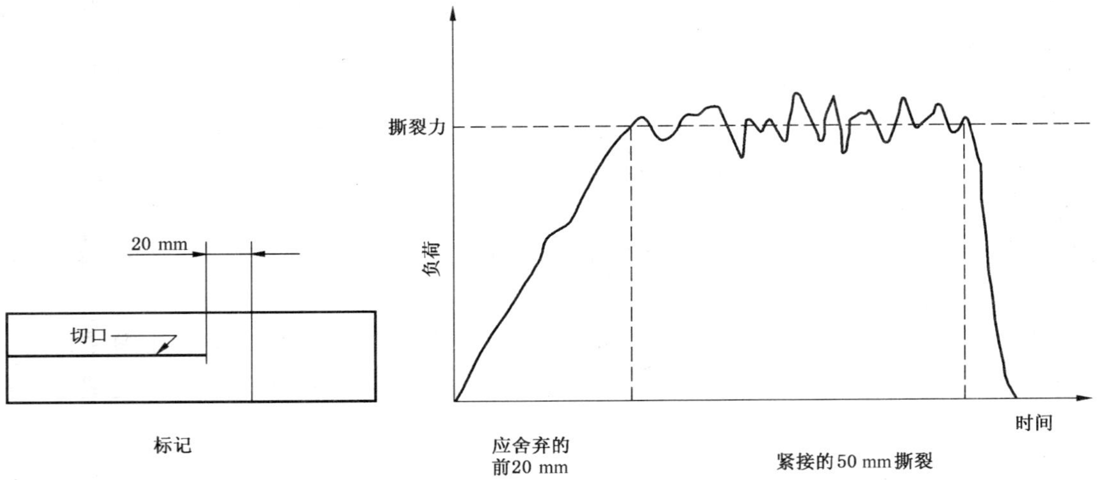

图 4 曲线平稳部分的负荷-时间图

12.2 由式(1)计算试样的撕裂强度:

$$\sigma = \frac{F_t}{d} \qquad \cdots\cdots (1)$$

式中:

σ——试样的撕裂强度,单位千牛每米(kN/m);

F_t——平均撕裂力,单位牛顿(N);

d——试样厚度,单位毫米(mm)。

注:当结果不需要以撕裂强度表示时,可以直接报告撕裂力。

12.3 计算每组试样的算术平均值。

12.4 若需要,计算每组试样的标准偏差和变异系数。

13 试验报告

试验报告应包括下列内容:

a) 标明采用 GB/T 16578 的本部分;

b) 鉴别受试材料的完整说明,包括类型、来源、生产厂代码、形状和先前的经历;

c) 受试材料的厚度;

d) 试样数量;

e) 试验速度;

f) 每一试验方向和撕裂扩展方向的撕裂强度和/或撕裂力;

g） 单个试验结果；

h） 状态调节和试验以及任何预处理所用的 GB/T 2918—1998 的标准环境；

i） 如需要，给出试验结果的标准偏差和变异系数；

j） 可能影响结果的不符合 GB/T 16578 本部分规定的任何操作细节。

ICS 83.080.01
G 31

中华人民共和国国家标准

GB/T 16582—2008/ISO 3146:2000
代替 GB/T 16582—1996,GB/T 4608—1984

塑料 用毛细管法和偏光显微镜法测定部分结晶聚合物熔融行为（熔融温度或熔融范围）

Plastics—Determination of melting behaviour (melting temperature or melting range) of semi-crystalline polymers by capillary tube and polarizing-microscope methods

（ISO 3146:2000,IDT）

2008-08-04 发布　　　　2009-04-01 实施

中华人民共和国国家质量监督检验检疫总局
中国国家标准化管理委员会　发布

前　言

本标准等同采用ISO 3146:2000《塑料——用毛细管法和偏光显微镜法测定部分结晶聚合物熔融行为(熔融温度或熔融范围)》(英文版)。

为便于使用,本标准做了下列编辑性修改:

a)　把“本国际标准”一词改为“本标准”;

b)　删除了ISO 3146:2000的前言;

c)　增加了国家标准的前言;

d)　把“规范性引用文件”一章所列的国际标准用对应的等同采用该文件的我国国家标准代替;

e)　用我国的小数点符号“.”代替国际标准中的小数点符号“,”。

本标准代替GB/T 16582—1996《部分结晶聚合物熔点试验方法　毛细管法》和GB/T 4608—1984《部分结晶聚合物熔点试验方法　光学法》,将GB/T 16582—1996、GB/T 4608—1984合并,分别为方法A和方法B。

本标准方法A与GB/T 16582—1996差异如下:

——增加了规范性引用文件(第2章);

——温度计:分度值1 ℃改为分度值0.1 ℃(4.2.3);

——原标准装样高度:粉末试样,装样高度约为5 mm~10 mm,现标准未规定。

本标准方法B与GB/T 4608—1984差异如下:

——原标准温度计分度值为1 ℃,现标准无分度值规定;

——粉末样品取样量和粒度:由1 mg~2 mg改为2 mg~3 mg,粒度不超过100 μm的粉末样(5.3.1);

——加热试样形成的薄膜厚度:由0.05 mm以下改为0.01 mm~0.04 mm(5.3.1);

——增加模塑料和颗粒料样品(5.3.2);

——增加了状态调节(5.3.4);

——增加了精密度(5.5)。

本标准由中国石油和化学工业协会提出。

本标准由全国塑料标准化技术委员会(SAC/TC 15)归口。

本标准负责起草单位:国家合成树脂质量监督检验中心、杭州师范大学。

本标准参加起草单位:国家塑料制品质检中心(北京)、中石化北化院国家化学建材测试中心(材料测试部)、金发科技股份有限公司。

本标准起草人:云伯翎、邱化玉、郑宁、陈家琪、许向青、刘奇祥。

本标准所代替标准的历次版本发布情况为:

——GB /T 4608—1984;

——GB/T 16582—1996。

塑料　用毛细管法和偏光显微镜法测定部分结晶聚合物熔融行为（熔融温度或熔融范围）

1　范围

本标准规定用毛细管法和偏光显微镜法测定部分结晶聚合物的熔融行为的方法。

方法 A(毛细管法)适用于所有部分结晶聚合物及它们的配混物。

方法 B(偏光显微镜法)适用于有双折射结晶相的聚合物。因为会影响聚合物结晶区的双折射，所以不适用于含有颜料和/或填加剂的配混物。

注 1：方法 A 也可评价非结晶固体的软化温度。

注 2：用不同方法测量的熔融温度通常会有几度(K)的差别。

注 3：另外一种方法为 GB/T 19466.3—2004《塑料　差示扫描量热法(DSC)　第 3 部分：熔融和结晶温度及热焓的测定》，也适用于部分结晶聚合物熔融行为的测定。

2　规范性引用文件

下列文件中的条款通过本标准的引用而成为本标准的条款。凡是注日期的引用文件，其随后所有的修改单(不包括勘误的内容)或修订版均不适用于本标准，然而，鼓励根据本标准达成协议的各方研究是否可使用这些文件的最新版本。凡是不注日期的引用文件，其最新版本适用于本标准。

GB/T 2918—1998　塑料试样状态调节和试验的标准环境(idt ISO 291:1997)

3　术语和定义

下列术语和定义适用于本标准。

3.1

部分结晶聚合物　semi-crystalline polymer

含有结晶相和无定形相的聚合物。

3.2

熔融范围　melting range

当加热时，结晶或部分结晶聚合物结晶特性或形状消失的温度范围。

4　方法 A——毛细管法

4.1　原理

以可控的速率加热样品，测定开始出现明显形状变化及结晶相完全消失时的温度。

以形状变化时的温度作为样品的熔融温度，上述两个温度间的范围，即为熔融范围。

注：按有关标准或经有关各方协商，本方法也可用于非结晶材料。

4.2　设备(见图 1)

4.2.1　熔融设备由以下各部件组成：

a)　圆柱形金属块，上部是中空的并形成一个小腔。

b)　金属塞，带有两个或多个孔，允许温度计和一个或多个毛细管装入金属块。

c)　用于金属块的加热系统，例如，封装在金属块中的电阻丝。

d)　若利用电加热，应有调节功率输入的变阻箱。

e) 小腔内壁上的四个耐热玻璃窗，其布置是两两相对互成直角。一个视窗前面装一个目镜，以便观察毛细管。其他三个视窗，借助灯照明封闭的内部。

注 1：也可使用能提供相同结果的其他适宜设备。

4.2.2 毛细管：由耐热玻璃制成，一端封闭。

毛细管的最大外径应为 1.5 mm。

4.2.3 温度计：应经过校准，分度值为 0.1 ℃。温度计的球泡所处的位置不能阻碍热扩散。

注 2：也可利用其他适宜的温度测量装置。

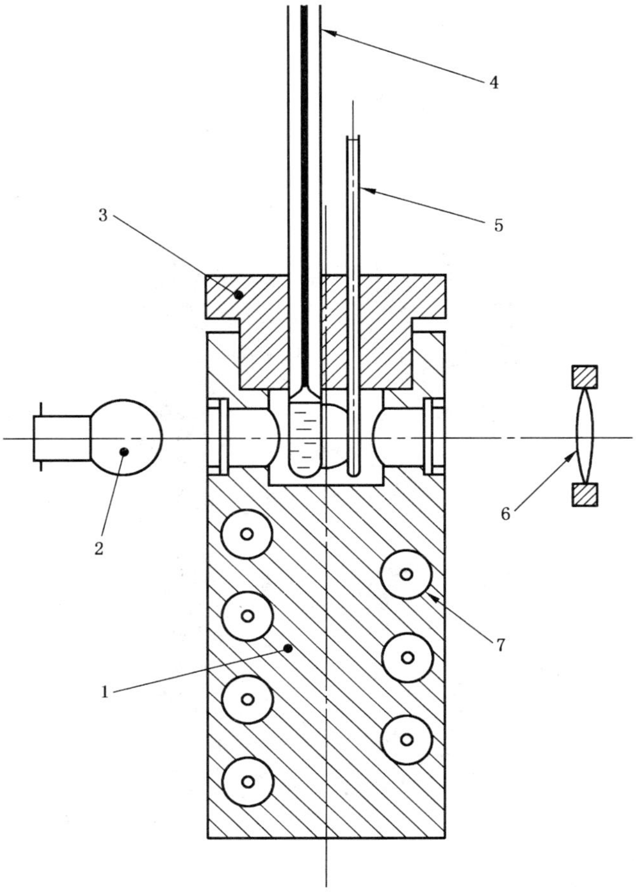

1——金属加热块；

2——灯；

3——金属塞；

4——温度计；

5——毛细管；

6——目镜；

7——电阻丝。

图 1 方法 A 的设备

4.3 试样

4.3.1 概述

试样应取自有代表性的被试材料。

4.3.2 特点

应用粒度不超过 100 μm 的粉末或厚度为 10 μm～20 μm 的薄膜切成的小片。对比试验时，应用相同粒径和/或相同厚度膜层的试样进行试验。

4.3.3 状态调节

如果没有其他规定或有关各方的商定，测试前试样应按 GB/T 2918—1998 在 23 ℃±2 ℃和相对湿度 50%±5%下状态调节 3 h。

4.4 操作步骤

4.4.1 校准

在试验温度范围内，应定期校准温度计。

推荐的标准物质见表 1。

表 1 校准用标准试剂

化学试剂	熔融温度[a]/℃
L 薄荷醇-1	42.5
偶氮苯	69.0
8-羟基喹啉	75.5
萘磺酸	80.2
苯酰	96.0
乙酰替苯胺	113.5
安香酸	121.7
乙酰替乙氧苯胺	136.0
己二胺	151.5
铟	156.4
对氨基苯磺酰胺	165.7
氢醌	170.3
琥珀酸	189.5
氯蒽醌	208.0
蒽	217.0
邻磺酰苯酰亚胺	229.4
锡	231.9
二氯化锡	247.0
酚酞	261.5

[a] 表中所标出的温度是理论纯物质的熔点；所用标准物质的真正熔点值，应由供应方给出。

4.4.2 测定

4.4.2.1 把温度计(4.2.3)和含有试样的毛细管(4.2.2)插入金属块[4.2.1a)]中并开始加热。调整控制器[4.2.1d)]以不高于 10 ℃/min 的速率加热试样，直到比预期熔融温度约低 20 ℃时。调整升温速率为 2 ℃/min±0.5 ℃/min。记录试样形状开始改变的温度。

以同样的速率继续加热，记录结晶相完全消失时的温度。

4.4.2.2 以第二个试样重复 4.4.2.1 的操作，如果同一试验人员对同样的样品所获得的两次结果之差超过 3 ℃，那么以两个新的试样重新试验。

4.5 试验报告

试验报告应包括下列内容：

a) 注明采用本标准；

b) 所用的方法(方法 A)；

c) 完整标识受试材料所需的所有细节；

d) 试样的形状和粒度(或质量)；

e) 试样先前的热历史；

f) 所用的状态调节程序；

g) 所用的加热速率程序；

h) 两个相继测定的温度，以及试样形状开始变化及结晶完全消失时温度的算术平均值；

i) 任何没按本标准规定或其他附加的考虑，以及指明对结果有影响的操作细节。

5 方法B——偏光显微镜法

5.1 原理

试样置于显微镜的圆形偏振片和罩式检偏振器之间，以可控的升温速率加热。测量在聚合物结晶相光学各向异性消失时的温度，并记录。

5.2 设备

5.2.1 显微镜，带有圆形起偏振器和罩式检偏振器，即内置检偏振器的偏光显微镜，其放大率由×50到×100。

5.2.2 微型加热台，是由略高于显微镜载物台上的绝缘金属块组成。该金属块应该：

a) 具有一个透光孔；

b) 具有可适当控制加热和冷却速率的电加热系统；

c) 具有护热作用的玻璃罩，以便在惰性气体中进行测量；

d) 在透光孔a)旁边有一个温度计插孔。

5.2.3 温度计，应经校准或等效的温度测量装置，以在整个的试验温度范围都适用。

5.3 试样

5.3.1 粉末状材料

把2 mg～3 mg粒度不超过100 μm的粉末样品放在透明的载玻片上并用盖玻片将其盖住。

注：由于加热速率、试样处于熔融态的温度和时间，以及冷却速率的不同，造成熔融行为的不同。

在热台上加热试样组件（试样、载玻片和盖玻片）直到略高于聚合物的熔融温度。对盖玻片稍稍加压，形成厚度0.01 mm～0.04 mm的薄膜，同时关闭加热使组件慢慢冷却。

5.3.2 模塑料和颗粒料

使用切片机将样品切成厚度近似0.02 mm的薄膜，把它放在洁净的载玻片上并用盖玻片将其盖住，按5.3.1的规定加热并使其熔融。

5.3.3 薄膜和片材

切出2 mg～3 mg的薄膜或片材试料，把它放在洁净的载玻片上并用盖玻片将其盖住，并按5.3.1的规定加热并使其熔融。

对载玻片和盖玻片间的试样进行预熔，可消除由于定向或内应力而产生的双折射，也减小了试验期间氧化的危险。只在特殊情况下，才按5.2.2c)的规定采用惰性气流。均可提高测量的再现性。然而，如果有关各方协商一致，可不预熔，直接对粉末或薄膜或片材进行试验，但应在试验报告中予以说明。

5.3.4 状态调节

见4.3.3。

注：试样在热台上的预熔可能消除或改变状态调节的效果。

5.4 操作步骤

5.4.1 校准

见4.4.1。

5.4.2 测定

把试样组件（见5.3.1、5.3.2或5.3.3）放在微型加热台（5.2.2）上，调整光源至最大光强，聚焦显微镜（5.2.1）。

旋转偏振器以获得暗场，结晶材料在暗场上显示光亮。调节温度控制器使加热台逐渐升温（以不高于10 ℃/min的加热速率）直至低于熔融温度 T_m 以下的某一温度，以作为初步试验所测定的一个近似值，所低的温度值为下述之一：

T_m<150 ℃时,应低 10 ℃;

150 ℃<T_m<200 ℃时,应低 15 ℃;

T_m>200 ℃时,应低 20 ℃。

调整温度控制器至 1 ℃/min～2 ℃/min 的速率升温。

观察双折射消失并仅剩下一个完整的暗场时的温度,记下该温度,作为试样的熔融温度。

关闭微型加热台电源并移出盖玻片、护热罩和试样载片。

以另外一个试样重复该步骤,如果同一操作员对同样的样品获得的两次结果之差大于 1 ℃,要用两个新的试样重复上述步骤。

5.5 精密度

根据循环试验的结果,重复性是 2 ℃,因尚未获得足够的数据无法确定再现性。

5.6 试验报告

试验报告应包括下列内容:

a) 标明采用本标准;

b) 所用的方法(方法 B);

c) 完整标识被试材料所需的全部细节;

d) 试样的形状和粒度(或质量);

e) 试样先前的热历史;

f) 所用的状态调节程序;

g) 若应用,载片上的预热的描述;

h) 若应用,所用的惰性气体及气体的类型;

i) 所用的加热速率程序;

j) 两次相继测定的温度,及其平均值;

k) 任何没按本标准规定或有其他附加的考虑,以及指明对结果有影响的操作细节。

ICS 83.060
G 40

中华人民共和国国家标准

GB/T 16583—2008
代替 GB/T 16583—1996,GB/T 19241—2003

不饱和橡胶中饱和橡胶的鉴定

Identification of saturated rubbers in unsaturated rubbers

2008-04-01 发布 2008-09-01 实施

中华人民共和国国家质量监督检验检疫总局
中国国家标准化管理委员会 发布

前言

本标准代替 GB/T 16583—1996《不饱和橡胶中饱和橡胶的鉴定　第一部分　酸消化法》，GB/T 19241—2003《不饱和橡胶中饱和橡胶的鉴定　臭氧氧化法》。

本标准将 GB/T 16583—1996 和 GB/T 19241—2003 进行整合修订，在技术内容上无差异。

本标准由中国石油和化学工业协会提出。

本标准由全国橡胶与橡胶制品标准化技术委员会橡胶物理和化学试验方法分技术委员会(SAC/TC 35/SC 2)归口。

本标准起草单位：北京橡胶工业研究设计院、广州合成材料研究院。

本标准主要起草人：伍江涛、谢宇芳。

本标准所代替标准的历次版本发布情况为：

——GB/T 16583—1996；

——GB/T 19241—2003。

不饱和橡胶中饱和橡胶的鉴定

警告：使用本标准的人员应熟悉正规实验室操作规程。本标准无意涉及因使用本标准可能出现的所有安全问题。制定相应的安全和健康制度并确保符合国家的有关法规是使用者的责任。

1 范围

本标准规定了两种鉴定不饱和橡胶中饱和橡胶的试验方法。方法 A 为臭氧氧化法，方法 B 为酸消化法。

本标准适用于生胶、未硫化橡胶和硫化橡胶。

由两种方法所得结果不具有可比性。

本标准的局限性：

方法 A 为在大分量的不饱和橡胶(天然橡胶、丁二烯橡胶、异戊二烯橡胶等)中含有小分量的饱和橡胶(丁基橡胶、氯化丁基橡胶、溴化丁基橡胶和乙烯-丙烯共聚物：乙丙橡胶、三元乙丙橡胶)的方法。方法 A 适用于含有以下一种或多种橡胶(异戊二烯橡胶、天然橡胶、丁苯橡胶、丁二烯橡胶、丁腈橡胶、氯丁橡胶)的共混物中测定异丁烯-异戊二烯共聚物(丁基橡胶、氯化丁基橡胶、溴化丁基橡胶)和乙烯-丙烯共聚物(乙丙橡胶、三元乙丙橡胶)中的一种或共混物的存在。

方法 A 不适用于含有一种或多种配合剂的混合橡胶，不能被丁酮和乙醇混合溶剂完全抽提的聚烯烃、石蜡烃或氯化石蜡的混合物，或者不能被臭氧完全分解的热塑性弹性体。

方法 B 适用于单一或并用不饱和橡胶，如聚异戊二烯、丁二烯-苯乙烯共聚物、各种丁二烯-丙烯腈共聚物和聚氯丁二烯共混胶中鉴定异丁烯-异戊二烯共聚物(丁基橡胶、氯化丁基橡胶、溴化丁基橡胶)和乙烯-丙烯共聚物(乙丙橡胶、三元乙丙橡胶)。

方法 B 不适用于含有低分子量聚乙烯或聚苯乙烯的胶料。

2 规范性引用文件

下列文件中的条款通过本标准的引用而成为本标准的条款，凡是注日期的引用文件，其随后所有的修改单(不包括勘误的内容)或修订版均不适用于本标准，然而，鼓励根据本标准达成协议的各方研究是否可使用这些文件的最新版本。凡是不注日期的引用文件，其最新版本适用于本标准。

GB/T 3516　橡胶　溶剂抽出物的测定(GB/T 3516—2006，ISO 1407:1992，MOD)

GB/T 7764　橡胶鉴定　红外光谱法(GB/T 7764—2001，eqv ISO 4650:1984)

HG/T 3837　橡胶　总烃含量的测定　热解法

ISO 7270:1987　橡胶聚合物(单一及并用)的鉴定　裂解气相色谱法

3 术语和定义

下列术语和定义适用于本标准。

3.1

饱和橡胶　saturated rubbers

橡胶主链中含有少量双键的橡胶，例如：含有少量异戊二烯的丁基橡胶和含有少量已二烯的三元乙丙橡胶。

注：这并不意味着异戊二烯和已二烯是丁基橡胶和三元乙丙橡胶中唯一存在的不饱和组分。

3.2

不饱和橡胶 unsaturated rubbers

橡胶主链中每隔一定间隔含有相当数量双键的橡胶,例如:异戊二烯橡胶、天然橡胶、丁苯橡胶、丁二烯橡胶、丁腈橡胶、氯丁橡胶。

4 方法A 臭氧氧化法

4.1 原理

不饱和橡胶中分子链上的双键与臭氧发生反应,并生成能够分解出羧酸的化合物,而饱和橡胶不会受到臭氧的影响,仍保持不变。用水洗掉碱性羧酸盐,回收饱和橡胶,并用红外光谱法或裂解气相色谱法或二者并用的方法进行鉴定。

4.2 试剂

除非另有规定,在试验过程中应仅使用分析纯试剂和蒸馏水或者相当纯度的水。

4.2.1 二氯甲烷(GB/T 16983);

4.2.2 硅藻土(助滤剂);

4.2.3 过氧化氢溶液:质量分数为0.03;

4.2.4 碘化钾溶液:30 g/L;

4.2.5 碳酸钠溶液:50 g/L;

4.2.6 丁酮-无水乙醇混合溶剂:75+25(V_1+V_2);

4.2.7 1,1,1-三氯乙烷。

4.3 仪器

4.3.1 臭氧发生器:产生的臭氧浓度能够达到约2%。

4.3.2 红外光谱仪:符合GB/T 7764的有关规定。

4.3.3 裂解气相色谱仪:符合ISO 7270:1987的有关规定。

4.3.4 恒温干燥箱:可控制加热温度(80±5)℃和(200±5)℃。

4.3.5 恒温水浴箱。

4.3.6 玻璃器皿:索式抽提器、150 mL反应瓶和实验室常用玻璃器皿。

4.4 试验程序

4.4.1 预处理

4.4.1.1 称取一定量的生胶或混炼胶在实验室开放式炼胶机塑炼薄通成橡胶薄片,裁取3 g~5 g作为试料;硫化橡胶可以直接从成品中裁取3 g~5 g,并剪成截面积约为1 mm^{2}的条形作为试料。

4.4.1.2 按GB/T 3516的方法,将4.4.1.1试料用丁酮-无水乙醇混合溶剂(4.2.6)在索氏抽提器中抽提至少4 h,直至与试料接触的溶剂无色时为止。

4.4.1.3 从抽提装置中取出试料,用滤纸吸干过量溶剂,待溶剂挥发后,在80℃的恒温干燥箱中干燥1 h。

4.4.1.4 把干燥后的试料切成小块,放入250 mL的烧杯中,用铝箔紧紧盖住烧杯,尽量减少空气与橡胶的接触。

4.4.1.5 将盖住的烧杯放入200℃的烘箱中保持(20±1)min。

4.4.1.6 从烘箱中取出烧杯,冷却到略高于常温时,取掉铝箔,加入1,1,1-三氯乙烷将试料完全浸没。

4.4.1.7 用一个表面皿盖住烧杯,将烧杯放在70℃水浴箱中1 h,并不时地搅拌。如果溶胀后的橡胶试料,不能被溶剂完全浸没,应添加1,1,1-三氯乙烷至完全浸没橡胶试料为止。

4.4.1.8 趁热过滤溶液,若观测到游离炭黑(溶液呈黑色),则加入少量硅藻土(4.2.2)到溶液中,搅拌过滤后,得到清澈的滤液。

4.4.1.9 在70℃水浴中加热所得滤液,蒸去溶剂,残留物液溶解于100 mL的二氯甲烷(4.2.1)中,所得溶液倒入150 mL的反应瓶A中。

4.4.2 臭氧氧化

4.4.2.1 将4.4.1.9溶液冷却至室温。

4.4.2.2 将反应瓶A进气口与臭氧发生器连接,出气口与另一个装有100 mL碘化钾溶液的反应瓶B进气口连接。

4.4.2.3 让含有大约2%臭氧的氧气以100 mL/min左右的速度通过两个反应瓶。

注：氧气气流中臭氧的浓度和气体流速并不是很关键，这两个因素的变化只对完全反应所需要的时间有影响。

4.4.2.4 在第2个反应瓶B中出现黄色10 min以后停止气体通过。黄色是由于游离碘的析出而产生的，并表明臭氧和不饱和橡胶的反应已经完成。

警告：臭氧与不饱和化合物的反应会产生臭氧化合物。这些臭氧化合物在稀溶液中是稳定的，溶液也没有危险性。然而，当干燥时，这些臭氧化合物会迅速分解，在某些情况下，可能会爆炸。浓缩过氧化物溶液时同样也可能会爆炸。

因此，当进行本操作时，应避免出现反应容器中溶剂量的减少。如果溶剂量减少，应立即停止输入氧气，并加入二氯甲烷至原有水平。

未遵守使用臭氧的指导，也可能会导致爆炸。

4.4.3 未反应的饱和橡胶的回收

4.4.3.1 将4.4.2.4反应瓶A中的溶液移入玻璃蒸发皿或陶瓷蒸发皿内，加入100 mL的过氧化氢溶液(4.2.3)。

4.4.3.2 在70℃水浴箱中加热混合物，并不时搅拌直至蒸去二氯甲烷。然后继续加热1 h。

4.4.3.3 搅拌溶液使所有粘附在蒸发皿边上的不溶残渣分散在水中，倾去清液，使不溶残渣留在蒸发皿中。

4.4.3.4 将残渣溶解在约50 mL的二氯甲烷(4.2.1)中，并加入100 mL的碳酸钠溶液(4.2.5)。

4.4.3.5 在70℃水浴箱中加热溶液，并不时搅拌，直至二氯甲烷被蒸去，再继续加热30 min。

4.4.3.6 搅拌溶液使粘附在蒸发皿边缘的残渣分散在水中，倒去清液部分，让不溶残渣留在蒸发皿上，用沸水洗涤残渣三遍，去掉洗涤水。

4.4.3.7 经过4.4.3.2至4.4.3.6处理后，如果没有残渣留下，表明试样中无饱和橡胶(丁基橡胶、氯化丁基橡胶、溴化丁基橡胶、乙丙橡胶、三元乙丙橡胶)存在。如果此时有残渣留下，表明试样中可能有饱和橡胶存在，按4.4.4的步骤操作。

4.4.4 饱和橡胶(丁基橡胶、氯化丁基橡胶、溴化丁基橡胶、乙丙橡胶、三元乙丙橡胶)的鉴定

4.4.4.1 将经过4.4.3.6处理后的残渣溶于几毫升二氯甲烷中，转移到小容器中，并完全蒸去二氯甲烷。

4.4.4.2 按ISO 7270:1987或GB/T 7764的规定鉴定橡胶。

注1：少量钠皂对气相色谱图没有影响。

注2：少量的钠皂可能仍残留在残余物中，在红外光谱中可能出现相应的吸收带，这些吸收带通常不会干扰橡胶的鉴定，但是如果吸收带过强，可能会引起干扰，此时应用沸水洗涤残渣，然后再重复红外测定。

5 方法B 酸消化法

5.1 原理

在一定条件下，不饱和橡胶会被硫酸和铬酸的混合酸所降解，残留的饱和橡胶可以用红外光谱法或气相色谱法鉴定。

5.2 试剂

除特殊规定外，在试验过程中应仅使用分析纯试剂和蒸馏水或相当纯度的水。

5.2.1 丙酮(GB 686)。

5.2.2 二氯甲烷(GB/T 16983)。

5.2.3 硫酸和铬酸混合消化液：将200 g三氧化铬(CrO_3)溶于500 mL水中，小心地边搅拌边加入150 mL硫酸(ρ=1.84 Mg/m^3)，冷却至室温。

5.3 仪器

5.3.1 红外光谱仪：符合GB/T 7764的有关规定，以透射模式或吸收模式操作。

5.3.2 气相色谱仪：按ISO 7270:1987。

5.3.3 磁力恒温搅拌器:可控制(45±2)℃。

5.3.4 不锈钢网:孔径 45 μm。

5.3.5 电热板。

5.4 分析步骤

5.4.1 称取 0.5 g~1 g 磨成粉末状的硫化胶试料(精准至 0.1 mg)。若橡胶是未硫化的,试验前应先硫化。

5.4.2 将试样放在 150 mL 烧杯中,加 50 mL 丙酮,在电热板上煮沸 1 min,然后倾去溶剂。稍稍加热烧杯内容物直至没有丙酮气味。

5.4.3 加入 50 mL 酸消化混合液,把烧杯放在磁力恒温搅拌器上,在(45±2)℃,消化 2 h。

警告:不应让丙酮留在烧杯中,把酸混合液加到丙酮中会引起剧烈反应。

5.4.4 将溶液连同内容物倒在 45 μm 不锈钢网上过滤,先用热水充分洗涤残渣,然后再用丙酮洗涤直至基本无黄色。

5.4.5 若有残渣,按 5.4.8 继续进行,若没有残渣,说明试料中没有丁基橡胶存在,但并不说明没有乙丙橡胶的存在。

5.4.6 按 5.4.1 称取试料,按 5.4.2 处理试料。加入 30 mL 硫酸和铬酸混合消化液和 20 mL 蒸馏水,把烧杯放在磁力恒温搅拌器上,在(45±2)℃消化 3 h,接着按 5.4.4 进行。

5.4.7 若在不锈钢网上仍没有残渣,说明试样中也没有乙丙橡胶存在,试验到此结束。若有残渣,按 5.4.8 继续进行。

5.4.8 将 5.4.5 或 5.4.7 所得残渣收集在 200 mL 烧杯中,把丙酮蒸干后加 100 mL 二氯甲烷,将溶液浓缩至 30 mL。

5.4.9 用 45 μm 不锈钢网过滤,将滤液收集在 50 mL 烧杯中。

5.4.10 缓慢加热将二氯甲烷溶液蒸发至大约 5 mL~10 mL,接着按 GB/T 7764 进行饱和橡胶的红外鉴定。或直接将 5.4.5 或 5.4.7 所得残渣按 ISO 7270:1987 进行饱和橡胶气相色谱鉴定。

5.4.11 若需半定量测定饱和橡胶含量,重复 5.4.1 至 5.4.7 操作,然后将 5.4.5 或 5.4.7 所得残渣,在 105℃烘箱中烘 1 h,取出放入干燥器中,冷却至室温(约 30 min),称量,再按 HG/T 3837 通氮 30 min 裂解后称量。根据 HG/T 3837 计算饱和橡胶在原样中的近似质量分数。

6 试验报告

试验报告应该包括以下内容:

a) 识别被测试的样品所需的全部资料;

b) 引用的标准;

c) 使用的方法——臭氧氧化法或酸消化法;

d) 鉴定结果;

e) 在试验中观察到的异常现象;

f) 试验日期。

ICS 71.040.99
N 53

中华人民共和国国家标准

GB/T 16594—2008
代替 GB/T 16594—1996

微米级长度的扫描电镜测量方法通则

General rules for measurement of length in micron scale by SEM

2008-09-18 发布　　　　2009-05-01 实施

中华人民共和国国家质量监督检验检疫总局
中国国家标准化管理委员会　发布

前　言

本标准代替 GB/T 16594—1996《微米级长度的扫描电镜测量方法》。

本标准与 GB/T 16594—1996 相比主要变化如下：

——将“测量方法”改为“测量方法通则”；

——将“误差分析”改为“不确定度评定”；

——增加样品变形产生的不确定度评定；

——改用实验方法获取图像测量的瞄准不确定度量值；

——增加“被测长度方向的调整”附录。

本标准的附录 A 为规范性附录，附录 B～附录 D 为资料性附录。

本标准由全国微束分析标准化技术委员会提出。

本标准由全国微束分析标准化技术委员会归口。

本标准主要起草单位：上海元宝能源技术有限公司、上海理工大学、上海市计量测试技术研究院、同济大学、中国船舶重工集团公司第 725 研究所。

本标准主要起草人：张训彪、卢德生、邓保庆、丁臻敏、刘悦、高文华、徐国照。

本标准所代替标准的历次版本发布情况为：

——GB/T 16594—1996。

微米级长度的扫描电镜测量方法通则

1 范围

本标准规定了用扫描电镜测量微米级长度的通用原则。适用于测量(0.5～10)μm 的长度。

2 规范性引用文件

下列文件中的条款通过本标准的引用而成为本标准的条款。凡是注日期的引用文件,其随后所有的修改单(不包括勘误的内容)或修订版均不适用本标准,然而,鼓励根据本标准达成协议的各方研究是否可使用这些文件的最新版本。凡是不注日期的引用文件,其最新版本适用于本标准。

JJF 1001—1998 通用计量术语及定义

JJG 550—1988 扫描电子显微镜国家计量检定规程

JJF 1059—1999 测量不确定度评定与表示

BIPM IEC IFCC ISO IUPAC IUPAP OIML—1993 测量不确定度表示指南(Guide to the Expression of Uncertainty in Measurement)

3 术语和定义、符号、缩略语

3.1 术语和定义

JJF 1001—1998 确定的以及下列术语和定义适用于本标准。

3.1.1

标准长度 standard length

量值足够稳定,经过精确标定,获得其测得值和不确定度,并由权威机构批准发布的客观存在的长度。

3.1.2

被测长度 measured length

通过测量获得其测得值和不确定度的客观存在的长度。

3.1.3

被测物质 measured matter

承载被测长度的物质。

3.1.4

标称放大倍率 nominal magnification

扫描电镜自身显示的放大倍率。

3.1.5

瞄准不确定度 aim uncertainty

测量放大的图像时,瞄准被测长度的标记存在的不确定度。

3.1.6

形变不确定度 deformed uncertainty

由于物质变形,致使被测长度值改变,带给测量结果的不确定度分量。

3.1.7

标定值 standard value

标准物质给出的量值。

3.2　符号和缩略语

下列符号和缩略语适用于本标准。

3.2.1

SEM

扫描电子显微镜,简称扫描电镜。

3.2.2

M

图像的放大倍率。

3.2.3

n

图像的测量次数。

3.2.4

A_0

标准长度放大图像的长度值。

3.2.5

A

标准长度放大图像的实测平均值。

3.2.6

a

标准长度放大图像的长度测得值的标准不确定度。

按正态分布处理,置信度取 99%,则:$A_0=A\pm 3a$

3.2.7

B_0

被测长度放大图像的长度值。

3.2.8

B

被测长度放大图像的实测平均值。

3.2.9

b

被测长度放大图像的长度测得值的标准不确定度。

按正态分布处理,置信度取 99%,则:$B_0=B\pm 3b$

3.2.10

h_0

标准长度值。

3.2.11

h

标准长度的标定值。

3.2.12

e

标准长度标定值的标准不确定度。

按正态分布处理,置信度取 99%,则:$h_0=h\pm 3e$

3.2.13

L_0

被测长度值。

3.2.14

L

被测长度的测得值。

3.2.15

g

被测长度测得值的标准不确定度。简称:标准不确定度。

按正态分布处理,置信度取 99%,则:$L_0=L\pm 3g$

3.2.16

L_0^0

被测长度变形前的长度值。

3.2.17

p

被测长度测得值的合成标准不确定度。简称:合成标准不确定度。

按正态分布处理,置信度取 99%,则:$L_0^0=L\pm 3p$

3.2.18

γ

图像测量的瞄准标准不确定度。

3.2.19

α

被测长度变形的标准不确定度。

4 基本原理

本标准是一种比较性的测量方法标准,它的基本原理是:在不改变状态的条件下,用扫描电镜获取标准长度和被测长度的二次电子像。然后测量出图像中标准长度的测得值和被测长度的测得值,结合标准长度的标定值,计算出被测长度的测得值。

5 标准物质和仪器设备

5.1 标准物质:首选有证标准物质。其次选用省级以上(包括省级)计量技术机构标定的标准物质。

5.2 扫描电镜:二次电子像的分辨力优于 6 nm。按 JJG 550—1988 检定合格。

5.3 正置立式金相显微镜:放大倍率不小于 200 倍。

5.4 可调样品柱:工作面的高度可以调节。

5.5 图像测量设备:量程(0~100)mm,允许误差:不超过±0.1 mm。

6 获取二次电子图像

6.1 被测物质的预处理

6.1.1 将被测物质固定在高度可调的样品柱上,载有被测物质的样品柱称为"被测样品柱"。

6.1.2 如果物质不导电,应在其表面溅射一层厚度大约为 10 nm 的纯金(如果溅射纯金后被测长度增大,应注意从测得值中,扣除由于溅射纯金,致使被测长度增加的数值)。

6.2 调整被测长度的方向

6.2.1 对于被测长度方向处于被测平面上的物质,只需将被测平面调整到垂直于样品柱方向就可以了。

6.2.2 对于根据统计规律可以消除倾斜误差的物质(例如:颗粒平均直径)可以不调整被测长度的方向,直接进行下一步操作。

6.2.3 对于有方向性的精确测量，需要按照附录A调整被测长度的方向。

6.3 估计被测长度值

6.3.1 将安置被测物质的样品柱固定在扫描电镜的样品台上。

6.3.2 用扫描电镜观察被测长度，根据扫描电镜的标称放大倍数(或图像上的标尺)，粗略地估计被测长度值。

6.4 选取标准物质

选取标准物质的原则如下：

a) 优先选取不确定度小的标准物质；

b) 优先选取标准长度值接近被测长度值的标准物质；

c) 优先选取点间距(或线间距)的标准物质(宽度或直径存在边界不确定度)；

d) 优先选取标记敏锐的标准物质。

6.5 标准物质的准备

将标准物质固定在高度可调的样品柱上，要求标准长度与样品柱垂直，载有标准物质的样品柱称为“标准样品柱”。

6.6 高度的调节

6.6.1 将标准样品柱置于正置立式金相显微镜的样品台上，调节金相显微镜，使标准长度正焦。

6.6.2 不改变金相显微镜的状态，从金相显微镜的样品台上取下标准样品柱，换上被测样品柱。然后调节被测样品柱的高度，使被测长度正焦。

6.7 样品柱的安装

将标准样品柱和被测样品柱同时、同高度牢固地安装在扫描电镜的样品台上。如果方便的话，应使标准长度和被测长度方向接近平行。

注：只要能保证工作距离和样品倾斜的不确定度可以忽略不计，调节和安装可以根据具体条件灵活应用。

6.8 扫描电镜的调节

将扫描电镜调整到最佳工作状态。一般要求是：

6.8.1 选取合适的电子加速电压。

6.8.2 选取合适的电子束的电流。

6.8.3 将扫描电镜样品台的倾斜角度调整到零位。

6.8.4 平移样品台，使标准物质的长度图像处于视场的中部。

6.8.5 选取合适的放大倍数。荧光屏上放大的图像中，被测的长度应尽可能大一些，但不要超过视场的五分之四，也不要小于30 mm。

6.8.6 使图像准确正焦。

6.8.7 尽可能消除物镜的像散。

6.8.8 选取合适的图像反差，使长度标记敏锐。

6.8.9 必要时，上述步骤可反复交替进行。

6.9 获取标准长度的二次电子图像

将扫描电镜调节到最佳状态后，细调透镜电流，使图像准确正焦，获取标准长度的图像。

6.10 获取被测长度的二次电子图像

在不改变扫描电镜状态的条件下，将被测长度图像平移到视场的中部。必要时旋转或平移样品台，使视场中被测长度图像的方向与标准长度图像的方向相同，且处于视场的中部。细调透镜电流，使图像准确正焦后，获取被测长度的图像。

7 测量二次电子图像

用图像测量设备直接测量二次电子图像中的长度值。可用的测量设备有：比长仪、扫描电镜自备的测量程序、图像分析软件等,但要求图像测量设备的不确定度可以忽略不计。

7.1 测量标准长度图像的长度值

7.1.1 标准长度图像第 i 次的实测值 S_i 按(1)式计算:

$$S_i = | a_i - b_i | \quad \cdots\cdots(1)$$

式中:

a_i——第一个标记点的第 i 次读数值;

b_i——第二个标记点的第 i 次读数值。

7.1.2 标准长度图像的实测平均值 A 按(2)式计算:

$$A = \frac{1}{n}\sum_{i=1}^{n} S_i \quad \cdots\cdots(2)$$

式中:

n——测量次数。

7.2 测量被测长度图像的长度值

7.2.1 被测长度图像的第 j 次的实测值 H_j 按(3)式计算:

$$H_j = | c_j - d_j | \quad \cdots\cdots(3)$$

式中:

c_j——第一个标记点的第 j 次读数值;

d_j——第二个标记点的第 j 次读数值。

7.2.2 被测长度图像的实测平均值 B 按(4)式计算:

$$B = \frac{1}{n}\sum_{j=1}^{n} H_j \quad \cdots\cdots(4)$$

式中:

n——测量次数。

8 数据处理

8.1 被测长度的测得值 L(μm)按(5)式计算:

$$L = h\frac{B}{A} \quad \cdots\cdots(5)$$

式中:

A——标准长度图像的实测平均值(mm);

B——被测长度图像的实测平均值(mm);

h——标准长度的标定值(μm)。

8.2 被测长度测得值的合成标准不确定度 p(μm)按(6)式计算(参见附录B):

$$p = \sqrt{\frac{L^2}{h^2}\left(e^2 + \frac{\gamma^2}{nM^2}\right) + \frac{\gamma^2}{nM^2} + \alpha^2} \quad \cdots\cdots(6)$$

式中:

L——被测长度的测得值(μm);

e——标准长度标定值的标准不确定度(μm);

h——标准长度的标定值(μm);

γ——图像测量的瞄准标准不确定度(μm);

α——被测长度变形的标准不确定度(μm);

M——图像的放大倍率;

n——标准长度和被测长度图像的测量次数,一般情况 n 取3。

9 测量结果

9.1 原始记录

9.1.1 原始记录要求:图像应清晰,记录应清楚、准确、及时。

9.1.2 原始记录格式:参见附录C。

9.2 测量报告

9.2.1 测量报告要求:测量报告应简明、扼要,有不确定度量值。

9.2.2 测量报告格式:参见附录D。

附 录 A
（规范性附录）
被测长度方向的调整

对于有方向性的精确测量，需要确定并调整被测长度的方向。具体做法如下：

A.1 被测物质定位

将被测物质固定在如图 A.1 所示的样品柱上，注意要把被测物质置于样品柱上柱面的“＋”字线的交叉点附近。（如果被测物质的体积较大，应该在被测物质的工作面上划一个“＋”字，使被测长度处于“＋”字线的交叉点附近）。以便于根据“＋”字线迅速地找到被测长度。

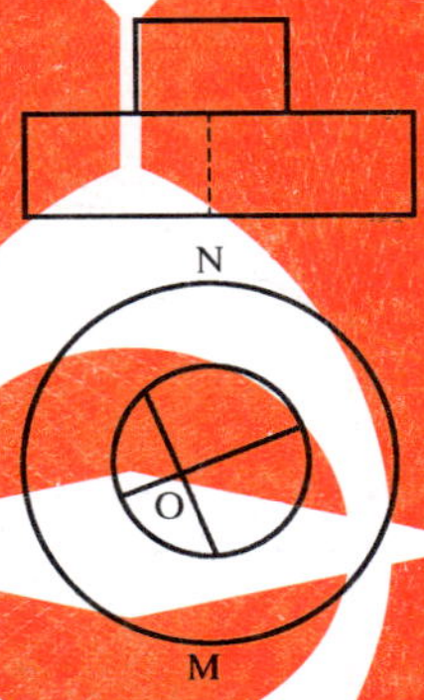

图 A.1 样品柱

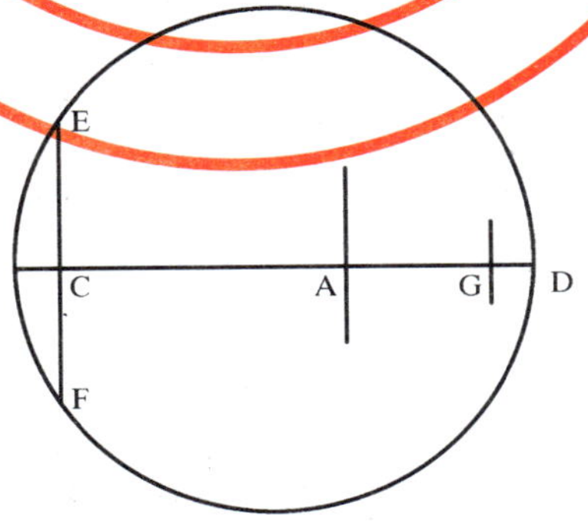

图 A.2 样品盘

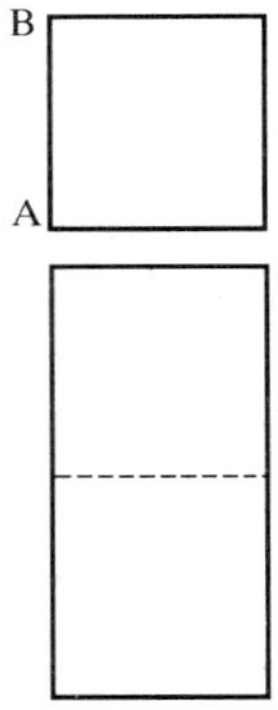

图 A.3　样品垫片

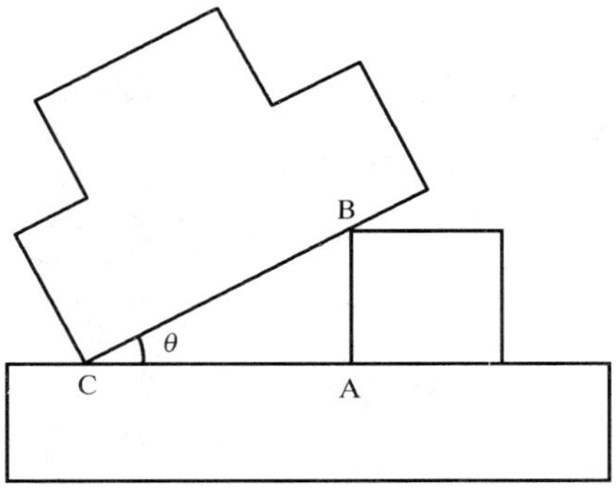

图 A.4　固定方式

A.2　确定被测长度的方向

A.2.1　将样品柱固定在扫描电镜的样品台上，送入扫描电镜的样品室。用扫描电镜观察被测物质上的被测长度。选用适当的放大倍数，使荧光屏上的被测长度尽可能大一些，但不要超过视场的五分之四。

A.2.2　转动样品台的倾斜旋扭，如果被测长度的两个标记点不在一条直线上移动，说明被测长度的两个标记点的连线，不垂直于倾斜轴，根据两个标记点偏离直线的距离，估计偏离角度。

A.2.3　根据偏离角度，转动样品台的旋转旋扭，然后重复 A.2.2 的操作。直到两个标记点在一条直线上移动为止。

A.2.4　转动样品台的倾斜旋扭，到两个标记点的距离最大为止。记下样品台的倾斜角度 θ。

A.2.5　打开扫描电镜的样品室，在样品柱上的垂直于样品台的倾斜轴方向，做两个标记线 M 和 N，M 为高位，N 为低位，如图 A.1 所示。然后从样品台上取下样品柱。

A.3　将样品柱固定到样品盘上

A.3.1　样品盘如图 A.2 所示，是一个薄型的小圆盘，圆盘上有一个不对称的大"＋"字线。

A.3.2　选一块合适的样品垫片。垫片是一种长方形的薄片，如图 A.3 所示，垫片的厚度为 AB。

A.3.3　在样品盘上定位 A 点，使 $AC=AB\text{ctg}\theta$，将样品垫片平放在样品盘上的 AG 处，而且要求样品垫片的边界对准 A 点，长方向垂直于 CD。

A.3.4　将被测样品柱固定在样品盘上。要求样品柱 N 线的底端对准 EF，并要求样品柱上的 M 线投影在 CD 上，如图 A.4 所示。

A.4 高度的调节

A.4.1 将载有被测样品柱的样品盘置于正置立式金相显微镜的样品台上，调节金相显微镜使被测样品柱上的“＋”字线的交叉点(O)附近的被测长度的图像正焦。

A.4.2 不改变金相显微镜的状态，取下被测样品盘，换上标准样品柱，调节标准样品的高度，使标准样品工作面正焦。

A.4.3 将标准样品柱和载有被测样品柱的样品盘同时、同高度固定在扫描电镜的样品台上。如果方便，应使标准样品的长度方向，平行于样品盘上的CD线。

注：上述操作，是为了保证被测长度方向垂直于扫描电镜的电子光轴；被测长度和标准长度的工作距离相同；从而消除倾斜不确定度和工作距离不确定度，并且可以迅速地找到被测长度。根据上述目的，可以灵活运用。

附　录　B
（资料性附录）
测量不确定度的评定

按照 JJF 1059—1999 和 BIPM IEC IFCC ISO IUPAC IUPAP OIML—1993 七个国际组织联合发布的《测量不确定度表示指南》，评定测量不确定度。具体做法如下：

B.1　产生不确定度的因素

B.1.1　标准物质

标准物质的标准长度标定时，其标定设备与标定方法使标定值产生不确定度。将标准长度的标定值的不确定度称为“标准物质不确定度”。使用标准物质进行测量时，标准物质的不确定度会传递给测量结果。

B.1.2　图像瞄准

测量图像时，需要瞄准图像中的长度标记。由于扫描电镜的分辨力有限，致使图像中的长度标记成为一个模糊区。瞄准模糊区会产生偏差，这种偏差使图像测得值产生一项不确定度。将这项不确定度称为“图像瞄准不确定度”。

B.1.3　测量设备

测量图像时，需要使用一些仪器设备。这些仪器设备本身的不确定度，就会传递给测量结果，致使图像测得值产生另一项不确定度。将这项不确定度称为“测量设备不确定度”。

B.1.4　不稳定性

扫描电镜的放大倍数受电子的加速电压、透镜电流、机械稳定性、环境条件等因素的影响。虽然，操作程序中要求：获取被测长度和标准长度图像的过程中，不改变扫描电镜的状态。然而，由于不稳定性产生的变化是客观存在的，不稳定性产生的放大倍率的变化，使测量结果产生一项不确定度。将这项不确定度称为不稳定性不确定度。

B.1.5　图像畸变

显微镜都或多或少地存在图像畸变现象。从现象上看：畸变是图像与原物体的形状不一致。从本质上讲：是一幅图像中不同部位的放大倍率不相同。由于被测长度图像与标准长度图像所处的视场位置不一定相同，使其放大倍数也不一定相同。从而使测量结果产生一项不确定度。这项不确定度称为图像畸变不确定度。

B.1.6　长度倾斜

观察一个长度时，垂直观察看到的长度值最大，长度倾斜后，看到的长度值变小。扫描电镜成像有同样的效应。所以长度倾斜会产生一个测得值的偏差。这个偏差使测量结果产生一项不确定度。这项不确定度称为长度倾斜不确定度。

B.1.7　工作距离

扫描电镜的放大倍数与工作距离有关，如果被测长度与标准长度成像时，其工作距离不一致，就会产生放大倍率偏差，从而使测量结果产生一项不确定度。我们将这项不确定度称为工作距离不确定度。

B.1.8　物体变形

扫描电镜测量的物体很小，小的物体容易发生变形。扫描电镜测量的物体，有时是带水的生物体或微生物，这些物体更容易变形。即使是金属或矿物，如果制备样品时处理不当，也会使被测物体变形。例如：测量涂层厚度时，如果被测的不是垂直截面，就与真正的涂层厚度有较大的偏差。这个偏差使测量结果产生一项重要的不确定度。这项不确定度称为物体变形不确定度。

B.1.9　成像原理

由于二次电子强度与物体的边界不完全一致，致使用二次电子像测量物体的尺度时会产生一些偏差，这个偏差使测量结果产生一项不确定度。这项不确定度称为成像原理不确定度。

B.2　不确定度分量的估算

测量结果的每一项不确定度，都是测量结果不确定度的一个分量。评定测量不确定度就是先估算每个不确定度分量的量值，然后估算合成不确定度。

B.2.1　标准样品的不确定度

设：标准样品的标准不确定度为 e。

B.2.2　图像瞄准的不确定度

图像瞄准不确定度的量值，有两种获取方法。一种是实验法，另一种是计算法。由于图像瞄准不确定度来源于随机误差，所以图像瞄准的标准不确定度，等于实验标准偏差。因此，用实验方法获取图像瞄准的标准不确定度比较方便。

B.2.2.1　放大图像中长度的第 k 次的实测值 F_k 按(B.1)式计算：

$$F_k = |e_k - f_k| \quad \cdots\cdots\cdots (B.1)$$

式中：

e_k——第一个标记点的第 k 次读数值；

f_k——第二个标记点的第 k 次读数值。

B.2.2.2　放大图像中长度的实测平均值 D 按(B.2)式计算：

$$D = \frac{1}{m}\sum_{k=1}^{m} F_k \quad \cdots\cdots\cdots (B.2)$$

式中：

m——测量次数，一般情况 m 取 20。

B.2.2.3　图像瞄准的标准不确定度 γ 按(B.3)式计算：

$$\gamma = \sqrt{\frac{1}{m-1}\sum_{k=1}^{m}(D-F_k)^2} \quad \cdots\cdots\cdots (B.3)$$

B.2.3　图像测量设备的不确定度

本标准要求图像测量设备的不确定度可以忽略不计。

B.2.4　不稳定性的不确定度

本标准规定，在不改变扫描电镜状态的条件下，连续获取标准长度和被测长度的图像。由于两次成像的时间间隔很短，主观又未有改变扫描电镜的状态，现代的扫描电镜的稳定性很好，所以放大倍数稳定性产生的不确定度，可以忽略不计。

B.2.5　图像畸变的不确定度

现代的扫描电镜的图像畸变量很小，本标准又要求标准长度接近被测长度、长度方向相近，图像中的长度不超过视场的五分之四，处于视场的中心。所以可以基本消除图像畸变不确定度。

B.2.6　长度倾斜的不确定度

本标准提供的操作方法，可以基本消除倾斜不确定度。

B.2.7　工作距离的不确定度

本标准规定的工作距离控制方法，可以基本消除工作距离不确定度。

B.2.8　物体变形的不确定度

不同的样品，不同的处理方法，有不同的变形量，需要具体问题，具体分析。

设：被测物体变形产生的标准不确定度为 α。

B.2.9 成像原理的不确定度

由于现代扫描电镜的电子束直径比较小，产生的成像原理不确定度也比较小，对于不小于0.5 μm的一般情况下的长度测量，其成像原理的不确定度可以忽略不计。

B.3 不确定度的评定

B.3.1 被测长度测得值 L 按(B.4)式计算：

$$L = h\frac{B}{A} \quad \cdots\cdots(B.4)$$

式中：

h——标准长度的标定值；

A——标准长度放大图像的实测平均值；

B——被测长度放大图像的实侧平均值。

B.3.2 对(B.4)式作微分处理得：

$$\Delta L = \frac{B}{A}\Delta h + \frac{h}{A}\Delta B - \frac{hB}{A^2}\Delta A$$

B.3.3 由于测量设备的不确定度可以忽略不记，所以 ΔA、ΔB 和 Δh 的相关项为零。则被测长度的测量标准不确定度 g 按(B.5)式计算：

$$g = \sqrt{\frac{B^2}{A^2}\Delta h^2 + \frac{h^2}{A^2}\Delta B^2 + \frac{h^2B^2}{A^4}\Delta A^2} \quad \cdots\cdots(B.5)$$

B.4 不确定度分量的评定

B.4.1 Δh 的评定

Δh 为标准长度标定值的标准不确定度，根据B.2.1 $\Delta h = e$。

B.4.2 ΔA 的评定

B.4.2.1 A 的测量过程

首先瞄准图像中第一个标记点，读出一个坐标值 a，再瞄准第二个标记点，读出另一个坐标值 b。则有：$S = |a-b|$　　　所以 $\Delta S = \Delta a - \Delta b$

由于测量设备的不确定度可以忽略不记，Δa 与 Δb 的相关项为零，所以有(B.6)式：

$$(\Delta S)^2 = (\Delta a)^2 + (\Delta b)^2 \quad \cdots\cdots(B.6)$$

B.4.2.2 根据B.2.2有(B.7)式：

$$(\Delta S)^2 = \gamma^2 \quad \cdots\cdots(B.7)$$

B.4.2.3 如果取 n 次实测值的算术平均值，则有(B.8)式：

$$(\Delta A)^2 = \frac{1}{n}\gamma^2 \quad \cdots\cdots(B.8)$$

B.4.3 与 ΔA 的评定相同，有(B.9)式：

$$(\Delta B)^2 = \frac{1}{n}\gamma^2 \quad \cdots\cdots(B.9)$$

B.4.4 A 的量值分析

标准物质的标定值为 h，标准不确定度为 e，则标准物质的长度值为 $h \pm 3e$，若放大倍数为 M，则放大图像的长度值为 $Mh \pm 3eM$，测量过程中瞄准标准不确定度为 $\sqrt{\frac{1}{n}}\gamma$，所以 $A = M(h \pm 3e) \pm \sqrt{\frac{9}{n}}\gamma$。

因为：$h \gg 3e, hM \gg \sqrt{\frac{9}{n}}\gamma$；　　　所以：$A \approx Mh$。

B.4.5 B 的量值分析

与 A 相似，$B=ML$

B.4.6 将 B.4.1～B.4.5 的分析结果代入(B.5)式得(B.10)式：

$$g=\sqrt{\frac{M^2L^2}{M^2h^2}e^2+\frac{h^2\gamma^2}{M^2h^2n}+\frac{h^2\gamma^2M^2L^2}{M^4h^4n}}$$

$$g=\sqrt{\frac{L^2}{h^2}\left(e^2+\frac{\gamma^2}{nM^2}\right)+\frac{\gamma^2}{nM^2}} \qquad \cdots\cdots(\text{B.10})$$

B.5 合成标准不确定度

如果二次电子成像原理产生的标准不确定度可以忽略不计，而被测物体变形产生的标准不确定度不能忽略不计，则应根据具体样品的具体情况，估算其物体变形产生的标准不确定度的量值，并将其合并到合成标准不确定度中去。设：物体变形产生的标准不确定度为 α，则被测长度的测得值的合成标准不确定度 p 按(B.11)式计算：

$$p=\sqrt{\frac{L^2}{h^2}\left(e^2+\frac{\gamma^2}{nM^2}\right)+\frac{\gamma^2}{nM^2}+\alpha^2} \qquad \cdots\cdots(\text{B.11})$$

B.6 两点说明

B.6.1 测量次数可以根据不确定的要求而定。如果不确定度要求不高，可以减少测量次数；如果被测量的长度较大，或者扫描电镜的分辨力较高，也可以减少测量次数。反之亦然。

B.6.2 本标准规定的测量方法，可以用于标定标准物质。例如：用 1 μm 的标准物质，标定 0.5 μm 的标准物质。

附　录　C
（资料性附录）
原始记录格式

原　始　记　录

1　委托者名称：__________________地址：__________________
　联系方式：__________________要求：__________________

2　物质名称：____________编号：____________来源：____________
　用途：__________________特性：__________________

3　技术依据：____________________________________

4　扫描电镜型号：__________________编号：__________________
　制造单位：__________________检定单位：__________________
　工作距离：__________________标称倍率：__________________

5　标准物质名称：__________________特性：__________________
　标定值：__________________标准不确定度：__________________

6　辅助器具：____________________________________

7　标准长度图像的测得值：

a ____________________________________

b ____________________________________

S ____________________________________

a ____________________________________

b ____________________________________

S ____________________________________

8　被测长度图像的测得值：

c ____________________________________

d ____________________________________

H ____________________________________

c ____________________________________

d ____________________________________

H ____________________________________

9　测量结果：

a）A __________________　b）B __________________

c）L __________________　d）p __________________

10　测量机构：____________________________________
　测量人员：____________校验人员：____________测量日期：____________

附　录　D
（资料性附录）
测量报告格式

测　量　报　告

报告编号：____________________

1　委托者：

名称：______________________________　地址：____________________

2　被测物质：

名称：______________________________　编号：____________________

3　技术依据：____

4　扫描电镜：

型号：______________________________　编号：____________________

5　标准物质：

名称：______________________________　编号：____________________

标定值：______________________________　标准不确定度：____________________

6　测量结果：

测得值：______________________________　标准不确定度：____________________

7　测量人员：______________________________　校验人员：____________________

测量日期：______________________________　审批人员：____________________

8　测量机构：

名称：______________________________　地址：____________________

联系方式：____

9　授权机构：______________________________　授权证书编号：____________________

ICS 59.060.20
W 52

中华人民共和国国家标准

GB/T 16602—2008
代替 GB/T 16602—1996

腈纶短纤维和丝束

Acrylic staple and tow

2008-08-06 发布　　2009-06-01 实施

中华人民共和国国家质量监督检验检疫总局
中国国家标准化管理委员会　发布

前　言

本标准代替 GB/T 16602—1996《腈纶短纤维》。

本标准与 GB/T 16602—1996 相比，主要区别如下：

——标准名称由《腈纶短纤维》更改为《腈纶短纤维和丝束》。

——扩大和调整了适用范围，由原 1.67 dtex、3.33 dtex、6.67 dtex 三个消光、半消光和有光腈纶短纤维，修改为单纤维线密度 1.11 dtex～11.11 dtex 的半消光、有光腈纶短纤维和腈纶丝束。

——增加了产品分类和标记。

——要求中分别按腈纶短纤维和腈纶丝束规定性能项目和指标值，其中对腈纶短纤维指标修改如下：

- 统一了各品种线密度偏差率指标值；
- 断裂强度由控制下限修改为中心值加偏差，同时按名义线密度范围 1.11 dtex～2.21 dtex、2.22 dtex～6.67 dtex、6.68 dtex～11.11 dtex 分三档规定最低指标值；
- 断裂伸长率由上下限范围修改为中心值加偏差；
- 长度偏差率按名义长度≤76 mm 和＞76 mm 分两档规定指标值；
- 倍长纤维含量、卷曲数、疵点含量按名义线密度范围 1.11 dtex～2.21 dtex、2.22 dtex～11.11 dtex分两档规定指标值；
- 调整了倍长纤维含量指标值；
- 卷曲数单位由“个/10 cm”改为“个/25 mm”，指标由控制下限修改为中心值加偏差。
- 调整了疵点含量指标值。

——增加了含油率试验方法(红外光谱仪法)。

——增加了二氧化钛含量试验方法。

本标准的附录 A、附录 B 和附录 C 为规范性附录。

本标准由中国纺织工业协会提出。

本标准由上海市纺织技术质量监督所归口。

本标准起草单位：中国石化上海石油化工股份有限公司、中国石化股份有限公司齐鲁分公司腈纶厂。

本标准主要起草人：陈慧丽、李胸有、姜素芳、张玲、丁英、宋铮。

本标准所代替标准的历次版本发布情况为：

——GB/T 16602—1996。

腈纶短纤维和丝束

1 范围

本标准规定了腈纶短纤维和丝束的分类、标记、要求、试验方法、检验规则及标志、包装、运输、贮存的要求。

本标准适用于以丙烯腈为主要单体的多元共聚物经湿法或干法纺丝工艺制得的半消光和有光腈纶短纤维和丝束。单纤维线密度在 1.11 dtex～11.11 dtex 范围内，其他规格、类型的腈纶短纤维和丝束可以参照使用。

2 规范性引用文件

下列文件中的条款通过本标准的引用而成为本标准的条款。凡是注日期的引用文件，其随后所有的修改单(不包括勘误的内容)或修订版均不适用于本标准，然而，鼓励根据本标准达成协议的各方研究是否可使用这些文件的最新版本。凡是不注日期的引用文件，其最新版本适用于本标准。

GB/T 603 化学试剂 试验方法中所用制剂及制品的制备

GB/T 1250 极限数值的表示方法和判定方法

GB/T 3291.1 纺织 纺织材料性能和试验术语 第1部分：纤维和纱线

GB/T 3291.3 纺织 纺织材料性能和试验术语 第3部分：通用

GB/T 4146 纺织名词术语(化纤部分)

GB/T 6682 分析实验室用水规格和试验方法

GB/T 8170 数值修约规则

GB/T 14334—2006 化学纤维 短纤维取样方法

GB/T 14335 化学纤维 短纤维线密度试验方法

GB/T 14336 化学纤维 短纤维长度试验方法

GB/T 14337 化学纤维 短纤维拉伸性能试验方法

GB/T 14338 化学纤维 短纤维卷曲性能试验方法

GB/T 14339 化学纤维 短纤维疵点试验方法

GB/T 6504—2008 化学纤维 含油率试验方法

GB/T 6503—2008 化学纤维 回潮率试验方法

3 术语和定义

GB/T 3291.1、GB/T 3291.3 和 GB/T 4146 中确立的以及下列术语和定义适用于本标准。

3.1

生产批 product lot

原料、化工料、辅料、工艺条件、产品规格相同，连续生产的产品批号，即大批号。

3.2

检验批 test lot

在一定的时间段内，为检验连续生产过程中产品质量的稳定性设置的批号。

3.3

批样品 lot sample

能代表整个检验批的包装件(或样品)，用于抽取实验室样品的包装件(或样品)总和。

4 分类和标记

4.1 分类

4.1.1 按消光剂（TiO_2）的加入量分为半消光腈纶（TiO_2 含量 0.10%～0.50%）和有光腈纶（TiO_2 含量小于 0.05%）两类。

4.1.2 按单纤维名义线密度划分，如 1.11 dtex、1.67 dtex、2.22 dtex、3.33 dtex、5.56 dtex、6.67 dtex、11.11 dtex 等。

4.1.3 按生产工艺分为湿法和干法，湿法工艺分为一步法和二步法。

4.2 产品规格标记

以生产工艺、光泽、名义线密度、（短纤维）名义长度/（丝束）名义千特数代号加以标识，其中生产工艺代号以罗马数字表示，具体规定为：湿法（一步法）工艺——Ⅰ、湿法（二步法）工艺——Ⅱ、干法工艺——Ⅲ；光泽代号以大写英文字母表示，具体规定为：有光——Y、半消光——X；其他代号由各生产单位自定。见图 1。

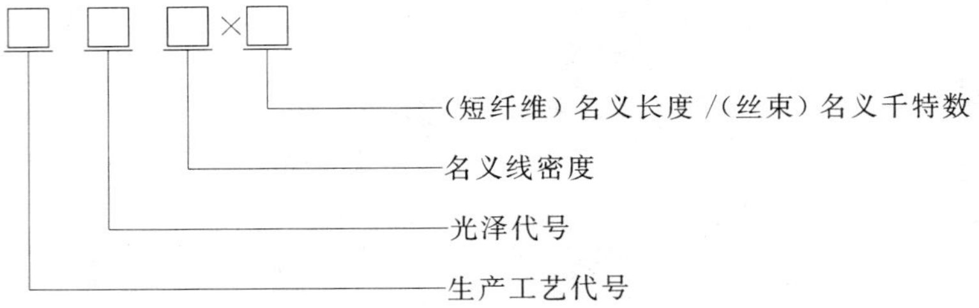

图 1 产品规格标记

示例 1：“ⅢY11.11 dtex×102 mm”表示用干法工艺生产的名义线密度为 11.11 dtex、名义长度为 102 mm 的有光腈纶短纤维。

示例 2：“ⅠX2.22 dtex×100 ktex”表示用湿法（一步法）工艺生产的名义线密度为 2.22 dtex，名义千特数为 100 ktex 的半消光腈纶丝束。

5 要求

5.1 产品分等

产品分为优等品、一等品和合格品三个等级。

5.2 腈纶短纤维性能项目和指标值

腈纶短纤维性能项目和指标值见表 1。

表 1 腈纶短纤维的性能项目和指标值

性能项目		指标值		
		优等品	一等品	合格品
线密度偏差率/%		±8	±10	±14
断裂强度[a]/(cN/dtex)		M_1 ±0.5	M_1 ±0.6	M_1 ±0.8
断裂伸长率[b]/%		M_2 ±8	M_2 ±10	M_2 ±14
长度偏差率/%	≤76 mm	±6	±10	±14
	>76 mm	±8	±10	±14
倍长纤维含量/(mg/100 g)	1.11 dtex～2.21 dtex ≤	40	60	600
	2.22 dtex～11.11 dtex ≤	80	300	1 000
卷曲数[c]/(个/25 mm)		M_3 ±2.5	M_3 ±3.0	M_3 ±4.0

表 1（续）

性 能 项 目		指 标 值		
		优等品	一等品	合格品
疵点含量/(mg/100 g)	1.11 dtex～2.21 dtex ⩽	20	40	100
	2.22 dtex～11.11 dtex ⩽	20	60	200
上色率[d]/%		$M_4\pm3$	$M_4\pm4$	$M_4\pm7$

[a] 断裂强度中心值 M_1 由各生产单位根据品种自定，断裂强度下限值：1.11 dtex～2.21 dtex 不低于2.1 cN/dtex、2.22 dtex～6.67 dtex 不低于 1.9 cN/dtex、6.68 dtex～11.11 dtex 不低于 1.6 cN/dtex。

[b] 断裂伸长率中心值 M_2 由各生产单位根据品种自定。

[c] 卷曲数中心值 M_3 由各生产厂根据品种自定，卷曲数下限值：1.11 dtex～2.21 dtex 不低于 6 个/25 mm、2.22 dtex～11.11 dtex 不低于 5 个/25 mm。

[d] 上色率中心值 M_4 由各生产单位根据品种自定。

5.3 腈纶丝束性能项目和指标值

腈纶丝束性能项目和指标值见表 2。

表 2 腈纶丝束性能项目和指标值

性 能 项 目		指 标 值		
		优等品	一等品	合格品
线密度偏差率/%		±8	±10	±14
断裂强度[a]/(cN/dtex)		$M_1\pm0.5$	$M_1\pm0.6$	$M_1\pm0.8$
断裂伸长率[b]/%		$M_2\pm8$	$M_2\pm10$	$M_2\pm14$
卷曲数[c]/(个/25 mm)		$M_3\pm2.5$	$M_3\pm3.0$	$M_3\pm4.0$
疵点含量/(mg/100 g)	1.11 dtex～2.21 dtex ⩽	20	40	100
	2.22 dtex～11.11 dtex ⩽	20	60	200
上色率[d]/%		$M_4\pm3$	$M_4\pm4$	$M_4\pm7$

[a] 断裂强度中心值 M_1 由各生产单位根据品种自定，断裂强度下限值：1.11 dtex～2.21 dtex 不低于2.1 cN/dtex、2.22 dtex～6.67 dtex 不低于 1.9 cN/dtex、6.68 dtex～11.11 dtex 不低于 1.6 cN/dtex。

[b] 断裂伸长率中心值 M_2 由各生产单位根据品种自定。

[c] 卷曲数中心值 M_3 由各生产厂根据品种自定。

[d] 上色率中心值 M_4 由各生产单位根据品种自定。

5.4 其他要求

5.4.1 生产半消光品种时，生产单位应向用户提供二氧化钛含量的测试结果。二氧化钛含量也可根据用户使用要求协商调整。

5.4.2 含油率、回潮率及用户需要且生产单位能够提供的测试指标，由生产单位提供数据。

6 试验方法

6.1 通则

6.1.1 预调湿、调湿和试验用标准大气

预调湿用标准大气：温度不超过 50 ℃，相对湿度 5%～25%。

调湿和试验用标准大气：温度(20±2)℃，相对湿度(65±5)%。

6.1.2 试样的调湿

批样品和实验室样品按 GB/T 14334—2006 规定取得，超过公定回潮率时，样品在 6.1.1 规定的标准大气条件下预调湿 30 min，样品在公定回潮率以下，按 6.1.1 规定的调湿和试验用标准大气条件下平衡 4 h，也可采用快速调湿，快速调湿平衡时间为 2 h；如果是复验，则在 6.1.1 规定的标准大气条件下调湿平衡 16 h。

6.1.3 取样

6.1.3.1 腈纶短纤维

6.1.3.1.1 批样品和实验室样品的抽取与制备

按 GB/T 14334—2006 中 6.1 或 6.2 规定执行。

6.1.3.1.2 试样的抽取

按 GB/T 14334—2006 中 6.3 规定制备和抽取试样。在分试样过程中如发现倍长纤维或疵点时应拣出称量，按试样总量的质量比例折算后，加入该项一并计算倍长纤维含量或疵点含量。

6.1.3.2 腈纶丝束

6.1.3.2.1 批样品的抽取

按 GB/T 14334—2006 中 6.1.1 或 6.2 规定执行。

6.1.3.2.2 实验室样品的抽取

在每个批样品的丝头处，剪去受损的丝束，剪取 1.0 m～1.5 m 的丝束，立即放入密闭容器中。

6.1.3.2.3 试样的制备

根据需要将取回的实验室样品剪成长度适宜的短纤维，按 GB/T 14334—2006 中 6.3 规定制备和抽取试样。在分试样过程中如发现有疵点时应拣出称量，按试样总量的质量比例折算后加入该项一并计算。

6.2 线密度偏差率的测定

按 GB/T 14335 规定进行。

6.3 断裂强度和断裂伸长率的测定

按 GB/T 14337 规定进行。

6.4 疵点含量的测定

按 GB/T 14339 规定进行。

6.5 倍长纤维含量和长度偏差率的测定

按 GB/T 14336 规定进行。

6.6 卷曲数的测定

按 GB/T 14338 规定进行。

6.7 上色率的测定

按附录 A 规定进行。

6.8 含油率的测定

按 GB/T 6504—2008 中 A 法(萃取法)或附录 B 规定进行。

6.9 回潮率的测定

按 GB/T 6503 规定进行。

6.10 二氧化钛含量的测定

按附录 C 规定进行。

7 检验规则

7.1 检验项目

5.2、5.3 中所有项目均为出厂检验项目。

7.2 **组批规则**

7.2.1 在一定范围内采用随机取样组成检验批。一个生产批可由一个检验批组成，也可由若干个检验批组成。

7.2.2 生产上发生波动或遇特殊情况时，应将该部分产品单独组成检验批。

7.3 **取样**

按6.1.3规定进行。

7.4 **结果评定**

7.4.1 产品评定：测定值或计算值按GB/T 1250中修约值比较法与表中的极限数值比较进行评定，以性能项目中最低等级定为该批产品的等级。

7.4.2 在正常情况下，各试样测试数据以一次为准，不应复测。如遇到操作及仪器上出现异常，应采取措施后，由测试人员在原试样中取样复测一次，并以复测数据为准。

7.4.3 回潮率超过4%后，应征得使用单位同意，产品方可销售出厂。

7.4.4 二氧化钛含量为大于等于0.05%、小于0.10%时，应征得使用单位同意，产品方可销售出厂。

8 复验规则

8.1 货批到收货方时，应及时检查包装件的外包装质量、件数、净质量与货单是否相符。如由于运输或贮存过程中引起的质量问题，需查明原因，由责任方负责。

8.2 三个月内，如发现产品性能质量不符合质量报告单时可提交复验。若该批产品的数量使用了三分之一以上时，复验结果仅代表剩余货批质量。

8.3 如果是由于该批产品质量影响了后加工产品质量，并造成严重损失时，供需双方应分析原因，明确责任，协商处理。

8.4 复验时检验项目由供需双方协商确定。

8.5 复验时按原生产批组批。

8.6 复验时的取样方法按GB/T 14334—2006中6.2和6.3规定进行。

8.7 复验时疵点含量的试样量增加一倍，其余同出厂检验。

8.8 复验可以由生产方、使用方共同取样检测，也可请法定检验机构仲裁，以复验数据为裁判依据，费用由责任方承担。

8.9 公定质量计算按式(1)，式(2)：

$$m_1 = \frac{\sum_{i=1}^{n} m_{1i}}{N} \qquad (1)$$

$$m = m_1 \times \frac{1+R_0}{1+R} \qquad (2)$$

式中：

m_1——包装件的平均净质量，单位为千克(kg)；

m_{1i}——每个包装件的净质量，单位为千克(kg)；

m——包装件的公定质量，单位为千克(kg)；

R_0——腈纶的公定回潮率，$R_0=2\%$；

R——实测回潮率，%。

9 标志、包装、运输和贮存

9.1 **标志**

每包产品应标明如下内容：厂名、厂址、商标、产品标准号、产品规格标记、批号、等级、净质量、包号、生产日期。

9.2 包装

9.2.1 产品的包装应保证产品不受损伤，并便于贮存和运输。

9.2.2 产品单包净质量由生产单位自定。

9.2.3 产品包装材料应采用防潮、耐磨、不易燃烧的材质。

9.3 运输

在运输过程中要防止产品受潮、受污染。

9.4 贮存

9.4.1 产品应存放在干燥、通风良好的仓库中，仓库中应设有消防设施。

9.4.2 不同批号、规格、等级的产品应分开存放。

附 录 A
（规范性附录）
腈纶上色率试验方法

A.1 原理

试样在染浴中，通过化学和物理吸附现象吸附染料，留下的残液用分光光度计在 620 nm 波长下测其吸收值，残液的深浅与上色率成反比。

A.2 试剂和材料

A.2.1 本方法所使用的试剂均系分析纯。

A.2.1.1 孔雀石绿染料，分子式 $C_{23}H_{25}ClN_2$，相对分子质量 364.92。

A.2.1.2 乙酸钠。

A.2.1.3 硫酸钠。

A.2.1.4 乙酸。

A.2.1.5 表面活性剂 1227（烷芳基季胺盐）：活性物含量 40%～45%。

A.2.2 去离子水，GB/T 6682，三级。

A.3 仪器

A.3.1 可见光分光光度计，带有 10 mm 玻璃比色皿。

A.3.2 小型高温高压染样机。

A.3.3 天平，最小分度值 0.1 mg。

A.3.4 容量瓶，100 mL、1 000 mL、2 000 mL。

A.3.5 移液管，2 mL、5 mL、10 mL、15 mL。

A.3.6 烧杯，250 mL。

A.3.7 量筒，250 mL。

A.3.8 试剂瓶，3 000 mL。

A.4 染液配制

A.4.1 按 GB/T 603 规定配制表 A.1 中规定浓度的乙酸钠、硫酸钠、乙酸、孔雀石绿染料、表面活性剂 1227 溶液。其中孔雀石绿染料溶液配制方法：称取 2 g 孔雀石绿染料，精确到 0.2 mg，加 1 mL 冰乙酸和少量去离子水，在 50 mL 烧杯中溶解，倒入 1 000 mL 容量瓶中，稀释至刻度，配制成 2 g/L 孔雀石绿染料溶液。

A.4.2 孔雀石绿混合染液配制方法：称取 2 g 孔雀石绿染料，精确到 0.2 mg，加 1 mL 冰乙酸和少量去离子水，在 50 mL 烧杯中溶解，倒入 2 000 mL 容量瓶中；用移液管分别移取 100 mL 乙酸钠（20 g/L）、200 mL 硫酸钠（100 g/L）、300 mL 乙酸（20 mL/L）、200 mL 表面活性剂 1227（20 mL/L）至 2 000 mL 容量瓶中，用去离子水稀释至刻度，配制成 1 g/L 孔雀石绿染液，配好的混合染液存储在棕色试剂瓶中。

注：混合染液应在暗处储存。配置 14 天以上，未用完的染料混合液应报废。

A.4.3 染浴浴比 1∶100，1 g 纤维的染液组成见表 A.1。

表 A.1　1 g 纤维的染液组成

染　液　组　分	体　　积/mL
乙酸钠(20 g/L)	0.5
硫酸钠(100 g/L)	1.0
乙酸(20 mL/L)	1.5
孔雀石绿染料(2 g/L)	5.0
表面活性剂 1227(20 mL/L)	1.0
去离子水	91.0

A.4.4　根据纤维量按照表 A.1 比例配置成所需染液。

A.5　试样制备

A.5.1　从实验室试验样品中随机取出 2 g 左右纤维样品,并将纤维开松。

A.5.2　按 6.1.1 和 6.1.2 规定进行预调湿和调湿,使试样达到吸湿平衡。试样回潮率在公定回潮率以下可不必进行预调湿。

A.6　染色过程

染色过程见图 A.1。

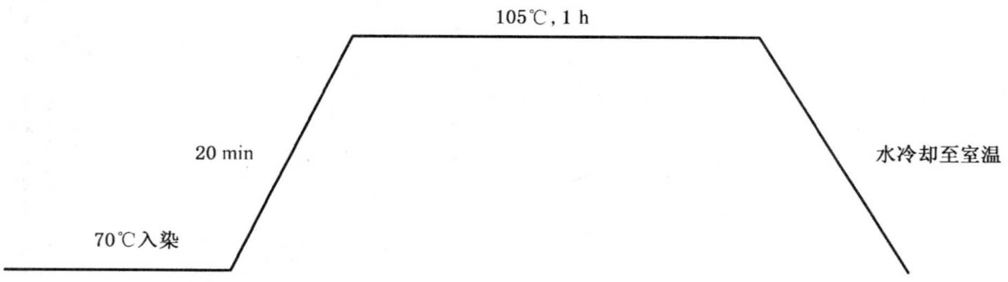

图 A.1　染色过程

A.7　试验步骤

A.7.1　检查水位,向染样机内加去离子水到规定位置,开启加热开关及搅拌开关,将温度控制到 70 ℃。

A.7.2　将配制好的染液用移液管吸取 15 mL 转移到染色管中(也可以根据纤维量按照表 A.1 比例吸取染液),再加入 135 mL 去离子水,将染色管放入染样机中。

A.7.3　当温度达到 70 ℃后,将开松后的纤维准确称取 1.5 g,精确到 0.001 g,放入染色管中(注意勿使纤维漂浮在染液表面,其中一只染色管中不放纤维作染前测试),盖上染样机盖子,拧紧螺丝,将温度设定在 105 ℃,恒温染色 1 h。

A.7.4　染色结束,关闭加热开关及搅拌开关取出染色管。

A.7.5　取出染色管中试样,使残液冷却至室温。

A.7.6　用移液管吸取 3 mL 残液移入 100 mL 容量瓶中,用去离子水稀释至刻度。

A.7.7　在分光光度计上用 10 mm 比色皿、620 nm 波长分别测定残液、染液的吸光度,用去离子水作空白。

A.8 计算

上色率 w 按式(A.1)计算。

$$w = \frac{A - A_1}{A} \times 100 \qquad \cdots\cdots (A.1)$$

式中：

A——染液染前的吸光度；

A_1——染后残液的吸光度。

计算结果按 GB/T 8170 修约至整数位。

附 录 B
（规范性附录）
腈纶含油率试验方法

B.1 原理

将纤维中的油剂用四氯乙烯溶剂萃取，用红外光谱仪采集试样在 3 200 cm^{-1}～2 500 cm^{-1}之间的吸收光谱图。C-H 谱带的特征峰吸收强度与油剂含量成正比。测量未知试样的吸光度，由标准曲线查得试样浓度，即可测得纤维中的油剂含量。

定量分析的依据是郎伯-比耳定律，见式(B.1)。

$$A = Kbc \qquad \cdots\cdots\cdots\cdots\cdots\cdots(B.1)$$

式中：

A——吸光度；

K——吸光系数；

b——试样池厚度，单位为毫米(mm)；

c——所测试样的浓度，%。

B.2 试剂和材料

B.2.1 四氯乙烯，分析纯。

B.2.2 甲醇，分析纯。

B.2.3 纤维油剂溶液。

B.3 仪器和工具

B.3.1 红外光谱仪，带 10 mm 石英比色皿。

B.3.2 天平，最小分度值 1 mg，0.1 mg。

B.3.3 恒温干燥箱。

B.3.4 恒温振荡水槽。

B.3.5 锥形瓶，200 mL。

B.3.6 镊子。

B.3.7 量筒，50 mL，100 mL。

B.3.8 烧杯，250 mL。

B.3.9 干燥器。

B.3.10 容量瓶，50 mL，100 mL。

B.3.11 移液管，1 mL，2 mL，5 mL，10 mL。

B.3.12 滴管。

B.3.13 镜头纸。

B.4 油剂标准曲线的绘制

B.4.1 油剂制备

B.4.1.1 取一干净烧杯，称其质量精确至 0.1 mg，记为 m_1。

B.4.1.2 称取搅拌均匀的油剂溶液(0.50±0.05)g，精确至 0.1 mg，加入烧杯中。

B.4.1.3 加(100±10) mL 甲醇于烧杯中,搅拌溶解油剂。

B.4.1.4 将烧杯放入热水浴中,热水浴温度控制在 60 ℃以上,在通风橱中操作。烧杯上盖上表面皿,并留一缝隙。将烧杯内溶液蒸发至干,只剩下油状物。

B.4.1.5 重复 A.4.1.3 至 A.4.1.4 步骤。

B.4.1.6 将烧杯放入烘箱,在(105±3)℃下干燥(30±5) min。

B.4.1.7 在干燥器内冷却至室温,称烧杯和油剂的质量,精确到 0.1 mg,记为 m_2。

B.4.1.8 加(20±5) mL 四氯乙烯于烧杯中,慢慢搅拌将油剂溶解。

B.4.1.9 将烧杯中的溶液移入 100 mL 容量瓶中,并用四氯乙烯洗涤三次,使烧杯中的油剂全部转移到容量瓶中。

B.4.1.10 用四氯乙烯将容量瓶中的油剂溶液稀释至刻度,加盖,将容量瓶翻转至少十次以进行充分混合。保持容量瓶盖盖紧。

B.4.2 标准样制备

B.4.2.1 取八个 50 mL 容量瓶,用移液管分别移入不同体积的油剂溶液,配制不同浓度的标准样,其含油率要覆盖所有可能的变化范围,分布尽可能均匀。

B.4.2.2 用四氯乙烯加至各容量瓶刻度,充分混合,制成标准液。

B.4.2.3 用式(B.2)计算油剂质量。

$$m_3 = \frac{m_2 - m_1}{100} \times V \qquad \cdots\cdots\cdots\cdots (B.2)$$

式中:

m_3——油剂质量,单位为克(g);

m_2——烧杯和油剂的质量,单位为克(g);

m_1——烧杯质量,单位为克(g);

V——油剂溶液的体积,单位为毫升(mL);

100——油剂溶液稀释后的体积数值,单位为毫升(mL)。

B.4.3 绘制油剂标准曲线

在红外光谱仪中采集八个标准样的谱图并绘制标准曲线。

B.5 试验步骤

B.5.1 试样制备

B.5.1.1 从实验室试验样品中随机取出 4 g 纤维,精确到 0.001 g,放入锥形瓶内。

B.5.1.2 用量筒量取(50±1.0)mL 四氯乙烯加入锥形瓶中,盖上橡皮塞。

B.5.1.3 将恒温振荡水槽温度控制在(25±2)℃。

B.5.1.4 将锥形瓶放入恒温振荡水槽,以中速振荡 5 min。

B.5.1.5 将锥形瓶从水槽中拿出,用镊子将锥形瓶内的纤维翻转几次,再放入恒温振荡水槽中振荡 5 min。锥形瓶和镊子上不能沾有水。

B.5.1.6 用镊子夹住纤维,挤出纤维中的溶液,将纤维取出,锥形瓶内的萃取液用以测定含油率。

B.5.2 试样分析

B.5.2.1 设置红外光谱仪实验参数,采集谱图。

B.5.2.2 选择所用油剂对应的标准曲线,由标准曲线查得试样浓度。

B.6 结果计算

试验结果以两个试样的算术平均值表示,两次平行测试的差异大于 20%时,应进行第三个试样的试验。计算结果按 GB/T 8170 修约至小数点后两位。

附　录　C
（规范性附录）
腈纶中二氧化钛含量的测定

C.1　方法A——显色法（仲裁法）

C.1.1　原理

二氧化钛中加入焦硫酸钾在500 ℃～600 ℃高温电炉里共熔，二氧化钛转变成能溶于硫酸的白色固体。

$$TiO_2 + 2K_2S_2O_7 \xrightarrow{500\ ℃ \sim 600\ ℃} Ti(SO_4)_2 + 2K_2SO_4$$

溶解在强酸溶液中的四价钛离子，能与过氧化氢形成络合物，此络合物呈黄色。用分光光度计在410 nm处以空白液作参比进行吸光值的测定。

$$Ti^{4+} + H_2O_2 + 2SO_4^{2-} \longrightarrow [TiO_2(SO_4)_2]^{2-} + 2H^+$$

C.1.2　试剂和溶液

C.1.2.1　浓硫酸，分析纯，密度为1.84 g/mL。

C.1.2.2　硫酸溶液，$c(H_2SO_4)$=1 mol/L。

C.1.2.3　焦硫酸钾（$K_2S_2O_7$），化学纯。

C.1.2.4　二氧化钛，光谱纯，纯度99.9%（质量分数）。

C.1.2.5　过氧化氢（H_2O_2），分析纯。

C.1.2.6　过氧化氢溶液，3%。

C.1.3　仪器

C.1.3.1　分光光度计，波长320 nm～810 nm，带有30 mm的玻璃比色皿。

C.1.3.2　分析天平，最小分度值0.1 mg。

C.1.3.3　电炉，附调压变压器。

C.1.3.4　容量瓶，100 mL、500 mL、1 000 mL。

C.1.3.5　刻度移液管，30 mL、50 mL。

C.1.3.6　烧杯，100 mL、500 mL、2 000 mL。

C.1.3.7　试剂瓶，1 000 mL。

C.1.3.8　高温炉，温度可升至800 ℃。

C.1.4　标准曲线的制作

C.1.4.1　钛标准溶液（0.1 mg/mL）

称取经（150±20）℃下干燥至恒重（约3 h）的二氧化钛0.083 4 g于瓷坩埚中，加焦硫酸钾4 g，在500 ℃～600 ℃电炉上共熔融至澄清透明桔黄色（约45 min），冷却，凝固物应呈发光白色结晶，如不呈白色结晶，需追加焦硫酸钾1 g再熔融，直至呈白色结晶为止。在坩埚中加入10 mL硫酸溶液[$c(H_2SO_4)$=1 mol/L]放在电炉上微微加热至溶解。移入500 mL容量瓶中，用硫酸溶液[$c(H_2SO_4)$=1 mol/L]多次洗涤坩埚，洗液一并移入500 mL容量瓶中，并用硫酸溶液[$c(H_2SO_4)$=1 mol/L]稀释至刻度。

C.1.4.2　工作曲线的绘制

用刻度移液管吸取钛标准溶液0、2、4、6、8、10、12 mL分别注入七只100 mL容量瓶中，再分别加5 mL过氧化氢（质量分数3%），用硫酸溶液[$c(H_2SO_4)$=1 mol/L]稀释至刻度。在分光光度计上，以410 nm为工作波长，用30 mm比色皿测定上述各浓度的吸光值。

C.1.4.3 根据测定的吸光值及对应的钛质量绘制工作曲线。

C.1.5 试验步骤

C.1.5.1 称取试样 2 g～5 g，精确到 0.1 mg，放入瓷坩埚中在电炉上碳化。

C.1.5.2 试样转移到高温炉中逐步升温至 800 ℃碳化 2 h，取出后冷却。加入焦硫酸钾 4 g，在 500 ℃～600 ℃温度下熔融约 45 min，冷却后成白色固体。再加入 10 mL 硫酸溶液[$c(H_2SO_4)$ = 1 mol/L]在电炉上加热溶解，冷却后移入 100 mL 容量瓶，并用硫酸溶液[$c(H_2SO_4)$=1 mol/L]多次洗涤坩埚，洗液一并移入。

C.1.5.3 TiO_2 含量有高有低，有光的腈纶短纤维含量小于 0.05%，而半消光腈纶短纤维含量 0.1%～0.5%，所以比色液要分别对待。有光纤维 TiO_2 含量低，故可将上述样品液直接加入 3%过氧化氢 5 mL，再用硫酸溶液[$c(H_2SO_4)$=1 mol/L]稀释至刻度，摇匀，同时做一空白，用 30 mm 比色皿，在 410 nm处测得其吸光值。

C.1.5.4 半消光纤维 TiO_2 含量高，可将准备好的样品用 1 mol/L 的硫酸稀释至刻度，摇匀，再吸取 5mL 放入 100 mL 容量瓶中，加入 5 mL 3%过氧化氢，再用硫酸溶液[$c(H_2SO_4)$=1 mol/L]稀释至刻度，摇匀，同时做一空白，用 30 mm 比色皿，在 410 nm 处测得其吸光值。

根据测得的吸光值，在标准曲线上查出 Ti^{4+} 含量。

C.1.6 计算

试样中二氧化钛的含量按式(C.1)计算。

$$X = \frac{a \times 1.67}{m \times \frac{b}{100} \times 1\,000} \times 100 \qquad \text{(C.1)}$$

式中：

X——试样的二氧化钛含量，%；

a——在工作曲线上查得的试样中钛质量，单位为毫克(mg)；

1.67——Ti 换算成 TiO_2 的系数；

m——试样的质量，单位为克(g)；

b——样品准备好后的吸出值(有光为 100，半消光为 5)。

计算结果按 GB/T 8170 修约至小数点后两位。

C.1.7 注意事项

试验后坩埚用浓盐酸处理，浸泡 2 h 之后洗净。

试样加热一定要在通风柜内，在排风状态下进行试验。

C.2 方法 B——浊度法

C.2.1 原理

用溶剂溶解试样，形成二氧化钛的分散体系，在一定波长处测量其吸收值，二氧化钛产生的浊度正比于试样中的二氧化钛含量。

C.2.2 试剂和材料

C.2.2.1 已知二氧化钛含量的腈纶。

C.2.2.2 溶剂，能完全溶解试样的溶剂，如二甲基甲酰胺(分析纯)或二甲基亚砜(分析纯)。

C.2.2.3 去离子水，GB/T 6682，三级。

C.2.3 仪器

C.2.3.1 分光光度计，波长 320 nm～810 nm 带有 10 mm 的玻璃比色皿。

C.2.3.2 天平，最小分度值 1 mg，0.01 mg。

C.2.3.3 烧杯，150 mL。

C.2.3.4 容量瓶，100 mL。

C.2.3.5 干燥器，带变色硅胶，当硅胶颜色由绿色变成红色时，应更换硅胶或重新干燥。

C.2.4 标准曲线的制作

C.2.4.1 分别称取(0.50±0.02) g、(0.60±0.02) g、(0.70±0.02) g、(0.80±0.02) g、(0.90±0.02) g 已知二氧化钛含量的腈纶纤维，放入经编号的 100 mL 容量瓶中。纤维称样量可根据二氧化钛含量作相应的调整。

C.2.4.2 在容量瓶中分别加入溶剂(35±5) mL，振荡使纤维完全溶解，用溶剂稀释并定容，完全混匀。

C.2.4.3 在一定波长处校准分光光度计，使之处于备用状态。

C.2.4.4 用溶剂和有光腈纶纤维做空白，分别测试各试样的吸收值。

C.2.4.5 校正因子的计算按式(C.2)。

$$F_i = \frac{m_i}{A_i} \qquad \cdots\cdots\cdots\cdots (C.2)$$

式中：

F_i——单个标准溶液的校正因子，单位为克(g)；

m_i——单个标准溶液中二氧化钛的质量，单位为克(g)；

A_i——单个标准溶液的吸收值。

C.2.4.6 平均校正因子的计算按式(C.3)。

$$F = \frac{\sum_{i=1}^{5} F_i}{5} \qquad \cdots\cdots\cdots\cdots (C.3)$$

式中：

F——标准溶液的平均校正因子；

F_i——单个标准溶液的校正因子。

计算结果按 GB/T 8170 修约至小数点后三位。

C.2.5 试样分析

C.2.5.1 准确称取(0.850±0.050) g 试样(试样的回潮率小于公定回潮率或已达到吸湿平衡)，放入 100 mL 的容量瓶中。

C.2.5.2 在容量瓶中加入(35±5) mL 的溶剂，使纤维完全溶解，用溶剂稀释并定容，完全混匀。

C.2.5.3 在与标准曲线一致的波长处校准分光光度计，使之处于备用状态。

C.2.5.4 用溶剂和有光腈纶纤维做空白，分别测试各试样的吸收值。

C.2.5.5 分析完毕，用溶剂冲洗比色皿后，再用去离子水清洗。

C.2.6 结果计算

试样中二氧化钛的含量按式(C.4)计算。

$$T = \frac{A \times F}{m} \times 100 \qquad \cdots\cdots\cdots\cdots (C.4)$$

式中：

T——试样中二氧化钛的含量，%；

A——试样的吸收值；

F——标准溶液平均校正因子，单位为克(g)；

m——试样质量，单位为克(g)。

计算结果按 GB/T 8170 修约至小数点后两位。

ICS 59.060.20
W 52

中华人民共和国国家标准

GB/T 16603—2008
代替 GB/T 16603—1996

锦纶牵伸丝

Nylon drawn yarn

2008-08-06 发布　　2009-06-01 实施

中华人民共和国国家质量监督检验检疫总局
中国国家标准化管理委员会　发布

前　言

本标准代替 GB/T 16603—1996《锦纶牵伸丝》。主要修订内容为：

——标准适用线密度范围由 33 dtex～167 dtex 改为 8 dtex～600 dtex，扩大了适用范围；

——增加线密度≤44 dtex 的物理指标；

——物理指标中，断裂伸长率的 M_1 范围调整为 15%～55%；

——物理指标中，原沸水收缩率调整为热收缩率；

——外观指标中，尾巴丝数量由供需双方协商确定；

——由于现在产品的多样性，个别考核指标也作出调整。

本标准由中国纺织工业协会提出。

本标准由上海市纺织工业技术监督所归口。

本标准起草单位：广东新会美达锦纶股份有限公司、南通文凤化纤有限公司。

本标准主要起草人：宋明、龚剑兵、郑文祥、孙锦、李荣江。

本标准所代替标准的历次版本发布情况为：

——GB/T 16603—1996。

锦纶牵伸丝

1 范围

本标准规定了锦纶牵伸丝的技术要求、试验方法、检验规则和标志、包装、贮存的要求。

本标准适用于线密度为8 dtex～600 dtex、圆形截面、有光、半消光、全消光丝、复丝、未经加捻和未经压洗定型的民用本色复丝锦纶牵伸丝。

2 规范性引用文件

下列文件中的条款通过本标准的引用而成为本标准的条款。凡是注日期的引用文件，其随后所有的修改单(不包括勘误的内容)或修订版均不适用于本标准，然而，鼓励根据本标准达成协议的各方研究是否可使用这些文件的最新版本。凡是不注日期的引用文件，其最新版本适用于本标准。

GB/T 250　纺织品　色牢度试验　评定变色用灰色样卡

GB/T 1250　极限数值的表示方法和判定方法

GB/T 2828.1—2003　计数抽样检验程序　第1部分:按接收质量限(AQL)检索的逐批检验抽样计划

GB/T 3291.1　纺织　纺织材料性能和试验术语　第1部分:纤维和纱线

GB/T 3291.3　纺织　纺织材料性能和试验术语　第3部分:通用

GB/T 4146　纺织名词术词(化纤部分)

GB/T 6502　化学纤维　长丝取样方法

GB/T 6503　化学纤维　回潮率试验方法

GB/T 6505　化学纤维　长丝热收缩率试验方法

GB/T 8170　数值修约规则

GB/T 14343　化学纤维　长丝线密度试验方法

GB/T 14344　化学纤维　长丝拉伸性能试验方法

GB/T 14346　化学纤维　长丝电子条干不匀率试验方法

FZ/T 50008　锦纶长丝染色均匀度试验方法

3 术语和定义

GB/T 3291.1、GB/T 3291.3和GB/T 4146中确立的术语和定义适用于本标准。

4 分类和标记

4.1　按生产时二氧化钛添加量的不同，锦纶牵伸丝产品分为有光丝、半消光丝、全消光丝。

4.2　产品规格以线密度(dtex)和单丝根数(f)表示。例如线密度为83 dtex，单束丝根数为48的锦纶牵伸丝，其产品规格表示为83 dtex/48 f。

4.3　产品标记按产品规格、生产工艺来标识。例如:83 dtex/48 f，有光。

5 技术要求

锦纶牵伸丝的技术要求包括物理指标和外观指标两部分，分为优等品、一等品、合格品三个等级，低于合格品为等外品。

5.1 锦纶牵伸丝的物理指标见表1。

表1 锦纶牵伸丝的物理性能指标

序号	项目		优等品	一等品	合格品
1	线密度偏差率/% (1)>78 dtex (2)>44 dtex,≤78 dtex (3)≤44 dtex		 ±2.0 ±2.5 ±3.0	 ±2.5 ±3.0 ±4.0	 ±4.0 ±5.0 ±6.0
2	线密度变异系数(*CV*)/% (1)>78 dtex (2)>44 dtex,≤78 dtex (3)≤44 dtex	≤	 1.00 1.20 1.60	 1.80 2.00 2.70	 2.80 3.00 3.90
3	断裂强度/(cN/dtex) (1)>78 dtex (2)≤78 dtex	≥	 3.80 4.00	 3.60 3.80	 3.40 3.60
4	断裂强度变异系数(*CV*)/% (1)>78 dtex (2)>44 dtex,≤78 dtex (3)≤44 dtex	≤	 5.00 6.00 8.00	 8.00 9.00 12.00	 11.00 12.00 16.00
5	断裂伸长率/%		$M_1\pm4.0$	$M_1\pm6.0$	$M_1\pm8.0$
6	断裂伸长率变异系数(*CV*)/% (1)>78 dtex (2)>44 dtex,≤78 dtex (3)≤44 dtex	≤	 8.00 9.00 12.00	 12.00 14.00 16.00	 16.00 18.00 20.00
7	热收缩率/%		$M_2\pm1.5$	$M_2\pm2.5$	$M_2\pm3.0$
8	染色均匀度(灰卡)/级	≥	4	3-4	3
9	条干均匀度变异系数(*CV*)/% (1)单丝线密度(dpf)>1.7 dtex (2)单丝线密度(dpf)≤1.7 dtex	≤	 1.50 2.00	 — —	 — —

注1:线密度偏差率以名义线密度为计算依据。

注2:M_1 在15%~55%范围内选定,一般情况下不得任意变更,如因原料调换等原因,中心值可以作适当调整。

注3:热收缩率:锦纶6采用沸水收缩率;锦纶66根据用户需要也可采用干热收缩率,M_2 由供需双方协商确定。

注4:条干均匀度采用 Normal 法。

5.2 锦纶牵伸丝外观指标见表2。

表2 锦纶牵伸丝外观性能指标

序号	项目	优等品	一等品	合格品
1	毛丝/(个/筒) (1)>78 dtex (2)≤78 dtex	 0 0	 ≤2 ≤4	 ≤10 ≤15
2	毛丝团/(个/筒)	0	0	≤2
3	硬头丝/(个/筒)	0	0	≤2
4	圈丝/(个/筒)	0	≤8	≤20
5	油污丝/(cm^2/筒)	0	≤1	≤2
6	色差	正常	轻微	轻
7	成形	好	较好	一般
8	拉伸不足丝	不允许	不允许	不允许
9	筒重(净重)/kg	满筒名义重量的90%以上	—	—
10	尾巴丝	数量由供需双方协商确定		

注1:圈丝:指圈丝的高度不小于2 mm者。

注2:油污丝:

a) 一等品只允许淡黄色油污,其总面积不超过1 cm^2。

b) 合格品只允许淡黄色和较深色油污,其总面积不超过2 cm^2,黑色油污不允许。

注3:色差:参照GB/T 250的级别定等。其中"正常"相当于4级,"轻微"相当于3级,"轻"相当于2-3级。

注4:筒重中,如属于定长定重产品,重量要求由供需双方协商确定。

6 试验方法

6.1 物理机械性能和染化性能指标检验

6.1.1 线密度试验按GB/T 14343规定。

6.1.2 断裂强度和断裂伸长率试验按GB/T 14344规定。

6.1.3 热收缩率试验按GB/T 6505规定。

6.1.4 染色均匀度试验按FZ/T 50008规定。

6.1.5 条干均匀度试验按GB/T 14346规定。

6.1.6 回潮率试验按GB/T 6503规定。

6.1.7 数值修约:各项试验结果计算时数值修约按GB/T 8170规定,保留小数位数见本标准表1。

6.2 外观检验

外观指标检验在分级台上逐筒进行,灯光采用D_{65}标准光源或40 W双管日光灯,要求照度约400 lx,观察距离约30 cm,分级时,操作者两手握住筒子两端的筒管,认定一处开始旋转,按表2要求对每只筒子的两个端面(或斜面)和圆柱面进行目检定等,检查毛丝时,筒子表面高度应与视线平行。

7 检验规则

7.1 出厂检验

7.1.1 检验项目

7.1.1.1 表1中物理指标项目均为考核项目,并按6.1规定的试验方法进行试验。

7.1.1.2 外观检验项目按表2规定,并按6.2规定的试验方法进行检验。

7.1.2 组批规定

在一定范围内采用周期性取样组成检验批。一个生产批可由一个检验批组成，也可由若干检验批组成。

7.1.3 取样规定

物理指标试验的试验室样品按 GB/T 6502 规定取样(染色均匀试验生产厂可以逐筒取样染色)。

7.1.4 检验结果评定

物理指标按批评定(其中染色均匀度试验为逐筒取样染色时，应逐筒评定)，外观指标逐筒评定，评定中以物理指标和外观指标各项中最低项的等级定为该产品的等级。

7.2 复验规则

一批产品到收货方三个月内，作为验收或对质量有异议时可提请复验。若该批产品的数量使用了三分之一以上时，不应申请复验。但如果收货方可以出示相关证据证明该批产品确实影响到后加工产品的质量，并造成严重损失时，应分析原因，明确双方责任，协商处理。

7.2.1 检验项目

同 7.1.1。

7.2.2 组批规定

按原生产批号组批。

7.2.3 取样规定

7.2.3.1 物理指标项目的实验室样品按 GB/T 6502 规定取样。

7.2.3.2 外观为抽样检验。根据批量按 GB/T 2828.1—2003 表 2 中一般检查水平Ⅱ规定确定样本大小(字码)。

7.2.4 检验结果的评定

7.2.4.1 物理指标项目的测定值或计算值按 GB/T 1250 中修约值比较法与表 1 的物理指标的极限数值比较，评定等级。其中染色均匀度根据所有样品筒子的极差(含同一段袜带内的深浅条纹)按 GB/T 250 评定等级。

7.2.4.2 外观项目按 7.2.3.2 样本大小，根据 GB/T 2828.1—2003 表 3 中正常检查一次抽样方案 AQL 值为 4.0 确定合格判定数 Ac 和不合格判定数 Re，并按供需双方合同指标评定，当不合格的筒子数≤Ac 时为原等级，当不合格的筒子数≥Re 时，按原等级降低一个等级。

7.2.4.3 锦纶牵伸丝的公定质量按式(1)验收：

$$\text{公定质量(kg)} = \text{净重} \times \frac{1+4.5}{1+\text{实际回潮率}} \quad \cdots\cdots (1)$$

公定质量差异不超过 0.5%时，不予索赔，超过时按实际超过部分赔偿。

7.2.5 综合等级的评定

以物理项目和外观项目中最低项的等级定为该产品的等级。

8 标志、包装、运输和贮存

8.1 标志

纸箱上应标明厂名、厂址、产品名称、规格、等级、批号、净重、毛重、筒子个数、生产日期、商标、标准号和防潮、轻放等标志。

8.2 包装

8.2.1 锦纶牵伸丝的每个丝筒都应套塑料袋，按不同品种、规格、批号、等级、日期分别进行包装、装箱。

8.2.2 外包装纸箱内应有定位装置固定丝筒两端筒管，纸箱质量必须保证产品质量不受损伤。

8.2.3 每个包装箱内的丝筒大小要求尽量均匀。

8.2.4 每批产品应附有质量检验单。

8.3 **运输**

运输中禁止损坏外包装,禁止倒置和受潮。

8.4 **贮存**

锦纶牵伸丝应按批堆放,贮存在干燥、清洁、通风、避光的仓库中。

ICS 59.060.20
W 52

中华人民共和国国家标准

GB/T 16604—2008
代替 GB/T 16604—1996

涤纶工业长丝

Polyester filament for industry

2008-08-06 发布　　2009-06-01 实施

中华人民共和国国家质量监督检验检疫总局
中国国家标准化管理委员会　发布

前言

本标准代替 GB/T 16604—1996《涤纶工业长丝》。

本标准与 GB/T 16604—1996 相比主要变化如下：

a） 扩大了适用范围，使本标准适用于 222 dtex～6 667 dtex 的涤纶工业长丝。

b） 产品分类中增加了超高强型、超低收缩型、高模低收缩型产品。

c） 技术要求修改如下：

——增加超高强型、超低收缩型、高模低收缩型的物理指标；

——高强型、低收缩型的物理指标中线密度偏差率、线密度变异系数、断裂强度变异系数、断裂伸长率变异系数等项目的考核指标值均有一定幅度的提高；

——外观指标改为由利益双方协议，并以资料性附录加以提示。

d） 试验方法修改如下：

——调湿和试验用标准大气条件，按 BISFA 规定，温度调整为（20±5）℃，相对湿度调整为（65±5）%；

——调湿平衡时间调整为 4 h，复验时为 16 h；

——线密度试验参照 GB/T 14343；

——拉伸性能试验中增加了一组试验条件：夹持长度为 250 mm、拉伸速度为 300 mm/min；

——干热收缩率试验中增加了仪器法；

——增加尺寸稳定性指数试验方法；

——改变了变异系数的统计方法。

e） 取样规定中实验室样品数，由原来的 10 个改为 20 个。

f） 增加了资料性附录“外观要求、检验和评定”（见附录 A）。

本标准的附录 A 为资料性附录。

本标准由中华人民共和国纺织工业协会提出。

本标准由上海市纺织技术质量监督所归口。

本标准起草单位：中国石化上海石油化工股份有限公司、无锡太极实业股份有限公司。

本标准协助起草单位：浙江海利得新材料股份有限公司。

本标准主要起草人：林菘、许其军、朱刚、倪美津、虞辛日、葛骏敏、陈洪德。

本标准所代替标准的历次版本发布情况为：

——GB/T 16604—1996。

涤 纶 工 业 长 丝

1 范围

本标准规定了涤纶工业长丝的产品分类、要求、试验方法、检验规则和标志、包装、运输、贮存。

本标准适用于线密度为 222 dtex～6 667 dtex 的涤纶工业长丝的出厂检验、用户验收及仲裁检验等，其他产品可参照使用。

2 规范性引用文件

下列文件中的条款通过本标准的引用而成为本标准的条款。凡是注日期的引用文件，其随后所有的修改单(不包括勘误的内容)或修订版均不适用于本标准，然而，鼓励根据本标准达成协议的各方研究是否可使用这些文件的最新版本。凡是不注日期的引用文件，其最新版本适用于本标准。

GB/T 1250　极限数值的表示方法和判定方法

GB/T 2828.1—2003　计数抽样检验程序　第 1 部分：按接收质量限(AQL)检索的逐批检验抽样计划

GB/T 3291.1　纺织　纺织材料性能和试验术语　第 1 部分：纤维和纱线

GB/T 3291.3　纺织　纺织材料性能和试验术语　第 3 部分：通用

GB/T 4146　纺织名词术语(化纤部分)

GB/T 6502　化学纤维　长丝取样方法

GB/T 8170　数值修约规则

GB/T 14343　化学纤维　长丝线密度试验方法

3 术语和定义

GB/T 3291.1、GB/T 3291.3 和 GB/T 4146 中确立的以及下列术语和定义适用于本标准。

3.1

生产批　product lot

原料、化工料、辅料、工艺条件、产品规格相同，连续生产的产品批号，即大批号。

3.2

检验批　test lot

在一定的时间段内，为检验连续生产过程中产品质量的稳定性设置的批号。

3.3

尺寸稳定性指数　index of dimensional stability

指纤维的 4.0 cN/dtex 负荷的伸长率与干热收缩率之和。

3.4

高强型涤纶工业长丝　high tenacity polyester filament for industry

断裂强度不小于 7.40 cN/dtex 的涤纶工业长丝。

3.5

超高强型涤纶工业长丝　super high tenacity polyester filament for industry

断裂强度不小于 8.20 cN/dtex 的涤纶工业长丝。

3.6

低收缩型涤纶工业长丝　low shrinkage polyester filament for industry

干热收缩率(试验条件：177 ℃，10 mim，预加张力 0.05 cN/dtex)不大于 4.0 %的涤纶工业长丝。

3.7

超低收缩型涤纶工业长丝　ultra-low shrinkage polyester filament for industry

干热收缩率(试验条件:177 ℃,10 mim，预加张力 0.05 cN/dtex)不大于 1.5 %的涤纶工业长丝。

3.8

高模低收缩型涤纶工业长丝(HMLS)　high modulus low shinkage polyester filament for industry

尺寸稳定性指数不大于 10 的涤纶工业长丝。

4　产品分类和产品规格

4.1　根据产品性能,涤纶工业长丝分为五类:高强型、超高强型、低收缩型、超低收缩型及高模低收缩型。

4.2　产品规格

产品规格以纤维的粗细[即纤维的线密度,用分特(dtex)表示]及单丝根数(指喷丝板孔数,用 f 表示)来加以标识。

示例：　1 111 dtex/192 f

表示纤维的单丝根数为 192 f

表示纤维的线密度为 1 111 dtex

5　要求

5.1　涤纶工业长丝产品分为优等品、一等品、合格品三个等级,各等级的物理指标见表 1。

5.2　外观项目与指标由供需双方协商确定或按照附录 A 规定,并纳入商业合同。

表 1　涤纶工业长丝物理指标

序号	指标项目	超高强型			高强型			低收缩型			超低收缩型			高模低收缩型		
		优等品	一等品	合格品	优等品	一等品	合格品	优等品	一等品	合格品	优等品	一等品	合格品	优等品	一等品	合格品
1	线密度偏差率[a]/%	±2.0	±2.5	±3.0	±2.0	±2.5	±3.0	±2.0	±2.5	±3.0	±2.0	±2.5	±3.0	±2.0	±2.5	±3.0
2	线密度变异系数(CV)/% ≤	1.40	1.60	2.00	1.40	1.60	2.00	1.40	1.60	2.00	1.40	1.60	2.00	1.40	1.60	2.00
3	断裂强度/(cN/dtex) ≥	8.20			8.00	7.70	7.40	7.00	6.70	6.40	6.70	6.50	6.30	7.00	6.80	6.60
4	断裂强度变异系数(CV)/% ≤	3.00	4.00	5.00	3.00	4.00	5.00	3.00	4.00	5.00	3.00	4.00	5.00	3.00	4.00	5.00
5	断裂伸长率[b]/%	$M_1\pm$ 2.0	$M_1\pm$ 3.0	$M_1\pm$ 4.0	$M_1\pm$ 2.0	$M_1\pm$ 3.0	$M_1\pm$ 4.0	$M_1\pm$ 2.0	$M_1\pm$ 5.0	$M_1\pm$ 6.0	$M_1\pm$ 2.0	$M_1\pm$ 5.0	$M_1\pm$ 6.0	$M_1\pm$ 2.0	$M_1\pm$ 3.0	$M_1\pm$ 4.0
6	断裂伸长率变异系数(CV)/%≤	8.00	9.00	10.0	8.00	9.00	10.0	8.00	9.00	10.0	8.00	9.00	10.0	8.00	9.00	10.0
7	4.0 cN/dtex 负荷的伸长率[c]/%	$M_2\pm$ 0.8	$M_2\pm$ 0.9	$M_2\pm$ 1.0	$M_2\pm$ 0.8	$M_2\pm$ 0.9	$M_2\pm$ 1.0	—	—	—	—	—	—	$M_2\pm$ 0.8	$M_2\pm$ 0.9	$M_2\pm$ 1.0
8	干热收缩率(177 ℃)[d]/%	$M_3\pm$ 1.5	$M_3\pm$ 2.0	$M_3\pm$ 2.5	$M_3\pm$ 1.5	$M_3\pm$ 2.0	$M_3\pm$ 2.5	$M_3\pm$ 0.5	$M_3\pm$ 1.0	$M_3\pm$ 1.5	≤1.0	≤1.5	≤1.5	$M_3\pm$ 1.0	$M_3\pm$ 1.5	$M_3\pm$ 2.0
9	尺寸稳定性指数	—	—	—	—	—	—	—	—	—	—	—	—	≤10.0	≤10.0	≤10.0

[a] 线密度偏差率以名义线密度为计算依据。

[b] M_1 为断裂伸长率中心值，高强型在 14%～17%范围内选定，超高强型在 13%～15%范围内选定，低收缩型在 18%～24%范围内选定，超低收缩型在 20%～28%范围内选定，高模低收缩型在 10%～16%范围内选定。

[c] M_2 为 4.0 cN/dtex 负荷的伸长率中心值，高强型、超高强型在 5%～7%范围内选定。

[d] M_3 为干热收缩率中心值，高强型、超高强型在≤8%范围内选定，低收缩型在 1.5%～2.5%范围内选定。

6 试验方法

6.1 通则

6.1.1 调湿和试验用标准大气

调湿和试验用标准大气条件，按 BISFA 规定，温度(20±5)℃，相对湿度(65±5)%。

6.1.2 试样制备

将按 7.4.2 规定取得的 20 个试验室样品在 6.1.1 规定的标准大气条件下调湿平衡 4 h；如果是复验，则在 6.1.1 规定的标准大气条件下调湿平衡 16 h。试验室样品调湿平衡后，在试验之前应剥去 200 m 表层丝后再取试样。

6.2 线密度

线密度试验参照 GB/T 14343 执行。调湿和试验用标准大气按 6.1.1 规定执行；单位线密度预加张力规定为：(0.05±0.005) cN/dtex。

6.3 拉伸性能

6.3.1 原理

在规定条件下，用强伸仪拉伸试样直至断裂，得到试样的断裂强力、断裂伸长率和定负荷伸长率等拉伸性能的测定值。

6.3.2 仪器

等速伸长型强伸仪(CRE)。

6.3.2.1 等速伸长型强伸仪应附有下列装置：

a) 能指示或记录施加到试样上的负荷和相应伸长值的装置。

b) 能绘制拉伸曲线的自动记录或数据收集系统。

c) 能有效夹持试样的夹持器。夹持器可以是平面夹持器或分缆柱型夹持器。要求：

  1) 动夹持器的速度可以调节并能匀速运动；

  2) 试样在平面间被夹持；

  3) 与试样接触的表面应有一种材料粘附，其结构形态应使试样的所有单丝在夹持区域内有效夹持并不受损伤。

d) 应具有用于精确校正仪器的工具。

6.3.2.2 仪器应满足下列精度和重复性的要求：

a) 夹持器以恒定的速度移动，速度变异小于 4%；

b) 实际强力与指示强力之间的最大允许差异实际强力的 1%；

c) 实际伸长与指示伸长之间的最大允许差异小于 0.5 mm；

d) 在连续试验过程中，活动夹持器从不同位置回复到起始位置的最大允许差异小于 0.25 mm。

6.3.3 试验条件

6.3.3.1 夹持长度与拉伸速度见表 2。

表 2 夹持长度与拉伸速度

试验条件	条件一	条件二
夹持长度/mm	500±1.0	250±0.5
拉伸速度/mm/min	500	300
注：仲裁时原则上采用试验条件一。因试验仪器型号等因素，利益双方也可协商采用试验条件二。		

6.3.3.2 预加张力：(0.05±0.005) cN/dtex。

6.3.3.3 定负荷：4.0 cN/dtex。

6.3.3.4 试验次数：每个样品试验2次。

6.3.3.5 力值量程：力值量程的选择应使平均断裂强力落在全量程的20%～90%范围内。

6.3.4 试验步骤

6.3.4.1 按6.3.3.1的要求调节好仪器参数。

6.3.4.2 调湿后，引出实验样品的丝头，拉去表层可能受伤的丝，将丝头一端夹入强伸仪夹持器中，另一端加预张力后夹入强伸仪动夹持器中，然后进行拉伸试验。得出试样断裂时的强力值、伸长率值和4.0 cN/dtex负荷下的伸长率值。

6.3.4.3 同一个卷装试验时，试样之间应间隔约10 m。废弃因打滑或在离夹持器边缘10 mm内断裂的所有测试值，如废弃次数超过总次数的10%，应调整压力或调换夹头，重新进行试验。

6.3.5 计算

6.3.5.1 断裂强力

平均断裂强力按式(1)计算。

$$F = \frac{\sum_{i=1}^{n} F_i}{n} \qquad \cdots\cdots (1)$$

式中：

F——平均断裂强力，单位为厘牛顿(cN)；

F_i——各个试样的断裂强力，单位为厘牛顿(cN)；

n——试验次数。

6.3.5.2 断裂强度

平均断裂强度按式(2)计算。

$$\sigma = \frac{F}{T_t} \qquad \cdots\cdots (2)$$

式中：

σ——平均断裂强度，单位为厘牛顿每分特(cN/dtex)；

F——平均断裂强力，单位为厘牛顿(cN)；

T_t——试验用标准大气条件下实测线密度平均值，单位为分特(dtex)。

6.3.5.3 断裂伸长率

平均断裂伸长率按式(3)计算。

$$\varepsilon = \frac{\sum_{i=1}^{n} \varepsilon_i}{n} \qquad \cdots\cdots (3)$$

式中：

ε——平均断裂伸长率，%；

ε_i——各个试样的断裂伸长率，%；

n——试验次数。

6.3.5.4 定负荷伸长率

4.0 cN/dtex负荷下的平均伸长率按式(4)计算。

$$\varepsilon_1 = \frac{\sum_{i=1}^{n} \varepsilon_{1i}}{n} \qquad \cdots\cdots (4)$$

式中：

ε_1——4.0 cN/dtex负荷下的平均伸长率，%；

ε_{1i}——各个试样在4.0 cN/dtex负荷下的伸长率，%；

n——试验次数。

6.3.5.5 **变异系数**

标准差及变异系数按式(5)、式(6)计算。

$$s=\sqrt{\frac{\sum_{i=1}^{n}(\overline{x}_i-\overline{x})^2}{n-1}} \quad \cdots\cdots(5)$$

$$CV(\%)=\frac{s}{\overline{x}}\times 100 \quad \cdots\cdots(6)$$

式中：

s——标准差；

CV——变异系数，%；

$\overline{x}_i$——每个实验室样品测定值的算术平均值；

$\overline{x}$——实验室样品算术总平均值；

n——实验室样品个数。

6.3.5.6 **数值修约**

断裂强力、断裂强度、断裂强度变异系数、断裂伸长率变异系数的计算结果修约到小数点后两位；断裂伸长率、定负荷伸长率的计算结果修约到小数点后一位。

6.4 **干热收缩率**

仲裁时原则上采用方法 A，如利益双方协商一致可采用方法 B。

6.4.1 **方法 A——烘箱法**

6.4.1.1 **原理**

在规定条件下，测定试样经干热空气处理前、后的长度变化，计算其干热收缩率。

6.4.1.2 **仪器**

6.4.1.2.1 通风式烘箱：附有恒温控制装置，允许温度误差±1 ℃。

6.4.1.2.2 立式量尺：上端装有可夹持试样的夹持器，测量范围 0 mm～250 mm，最小分度值 1 mm。

6.4.1.2.3 试样支撑架：耐高温材料，其大小能放入烘箱中。

6.4.1.2.4 预张力夹、秒表等。

6.4.1.3 **试验条件**

6.4.1.3.1 热处理温度：(177±1)℃。

6.4.1.3.2 热处理时间：10 min。

6.4.1.3.3 预加张力：(0.05±0.001) cN/dtex。

6.4.1.3.4 试样长度：250 mm。

6.4.1.3.5 实验样品数：20 个。

6.4.1.3.6 试验次数：每个试样试验 1 次。

6.4.1.4 **试验步骤**

6.4.1.4.1 将每个卷装除去表层数米丝后，取约 550 mm 长的试样，逐个将试样两端打结，对折成长约 275 mm 长的双股线，再逐个将试样挂在立式量尺的吊钩上。

6.4.1.4.2 在试样的下端加 6.4.1.3.3 规定的预加张力，依次量取每个试样的烘前长度 L_0，精确到 0.1 mm，并记录。

6.4.1.4.3 将量好长度的试样，逐个放在试样的支撑架上，在承受上述预张力的条件下，放入(177±1)℃的烘箱中热处理 10 min。

6.4.1.4.4 将试样支撑架从烘箱中取出，放在 6.1 规定的标准大气中平衡 30 min。

6.4.1.4.5 将平衡后的试样按 6.4.1.4.2 规定，依次测定收缩后的长度，记录长度 L_i，精确到 0.1 mm。

6.4.1.5 **计算**

平均干热收缩率按式(7)、式(8)计算。

$$S_i = \frac{L_0 - L_i}{L_0} \times 100 \quad \cdots\cdots(7)$$

$$S = \frac{\sum_{i=1}^{n} S_i}{n} \quad \cdots\cdots(8)$$

式中：

S——平均干热收缩率，%；

S_i——各个试样的干热收缩率，%；

L_0——各个试样处理前的长度，单位为厘米(cm)；

L_i——各个试样处理后的长度，单位为厘米(cm)；

n——试验总次数。

6.4.1.6 **数值修约**

计算结果修约到小数点后一位。

6.4.2 **方法 B——仪器法**

6.4.2.1 **原理**

原理同方法 A。

6.4.2.2 **仪器**

6.4.2.2.1 干热收缩测量仪：带有能指示或记录试样的收缩率和收缩力的装置。

6.4.2.2.2 预张力砝码、剪刀等工具。

6.4.2.3 **试验条件**

6.4.2.3.1 试样长度：250 mm。

6.4.2.3.2 预加张力：(0.05±0.001) cN/dtex。

6.4.2.3.3 热处理温度：(177±1)℃。

6.4.2.3.4 热处理时间：2 min。

6.4.2.3.5 实验样品数：20 个。

6.4.2.3.6 试验次数：每个试样试验 1 次。

6.4.2.4 **试验步骤**

6.4.2.4.1 调节仪器的热处理温度、时间等，使试验条件符合 6.4.2.3 的要求。

6.4.2.4.2 将试验用筒子废弃表层数米后引出丝头，剪取约 40 cm 左右试样一根，一端固定在热收缩仪滑动试样架的固定端，另一端经旋转导向滑轮后加预张力砝码，手动调节使仪器读数值为 0(仪器为电脑自动调零除外)。

6.4.2.4.3 将带有试样的滑动试样架推入仪器加热区，待规定试验时间后，记录热处理后的热收缩率值。拉出滑动试样架。

6.4.2.5 **计算**

平均干热收缩率按式(9)计算。

$$S = \frac{\sum_{i=1}^{n} S_i}{n} \quad \cdots\cdots(9)$$

式中：

S——平均干热收缩率，%；

S_i——各个试样的干热收缩率，%；

n——试验总次数。

6.4.2.6 **数值修约**

计算结果按照 GB/T 8170 修约到小数点后一位。

6.5 **尺寸稳定性指数**

6.5.1 尺寸稳定性指数按式(10)计算。

$$尺寸稳定性指数 = 4.0\ cN/dtex 负荷的平均伸长率 + 平均干热收缩率 \cdots\cdots\cdots\cdots (10)$$

6.5.2 数值修约:计算结果按照 GB/T 8170 修约到小数点后一位。

7 检验规则

7.1 **检验类型**

表 1 中所有的项目均为出厂检验项目。

7.2 **检验项目**

7.2.1 外观检验项目按 5.2 规定,并按附录 A 规定检验。

7.2.2 性能项目按表 1 要求,并按第 6 章规定的试验方法进行检验。

7.3 **组批规则**

在一定范围内采用周期性取样组成检验批。一个生产批可由一个检验批组成,也可由若干检验批组成。

7.4 **取样规定**

7.4.1 外观项目全数检验。

7.4.2 按 GB/T 6502 规定,在同一检验批中,随机抽取 20 只筒子,作为物理指标各项试验的实验室样品。抽取的实验室样品外观和筒重应符合相应等级。

7.4.3 不应抽取已经破损的包装件。

7.5 **综合评定**

7.5.1 外观检验项目按 5.2 规定,逐筒评定。

7.5.2 各性能检验项目的计算值按 GB/T 1250 中修约值比较法与表 1 性能项目指标的极限值比较,评定每项等级。最终以检验批中性能项目中最低项的等级定为该批产品的等级。

8 复验规则

一批产品到收货方三个月内,作为验收或对质量有异议时可提请复验。若该批产品的数量使用了三分之一以上时,不应申请复验。如果是由于该批产品质量影响了后加工产品质量,并造成严重损失时,供需双方应分析原因、明确责任、协商处理。

8.1 **检验项目**

同 7.2。

8.2 **组批规定**

按原生产批组批。

8.3 **取样规定**

8.3.1 外观为抽样检验。根据批量按 GB /T 2828.1—2003 表 2 中一般检查水平Ⅱ规定确定样本大小(字码)。

8.3.2 性能检验项目的实验室样品按 7.4.2 规定为抽样检验。

8.4 **综合评定**

8.4.1 外观

8.4.1.1 按 8.3.1 样本大小,再根据 GB/T 2828.1—2003 表 3 中“正常检查一次抽样方案”合格质量水平 AQL 值为 4.0,确定合格判定数 Ac 和不合格判定数 Re。

8.4.1.2 按 5.2 规定评定,当不合格的筒子数≤Ac 时为原等级;当不合格的筒子数≥Re 时,则按原等级降低一个等级。

8.4.2　各性能检验项目按 7.5.2 规定评定等级。

8.4.3　按 8.4.1.2 和 8.4.2 最低项的等级综合评定该生产批的等级。

9　标志

9.1　包装箱上两侧应以醒目的颜色标明按第 4 章要求的产品名称、规格、等级。

9.2　生产者的识别标志如：生产企业名称、批号、净重或毛重、内装卷装个数、生产日期、执行标准号、详细地址。

9.3　总经销商的标志如：商品名、商标、识别标志、详细地址等。

9.4　标志应注明防潮、小心轻放等要求。

10　包装、运输和贮存

10.1　包装

10.1.1　每个卷装应有一个保护层，包装箱内对有支撑的卷装应定位固定，无支撑的卷装应保证其不受损伤。

10.1.2　每个包装箱内的卷装大小应尽量均匀。不同品种、规格、批号、等级要分别装箱。

10.1.3　每批产品应附质量检验单。

10.2　运输

运输时需要遮篷，运输过程中应防止损坏包装箱，不使物品受潮。

10.3　贮存

包装箱按批堆放，贮存在干燥、清洁、通风的仓库内。

附　录　A
（资料性附录）
外观要求、检验和评定

A.1　要求

A.1.1　外观分为优等品、一等品和合格品三个等级。

A.1.2　外观项目和指标按表 A.1。

表 A.1　外观项目和指标值

序号	指标项目		优等品	一等品	合格品
1	毛丝/(根/卷装表面)	≤	5	20	30
2	蛛网丝/(根/卷装表面)	≤	0	4	10
3	表面油污/(cm^2/卷装表面)	≤	0	0	10
4	筒重/kg	≥	名义筒重的 90%	—	—

A.2　检验

A.2.1　检验条件

工作点的照度大于或等于 400 lx，周围环境应无其他散射光和反射光。目测距离为 0.30 m～0.40 m，检验卷装毛丝时为 0.20 m～0.25 m。

A.2.2　设备

A.2.2.1　照度表。

A.2.2.2　分级台（车）。

A.2.2.3　磅秤：适宜的称量范围，精度为 0.5%。

A.2.3　检验步骤

A.2.3.1　用照度表测定工作点的照度。

A.2.3.2　在分级装置上转动一周观察卷装的两个端面和一个柱表面。

A.2.3.3　对每个被检卷装按 A.1.2 要求的项目进行检验。

A.2.3.3.1　检查毛丝以丝条呈毛绒现象或单丝断丝头凸出于复丝表面、对着光线能够看到为准。

A.2.3.3.2　检查表面油污以目测能够看到的油丝、锈丝以及难以用水清洗斑迹为准，并以面积计算。

A.2.3.3.3　检查蛛网丝（绊丝）是以卷装两端存在丝条脱离正常卷绕轨迹的数量计算。

A.2.3.3.4　称取卷装的质量，扣除已知的皮质量，该净质量即为筒重，精确到 0.5%。

A.2.3.4　记录结果。

A.3　评定规则

A.3.1　毛丝

指丝条受伤呈毛茸现象或单丝断裂丝头凸出于复丝表面，检验卷装的全部表面，以每个筒子累计毛丝根数定等。

圈丝（单丝未断裂）也是毛丝的一种类型，是指露于卷装表面成弧状的单根丝、且高度大于 2 mm 者，检验时计入毛丝根数。

A.3.2　表面油污

指油丝、锈丝以及不能用水洗去的污斑点，或卷装表面有人为的污斑点。以筒装丝表面上污染的总面积定等。

A.3.3 蛛网丝

丝束脱离正常卷绕轨迹且长度超过 2 cm 者为蛛网丝，以每个卷装两个端面累计根数定等。

A.4 综合定等

以外观项目中最低项的等级定为该卷装的等级。

ICS 59.080.30
W 43

中华人民共和国国家标准

GB/T 16605—2008
代替 GB/T 16605—1996

再生纤维素丝织物

Regenerated rayon filament fabrics

2008-08-06 发布　　　　2009-06-01 实施

中华人民共和国国家质量监督检验检疫总局
中国国家标准化管理委员会　发布

前　　言

本标准代替 GB/T 16605—1996《再生纤维素丝织物》。

本标准与 GB/T 16605—1996 相比主要变化如下：

——增加了再生纤维素丝织物应符合国家有关纺织品强制性标准的要求；

——提高了幅宽偏差率、密度偏差率、质量偏差率的指标水平；

——增加了纤维含量偏差、纰裂程度的考核项目；

——将水洗尺寸变化率由按织物组织分别考核改为按后整理加工工艺分别考核；

——提高了耐洗、耐水、耐汗渍、耐干摩擦指标值；

——增加了耐湿摩擦、耐光的色牢度考核项目；

——外观疵点采用“四分制”的评分方法；

——将外观疵点的评分限度由每米评分方法改为每百平方米评分方法。

本标准的附录 A 是资料性附录。

本标准由中国纺织工业协会提出。

本标准由全国纺织品标准化技术委员会丝绸分会归口。

本标准起草单位：浙江丝绸科技有限公司（浙江丝绸科学研究院）、江苏新民纺织科技股份有限公司、国家丝绸质量监督检验中心、浙江舒美特纺织有限公司。

本标准主要起草人：周颖、柳维特、杭志伟、王荣根、许虹。

本标准所代替标准的历次版本发布情况为：

——GBn 231～232—1984、GB/T 16605—1996。

再生纤维素丝织物

1 范围

本标准规定了再生纤维素丝织物的要求、试验方法、检验规则、包装和标志。

本标准适用于评定各类服用的练白、染色(色织)、印花再生纤维素丝织物的品质。

本标准不适用于再生纤维素里料。

2 规范性引用文件

下列文件中的条款通过本标准的引用而成为本标准的条款。凡是注日期的引用文件,其随后所有的修改单(不包括勘误的内容)或修订版均不适用于本标准,然而,鼓励根据本标准达成协议的各方研究是否可使用这些文件的最新版本。凡是不注日期的引用文件,其最新版本适用于本标准。

GB/T 250 纺织品 色牢度试验 评定变色用灰色样卡(GB/T 250—2008,ISO 105-A02:1993,IDT)

GB/T 4841.1 染料染色标准深度色卡 1/1

GB/T 8170 数值修约规则

GB/T 15551—2007 桑蚕丝织物

GB/T 15552 丝织物试验方法和检验规则

FZ/T 01053 纺织品 纤维含量的标识

3 术语和定义

下列术语和定义适用于本标准。

3.1

再生纤维素丝织物 regenerated rayon filament fabrics

由再生纤维素长丝纯织或与其他纱线交织而成的丝织物。

4 要求

4.1 再生纤维素丝织物的要求包括密度偏差率、质量偏差率、纤维含量偏差、断裂强力、纰裂程度、水洗尺寸变化率、色牢度等内在质量和色差(与标样对比)、幅宽偏差率、外观疵点等外观质量。

4.2 再生纤维素丝织物的评等以匹为单位。质量偏差率、纤维含量偏差、断裂强力、纰裂程度、水洗尺寸变化率、色牢度等按批评等。纬密偏差率、外观质量按匹评等。

4.3 再生纤维素丝织物的品质由内在质量、外观质量中的最低等级项目评定。其等级分为优等品、一等品、二等品、三等品。低于三等品的为等外品。

4.4 再生纤维素丝织物应符合国家有关纺织品强制性标准的要求。

4.5 再生纤维素丝织物的内在质量分等规定见表1。

表 1　内在质量分等规定

项目			指标 优等品	一等品	二等品	三等品
密度偏差率/%		经向	±3.0	±4.0	±5.0	
		纬向				
质量偏差率/%			±3.0	±4.0	±5.0	
纤维含量偏差(绝对百分比)/%			按 FZ/T 01053 执行			
断裂强力/N ≥			200			
纰裂程度(定负荷 67 N)/mm ≤			6			
水洗尺寸变化率/%	练白	经向	−5.0～+3.0	−6.0～+3.0		−7.0～+3.0
		纬向	−3.0～+3.0	−4.0～+3.0		−6.0～+3.0
	印花染色	经向	−5.0～+3.0	−6.0～+3.0		−7.0～+3.0
		纬向				
色牢度/级 ≥	耐水 耐汗渍 耐洗	变色	4	3-4		
		沾色	3-4	3		
	耐干摩擦		3-4	3		
	耐湿摩擦		3	3,2-3(深色[a])		
	耐光		4	3		

注：特殊用途、特殊结构的品种，其断裂强力、纰裂程度、水洗尺寸变化率可按合同或协议考核。

[a] 大于 GB/T 4841.1 中 1/1 标准深度为深色。

4.6　再生纤维素丝织物的外观质量的评定

4.6.1　再生纤维素丝织物的外观质量分等规定见表 2。

表 2　外观质量分等规定

项目	优等品	一等品	二等品	三等品
色差(与标样对比)/级 ≥	4	3-4		3
幅宽偏差率/%	±1.5	±2.5	±3.5	±4.5
外观疵点评分限度/(分/100 m^2) ≤	10	25	50	100

4.6.2　再生纤维素丝织物外观疵点评分见表 3。

表 3　外观疵点评分

序号	疵点	分数 1	2	3	4
1	经向疵点	8 cm 及以下	8 cm 以上～16 cm	16 cm 以上～24 cm	24 cm 以上～100 cm
2	纬向疵点	8 cm 及以下	8 cm 以上～半幅	—	半幅以上
	纬档[a]	—	普通	—	明显

表 3（续）

序号	疵点	分数			
		1	2	3	4
3	印花疵	8 cm 及以下	8 cm 以上～16 cm	16 cm 以上～24 cm	24 cm 以上～100 cm
4	渍、破损性疵点	—	2.0 cm 及以下	—	2.0 cm 以上
5	边疵[b]	经向每 100 cm 及以下	—	—	—
注：序号 1、2、3、4、5 中的疵点归类参见附录 A。					
[a] 纬档以经向 10 cm 及以下为一档。 [b] 针板眼进入内幅 1.5 cm 及以内不计。					

4.6.3 再生纤维素丝织物外观疵点评分说明：

a) 外观疵点的评分采用有限度的累计评分。

b) 外观疵点长度以经向或纬向最大方向量计。

c) 纬斜、花斜、幅不齐 1 m 及以内大于 3% 评 4 分。

d) 同匹色差（色泽不匀）达 GB/T 250 中 4 级及以下，1 m 及以内评 4 分。

e) 经向 1 m 内累计评分最多 4 分，超过 4 分按 4 分计。

f) "经柳"普通，定等限度二等品，"经柳"明显，定等限度三等品。其他全匹性连续疵点，定等限度为三等品。

g) 严重的连续性疵点每米扣 4 分，超过 1 m 降为二等品，超过 4 m 降为等外品。

h) 优等品、一等品内不允许有轧梭档、拆烊档、开河档等严重疵点。

4.6.4 每匹再生纤维素丝织物允许分数由式(1)计算得出，计算结果按 GB/T 8170 修约至整数。

$$q = \frac{c}{100} \times l \times w \qquad (1)$$

式中：

q——每匹允许分数，单位为分；

c——每百平方米评分限度，单位为分每百平方米（分/100 m^2）；

l——匹长，单位为米（m）；

w——幅宽，单位为米（m）。

4.7 开剪拼匹和标疵放尺的规定

4.7.1 再生纤维素丝织物允许开剪拼匹或标疵放尺，两者只能采用一种。

4.7.2 开剪拼匹各段的等级、幅宽、色泽、花型应一致。

4.7.3 绸匹平均每 10 m 及以内允许标疵一次。每处 3 分和 4 分的疵点允许标疵，每处标疵放尺 10 cm。标疵后的疵点不再计分。局部性疵点的标疵间距或标疵疵点与绸匹端的距离不得少于 4 m。

5 试验方法

再生纤维素丝织物的试验方法按 GB/T 15552 执行。

6 检验规则

再生纤维素丝织物的检验规则按 GB/T 15552 执行。

7 包装与标志

再生纤维丝织物的包装和标志按 GB/T 15551—2007 中第 6 章、第 7 章执行。

8 其他

对再生纤维素丝织物的品质、包装和标志另有特殊要求者，供需双方可另订协议或合同，并按其执行。

附 录 A
（资料性附录）
外观疵点归类表

表 A.1 外观疵点归类表

序号	疵点名称	说　　明
1	经向疵点	宽急经柳、粗细柳、筘柳、色柳、筘路、多少捻、缺经、断通丝、错经、碎糙、夹糙、夹断头、断小柱、叉绞、分经路、小轴松、水渍急经、宽急经、错通丝、综穿错、筘穿错、单爿头、双经、粗细经、夹起、懒针、煞星、渍经、灰伤、皱印等。
2	纬向疵点	破纸板、综框梁子多少起、抛纸板、错纹板、错花、跳梭、煞星、柱渍、轧梭痕、筘锈渍、带纬、断纬、叠纬、坍纬、糙纬、灰伤、皱印、杂物织入、渍纬等。
3	纬档	松紧档、撬档、撬小档、顺纡档、多少捻档、粗细纬档、缩纬档、急纬档、断花档、通绞档、毛纬档、拆毛档、停车档、渍纬档、错纬档、糙纬档、色纬档、拆烊档、开河档
4	印花疵	搭脱、渗进、漏浆、塞煞、色点、眼圈、套歪、露白、砂眼、双茎、拖版、搭色、反丝、叠版印、框子印、刮刀印、色皱印、回浆印、刷浆印、化开、糊开、花痕、野花、粗细茎、跳版深浅、接版深浅、雕色不清、涂料脱落、涂料颜色不清等。
5	渍 破损性疵点	色渍、锈渍、油污渍、洗渍、皂渍、霉渍、蜡渍、白雾、字渍、水渍等。 蛛网、披裂、拔伤、空隙、破洞等。
6	边疵、松板印、撬小	宽急边、木耳边、粗细边、卷边、边糙、吐边、边修剪不净、针板眼、边少起、破边、凸铗、脱铗等。
注 1：对经、纬向共有的疵点，以严重方向评分。 注 2：外观疵点归类表中没有归入的疵点按类似疵点评分。		

ICS 83.080.20
G 32

中华人民共和国国家标准

GB/T 16613—2008/ISO 11468:1997
代替 GB/T 16613—1996

塑料　试验用聚氯乙烯(PVC)糊的制备　分散器法

Plastics—Preparation of PVC pastes for test purposes—Dissolver method

(ISO 11468:1997,IDT)

2008-06-04 发布　　2008-12-01 实施

中华人民共和国国家质量监督检验检疫总局
中国国家标准化管理委员会　发布

前言

本标准等同采用 ISO 11468:1997《塑料　试验用 PVC 糊的制备　分散器法》(英文版)(2007 年 9 月 20 日确认)。

为便于使用,本标准作了下列编辑性修改:

a) "本国际标准"一词改为"本标准";

b) 用小数点"."代替作为小数点的逗号",";

c) 删除了国际标准的前言;

d) ISO 11468:1997 发布时,用"——"代替了即将出版的 ISO 1060-2:1998 中的年代号,并用脚注的形式给予了说明,本标准直接注日期引用,因此删除了脚注 1;

e) ISO 11468:1997 脚注 2 给出了推荐仪器,不符合我国标准编写规定,因此删除了脚注 2。

本标准代替 GB/T 16613—1996《试验用聚氯乙烯(PVC)糊的制备　分散器法》。

本标准与 GB/T 16613—1996 主要技术差异如下:

——修改了标准的中英文名称;

——修改了引用标准(1996 年版第 2 章,本版第 2 章);

——删除了邻苯二甲酸二(2-乙基)己酯的性能要求(1996 年版 4.6);

——删除了标准糊配比(1996 年版中表 2)。

本标准由中国石油和化学工业协会提出。

本标准由全国塑料标准化技术委员会聚氯乙烯树脂产品分会(SAC/TC 15/SC 7)归口。

本标准起草单位:锦西化工研究院。

本标准主要起草人:孙丽娟、郝晶、陈沛云、谭琛。

本标准于 1996 年首次发布。

请注意本标准的某些内容有可能涉及专利。本标准的发布机构不应承担识别这些专利的责任。

塑料 试验用聚氯乙烯(PVC)糊的制备 分散器法

1 范围

本标准规定了用分散器制备 PVC 糊的方法。所制备的糊的流变性可用于表征相应聚氯乙烯的特性,也可以作为不同产品之间建立一致性的方法。

本方法也可用于制备含其他组分(如稳定剂)的糊,但这种糊不能用于树脂的命名。

2 规范性引用文件

下列文件中的条款通过本标准的引用而成为本标准的条款。凡是注日期的引用文件,其随后所有的修改单(不包括勘误的内容)或修订版均不适用于本标准,然而,鼓励根据本标准达成协议的各方研究是否可使用这些文件的最新版本。凡是不注日期的引用文件,其最新版本适用于本标准。

GB/T 2918—1998 塑料试样状态调节和试验的标准环境(ISO 291:1997,IDT)

ISO 1060-2:1998 塑料 氯乙烯均聚和共聚树脂 第2部分:试样制备和性能测定

3 原理

将 PVC 树脂和增塑剂在分散器中混合制备 PVC 糊。

本标准中,糊(也称塑溶胶)即指 PVC 树脂在液体增塑剂中的悬浮物组成的液体 PVC 混合物。

4 仪器和材料

4.1 分散器,具有一个最好为双壁的圆筒形混合容器及一个电机驱动的轴,该轴连接一个水平的粗齿混合盘(分散盘)。分散盘将能量传递给 PVC 糊,使糊中成分沿轴线中心向下,沿混合容器壁向上传动(见图1)。

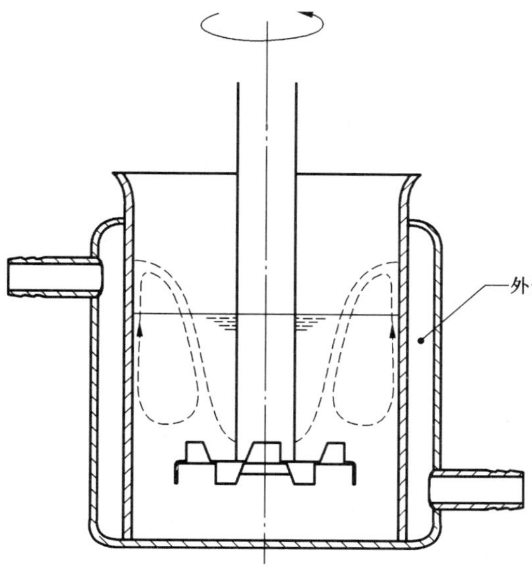

图1 分散器(双壁)

混合容器的尺寸可以根据所需的糊量而变化。应从表1中选取适宜的规格。

电机和轴应固定在高度可调的支架上。支架底部应装有一适宜装置将混合容器固定在适当位置,以使轴沿着轴线位于混合容器的中心。

在整个混合过程中转速(见表1)应保持恒定。

表1 分散器和混合容器尺寸

分散器	1	2	3
盘			
盘直径/mm	40±1	50±1	80±1
齿数	12	12	12
盘厚/mm	约1.5	约1.5	约1.5
轴直径/mm	约15	约15	约15
轴转速/r/min	2 500±100	2 000±100	1 250±50
盘距混合容器底部的高度/mm	20±1	25±1	40±1
混合容器			
内径/mm	65±1	80±1	120±1
总高度/mm	≥85	≥110	≥180
糊量/g	200±10	400±20	1 500±75

分散盘应由不锈钢制成。齿应呈梯形或平行四边形,其斜边与垂直线成30°,并以垂直向上或向下的间隔与分散盘的圆周相接(见图2)。

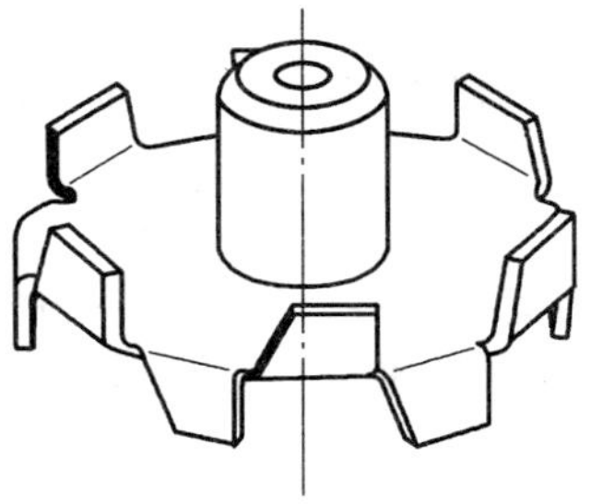

图2 分散盘

盘的直径、厚度、齿数、轴直径和距混合容器底部的高度见表1。

混合容器应由不锈钢制成,其内径和总高度见表1。

为移出混合期间摩擦产生的热,应设计采用一有效的外部冷却系统,如可以使用双壁水冷混合容器。

为了安全,未被混合容器包围的轴的上部应有护套保护。

轴的电驱动应连接到一个自动跳停开关上,其安装可使驱动装置仅在分散盘在容器中时才能运转。

4.2 天平,精确至0.5 g。

4.3 刮刀,由韧性塑料制成。

4.4 秒表。

4.5 水浴,保持在(23±1)℃。

4.6 增塑剂。

5 取样和调节

所取样品应能代表该树脂特性且无结块,试样应根据GB/T 2918—1998在23/50的环境中调节,直至达到湿度平衡,在此条件下贮存直至使用。

6 糊的组成

每次制备糊的量应遵照表1的规定。ISO 1060-2:1998中描述的标准糊A或B可用于命名。应在糊制备报告中记录确切的配比。

7 糊的制备

在(23±1)℃下调节增塑剂和PVC树脂试样。称量所用糊配比中规定的PVC树脂试样及增塑剂的量,精确至1 g(见第6章)。将增塑剂移入混合容器并手动搅拌PVC树脂直至粉末完全湿润。用刮刀(4.3)将未混合的物料从混合容器壁上刮下并将其并入混合物中,将混合容器置于由以下方式得到的23℃环境中:

a) 在双壁混合容器(推荐方法)情况下,在混合容器壁之间通入水浴(4.5)循环水

或

b) 在单壁混合容器情况下,将混合容器放入水浴中。

在分散盘的中心下部放置混合容器,然后降低分散盘至表1所述高度。

按表1所述的转速搅拌混合物(150±5)s,然后停止搅拌。使用刮刀清理轴和混合容器壁上附着的糊或未混合的物料,合并于混合物中。然后,于如前所述的同样转速再搅拌混合物(150±5)s,检测糊温度。

在整个过程中糊温度不应超过35℃。如果PVC树脂在此条件下未形成糊或糊温度超过35℃,则用更多的增塑剂量来制备糊。

如果糊用于黏度的测定,则应在部分真空下脱除糊中气体,如700 Pa(绝对压力),并在泡沫消除后于该压力下保持5 min,然后于(23±1)℃温度下保存,如在水浴中,直至使用。

8 试验报告

试验报告至少应包括以下信息:

a) 采用本标准;

b) 完整鉴别所用PVC树脂的所有必要说明;

c) 所用的糊配比;

d) 混合结束后糊的温度;

e) 制糊日期;

f) 与本标准的任何差异。

ICS 83.160.99
G 41

中华人民共和国国家标准

GB/T 16623—2008
代替 GB/T 16623—1996

压配式实心轮胎技术规范

Technical specification of pressed-on solid tyres

2008-06-18 发布　　2009-02-01 实施

中华人民共和国国家质量监督检验检疫总局
中国国家标准化管理委员会　发布

前　言

本标准代替 GB/T 16623—1996《压配式实心轮胎》。

本标准与前版标准 GB/T 16623—1996 的主要差异如下：

——本标准对标准名称进行了修改；

——本标准取消了轮胎的规格、尺寸、速度和负荷表，是以引用文件的形式给出(1996 版的 5.1，本版的 4.1)；

——增加了耐久性能要求及其试验方法(本版的 4.3 和 5.4 及附录 C)；

——删除了检验规则(1996 版的第 7 章)。

本标准的附录 A、附录 B、附录 C 为规范性附录，附录 D 为资料性附录。

本标准由中国石油和化学工业协会提出。

本标准由全国轮胎轮辋标准化技术委员会(SAC/TC 19)归口。

本标准起草单位：杭州中策橡胶有限公司、贵州前进橡胶有限公司、上海华向实芯轮胎有限公司。

本标准起草人：谭德征、郑斌、邱毅、张水明、陈国华。

本标准所代替标准的历次版本发布情况为：

——GB/T 16623—1996。

压配式实心轮胎技术规范

1 范围

本标准规定了压配式实心轮胎用术语和定义、规格尺寸、技术要求、试验方法及标志。

本标准适用于平衡重式叉车、起升机、牵引车、平板车和固定平台搬运车等工业车辆上使用的新的压配式实心轮胎。

2 规范性引用文件

下列文件中的条款通过本标准的引用而成为本标准的条款。凡是注日期的引用文件，其随后所有的修改单(不包括勘误的内容)或修订版均不适用于本标准，然而，鼓励根据本标准达成协议的各方研究是否可使用这些文件的最新版本。凡是不注日期的引用文件，其最新版本适用于本标准。

GB/T 528 硫化橡胶和热塑性橡胶拉伸应力应变性能的测定(GB/T 528—1998，eqv ISO 37：1994)

GB/T 531 橡胶袖珍硬度计压入硬度试验方法(GB/T 531—1999,idt ISO 7619:1986)

GB/T 1689 硫化橡胶耐磨性能的测定(用阿克隆磨耗机)

GB/T 2941 橡胶物理试验方法试样制备和调节通用程序(GB/T 2941—2006，ISO 23529:2004，IDT)

GB/T 6326 轮胎术语及其定义(GB/T 6326—2005,ISO 4223-1:2002,Definitions of some terms used in tyre industry—Part1:Pneumatic tyres,NEQ)

GB/T 7760 硫化橡胶或热塑性橡胶与硬质板材粘合强度的测定 90°剥离法(GB/T 7760—2003，ISO 831:1997,MOD)

GB/T 8170 数值修约规则

GB/T 16622 压配式实心轮胎系列

HG/T 2177 轮胎外观质量

3 术语和定义

GB/T 6326 确立的以及下列术语和定义适用于本标准。

3.1

无印痕实心轮胎 no marking solid tyres

在使用过程中不会在地面留下印痕特别是刹车印痕的实心轮胎。

4 要求

4.1 轮胎规格、尺寸、速度及负荷应符合 GB/T 16622 的规定。

4.2 轮胎的物理性能应符合表 1 的规定。

4.3 轮胎按 5.4 规定的试验方法进行耐久性试验后应无分离或起鼓的现象。

4.4 轮胎外观质量应符合 HG/T 2177。

表 1 压配式实心轮胎胶料物理性能表

性能项目			指标	
			普通轮胎	无印痕轮胎
胎面胶	拉伸强度/MPa	不小于	17	
	扯断伸长率/%	不小于	350	
	硬度(邵尔)/度		70±5	
	磨耗(阿克隆)/cm^3	不大于	0.4	0.6
金属与橡胶粘着强度/(kN/m)		不小于	15.0	

5 试验方法

5.1 轮胎外缘尺寸的测定按本标准附录 A 的规定。

5.2 拉伸强度、拉断伸长率、硬度、磨耗按附录 B 的规定测试。

5.3 金属与橡胶的粘着强度按 GB/T 7760 的规定测试。

5.4 成品轮胎耐久性试验按本标准附录 C 的规定测试。

5.5 轮胎与轮辋的配合尺寸参见附录 D。

6 标志

6.1 每条轮胎两侧必须有下列标志：

a) 规格；

b) 商标、制造商名称或产地；

c) 生产编号；

d) 检验标记。

6.2 轮胎两侧上的上述 a、b、c 三项标志，均需使用模刻印痕，其他标志可用水清洗不掉的印痕。

附 录 A
（规范性附录）
轮胎外缘尺寸的测定方法

A.1 测试项目

外周长、断面宽度。

A.2 测试条件

A.2.1 测试的轮胎应是硫化后停放 72 h 以上，其中包括在 GB/T 2941 规定的标准试验室环境下至少停放 24 h(轮胎和轮辋的组合体)；

A.2.2 轮胎的外观质量必须符合 HG/T 2177 的规定。

A.2.3 测量工具：

钢板尺和金属卷尺(不带弧度)：分度不大于 1.0 mm；

游标卡尺：精度高于 0.1 mm；

卡钳；

千分尺：精度 0.05 mm。

A.3 测量方法

A.3.1 轮胎外周长：用金属卷尺沿胎冠中心线或靠近中心线最高处绕轮胎一周，测量外周长。测量值取一位小数，按式(A.1)求得外直径，修约到整数。

A.3.2 轮胎断面宽度：选取基部钢圈部位，用游标卡尺或卡钳在轮胎圆周四等分处测量四点的断面宽度，取算术平均值，修约到整数。

A.4 轮胎外直径计算

轮胎外直径计算按式(A.1)：

$$D = L/\pi \qquad \cdots\cdots\cdots\cdots (A.1)$$

式中：

D——轮胎外直径，mm；

L——轮胎外周长，mm；

π——圆周率，取 3.14。

计算结果按 GB/T 8170 规定进行修约。

附 录 B
（规范性附录）
轮胎物理性能测试方法

B.1 一般要求

B.1.1 硫化后的轮胎按 GB/T 2941 规定的标准试验室环境下停放 72 h 后才能进行试验。

B.1.2 从轮胎中所取样品或试样表面不平整或厚度大于相应标准规定时，应按 GB/T 2941 进行切削、打磨。样品厚度小于相应标准规定时，可按样品的实际厚度裁成试样进行试验。

B.2 胎面胶的物理性能测试

B.2.1 拉伸性能

B.2.1.1 取样时，以胎冠中心线为基准，沿纵方向取样品，在冠部厚度 6 mm～10 mm 处切取试样，经切削打磨使样品厚度不大于 3 mm。

B.2.1.2 将样品裁切，打磨成符合 GB/T 528 的 2 型试样，并标明试样的部位。

B.2.1.3 当胎面花纹特殊不能切取标准尺寸试样时，可按实际情况裁取试样的夹持部分。

B.2.1.4 按 GB/T 528 进行拉伸性能试验。

B.2.2 硬度

B.2.2.1 在胎面切取长度不小于 40 mm，宽度不小于 15 mm，厚度不小于 6 mm 的样品，用 3 个样品叠成试样。

B.2.2.2 按 GB/T 531 测定胎面胶表面硬度可直接在轮胎冠部测定，仲裁时应以样品制成的试样上所得结果为准。

B.2.3 耐磨性

阿克隆磨耗试验：以胎冠中心线位基准，沿纵方向切取样品，对胎面胶厚度在 10 mm 及以下的样品，切取 2 个长约 250 mm、宽约 15 mm～20 mm 的试样，并以胎面层表面为试验面；对胎面胶厚度在 10 mm以上的样品，切取一个长约 250 mm，宽约 15 mm～20 mm 的试样，再从中间平分厚度相同的上、下两层试样，以中间平分面分别作为上、下层试样的磨面。

按 GB/T 1689 规定裁切、磨削及粘接试样。

按 GB/T 1689 进行试验，表示结果。

附　录　C
（规范性附录）
压配式实心轮胎耐久性试验方法

C.1　试验设备与精度

C.1.1　试验转鼓的外直径为 1 700 mm±17 mm。

C.1.2　试验转鼓的试验面应为光滑的钢质面，表面宽度应大于或等于试验轮胎的断面总宽度。

C.1.3　试验机转鼓的表面线速度应满足试验的要求，速度的控制精度应为±0.1 km/h。

C.1.4　轮胎的中心轴线应与转鼓中心轴线平行，其精度应不大于 0.5°。

C.1.5　试验机转鼓施加给试验轮胎的负荷应满足试验要求，试验负荷的控制精度应为满量程的±1.5%。

C.2　试验条件

C.2.1　在整个试验过程中，实验室温度应为 25 ℃±5 ℃。

C.2.2　将试验轮胎安装在标准试验轮辋上，在实验室温度下的调节时间应不小于 72 h，其中包括在 GB/T 2941 规定的标准实验室环境下至少调节 8 h。

C.2.3　试验机转鼓的线速度为 10 km/h。

C.2.4　试验负荷为 GB/T 16622 中规定的 10 km/h 下的负荷。

C.2.5　试验轮胎的负荷作用方向应垂直于轮胎与转鼓接触面的切线方向，且应通过安装试验轮胎的车轮中心，角度偏差应控制在 3°以内。

C.2.6　轮胎中心轴线应与转鼓中心线平行，轮胎侧偏角应控制在 3°以内。

C.3　试验方法

C.3.1　将准备好的试验轮胎和轮辋组合体固定到耐久试验机上，施加表 C.1 规定的第 1 阶段试验负荷。

C.3.2　以匀加速度启动试验机转鼓到 C2.4 规定的速度。

C.3.3　按表 C.1 规定的程序进行试验。运行间隔时间为 5 min，间隔时间内应卸载。

表 C.1　压配式实心轮胎试验程序

试验阶段	试验负荷/%	运行时间/min
1	50	10
2	60	10
3	90	10
4	100	10
5	110	10

C.4　判定规则

试验结束后，轮胎不出现下列任一情况判定“通过试验”，出现下列情况之一判定“未通过试验”：起鼓、钢圈与橡胶分离。

C.5 试验报告

试验报告至少应包括以下内容：

a) 试验轮胎的制造厂名称、商标、规格、生产编号；

b) 试验用轮辋规格；

c) 试验基准负荷、试验速度、环境温度；

d) 试验结束后的轮胎情况；

e) 结论："通过试验"或"未通过试验"；

f) 试验日期。

附 录 D
（资料性附录）
轮胎与轮辋的配合尺寸

D.1 当给出表 D.1 中列出的轮辋（车轮）直径，则可以从轮辋（车轮）的外周长中减去表 D.1 中给出的“*C*”值，计算出钢圈基部的内周长数值。

表 D.1

轮辋(车轮)直径/in	C/mm(in)
4 至 5 以下	1.20(0.047)
5 至 10 以下	1.60(0.063)
10 至 15 以下	2.00(0.078)
15 至 20 以下	2.74(0.108)
20 至 24 以下	3.50(0.138)
24 及 24 以上	5.15(0.203)

D.2 钢圈内直径：±0.2 mm。

D.3 轮辋（车轮）宽度按规格中的名义宽度公差：$^{0}_{-0.8}$ mm。

D.4 轮辋（车轮）直径公差：$^{+0.13}_{0}$ mm。

ICS 75.140
E 33

中华人民共和国国家标准

GB 16629—2008
代替 GB 16629—1996

植物油抽提溶剂

Solvent for vegetable oils extraction

2008-06-23 发布

2009-06-01 实施

中华人民共和国国家质量监督检验检疫总局
中国国家标准化管理委员会
发布

前　言

本标准第3章和第4章为强制性,其余为推荐性。

本标准代替GB 16629—1996《6号抽提溶剂油》。

本标准与GB 16629—1996相比主要变化如下:

——标准名称改为“植物油抽提溶剂”;

——馏程范围由60 ℃～90 ℃(98%馏出温度)改为61 ℃～76 ℃(干点);

——芳烃质量分数由不大于1.0%改为苯质量分数不大于0.1%;

——溴指数由不大于1 000改为不大于100;

——不挥发物由不大于3 mg/100 mL改为不大于1.0 mg/100 mL;

——硫质量分数由不大于0.012%改为不大于0.000 5%。

本标准实施过渡期为一年,本标准自实施之日起一年后,GB 16629—1996《6号抽提溶剂油》废止。

本标准由全国石油产品和润滑剂标准化技术委员会(SAC/TC 280)提出。

本标准由中国石油化工集团公司归口。

本标准起草单位:中国石油化工股份有限公司石油化工科学研究院、青岛中商华天溶剂油公司、中国石油化工股份有限公司金陵分公司。

本标准主要起草人:龙化骊、连明、张文良、朱锡宁。

本标准于1996年首次发布,本次为第一次修订。

植物油抽提溶剂

1 范围

本标准规定了由石油直馏馏分、重整抽余油或凝析油馏分经精制而成的植物油抽提溶剂的要求和试验方法、检验规则、标志、包装、运输、贮存及交货验收。

本标准所属产品主要适用于食用油脂抽提。

2 规范性引用文件

下列文件中的条款通过本标准的引用而成为本标准的条款。凡是注日期的引用文件，其随后所有的修改单(不包括勘误的内容)或修订版均不适用于本标准，然而，鼓励根据本标准达成协议的各方研究是否可使用这些文件的最新版本。凡是不注日期的引用文件，其最新版本适用于本标准。

GB/T 1884 原油和液体石油产品密度实验室测定法(密度计法)(GB/T 1884—2000，eqv ISO 3675:1998)

GB/T 1885 石油计量表(GB/T 1885—1998，eqv ISO 91-2:1991)

GB/T 3209 苯类产品蒸发残留量的测定方法

GB/T 3555 石油产品赛波特颜色测定法(赛波特比色计法)

GB/T 4756 石油液体手工取样法(GB/T 4756—1998，eqv ISO 3170:1988)

GB/T 5096 石油产品铜片腐蚀试验法

GB/T 6536 石油产品蒸馏测定法

GB/T 11136 石油烃类溴指数测定法(电位滴定法)

GB/T 17474 烃类溶剂中苯含量测定法(气相色谱法)

SH 0164 石油产品包装、贮运及交货验收规则

SH/T 0253 轻质石油产品中总硫含量测定法(电量法)

SH/T 0604 原油和石油产品密度测定法(U形振动管法)(SH/T 0604—2000，eqv ISO 12185:1996)

SH/T 0689 轻质烃及发动机燃料和其他油品的总硫含量测定法(紫外荧光法)

3 要求和试验方法

植物油抽提溶剂的技术要求和试验方法见表1。

4 检验规则

4.1 出厂检验

出厂产品按表1规定的全部质量指标进行检验。

4.2 组批规则

本产品以一罐为一批次。

4.3 抽样

按GB/T 4756的规定进行。取3 L样品作为检验和留样用。

4.4 判定规则

出厂检验的结果全部符合表1要求时，则判定为合格。

4.5 复验规则

如果出厂检验结果中有不符合表1技术指标时,按GB/T 4756的规定重新抽取双倍量样品进行复检,复检结果如仍有不符合时,则判该批产品为不合格。

5 标志、包装、运输、贮存及交货验收

产品的标志、包装、运输、贮存及交货验收按SH 0164进行。符合本标准的产品在运输、贮存过程中必须使用专用的管道、容器和机泵。

表1 植物油抽提溶剂技术要求和试验方法

项目		指标	试验方法
馏程:			
初馏点/℃	不低于	61	GB/T 6536
干点/℃	不高于	76	
苯含量(质量分数)/%	不大于	0.1	GB/T 17474
密度(20 ℃)/(kg/m³)		655～680	GB/T 1884 和 GB/T 1885 SH/T 0604[a]
溴指数	不大于	100	GB/T 11136
色度/号	不小于	+30	GB/T 3555
不挥发物/(mg/100 mL)	不大于	1.0	GB/T 3209
硫含量(质量分数)/%	不大于	0.000 5	SH/T 0253[b] SH/T 0689
机械杂质及水分		无	目测[c]
铜片腐蚀(50 ℃,3 h)/级	不大于	1	GB/T 5096

a 有争议时,以GB/T 1884和GB/T 1885为仲裁试验方法。

b 有争议时,以SH/T 0253为仲裁试验方法。

c 将试样注入100 mL的玻璃量筒中,室温下观察,试样应透明、无悬浮及沉降物。

ICS 71.040.40;71.040.50
G 04

中华人民共和国国家标准

GB/T 16631—2008
代替 GB/T 16631—1996

高效液相色谱法通则

General rules for high performance liquid chromatography

2008-06-18 发布 2009-02-01 实施

中华人民共和国国家质量监督检验检疫总局
中国国家标准化管理委员会 发布

前　言

本标准修改采用日本工业标准 JIS K 0124—2002《高效液相色谱法通则》(英文版)。

本标准根据 JIS K 0124—2002 重新起草。在附录 A 中列出了本标准章条编号与 JIS K 0124—2002 章条编号的对照一览表。

考虑到我国国情,本标准与 JIS K 0124—2002 的主要差异如下:

——引用了我国国家标准 GB/T 9008—2007(本标准第 2 章);

——删除了 GB/T 9008—2007 中已有的术语和定义(本标准第 3 章);

——对试剂和溶剂规格分别进行了规定(本标准的 5.2 和 5.3)。

本标准代替 GB/T 16631—1996《柱液相色谱分析法通则》。

本标准与 GB/T 16631—1996 相比主要变化如下:

——删除了 1996 年版标准的资料性附录附录 A、附录 B、附录 C、附录 D、附录 E、附录 F、附录 K、附录 M、附录 N、附录 P;

——增加了第 3 章“术语和定义”、第 5 章“水、试剂和溶剂”、第 6 章“取样及预处理的操作”、第 16 章“制备型液相色谱”、第 17 章“数据质量的保证”和第 18 章“专项标准中涉及的项目”;

——修改了标准名称(见 1996 年版和本版标准的封面);

——修改了标准范围(见 1996 年版和本版标准的第 1 章);

——修改了高效液相色谱法概述(1996 年版第 3 章;本版第 4 章);

——修改了有关仪器配置的规定(1996 年版第 4 章;本版第 7 章);

——修改了有关洗脱剂的规定(1996 年版第 5 章;本版第 8 章);

——修改了有关色谱柱和柱填料的规定(1996 年版第 6 章、第 9 章;本版第 9 章);

——修改了仪器安装的环境要求和安全要求(1996 年版附录 G、附录 H;本版第 10 章);

——修改了有关测量/制备前的准备工作的规定(1996 年版第 7 章;本版第 11 章);

——修改了有关操作过程的规定(1996 年版第 8 章、第 10 章、附录 J;本版第 12 章);

——修改了有关定性分析的规定(1996 年版第 11 章;本版第 13 章);

——修改了有关定量分析的规定(1996 年版第 12 章、附录 L;本版第 14 章);

——修改了有关分子量分布的测量的规定(1996 年版第 13 章;本版第 15 章)。

本标准的附录 A 为资料性附录。

本标准由中国石油和化学工业协会提出。

本标准由全国化学标准化技术委员会(SAC/TC 63)归口。

本标准由中国石油化工股份有限公司北京燕山分公司、中化化工标准化研究所负责起草。

本标准主要起草人:黄铃、徐泽峰 、杨建海 、魏静。

本标准于 1996 年 12 月首次发布。

高效液相色谱法通则

1 范围

本标准规定了使用高效液相色谱法进行的定性定量分析和提纯精制的通用规则。

本标准适用于使用高效液相色谱法对无机、有机化合物的定性定量分析及提纯精制，以及对高分子化合物的分子量的测定的一般要求。

2 规范性引用文件

下列文件中的条款通过本标准的引用而成为本标准的条款。凡是注日期的引用文件，其随后所有的修改单(不包括勘误的内容)或修订版均不适用于本标准，然而，鼓励根据本标准达成协议的各方研究是否可使用这些文件的最新版本。凡是不注日期的引用文件，其最新版本适用于本标准。

GB/T 9008 液相色谱法术语 柱色谱法和平面色谱法

3 术语和定义

GB/T 9008 确立的以及下列术语和定义适用于本标准。

3.1

高效液相色谱仪 high performance liquid chromatograph

进行高效液相色谱分析的仪器。

3.2

分析物 analyte

样品或样品溶液中存在的待分析的目标组分。

3.3

样品溶液 sample solution

样品溶解在其中的溶液或提取用于分析的溶液。

3.4

试样溶液 test sample solution

用于测试的样品溶液本身或预处理过的样品溶液

3.5

泵 pump

驱动流动相(洗脱剂)的设备。

3.6

自动进样器 automatic sample injector, auto sampler

自动将试样溶液接连地注射进到液相色谱仪的柱子中的设备。

3.7

柱箱 column compartment

色谱柱置于其中的容器。

3.8

色谱柱管 chromatographic tube

柱填料被填充在其中的圆形柱管，其两端装配有过滤器等部件。

3.9

对称因子　symmetry factor

表征色谱峰的对称程度的因子。由下列方程得到：

$$S = W_{0.05h}/2f$$

式中，S——对称因子；

$W_{0.05h}$——从峰基线测得的1/20峰高处的峰宽度；

f——从峰顶点向记录纸的水平轴划垂直线，与$W_{0.05h}$峰宽线相交，峰的前侧的距离定义为f；

$W_{0.05h}$和f单位相同。

3.10

柱前衍生化　precolumn derivatization，precolumn labeling

样品组分在进到色谱柱之前，与衍生试剂反应进行衍生化的过程。

3.11

柱后衍生化　postcolumn derivatization，postcolumn labeling

样品组分在色谱柱分离之后，加衍生试剂到洗出液中进行衍生化的过程。

3.12

标准溶液　reference solution

其特征值如浓度或分子量是已知的并确定足以用作液相色谱分析的标样的溶液。

3.13

分离模式　separation mode

主要由液相色谱分离机理进行分类的操作模式。

3.14

稀释标准溶液　diluted reference solution

被稀释成一定浓度的标准溶液。

3.15

混合标准溶液　mixed reference solution

通过混合一种以上标准溶液或稀释标准溶液制备的含规定浓度样品组分的溶液。

3.16

内标物　internal standard

内标法中用作标样的物质。

3.17

分子量分布　molecular weight distribution

与分子量有多分散性的化合物有关。表示了各种分子作为分子量函数的量。

3.18

分级　fractionation

通过色谱柱分离和洗脱取得分析物的操作。

3.19

流分　fraction

通过分级操作分离得到的溶液。

3.20

方法确认　method validation

证明使用高效液相色谱的分析方法适合分析目的的各种测试。

4　高效液相色谱法概述

4.1　液相色谱法(LC)是一种具有下述特征的物理和化学分离分析方法。它使用液体作为流动相,每种分析物在色谱柱的固定相和流动相间的相互作用存在差别,这种差别被利用来分离混合物。流动相被加压传送以取得短时间内的高效分离的液相色谱分析方法被称为高效液相色谱法(HPLC)。用于高效液相色谱法的设备被称为高效液相色谱仪。

4.2　LC可应用于测定非挥发性或者热不稳定性化合物,这些化合物难于用气相色谱法测定。因为LC的扩散速度比气相色谱法慢,所以其分离能力比气相色谱法差。虽然LC的分离能力没有气相色谱法高,但是它具有优良的定量能力和容易得到分离的化合物的流分的特点。LC不仅可应用于一般有机化合物,而且也可应用于离子化合物、天然产物、聚合物以及其他广泛领域。

4.3　通过综合分析高效液相色谱法所使用的固定相和流动相,可以认识其各种分离机理。表1列出了高效液相色谱法的分类及其分离机理的特点、典型柱填料及其用途。

表1　HPLC:分类和分离机理特点、典型柱填料及其用途

分离机理	特　点	典型柱填料	用　途
分配色谱(包括反相分配色谱、正相分配色谱以及反相离子对色谱)	● 分离是基于固定相和流动相间分配平衡。 ● 各种柱填料和各种流动相的结合应用广泛	化学键合型硅胶(ODS,NH 等)、多孔聚合物等	● 范围从低分子量到高分子量物质的分离。 ● 同系物的分离
吸附色谱	● 分离是基于溶质在无机氧化物固定相上的吸附平衡。 ● 非极性有机溶剂用作流动相	硅胶、氧化铝、二氧化钛、碳等	● 极性化合物和异构体的分离
尺寸排阻色谱(分子筛分色谱、凝胶过滤色谱、凝胶渗透色谱)	● 分离是基于聚合物填料窄孔的分子筛分。 ● 操作条件温和。 ● 亲水聚合物填料和合成的聚合物填料有不同应用	葡聚糖凝胶,琼脂糖凝胶,聚苯乙烯凝胶,聚甲基丙烯酸酯凝胶等	● 蛋白、酶等的分离纯化及脱盐(亲水聚合物填料)。 ● 合成聚合物的分子量分级(合成聚合物填料)
离子交换色谱(包括离子排斥色谱和离子色谱)	● 分离是基于离子交换剂和离子溶质间的静电相互作用。 ● 应用广泛	离子交换树脂	● 离子型物质的分离分析,脱盐,盐交换
亲合色谱	● 分离是基于衍生自生物组织的分子识别能力。 ● 选择性极高	酶、肽、糖等组合	● 生理活性物质的浓缩、分离和精制

4.4　HPLC的基本配置如图1所示。HPLC由下列部件组成:流动相提供单元(液体泵)、进样器、色谱柱和柱箱、检测器、数据处理机和记录仪。流动相的流速由泵设定,一定体积的流动相被传送到进样器,再到色谱柱。泵输送流动相的流速范围通常在0.01 mL/min~10 mL/min。常用往复式柱塞泵(见图2)。当使用梯度洗脱法时,使用1~4个单元泵或者一个梯度器。

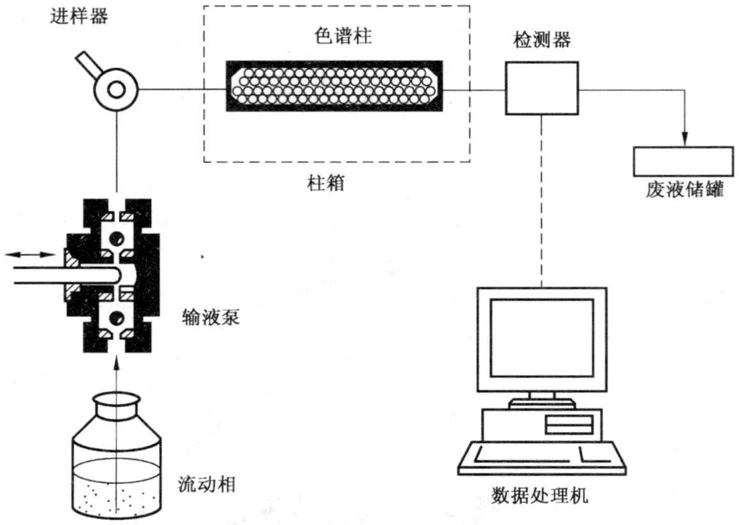

图 1 HPLC 的基本配置(示意图)

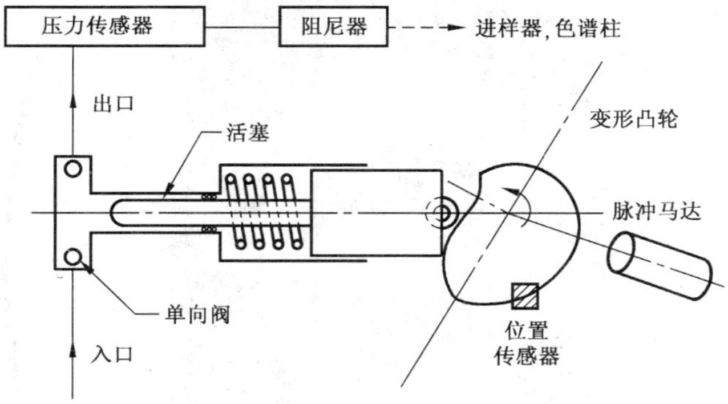

图 2 往复式柱塞泵的基本配置(示意图)

4.5 通常用微量注射器量取一定体积的样品溶液,注入进样阀,扳动阀钮将样品溶液注入色谱柱。有时使用自动进样器按序列自动进多个样品。

4.6 HPLC 使用的柱填料具有相对均匀的颗粒尺寸,粒径一般在 1 μm～20 μm 之间,填料被装填在内径 1 mm～12 mm 的不锈钢或塑料的色谱柱管中,柱长一般几十厘米或者更短。填料的粒径和柱子的尺寸根据其用途而有所不同。

4.7 分析物被色谱柱分离,然后基于其物理、光学、电、化学及其他特性被检测器检测。HPLC 的典型检测器是紫外可见光检测器。通常这种检测器的流通池体积在 4 μL～20 μL 之间,它测量被分离后的分析物在一定波长下的吸光度(吸收强度)。其他检测器包括示差折光指数检测器、荧光检测器、电化学检测器、电导检测器、质谱仪等。HPLC 使用的典型检测器的特点列于表 2。当需要选择性检测或 g/L 量级以下的高灵敏度检测时,依赖于分析物特征使用不同的检测器。

表 2 HPLC 使用的典型检测器及其特点

检测器	最小检测灵敏度/g	选择性	温度的影响	流速的影响	梯度洗脱
吸光度检测器(UV/VIS 检测器)	10^{-10}	有(吸光物质)	小	无	可用
荧光检测器(FLD)	10^{-12}	有(荧光物质)	有	无	可用
示差折光检测器(RID)	10^{-7}	无	有	无	不可用
电化学检测器(ECD)	10^{-12}	有(氧化还原物质)	有	有	可用
电导检测器(CD)	10^{-10}	有(离子)	有	有	不宜
质谱(MS)	10^{-12}	无	有	有	可用

4.8 如果分析物不能直接检测或者高灵敏检测不可能实现,则可使用柱前衍生化或柱后衍生化。前者

是分析物在进到色谱柱之前进行的衍生化，而后者是分析物被色谱柱分离之后衍生试剂同洗脱液进行混合进行的衍生化。

4.9 检测器得到每个分析物的响应并转化成电信号，然后送到数据处理机。记录检测器得到的信号对时间作图得到如图3所示的色谱图。数据处理机基于得到的色谱图进行各种参数运算，对分析物进行定性定量分析。当使用保留值对分析物进行定性时，用其保留值(保留时间等)同相同条件下的标准样品的保留值进行比较。当使用质谱或二极管阵列检测器对分析物进行定性时，用分析物的谱图同标样的谱图进行比较。当进行定量分析时，从色谱图得到峰面积值或峰高值，将其代入由含分析物的标准溶液制得的标准曲线进行定量测定。

4.10 另一方面，也有可能通过收集与色谱图上色谱峰相对应的流出液对分离的分析物进行等分收集，进行提纯，即制备型液相色谱法。

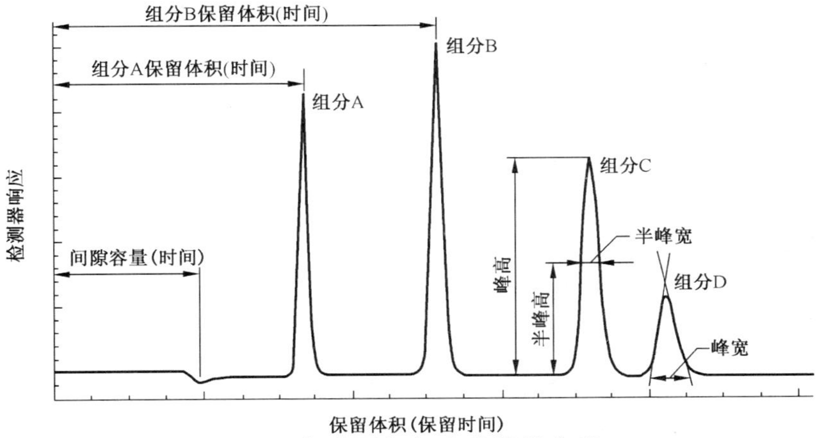

图3 色谱图和每个参数的名称

5 水、试剂和溶剂

5.1 水

本标准使用的水应是通过蒸馏或离子交换等方法精制的水，或者通过反渗透、蒸馏、离子交换等方法结合精制的水。水质不应干扰分析。

5.2 试剂

试剂应是分析纯试剂或质量更好的试剂。试剂不应干扰分析。

5.3 溶剂

溶剂应是HPLC级的产品或质量相当或更好的产品。它们不应干扰所使用的检测器的性能。

6 取样及预处理的操作

高效液相色谱分析要求按样品的分析目的选择合适的取样方法。根据样品形式和分析目的，样品可直接进高效液相色谱仪，或者对分析物进行萃取、衍生、浓缩等预处理。

6.1 取样

取样应根据分析目的、样品性质及测试项目使用最佳方法进行，考虑具有样品代表性及能区分每个样品特征的差异。如果有专项标准，则按该标准进行取样操作。为了防止由于老化之类的外部因素引起的变化，预处理和进样的过程应尽可能快地进行。如果样品需要贮存，要预先确认样品不会因为贮存和转移运输发生变化。如果在初步试验和实际测定时样品量和分析物浓度存在较大差别，则设定的条件将无效。如果怀疑样品发生了变化，则要采取相应对策[1)]。用于取样和样品贮存的容器和器具不应含

1) 例如，生物样品分析物可能被酶和微生物分解，或者被代谢产物和增殖污染。在这样的情况下，应采取诸如添加防腐剂、低温贮存、调节pH值、过滤、热处理、干燥等对策。防腐剂可能影响分析物和色谱图，应引起注意。

有任何吸附样品或溶解于样品的物质。贮存容器应贴上必要的警示标签。如果为了保证数据的可靠性需要进行重复测定，则相同样品必须同时在两处或两处以上的取样点抽取。

6.2 预处理

样品在进高效液相色谱仪之前，应针对分析目的、样品性质和测试项目使用最合适的方法进行预处理。预处理一般可改善特性、精密度、灵敏度等，消除测量的干扰物质，保护色谱柱和仪器免予损坏，简化测定操作过程，以及使分析物保持稳定。

预处理包括下列过程：称重、蛋白质脱除、萃取（液液萃取、固相萃取、溶剂蒸馏、超滤分离、超临界流体萃取等）、净化（液液萃取、固相萃取等）、脱水、脱盐、浓缩、定容、衍生、标准物加入、溶剂调整（衍生化、溶解在适于进样的溶剂中）等等。如果有专项标准，则按该标准进行预处理。如果加入内标物，在色谱图上内标物应与样品基质很好地分离。其保留时间应与目标组分的保留时间差别不大。如果使用质谱，与内标物的分离不一定是必需的。样品应溶解在少量其淋洗能力等于或小于流动相的溶剂中。溶剂可能影响稳定性和目标组分的分离，因此应谨慎选择。必要时，使用 0.2 μm～0.5 μm 的过滤膜对样品进行过滤以除去不溶物。预处理有可能引起来自试剂、容器、环境等的污染，引起杂质的混入以及分析物的损失，应引起注意。

7 仪器配置

7.1 流动相供应单元

输送流动相（洗脱剂）到色谱柱的供应单元，主要由下列部件组成：

7.1.1 洗脱剂储液器

洗脱剂储液器应使用不影响流动相（洗脱剂）化学组成的材料制成。洗脱剂储液器应防止在使用过程中环境因素对流动相的污染，如蒸发变质等。

7.1.2 脱气器

脱气器被用来连续脱除溶解在流动相（洗脱剂）中的空气，以免由于仪器内温度压力变化引起的气泡问题，从而保证稳定的流速和信号背景。

7.1.3 供液泵

以精确流速将流动相（洗脱剂）输送到色谱柱的泵必须满足下列要求：

a) 流速范围宽；

b) 流速精度高；

c) 流量脉动低；

d) 在较宽的压力范围内具有稳定的输液能力；

e) 与液体接触的材料具有优异的化学惰性；

f) 易于更换流动相。

7.1.4 梯度洗脱单元

梯度洗脱单元由控制器和混合器组成，控制器可以连续改变混合流动相（洗脱剂）的组成而混合器将获得均匀的混合溶液。混合比的设定范围要宽，浓度要精确。

7.2 进样器

进样器的材料和构造应确保所进的样品没有吸附保留，进样重复性好。如果用自动进样器自动进行许多试样的进样，那么它应具有以下基本功能：重复性、定量进样准确性、保留小、极小的样品量等等。如果有预期的用途需要，则应加上冷却功能，以便增加制备好的样品数量和降低样品组分的分解和蒸发。

具有样品预处理功能或柱前衍生化功能的自动进样器也可能用到。

7.3 分离单元

7.3.1 色谱柱

根据分析目的，使用本标准第 9 章叙述的色谱柱。从进样器到色谱柱入口的流路和从色谱柱出口到检测器的流路应使用死体积尽可能小的管路，以免样品谱带扩散。

可使用保护柱来防止分析柱性能损坏。

7.3.2 色谱柱箱

使用色谱柱箱可提高分离分析的稳定性从而确保分析精度。色谱柱箱应具有温度控制功能。控制温度可优化色谱柱性能、增强分离选择性以及防止柱温受环境温度变化的影响。

7.4 检测器

洗脱剂从色谱柱进入检测器的微流池，检测器按照不同原理以流动相作为背景检测分析物的浓度或体积。常用检测器的特点见表2。

7.4.1 吸光度检测器

吸光度检测器检测样品组分在紫外可见光区的吸光度。按分析物的吸收特性确定吸收波长。常用的吸光度检测器类型是分光光束通过流动池中的样品组分，到二极管阵列检测器，产生光谱，测量各波长下的吸光度变化。通过使用各波长下的色谱图和每个组分的保留时间可以获得定性分析结果和峰组分纯度的确认。

7.4.2 示差折光指数检测器

样品组分的流出引起流动相折光指数改变，这种改变被检测器以折光指数之差进行检测。

7.4.3 荧光检测器

荧光检测器检测样品中某个组分受到激发光激发在特定波长下的荧光强度。为了设定最佳波长和定性确认峰组分，有些荧光检测器具有进行激发、激发产生的荧光波长扫描以及荧光光谱采集等功能。

7.4.4 电化学检测器

电化学检测器检测样品组分在加有特定电压的工作电极上进行氧化还原反应产生的电流。

7.4.5 电导检测器

电导检测器检测流动相溶液和样品组分之间电导的差别。

7.4.6 质谱检测器

质谱检测器将从色谱柱流出的样品组分进行离子化，然后按照质荷比检测这些离子。

7.4.7 其他类型检测器

其他类型检测器包括下列检测器：

a) 红外光谱检测器(IR)；
b) 旋光度检测器(OR)，圆二色检测器(CD)；
c) 火焰离子化检测器(FID)；
d) 放射检测器(RI)；
e) 介电检测器；
f) 化学发光检测器(包括生物发光)(CLD)；
g) 原子吸收分光光度检测器(AA)；
h) 电感耦合等离子体发射光谱检测器(ICP-AES)；
i) 高频等离子体质谱检测器；
j) 热检测器；
k) 光散射检测器；
l) 黏度检测器；
m) 离子电极检测器；
n) 超声波检测器；
o) 核磁共振仪检测器。

7.5 数据处理机

数据处理机显示色谱图和计算得到的定量结果。计算可通过制备校准曲线，用浓度对保留时间、峰高、峰面积等作图。有些数据处理机具有光谱分析功能。

7.6 附件

根据分析目的，如果必要，应提供下列附件：

a) 计算机(用于工作站，用于数据处理和仪器控制)；

b) 路径切换阀(柱切换、循环、反冲等)；

c) 流分收集器；

d) 柱后反应器。

8 洗脱剂

8.1 洗脱剂的选择

应按分离模式或检测模式选择洗脱剂，以满足要求。

8.1.1 要求

洗脱剂应满足下列要求：

a) 能合适地分离分析物；

b) 不会化学的或物理的破坏柱填料；

c) 能溶解样品而没有破坏；

d) 适合检测器；

e) 脱除固体物质[2)]；

f) 脱气[3)]。

8.1.2 按分离模式选择(见表3)

表3 按分离模式选择洗脱剂

分离模式		洗脱剂	备注
吸附色谱		己烷、戊烷、二氯甲烷、乙醚、异丙醇、甲醇，以及其他具有不同极性的有机溶剂，可混合使用	洗脱剂极性越高，洗脱能力越强。分离选择性随洗脱剂的极性改变。除此之外，还随氢键、可受性和偶极作用而改变
分配色谱	正相色谱	己烷、戊烷、二氯甲烷、乙醚、异丙醇、甲醇，以及其他具有不同极性的有机溶剂，可混合使用	洗脱剂极性越高，洗脱能力越强。分离选择性由分析物在洗脱剂和固定相中的溶解性决定。除此之外，还随氢键、可受性和偶极作用而改变
	反相色谱	甲醇、乙腈、THF[a]、和其他有机溶剂同水或缓冲溶液混合使用	洗脱剂极性越低，洗脱能力越强。分离选择性由分析物在洗脱剂和固定相中的溶解性决定。除此之外，还随氢键、可受性和偶极作用而改变。如果分析物是离子型化合物，洗脱剂的pH值将严重影响保留/分离。在离子型化合物电离的pH值下，保留很弱，而在非电离的pH值下，保留变强
	反相离子对色谱	能同要分析的离子形成离子对的缓冲溶液被制备，加入疏水试剂作为对离子。这样的缓冲溶液同甲醇、乙腈、THF[a]和其他有机溶剂混合使用	有机溶剂的混合比越大，洗脱能力越强。作为离子对色谱的洗脱剂，调整离子对试剂浓度和pH值很重要

2) 为了脱除固体物质，洗脱剂通常应通过孔径0.5 μm或更小的膜进行过滤。如果使用粒径为3 μm或更小的柱填料，使用的过滤膜的孔径应是粒径的1/10。

3) 如果高效液相色谱仪具有脱气装置，则不必预先脱气。

表 3（续）

分离模式		洗　脱　剂	备　　注
离子交换色谱		缓冲溶液被使用，其缓冲能力使得分析物的电荷差别在一定的 pH 值下最大。通常初始洗脱剂的浓度是 20 mmol/L～50 mmol/L	初始洗脱剂是分析物在该 pH 值下电离的缓冲溶液，分析物被保留。然后，氯化钠和其他碱以梯度或线性增加添加浓度的方式加入到缓冲溶液中。另外，缓冲溶液的 pH 值将改变，以便使分析物朝非电离方向转化。反之，洗脱剂也可能是在该 pH 值下分析物不电离的缓冲溶液，并且分析物可通过只是移动被分离。如果树脂型离子交换剂被使用，除了离子交换外还可能存在疏水作用、氢键、尺寸排除等。因此，加入有机溶剂可调整分离
离子排阻色谱		在羧酸或其他弱酸的情况下，使用水或 1 mmol/L～10 mmol/L 的酸的水溶液（pH 值为 2～3）。在弱碱性化合物情况下，主要用水	一般地，如果分析物被电离，洗脱就快，如果不电离，洗脱就慢。通常，洗脱剂的 pH 值应选择以使分析物间的电离速度的差最大
亲和色谱		使用的缓冲溶液的 pH 值和离子强度适于分析物和配体相互作用。蛋白质等的亲和色谱常使用三氢氯酸缓冲溶液、磷酸缓冲溶液、醋酸缓冲溶液等	在其中分析物有可能同配体偶合的洗脱剂应同色谱柱保持平衡。样品进到色谱柱，然后离子强度和 pH 值将改变。这是一种非特定洗脱。另外，游离的过量配体或其相似物质溶液应被使用，这是一种特定洗脱
尺寸排阻色谱	非水尺寸排阻色谱	使用对分析物和柱填料都很亲和且不易受吸附、分配等这些不属于排阻色谱分离模式影响的溶剂。在此，聚苯乙烯凝胶被用作柱填料，则常用 THF[a]，因为其具有相近的溶解作用参数。如果分析物是极性的，可能使用 DMF[c] 和其他极性溶剂	如果尺寸排阻色谱需要在 100 ℃或更高温度下进行，则可能使用 TCB[b]。当溶剂在室温下是固体时，分析后应将柱上保留的溶剂用其他溶质置换。溶剂置换时，流速不能超过色谱柱的工作压力。不必要的溶剂置换将缩短色谱柱的使用寿命
	耐水尺寸排阻色谱	洗脱剂中加入碱以便阻止柱填料和分析物间的静电作用并增加离子强度。在蛋白质和其他样品的情况下，pH 值影响稳定性和空间构型，可能使用其他合适的缓冲溶液	如果分析物同柱填料存在疏水作用的可能性，在色谱柱可接受的范围内，可在洗脱剂中加入甲醇或其他极性有机溶剂

a THF 四氢呋喃；

b TCB 三氯苯；

c DMF 二甲基甲酰胺。

8.1.3　按检测器选择（见表 4）

表 4　按检测器选择洗脱剂

检　测　器	洗脱剂的选择
吸光检测器	通常选择的洗脱剂在检测波长下是透光的或只有微不足道的吸收。使用没有紫外吸收的高纯溶剂、水和试剂制备洗脱剂。一般情况下，溶剂在短波长有强的吸收，一些缓冲溶液在紫外区有强吸收，应给予注意。在梯度洗脱的情况下，洗脱剂组成的变化可引起吸收强度的变化，引起基线波动。在检测波长下，使用的所有溶剂必须是足够透光的

表 4（续）

检　测　器	洗脱剂的选择
荧光检测器	洗脱剂应在激发光波长和荧光波长下都不吸收。使用没有荧光杂质的高纯溶剂、水和试剂制备洗脱剂
示差折光指数检测器	洗脱剂的折光指数应与分析物的折光指数有差别。应充分搅拌洗脱剂使浓度差最小
电化学检测器	使用电化学惰性的高纯溶剂、水和试剂制备洗脱剂
化学发光检测器	洗脱剂在检测波长下应没有吸收。使用没有发光杂质的高纯溶剂、水和试剂制备洗脱剂
质谱	洗脱剂应该是挥发性的。使用没有杂质的高纯溶剂、水和试剂制备洗脱剂

8.2　洗脱剂的制备

8.2.1　混合洗脱剂的制备

最适合分离的洗脱剂通常用两种或更多种溶剂充分混合制备。除了尺寸排阻色谱，很少使用单一溶剂。关于混合洗脱剂的制备，应注意以下几点：

a）使用能够完全混合的溶剂；

b）充分搅拌以获得均匀组成；

c）混合洗脱剂的组成可用室温下混合前的体积比表示。混合洗脱剂的体积不一定等于各溶剂体积的总和。由此，各溶剂的体积应分别测量；

d）如果混合时溶液温度改变，应冷却至室温；

e）当有机溶剂和缓冲溶液或离子对试剂混合时，如果产生沉淀的可能性很高，应使用孔径 0.5 μm或更小的过滤膜进行过滤除去沉淀；

f）依赖于贮存条件，有些洗脱剂可能容易发生组成变化、化学变化、吸水等。

8.2.2　洗脱剂脱水和溶剂的水饱和

如果样品组分遇水不稳定，或者像硅胶或其他一些对水很亲和的物质被用作固定相，应注意洗脱剂中的水分，并且用前应进行脱水。

在吸附色谱法中，水分严重影响分离选择性，可使用用特定的水分饱和的溶剂制备洗脱剂。

8.2.2.1　洗脱剂的脱水

脱水应使用合适的干燥剂。醇类和乙腈可以用 3A 和 4A 分子筛脱水。

8.2.2.2　溶剂的水饱和

将有机溶剂同稍稍多于饱和水量的水混合，在高于使用温度 5 ℃～10 ℃的温度下充分搅拌，然后在使用温度下搅拌。静置分层后，取有机相层即制得 100％水饱和的溶剂。将其按一定比例同完全脱水的溶剂混合，即可制得一定饱和度的水饱和溶剂。

8.2.3　洗脱剂的 pH 值调节方法

在反相分配色谱中，可加入少量的酸或碱来调节洗脱剂的 pH 值，洗脱剂的 pH 值也可能由于空气中的二氧化碳的溶解作用受影响。如果 pH 值严重影响分离，必须使用缓冲溶液，缓冲溶液在所用的 pH 值范围内具有足够的缓冲能力。如果用有机溶剂同缓冲溶液混合制备洗脱剂，混合比将影响氢离子浓度。但是，混合前缓冲溶液的 pH 值通常应就是洗脱剂的 pH 值。

9　色谱柱和柱填料

9.1　色谱柱

9.1.1　色谱柱的标记

色谱柱多种多样。色谱柱的标记除了柱填料的名称外，还要指明色谱柱管的材料、长度和内径。

9.1.2 色谱柱管的材料

用作色谱柱管的材料应有足够的强度、有光滑的内表面、对洗脱剂和分析物惰性。例如有不锈钢、聚醚醚酮(PEEK)、玻璃、衬玻璃不锈钢、石英管等。

9.1.3 色谱柱的分类

依赖于分析样品的类型、进样量和特点以及分析条件,色谱柱有不同的尺寸。按内径可以将色谱柱分类如下:

a) 半制备柱:内径 12 mm～50 mm(不含 50 mm);
b) 通用柱:内径 3 mm～12 mm(不含 12 mm);
c) 半微柱:内径 1 mm～3 mm(不含 3 mm);
d) 微柱:内径 1 mm 以下。

9.2 柱填料

柱填料通常是相对均匀的颗粒,粒径范围 1 μm～20 μm,或者是具有同等效果的棒状连续体。填料在工作条件下具有物理化学稳定性。

柱填料材料有硅胶类的无机物、聚苯乙烯凝胶类的聚合物,以及用上述材料作母体在其表面上化学键合有机分子的物质。

9.3 分离方式和色谱柱填料

按照色谱柱填料和洗脱剂的组合,HPLC 有多种分离方式。按分析物的化学、物理特性,合理地选择分离方式。

9.4 柱性能评价

色谱柱条件可用峰型、理论板数、对称因子等参数评价。色谱柱性能以柱寿命、分离能力、选择性、最大样品负荷等参数评价。

当评价色谱柱性能时,应在一定条件下进行,这些条件不受环境和仪器影响,保证获得重复性。

10 仪器安装的环境要求和安全

10.1 环境要求

安装高效液相色谱仪的房间一般应满足下列条件:

a) 温湿度应在仪器规定的范围内且不会突然改变;
b) 没有震动和阳光直射;
c) 清洁无尘、无腐蚀性气体,有良好的通风;
d) 没有强磁场和电场;
e) 电源电压、容量和频率符合仪器规定,电压波动在±10%以内,没有频率波动;
f) 提供接地电阻小于 100 Ω 的接地点。

10.2 安全

为安全目的,应注意下列事项:

a) 分析使用的样品和化学试剂在处理时应注意其爆炸性、易燃性、毒性或危害性。废液应该按照环保规定,在进行安全和无害化处理后弃置。危险物质和有毒和有害物质应该按照相关法规进行处理[4];
b) 将仪器接地;
c) 当使用压力容器内气体时,要遵从相关规定。如果其容器置于仪器附近,则容器应该固定到基座、墙壁、实验台上等等,以免翻倒;
d) 在操作仪器前,要彻底检查管路、接头等处是否漏液和漏气;

4) 当处理有毒有害化学试剂时,应穿戴防护服(护目镜、橡胶手套和防毒面具等)。

e） 直接接触仪器内部有可能引起电击。在检查和维修[5]时，应先切断电源；

f） 有些检测器使用光源灯，工作时会发射紫外线，因此在维护和更换灯时应戴护目镜。光源灯工作时发热，不得触摸；

g） 仪器有可能产生电磁干扰，或者受其他仪器的电磁干扰，应给予注意；

h） 如果直接用手接触生物样品（血清、血浆、组织、尿样等），有可能引起感染。须小心处理这些样品。要注意防止样品直接接触皮肤。

11 测量和试料的制备

11.1 样品的制备

样品进行制备可改善分析物的定性定量精度，稳定分析物不发生变化，保护色谱柱和仪器。样品制备包括：样品溶液的稀释/浓缩、样品溶液中干扰物的脱除、样品溶液中加入标准溶液、分析物的衍生化等。

样品制备既要改善分析精度，也要提高制备过程的效率。可使用自动进样器、使用高压切换阀的柱切换等方法来自动进行样品制备。

如果样品制备的条件有专项标准规定，则按该标准进行。

11.1.1 样品溶液的稀释或浓缩

为了使分析物保持在合适的浓度范围内，应对样品溶液预先进行稀释或浓缩（溶剂萃取、固相萃取等）。在试样溶液制备好后，应尽快进样分析。试样溶液应溶于流动相。

11.1.2 样品溶液中干扰组分的脱除

如果样品中含有固体组分、对色谱柱有不利影响的组分或者干扰定性定量分析的组分，应使用过滤膜法（用孔径 0.5 μm 或更小的膜）、功能膜（超滤膜）法、固相萃取、溶剂萃取等方法制备试样溶液，脱除先前的干扰物质。

11.1.3 样品溶液中加入标准溶液

当使用内标法时，样品溶液中要加入内标物；当使用标准标准加入法时，样品溶液中要加入标准溶液或稀释标准溶液。因此，试样溶液需要进行制备[6]。试样溶液制备时可使用混合的稀释标准溶液。

11.1.4 柱前衍生化

如果不能直接检测分析物，或者需要高灵敏性或高选择性检测，或者需要优化分离，可在试样进色谱柱前使试样中的目标成分衍生化。柱前衍生化有两种情形：一种是加入试样溶液中分析物的衍生剂，另一种是加入进行氧化、还原、分解等反应的试剂。

柱前衍生化可通过自动进样器具备的功能自动进行，这样的功能包括：加入试剂、混合反应液体、控制反应时间、注射反应液体等[7]。

11.2 分析检测器的选择

HPLC 检测器检测从色谱柱流出的流动相中的分析物，完成定性定量分析。检测器各种各样，应根据实际试样选择合适的检测器。一些检测器的类型见 7.4。

11.3 柱后衍生化

分析物通过色谱柱分离后，衍生试剂、pH 值调节溶液等与流出物混合，将其加热、光照或通过像非固定酶色谱柱之类的一个反应器，使其经过衍生反应之后再检测。当由于下述原因而使选择性的、高灵敏的检测成为不可能时才应用柱后衍生，这些原因包括：分析物结构完整不能检测、检测灵敏度低、残余

5） 如果仪器使用锂电池，不当处理可能引起爆炸。

6） 加入标准溶液不应在试样溶液中产生沉淀或化学反应，例如形成络合物，这些事先应进行确认。

7） 依赖于反应参数，如试剂的数量、加入的量、混合作用的次数、反应温度、反应时间等。适宜的柱前衍生试剂是有限的。

物干扰大。

11.4 等度洗脱

使用单一组成洗脱剂将分析物从色谱柱中洗脱，通常采用单元泵，其特点是具有良好的保留时间重复性。

11.5 梯度洗脱

梯度洗脱就是洗脱剂组成按时间程序改变，将分析物从色谱柱中洗脱。与等度洗脱相比，梯度洗脱减少了洗脱时间，而且峰型更尖锐。洗脱剂组成可以呈线性、梯度或指数变化。通常有两种梯度洗脱方式：一种是低压梯度洗脱，使用一个单元泵作为输送液体的设备，另一种是高压梯度洗脱，需要多个单元泵。

11.6 馏分制备

制备色谱的准备工作应满足如下条件：

a) 用于制备色谱的样品溶液的准备：
   1) 进样溶剂应能溶解样品且不改变分析物的性质。样品应溶解在溶解力等于或弱于洗脱剂的溶剂中；
   2) 样品溶液中颗粒物和不溶物质应事先通过膜过滤等方法除去；
   3) 样品应先利用溶剂萃取等方法进行粗分。
b) 洗脱剂的准备：
   1) 洗脱剂对填充物应是惰性的且不影响样品的活性；
   2) 洗脱剂应适合于样品的等分回收；
   3) 洗脱剂中的颗粒物或灰尘应事先通过膜过滤等方法除去。
c) 制备色谱装置：
   1) 与液体接触部件的材料，如液体泵、管线和色谱柱管应不被样品或洗脱剂腐蚀，且不应污染样品和洗脱剂；
   2) 设备应足以耐受操作压力；
   3) 相应于所用色谱柱的尺寸和流速，死体积应足够小；
   4) 检测器的灵敏度应根据进样量进行优化。
d) 色谱柱的准备：
   1) 填料在操作条件下应当具有物理化学稳定性，由于不可逆吸附和氧化造成目标成分损毁应很小；
   2) 应使用分析柱以小规模研究制备色谱条件，色谱柱应在优化条件下使用；
   3) 等分制备色谱柱的性能应在预先确定的条件下得到确证。

12 分析步骤

12.1 分析条件的设定

以下项目应按专项标准规定的条件进行设定建立：

a) 流动相的种类和流速(当使用梯度洗脱方法时，流动相的起始组成、组成变化比、最终组成等的各种程序)；
b) 色谱柱的种类；
c) 色谱柱的温度；
d) 检测器的灵敏度；
e) 数据处理部分的条件(数据处理机、记录仪)。

12.2 基线稳定性的确认

当在12.1所规定的条件下运行时，应确认基线的波动对测定没有影响。

12.3 进样

使用微量注射器准确量取一定体积的样品，注入进样阀，扳动阀钮快速进样。当使用自动进样器时，设定合适的条件。

12.4 分析步骤

如使用记录仪，在进样的同时，在记录仪的记录纸上标记进样点。调整衰减，使得按组分的量将色谱峰绘制得尽量大，但不超出记录纸。如使用数据处理机，要设定采样时间和其他采样参数。

12.5 色谱图的记录

典型色谱图的编排，一般应当记录如下项目：

a) 检测日期和检测名称；
b) 高效液相色谱仪生产商及型号；
c) 样品名称；
d) 试样的制备方法以及进样量(μL 或 mL)；
e) 柱填料的种类或色谱柱的类型；
f) 色谱柱管的材质、内径(mm)和长度(mm)；
g) 柱温(℃)；
h) 流动相(洗脱剂)的种类；
i) 流动相(洗脱剂)的流速(mL/min)及柱前压力(Pa)；
j) 梯度洗脱方法的分析条件；
k) 检测器类型和操作条件；
l) 使用化学反应时，反应液体和反应试剂的种类和流速(mL/min)、流动相和反应液体的混合比和反应条件；
m) 数据处理机类型和记录条件；
n) 其他必须的项目。

13 定性分析

在相同条件下分析标样和样品，得到色谱图，将稀释标准溶液或混合稀释标准溶液的保留数据[8)9)]与样品中未知组分的保留数据进行比较，可进行定性分析。在这种情况下，为了确认未知组分峰的单一性，可以改变分离条件进行测定，例如改变流动相和固定相；也可使用如下定性技术包括离线操作来进行验证：

a) 使用不同原理的多个检测器；
b) 使用二极管阵列检测器；
c) 使用质谱、红外光谱、发射光谱分析、核磁共振波谱及其他方法；
d) 使用化学反应或酶反应或类似方法。

14 定量分析

14.1 测定

为了进行测定，需计算色谱峰面积[10),11)]，通过标准曲线法、内标法或标准加入法[12)]进行测定。

8) 保留数据是下述术语的通称：保留时间、保留体积、调整保留体积、特征保留体积、相对保留值、保留系数等等。

9) 同样条件下重复试验的保留数据的分散性，其相对标准偏差应小于等于3%。

10) 可用峰高代替峰面积。

11) 峰面积的计算需根据峰型划合适的基线。

12) 当可获得合适的内标物时，采用内标方法。在这种情况下，可以修正进样误差或预处理误差。标准加入法可修正样品基质的影响，这是其优点。

14.2　**峰高的测量**

峰高就是用峰顶点的信号值减相同保留时间处基线的信号值，或者从峰顶点朝记录纸的横坐标作图与基线垂直相交，从顶点到交点的距离。

14.3　**峰面积测量**

峰面积(A)是从峰开始到峰结束，峰的信号值和基线的信号值之差的积分；或者峰高(h)和半峰宽($W_{0.5h}$)的乘积。但是后者不能用于明显前伸或拖尾的峰。

当使用数据处理机时，峰面积采用处理机上给出的数值。要按色谱峰型合理设定数据处理机的条件。

14.3.1　**半峰宽法**

按图4所示方法进行半峰宽法测量峰面积。

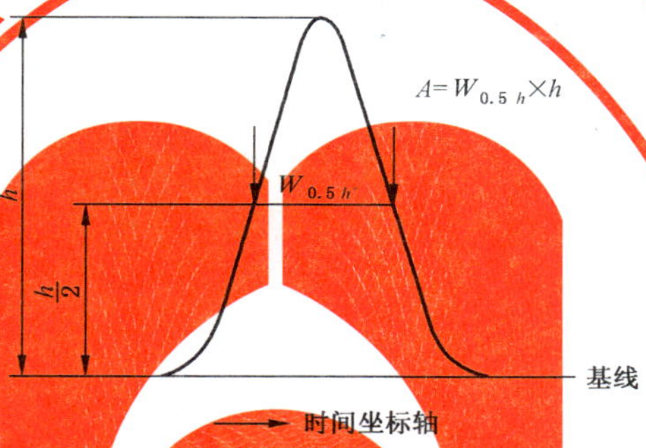

图4　半峰宽法测量峰面积

14.3.2　**重叠峰面积的分割方法**

14.3.2.1　**垂直法**

如图5所示，当两个峰的面积相近时，从峰谷朝基线垂直划线将基线上的峰分割成两部分，从而得到各自的面积。

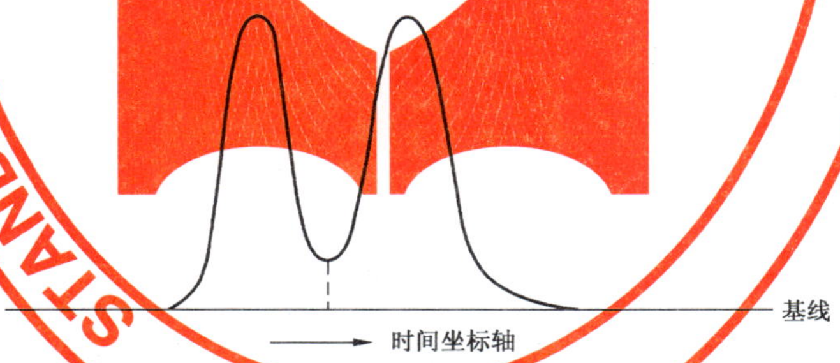

图5　垂直法峰面积分割

14.3.2.2　**峰谷-峰谷法**

如图6所示，本法应用于与背景重叠的峰。连接相邻峰谷部分，可得到包含的面积。

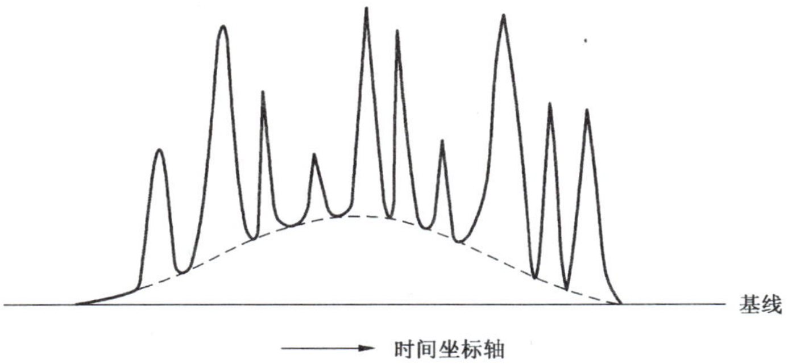

图6　峰谷-峰谷法峰面积分割

14.3.2.3 切线法

如图 7 所示，小峰重叠在大峰的峰尾上，在这种情况下，从峰谷到大峰峰脚划切线，切线以上部分作为小峰的面积。通过指数函数曲线法进行峰分割可以代替切线法。

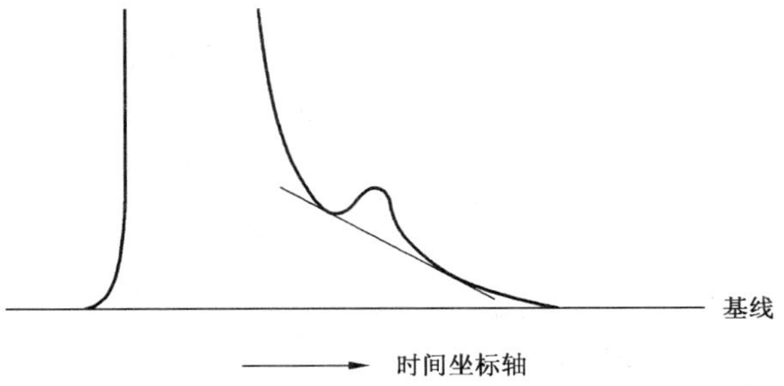

图 7 切线法峰面积分割

14.4 标准曲线法

制备 3 到 4 个梯度浓度的分析物的标准溶液，每个稀释的标准溶液，取一定体积进样，记录色谱图，计算每个峰的面积。横坐标上取所进的稀释的标准溶液中分析物的量，纵坐标上取其峰面积，绘制如图 8 所示的校准曲线。

所绘制的校准曲线范围应尽可能涵盖测量点。

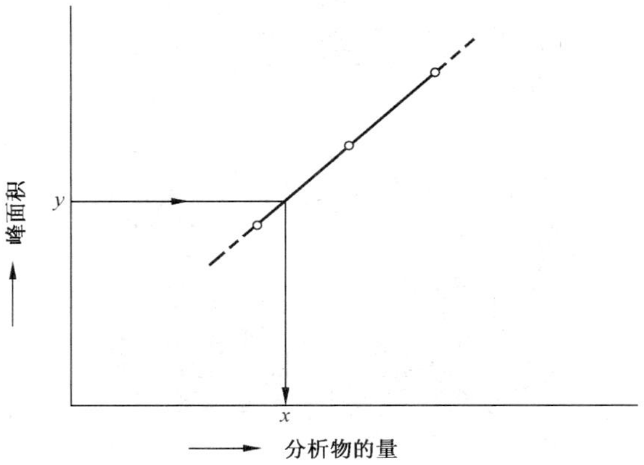

图 8 标准曲线法的标准曲线

在相同条件下进试样溶液，记录色谱图，使用标准曲线可从峰面积(y)得到分析物的量(x)，并计算样品中分析物的浓度。使用本方法时，整个测量过程应在一定条件下严格进行。本方法的另一个名称是外标法。

14.5 内标法

制备含一定浓度内标物[13)]的分析物的稀释标准溶液 3 到 4 个，分析物浓度呈梯度变化[14)]。每个稀释标准溶液取一定量进色谱分析，记录色谱图，并测量峰面积。然后，取所注射的分析物的量(M_x)与内标物的量(M_s)之比(M_x/M_s)作为横坐标，分析物的峰面积(A_x)与内标物的峰面积(A_s)之比(A_x/A_s)作为纵坐标，绘制标准曲线，如图 9 所示。

所绘制的标准曲线范围应尽可能涵盖测量点。

13) 选择内标物时，要求其化学性质与分析物类似、色谱峰尽可能与分析物色谱峰相近且性能稳定，与样品中其他组分能完全分离。

14) 如果先前确认过校准曲线是经过原点的一条直线，则可选择一个浓度的分析物，进样分析，测量它的 A_x/A_s 并用这点绘制标准曲线。

接下来,加入内标物[15]制备试样溶液,试样浓度要与稀释标准溶液浓度相近,在稀释标准溶液相同条件下进样分析,记录色谱图。在色谱图上,计算分析物的峰面积(A'_x)同内标物的峰面积(A'_s)之比(A'_x/A'_s),使用标准曲线,得到分析物的量同内标物的量之比,从所取的内标物的量计算得到分析物的量。然后,计算样品中分析物的浓度。

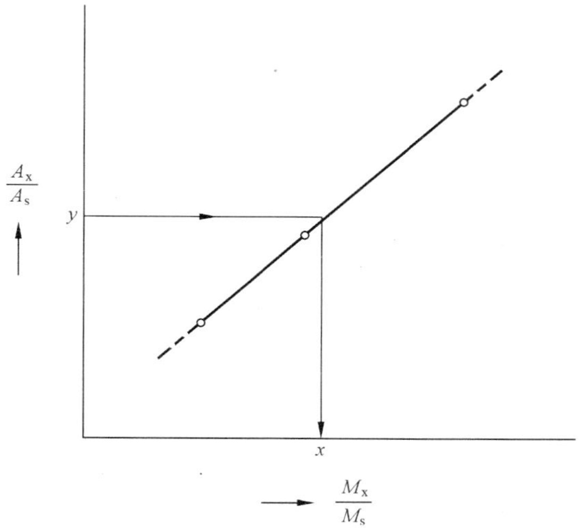

图 9　内标法的校准曲线

14.6　标准加入法

取四份或四份以上一定体积的样品溶液,各自加入分析物标准溶液,获得梯度浓度。其中一份不加入分析物标准溶液。直接使用这些溶液或者将其稀释到一定体积制备试样溶液。取一定体积的试样溶液进样分析,记录色谱图,测量分析物的峰面积。计算添加的分析物的浓度,绘制关系曲线,横坐标[16]是添加的分析物增量,纵坐标是峰面积。从不含标准溶液的样品溶液得到分析物的峰面积(图 10 中的 y),对应找出关系曲线与横坐标的截距(图 10 中的 x)[17],可得分析物的浓度。

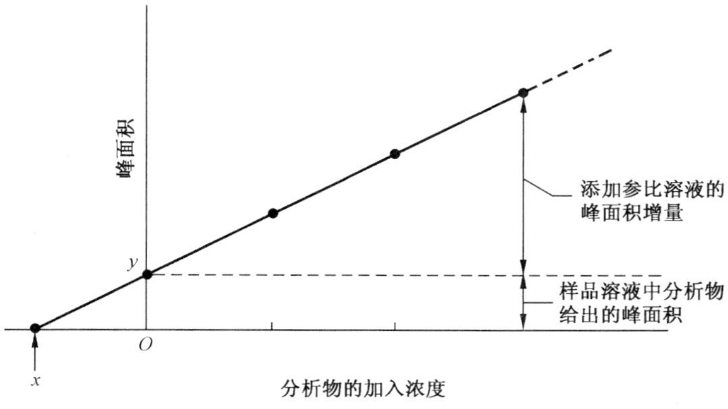

图 10　加标法关系曲线

14.7　测定值的表述

报告组分名称和测定值。测定值用 g/L、mg/L、μg/L、mol/L 或类似单位来表述。

15）将内标物加入到样品溶液中应不会引起有可能造成分析物和内标物浓度变化的像沉淀这样的化学反应。

16）因为分析物浓度的增量与加入的标准溶液的数量(或者一定体积的加入数、加入的体积或者横坐标上能取的加入数)成正比。

17）本方法只可应用于关系曲线为线性时。

15 分子量分布的测量

分子量分布的测量按如下方法进行：样品与分子量标准样品[18]测量条件一致，然后测量保留体积或保留时间和尺寸排阻色谱的重量分数[19]。在这种情况下，当测量的分子量是以相对分子量表达时，要进标准样品，使用的色谱柱应能给出尽可能对称的峰型并具有足够理论塔板数。

15.1 使用校准曲线测量平均分子量的方法

校准制备与测量在相同操作条件下进行，测量所得色谱图上每个分子量数据的保留体积或保留时间切分成至少 20 个部分。然后从每一切分点的高度关系计算得到平均分子量。

15.1.1 校准曲线的制备

将已知分子量的单分散标准样品进色谱测量，将保留体积或保留时间对分子量作关系曲线[20]（校准曲线）。

15.1.2 保留体积转化为分子量

使用事先制作的校准曲线进行转化，得到的分子量是已经转化为标准物分子量（如聚苯乙烯）的相对分子量。

15.1.3 数均分子量、重均分子量、z-均分子量和分散度 *d* 值的计算

色谱图的横坐标（保留体积）将被切分成至少 50 份，从切分点纵向划平行线，和色谱图的基线相交，得到从切分点到交点的长度（高度）。根据每一切分点的分子量（M_i）和它的高度（H_i）按式（1）计算：

$$\overline{M_n}=\frac{\sum M_iN_i}{\sum N_i}=\frac{\sum H_i}{\sum\left(\frac{H_i}{M_i}\right)} \quad \cdots\cdots(1)$$

$$\overline{M_w}=\frac{\sum M_i^2N_i}{\sum M_iN_i}=\frac{\sum H_iM_i}{\sum H_i}$$

$$\overline{M_z}=\frac{\sum M_i^3N_i}{\sum M_i^2N_i}$$

$$d=\frac{\overline{M_w}}{\overline{M_n}}$$

其中，$\overline{M_z}$：z-均分子量

18） 标准样品应优选具有窄分子量分布的物质，列举如下：

$M_p<2\times10^3$ $\qquad \overline{M_w}/\overline{M_n}<1.20$

$2\times10^3<M_p<10^6$ $\qquad \overline{M_w}/\overline{M_n}<1.10$

$10^6<M_p$ $\qquad \overline{M_w}/\overline{M_n}<1.20$

其中，$\overline{M_n}$：数均分子量

$\overline{M_w}$：重均分子量

M_p：峰值分子量，如果标准样品没有给出如产品样本中的准确值，可以使用如下近似方程式进行计算：

$$M_p=(\overline{M_n}\times\overline{M_w})^{1/2}$$

19） 当能够获得重量分数时，峰高可以用分子量修正，摩尔吸收或折光指数浓度的变化依赖于分子量。如果样品的化学结构相同只有聚合度不同，影响可忽略不计，峰高本身可作为替代。

20） 校准曲线应当用标准样品的 $\log M_{pi}$ 和洗脱体积 T_i，按如下线性或三次方程计算得到：

$$\log M=A_0+A_1T$$

$$\log M=A_0+A_1T+A_2T^2+A_3T^3$$

M_i：每点的分子量

N_i：每点的分子数

H_i：每点的色谱图高度

d：分散度

15.1.4 分子量分布曲线的绘制

取横坐标上的分子量和纵坐标上的重量分数作关系曲线(分子量微分曲线和分子量积分曲线)。

15.2 根据图谱测量分子量分布

样品的分子量分布可以通过图谱比较进行估算，如：在相同条件下用相同物质测得的色谱峰；在合适分隔的分子量之间的面积；分子量分布面积，其中纵坐标用每一点的高度(H_i)分数作为刻度，H_i通过在15.1.1和15.1.2中描述的操作得到；等等。

16 制备型液相色谱法

16.1 等分制备方法(痕量成分的等分制备)如下：

a) 根据所需要的等分制备量，选择设备及色谱柱。特别是关于分析物中痕量成分的等分制备，推荐选择有较小死体积的设备、色谱柱、管线等，使用无吸附的柱子和等分容器；

b) 制备色谱的设备管线用合适的溶剂洗涤，用洗脱剂置换；

c) 连接色谱柱，输送液体，确保基线稳定。如需要，应分析色谱柱的流出液以确认对分析物等分制备没有问题；

d) 使用样品注射器注射样品至色谱柱；

e) 如果需要，分析物应当进行粗分。

16.2 等分制备的流分的分析

应使用适合于分析物的方法进行等分制备的流分的纯度分析及定量分析。

17 数据质量的保证

为了保证数据质量，应验证新开发的分析方法(包括分析条件的改变)[21]，即使是法定方法(如专项标准)也应当由使用的实验室验证。实验室开发的方法(内部方法)在应用前也应验证。在应用分析方法时应保留验证记录。

17.1 数据质量的控制

数据质量用测量值的"不确定度"表示，本标准使用包含因子$k=2$的扩展不确定度U。

数据质量应通过制备质量控制样品(QC样品)[22]和定期分析QC样品进行监控。

日常分析时，20个样品应包含一个QC样品和一个空白样品，应进行平行分析来控制数据的质量。

17.2 获得最小检测限的方法

当要获得最小检测限时，需要建立方法并报告方法，该方法的误差概率可以通过统计技术进行解释。

为获得最小检测限，通常需要分别测定空白样和合适的加料试样至少20次。为了计算最小检测

---

21) 当开始实际分析时，应选择和优化色谱柱和洗脱剂，即分析方法应得到开发或改进。在这种情况下需要确认开发的方法适合于分析目的。验证分析的项目包括精密度、准确度(回收率)、线性、最小检测限、最小测定限、范围、稳定性测试等

22) 使用内部标准材料(实验室已测定标准材料的值)或者购买的标准材料或者有证的标准材料作为QC样品。如果分析样品是均匀的和稳定的，可使用以大体积保留的样品。

限，应得到净测量值（扣除空白值后）的标准偏差 σ，并乘以 3.29，结果值被转化为浓度（定量）。如果减少重复测量次数，如减少至 5 次，最小检测限应当通过估算全域标准偏差来计算，即 n 次重复测量的标准偏差的数值应乘以 t 值（$n=5$ 时为 4.26）。作为最小检测限，需要报告"在 95%置信度下能给出区别于空白的信号的分析物浓度（量）"。

最小检测限可以是信号 S 与噪声 N 的比值。即当 S/N 值为 2 或 3 时[23)24)]，它可能是目标物的质量或浓度。当本方法描述最小检测限时，也需要提及 S/N 值和记录仪响应时间或数据处理机的参数（积分时间等），这可按图 11 所示的进行。使用含单个分析物的低浓度样品，用高灵敏度记录并绘制色谱图，以便有可能充分测量噪音水平（图 11 中的细线）。如下进行计算：

信号：用一条线连接检测器输出数据的平均值，得到没有噪声的色谱图（图 11 中的粗线）。峰高，即从基线到峰顶点的距离被取作信号 S。

$$S=h$$

噪声：围绕半峰宽的 20 倍基线最大与最小输出信号之差的幅度的一半作为噪声 N。

$$N=\frac{h_N}{2}$$

当最小测定限要报告时，最小测定限的定义应被规定并且最小测定限的值按定义报告。

测量重复次数与放大因子对应关系见表 5。

表 5　测量重复次数 *n* 与放大因子 *t*

测量重复次数 n	放大因子 t
3	5.84
4	4.71
5	4.26
6	4.03
7	3.89
8	3.79
9	3.72
10	3.67
11	3.62
12	3.59
13	3.56
14	3.54
15	3.52
∞	3.29

有几个方法规定最小测定限。其一，采用最小检测限的 3 到 5 倍的数值；其二，采用 $S/N=10$ 时分析物的量或浓度；另外，也有可能采用在下面情况下分析物的量达到的数值，即当分析物的量降低时，其精密度也下降，直到变异系数大于 10%。

23）　假设 $S/N=2$ 被规定为最小检测限，理论上，误差概率是 0.1%。可以说它就是给出的信号能区别于空白的分析物的浓度（量）。

24）　为什么 $S/N=2$ 或 3 被规定为最小检测限？原因如下。确实，理论上当 $S/N=2$ 时误差概率是 0.1%，可是从经验来说，考虑漂移、波动、污染等因素的影响，规定 $S/N=2$ 或 3 作为最小检测限是合理的。

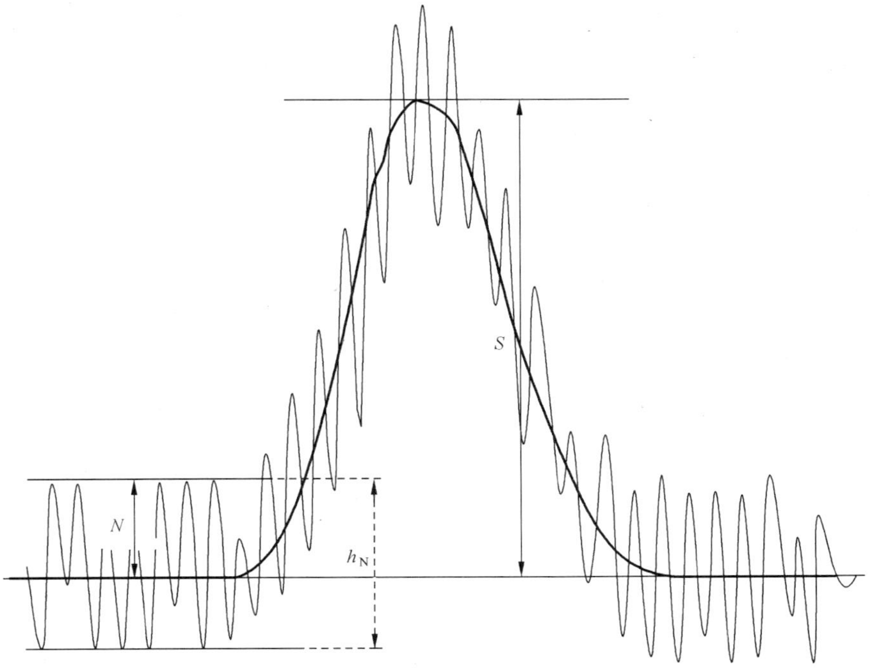

细实线：带噪声的色谱图
粗实线：无噪声的色谱图

图 11　分析物浓度接近最小检测限时高灵敏度下示意色谱图

17.3　空白试验溶液

使用空白样品获得色谱图。当使用与分析物平行处理得到的空白测量样品溶液时，这样的样品未加入分析物，可以区分样品基质的影响和整个分析操作的影响。当纯溶剂作为空白测量时，有可能将溶剂空白与设备的影响，如进样时的污染、交叉污染等分离开并且获得溶剂空白。

17.4　设备性能的定期检查

按分析仪器制造商提供的操作手册进行，以规定频率检查仪器的每个组件。保留检查记录。

18　专项标准中涉及的项目

当 HPLC 被用来分析时，至少应规定下列项目。

另外，必需通过分析方法验证，系统验证测试等方法对数据质量控制进行规定。

18.1　分析的组分及其浓度范围

18.2　样品的采取、预处理及贮存方法

18.3　分析条件如下：

a)　色谱柱填料的种类和颗粒大小；

b)　色谱柱管的材料、内径、长度；

c)　色谱柱的温度(如果需要)；

d)　流动相的种类、流速、组成和淋洗条件；

e)　进样方法、进样量、稀释比；

f)　当采用柱后衍生化技术时，反应液的组成、流速及反应条件；

g)　检测器的种类及需要的灵敏度[25)]；

25)　当一定组分的一定的量被进样分析时，检测器灵敏度由色谱图的信噪比(S/N)或信空比(S/B)规定。测试方法也应清楚叙述。

h） 数据处理部分(数据处理机，记录仪)；

i） 测量时间范围(数据输入时间)。

18.4 组分确认方法

应给出典型色谱图。在色谱图上，应附有分析条件、峰组分名称、保留时间、检测器的信号输出量程等。

18.5 定量分析：

a） 峰面积或峰高的测量方法；

b） 定量方法类型和重复分析次数；

c） 定量分析使用的材料[分析物纯物质、内标物(种类、纯度)，或者当其是分析物的纯物质的混合物时，其组成、浓度范围及制备方法]。

18.6 分析结果的表述和浓度单位

附　录　A
（资料性附录）
本标准章条编号与 JIS K 0124—2002 章条编号对照

表 A.1 给出了本标准章条编号与 JIS K 0124—2002 章条编号对照一览表。

表 A.1　给出了本标准章条编号与 JIS K 0124—2002 章条编号对照

本标准章条编号	对应的 JIS 标准章条编号
3.1～3.20	3 中 b、c、d、e、j、l、n、q、t、u、v、y、z、ab、ac、ad、ae、ag、ah、aj
5.1	5 中 a
5.2	5 中 b 的一部分
5.3	5 中 b 的一部分
7.1.1～7.1.4	7.1 中 a～d
7.3.1～7.3.2	7.3 中 a～b
7.4.1～7.4.7	7.4 中 a～g
8.1.1～8.1.3	8.1 中 a～c
8.2.1	8.2 中 a
8.2.2	8.2 中 b
8.2.2.1～8.2.2.2	8.2 中 b 的 1)、2)
9.1.1～9.1.3	9.1 中 a～c
11.1.1～11.1.4	11.1 中 a～d
11.6.1～11.6.4	11.6 中 a～d
14.3.1	14.3 中的 Remarks 1
14.3.2	14.3 中的 Remarks 2
14.3.2.1～14.3.2.3	14.3 中的 Remarks 2 的 a～c
15.1.1～15.1.4	15.1 中 a～d
16.1～16.2	16 中 a～b
18.1～18.6	18 中 a～f
附录 A	—
注：表中的章条以外的本标准其他章条编号与 JIS K 0124—2002 其他章条编号均相同且内容相对应。	

ICS 71.040.40
G 76

中华人民共和国国家标准

GB/T 16632—2008
代替 GB/T 16632—1996

水处理剂阻垢性能的测定
碳酸钙沉积法

Determination of scale inhibition performance of water treatment agents—Calcium carbonate precipitation method

2008-04-01 发布 2008-09-01 实施

中华人民共和国国家质量监督检验检疫总局
中国国家标准化管理委员会 发布

前　　言

本标准代替 GB/T 16632—1996《水处理剂阻垢性能的测定　碳酸钙沉积法》。

本标准与 GB/T 16632—1996 相比，技术上没有差异。

本标准由中国石油和化学工业协会提出。

本标准由全国化学标准化技术委员会水处理剂分会(SAC/TC 63/SC 5)归口。

本标准负责起草单位：济源市清源实业有限公司、天津化工研究设计院、山东省泰和水处理有限公司。

本标准主要起草人：王志清、朱传俊、孙宝季、李琳、白莹。

本标准于 1996 年首次发布。

水处理剂阻垢性能的测定 碳酸钙沉积法

1 范围

本标准规定了同类水处理剂抑制碳酸钙析出的阻垢性能的测定方法，即碳酸钙沉积法。

本标准适用于同类水处理剂抑制碳酸钙析出的阻垢性能的评定。

2 规范性引用文件

下列文件中的条款通过本标准的引用而成为本标准的条款。凡是注日期的引用文件，其随后所有的修改单(不包括勘误的内容)或修订版均不适用于本标准，然而，鼓励根据本标准达成协议的各方研究是否可使用这些文件的最新版本。凡是不注日期的引用文件，其最新版本适用于本标准。

GB/T 601　化学试剂　标准滴定溶液的制备

GB/T 603　化学试剂　试验方法中所用制剂及制品的制备(GB/T 603—2002，ISO 6353-1:1982，NEQ)

GB/T 6682　分析实验室用水规格和试验方法(GB/T 6682—1992，neq ISO 3696:1987)

3 方法提要

以含有一定量碳酸氢根和钙离子的配制水和水处理剂制备成试液。在加热条件下，促使碳酸氢钙加速分解为碳酸钙。达到平衡后测定试液中的钙离子浓度。钙离子浓度愈大，则该水处理剂的阻垢性能愈好。

4 试剂和材料

本标准所用试剂和水，除非另有规定，应使用分析纯试剂和符合 GB/T 6682 三级水的规定。

试验中所需标准滴定溶液、制剂及制品，在没有特殊注明时，均按 GB/T 601、GB/T 603 之规定制备。

4.1　氢氧化钾溶液：200 g/L。

4.2　硼砂缓冲溶液：pH≈9，称取 3.80 g 十水四硼酸钠($Na_2B_4O_7 \cdot 10H_2O$)溶于水中并稀释到 1 L。

4.3　乙二胺四乙酸二钠标准滴定溶液：c(EDTA)约 0.01 mol/L。

4.4　盐酸标准滴定溶液：c(HCl)约 0.1 mol/L。

4.5　钙-羧酸指示剂：称取 0.2 g 钙-羧酸指示剂[2-羟基-1(2-羟基-4-磺基-1-萘偶氮)-3-萘甲酸]与 100 g 氯化钾混合研磨均匀，贮存于磨口瓶中。

4.6　溴甲酚绿-甲基红指示液。

4.7　碳酸氢钠标准溶液：1 mL 约含 18.3 mg HCO_3^-。

4.7.1　制备

称取 25.2 g 碳酸氢钠置于 100 mL 烧杯中，用水溶解，全部转移至 1 000 mL 容量瓶中，用水稀释至刻度，摇匀。贮存期 30 d。

4.7.2　标定

移取 5.00 mL 碳酸氢钠标准溶液置于 250 mL 锥形瓶中，加约 50 mL 水，3～5 滴溴甲酚绿-甲基红指示液，用盐酸标准滴定溶液滴定至溶液由浅蓝色变为紫色即为终点。

4.7.3　计算

碳酸氢根离子(HCO_3^-)含量以质量浓度 ρ_1 计，数值以 mg/mL 表示，按式(1)计算：

$$\rho_1 = \frac{V_1 c M}{V} \qquad \cdots\cdots (1)$$

式中：

V_1——滴定中消耗的盐酸标准滴定溶液的体积的数值，单位为毫升(mL)；

c——盐酸标准滴定溶液实际浓度的准确数值，单位为摩尔每升(mol/L)；

V——所取碳酸氢钠标准溶液的体积的数值，单位为毫升(mL)；

M——碳酸氢根离子(HCO_3^-)摩尔质量的数值，单位为克每摩尔(g/mol)(M=61.00)。

4.8 氯化钙标准溶液：1 mL 约含有 6.0 mg Ca^{2+}。

4.8.1 制备

称取 16.7 g 无水氯化钙置于 100 mL 烧杯中，用水溶解，全部转移至 1 000 mL 容量瓶中，用水稀释至刻度，摇匀。

4.8.2 标定

移取 2.00 mL 氯化钙标准溶液置于 250 mL 锥形瓶中，加约 80 mL 水、5 mL 氢氧化钾溶液和约 0.1 g 钙-羧酸指示剂，用乙二胺四乙酸二钠标准滴定溶液滴定至溶液由紫红色变为亮蓝色即为终点。

4.8.3 计算

钙离子(Ca^{2+})的含量以质量浓度 ρ_2 计，数值以 mg/mL 表示，按式(2)计算：

$$\rho_2 = \frac{V_1 c M}{V} \qquad \cdots\cdots (2)$$

式中：

V_1——滴定中消耗乙二胺四乙酸二钠标准滴定溶液体积的数值，单位为毫升(mL)；

c——乙二胺四乙酸二钠标准滴定溶液的实际浓度的准确数值，单位为摩尔每升(mol/L)；

V——所取氯化钙标准溶液体积的数值，单位为毫升(mL)；

M——钙离子(Ca^{2+})摩尔质量的数值，单位为克每摩尔(g/mol)(M=40.08)。

4.9 水处理剂试样溶液：1.00 mL 含有 0.500 mg 水处理剂(以干基计)。

5 仪器、设备

5.1 恒温水浴：温度可控制在(80±1)℃。

5.2 锥形瓶：500 mL，配有装了 ϕ5 mm～ϕ10 mm，长约 300 mm 玻璃管的胶塞。

6 试样溶液的制备

6.1 试液的制备

在 500 mL 容量瓶中加入 250 mL 水，用滴定管加入一定体积的氯化钙标准溶液，使钙离子的量为 120 mg。用移液管加入 5.0 mL 水处理剂试样溶液，摇匀。然后加入 20 mL 硼砂缓冲溶液，摇匀。用滴定管缓慢加入一定体积的碳酸氢钠标准溶液(边加边摇动)，使碳酸氢根离子的量为 366 mg，用水稀释至刻度，摇匀。

6.2 空白试液的制备

在另一 500 mL 容量瓶中，除不加水处理剂试样溶液外，按 6.1 步骤操作。

7 分析步骤

将试液和空白试液分别置于两个洁净的锥形瓶中，两锥形瓶浸入(80±1)℃的恒温水浴中(试液的液面不得高于水浴的液面)，恒温放置 10 h。冷至室温后用中速定量滤纸干过滤。各移取 25.00 mL 滤液分别置于 250 mL 锥形瓶中，加水至约 80 mL，加 5 mL 氢氧化钾溶液和约 0.1 g 钙-羧酸指示剂。用乙二胺四乙酸二钠标准滴定溶液滴定至溶液由紫红色变为亮蓝色即为终点。按式(2)分别计算试液和空白试液钙离子的浓度。

8 分析结果的表述

以百分率表示的水处理剂阻垢性能 η 按式(3)计算：

$$\eta = \frac{\rho_4 - \rho_3}{0.240 - \rho_3} \times 100 \qquad \cdots\cdots\cdots\cdots(3)$$

式中：

ρ_4——加入水处理剂的试液试验后的钙离子（Ca^{2+}）浓度的数值，单位为毫克每毫升(mg/mL)；

ρ_3——未加水处理剂的空白试液试验后的钙离子（Ca^{2+}）浓度的数值，单位为毫克每毫升(mg/mL)；

0.240——试验前配置好的试液中钙离子(Ca^{2+})浓度的数值，单位为毫克每毫升(mg/mL)。

9 允许差

取平行测定结果的算术平均值为测定结果。平行测定结果的绝对差值不大于2%。

ICS 03.220.40;13.100
R 54

GB

中华人民共和国国家标准

GB 16636—2008
代替 GB 16636—1996,GB 17869—1999

潜水员水下用电安全规程

Code of safety for diver's use of electricity underwater

2008-06-19 发布　　2009-01-01 实施

中华人民共和国国家质量监督检验检疫总局
中国国家标准化管理委员会　发布

前　　言

本标准的全部技术内容为强制性。

本标准主要参照国际海事承包商协会（IMCA）的《水下用电安全实用规程》（AODC 035），对GB 16636—1996《潜水员水下用电安全技术规范》和GB 17869—1999《潜水员水下用电安全操作规程》整合修订，并按照GB/T 1.1—2000的要求进行编辑性的修改。

本标准代替GB 16636—1996《潜水员水下用电安全技术规范》和GB 17869—1999《潜水员水下用电安全操作规程》。本标准将GB 17869—1999的主要内容纳入GB 16636—1996，并删除了两部标准中重叠叙述的文字。

本标准的附录A和附录B为资料性附录。

本标准由中华人民共和国交通部提出。

本标准由交通部救捞与水下工程标准化技术委员会归口。

本标准起草单位：上海交通大学海洋水下工程科学研究院。

本标准主要起草人：张国光、董建顺、荆岩林、王宝俭、何秀霞。

本标准所代替标准的历次版本发布情况为：

——GB 16636—1996；

——GB 17869—1999。

潜水员水下用电安全规程

1 范围

本标准规定了与潜水员水下作业有关的各种水下电气设备，以及虽与水下作业无直接关系，但可能会对作业潜水员构成危害的各种水下电气结构、设施在用电安全方面的基本要求，包括使用环境、技术要求、安装操作，及应急措施等。

本标准适用于与潜水员有关的潜水装具、设备、系统、工具、结构设施，以及水下作业的用电安全。

2 规范性引用文件

下列文件中的条款通过本标准的引用而成为本标准的条款。凡是注日期的引用文件，其随后所有的修改单（不包括勘误的内容）或修订版均不适用于本标准，然而，鼓励根据本标准达成协议的各方研究是否可使用这些文件的最新版本。凡是不注日期的引用文件，其最新版本适用于本标准。

GB 6722 爆破安全规程

GB/T 16560 甲板减压舱

3 术语和定义

下列术语和定义适用于本标准。

3.1

水下用电安全 safe use of electricity underwater

避免或防止各种可能由使用水下（或压力舱）电气装置所引起的对潜水员的危害（如：电击），以及因受热导致电气绝缘材料性能下降而产生有毒、易爆产物，或因加热表面、故障设备、开关装置等产生的电弧、火花点燃某些混合气体所造成的对潜水员的损害。

3.2

潜水设备与系统 diving equipment and system

能在压力下输送潜水员进行潜水作业时所需要的整套装置与系统（包括：甲板减压舱、潜水钟、水下工作舱和人员转运舱等）和各种类型的潜水器，以及潜水员在潜水作业时应穿戴、维系或佩挂的装具（如：潜水服、水下呼吸器、脐带和通讯设备等）。

3.3

潜水员应急转运系统 diver's emergency transfer system

一种在紧急情况下转运潜水员的压力容器装置，是潜水系统的主要装备之一。潜水员应急转运系统配备有供气、电气和视听检测等装置，可与甲板减压舱对口相接。亦称：人员转运舱。

3.4

水下作业设备 underwater tool and equipment

潜水员在水下作业时所使用的各种工具、器械和仪器。

3.5

水下结构设施 underwater structure and installation

长期在水下工作的大型装置和结构，如：外加电流阴极保护系统、海底油气生产系统、海底管道和水下电缆等。

3.6

使用环境 operational environment

水下电气设备正常使用时的周围环境，如：所处环境的压力、气体、温度、湿度，以及潜水员着装情况等。

3.7

人体安全电流 body safe current

可以允许流过潜水员人体的最大电流。

3.8

水下安全距离 underwater safe distance

当水中所出现的电压梯度不会危害潜水员时，潜水员距带电体的最小距离。

3.9

水下工作舱 underwater habitat

一种设置在作业区域附近、用来完成水下焊接等工作的舱室结构。在外界海水的压力下，工作舱室的内部有一个干式且气体适度的环境。

3.10

电热潜水服 electrical-heat diving suit

通过电加热的方式，产生潜水员水下作业保暖所必需热量的潜水衣、裤、手套及帽子等。

3.11

手提设备 hand-held equipment

潜水作业期间由潜水员携带的各种小型装置，如：摄像机、水下照明灯具、手持电动工具和无损探伤(NDT)装置等。

3.12

海底设备 seabed equipment

在海底通过电力驱动为各种作业工具、设备提供动力的液压泵或动力源。

3.13

全防电潜水服 fully protective diving suit

采取完全绝缘，或完全导电，或绝缘与导电相结合等措施，避免因水中电位梯度所致电击危害的潜水服。

3.14

湿式焊接与切割 wet welding and cutting

在水中湿式环境条件下所实施的电焊和切割作业。

3.15

设闸式潜水器 lock-in-lock-out submersible

一种设有调压舱，并有自航能力的潜水器。必要时，潜水员可经调压舱调压后由水中进入潜水器，或由潜水器内出外到水中。又称：调压进出式潜水器(LILOS)。

4 使用环境

4.1 甲板减压舱和应急转运系统

4.1.1 压力：0 MPa～6 MPa，但一般在 0 MPa～3 MPa，且能以不同的速率变化。

4.1.2 环境：0 MPa～0.6 MPa 的压缩空气；或氧分压不大于 0.06 MPa 和氧浓度不大于 23%的含氧混合气。

4.1.3 温度：饱和舱内为 25 ℃～35 ℃，空气舱内为 0 ℃～50 ℃。

4.1.4 湿度：舱内相对湿度为 50%～75%，特别情况下可短暂升至 100%。

4.1.5 潜水员着装:穿着较薄的非电气保护服装。

4.2 潜水钟和设闸式潜水器

4.2.1 压力:0 MPa～6 MPa,但一般在 0 MPa～3 MPa,且变化迅速。

4.2.2 环境:0 MPa～0.6 MPa 的压缩空气;或氧分压不大于 0.06 MPa 和氧浓度不大于 23%的含氧混合气。

4.2.3 温度:设备内为 25 ℃～35 ℃,特殊情况下可降至 10 ℃。外部在 0 ℃～30 ℃,但通常在 5 ℃～15 ℃。

4.2.4 湿度:设备内部的相对湿度较高,外部暴露于海水飞溅区,并可被海水淹没。

4.2.5 潜水员着装:穿着较薄的非电气保护服装。

4.3 水下工作舱

4.3.1 压力:0 MPa～6 MPa,但一般在 0 MPa～3 MPa。

4.3.2 环境:0 MPa～0.6 MPa 的压缩空气;或氧分压不大于 0.06 MPa 和氧浓度不大于 23%的含氧混合气。

4.3.3 温度:内部温度 5 ℃～40 ℃,若在非常狭小的舱室内,特殊情况温度可升至 60 ℃。

4.3.4 湿度:可完全浸没在外界压力下的海水中。作业期间,相对湿度将在 70%～100%。

4.3.5 潜水员着装:穿着橡胶潜水服、常规焊接服或耐热服。

4.4 电热潜水服

4.4.1 压力:0 MPa～6 MPa,但一般在 0 MPa～3 MPa,不会迅速变化。

4.4.2 环境:当潜水员进入或离开潜水钟时,环境是 0 MPa～0.6 MPa 的压缩空气;或氧分压不大于 0.06 MPa 和氧浓度不大于 23%的含氧混合气。在水面支持潜水的情况下,潜水员进入或离开海洋表面时,是常压环境。

4.4.3 温度:取决于所处深度的水温,通常在 5 ℃～15 ℃。

4.4.4 湿度:外界环境通常是海水。

4.4.5 潜水员着装:穿着橡胶潜水服。

4.5 载人潜水器

4.5.1 压力:内部压力保留在常压环境,外部压力取决于作业的深度。

4.5.2 环境:氧分压不大于 0.06 MPa 和氧浓度不大于 23%的含氧混合气。

4.5.3 温度:内部温度在 10 ℃～25 ℃,可短暂降至 2 ℃或升至 35 ℃。外部是所达深度的海水温度,即 0 ℃～30 ℃。

4.5.4 湿度:舱内,相对湿度较高;舱外,从大气(飞溅或浸没区)至海水。

4.5.5 潜水员着装:穿着普通服装或橡胶潜水服。

4.6 遥控潜水器

4.6.1 压力:一旦完全入水,其外部压力就是周围水环境的压力。所承受的压力在潜水器下水或回收时,会迅速地变化。

4.6.2 环境:设备被完全浸没在海水中。

4.6.3 温度:水温从 0 ℃～30 ℃变化。

4.6.4 湿度:外部环境是海水。

4.6.5 潜水员着装:穿着橡胶潜水服。

4.7 脐带

4.7.1 压力:取决于所处水深的压力,其范围 0 MPa～6 MPa,但一般在 0 MPa～3 MPa。压力变化迅速。

4.7.2 环境:大气、飞溅雾气或海水。

4.7.3 温度:浸没在海水中,温度为 0 ℃～30 ℃,特殊情况下可低于 0 ℃或高达 50 ℃。

4.7.4 湿度:从大气(飞溅或浸没区)至海水。

4.7.5 潜水员着装:穿着橡胶潜水服。

4.8 手提设备

4.8.1 压力:取决于所处水深的压力,范围为 0 MPa～6 MPa,但一般在 0 MPa～3 MPa。压力变化迅速。

4.8.2 环境:大气、飞溅雾气或完全浸没在海水中,还可进入 0.6 MPa 压缩空气,或压力达 6 MPa 的氦氧混合气环境中。

4.8.3 温度:浸没在海水中,温度为 0 ℃～30 ℃,但一般是 5 ℃～15 ℃。

4.8.4 湿度:从大气(飞溅或浸没区)至海水。

4.8.5 潜水员着装:穿着橡胶潜水服。

4.9 海底设备

4.9.1 压力:0 MPa～6 MPa,但一般在 0 MPa～3 MPa。

4.9.2 环境:大气、飞溅雾气或海水。

4.9.3 温度:浸没在海水中,温度为 0 ℃～30 ℃,但一般是 5 ℃～15 ℃。

4.9.4 湿度:从大气(飞溅或浸没区)至海水。

4.9.5 潜水员着装:穿着橡胶潜水服。

4.10 湿式焊接与切割

4.10.1 压力:0 MPa～6 MPa,但一般在 0 MPa～3 MPa。

4.10.2 环境:大气、飞溅雾气或海水。

4.10.3 温度:浸没在海水中,温度为 0 ℃～30 ℃,但一般是 5 ℃～15 ℃。

4.10.4 湿度:从大气(飞溅或浸没区)至海水。

4.10.5 潜水员着装:穿着橡胶潜水服或重装潜水服,头盔包裹薄橡胶或绝缘薄膜,佩戴橡胶手套。

4.11 外加电流装置

4.11.1 压力:0 MPa～3 MPa。

4.11.2 环境:大气、飞溅雾气或海水。

4.11.3 温度:浸没在海水中,温度为 0 ℃～30 ℃,但一般是 5 ℃～15 ℃。

4.11.4 湿度:从大气(飞溅或浸没区)至海水。

4.11.5 潜水员着装:穿着橡胶潜水服。

4.12 大功率设备

4.12.1 压力:0 MPa～3 MPa。

4.12.2 环境:大气、飞溅雾气或海水。

4.12.3 温度:浸没在海水中,温度为 0 ℃～30 ℃,但一般是 5 ℃～15 ℃。

4.12.4 湿度:从大气(飞溅或浸没区)至海水。

4.12.5 潜水员着装:穿着橡胶潜水服。

4.13 水面配电设备

4.13.1 压力:常压环境。

4.13.2 环境:从干燥、温暖的空调室内条件,直至暴露的船舶甲板(风、雨、海浪及振动)。

4.13.3 温度:取决于所处环境的温度,一般在 0 ℃～50 ℃。

4.13.4 湿度:从干燥的大气直至海水飞溅区。

4.13.5 潜水员着装:穿着普通服装或橡胶潜水服。

4.14 水下爆破装置

4.14.1 压力:0 MPa～6 MPa,但一般在 0 MPa～3 MPa。

4.14.2 环境:大气、飞溅雾气或海水。

4.14.3 温度：浸没在海水中，温度为 0 ℃～30 ℃，但一般是 5 ℃～15 ℃。

4.14.4 湿度：从大气（飞溅或浸没区）至海水。

4.14.5 潜水员着装：穿着橡胶潜水服。

4.15 蓄电池

4.15.1 压力：常压环境。

4.15.2 环境：完全水密。

4.15.3 温度：取决于所处环境的温度，一般是 0 ℃～50 ℃。

4.15.4 湿度：干燥。

4.15.5 潜水员着装：穿着普通服装或橡胶潜水服。

4.16 绝缘材料

4.16.1 压力：0 MPa～6 MPa，但一般在 0 MPa～3 MPa，且能以不同的速率变化。

4.16.2 环境：从干燥、温暖的空调室内条件，直至暴露的船舶甲板（风、雨、海浪及振动）。

4.16.3 温度：取决于所处环境的温度，一般是 0 ℃～50 ℃。

4.16.4 湿度：从干燥的大气直至海水飞溅区。

4.16.5 潜水员着装：穿着普通服装或橡胶潜水服。

5 技术要求

5.1 水下用电及水面配电设备的基本要求

5.1.1 水下用电设备及水面配电设备的电气装置的设计、建造、安装和试验应符合国家有关规定。

5.1.2 交流电源应通过隔离变压器供电：

a） 如来自无接地次级隔离变压器，应使用具有回路断路器的线绝缘监测器。

b） 如来自有次级接地的隔离变压器，应使用具有自动跳闸的保护装置，并有可靠的接地报警装置，限制其故障电流小于 1 A。

5.1.3 自动跳闸装置的动作响应时间不大于 20 ms，并应能由潜水监督在必要的安全检查之后重新调整。同时，这些装置还应配备可以在重新调整后由潜水监督操作的过载保护设备。

5.1.4 水下设备的电气系统不得采用其金属壳体作回路，电路中应设有能自动跳闸的保护装置来进行过载及断路保护。

5.1.5 水下设备的金属结构部件应可靠接地，接地电阻值不大于 4 Ω，且具有足够的机械强度。

5.1.6 对于潜水员水下作业使用的所有电源，应使用隔离变压器或独立的发电机。

5.2 甲板减压舱和应急转运系统

5.2.1 甲板减压舱和应急转运系统的用电电压，应符合表 1 的规定。

表 1

条件	人体安全电流/mA	电流路径阻抗/Ω	电压/V	
			最大	额定
有自动跳闸装置的交流电	500	500	250	220
有自动跳闸装置的直流电	570	500	285	250
无自动跳闸装置的交流电	10	750	7.5	6
无自动跳闸装置的直流电	40	750	30	24
电压（V）＝人体安全电流（A）×电流路径阻抗（Ω）。其中，人体安全电流的计算，参见附录 A。				

5.2.2 每一绝缘的配电系统应设有漏电检测或接地断路报警装置，绝缘电阻值不小于 5 MΩ。

5.2.3 测试设备的工作电源为交流 220 V 时，各种传感器的激励电压应不高于 10 V(典型电流为 15 mA)。对与传感器有关的仪器应有保护措施。

5.2.4 其他有关规定，按照 GB/T 16560 的有关规定。

5.3 潜水钟和设闸式潜水器

5.3.1 潜水钟和设闸式潜水器的用电电压，应符合表 1 的规定。

5.3.2 潜水钟钟内动力为直流 24 V 电源，并由安装在潜水钟外的、水面耐压容器的变压和整流电源所提供。

5.3.3 用于潜水钟外部照明的交流 220 V 电源，应由具有限制故障电流的隔离变压器和残余电流保护装置(RCD)所构成的主动保护系统提供供电保护。

5.4 水下工作舱

5.4.1 水下工作舱的用电电压，应符合表 1 的规定。

5.4.2 舱内的工作电源(如：预热电源和手提工具电源等)，应通过线绝缘监测器进行在线监测。

5.4.3 舱的脐带电缆，应通过线绝缘监视器连续监测其绝缘阻抗情况。线绝缘监测器可通过监测漏电电阻，且提供连续读数，来监测电路绝缘的变化情况。

5.5 载人潜水器

5.5.1 载人潜水器设施中电气设备的用电电压，应符合表 1 的规定。驾驶舱内只供应不大于直流 24 V 的电源用于生命支持和控制电路。

5.5.2 放置变压器和处理用于潜水器供电整流器及其控制回路的设备容器，应安置在潜水器的外部。

5.6 遥控潜水器

5.6.1 遥控潜水器使用的交流电源，应由船舶的 380 V(440 V)三相交流供电系统变压，并通过脐带电缆经隔离变压器提供。

5.6.2 遥控潜水器与潜水员联合作业时，应采取相应的安全防护措施，如：潜水员应穿着全防电潜水服进行作业。

5.7 脐带

5.7.1 脐带电缆应具有足够的拉伸强度，同时应采取措施不使其承受拉伸载荷。

5.7.2 脐带外部可能被潜水员或有关人员触及的电气设备的用电电压，应符合表 1 中给出的规定。

5.7.3 脐带中的电缆应采取主动保护措施，并将电源线接入设在水面上的隔离变压器。

5.8 手提设备

5.8.1 潜水员手提设备应坚固耐用，有可靠的绝缘性能。

5.8.2 潜水员手提设备的用电电压，应符合表 1 中给出的规定。

5.9 海底设备

5.9.1 大功率海底设备(如：抽吸挖泥泵)，电动机的电源通过脐带从水面的 380 V(440 V)三相交流供电系统提供，应确保主脐带电缆与电动机连接件的绝缘性能和接地屏蔽性能。

5.9.2 辅助海底设备作业的潜水员应佩戴绝缘手套，并采取相应的安全措施。

5.10 电热潜水服

5.10.1 电热潜水服的电阻丝应具有较高的抗疲劳强度，且结构牢靠，不易折断。电热潜水服的绝缘及导电织物应是阻燃、耐高温、无毒性的材料。

5.10.2 电热潜水服的用电电压，应符合表 2 中给出的规定。

表 2

条　　件	人体安全电流/ mA	电流路径阻抗/ Ω	电压/ V	
			最大	额定
有自动跳闸装置的交流电	200	100	20	18
有自动跳闸装置的直流电	228	100	22.8	18
无自动跳闸装置的直流电	70	100	7	6

5.10.3　电热潜水服的头盔或气体加热器，应完全封装在可靠接地的导电屏蔽物内。

5.10.4　潜水员穿着电热潜水服进行潜水作业之前，应对电热潜水服及其电路进行严格的外观检查和电气安全性能测试，安全性能测试不合格的不得使用。

5.11　湿式焊接与切割

5.11.1　湿式焊接与切割设备的用电电压，应符合表 3 中给出的规定。

表 3

条　　件	人体安全电流/ mA	电流路径阻抗/ Ω	电压/ V	
			最大	额定
无自动跳闸装置的直流电	40	750	30	24

5.11.2　电氧切割装置应满足以下条件：

a)　电氧割炬应设计有氧气阀，该阀应始终确保与割条绝缘。

b)　割条应具有电气绝缘层；该电气绝缘层应具有较高的抗磨损性，且不会因长期浸泡在海水中而导致绝缘性能恶化。

5.12　外加电流装置

5.12.1　外加电流装置应该在离其适当的距离处设置隔离遮栏和/或安全标志，以避免潜水员误入潜在危害的区域。隔离遮栏和/或安全标志的安全距离的计算，可参照附录 B。

5.12.2　外加电流装置的用电电压，应符合表 3 中给出的规定。并应采取相应的防护措施，防止外加电流装置系统被极化。

5.12.3　外加电流装置的直流供电电压不大于 30 V，可不设隔离遮栏和安全标志。

5.12.4　潜水员应尽可能在切断外加电流装置系统供电电源的情况下进行水下作业，否则应首先检测附近水域的电场强度，并采取相应的防护措施，方可进行水下作业。

5.13　大功率设备

5.13.1　大功率设备应该在离其适当的距离上设置隔离遮栏和/或安全标志，以避免潜水员误入潜在危害的区域。隔离遮栏和/或安全标志的安全距离的计算，可参照附录 B。

5.13.2　在潜水作业开始之前，应对大功率设备的电源情况进行详细的查询、调研和可能的危害评估，并提出必要的安全保护措施。

5.13.3　在大功率设备的现有电源供应不能中断情况下作业时，应对作业潜水员采取必要的防电击保护，以保护潜水作业者的安全。

6　安装使用及操作

6.1　水下用电安装要求

6.1.1　从事与潜水员水下作业有关的潜水设备、系统、工具和水下结构设施之电气设施安装、改造和维修的人员，应是精通电气操作程序，通晓水下工程实践的危险及问题，持有国家认可资格证书，且熟悉国家有关规定和本标准有关内容的专业人员。

6.1.2　安装与潜水员水下作业有关的各种电气设施、装置，或临时性电气设备之前，应首先检查、确信这些电气设施、装置或设备已经达到现行国家有关规定和本标准的要求。

6.1.3　与潜水员水下作业有关的各种潜水设备、系统、工具和水下结构设施之电气设施的安装，应遵循如下要点：

a)　所有大于6 V的电气回路都应有相应的熔断器/回路断路器作短路保护；
b)　电气导线应具有通过全负荷电流、过载电流，以及保护装置动作时间内可能通过的故障电流的足够截面积；
c)　电气线路中的接头应可靠，并尽量减少其数量；电气连接终端应结构完整，且具有一定长度的导线尾缆；
d)　导线路径选择应避开容易出现机械损坏之处并予以固定，必要时加以某种形式的机械保护；
e)　电气线路的布线应该隔开，避免交叉回路受到破坏或造成短路；
f)　电气线路的终端箱应密闭，避免潮气侵入；
g)　不得使用共用反馈回路，每个回路都应独立工作；各个保护回路都应分开，且有醒目标志，当某一回路发生故障时，不会影响其他回路的正常工作；
h)　电气线路的标志套应安装在距终端一定距离处，以减少标志套受热可能产生的毒性物质对潜水员安全的影响；
i)　应使用性能良好的示踪标志材料，并在插头、插座、接线和印刷电路板的设计上安排足够的示踪距离，确保表面形成盐垢后仍具有相应的间隙；
j)　多股绞合电缆或柔性电缆中不得使用软焊，必要时应对布线采取相应的支撑。

6.1.4　着手进行潜水及水下作业之前，应首先查询和掌握作业水域附近环境的水下结构设施、海底装置或大功率设备的电气特征及实验状况。必要时，应制定相应的应急防范措施，以确保水下作业潜水员的安全。

6.1.5　潜水及水下作业之后，对各种潜水设备、系统、工具或水下结构设施之电气设施的检查，应满足下列要求：

a)　检查电缆的机械损害及绝缘性能，并注意相关设备的电气安全性能变化；
b)　定期检查电气线路中的主动保护装置，并将检查结果记录存档；
c)　对水下电气设施、设备的电气安全性能进行检测记录，确保其满足设计安全标准。同时，对上述电气设施、设备的任何修理，也都应记录存档。

6.1.6　与潜水员水下作业有关的各类便携式和固定式的电气设施或装置应建立相应的技术档案，由专业人员定期进行检测，并将检测结果记录存档，以确保这些电气设施或装置的所有保护结构的完整性和可靠性。

6.2　材料

6.2.1　与潜水员水下作业有关、可能会与呼吸气体回路或一般工作设备相接触的电气绝缘材料，应选择阻燃或滞燃的，且在引起失火、爆炸、电击时对人员散发的烟雾和毒性气体的潜在危害最低的绝缘材料。

6.2.2　有潜在毒性危害的电气设备，应从含有呼吸气体的空间中分离开来，以降低可能出现的毒性危害。通过限制密封空间内电气设备的量，来减少潜在毒性绝缘材料的量。在满足电气保护和电缆长度余量的前提下，选择毒性最低的绝缘材料厚度，并尽可能地缩短电缆长度。

6.2.3　与潜水员、水或呼吸气体回路相接触的舱室内部使用的电气元件，应考虑采取专门的密封容器以承受工作压力，防止任何可能出现的毒性扩散。电线、电缆应有机械保护，同时应考虑高温、以及完全被水浸没，导致绝缘材料毒性蒸发所产生的危害。

6.2.4 额定电流、电压和可能承受的故障电流，均应选择使其正常工作温度在给定绝缘材料所接受的限制内。

6.3 绝缘

6.3.1 使用电屏蔽的双层套管电缆时，应结合密封安排(比如“O”型圈及压力平衡终端等)，以提高双绝缘性能。

6.3.2 电气系统的绝缘，应通过在电源至负载之间连接隔离变压器来实现。

6.3.3 在电气系统中应采取主动保护装置，避免因绝缘故障而致使潜水员触电。

6.3.4 定期严格检测电源及其应用设备的电气绝缘与密封情况，及时发现问题予以补救；对于大深度水下作业用的电缆，尤其应保证其绝缘与密封性。

6.3.5 作业中应避免电路中的导线在水面上与起重机绳索、钢平台桩腿，或船舶壳体相接触，以避免构成接地回路所引起的电击危害。

6.3.6 整个回路(变压器次级线圈，连接电缆和负载等)对地应具有较高的绝缘阻抗。同时，应限制回路对地电容，可通过限制连接变压器次级线圈至负载的电缆的最大长度实现对地电容的限制。

6.4 蓄电池

6.4.1 与潜水员水下作业有关的蓄电池的选用应符合国家有关规定。

6.4.2 蓄电池使用之前，应检查蓄电池的状况，并提供足够的短路保护。

6.4.3 蓄电池在充电、放电期间可能产生易爆氢气的危害。因此，次级电池应在水面上适当的通风区域进行充电。

6.4.4 在固定设施上，需要水下充电时，充电电压应限制在不大于起泡电压的等级之下。否则，应通过增加额外蓄电池的数量来达到所要求的工作电压。

6.4.5 除了提供无氢气与氧气复合的装置之外，应避免充电过量，避免过充电而导致电解质的转移及装置的失灵。

6.4.6 为防止因水进入蓄电池空间而产生爆炸或毒性气体混合物，蓄电池舱应完全水密，并进行必要的气密试验。

6.4.7 熔断器应尽可能地接近蓄电池，并固定、密封在蓄电池的隔层中，以避免因点燃隔层中可能存在的含氢气体而烧断熔断器。

6.4.8 蓄电池之间如可能存在相对移动，则应该使用柔性电接插件。

6.4.9 装卸蓄电池时应避免因意外的金属工具短路、电解质泄漏或溢出等而导致的电击、燃烧或漏电风险及危害。

6.5 湿式焊接与切割作业

6.5.1 实施湿式焊接与切割之前，应仔细检查焊接设备及其布置、接线、接地等是否完全符合国家有关安全技术规范等要求。

6.5.2 为保护作业潜水员，焊接回路中应设有可靠的用于切断电源的专用刀式开关或接触器，并可以随时强制切断电源。该开关应由专人掌管、操作，而且符合以下要求：

a) 能让操作者看清其开启时的接触状态；

b) 开关应可靠稳固且便于操作；

c) 开关应配有开槽的罩，确保不会因震动而自动开启；非工作状态应关闭。

6.5.3 所有焊接或切割用的电缆，应满足以下条件：

a) 如果需要并行连接，应使用具有足够横截面的多芯软线橡胶电缆；尤其是具有较大长度的电缆，应避免电缆上的压降过大；

b) 电缆的长度应在符合作业要求的前提下保持最短；

c) 电缆应该间隔捆扎排列，不要紧靠在一起；

d) 并行连接的电缆应该以同样的导程，极性对角反相排列；

e) 电缆在进入接插件处应该具有相应的保护套，减轻电缆弯曲，避免损坏；

f) 电缆应由两根完全绝缘的导线所构成，一根导线连接焊接（或切割）装置的负极终端至焊炬（或割炬），另一根导线连接在装置的正极终端搭接至工件上；应尽量避免电缆中间出现接头，所有接头都应完全可靠绝缘。

6.5.4 作业潜水员应严格遵守安全作业程序，其中包括：

a) 焊炬、割炬、电缆等应绝缘；潜水头盔及领盘的外部应涂抹绝缘漆或包裹绝缘胶；

b) 潜水员应自始至终戴绝缘手套，以提供附加安全保护；

c) 焊（或割）端部距离潜水员的手，应有一定的安全距离；使用时，焊条（或割条）不得消耗到小于最小安全长度，潜水员手到焊炬（或割炬）端部的安全距离应不小于 100 mm；

d) 所有焊接或切割设备（包括电缆、接插件和断路控制装置）使用之前应由专业人员检查，以确定其是否处于安全工作状态；

e) 应使用具有检验合格证书的断路控制装置，使用前应确认该装置处于开关供电和断开状态；

f) 工件放下或吊起之前，应对焊炬（或割炬）进行检查，确保此时焊接回路是断开的，而且焊炬（或割炬）上没有焊条（或割条）；

g) 应使用具有良好绝缘涂层的焊条（或割条），对长时间浸在水中的焊条（或割条），若涂层碎裂，应报废；

h) 焊接或切割开始之前，应检查并清除工件内外或附近的易燃物，包括固体、液体或气体；

i) 应检查工作区域上方不得有气体聚集空间，严禁在潜水钟的下方进行焊接（或切割）作业；

j) 潜水员所携带的易导电工具、物品（如：扳手和背包等），使用时应小心，避免与带电电极接触而引起触电；

k) 电源开关合上后，不得更换或固定焊条（或割条），不得将带电的焊炬（或割炬）放下或携带；

l) 焊接（或切割）设备不得拿到潜水钟或设闸式潜水器中；一旦焊炬（或割炬）发生问题，应送回水面上检查；

m) 应使用正确设计和维护的焊炬（或割炬）；焊条（或割条）应插入焊炬（或割炬）的头中，以便其能牢固地安置在焊炬（或割炬）头内的橡胶密封中；任何情况下，都不得将焊炬（或割炬）对准自己；

n) 无论是潜水照料员，还是潜水监督，都应能够直接或借助于水下电视，或通过潜水电话，随时了解潜水员所进行的焊接（或切割）作业；

o) 在水下工作舱内焊接（或切割）时，焊条（或割条）上应无附加蜡层或胶带，避免上述材料产生毒性或易燃气体。

6.5.5 只有在下述情况下才能接水下通焊接电路：

a) 潜水员已站在开始焊接（或切割）的位置上，而且站位稳定；

b) 连接工件的夹钳确实已夹紧；

c) 焊条（或割条）确实安装在焊炬（或割炬）上，而且没有指向其他潜水员，并尽可能地在工件附近；

d) 焊炬和工件之间，不得有潜水员或任何潜水装具装备，避免电场击伤；

e) 接地线应固定在尽可能靠近工件的位置上，潜水员及其所有潜水装具不得位于地线与工件之间；

f) 潜水员确信自己已经准备好了，并再次通知水面人员。

6.6 水下爆破装置

6.6.1 水下爆破使用的电气雷管，应能够避免外来无线电频率发射装置的干扰，不致于被误引爆。

6.6.2 应能防止施工环境中“杂散电流”使电雷管自动起爆的危险。

6.6.3 水下爆破作业除满足 GB 6722 的有关规定外，还应遵循如下要求：

a） 严禁在水下爆破作业的同时进行电焊、电氧切割或其他与水下爆破无关的水下作业。

b） 水下爆破之前，潜水员应撤离进行水下爆破的水域。水面人员和船舶也应撤离到安全水域。

7 应急措施

7.1 当潜水员受到电击时，潜水员应立即中止水下作业，并通知水面潜水监督要求出水。

7.2 当潜水员受到电击时，水面潜水监督人员应迅速采取如下措施：

a） 关闭与水下作业工具、设备有关的动力电源，中止水下作业，并通知潜水员出水；

b） 查询潜水员遭受电击的详细情况，并视危害程度采取相应的救护措施；

c） 检查所有与本次水下作业有关的电缆、线路及工具、设备的绝缘及安全性；

d） 检查潜水员的着装、站位及操作程序是否正确；

e） 判断出现电击的原因，并采取相应的防护措施。

7.3 当潜水员受到严重电击时，水面潜水监督人员应立刻采取如下措施：

a） 关闭所有水下作业电源（生命支持系统除外），中止水下作业，并通知潜水员出水；

b） 令现场预备潜水员，作好随时入水救援准备，若潜水员失去控制能力，则立即救援；

c） 组织对遭受电击潜水员的紧急抢救（若需减压，则应边抢救边减压），并转送有关医疗机构；

d） 检查所有与本次水下作业有关的电缆、线路及工具、设备的绝缘及安全性；

e） 调查导致电击事故的原因，并提交书面调查报告。

7.4 发生潜水员电击事故后，只有在排除了任何可能的电击危险，并采取了相应的防护措施后，方可重新继续水下作业。

附 录 A
（资料性附录）
人体安全电流

A.1 电击电流

A.1.1 感知阈值 I_{GZ}

I_{GZ}(50 Hz/60 Hz 交流)0.5 mA；I_{GZ}(直流)为 2 mA。

A.1.2 摆脱阈值 I_{BT}

I_{BT}($f<50$ Hz 交流) $9+31\times 10^{-0.07f}$ mA；

I_{BT}(50 Hz 交流) 9 mA；

I_{BT}($f>50$ Hz 交流) $8\times 9+10^{-3}\times f\times \log f$ mA；

I_{BT}(直流)＝40 mA。

A.1.3 最大电击电流 I_{AC}(交流电)、I_{DC}(直流电)

A.1.3.1 电击持续时间 t 为：3.5 ms<t<10 ms 和 25 ms<t<10 s 时

$I_{AC}(t)=9(1+1\times 100/t)$ mA

$I_{DC}(t)=I_{AC}(t)\times \log t$ mA

A.1.3.2 电击持续时间 t 为：10 ms<t<25 ms 时

$I_{AC}(t)=I_{AC}=400$ mA

$I_{DC}(t)=I_{DC}=570$ mA

A.1.3.3 电击持续时间 t 为：t<3.5 ms 时

$I_{AC}(t)=I_{DC}(t)=5\,200/\sqrt{t}$ mA

（上述数值，对于女性应降低 30%）

A.2 安全电流

A.2.1 安全电流曲线

图 A.1 给出的是电击持续时间与允许通过人体的电流之间的关系。

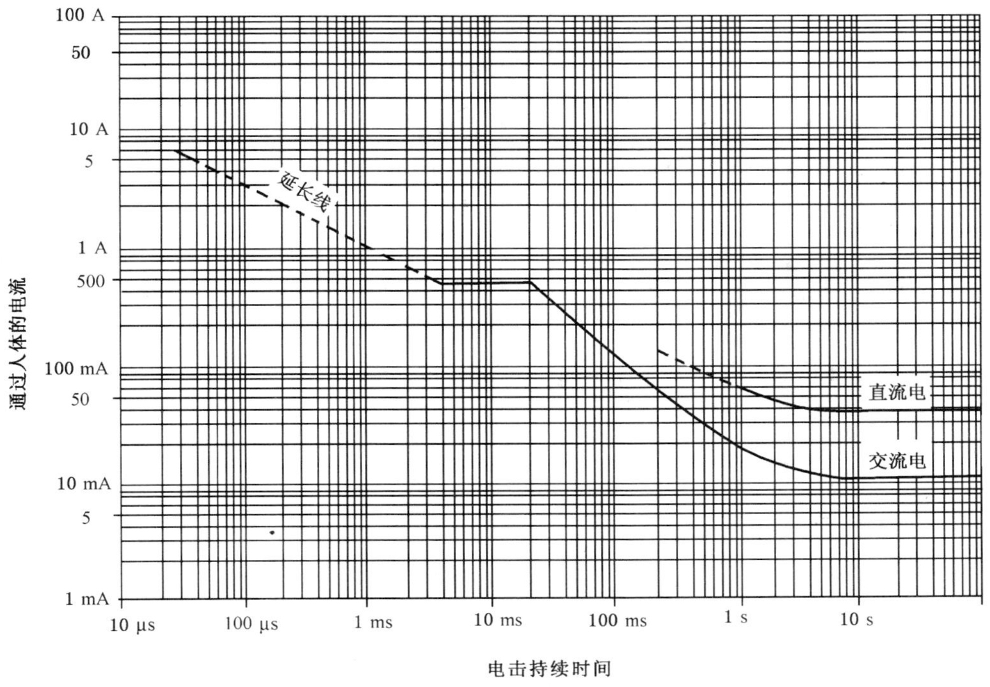

图 A.1　人体允许安全电流曲线

A.2.2　电击持续时间

如果电击持续时间超过 10 s，则应符合：

a）使用外部设备时（即在潜水服之外的设备，如：潜水员在水下作业时所使用的各种工具、设备和仪器等），电击电流应低于阈值 I_{BT}；

b）使用内部设备时（即在潜水服内的设备，如：潜水员电热服或其他型式的电加热器、呼吸气加热，以及生理、医学监测设备和仪器等），电击电流应低于阈值 I_{GZ}。

附 录 B
（资料性附录）
水下安全距离

水下安全距离是指当水中所出现的电压梯度不会危及潜水员时，潜水员距带电体的最小距离。水下安全距离的数值大小，取决于故障电流（I_0）对人体安全电流（I_b）的比值。

对于海水环境，水下安全距离公式如下，单位为米(m)：

$$RD = [1 + (10^{-4} \cdot I_0)/I_b]^{1/2} - 1$$

对于淡水环境，水下安全距离公式如下，单位为米(m)：

$$RD = [1 + I_0/(10 \cdot I_b)]^{1/2} - 1$$

具有电压限制的无脉动直流电源将会降低安全距离。如果水下电气设备由直流电源供电，且电压不超过 30 V，此时安全距离可视为零。